高等教育土木类专业系列教材

装配式混凝土框架结构设计详解与实例

ZHUANGPEISHI HUNNINGTU KUANGJIA JIEGOU SHEJI XIANGJIE YU SHILI

主编　**白久林　王宇航**　副主编　**杨经纬　杨　阳　陈辉明**

重庆大学出版社

内容提要

本书按照《工程结构通用规范》等最新国家标准，基于装配整体式混凝土框架结构等同现浇设计的理念，全面系统地介绍了装配式混凝土框架结构的设计要点与工程实例，主要内容包括结构选型与布置、结构计算简图、内力计算与内力组合、预制构件拆分形式与预制构件设计、预制构件连接节点深化设计、PKPM-PC 软件的设计应用、装配式专项施工图绘制等。本书采用装配式混凝土框架结构设计的基本概念、设计方法、计算步骤与工程结构设计实例相互穿插的形式，突出重点、难点，强化设计理论与工程设计实例的融合。

本书内容符合建筑工业化发展需求，可供装配式结构设计研发人员使用，也可供高等院校研究生和高年级本科生（特别是开展装配式毕业设计的学生）学习参考。

图书在版编目（CIP）数据

装配式混凝土框架结构设计详解与实例/白久林，王宇航主编. --重庆：重庆大学出版社，2023.7

高等教育土木类专业系列教材

ISBN 978-7-5689-3955-3

Ⅰ. ①装… Ⅱ. ①白… ②王… Ⅲ. ①装配式混凝土结构—框架结构—建筑设计—高等学校—教材 Ⅳ. ①TU37

中国国家版本馆 CIP 数据核字(2023)第 112695 号

高等教育土木类专业系列教材

装配式混凝土框架结构设计详解与实例

主　编　白久林　王宇航

副主编　杨经纬　杨　阳　陈辉明

策划编辑：王　婷

责任编辑：王　婷　　版式设计：王　婷

责任校对：刘志刚　　责任印制：赵　晟

*

重庆大学出版社出版发行

出版人：陈晓阳

社址：重庆市沙坪坝区大学城西路 21 号

邮编：401331

电话：(023)88617190　88617185(中小学)

传真：(023)88617186　88617166

网址：http://www.cqup.com.cn

邮箱：fxk@cqup.com.cn（营销中心）

全国新华书店经销

中雅(重庆)彩色印刷有限公司印刷

*

开本：787mm×1092mm　印张：26　字数：684 千

2023 年 7 月第 1 版　　2023 年 7 第 1 次印刷

印数：1—2 000

ISBN 978-7-5689-3955-3　定价：69.00 元

前　言

近年来,以“设计标准化、构件部品化、施工机械化、管理信息化、运行智能化”为特征的装配式建筑蓬勃发展。装配式混凝土框架结构是目前我国最主要的装配式结构形式之一,其受力方式、连接类型、设计方法、构造措施等与传统现浇混凝土框架结构有较大差别。对于装配式混凝土框架结构的设计,目前已颁布《装配式混凝土建筑技术标准》(GB/T 51231)和《装配式混凝土结构技术规程》(JGJ 1)等国家和行业标准、图集等,通过结构分析和参考《混凝土结构设计规范》(GB 50010)等其他非装配式设计规范,可完成结构的设计。由于装配式结构等同现浇设计的特点使得设计时需要参考的规范类别多,构件与节点设计考虑的要素多,预制构件制作、吊装、运输和安装工序多,特别是预制构件拆分方式的灵活性与多样化和 BIM 等信息化技术的深度运用,开展一个装配式混凝土结构工程的系统设计,对初步涉足者来说具有一定的困惑和挑战。

为全面系统地掌握装配式混凝土框架结构的设计要点和核心要素,为其他装配式混凝土的设计与研发提供基础性、参考性资料,同时为建筑工业化的快速发展培养高质量的人才队伍,本书的编写体系采用两条平行路线:一条为装配式混凝土框架结构设计的基本概念、设计方法和计算步骤,另一条为一非常翔实、完整的工程结构设计实例。每一章都先对该部分的知识要点和计算分析方法进行简要阐述,突出重点、难点,在此基础上再通过设计实例提供具体的实施方法和步骤,两部分内容互相穿插,使理论与实际充分融合。

全书共分为 8 章。第 1 章介绍了装配式钢筋混凝土框架结构选型与布置,并给出了工程设计概况。第 2 章至第 3 章阐述了装配式钢筋混凝土框架结构在不同荷载作用下的计算简图、内力计算与内力组合,并简要阐述了等同现浇设计理念。第 4 章为预制构件拆分形式与设计,详细介绍了拆分形式与连接节点,并给出了预制柱、叠合梁、叠合楼盖、预制楼梯的设计详解与设计实例。第 5 章详细阐述了预制构件连接节点设计,包括梁柱节点、主次梁节点、梁板节点等。第 6 章介绍了基础设计。第 7 章介绍了 PKPM-PC 软件在装配整体式混凝土框架结构深化设计中的应用。第 8 章阐述了施工图绘制,包括平法施工图和装配式专项设计制图。

本书的编写得到了重庆大学周绪红院士的大力支持,全书由重庆大学白久林副教授和王宇航教授担任主编,中建海龙科技有限公司重庆海龙设计研发总工程师杨经纬、重庆大学杨阳副教授、陈辉明博士担任副主编。本书的第一稿已于 2022 年春季学期,通过与重庆大学刘立平教授、杨溥教授、韩军副教授、魏巍副教授，重庆交通大学金双双教授的通力合作，在重庆大学和重庆交通大学6个装配式毕业设计小组、近40名学生中全面采用，并根据反馈意见进行了系统性修改。本书在编写过程中，重庆大学杨彪、刘家成、梁天龙、艾凡微、焦晨阳等研究生对本书编写提供了支持和帮助，重庆大学本科生尹靖、李梦月、郑唯凯为本书的修改提供了大量建设性意见，在此表示感谢。

由于编者水平有限，疏漏之处在所难免，敬请读者批评指正。

编　者

2023年2月

目 录

1 装配式钢筋混凝土框架结构选型与布置

1.1 装配式钢筋混凝土框架结构

装配式混凝土结构是指一种由预制混凝土构件通过可靠的连接方式装配而成的混凝土结构,简称装配式结构。装配式结构按连接方式分为两类,即装配整体式混凝土结构和全装配混凝土结构。我国当前多采用装配整体式混凝土结构,即由预制混凝土构件通过可靠的方式进行连接,并与现场后浇混凝土、水泥基灌浆料形成整体。该结构类型的连接方式主要以“湿连接”为主,从而使结构具有较好的整体性和抗震能力,因此多用于多层和高层装配式建筑。而全装配混凝土结构是由预制构件采用“干式连接”方式(如螺栓连接、焊接连接等)形成的结构形式,相对装配整体式混凝土结构而言,该种结构类型的整体性和抗震性能较弱一些,因此全装配混凝土结构主要在低层建筑中采用。相对于现浇结构,装配式混凝土结构具有构件生产质量高、现场湿作业量少、模板工程量少、现场作业环境友好、施工机械化程度高、现场劳动力需求量低等优点。

与现浇混凝土结构类似,装配式混凝土结构也可分为装配式混凝土框架、框架-核心筒、框架-剪力墙结构,以及装配式混凝土剪力墙结构。为了增强对装配式混凝土结构设计流程的系统性了解,本书以工程中应用最多、连接节点最具有代表性的装配整体式混凝土框架为例,进行结构和构件的设计计算。

装配整体式混凝土框架结构(图 1.1)是指全部或部分框架梁、柱采用预制构件构建成的装配整体式混凝土结构,简称装配整体式框架结构。装配整体式混凝土框架结构的设计方式与传统现浇结构有较大不同,它应按照标准化设计、工业化生产、装配化施工、一体化装修、信息化管理的原则进行结构和构件的全流程设计,并综合考虑预制构件总体布置、构件设计、节点设计等要点进行预制构件的深化设计。在预制构件总体布置中,要确定现浇与预制的范围和边界,明确后浇区与预制构件、预制构件与预制构件之间的关系。在构件设计中，要按照更有利于装配化施工的方式进行配筋设计，对预制构件的钢筋进行精细化排布，对吊装、运输等短暂设计状况进行全面的承载力验算。在节点设计中，要明确预制构件与预制构件、预制构件与现浇混凝土之间的连接，包括确定连接方式和连接构造。

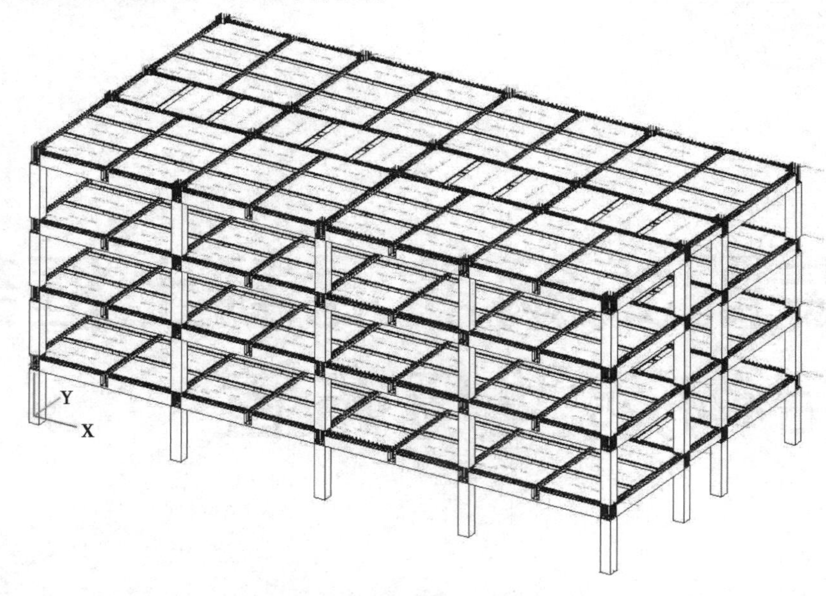

图 1.1　装配整体式混凝土框架结构示意图

装配整体式混凝土框架结构的构件拆分应按照“少规格、多组合”的原则，并综合考虑建筑功能和外观、结构合理性以及制作、运输和安装的可行性和便利性、经济合理性等多方面影响因素，由建筑、结构、制作、运输及安装各个环节的技术人员协作完成。其中，“少规格、多组合”的设计原则能够减少预制构件的规格种类，提高预制构件模板的重复使用率，有利于预制构件的生产制造与施工，有利于提高生产速度和工人的劳动效率，从而降低造价。预制构件的连接宜设置在结构受力较小的部位，接缝的位置以及预制构件的尺寸和形状应同时满足建筑模数协调、建筑物理性能、结构和预制构件的承载能力要求，以及便于施工和进行质量控制等的多项要求。

目前，我国装配整体式混凝土框架结构常常按照竖向构件、水平构件、维护构件、非结构构件的分类方式分为：预制柱、预制梁+叠合层、预制板+叠合层、预制外墙、预制内隔墙、预制楼梯、预制阳台、预制女儿墙、预制空调板等。本书选取了装配整体式混凝土框架结构中的一榀框架和其中最主要的预制构件进行了详细分析与设计示例。其中，结构体系的整体计算详见第 1 章至第 3 章，预制梁、板、柱及楼梯的设计计算详见第 4 章，连接节点及接缝的设计计算详见第 5 章、基础的设计计算详见第 6 章、软件的应用与施工图的绘制详见第 7 章和第 8 章。

1.2　结构选型

结构选型是一个综合性问题，应选择合理的结构形式。按材料进行分类，常用的建筑结构形式可分为混凝土结构、钢结构、木(竹)结构等体系类型。适用于装配式建筑的结构体系，不仅需要满足结构安全性、适用性、耐久性等一般建筑功能要求，还必须满足适合工厂化生产、机械化施工、方便运输、节能环保、经济绿色等建筑工业化的功能要求。因此，对各结构体系的特点和装配式建筑的特征进行综合考虑后,我国的装配式建筑结构体系主要选择装配式混凝土结构体系。

目前,我国装配式混凝土建筑中普遍采用装配整体式混凝土结构体系,对该体系可依据各结构自身特点进行合理选型。装配整体式混凝土框架结构由梁、柱构件通过节点连接形成骨架结构(其中梁、柱承受水平和竖向荷载,墙体起到围护作用),结构整体性和抗震性能好,且平面布置灵活,可提供较大的使用空间。但随着层数和高度的增加,构件截面面积和钢筋用量增多,侧向刚度越来越难以满足设计要求,故其一般不宜用于过高的建筑。装配整体式混凝土剪力墙结构是依靠剪力墙承受竖向和水平荷载,结构整体性好、刚度大、最大适用高度较装配整体式混凝土框架结构大,但其平面布置不够灵活。装配整体式框架-现浇剪力墙结构结合了框架结构平面布置灵活和剪力墙结构抗侧刚度大的特点,既提升了建筑的使用功能,又使建筑能满足抗震相关要求。装配整体式框架-现浇核心筒结构由内部现浇核心筒和外围框架组成,既满足了建筑使用功能需求,又可提供足够大的抗侧刚度来满足高层建筑的抗风、抗震要求,因此广泛应用于高层、超高层建筑中。装配整体式部分框支剪力墙结构一般在下部一层或多层选择轴网间距较大的大开间(将部分剪力墙用框架替代),可以布置成大型商场等;上部楼层选择轴网间距较小的小开间(剪力墙),可作为住宅、办公室等。该结构形式满足建筑多功能的要求,适用于高层建筑。装配整体式结构房屋最大适用高度应满足表 1.1 装配整体式结构房屋最大适用高度的要求,并应符合下列规定:

①当结构中竖向构件全部为现浇且楼盖采用叠合梁板时,房屋的最大适用高度可按现行行业标准《高层建筑混凝土结构技术规程》(JGJ 3)中的规定采用。

②装配整体式剪力墙结构和装配整体式部分框支剪力墙结构,在规定的水平力作用下,当预制剪力墙构件底部承担的总剪力大于该层总剪力的 50% 时,其最大适用高度应适当降低;当预制剪力墙构件底部承担的总剪力大于该层总剪力的 80% 时,最大适用高度应取表 1.1 中括号内的数值。

③装配整体式剪力墙结构和装配整体式部分框支剪力墙结构,当剪力墙边缘构件竖向钢筋采用浆锚搭接连接时,房屋最大适用高度应比表中数值降低 10 m。

④超过表内高度的房屋,应进行专门研究和论证,并采取有效的加强措施。

表 1.1 装配整体式结构房屋最大适用高度

结构类型	抗震设防烈度			
	6 度	7 度	8 度(0.2g)	8 度(0.3g)
装配整体式框架结构	60	50	40	30
装配整体式框架-现浇剪力墙结构	130	120	100	80
装配整体式框架-现浇核心筒结构	150	130	100	90
装配整体式剪力墙结构	130(120)	110(100)	90(80)	70(60)
装配整体式部分框支剪力墙结构	110(100)	90(80)	70(60)	40(30)

注:①房屋高度指室外地面到主要屋面的高度,不包括局部突出屋顶的部分;

②部分框支剪力墙结构指地面以上有部分框支剪力墙的剪力墙结构,不包括仅个别框支墙的情况。

在结构选型时,需要充分了解各类结构形式的优缺点、应用范围、结构布置原则和大致的构造尺寸等,根据建筑物高度及使用要求,结合具体建设条件进行综合分析,从而做出最终的决定。结构设计中,选择合理科学的结构体系非常重要,是达到安全可靠、经济合理的重要前提。

1.3 结构布置

目前主要是借助现浇结构来研究装配式结构的整体性能,因此,对于装配整体式结构的布置要求较严于现浇混凝土结构。对于特别不规则的建筑,由于其会出现各种非标准的构件,且在地震作用下内力分布较复杂,故不适用于装配式的建造方式。

1)抗震设防结构布置原则

根据《建筑抗震设计规范》(2016 年版)(GB 50011—2010),为了使装配式建筑满足抗震设防要求,装配整体式结构与现浇结构一样,应考虑下述的抗震设计基本原则:

①选择有利的场地,采取措施来保证地基稳定。

②保证地基基础的承载力、刚度以及具有足够的抗滑移、抗倾覆能力。

③合理设置沉降缝、伸缩缝和防震缝。

④设置多道抗震设防防线。

⑤合理选择结构体系(结构应有足够的刚度,且具有均匀的刚度分布),控制结构顶点总位移和层间位移。

⑥结构应有足够的承载力,节点的承载力应大于构件的承载力。

⑦结构应有足够的变形能力及耗能能力,以防止构件发生脆性破坏,保证构件有足够的延性。

2)结构总体布置

在装配式建筑中,在根据结构高度选择合理结构体系的基础上,还要恰当地设计和选择结构的平面形状、剖面和整体造型。建筑师通常会在初步设计阶段确定这些要素,但是在综合考虑使用要求、建筑美观、结构合理及便于施工等各种因素后,结构布置才能确定。由于装配式建筑保证结构安全及经济合理等要求比一般建筑更为突出,因此,应该更加重视结构布置及选型的合理性。结构平面布置与《高层建筑混凝土结构技术规程》(JGJ 3)中的规定相同,结构竖向布置应满足《建筑抗震设计规范》(GB 50011)的有关规定。

结构布置包括以下主要内容:

①结构平面布置。即确定梁、柱、墙、基础等在平面上的位置。

②结构竖向布置。即确定结构竖向形式、楼层高度、电梯机房、屋顶水箱、电梯井和楼梯间的位置和高度,是否设地下室、转换层、加强层、技术夹层以及它们的位置和高度。

结构布置除应满足使用要求外,应尽可能地做到简单、规则、均匀、对称,使结构具有足够的承载力、刚度和变形能力,避免因局部破坏而导致整个结构破坏,避免局部突变和扭转效应而形成薄弱部位,使结构具有多道抗震防线。不应采用严重不规则的结构布置。

1.3.1 平面布置

《高层建筑混凝土结构技术规程》(JGJ 3)对装配式结构平面布置给出了下列规定:

①平面形状宜简单、规则、对称,质量、刚度分布宜均匀,不应采用严重不规则的平面布置;

②平面长度不宜过长(图 1.2),长宽比(L/B)宜按表 1.2 平面尺寸及突出部位尺寸的比值

限值采用；

③平面突出部分的长度 l 不宜过大、宽度 b 不宜过小(图 1.2)，l/B_{max}、l/b 宜按表 1.2 采用；

④平面不宜采用角部重叠或细腰形平面布置。角部重叠和细腰形的平面(图 1.3)，在中央形成狭窄部位，地震中容易产生震害，尤其在凹角部位，因应力集中容易使楼板开裂、破坏。这些部位应采用加大楼板厚度、增加板内配筋、设置集中配筋的过梁、配置 45°斜向钢筋等方法予以加强。

表 1.2　平面尺寸及突出部位尺寸的比值限值

设防烈度	L/B	l/B_{max}	l/b
6、7 度	≤6.0	≤0.35	≤2.0
8、9 度	≤5.0	≤0.30	≤1.5

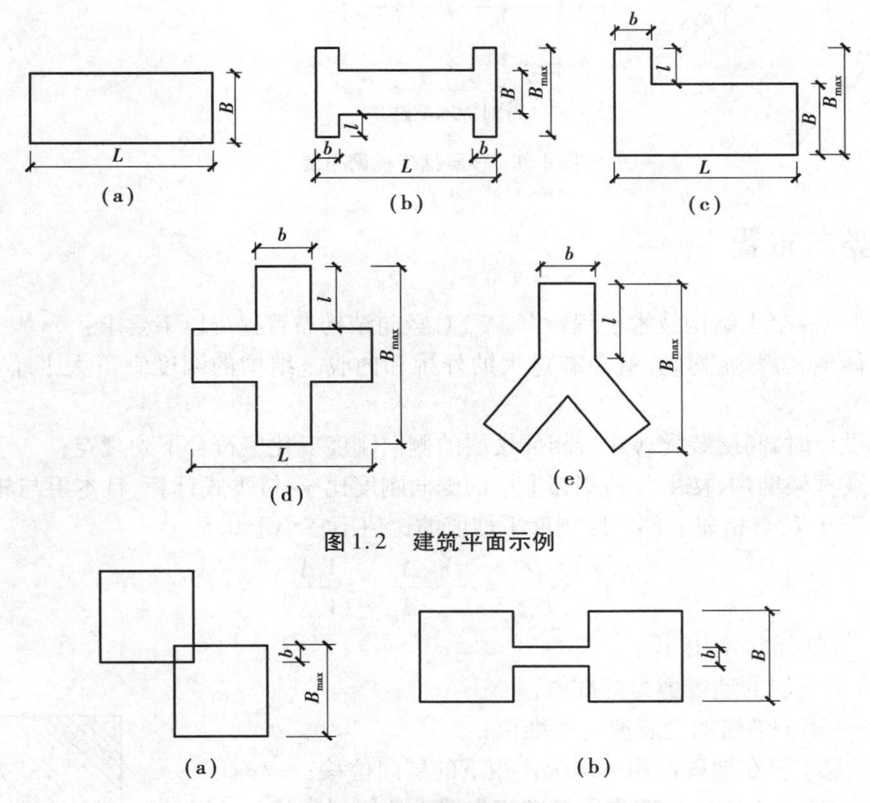

图 1.2　建筑平面示例

(a)　(b)

图 1.3　角部重叠和细腰平面示例

框架结构柱网布置时，应尽量统一平面框架的柱距(开间、进深)。首先要满足生产工艺和其他使用功能的要求，柱网布置方式可分为内廊式、等跨式、不等跨式等几种，如图 1.4 所示；其次是满足建筑平面功能的要求。此外，平面应尽可能简单、规则、受力合理，使各构件跨度、内力分布均匀均衡。工程实践中常用的梁、板跨度：主梁(与框架柱相连且承担楼面板主要荷载的梁)跨度为 5 ~ 8 m，次梁跨度为 4 ~ 6 m；单向板跨为 1.7 ~ 2.5 m，一般不宜超过 3 m，双向板跨 4 m 左右，荷载较大时宜取较小值，因为板跨直接影响板厚，而板的面积较大，故板厚度的增加对材料用量及结构自重增加影响较大。

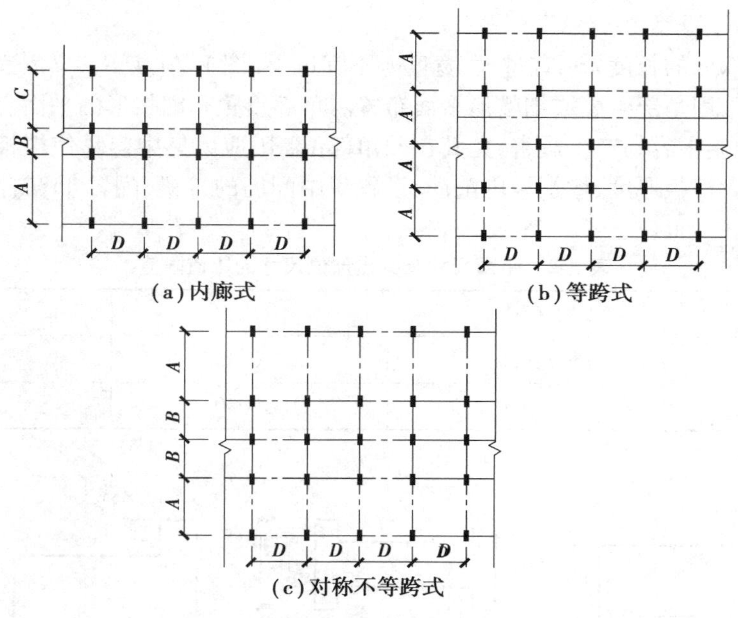

(a)内廊式　(b)等跨式

(c)对称不等跨式

图 1.4　多层框架柱网布置

1.3.2　竖向布置

《高层建筑混凝土结构技术规程》(JGJ 3)对竖向结构布置提出以下要求：

①竖向体型宜规则、均匀，避免有过大的外挑和内收。结构的刚度宜下大上小，逐渐均匀变化。

②抗震设计时，高层装配式建筑相邻楼层的侧向刚度变化应符合下列规定：

对装配式框架结构，楼层与其相邻上层的侧向刚度比 γ_1 按下式计算，且本层与相邻上层的比值不宜小于 0.7，与相邻上部 3 层刚度平均值的比值不宜小于 0.8。

$$\gamma_1 = \frac{D_i}{D_{i+1}} = \frac{V_i/\Delta_i}{V_{i+1}/\Delta_{i+1}} = \frac{V_i\Delta_{i+1}}{V_{i+1}\Delta_i} \tag{1.1}$$

式中　γ_1——楼层侧向刚度比；

V_i——第 i 层的地震剪力标准值；

V_{i+1}——第 $i+1$ 层的地震剪力标准值；

Δ_i——第 i 层在地震作用标准值作用下的层间位移；

Δ_{i+1}——第 $i+1$ 层在地震作用标准值作用下的层间位移。

③抗震设计时，结构竖向抗侧力结构宜上下连续贯通。竖向抗侧力结构上下未贯通(图 1.5)时，底层结构易发生破坏。

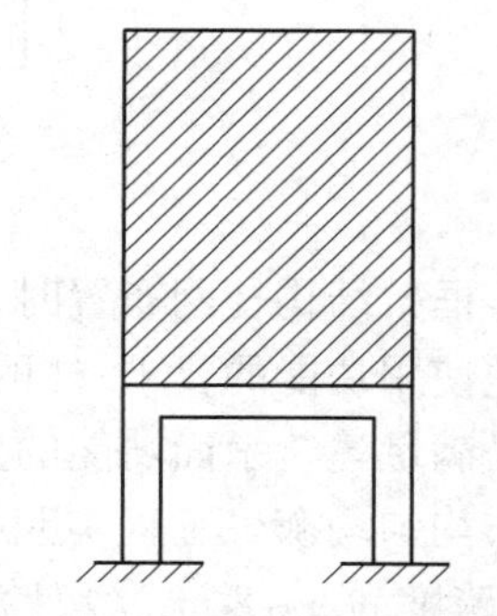

图 1.5　框支剪力墙(竖向抗侧力结构上下未贯通)

④抗震设计时，当结构上部楼层收进部位到室外地面的高度 H_1 与房屋高度 H 之比大于 0.2 时，上部楼层收进后的水平尺寸 B 不宜小于下部楼层水平尺寸的 75%；当上部结构楼层相对于下部楼层外挑时，下部楼层的水平尺寸 B 不宜小于上部楼层水平尺寸 B_1 的 0.9 倍，且水平外挑尺寸 a 不宜大于 4 m，如图 1.6 所示。

⑤楼层质量沿高度宜均匀分布，楼层质量不宜大于相邻下部楼层质量的 1.5 倍。

⑥不宜采用同一楼层刚度和承载力变化同时不满足第②点规定的高层装配式建筑结构。

⑦侧向刚度变化、承载力变化、竖向抗侧力构件连续性不符合第②点和第③点要求的楼层，其对应于地震作用标准值的剪力应乘以 1.25 的增大系数。

⑧结构顶层取消部分墙、柱形成空旷房间时，宜进行弹性或弹塑性时程分析补充计算并采取有效的构造措施。

《建筑抗震设计规范》(GB 50011)规定，符合表 1.3 规定的结构，属于竖向不规则结构。

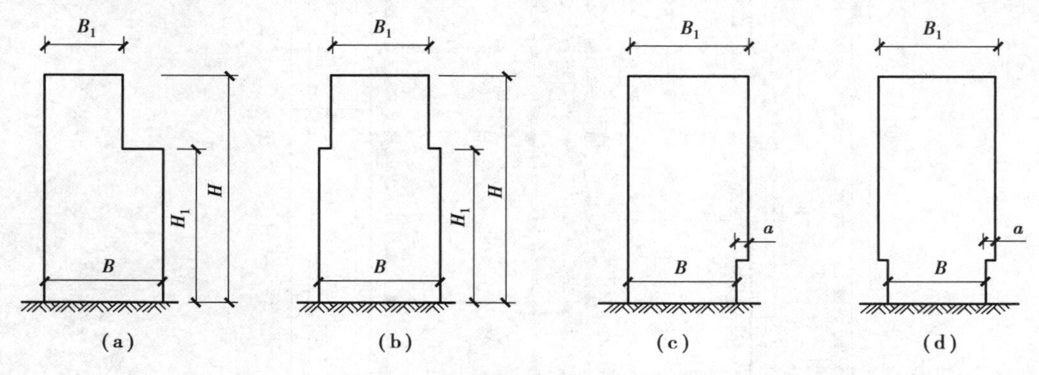

图 1.6 结构竖向收进和外挑示意图

表 1.3 竖向不规则的主要类型

不规则类型	定义和参考指标
侧向刚度不规则	该层的侧向刚度小于相邻上一层的 70%，或小于其上相邻 3 个楼层侧向刚度平均值的 80%；除顶层或出屋面小建筑外，局部收进的水平向尺寸大于相邻下一层的 25%
竖向抗侧力构件不连续	竖向抗侧力构件(柱、抗震墙、抗震支撑)的内力由水平转换构件(梁、桁架等)向下传递
楼层承载力突变	抗侧力结构的层间受剪承载力小于相邻上一楼层的 80%

1.4 设计例题条件

1.4.1 工程概况

本工程为西南地区某高校办公楼，建筑层数为地上 5 层，除底层外各层层高均为 3.6 m，底层层高为 4.4 m，采用装配整体式钢筋混凝土框架结构。总建筑面积约 5 083.57 m^2，建筑平面图、立面图和剖面图分别如图 1.7 至图 1.10 所示。

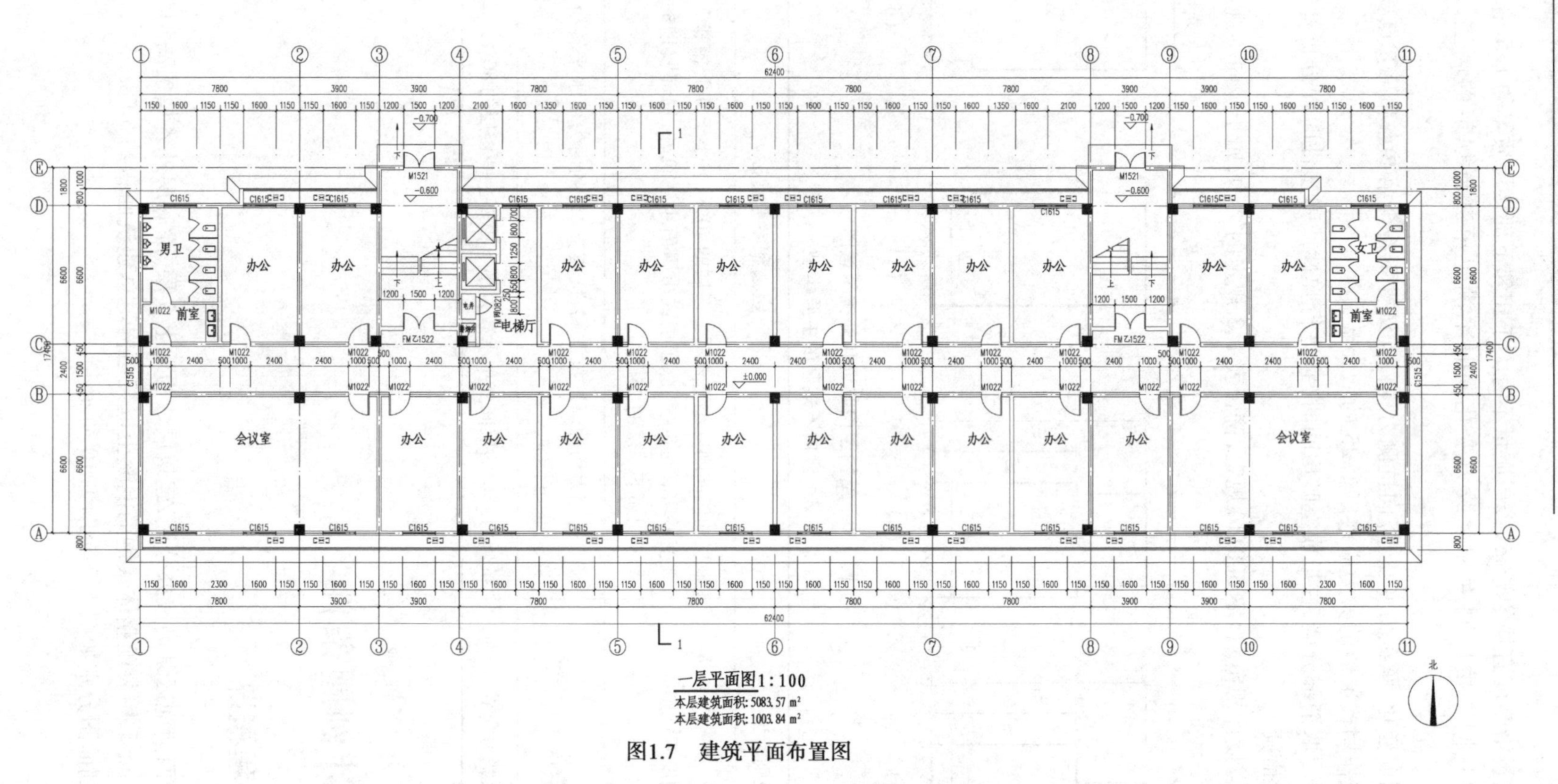
男卫
女卫
前室
办公
会议室
电梯厅
北
一层平面图1:100
本层建筑面积: 5083.57 m²
本层建筑面积: 1003.84 m²

图1.7　建筑平面布置图

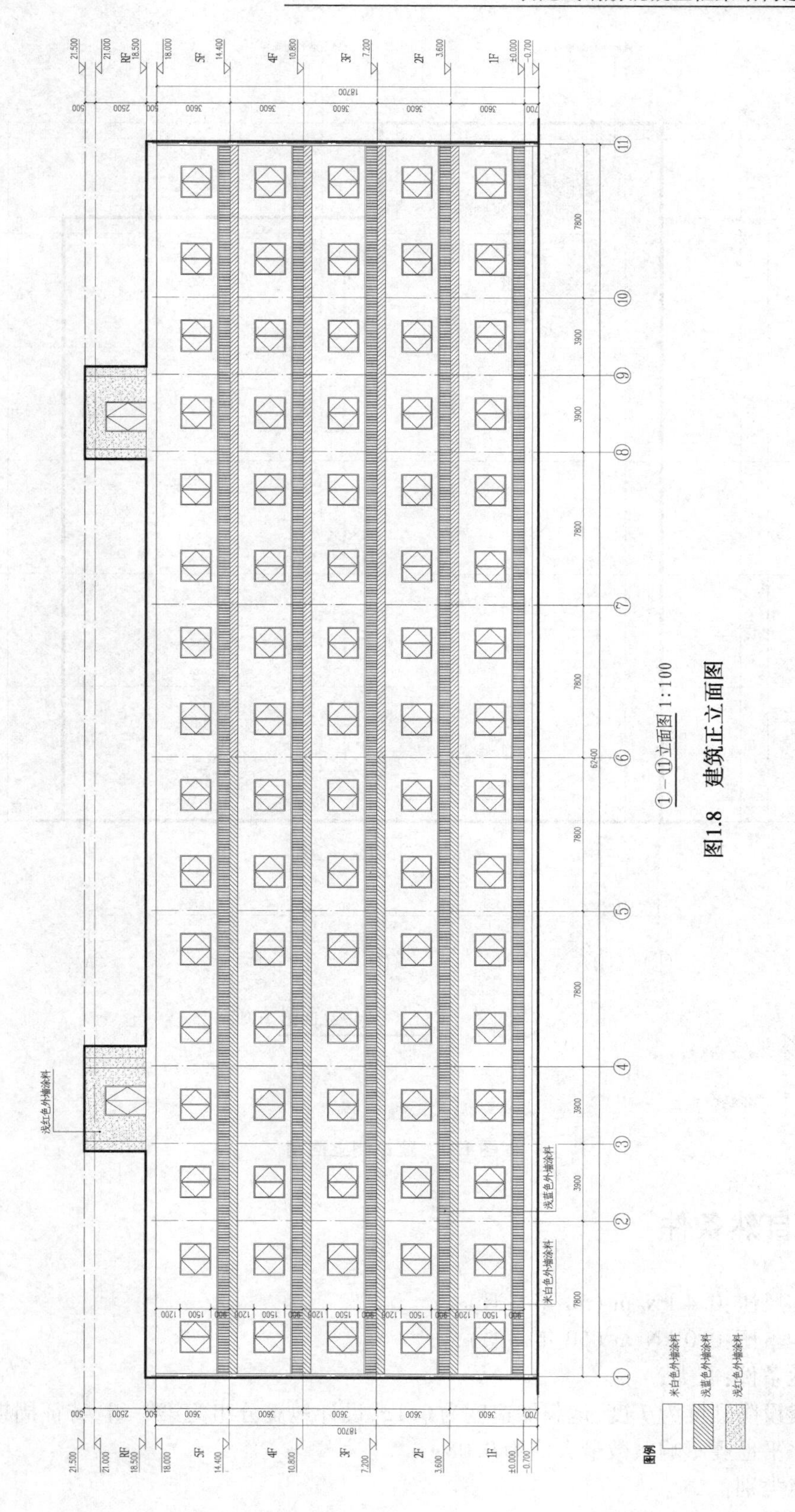
①-⑪立面图 1:100
浅红色外墙涂料
浅蓝色外墙涂料
米白色外墙涂料
图例
米白色外墙涂料
浅蓝色外墙涂料
浅红色外墙涂料

图1.8 建筑正立面图

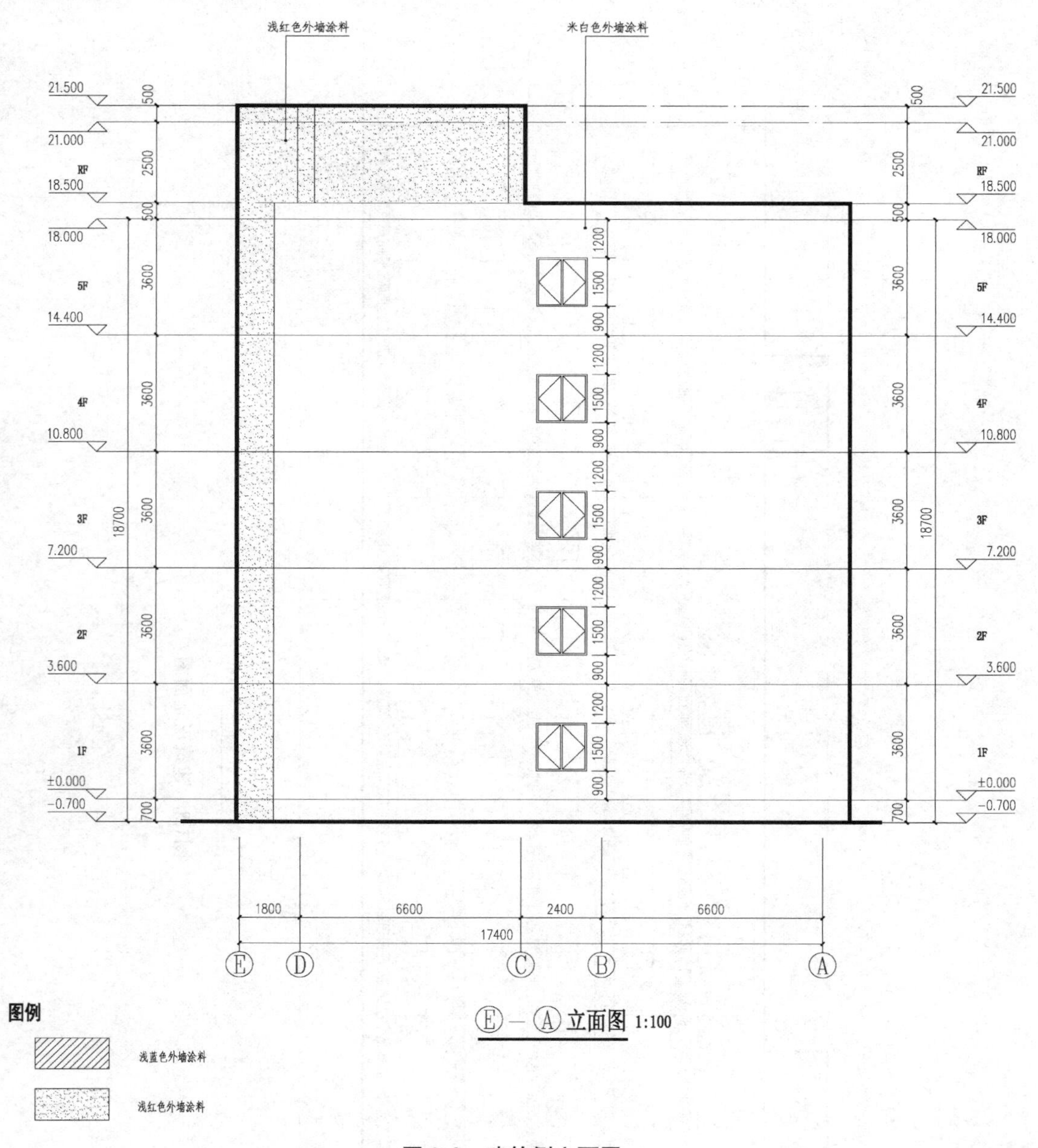

图 1.9 建筑侧立面图

1.4.2 自然条件

①基本风压:0.4 kN/m^2(50 年一遇);

②基本雪压:0.0 kN/m^2(50 年一遇);

③场地条件:Ⅱ类;

④抗震设防烈度为 7 度,地震加速度为 0.1g,设计地震分组为第一组,特征周期为 0.35 s,多遇地震水平地震影响系数最大值为 0.08;

⑤环境类别:二 a。

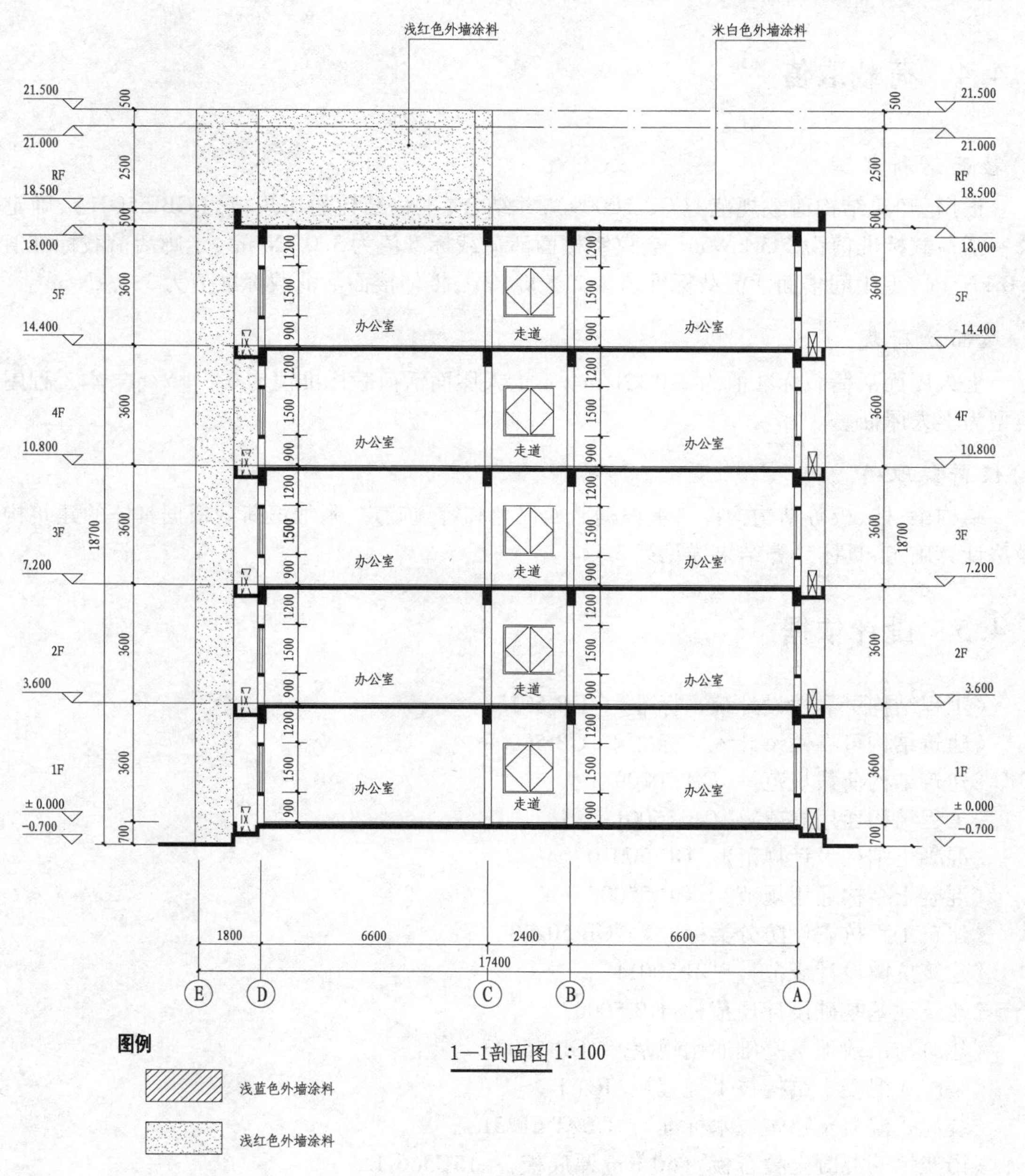

图 1.10　建筑剖面图

1.4.3　建筑分类等级

①建筑使用年限:50 年;

②建筑结构安全等级:二级;

③建筑抗震设防类别:标准设防类(丙级);

④抗震等级:三级;

⑤基础设计等级:丙级。

1.4.4 荷载取值

1)楼面活荷载

根据《建筑结构荷载规范》(GB 50009),并结合《工程结构通用规范》(GB 55001),确定办公室活荷载标准值为2.5 kN/m^2,会议室楼面活荷载标准值为3.0 kN/m^2,走廊活荷载标准值为3.0 kN/m^2,卫生间楼面活荷载标准值为2.5 kN/m^2,楼梯楼面活荷载标准值为3.5 kN/m^2。

2)屋面活荷载

上人屋面活荷载标准值为2.0 kN/m^2,不上人屋面活荷载标准值为0.5 kN/m^2,本工程屋面类型为上人屋面。

3)恒荷载取值

结构梁、柱、板等结构构件自重根据截面尺寸和容重确定,附加恒荷载根据具体的建筑构造做法计算确定,具体计算结果详见第3章。

1.4.5 设计依据

《工程结构可靠性设计统一标准》 GB 50153
《建筑结构可靠性设计统一标准》 GB 50068
《建筑结构荷载规范》 GB 50009
《工程结构通用规范》 GB 55001
《混凝土结构设计规范》 GB 50010
《混凝土结构通用规范》 GB 55008
《建筑工程抗震设防分类标准》 GB 50223
《建筑抗震设计规范》 GB 50011
《建筑地基基础设计规范》 GB 50007
《建筑与市政地基基础通用规范》 GB 55003
《装配式混凝土结构技术规程》 JGJ 1
《装配式混凝土建筑技术标准》 GB/T 51231
《桁架钢筋混凝土叠合板》(60 mm 厚底板) 15G366-1
《预制钢筋混凝土板式楼梯》 15G367-1
《公路桥涵地基与基础设计规范》 JTG 3363
《建筑桩基技术规范》 JGJ 94

1.4.6 建筑构造做法

1)办公室、会议室楼面(从上往下)

面砖饰面层 0.28 kN/m^2

5 厚专用瓷砖胶黏剂	0.115 kN/m^2
30 mm 厚增强型水泥基泡沫保温隔声板	0.06 kN/m^2
15 mm 厚黏结层	0.21 kN/m^2
130 mm 厚钢筋混凝土楼板	3.25 kN/m^2
石膏板吊顶	0.15 kN/m^2
合计:	4.065 kN/m^2
取:	4.1 kN/m^2

2)走道楼面(从上往下)

面砖饰面层	0.28 kN/m^2
10 厚专用瓷砖胶黏剂	0.23 kN/m^2
130 mm 厚钢筋混凝土楼板	3.25 kN/m^2
石膏板吊顶	0.15 kN/m^2
合计:	3.91 kN/m^2
取:	4.0 kN/m^2

3)卫生间楼面(从上往下)

面砖饰面层	0.28 kN/m^2
5 厚专用瓷砖胶黏剂	0.115 kN/m^2
20 mm 厚 WSM10 干硬性水泥砂浆结合层	0.32 kN/m^2
1.5 mm 厚 JS(Ⅱ型)(JS 液料:专用粉料=1:1.5)防水涂料	0.023 kN/m^2
1:3 水泥砂浆找坡层,最薄处 20 mm	0.59 kN/m^2
130 mm 厚钢筋混凝土楼板	3.25 kN/m^2
1.0 mm 厚 JS(Ⅱ型)(JS 液料:专用粉料=1:1.5)防水涂料	0.015 kN/m^2
铝扣板吊顶	0.001 kN/m^2
合计:	4.594 kN/m^2
取:	4.6 kN/m^2

4)屋面(从上往下)

保护层:40 mm 厚细石混凝土	0.92 kN/m^2
保温层:75 mm 厚难燃性挤塑聚苯板	0.023 kN/m^2
防水层:1.2 mm 厚合成高分子防水卷材两道	0.012 kN/m^2
找平层:20 mm 厚 1:3 水泥砂浆	0.4 kN/m^2
找坡层:最薄处 30 厚 LC5.0 轻集料混凝土,2% 找坡	0.93 kN/m^2
结构层:160 mm 厚钢筋混凝土楼板	4 kN/m^2
合计:	6.285 kN/m^2

取： 6.3 kN/m²

5) 外围护墙(从内到外)

基层墙体清理		
8 mm 厚(首层 15 mm)抗裂砂浆防护层	首层:	0.225 kN/m²
	其他层:	0.12 kN/m²
200 mm 厚自保温高精确砌块		1.4 kN/m²
5 mm 厚柔性耐水腻子两道		0.007 kN/m²
2 mm 厚外墙涂料		0.001 kN/m²
合计:首层墙		1.633 kN/m²
其他层墙		1.528 kN/m²
取: 首层墙		1.64 kN/m²
其他层墙		1.53 kN/m²

6) 内隔墙(从内到外)

基层墙体清理	
界面剂 108 胶素水泥浆一道	0.01 kN/m²
8 mm 厚 WPM15 水泥砂浆收光罩面	0.116 kN/m²
200 mm 厚条板	1.08 kN/m²
3 mm 厚柔性耐水内墙腻子一遍	0.004 kN/m²
2 mm 内墙涂料	0.001 kN/m²
合计:	1.211 kN/m²
取:	1.22 kN/m²

7) 内隔墙(卫生间,从内到外)

基层墙体清理	
界面剂 108 胶素水泥浆一道	0.01 kN/m²
8 mm 厚 WPM15 水泥砂浆收光罩面	0.116 kN/m²
200 mm 厚条板	1.08 kN/m²
墙面满刷 1.5 mm 厚 JS(Ⅱ型)(JS 液料：专用粉料=1：1.5)	
防水涂料	0.023 kN/m²
5 厚专用瓷砖胶黏剂	0.115 kN/m²
面砖饰面层	0.28 kN/m²
合计:	1.624 kN/m²
取:	1.63 kN/m²

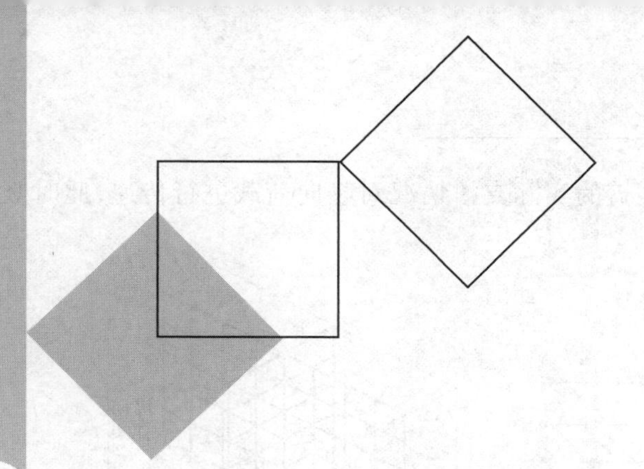

2 装配式钢筋混凝土框架结构计算简图

2.1 基本理论

钢筋混凝土建筑结构的精确计算是十分困难的，主要有以下几点原因：

①钢筋混凝土材料本身为非均质弹性材料；

②风荷载、地震作用等各种作用均有极强的随机性，难以准确计算；

③结构构件受力复杂、性能不一、结构体系不同等给计算带来极大难度。

但在结构设计过程中，对结构进行合理地分析和计算却又十分必要。尽管现阶段诸多成熟的计算软件可以更精确、便捷地辅助设计，但在初步设计阶段、概念设计或对软件计算结果进行判断和校核时，近似的手算方法因其计算简便、概念清晰、易于掌握，受到工程师们的欢迎。

要计算出框架结构中梁柱内力，首先要确定框架结构简化后的计算简图，即需确定框架的计算单元，框架的计算简图、构件材料选择、构件截面、框架承受荷载等。

2.1.1 计算单元

框架结构房屋是由梁、柱、楼板、基础等构件组成的空间结构体系，一般应按三维空间结构进行分析。但对于平面布置较规则的框架结构房屋（图 2.1），为了简化计算，通常将实际的空间结构简化为若干个横向或纵向平面框架进行分析，每榀平面框架为一个计算单元，如图 2.1(a)所示。

就承受竖向荷载而言，当横向（纵向）框架承重时，截取横向（纵向）框架进行计算，全部竖向荷载由横向（纵向）框架承担，不考虑纵向（横向）框架的作用。当纵、横向框架混合承重时，应根据结构的不同特点进行分析，并按楼盖的实际支撑情况对竖向荷载进行传递，此时竖向荷载通常由纵、横向框架共同承担。

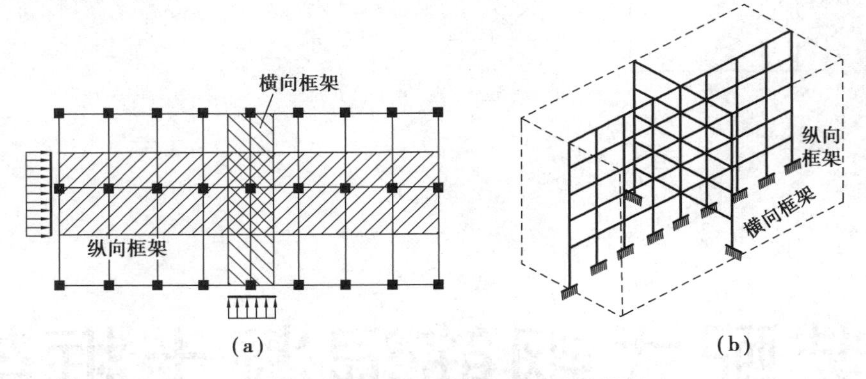

图 2.1　平面框架的计算单元及计算模型

在某一方向水平荷载的作用下，整个框架结构体系可视为若干个平面框架共同抵抗与平面框架平行的水平荷载，与该方向正交的结构不参与受力。当每榀平面框架所抵抗的水平荷载为风荷载时，可取计算单元范围内的风荷载[图 2.1(a)]；当其为水平地震作用时，则为按其平面框架的侧向刚度比例所分配到的水平力。

2.1.2　计算简图

将复杂的空间框架结构简化为平面框架之后[图 2.2(a)]，应进一步将实际的平面框架转化为力学模型[图 2.2(b)]，在该力学模型上作用荷载就成为框架结构的计算简图。

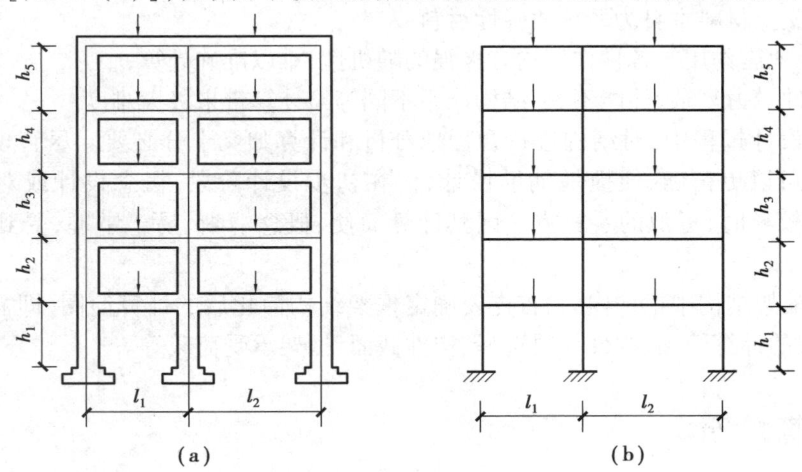

图 2.2　框架结构计算简图

在框架结构的计算简图中，梁、柱用其轴线表示，梁与柱之间的连接用节点表示，梁或柱的长度用节点间的距离表示，如图 2.2(b)所示。由图 2.2(b)可见，框架柱轴线之间的距离即为框架梁的计算跨度；框架柱的计算高度即为各横梁形心轴线间的距离。当各层梁截面尺寸相同时，除底层柱外其余层，柱的计算高度即为层高。对于底层柱的下端，一般取至基础顶面；当设有整体刚度很大的地下室，且地下室结构的楼层侧向刚度不小于相邻上部结构楼层侧向刚度的

2 倍时,可取至地下室结构的顶板处。

对斜梁或折线形横梁,当倾斜度不超过 1/8 时,在计算简图中可取为水平轴线。

在实际工程中,框架柱的截面尺寸通常沿房屋高度变化。当上层柱截面尺寸减小但其形心轴仍与下层柱的形心轴重合时,其计算简图与各层柱截面不变时的相同(图 2.2);当上、下层柱截面尺寸不同且形心轴也不重合时,一般采取近似方法,即将顶层柱的形心线作为整个柱的轴线,如图 2.3 所示。但是必须注意,在框架结构的内力和变形分析中,各层梁的计算跨度及线刚度仍应按实际情况选取。另外,尚应考虑上下层柱轴线不重合时,由上层柱传来的轴力在变截面处所产生的力矩[图 2.3(b)]。此力矩应视为外荷载,与其他竖向荷载一起进行框架内力分析。

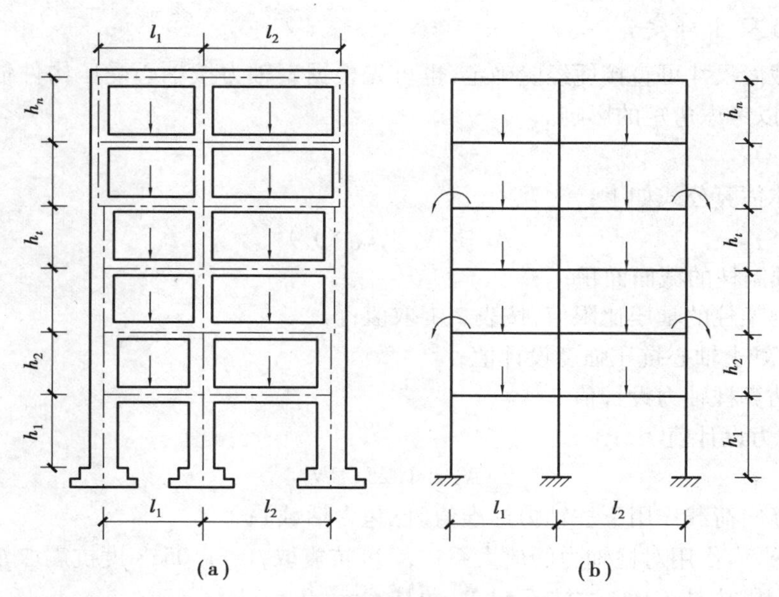

图 2.3　变截面框架柱结构计算简图

2.1.3　构件材料选择

1)混凝土

装配式混凝土结构主要通过现场干湿作业结合(或只有干作业)的方式,尽可能减少现场湿作业的工作量。因此,装配式混凝土结构中混凝土既包括预制构件混凝土,还包括现场后浇混凝土。

对于装配式混凝土结构,预制混凝土构件在养护成型后,需要经过存储、运输、吊装、连接等工序后才能应用于建筑本身。考虑在此过程中,混凝土构件可能承受难以预计的荷载组合,因此需保证预制构件混凝土质量,对其采用的混凝土的最低强度等级的要求高于现浇混凝土。根据《装配式混凝土结构技术规程》(JGJ 1),预制构件混凝土强度等级不宜低于 C30。预应力混凝土预制构件的混凝土强度等级不宜低于 C40,且不应低于 C30。预制构件节点及接缝处后浇混凝土的强度等级不应低于所连接预制构件的混凝土强度等级。

2）**钢筋**

钢筋的选用应符合现行国家标准《混凝土结构设计规范》（GB 50010）的规定，对于纵向受力普通钢筋可采用 HRB400、HRB500、HRBF400、HRBF500 钢筋；梁、柱和斜撑构件的纵向受力普通钢筋宜采用 HRB400、HRB500、HRBF400、HRBF500 钢筋；箍筋宜采用 HRB400、HRBF400、HRB500、HRBF500 钢筋；预应力筋宜采用预应力钢丝、钢绞线和预应力螺纹钢筋。

2.1.4 构件截面估算

1）**框架柱截面尺寸确定**

预制柱的截面尺寸可直接凭经验确定，也可先根据其轴力按轴心受压构件估算，再乘以适当的放大系数，以考虑弯矩的影响。

（1）尺寸估算

尺寸的具体估算公式如下：

$$A_c \geqslant N_c/(\mu_N \times f_c) \tag{2.1}$$

式中 A_c——预制柱的截面面积；

μ_N——框架柱的轴压比限值，按表 2.1 取值；

f_c——混凝土轴心抗压强度设计值；

N_c——估算柱轴力设计值。

（2）柱的轴力设计值

$$N_c = 1.25C\beta N \tag{2.2}$$

式中 N——竖向荷载作用下柱轴力标准值（已包含活载）；

β——水平力作用对柱轴力的放大系数，7 度抗震取 $\beta=1.05$；8 度抗震取 $\beta=1.10$；

C——系数，中柱 $C=1$，边柱 $C=1.1$，角柱 $C=1.2$。

（3）竖向荷载作用下的柱轴力标准值

$$N = nAq \tag{2.3}$$

式中 n——柱承受楼层数；

A——柱子从属面积；

q——竖向荷载标准值（已包含活载），框架结构：10～12 kN/m^2（轻质砖），12～14 kN/m^2（机制砖）；框剪结构：12～14 kN/m^2（轻质砖），14～16 kN/m^2（机制砖）；筒体、剪力墙结构：15～18 kN/m^2。

（4）框架柱的截面尺寸要求

①矩形截面柱，抗震等级为四级或层数不超过 2 层时，其最小截面尺寸不宜小于 300 mm×300 mm，一、二、三级抗震等级且层数超过 2 层时不宜小于 400 mm×400 mm；圆柱的截面直径，抗震等级为四级或层数不超过 2 层时不宜小于 350 mm×350 mm，一、二、三级抗震等级且层数超过 2 层时不宜小于 450 mm×450 mm。

②柱的剪跨比宜大于 2。

③柱截面长边与短边的边长比不宜大于 3。

（5）限制轴压比

限制框架柱的轴压比可以保证柱的塑性变形能力和框架的抗倒塌能力。在抗震设计时，为了保证装配整体式混凝土框架结构柱的延性要求，一、二、三、四级抗震等级的各类结构的框架柱、框支柱，其轴压比不宜超过表2.1规定的限制，其中建造于Ⅳ类场地的较高的高层建筑，轴压比限值应适当减小。

表2.1　框架柱轴压比限值

结构体系	抗震等级			
	一级	二级	三级	四级
框架结构	0.65	0.75	0.85	0.90
框架-剪力墙结构、筒体结构	0.75	0.85	0.90	0.95
部分框支剪力墙结构	0.60	0.70	—	

注：①轴压比指柱组合的轴压力设计值与柱的全截面面积和混凝土轴心抗压强度设计值乘积之比值；对规范规定不进行地震作用计算的结构，可取无地震作用组合的轴力设计值计算；

②表内限值适用于剪跨比大于2、混凝土强度等级不高于C60的柱；剪跨比不大于2的柱，轴压比限值应降低0.05；剪跨比小于1.5的柱，轴压比限值应专门研究并采取特殊构造措施；

③沿柱全高采用井字复合箍且箍筋肢距不大于200 mm、间距不大于100 mm、直径不小于12 mm，或沿柱全高采用复合螺旋箍、螺旋间距不大于100 mm、箍筋肢距不大于200 mm、直径不小于12 mm，或沿柱全高采用连续复合矩形螺旋箍、螺旋净距不大于80 mm、箍筋肢距不大于200 mm、直径不小于10 mm，轴压比限值均可增加0.10；

④在柱的截面中部附加芯柱，其中另加的纵向钢筋的总面积不少于柱截面面积的0.8%，轴压比限值可增加0.05；此项措施与注3的措施共同采用时，轴压比限值可增加0.15，但箍筋的体积配箍率仍可按轴压比增加0.10的要求确定；

⑤柱轴压比不应大于1.05。

2）框架梁截面尺寸确定

框架梁的截面尺寸应根据承受竖向荷载的大小、梁的跨度、框架的间距、是否考虑抗震设防要求以及选用的混凝土材料强度等诸多因素综合考虑确定。

混凝土叠合梁作为典型的受弯构件，与现浇梁在结构受力上相同，但考虑到标准化、简单化原则，为了减少叠合梁的规格，叠合梁截面尺寸宜采用少规格、多重复率设计。

（1）框架梁梁高估算

根据工程经验，框架梁的梁高按以下公式估算：

$$h = \left(\frac{1}{12} \sim \frac{1}{8}\right) L \tag{2.4}$$

式中　h——梁的截面高度；

L——梁的计算跨度。

梁高估算一般可取$L/12$，同时，梁高的取值还要考虑荷载大小和跨度，在跨度较小且荷载不是很大的情况下，框架梁高度可以取$L/15$，高度小于经验范围时，要注意复核其挠度是否满足规范要求。

（2）次梁的梁高估算

$$h = \left(\frac{1}{20} \sim \frac{1}{12}\right) L \tag{2.5}$$

次梁梁高一般可取$1/15L$，当跨度较小、受荷较小时，可取$1/18L$等。

(3)悬挑梁的梁高估算

当荷载比较大时：

$$h = \left(\frac{1}{6} \sim \frac{1}{5}\right) L \tag{2.6}$$

当荷载相对较小时：

$$h = \left(\frac{1}{8} \sim \frac{1}{7}\right) L \tag{2.7}$$

(4)梁的截面宽度估算

$$b = \left(\frac{1}{4} \sim \frac{1}{2}\right) h \tag{2.8}$$

式中　b——梁的截面高度。

《建筑抗震设计规范》(GB 50011)规定，梁截面宽度不宜小于 200 mm；截面高宽比一般为 2 ~ 3，但不宜大于 4；净跨与截面高度之比不宜小于 4。

在装配整体式框架结构中，当采用预制叠合梁时，叠合梁的现浇混凝土叠合层厚度不宜小于 150 mm(图 2.4)，次梁的现浇混凝土叠合层厚度不宜小于 120 mm；在装配整体式结构中，楼板一般采用叠合板，梁、板的现浇层是一起浇筑的。当板的总厚度小于梁的现浇层厚度要求时，为增加梁的现浇层厚度，可采用凹口形截面预制梁。当采用凹口形截面预制梁时，凹口深度不宜小于 50 mm，凹口边厚度不宜小于 60 mm。由于叠合板厚度一般为 120 mm，这样会造成大多数叠合梁需做凹槽，并造成梁预制时不方便，需进一步做试验，验证此必要性。全装配式结构中，预制梁也可采用其他截面形式，如倒 T 形截面或者传统的花篮梁的形式等。

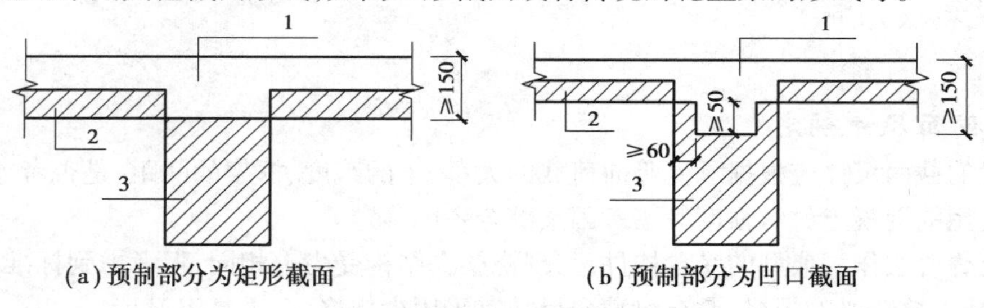

(a)预制部分为矩形截面　　(b)预制部分为凹口截面

图 2.4　叠合梁截面

1—叠合层；2—预制板；3—预制梁

3)楼板尺寸确定

装配整体式框架结构的楼盖宜采用叠合楼盖。结构转换层、平面复杂或开洞较大的楼层、作为上部结构嵌固部位的地下室楼层宜采用现浇楼盖。叠合楼板应按现行国家标准《混凝土结构设计规范》(GB 50010)进行设计，并应符合下列规定：

①叠合板的预制板厚度不宜小于 60 mm，后浇混凝土叠合层厚度不应小于 60 mm。

②跨度大于 3 m 的叠合板，宜采用桁架钢筋混凝土叠合楼板。

③跨度大于 6 m 的叠合板，宜采用预应力混凝土预制板。

④厚度大于 180 mm 的叠合板，宜采用混凝土空心板，板端空腔应封堵。

目前国内普遍采用的叠合板分为有桁架钢筋的叠合板和无桁架钢筋的平板叠合板。

(1)有桁架钢筋的叠合板

桁架钢筋叠合板目前在工程中广泛使用，其构造示意如图 2.5 所示。非预应力叠合板用桁架钢筋主要起增强刚度和抗剪作用,如图 2.6 所示。《装配式混凝土结构技术规程》(JGJ 1)规定:桁架钢筋混凝土叠合板应满足下列要求:

①桁架钢筋沿主要受力方向布置。

②桁架钢筋距离板边不应大于 300 mm,间距不宜大于 600 mm。

③桁架钢筋弦杆钢筋直径不宜小于 8 mm,腹杆钢筋直径不应小于 4 mm。

④桁架钢筋弦杆混凝土保护层厚度不应小于 15 mm。

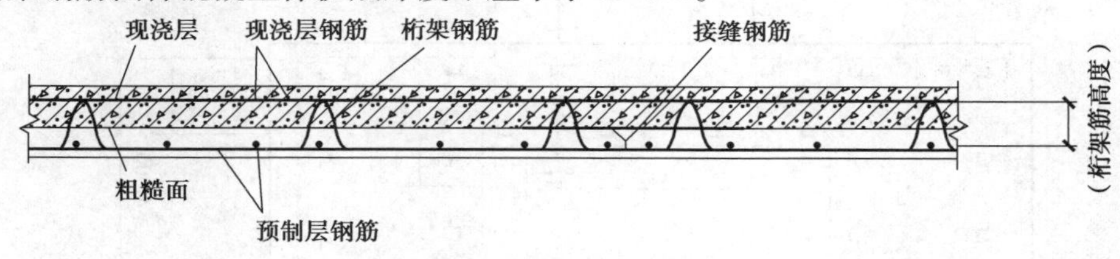

图 2.5　桁架钢筋叠合板

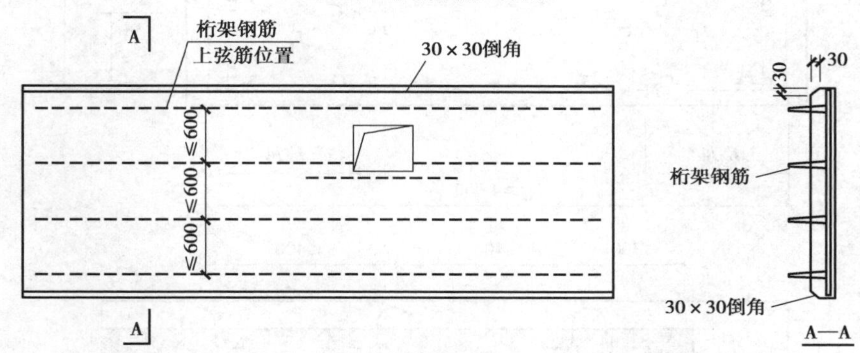

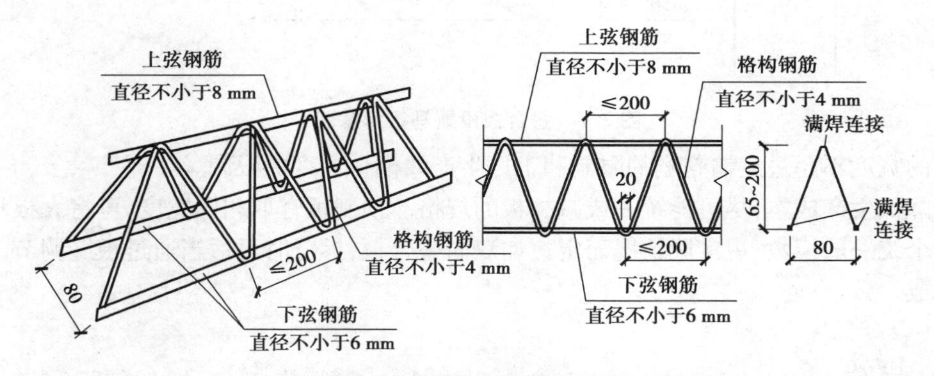

图 2.6　叠合板的预制板设置桁架钢筋示意图

(2)无桁架钢筋的平板叠合板

依据《装配式混凝土结构技术规程》(JGJ 1)规定,当未设置桁架钢筋时,在下列情况下叠合板的预制板与后浇混凝土叠合层之间应设置抗剪构造钢筋(图 2.7):

①单向叠合板跨度大于 4.0 m 时,距支座 1/4 跨范围内。

②双向叠合板短向跨度大于 4.0 m 时,距四边支座 1/4 短跨范围内。

③悬挑叠合板。

④悬挑叠合板的上部纵向受力钢筋在相邻叠合板的后浇混凝土锚固范围内。

叠合板的预制板与后浇混凝土叠合层之间设置的抗剪构造钢筋应符合下列规定(图2.7):

①抗剪构造钢筋宜采用马镫形状,间距不大于400 mm,钢筋直径 d 不应小于6 mm。

②马镫钢筋宜伸到叠合板上、下部纵向钢筋处,预埋在预制板内的总长度不应小于 $15d$,水平段长度不应小于50 mm。

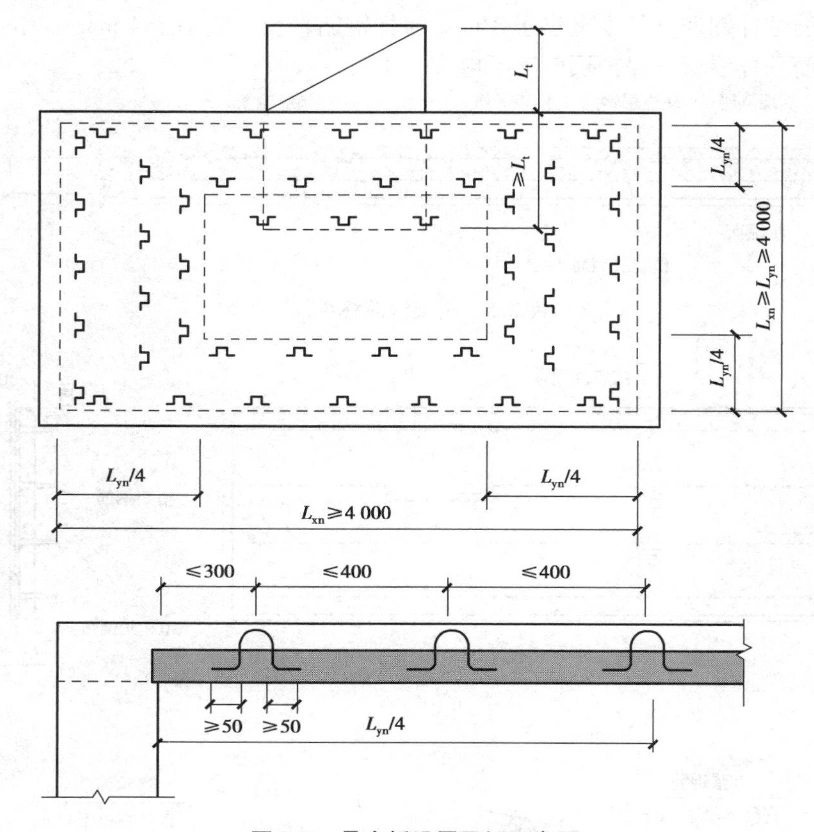

图2.7 叠合板设置马镫示意图

③板的宽度不超过运输超宽的限制和工厂生产线模台宽度的限制。

④为降低生产成本,尽可能统一或减少板的规格。预制板宜取相同宽度,可将大板均分,也可按照一个统一的模数,视实际情况而定。如双向叠合板,拆分时可适当通过板缝调节,将预制板宽度调成一致。

2.1.5 荷载

框架结构一般承担的荷载主要有:楼(屋)面永久荷载(恒载)、使用活荷载、风荷载、地震作用及框架自重。

1)楼(屋)面永久荷载(恒载)

楼(屋)面永久荷载(恒载)包括楼(屋)面板自重、建筑面层自重、顶棚自重,永久荷载标准值等于构件的体积乘以材料的自重。构件材料的自重可从《建筑结构荷载规范》(GB 50009)中查得。

2）楼（屋）面活荷载

活荷载根据建筑结构的使用功能由《建筑结构荷载规范》（GB 50009）并结合《工程结构通用规范》（GB 55001）查出，活荷载一般为面荷载。

多、高层建筑中的楼面活荷载不会以满布的形式布置在各层楼面上，在结构设计时可考虑对楼面活荷载进行相应折减。对于住宅、宿舍、旅馆、医院病房、托儿所、幼儿园，当采用楼面等效均布活荷载方法设计楼面梁时，从属面积超过 25 m^2，折减系数不应小于 0.9；当采用楼面等效均布活荷载方法设计墙、柱和基础时，单层建筑楼面梁的从属面积超过 25 m^2，折减系数不应小于 0.9，其他情况应按表 2.2 规定采用。对于办公楼、教室、医院门诊室，当采用楼面等效均布活荷载方法设计楼面梁、墙、柱和基础时，楼面梁从属面积不超过 50 m^2（含），不应折减；超过 50 m^2，折减系数不应小于 0.9。

表 2.2　活荷载按楼层数的折减

墙、柱、基础计算截面以上的层数	1	2 ~ 3	4 ~ 5	6 ~ 8	9 ~ 20	>20
计算截面以上各楼层活荷载总和的折减系数	1.00 (0.90)	0.85	0.70	0.65	0.60	0.55

注：当楼面梁的从属面积超过 25 m^2 时，采用括号里的系数。

楼（屋）面恒、活荷载的传递路线：楼面竖向荷载→楼板→梁（主梁、次梁）→柱→基础→地基。

3）风荷载

主体结构计算时，垂直于建筑物表面的风荷载标准值应按下式计算：

$$w_k = \beta_z \cdot \mu_s \cdot \mu_z \cdot w_0 \tag{2.9}$$

式中　w_k——风荷载标准值；

w_0——基本风压；

μ_z——风压高度变化系数；

μ_s——风荷载体型系数；

β_z——z 高度处的风振系数。

式中各参数由《建筑结构荷载规范》（GB 50009）查得。计算时，将风荷载换算成作用于框架每层节点上的集中荷载，范围是上下各半层、左右各 1/2 跨的风压总和。

4）地震作用

高度不超过 40 m、以剪切变形为主且质量和刚度沿高度分布比较均匀的结构，以及近似于单质点体系的结构，可采用底部剪力法简化计算地震作用。

采用底部剪力法时，各楼层可仅取一个自由度（计算简图如图 2.8 所示），结构的水平地震作用标准值，应按下列公式确定：

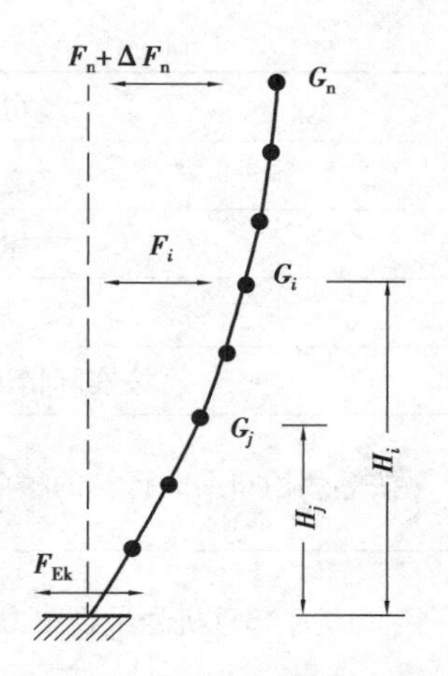

图 2.8　结构水平地震作用计算简图

$$F_{Ek} = \alpha_1 G_{eq} \tag{2.10}$$

$$F_i = \frac{G_i H_i}{\sum G_j H_j} F_{\mathrm{Ek}}(1 - \delta_n) \tag{2.11}$$

$$\Delta F_n = \delta_n F_{\mathrm{Ek}} \tag{2.12}$$

式中 F_{Ek}——结构总水平地震作用标准值；

G_{eq}——结构等效总重力荷载，单质点应取总重力荷载代表值，多质点可取总重力荷载代表值的85%；

F_i——质点 i 的水平地震作用标准值；

G_i, G_j——集中于质点 i、j 的重力荷载代表值，重力荷载代表值应取结构和构件自重标准值和各可变荷载组合值之和，各可变荷载的组合系数见表2.3。各层重力荷载代表值中的永久荷载为整个楼层的以楼面上下各半层高度范围内的永久荷载，与单榀框架永久荷载的计算范围不同，如图2.9所示；

δ_n——顶部附加地震作用系数，多层钢筋混凝土和钢结构房屋可按表2.4采用，其他房屋可采用0.0；

ΔF_n——顶部附加水平地震作用；

H_i, H_j——质点 i、j 的计算高度；

α_1——相应于结构基本自振周期的水平地震影响系数值，如图2.10所示。建筑结构的地震影响系数应根据烈度、场地类别、设计地震分组和结构自振周期以及阻尼比确定。其水平地震影响系数最大值应按表2.5采用；特征周期应根据场地类别和设计地震分组按表2.6采用，计算8度、9度罕遇地震作用时，特征周期应增加0.05 s。

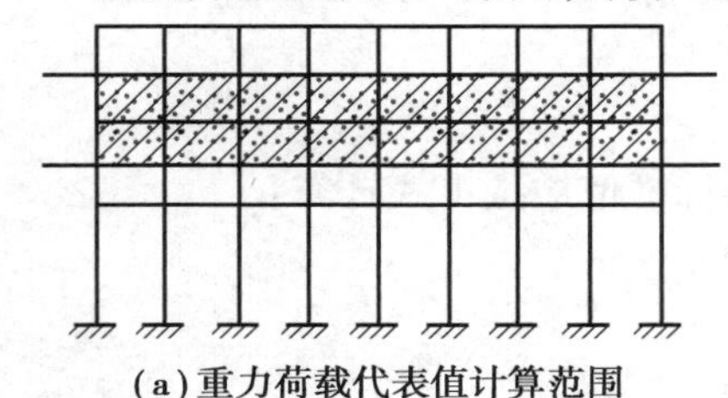

(a)重力荷载代表值计算范围

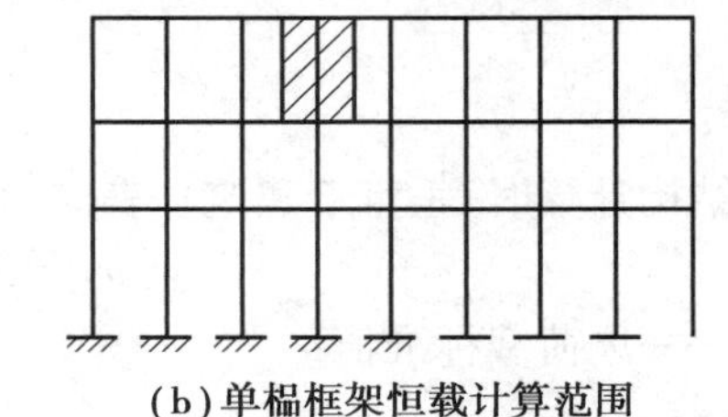

(b)单榀框架恒载计算范围

图2.9 重力荷载代表值计算范围

表2.3 组合值系数

可变荷载种类		组合值系数
雪荷载		0.5
屋面积灰荷载		0.5
屋面活荷载		不计入
按实际情况计算的楼面活荷载		1.0
按等效均布荷载计算的楼面活荷载	藏书库、档案库	0.8
	其他民用建筑	0.5
起重机悬吊物重力	硬钩吊车	0.3
	软钩吊车	不计入

注：硬钩吊车的吊重较大时，组合值系数应按实际情况采用。

表 2.4 顶部附加地震作用系数

T_g(s)	$T_1>1.4T_g$	$T_1\leqslant 1.4T_g$
$T_g\leqslant 0.35$	$0.08T_1+0.07$	0.0
$0.35<T_g\leqslant 0.55$	$0.08T_1+0.01$	
$T_g>0.55$	$0.08T_1-0.02$	

注：T_1 为结构基本自振周期，T_g 为结构特征周期。

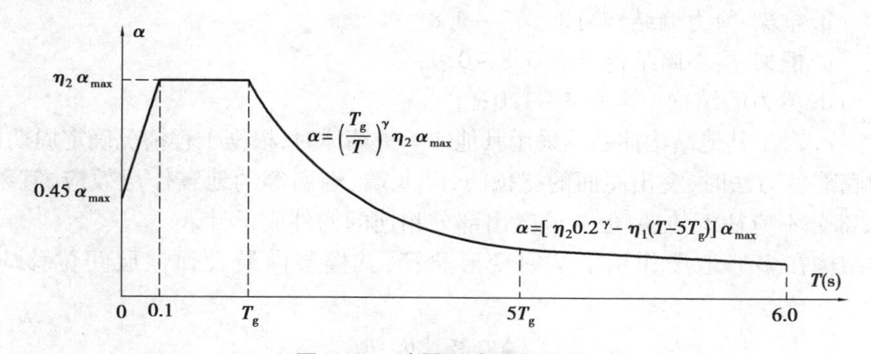

图 2.10 地震影响系数曲线

α—地震影响系数；α_{max}—地震影响系数最大值；η_1—直接下降段的下降斜率调整系数；γ—衰减指数；T_g—特征周期；η_2—阻尼调整系数；T—结构自震周期

表 2.5 水平地震影响系数最大值

地震影响	6 度	7 度	8 度	9 度
多遇地震	0.04	0.08(0.12)	0.16(0.24)	0.32
罕遇地震	0.28	0.50(0.72)	0.90(1.20)	1.40

注：括号内数值分别用于设计基本地震加速度为 0.15g 和 0.30g 的地区。

表 2.6 特征周期表

设计地震分组	场地类别				
	I_0	I_1	Ⅱ	Ⅲ	Ⅳ
第一组	0.20	0.25	0.35	0.45	0.65
第二组	0.25	0.30	0.40	0.55	0.75
第三组	0.30	0.35	0.45	0.65	0.90

①建筑结构地震影响系数曲线(图 2.10)的阻尼调整和形状参数应符合下列要求：

除有专门规定外，建筑结构的阻尼比应取 0.05，地震影响系数曲线的阻尼调整系数应按 1.0 采用，形状参数应符合下列规定：

a. 直线上升段，周期小于 0.1 s 的区段。

b. 水平段，自 0.1 s 至特征周期区段，应取最大值 α_{max}。

c. 曲线下降段，自特征周期至 5 倍特征周期区段，衰减指数应取 0.9。

d. 直线下降段，自 5 倍特征周期至 6 s 区段，下降斜率调整系数应取 0.02。

②结构计算自振周期如下式：

$$T_1 = 1.7\Psi_T\sqrt{u_T} \tag{2.13}$$

式中 T_1——结构基本自振周期；

u_T——假想的结构顶点水平位移；

Ψ_T——考虑非承重墙刚度对结构自振周期影响的折减系数，可按下列规定取值：

a. 框架结构可取 0.6～0.7；

b. 框架-剪力墙结构可取 0.7～0.8；

c. 框架-核心筒结构可取 0.8～0.9；

d. 剪力墙结构可取 0.8～1.0；

e. 对于其他结构体系或采用其他非承重墙体时，根据工程情况确定周期折减系数。

③采用底部剪力法时，突出屋面的屋顶间、女儿墙、烟囱等的地震作用效应，宜乘以增大系数 3，此增大部分不应往下传递，但与该突出部分相连的构件应予计入。

④各类结构在多遇地震作用下抗震变形验算，其楼层内最大弹性层间位移应符合下列要求：

$$\Delta u_e \leqslant [\theta_e]h \tag{2.14}$$

式中 Δu_e——多遇地震作用标准值产生的楼层内最大的弹性层间位移；计算时，除以弯曲变形为主的高层建筑外，可不扣除结构整体弯曲变形；应计入扭转变形，各作用分项系数均应采用 1.0；钢筋混凝土结构构件的截面刚度可采用弹性刚度；

$[\theta_e]$——弹性层间位移角限值；

h——计算楼层层高。

⑤按弹性方法计算的风荷载或多遇地震标准值作用下的楼层层间最大位移 Δu 与层高 h 之比的限值宜按表 2.7 采用。

表 2.7　楼层层间最大位移与层高之比的限制

结构类型	$\Delta u/h$ 限值
装配整体式框架结构	1/550
装配整体式框架-现浇剪力墙结构、装配整体式框架-现浇核心筒结构	1/800
装配整体式剪力墙结构、装配整体式部分框支剪力墙结构	1/1 000
多层装配式剪力墙结构	1/1 200

2.2　设计例题

2.2.1　材料强度等级

混凝土除框架柱外均采用 C30 级，框架柱采用 C40 混凝土，受力钢筋、分布钢筋、箍筋均采用 HRB400 钢筋。

2.2.2 确定横向框架简图

本工程横向框架计算单元取图1.7中⑥轴线框架,横向框架假定框架柱嵌固在基础顶面上,框架梁和框架柱刚接。由于楼层数相对较少,各层框架梁柱截面尺寸保持不变。

1)各层柱柱高

初步确定本工程基础采用柱下独立基础,底层柱高从基础顶面算至二层楼面,根据地质条件取室内外高差为-0.7 m,基础顶面至室外地坪高度取0.1 m,故底层柱高为3.6+0.7+0.1=4.4 m,其余各层柱高从本层楼面算至上一层楼面,二至五层层高均为3.6 m。

2)框架柱截面尺寸确定

框架柱的截面尺寸初估可先根据其轴力按轴心受压构件估算,再乘以适当的放大系数,以考虑弯矩的影响。尺寸的具体估算如式(2.1)—式(2.3)所示。

竖向荷载作用下柱轴力标准值,取底层中柱进行计算。

$$N = nAq = 5 \times 7.8 \times 4.5 \times 12 = 2\ 106\ \text{kN}$$

$$N_c = 1.25C\beta N = 1.25 \times 1 \times 1.05 \times 2\ 106 = 2\ 764.125\ \text{kN}$$

$$A_c \geq N_c/(\mu_N \times f_c) = 2\ 764.125 \times 1\ 000/(0.85 \times 19.1) = 170\ 257.16\ \text{mm}^2$$

$$b = h = 412.62\ \text{mm}$$

初步取横向框架柱均为500 mm×500 mm,进行后续计算。

3)框架梁计算跨度

框架梁的计算跨度等于柱截面形心之间的距离。注意:在建筑平面布置图(图1.7)中,Ⓐ、Ⓑ、Ⓒ、Ⓓ轴线之间的距离是按照墙体中心线定义的。确定框架简图时,框架梁的计算跨度等于柱截面形心之间的距离。因此,Ⓐ、Ⓑ轴线之间框架梁的计算跨度为6 600+200-500=6 300 mm,Ⓑ、Ⓒ轴线之间框架梁的计算跨度为2 400-200+500=2 700 mm。该框架为对称结构,Ⓒ、Ⓓ轴线间框架梁计算跨度为6 300 mm。

4)框架梁截面尺寸确定

框架梁梁高和梁宽可根据工程经验进行判断,框架梁梁高如式2.4所示,一般可取*L*/12,框架梁梁宽截面初估如式2.8所示。初步取横向框架边跨梁截面尺寸为300 mm×600 mm,中跨梁截面尺寸为300 mm×500 mm。

5)横向框架简图

⑥轴线横向框架简图如图2.11所示,图中标注出了框架梁、柱截面尺寸,各跨框架梁计算跨度,以及框架柱的计算高度。为了便于荷载效应组合,以下所有计算简图中的荷载均为标准值。

2.2.3 恒荷载作用下框架计算简图

1)第一至四层框架计算简图

图2.12和图2.13分别是一至四层的楼面梁布置简图和楼面板布置简图(图2.12中KL-X为框架中一根纵向主梁、L-X为框架中一根横向次梁;图2.13中A表示板的荷载传递方式为双

向板,B 表示单向板)。分析图 2.12 和图 2.13 的荷载传递,⑥轴线第一至四层框架计算简图如图 2.14 所示。图中符号含义如 F_A 表示作用在 A 点的偏心集中力,$q_{AB均布}$表示作用在 AB 范围内的均布线荷载。下面计算第一至四层⑥轴线横向框架承受的恒荷载,并进一步求出对应的计算简图。

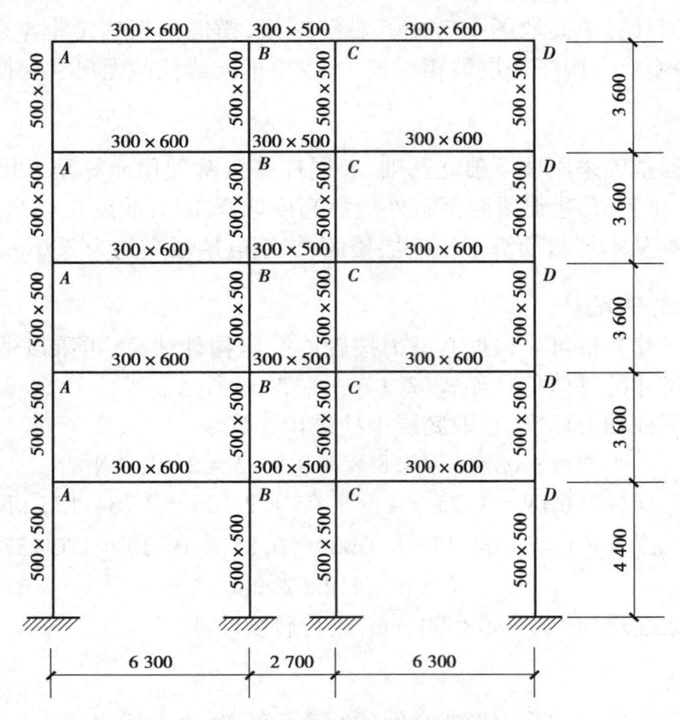

图 2.11　⑥轴线横向框架简图(单位:mm)

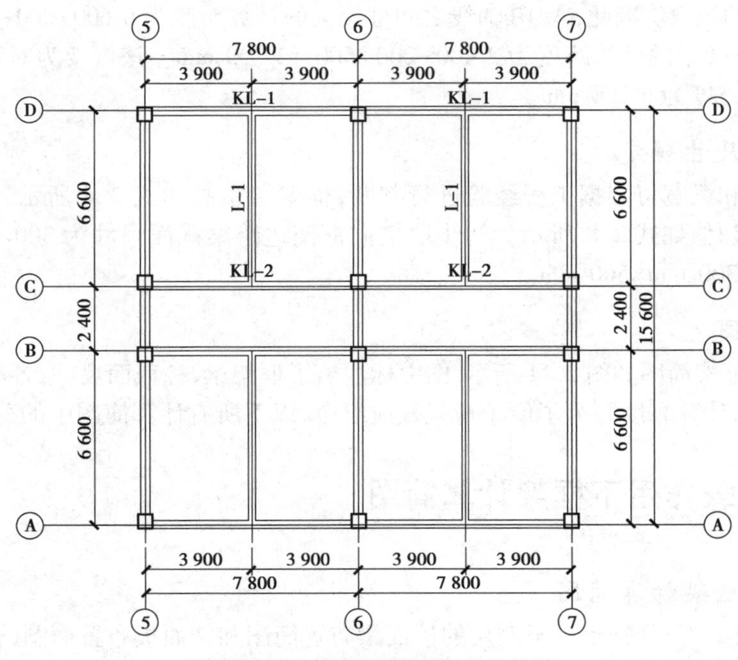

图 2.12　一至四层楼面梁布置简图

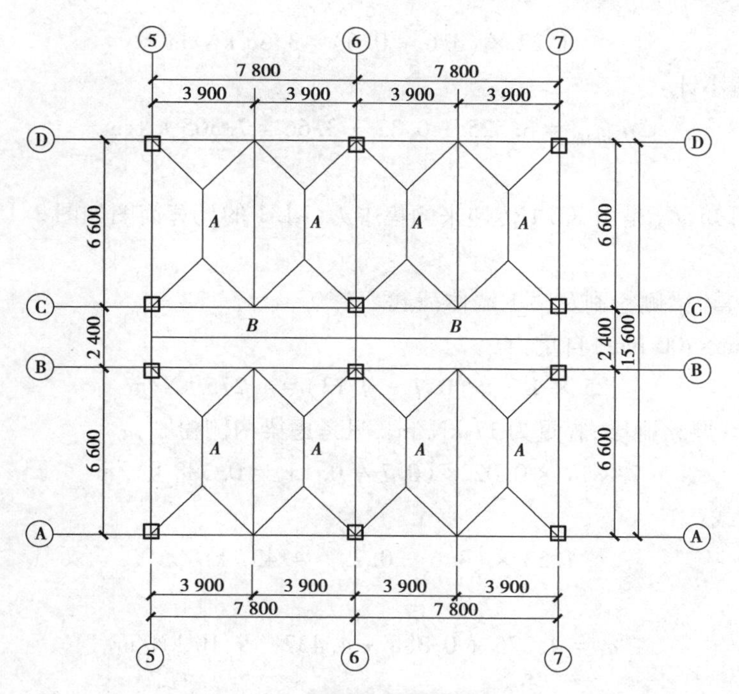

图 2.13 一至四层楼面板布置简图

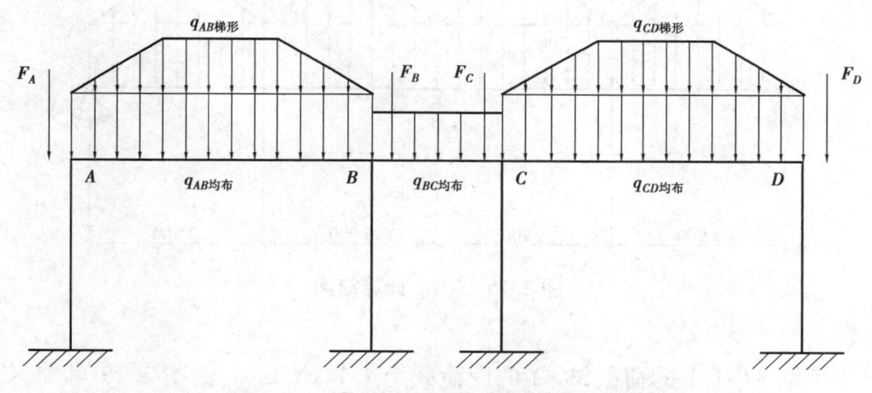

图 2.14 ⑥轴线一至四层框架计算简图

(1) $q_{AB梯形}$ 计算

$q_{AB梯形}$ 为板 A 传给 AB 框架梁上的荷载，板 A 的面荷载为 4.1 kN/m²。由图 2.13 可知，传递给 AB 段为梯形荷载，梯形荷载最大值为：

$$2 \times 4.1 \times 1.95 = 15.99 \text{ kN/m}$$

(2) $q_{AB均布}$ 计算

①梁自重及梁侧粉刷。

梁(300 mm×600 mm)自重：

$$25 \times 0.3 \times (0.6 - 0.13) = 3.525 \text{ kN/m}$$

梁侧粉刷(20 厚粉刷层，容重为 17 kN/m³，只考虑梁两侧粉刷)：

$$2 \times (0.6 - 0.13) \times 0.02 \times 17 = 0.32 \text{ kN/m}$$

②梁上墙体均布荷载。

$$1.22\times(3.6-0.6)=3.66\ \text{kN/m}$$

③$q_{AB均布}$荷载小计：

$$q_{AB均布}=3.525+0.32+3.66=7.505\ \text{kN/m}$$

(3)F_A 计算

由图2.12可知，F_A 是由KL-1传递来的集中力，KL-1的计算简图如图2.15所示。

①q_1 计算。

q_1 包括梁自重、梁侧粉刷及梁上墙体荷载。

KL-1(300 mm×700 mm)自重：

$$25\times0.3\times(0.7-0.13)=4.275\ \text{kN/m}$$

梁侧粉刷(20厚粉刷层，容重为17 kN/m^3，只考虑梁两侧粉刷)：

$$2\times17\times0.02\times(0.7-0.13)=0.388\ \text{kN/m}$$

梁上墙体荷载：

$$1.53\times(3.6-0.7)=4.437\ \text{kN/m}$$

q_1 荷载小计：

$$q_1=4.275+0.388+4.437=9.10\ \text{kN/m}$$

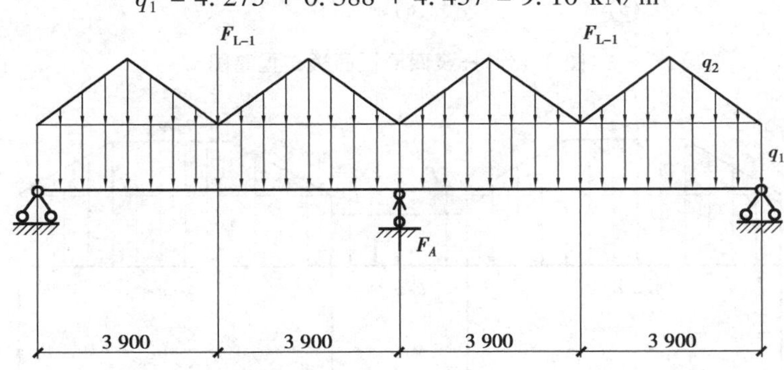

图2.15 KL-1计算简图

②q_2 计算。

q_2 为板 A 传给KL-1上的荷载，板 A 的面荷载为4.1 kN/m^2。由图2.13可知，传递给KL-1上的荷载为三角形荷载，三角形荷载的最大值为：

$$4.1\times1.95=7.995\ \text{kN/m}$$

③F_{L-1} 计算。

F_{L-1} 为L-1传递给KL-1上的集中力，L-1的计算简图如图2.16所示。

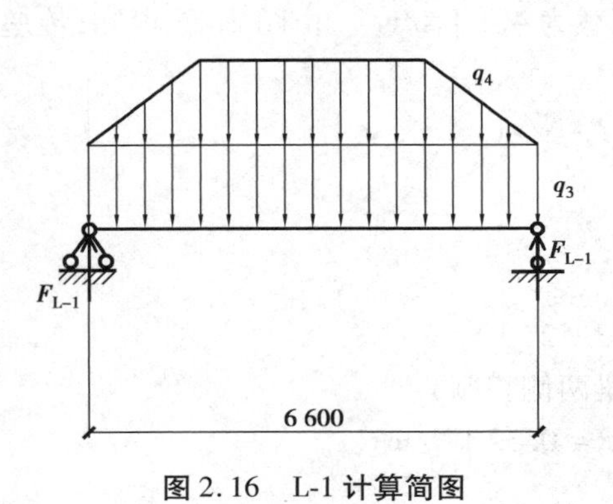

图2.16 L-1计算简图

q_3 包括梁自重、梁侧粉刷及梁上墙体荷载。

L-1(250 mm×500 mm)自重：

$$25\times0.25\times(0.5-0.13)=2.312\ \text{kN/m}$$

梁侧粉刷(20厚粉刷层，容重为17 kN/m^3，只考虑梁两侧粉刷)：

$$2\times17\times0.02\times(0.5-0.13)=0.252\ \text{kN/m}$$

梁上墙体荷载：

$$1.22\times(3.6-0.5)=3.782\ \text{kN/m}$$

q_3 荷载小计：

$$q_3=2.312+0.252+3.782=6.346\ \text{kN/m}$$

q_4 为板 A 传给 L-1 梁上的荷载，板 A 的面荷载为 4.1 kN/m^2。由图 2.13 可知，传递给 L-1 上的荷载为梯形荷载，梯形荷载最大值为：

$$2\times4.1\times1.95=15.99\ \text{kN/m}$$

$F_{\text{L-1}}$ 计算：

$$F_{\text{L-1}}=0.5\times[6.346\times6.6+(6.6+2.7)\times15.99\times0.5]=58.12\ \text{kN}$$

④F_A 计算。

由图 2.15 可知：

$$F_A=9.1\times7.8+2\times3.9\times7.995\times0.5+58.12=160.28\ \text{kN}$$

(4) $q_{BC均布}$ 计算

①梁自重及梁侧粉刷。

梁(300 mm×500 mm)自重：

$$25\times0.3\times(0.5-0.13)=2.775\ \text{kN/m}$$

梁侧粉刷(20 厚粉刷层，容重为 17 kN/m^3，只考虑梁两侧粉刷)：

$$2\times(0.5-0.13)\times0.02\times17=0.252\ \text{kN/m}$$

②$q_{BC均布}$ 荷载小计：

$$q_{BC均布}=2.775+0.252=3.03\ \text{kN/m}$$

(5) F_B 计算

由图 2.12 可知，F_B 是由 KL-2 传递来的集中力，KL-2 的计算简图如图 2.17 所示。

①q_5 计算。

q_5 包括梁自重、梁侧粉刷、梁上墙体荷载及图 2.13 中板 B 传给 KL-2 上的均布荷载。

KL-2(300 mm×700 mm)自重：

$$25\times0.3\times(0.7-0.13)=4.275\ \text{kN/m}$$

梁侧粉刷(20 厚粉刷层，容重为 17 kN/m^3，只考虑梁两侧粉刷)：

$$2\times17\times0.02\times(0.7-0.13)=0.388\ \text{kN/m}$$

梁上墙体荷载：

$$1.22\times(3.6-0.7)=3.538\ \text{kN/m}$$

板 B 传给 KL-2 上的均布荷载：

板 B 的面荷载为 4.0 kN/m^2，由图 2.13 可知，传递给 KL-2 上的荷载为均布荷载，荷载值为：

$$4.0\times1.2=4.8\ \text{kN/m}$$

q_5 荷载小计：

$$q_5=4.275+0.388+3.538+4.8=13\ \text{kN/m}$$

②q_6 计算。

q_6 为板 A 传给 KL-2 上的荷载，板 A 的面荷载为 4.1 kN/m^2。由图 2.13 可知，传递给 KL-2 上的荷载为三角形荷载，三角形荷载的最大值为：

$$4.1\times1.95=7.995\ \text{kN/m}$$

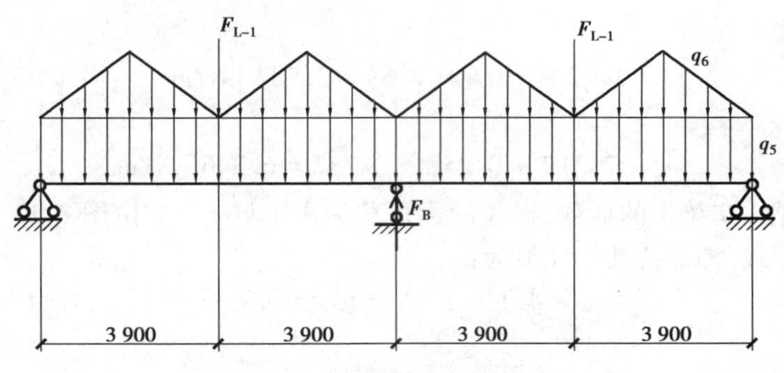

图 2.17　KL-2 计算简图

③F_{L-1} 计算。

F_{L-1} 为 L-1 传递给 KL-2 上的集中力，L-1 的计算简图如图 2.16 所示。

$$F_{L-1} = 58.12 \text{ kN}$$

④F_B 计算。

由图 2.17 可知：

$$F_B = 13 \times 7.8 + 2 \times 3.9 \times 7.995 \times 0.5 + 58.12 = 190.70 \text{ kN}$$

由于该框架为对称结构，CD 框架梁上的荷载值和 AB 框架梁上的荷载值相同。在恒荷载作用下，一至四层框架计算简图如图 2.18 所示。

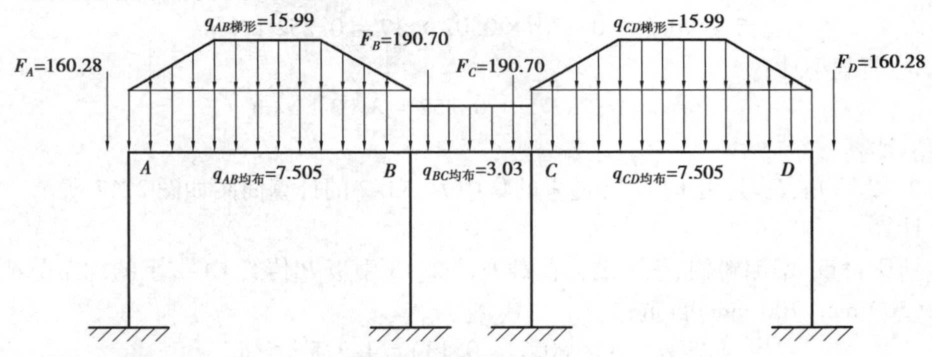

图 2.18　恒荷载作用下一至四层框架计算简图（单位：F 为 kN，q 为 kN/m）

2）第五层（屋面层）框架计算简图

图 2.19 和图 2.20 分别是第五层的梁布置简图和板布置简图。分析其荷载传递，⑥轴线第五层框架计算简图如图 2.21 所示。下面计算第五层⑥轴线横向框架承受的恒荷载，并进一步求出对应的计算简图。

（1）$q_{AB梯形}$ 计算

$q_{AB梯形}$ 为板 C 传给 AB 框架梁上的荷载，板 C 的面荷载为 6.3 kN/m²。由图 2.20 可知，传递给 AB 段为梯形荷载，梯形荷载的最大值为：

$$2 \times 6.3 \times 1.95 = 24.57 \text{ kN/m}$$

（2）$q_{AB均布}$ 计算

①梁自重及梁侧粉刷。

梁（300 mm×600 mm）自重：

$$25 \times 0.3 \times (0.6 - 0.16) = 3.3 \text{ kN/m}$$

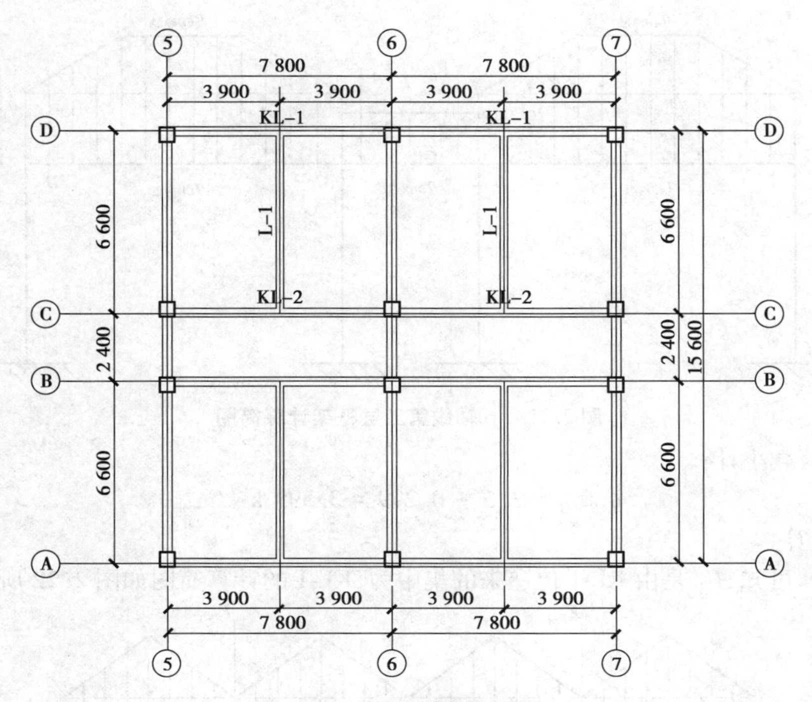

图 2.19　第五层梁布置简图

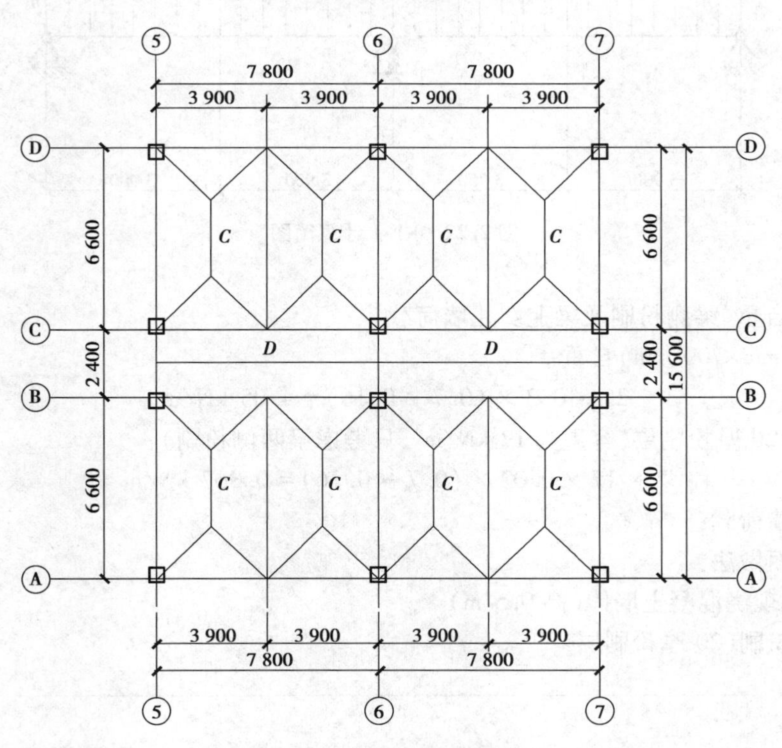

图 2.20　第五层板布置简图

梁侧粉刷(20 厚粉刷层,容重为 17 kN/m^3,只考虑梁两侧粉刷):

$$2\times(0.6-0.16)\times0.02\times17=0.299\ \text{kN/m}$$

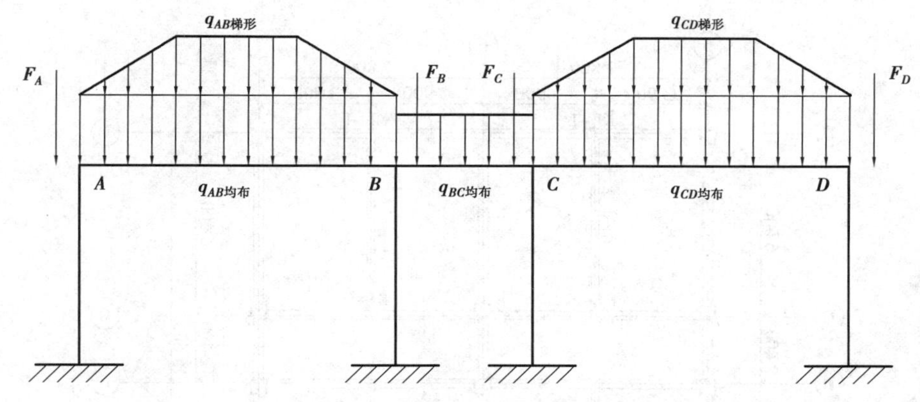

图 2.21　⑥轴线第五层框架计算简图

②$q_{AB均布}$荷载小计：

$$q_{AB均布} = 3.3 + 0.299 = 3.599 \text{ kN/m}$$

(3)F_A 计算

由图 2.19 可知，F_A 是由 KL-1 传递来的集中力，KL-1 的计算简图如图 2.22 所示。

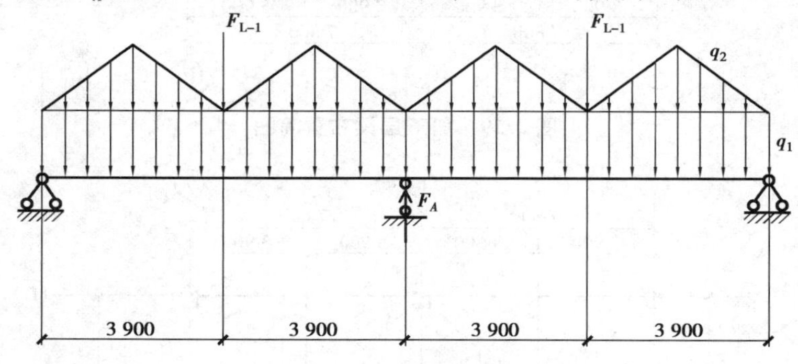

图 2.22　KL-1 计算简图

①q_1 计算。

q_1 包括梁自重、梁侧粉刷及梁上女儿墙荷载。

KL-1(300 mm×700 mm)自重：

$$25 \times 0.3 \times (0.7 - 0.16) = 4.05 \text{ kN/m}$$

梁侧粉刷(20 厚粉刷层，容重为 17 kN/m^3，只考虑梁两侧粉刷)：

$$2 \times 17 \times 0.02 \times (0.7 - 0.16) = 0.367 \text{ kN/m}$$

梁上女儿墙荷载：

女儿墙墙面做法：

200 mm 厚现浇混凝土墙体(高 0.5 m)

墙体两侧粉刷(20 厚粉刷层)

合计：

$$25 \times 0.2 \times 0.5 + 2 \times 17 \times 0.02 \times 0.5 = 2.84 \text{ kN/m}$$

q_1 荷载小计：

$$q_1 = 4.05 + 0.367 + 2.84 = 7.257 \text{ kN/m}$$

②q_2 计算。

q_2 为板 C 传给 KL-1 上的荷载，板 C 的面荷载为 6.3 kN/m^2。由图 2.20 可知，传递给 KL-1 上的荷载为三角形荷载，三角形荷载的最大值为：

$$6.3 \times 1.95 = 12.285\ \text{kN/m}$$

③$F_{\text{L-1}}$ 计算。

$F_{\text{L-1}}$ 为 L-1 传递给 KL-1 上的集中力，L-1 的计算简图如图 2.23 所示。

q_3 包括梁自重及梁侧粉刷。

L-1(250 mm×500 mm)自重：

$$25 \times 0.25 \times (0.5 - 0.16) = 2.125\ \text{kN/m}$$

梁侧粉刷(20 厚粉刷层，容重为 17 kN/m^3，只考虑梁两侧粉刷)：

$$2 \times 17 \times 0.02 \times (0.5 - 0.16) = 0.231\ \text{kN/m}$$

q_3 荷载小计：

$$q_3 = 2.125 + 0.231 = 2.356\ \text{kN/m}$$

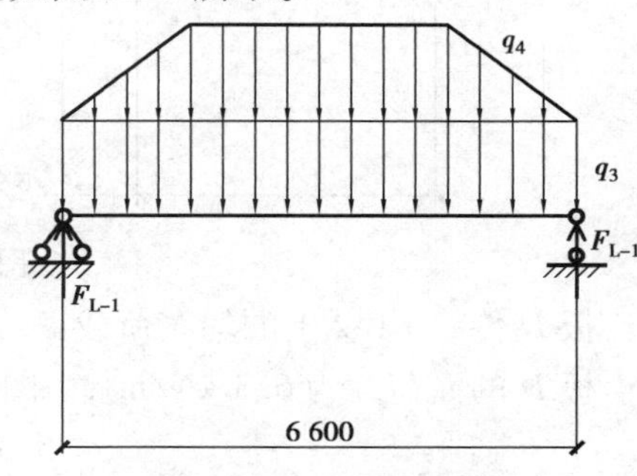

图 2.23　L-1 计算简图

q_4 为板 C 传给 L-1 梁上的荷载，板 C 的面荷载为 6.3 kN/m^2。由图 2.20 可知，传递给 L-1 上的荷载为梯形荷载，梯形荷载的最大值为：

$$2 \times 6.3 \times 1.95 = 24.57\ \text{kN/m}$$

$F_{\text{L-1}}$ 计算：

$$F_{\text{L-1}} = 0.5 \times [2.356 \times 6.6 + (6.6 + 2.7) \times 24.57 \times 0.5] = 64.901\ \text{kN}$$

④F_A 计算。

由图 2.22 可知：

$$F_A = 7.257 \times 7.8 + 2 \times 3.9 \times 12.285 \times 0.5 + 64.901 = 169.42\ \text{kN}$$

(4)$q_{BC均布}$ 计算

①梁自重及梁侧粉刷。

梁(300 mm×500 mm)自重：

$$25 \times 0.3 \times (0.5 - 0.16) = 2.55\ \text{kN/m}$$

梁侧粉刷(20 厚粉刷层，容重为 17 kN/m^3，只考虑梁两侧粉刷)：

$$2 \times (0.5 - 0.16) \times 0.02 \times 17 = 0.231\ \text{kN/m}$$

②$q_{BC均布}$ 荷载小计。

$$q_{BC均布} = 2.55 + 0.231 = 2.78\ \text{kN/m}$$

(5)F_B 计算

由图 2.19 可知，F_B 是由 KL-2 传递来的集中力，KL-2 的计算简图如图 2.24 所示。

①q_5 计算。

q_5 包括梁自重、梁侧粉刷及图 2.20 中板 D 传给 KL-2 上的均布荷载。

KL-2(300 mm×700 mm)自重：

$$25 \times 0.3 \times (0.7 - 0.16) = 4.05\ \text{kN/m}$$

梁侧粉刷(20 厚粉刷层，容重为 17 kN/m^3，只考虑梁两侧粉刷)：

$$2 \times 17 \times 0.02 \times (0.7 - 0.16) = 0.367\ \text{kN/m}$$

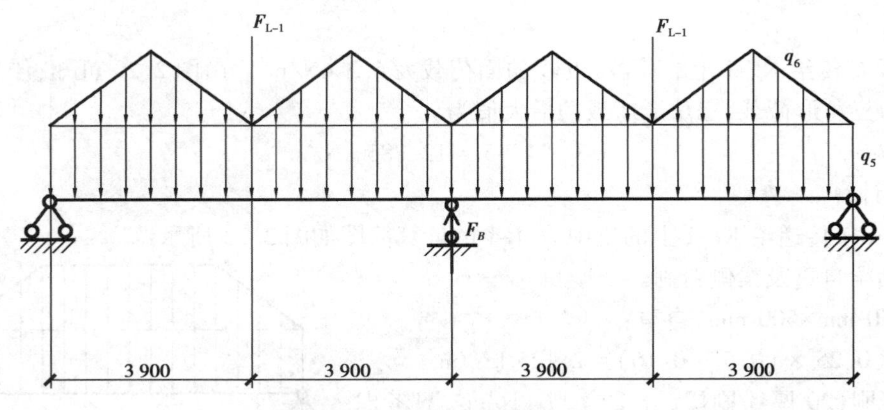

图 2.24 KL-2 计算简图

板 D 传给 KL-2 上的均布荷载：

板 D 的面荷载为 6.3 kN/m²，由图 2.20 知，传递给 KL-2 上的荷载为均布荷载，荷载值为：

$$6.3 \times 1.2 = 7.56 \text{ kN/m}$$

q_5 荷载小计：

$$q_5 = 4.05 + 0.367 + 7.56 = 11.977 \text{ kN/m}$$

②q_6 计算。

q_6 为板 C 传给 KL-2 上的荷载，板 C 的面荷载为 6.3 kN/m²。由图 2.20 可知，传递给 KL-2 上的荷载为三角形荷载，三角形荷载的最大值为：

$$6.3 \times 1.95 = 12.285 \text{ kN/m}$$

③F_{L-1} 计算。

F_{L-1} 为 L-1 传递给 KL-2 上的集中力，L-1 的计算简图如图 2.23 所示。

$$F_{L-1} = 64.901 \text{ kN}$$

④F_B 计算。

由图 2.24 可知：

$$F_B = 11.977 \times 7.8 + 2 \times 3.9 \times 12.285 \times 0.5 + 64.901 = 206.23 \text{ kN}$$

恒荷载作用下第五层框架的计算简图如图 2.25 所示。

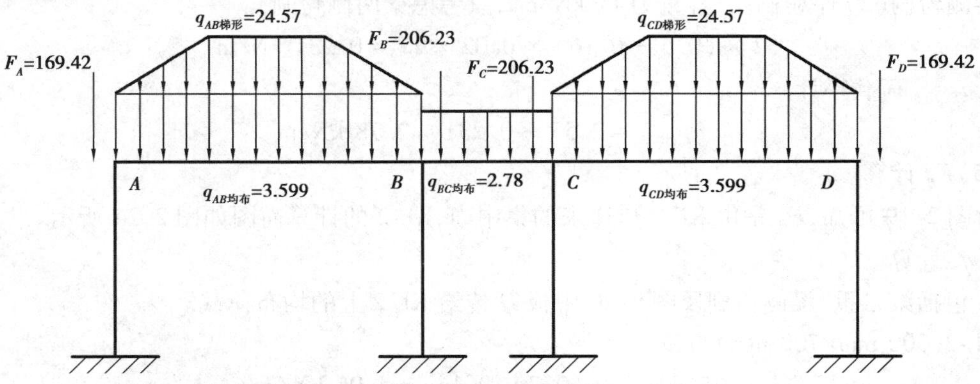

图 2.25 恒荷载作用下第五层框架计算简图（单位：F 为 kN，q 为 kN/m）

汇总前面各层的计算简图，⑥轴线横向框架在恒荷载作用下的计算简图如图 2.26 所示。

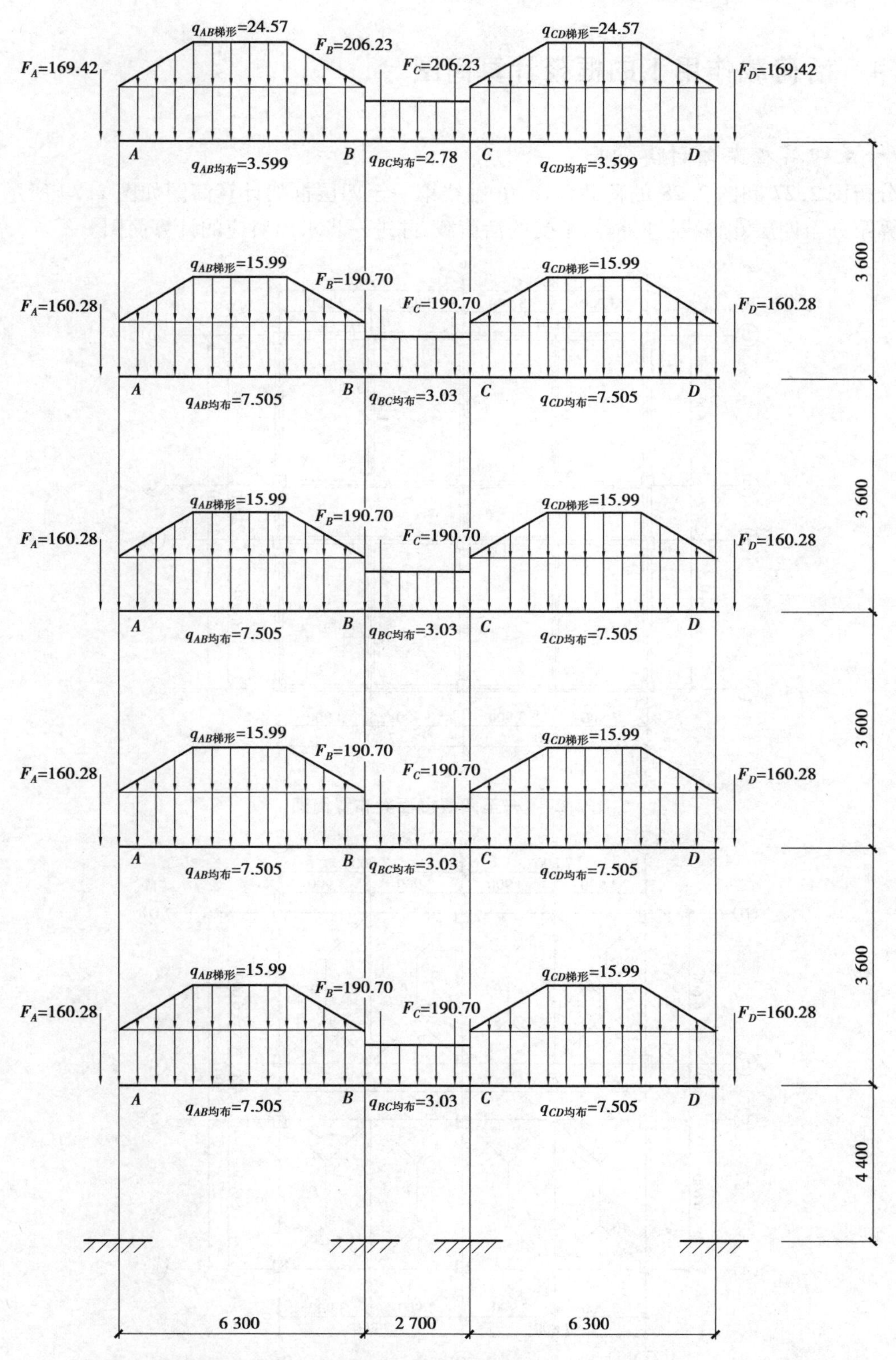

图 2.26　横向框架在恒荷载作用下的计算简图(单位:F 为 kN,q 为 kN/m)

2.2.4 活荷载作用下的框架计算简图

1)第一至四层框架的计算简图

分析图 2.27 和图 2.28 的荷载传递,⑥轴线第一至四层框架计算简图如图 2.29 所示。下面计算第一至四层⑥轴线横向框架承受的活荷载,并进一步求出对应的计算简图。

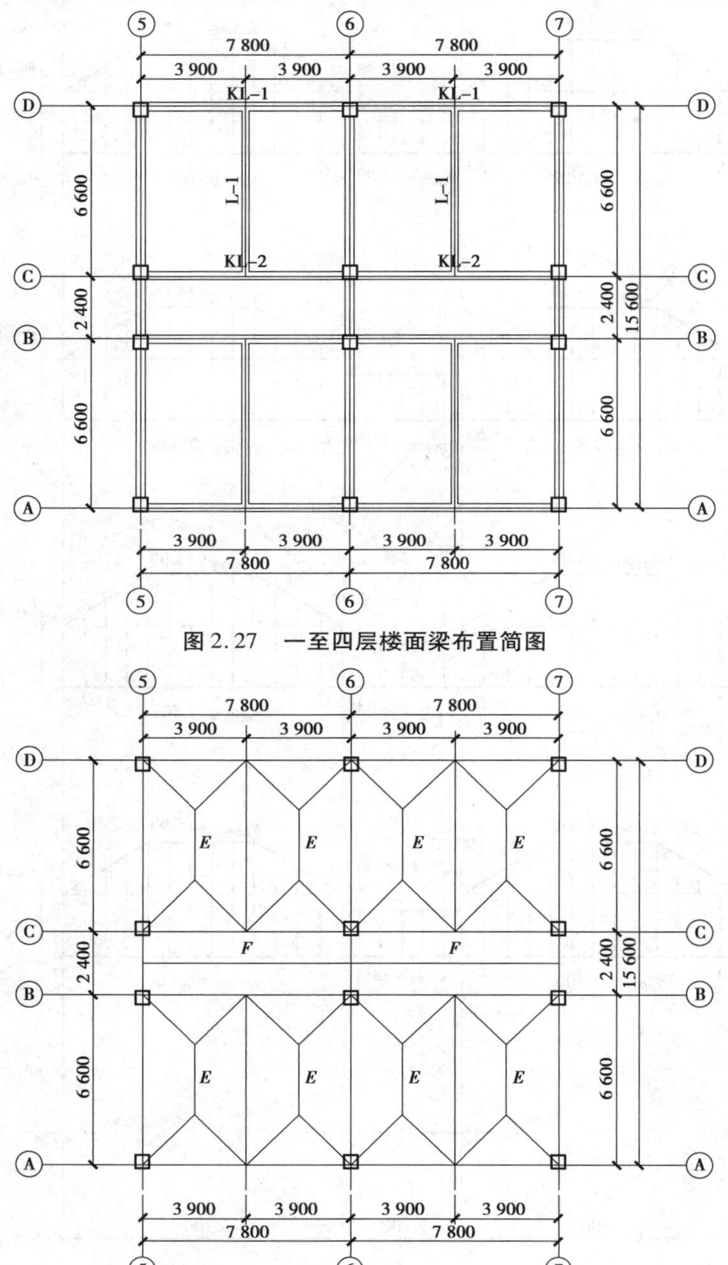

图 2.27 一至四层楼面梁布置简图

图 2.28 一至四层楼面板布置简图

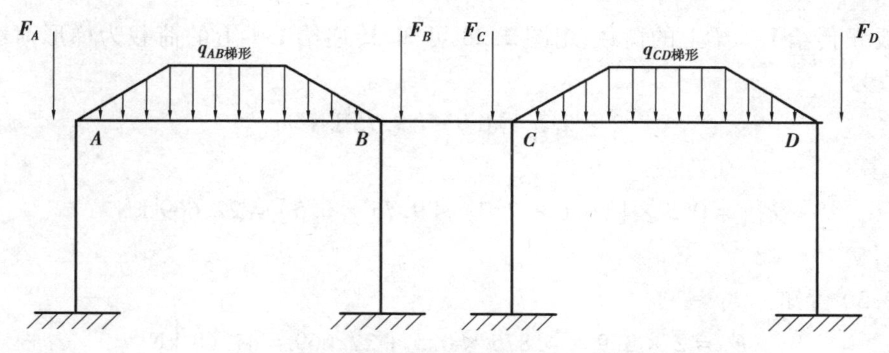

图 2.29 ⑥轴线一至四层框架计算简图

(1) $q_{AB梯形}$ 计算

$q_{AB梯形}$ 为板 E 传给 AB 框架梁上的荷载,板 E 的面荷载为 2.5 kN/m²。由图 2.28 可知,传递给 AB 段为梯形荷载,梯形荷载最大值为:

$$2 \times 2.5 \times 1.95 = 9.75 \text{ kN/m}$$

(2) F_A 计算

由图 2.27 可知,F_A 是由 KL-1 传递来的集中力,KL-1 的计算简图如图 2.30 所示。

① q_1 计算。

q_1 为板 E 传给 KL-1 上的荷载。由图 2.28 可知,传递给 KL-1 上的荷载为三角形荷载,三角形荷载的最大值为:

$$2.5 \times 1.95 = 4.875 \text{ kN/m}$$

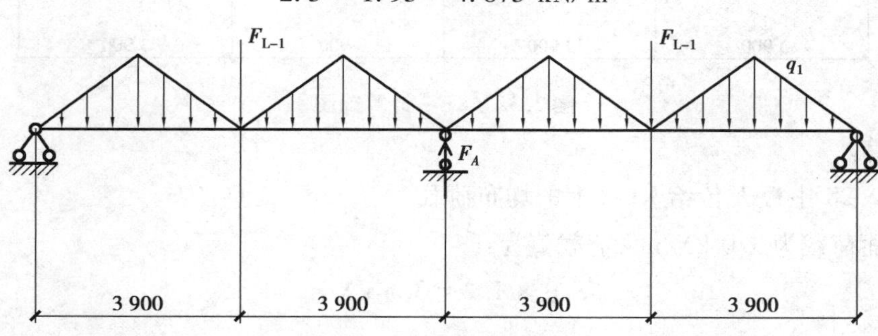

图 2.30 KL-1 计算简图

② F_{L-1} 计算。

F_{L-1} 为 L-1 传递给 KL-1 上的集中力,L-1 的计算简图如图 2.31 所示。

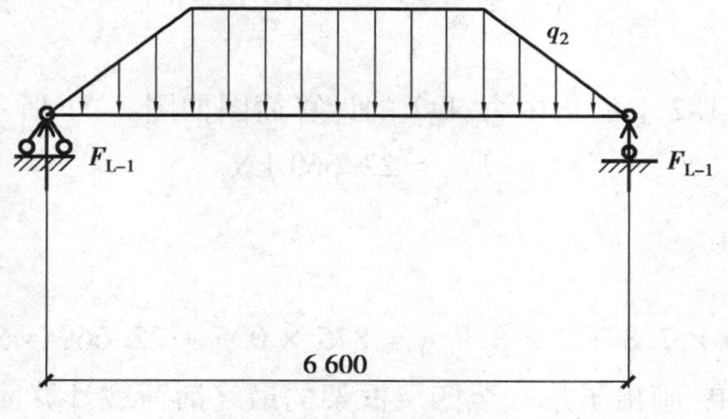

图 2.31 L-1 计算简图

q_2 为板 E 传给 L-1 梁上的荷载，由图 2.28 可知，传递给 L-1 上的荷载为梯形荷载，梯形荷载的最大值为：

$$2 \times 2.5 \times 1.95 = 9.75\ \text{kN/m}$$

$F_{\text{L-1}}$ 计算：

$$F_{\text{L-1}} = 0.5 \times [(6.6 + 2.7) \times 9.75 \times 0.5] = 22.669\ \text{kN}$$

③F_A 计算。

由图 2.30 可知：

$$F_A = 2 \times 3.9 \times 4.875 \times 0.5 + 22.669 = 41.68\ \text{kN}$$

(3) F_B 计算

由图 2.27 可知，F_B 是由 KL-2 传递来的集中力，KL-2 的计算简图如图 2.32 所示。

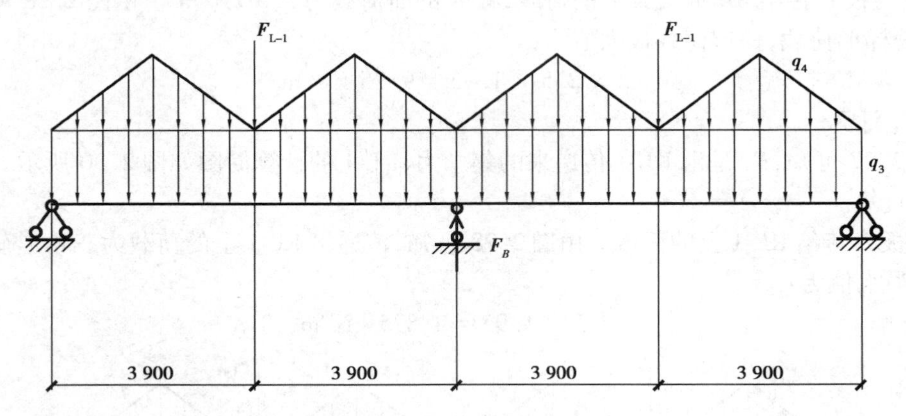

图 2.32　KL-2 计算简图

①q_3 计算。

q_3 为图 2.28 中板 F 传给 KL-2 上的均布荷载。

板 F 的面荷载为 3.0 kN/m^2，荷载值为：

$$3.0 \times 1.2 = 3.6\ \text{kN/m}$$

②q_4 计算。

q_4 为板 E 传给 KL-2 上的荷载。由图 2.28 可知，传递给 KL-2 上的荷载为三角形荷载，三角形荷载的最大值为：

$$2.5 \times 1.95 = 4.875\ \text{kN/m}$$

③$F_{\text{L-1}}$ 计算。

$F_{\text{L-1}}$ 为 L-1 传递给 KL-2 上的集中力，L-1 的计算简图如图 2.31 所示。

$$F_{\text{L-1}} = 22.669\ \text{kN}$$

④F_B 计算。

由图 2.32 可知：

$$F_B = 3.6 \times 7.8 + 2 \times 3.9 \times 4.875 \times 0.5 + 22.669 = 69.76\ \text{kN}$$

根据前边计算的结果，画出了第一至四层框架的最终活荷载计算简图，如图 2.33 所示。

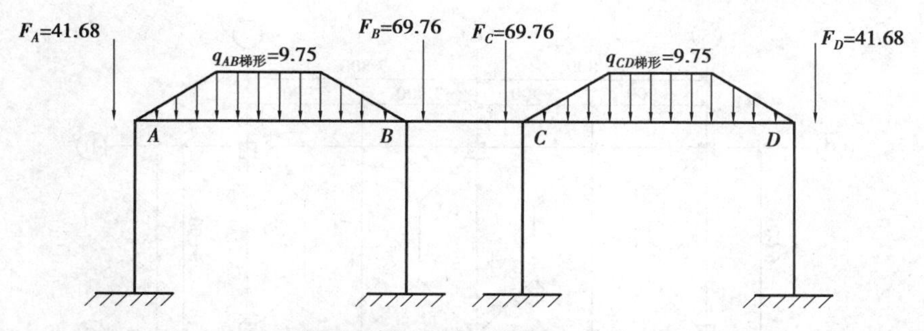

图 2.33 第一至四层框架最终活荷载计算简图(单位:F 为 kN,q 为 kN/m)

2)第五层(屋面层)框架的计算简图

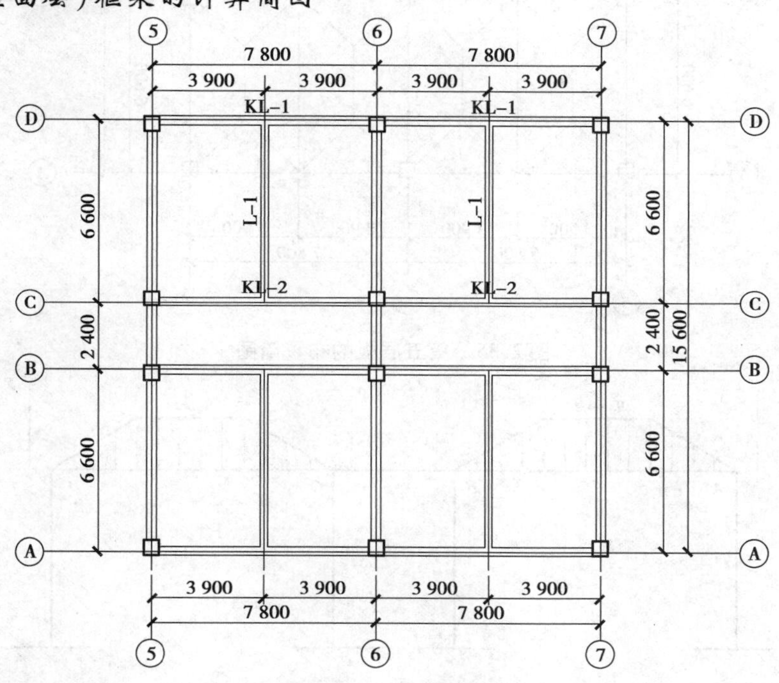

图 2.34 第五层梁布置简图

分析图 2.34 和图 2.35 的荷载传递,⑥轴线第五层框架计算简图如图 2.36 所示。下面计算第五层 6 轴线横向框架承受的活荷载,并进一步求出对应的计算简图。

(1)$q_{AB梯形}$ 计算

$q_{AB梯形}$ 为板 G 传给 AB 框架梁上的荷载,板 G 的面荷载为 2.0 kN/m^2。由图 2.35 可知,传递给 AB 段为梯形荷载,梯形荷载的最大值为:

$$2 \times 2.0 \times 1.95 = 7.8 \text{ kN/m}$$

(2)F_A 计算

由图 2.34 可知,F_A 是由 KL-1 传递来的集中力,KL-1 的计算简图如图 2.37 所示。

①q_1 计算。

q_1 为板 G 传给 KL-1 上的荷载,板 G 的面荷载为 2.0 kN/m^2。由图 2.35 可知,传递给 KL-1 上的荷载为三角形荷载,三角形荷载的最大值为:

$$2.0 \times 1.95 = 3.9 \text{ kN/m}$$

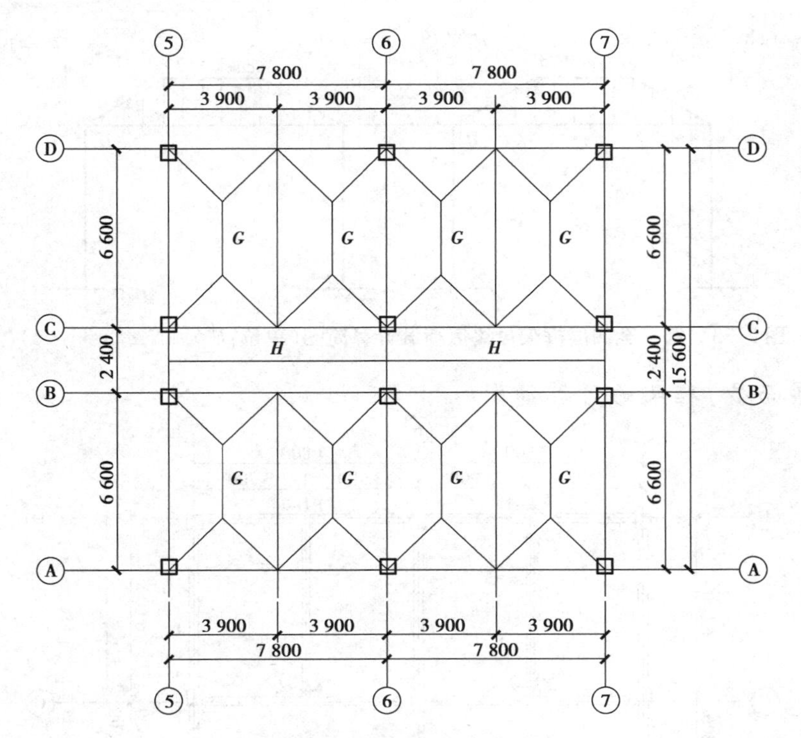

图 2.35　第五层板的布置简图

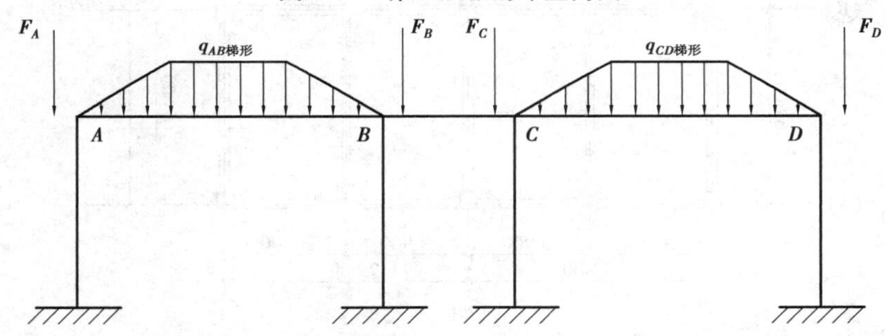

图 2.36　⑥轴线第五层框架计算简图

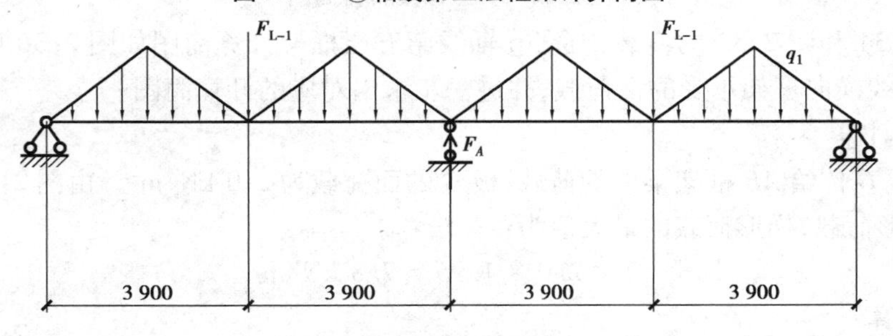

图 2.37　KL-1 计算简图

②F_{L-1} 计算。

F_{L-1} 为 L-1 传递给 KL-1 上的集中力，L-1 的计算简图如图 2.38 所示。

q_2 为板 G 传给 L-1 梁上的荷载。由图 2.35 可知，传递给 L-1 上的荷载为梯形荷载，梯形荷载最大值为：

$$2 \times 2.0 \times 1.95 = 7.8\ \text{kN/m}$$

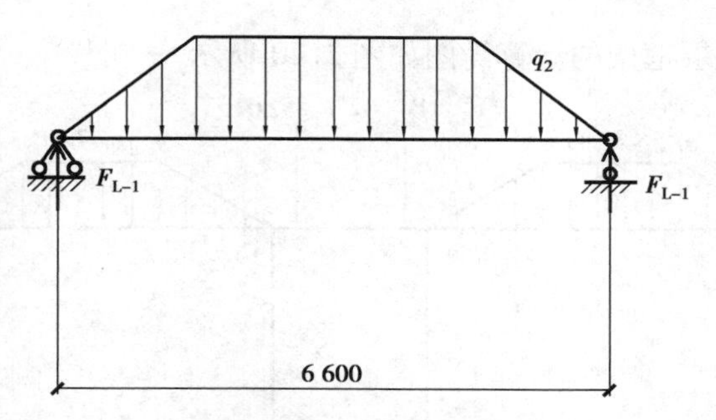

图 2.38　L-1 计算简图

F_{L-1} 计算：

$$F_{L-1}=0.5\times[(6.6+2.7)\times7.8\times0.5]=18.135\text{ kN}$$

③F_A 计算。

由图 2.37 可知：

$$F_A=2\times3.9\times3.9\times0.5+18.135=33.35\text{ kN}$$

(3)F_B 计算

由图 2.34 可知，F_B 是由 KL-2 传递来的集中力，KL-2 的计算简图如图 2.39 所示。

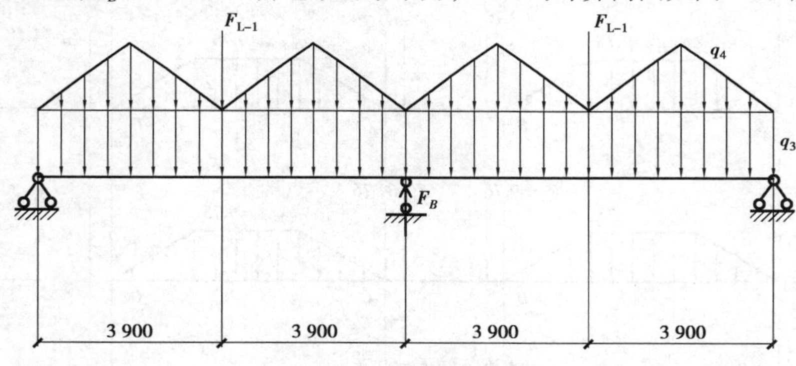

图 2.39　KL-2 计算简图

①q_3 计算。

q_3 为图 2.35 中板 H 传给 KL-2 上的均布荷载。

板 H 的面荷载为 2.0 kN/m^2，荷载值为：

$$2.0\times1.2=2.4\text{ kN/m}$$

②q_4 计算。

q_4 为板 G 传给 KL-2 上的荷载。由图 2.35 可知，传递给 KL-2 上的荷载为三角形荷载，三角形荷载的最大值为：

$$2.0\times1.95=3.9\text{ kN/m}$$

③F_{L-1} 计算。

F_{L-1} 为 L-1 传递给 KL-2 上的集中力，L-1 的计算简图如图 2.38 所示。

$$F_{L-1}=18.135\text{ kN}$$

④F_B 计算。

由图 2.39 可知：

$$F_B=2.4\times7.8+2\times3.9\times3.9\times0.5+18.135=52.07\text{ kN}$$

活荷载作用下,第五层框架的计算简图如图 2.40 所示。

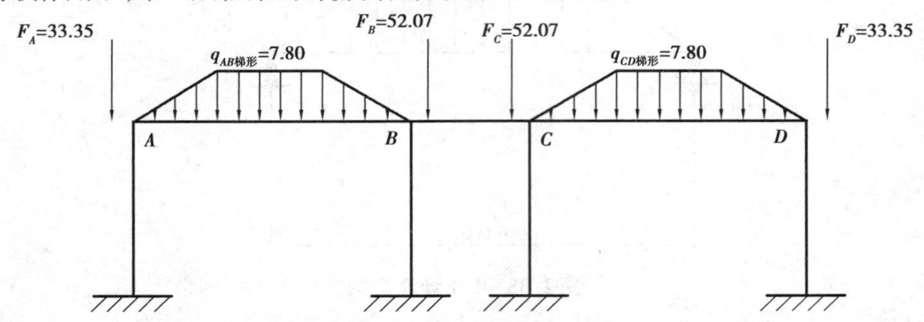

图 2.40　第五层框架最终活荷载计算简图(单位:F 为 kN,q 为 kN/m)

汇总前面各层的计算简图,⑥轴线横向框架在活荷载作用下的计算简图如图 2.41 所示。

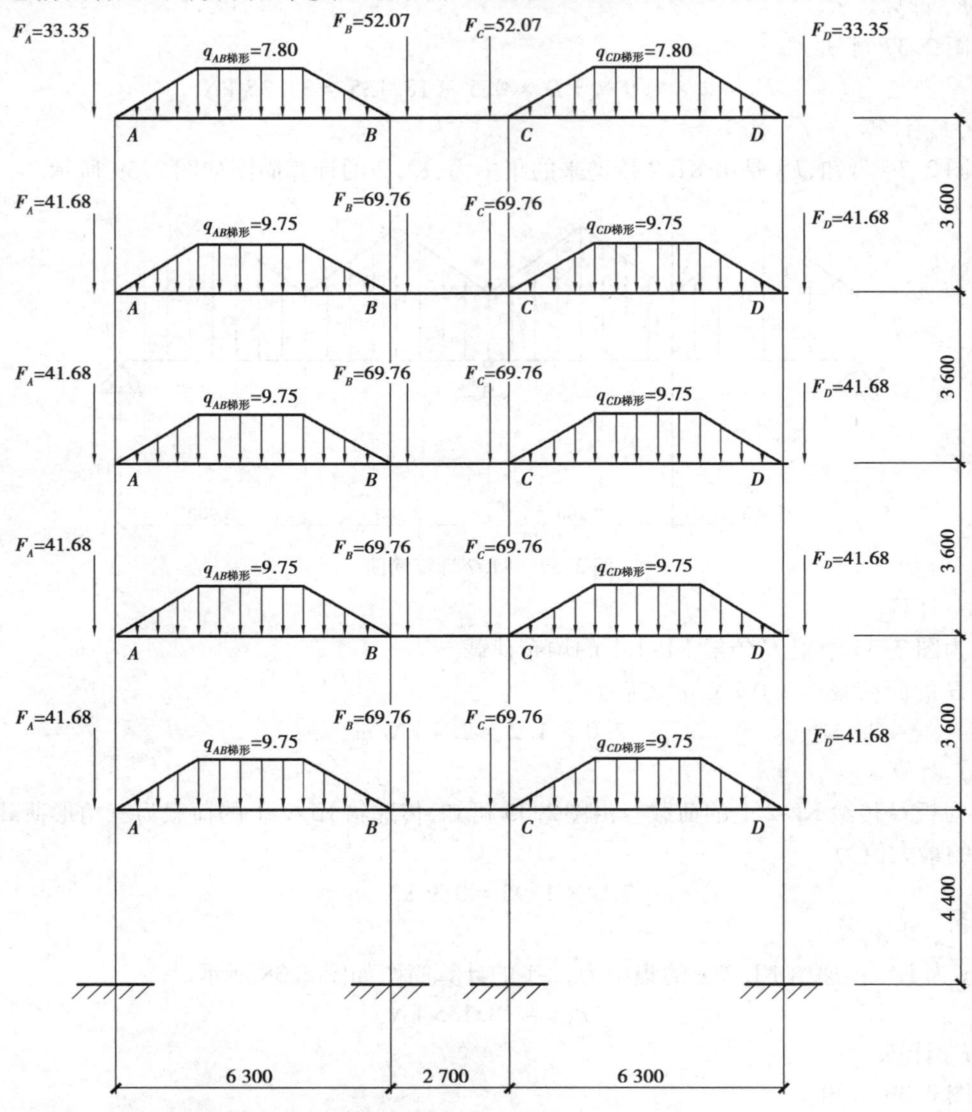

图 2.41　横向框架在活荷载作用下的计算简图(单位:F 为 kN,q 为 kN/m)

2.2.5　风荷载作用下框架计算简图

本装配式混凝土框架结构体系的基本风压为 $\omega_0=0.40\ \mathrm{kN/m^2}$，地面粗糙度类别为 C 类。本设计以左风为例进行风荷载的计算，右风作用时与左风作用时的计算方法相同。

计算主要承重结构时，垂直于建筑物表面上的风荷载标准值，应按照式(2.9)计算，计算风荷载标准值的各项参数可依据现行规范《建筑结构荷载规范》(GB 50009)确定。

①β_z 风振系数，对于高度大于 30 m 且高宽比大于 1.5 的房屋，以及基本自振周期大于 0.25 s 的各种高耸结构，应考虑风压脉动对结构产生顺风向风振的影响。本设计中建筑高度为 15.8 m<30 m，可不考虑风振的影响，即风振系数 $\beta_z=1.0$。

②μ_s 风荷载体型系数，迎风面取 0.8，背风面取−0.5，合计为 $\mu_s=1.3$。

③μ_z 风压高度变化系数，本设计地面粗糙度类别 C 类，可按表 2.8 选取风压高度变化系数。

表 2.8　风压高度变化系数 μ_z

离地面或海平面高度(m)	地面粗糙度类型			
	A	B	C	D
5	1.09	1.00	0.65	0.51
10	1.28	1.00	0.65	0.51
15	1.42	1.13	0.65	0.51
20	1.52	1.23	0.74	0.51
30	1.67	1.39	0.88	0.51
40	1.79	1.52	1.00	0.60
50	1.89	1.62	1.10	0.69

1)各层楼面处集中风荷载标准值计算

(1)框架风荷载负荷宽度

⑥轴线框架的负荷宽度为 $B=(7.8+7.8)/2=7.8$ m，如图 2.42 所示。需要说明的是，风荷载是对结构的整体作用，应按照结构整体的刚度来分配总风荷载，分到一榀框架之后进行框架的内力计算。在手算时，为方便计算，近似取一榀框架承受其负荷宽度(两边跨度各一半)的风荷载。

(2)框架风荷载负荷高度

框架风荷载的负荷高度取上下层高度之和的一半，如表 2.9 所示。其中底层框架风荷载负荷高度取底层层高加上一层层高的一半，顶层负荷高度取顶层层高的一半加女儿墙高度。

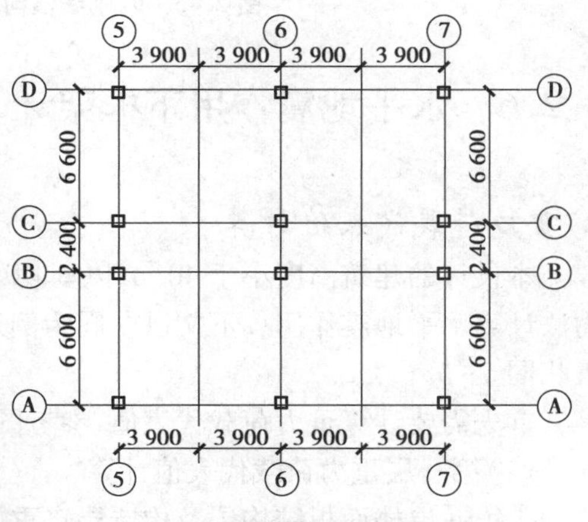

图 2.42　⑥轴线框架在风荷载作用下的负荷宽度

(3)各层楼面处集中风荷载标准值计算

各层楼面处集中风荷载标准值计算列于表2.9。

表2.9　各层楼面处集中风荷载标准值

楼层	β_z	μ_s	μ_z	ω_0	b(m)	$h_{下}$(m)	$h_{上}$(m)	h(m)	A(m²)	F_i(kN)
5	1	1.3	0.72	0.3	7.8	3.6	0.5	2.3	17.94	5.04
4	1	1.3	0.65	0.3	7.8	3.6	3.6	3.6	28.08	7.12
3	1	1.3	0.65	0.3	7.8	3.6	3.6	3.6	28.08	7.12
2	1	1.3	0.65	0.3	7.8	3.6	3.6	3.6	28.08	7.12
1	1	1.3	0.65	0.3	7.8	4.4	3.6	6.2	48.36	12.26

2)风荷载作用下的计算简图

依据表2.9可知,⑥轴线横向框架在风荷载(左风)作用下的计算简图如图2.43所示。

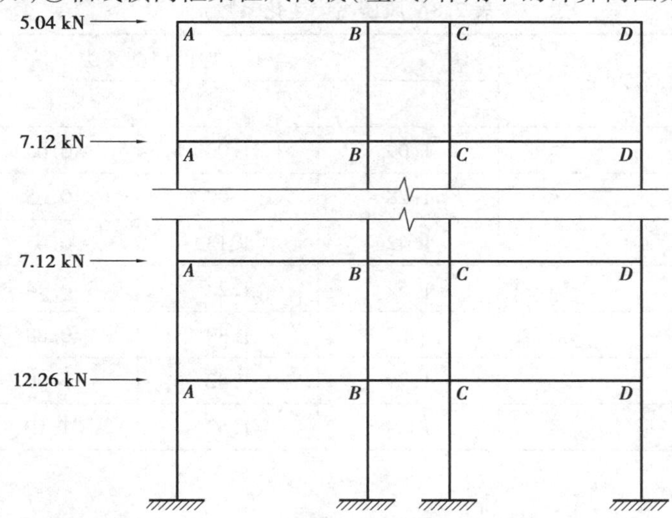

图2.43　⑥轴线横向框架在风荷载作用下的计算简图

2.2.6　水平地震作用下框架计算简图

1)重力荷载代表值计算

本设计的建筑高度小于40 m,以剪切变形为主,且质量和高度均匀分布,故可采用底部剪力法计算水平地震作用。下文以左震为例计算框架水平地震作用,右震作用下的计算方法与左震相同。

首先需要计算重力荷载代表值,参考图1.7的平面布置图计算各层重力荷载代表值。

(1)第一层重力荷载代表值计算

①第一层楼面板结构层及构造层自重标准值。

$$G_{办公室、会议室} = 4.1 \times (6.6 \times 7.8 \times 8 \times 2 - 3.9 \times 6.6 \times 4) = 2\ 954.952\ \text{kN}$$

$$G_{走道} = 2.4 \times 7.8 \times 8 \times 4 = 599.04\ \text{kN}$$

$$G_{卫生间} = 3.9 \times 6.6 \times 2 \times 4.6 = 236.808\ \text{kN}$$

②第一层楼面梁自重标准值。

以 300 mm×700 mm 的梁为例，计算梁自重加梁侧粉刷的线荷载标准值。

$$g_{i} = 25 \times 0.3 \times (0.7 - 0.13) + 17 \times 2 \times 0.02 \times (0.7 - 0.13) = 4.6626\ \text{kN/m}$$

其他各框架梁自重加梁侧粉刷线荷载标准值如表 2.10 所示。

表 2.10　梁自重及梁侧粉刷线荷载标准值

构件	楼板厚度(m)	粉刷层厚(m)	$\gamma_{粉}$(kN/m³)	γ_{G}(kN/m³)	g_{i}(kN/m)
梁(300×700)	0.13	0.02	17	25	4.662 6
梁(300×600)	0.13	0.02	17	25	3.844 6
梁(300×500)	0.13	0.02	17	25	3.026 6
梁(250×500)	0.13	0.02	17	25	2.564 1
梁(300×500)	0.13	0.02	17	25	3.026 6
梁(200×500)	0.13	0.02	17	25	2.101 6
梁(200×400)	0.13	0.02	17	25	1.533 6

$$G_{1梁} = 3.8446 \times 6.3 \times 20 + 3.0266 \times 2.7 \times 9 + 2.5641 \times 6.6 \times 14 + 4.6626 \times 7.8 \times 28 + 3.0266 \times 7.8 \times 4 + 2.1016 \times 3.9 \times 5 + 2.1016 \times 1.8 \times 4 + 2.1016 \times 6.6 + 1.5336 \times 1.95 + 1.5336 \times 1 = 1982.14\ \text{kN}$$

③第一层柱自重标准值。

以底层柱为例进行计算：

$$g_{i} = 25 \times 0.5 \times 0.5 + 17 \times 0.5 \times 0.02 \times 4 = 6.93\ \text{kN/m}$$

$$g_{0} = g_{i} \times (l_{n} - 0.13) = 29.5911\ \text{kN}$$

其他各层框架柱重力荷载代表值计算结果如表 2.11 所示。

表 2.11　框架柱重力荷载代表值计算

构件	h(mm)	b(mm)	γ_{G}(kN/m³)	g_{i}(kN/m)	l_{n}(m)	g_{0}(kN)
底层柱	500	500	25	6.93	4.4	29.591 1
二至五层柱	500	500	25	6.93	3.6	24.047 1

$$G_{1柱} = 40 \times 29.5911 = 1183.644\ \text{kN}$$

④第二层柱自重标准值。

$$G_{2柱} = 40 \times 24.0471 = 961.884\ \text{kN}$$

⑤第一层墙自重标准值(取 50%)。

第 1.4.6 节中列举了不同房间墙体的构造做法，各墙体单位面积面荷载如表 2.12 所示。

表 2.12 单位面积墙体面荷载

墙体类型	单位面积墙体荷载(kN/m^2)
外墙首层	1.64
外墙二至五层	1.53
内墙	1.22
卫生间内隔墙	1.63

$$G_{1墙}= 1.64\times7.8\times14\times(4.4-0.7)+1.64\times(7.8\times2+2.4\times2)\times(4.4-0.5)+1.64\times 6.6\times4\times(4.4-0.6)+1.22\times(6.6\times12+7.8)\times(4.4-0.5)+1.22\times6.6\times16\times (4.4-0.6)+1.22\times(7.8\times12+3.9)\times(4.4-0.7)+1.22\times(6.6+1.95\times2+2)\times (4.4-0.4)+1.63\times6.6\times2\times(4.4-0.5)+1.63\times7.8\times(4.4-0.7) = 2\ 493.21\ kN$$

⑥第二层墙自重标准值(取50%)。

$$G_{2墙}= 1.53\times7.8\times14\times(3.6-0.7)+1.53\times(7.8\times2+2.4\times2)\times(3.6-0.5)+1.53\times 6.6\times4\times(3.6-0.6)+1.22\times(6.6\times12+7.8)\times(3.6-0.5)+1.22\times6.6\times16\times (3.6-0.6)+1.22\times(7.8\times12+3.9)\times(3.6-0.7)+1.22\times(6.6+1.95\times2+2)\times (3.6-0.4)+1.63\times6.6\times2\times(3.6-0.5)+1.63\times7.8\times(3.6-0.7) = 1\ 915.31\ kN$$

⑦第一层活荷载标准值(取50%)。

$$Q_1=3.9\times6.6\times2\times2.5+2.4\times7.8\times8\times3+(15.6\times7.8\times8-7.8\times8\times2.4-4\times 3.9\times6.6-3.9\times6.6\times5\times2)\times2.5+3.9\times6.6\times5\times2\times3=2\ 508.48\ kN$$

⑧第一层重力荷载代表值汇总。

$$G_1=G_{办公室、会议室}+G_{走道}+G_{卫生间}+G_{1梁}+0.5(G_{1柱}+G_{2柱}+G_{1墙}+G_{2墙})+0.5Q_1$$
$$=2\ 954.952+599.04+236.808+1\ 982.14+0.5\times(1\ 183.644+961.884+2\ 493.21+1\ 915.31)+0.5\times2\ 508.48=10\ 304.20\ kN$$

(2)第二至四层重力荷载代表值计算

第二至四层建筑楼面板自重、楼面梁自重、柱自重标准值等均相同,下文以第2层为例,计算该层的重力荷载代表值。

①第二层楼面板结构层及构造层自重标准值。

$$G_{办公室、会议室}=4.1\times(6.6\times7.8\times8\times2-3.9\times6.6\times4)=2\ 954.952\ kN$$
$$G_{走道}=2.4\times7.8\times8\times4=599.04\ kN$$
$$G_{卫生间}=3.9\times6.6\times2\times4.6=236.808\ kN$$

②第二层楼面梁自重标准值。

$$G_{2梁}=3.844\ 6\times6.3\times20+3.026\ 6\times2.7\times9+2.564\ 1\times6.6\times14+4.662\ 6\times7.8\times28+ 3.026\ 6\times7.8\times4+2.101\ 6\times3.9\times5+2.101\ 6\times1.8\times4+2.101\ 6\times6.6+ 1.533\ 6\times1.95+1.533\ 6\times1=1\ 982.14\ kN$$

③第二层柱自重标准值。

$$G_{2柱}=40\times24.047\ 1=961.884\ kN$$

④第三层柱自重标准值。

$$G_{3柱} = 40 \times 24.0471 = 961.884 \text{ kN}$$

⑤第二层墙自重标准值(取50%)。

$$G_{2墙} = 1.53 \times 7.8 \times 14 \times (3.6 - 0.7) + 1.53 \times (7.8 \times 2 + 2.4 \times 2) \times (3.6 - 0.5) + 1.53 \times 6.6 \times 4 \times (3.6 - 0.6) + 1.22 \times (6.6 \times 12 + 7.8) \times (3.6 - 0.5) + 1.22 \times 6.6 \times 16 \times (3.6 - 0.6) + 1.22 \times (7.8 \times 12 + 3.9) \times (3.6 - 0.7) + 1.22 \times (6.6 + 1.95 \times 2 + 2) \times (3.6 - 0.4) + 1.63 \times 6.6 \times 2 \times (3.6 - 0.5) + 1.63 \times 7.8 \times (3.6 - 0.7) = 1915.31 \text{ kN}$$

⑥第三层墙自重标准值(取50%)。

$$G_{3墙} = 1.53 \times 7.8 \times 14 \times (3.6 - 0.7) + 1.53 \times (7.8 \times 2 + 2.4 \times 2) \times (3.6 - 0.5) + 1.53 \times 6.6 \times 4 \times (3.6 - 0.6) + 1.22 \times (6.6 \times 12 + 7.8) \times (3.6 - 0.5) + 1.22 \times 6.6 \times 16 \times (3.6 - 0.6) + 1.22 \times (7.8 \times 12 + 3.9) \times (3.6 - 0.7) + 1.22 \times (6.6 + 1.95 \times 2 + 2) \times (3.6 - 0.4) + 1.63 \times 6.6 \times 2 \times (3.6 - 0.5) + 1.63 \times 7.8 \times (3.6 - 0.7) = 1915.31 \text{ kN}$$

⑦第二层活荷载标准值(取50%)。

$$Q_2 = 3.9 \times 6.6 \times 2 \times 2.5 + 2.4 \times 7.8 \times 8 \times 3 + (15.6 \times 7.8 \times 8 - 7.8 \times 8 \times 2.4 - 4 \times 3.9 \times 6.6 - 3.9 \times 6.6 \times 5 \times 2) \times 2.5 + 3.9 \times 6.6 \times 5 \times 2 \times 3 = 2508.48 \text{ kN}$$

⑧第二层重力荷载代表值汇总。

$$G_2 = G_{办公室、会议室} + G_{走道} + G_{卫生间} + G_{2梁} + 0.5(G_{2柱} + G_{3柱} + G_{2墙} + G_{3墙}) + 0.5Q_2$$
$$= 2954.952 + 599.04 + 236.808 + 1982.14 + 0.5 \times (961.884 + 961.884 + 1915.31 + 1915.31) + 0.5 \times 2508.48 = 9904.37 \text{ kN}$$

(3)第五层重力荷载代表值计算

集中于屋盖处的重力荷载代表值,包括第五层结构构件自重标准值、出屋面处结构构件自重标准值。

①第五层屋面板结构层及构造层自重标准值。

$$G_{屋面} = 6.3 \times (7.8 \times 8 \times 15.6 - 3.9 \times 6.6 \times 2) = 5808.348 \text{ kN}$$

②第五层梁自重标准值。

$$G_{5梁} = 3.8446 \times 6.3 \times 20 + 3.0266 \times 2.7 \times 9 + 2.5641 \times 6.6 \times 14 + 4.6626 \times 7.8 \times 28 + 3.0266 \times 7.8 \times 4 + 2.1016 \times 3.9 \times 5 + 2.1016 \times 1.8 \times 4 + 2.1016 \times 6.6 + 1.5336 \times 1.95 + 1.5336 \times 1 = 1982.14 \text{ kN}$$

③第五层柱自重标准值。

$$G_{5柱} = 40 \times 24.0471 = 961.884 \text{ kN}$$

④出屋面柱自重标准值(出屋面房间突出屋面高度为:3.0 m)。

$$G_{出屋面柱} = 6.93 \times 3 \times 4 \times 2 = 166.32 \text{ kN}$$

⑤第五层墙自重标准值(取50%)。

$$G_{5墙} = 1.53 \times 7.8 \times 14 \times (3.6 - 0.7) + 1.53 \times (7.8 \times 2 + 2.4 \times 2) \times (3.6 - 0.5) + 1.53 \times 6.6 \times 4 \times (3.6 - 0.6) + 1.22 \times (6.6 \times 12 + 7.8) \times (3.6 - 0.5) + 1.22 \times 6.6 \times 16 \times (3.6 - 0.6) + 1.22 \times (7.8 \times 12 + 3.9) \times (3.6 - 0.7) + 1.22 \times (6.6 + 1.95 \times 2 + 2) \times (3.6 - 0.4) + 1.63 \times 6.6 \times 2 \times (3.6 - 0.5) + 1.63 \times 7.8 \times (3.6 - 0.7)$$
$$= 1915.31 \text{ kN}$$

⑥出屋面墙自重标准值(取50%)。

$$G_{出屋面墙}=[1.53\times(3.0-0.5)\times(3.9\times2+1.8\times2)+1.53\times(3.0-0.6)\times6.3\times2]\times2$$
$$=179.74\ kN$$

⑦女儿墙自重标准值。

女儿墙采用混凝土现浇的方法浇筑完成,女儿墙的浇筑厚度和外墙厚度保持一致(200 mm),女儿墙的高度为500 mm。女儿墙两侧分别做20 mm厚的粉刷层(粉刷层的涂料容重为17 kN/m³)。

女儿墙单位面积的重力荷载为:

$$q_{女儿墙}=25\times0.2+2\times17\times0.02=5.68\ kN/m^2$$
$$G_{女儿墙}=5.68\times0.5\times(15.6\times2+7.8\times8\times2-3.9\times2)=420.89\ kN$$

⑧第五层重力荷载代表值汇总。

$$G_5=G_{屋面}+G_{5梁}+G_{女儿墙}+0.5(G_{5柱}+G_{出屋面柱}+G_{5墙}+G_{出屋面墙})$$
$$=5\,808.348+1\,982.14+420.89+0.5\times(961.884+166.32+1\,915.31+179.74)$$
$$=10\,744.96\ kN$$

(4)出屋面处重力荷载代表值计算

①出屋面板结构层及构造层自重标准值。

出屋面板的板面做法和屋面板的做法相同,取出屋面板板面荷载为6.3 kN/m²

$$G_{出屋面}=6.3\times3.9\times(6.6+1.8)\times2=412.776\ kN$$

②出屋面层梁自重标准值。

$$G_{出屋面梁}=[3.026\,6\times3.9+3.844\,6\times6.3\times2+2.101\,6\times(1.8\times2+3.9)]\times2$$
$$=152.015\ kN$$

③出屋面柱自重标准值。

$$G_{出屋面柱}=6.93\times3\times4\times2=166.32\ kN$$

④出屋面墙自重标准值(取50%)。

$$G_{出屋面墙}=[1.53\times(3.0-0.5)\times(3.9\times2+1.8\times2)+1.53\times(3.0-0.6)\times6.3\times2]\times2$$
$$=179.74\ kN$$

⑤出屋面女儿墙自重标准值。

女儿墙单位面积的重力荷载为:

$$q_{女儿墙}=25\times0.2+2\times17\times0.02=5.68\ kN/m^2$$
$$G_{女儿墙}=5.68\times0.5\times(3.9\times2+1.8\times2+6.3\times2)\times2=136.32\ kN$$

⑥出屋面层重力荷载代表值汇总。

$$G_6=G_{出屋面}+G_{出屋面梁}+G_{女儿墙}+0.5(G_{出屋面柱}+G_{出屋面墙})$$
$$=412.776+152.015+136.32+0.5\times(166.32+179.74)=890.52\ kN$$

2)水平地震作用下的计算简图

(1)框架梁柱线刚度计算

后文中第3.3.1节对⑥轴线横向框架上的梁、柱线刚度进行了相应计算,下面分别列出各框架梁、框架柱的线刚度。其中,图2.44(a)和图2.44(b)分别为与出屋面柱在柱底和柱顶相连接的梁的截面尺寸。

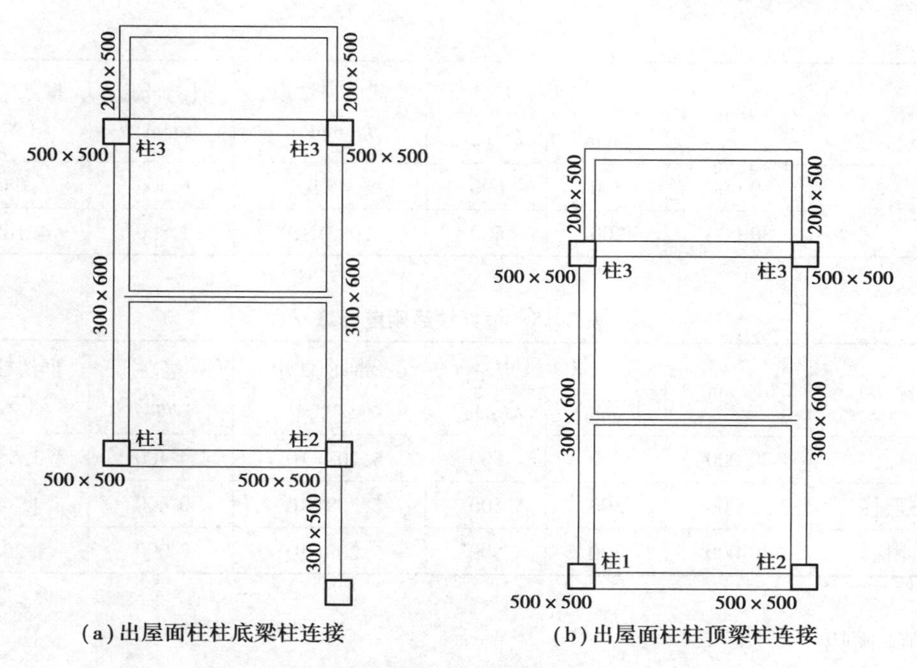

(a)出屋面柱柱底梁柱连接　　(b)出屋面柱柱顶梁柱连接

图 2.44　出屋面柱柱顶、柱底梁柱连接(单位:mm)

楼面板与梁的连接使梁的惯性矩增加,装配整体式楼面是将预制的楼面板搁置在框架梁上,再在预制板上后浇一层刚性的混凝土面层,其整体性比现浇楼面弱,因此在装配整体式结构中楼面板对梁惯性矩的增大作用比现浇结构低。为简化起见,可按表 2.13 中的公式计算。本设计为装配整体式楼盖,利用表中方法可计算出框架梁惯性矩,框架梁线刚度计算结果详见表 2.14,框架柱线刚度计算结果见表 2.15。

表 2.13　梁惯性矩取值

楼板类型	边框架梁	中框架梁
装配整体式楼板	$I=1.2I_0$	$I=1.5I_0$
装配式楼板	$I=I_0$	$I=I_0$

注:I_0 为梁按矩形截面计算的惯性矩,$I_0=\frac{1}{12}bh^3$。

表 2.14　框架梁线刚度计算

位置	E_c(N/mm²)	截面尺寸		截面惯性矩	计算跨度	框架梁线刚度
		b(mm)	h(mm)	I_0(mm⁴)	(mm)	i_b(N·mm)
中跨 AB、CD 梁	30 000	300	600	5.4×10^9	6 300	3.86×10^{10}
中跨 BC 梁	30 000	300	500	3.125×10^9	2 700	5.21×10^{10}
边跨 AB、CD 梁	30 000	300	600	5.4×10^9	6 300	3.086×10^{10}
边跨 BC 梁	30 000	300	500	3.125×10^9	2 700	4.167×10^{10}

续表

位置	E_c(N/mm²)	截面尺寸		截面惯性矩	计算跨度	框架梁线刚度
		b(mm)	h(mm)	I_0(mm⁴)	(mm)	i_b(N·mm)
出屋面梁	30 000	300	600	5.4×10^{9}	6 300	3.086×10^{10}
	30 000	200	500	2.083×10^{9}	1 800	4.167×10^{10}

表 2.15　框架柱线刚度计算

位置	E_c(N/mm²)	截面尺寸		截面惯性矩	层高	框架柱线刚度
		b(mm)	h(mm)	I_0(mm⁴)	(mm)	i_c(N·mm)
底层柱	30 000	500	500	5.208×10^{9}	4 400	3.55×10^{10}
二至五层柱	30 000	500	500	5.208×10^{9}	3 600	4.34×10^{10}
出屋面柱	30 000	500	500	5.208×10^{9}	3 000	5.208×10^{10}

(2)侧向刚度 D 计算

考虑梁柱的线刚度比,用 D 值法计算框架柱的侧移刚度,计算过程详见表 2.16。

表 2.16　柱的侧移刚度 D 值计算

框架柱位置	柱类型	$\bar{k}$ 一般层:$\bar{k}=\sum i_b/2i_c$ 底层:$\bar{k}=\sum i_b/i_c$	α_c 一般层:$\alpha_c=\bar{k}/(2+\bar{k})$ 底层:$\alpha_c=(0.5+\bar{k})/(2+\bar{k})$	层高(mm)	线刚度 i_c(N·mm)	$D=\frac{12\alpha i_c}{h^2}$(kN/m)	根数
底层	边框边柱	0.869	0.477	4 400	3.55×10^{10}	10 502.82	4
	边框中柱	2.042	0.629	4 400	3.55×10^{10}	13 843.30	4
	中框边柱	1.086	0.514	4 400	3.55×10^{10}	11 312.88	16
	中框中柱	2.553	0.671	4 400	3.55×10^{10}	14 759.27	16
2-5	边框边柱	0.711	0.262	3 600	4.34×10^{10}	10 539.27	4
	边框中柱	1.671	0.455	3 600	4.34×10^{10}	18 292.73	4
	中框边柱	0.889	0.308	3 600	4.34×10^{10}	12 363.51	16
	中框中柱	2.089	0.511	3 600	4.34×10^{10}	20 529.73	16
出屋面	柱 1	0.592	0.229	3 000	5.208×10^{10}	15 870.22	2
	柱 2	1.092	0.353	3 000	5.208×10^{10}	24 532.30	2
	柱 3	1.392	0.410	3 000	5.208×10^{10}	28 503.95	4

(3)结构基本自振周期计算

采用假想顶点位移法计算结构的基本自振周期。结构在重力荷载代表值作用下的假想顶

点位移计算详见表2.17,其中各层层间位移按式(2.15)计算:

$$\Delta l=\frac{\sum G_i}{D_i} \tag{2.15}$$

表2.17 假想顶点位移计算

楼层	G_i(kN)	$\sum G_i$(kN)	D_i(kN/m)	Δl(m)	u_i(m)
局部6	890.52	890.52	194 820.84	0.004 6	0.270 1
5	10 744.96	11 635.48	641 619.84	0.018 1	0.265 5
4	9 904.37	21 539.85	641 619.84	0.033 6	0.247 4
3	9 904.37	31 444.22	641 619.84	0.049 0	0.213 8
2	9 904.37	41 348.59	641 619.84	0.064 4	0.164 8
1	10 304.20	51 652.79	514 538.88	0.100 4	0.100 4

计算结构基本自振周期时,考虑非承重墙刚度对结构自振周期的影响,取周期折减系数为0.6进行计算。

$$T_1=1.7\psi_{\mathrm{T}}\sqrt{u_{\mathrm{T}}}=1.7\times0.6\times\sqrt{0.2701}=0.53\ \mathrm{s}$$

(4)横向水平地震作用计算

本设计采用底部剪力法计算横向水平地震作用。

①地震影响系数。

本工程所在的场地抗震设防烈度为7度,地震加速度为0.1g,设计地震分组为第一组,特征周期为0.35 s,多遇地震水平地震影响系数最大值为0.08。

因为$T_{\mathrm{g}}<T_1=0.53\ \mathrm{s}<5T_{\mathrm{g}}$,查图2.10知地震影响系数为:$\alpha_1=\left(\frac{T_{\mathrm{g}}}{T_1}\right)^{\gamma}\eta_2\alpha_{\max}$

其中,γ为衰减指数,γ取0.9;η_2为阻尼调整系数,按1.0采用。

地震影响系数为:

$$\alpha_1=\left(\frac{T_{\mathrm{g}}}{T_1}\right)^{0.9}\alpha_{\max}=\left(\frac{0.35}{0.53}\right)^{0.9}\times0.08=0.055\ 1\left(\frac{T_{\mathrm{g}}}{T_1}\right)^{0.9}\alpha_{\max}$$

②各层水平地震作用标准值、楼层地震剪力及楼层层间位移计算。

对于多质点体系,结构底部总横向水平地震作用标准值:

$$F_{\mathrm{Ek}}=\alpha_1G_{\mathrm{eq}}=0.055\ 1\times0.85\times51\ 652.79=2\ 419.16\ \mathrm{kN}$$

因为$T_1=0.53\ \mathrm{s}>1.4T_{\mathrm{g}}=1.4\times0.35=0.49\ \mathrm{s}$,所以需要考虑顶部附加地震作用的影响,顶部附加地震作用系数为:

$$\delta_{\mathrm{n}}=0.08T_1+0.07=0.08\times0.53+0.07=0.112\ 4$$

顶部附加水平地震作用为:

$$\Delta F_{\mathrm{n}}=\delta_{\mathrm{n}}F_{\mathrm{Ek}}=0.112\ 4\times2\ 419.16=271.92\ \mathrm{kN}$$

根据式(2.11)可计算各层水平地震作用标准值,局部六层处水平地震作用标准值除按照式(2.11)计算外,还应考虑顶部附加地震作用的影响,计算过程详见表2.18。水平地震作用下框架计算简图如图2.45所示。

表 2.18　各层水平地震作用标准值

楼层	H(m)	H_i(m)	G_iH_i	$\frac{G_iH_i}{\sum G_iH_i}$	F_i(kN)
局部 6	3	21.8	19 413.4	0.031 75	68.18
5	3.6	18.8	202 005.3	0.330 38	709.41
4	3.6	15.2	150 546.4	0.246 22	528.69
3	3.6	11.6	114 890.7	0.187 91	403.48
2	3.6	8	79 234.96	0.129 59	278.26
1	4.4	4.4	45 338.48	0.074 15	159.22

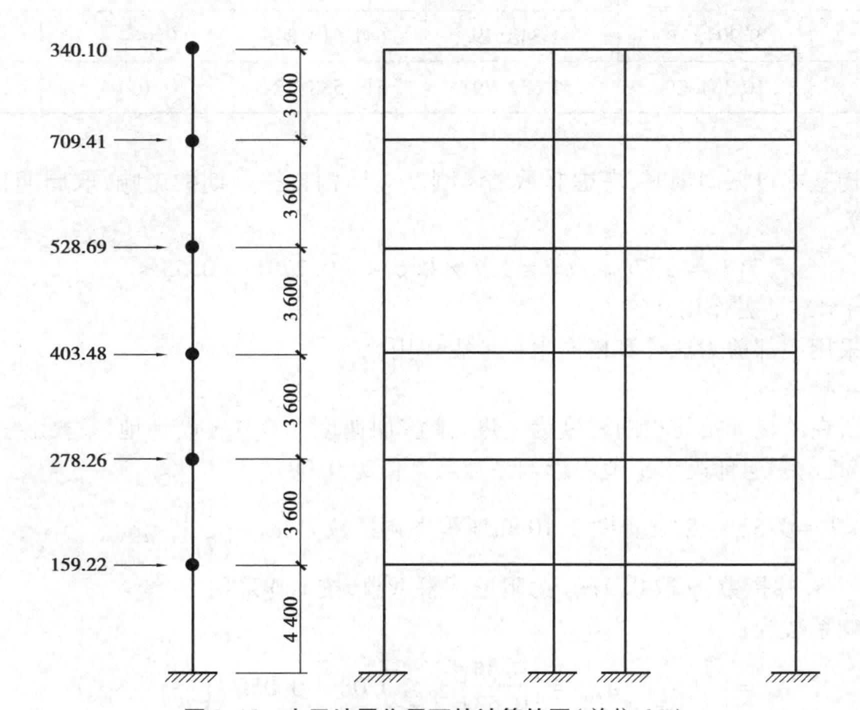

图 2.45　水平地震作用下的计算简图(单位:kN)

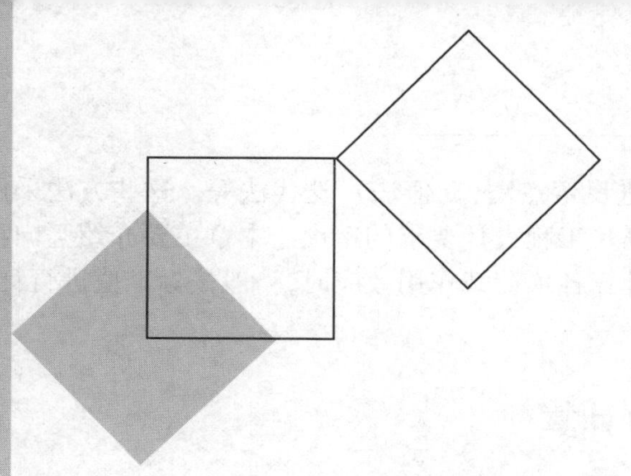

3 装配式钢筋混凝土框架结构内力计算与组合

3.1 “等同现浇”设计概述

装配整体式钢筋混凝土结构中，当采取可靠的构造措施及施工方法，保证结构预制构件之间或者预制构件与现浇构件之间的节点或接缝的承载力、刚度和延性不低于现浇钢筋混凝土结构，使装配整体式钢筋混凝土结构的整体性能与现浇钢筋混凝土结构基本相同时，此类装配整体式结构称为等同现浇装配式混凝土结构，简称等同现浇装配式结构。

等同现浇的工作原理是，通过钢筋之间的可靠连接（如浆锚灌浆、钢筋搭接、灌浆套筒连接等），将各构件有效连接起来，让整个装配式结构与现浇实现等同，以满足建筑结构安全的要求。

等同现浇意味着用现浇混凝土的方式解决了装配式建筑的技术难题，工程师在结构设计过程中可以很容易把原来设计的现浇混凝土构件替换为预制混凝土构件，而不需要在设计方法上做较大的改变。在推动装配式建筑的发展方面，它具有非常重大的意义。

除此之外，应用等同现浇的理念可以打破现有的装配式建筑运转逻辑（即按传统的现浇结构进行设计，再拆分成不同的预制构件进行生产，再回到施工现场装配成为装配式建筑），变成开展标准化、模数化设计，先研究若干符合相应模数原则的构件标准尺寸，再组合成不同形式的结构，从而更容易实现正向设计，可大大减免沟通成本、生产成本等。

3.2 内力计算

框架结构承担的荷载主要有恒载、使用活荷载、风荷载、地震作用，其中恒载、活荷载一般为竖向作用，风荷载、地震则为水平方向作用。手算多层多跨框架结构的内力（M、N、V）及侧移时，一般采用近似方法。如求竖向荷载作用下的内力时，有分层法、弯矩分配法、迭代法等；求水平荷载作用下的内力时,有反弯点法、改进反弯点法(D 值法)、迭代法等。这些方法采用的假设不同,计算结果有所差异,但一般都能满足工程设计要求的精度。本章主要介绍竖向荷载作用下及水平荷载作用下的内力计算。在计算各项荷载作用效应时,一般按标准值进行计算,以便于后面荷载效应的组合。

3.2.1 竖向荷载作用下的内力计算

本节简要介绍工程设计中应用较为广泛的分层法和弯矩二次分配法的基本概念和计算要点。

1)分层法

(1)竖向荷载作用下框架结构的受力特点及内力计算假定

力法或位移法的精确计算结果表明,在竖向荷载作用下,框架结构的侧翼对其内力的影响较小。例如,如图 3.1 所示为两层两跨不对称框架结构在竖向荷载作用下的弯矩图,其中 i 表示各杆件的相对线刚度。图中不带括号的杆端弯矩值为精确值(考虑框架侧翼影响),带括号的弯矩值是近似值(不考虑框架侧翼影响)。可见,在梁的线刚度大于柱的线刚度的情况下,只要结构和荷载不是特别不对称,竖向荷载作用下框架结构的侧翼对其内力的影响较小,对杆端弯矩的影响也较小。

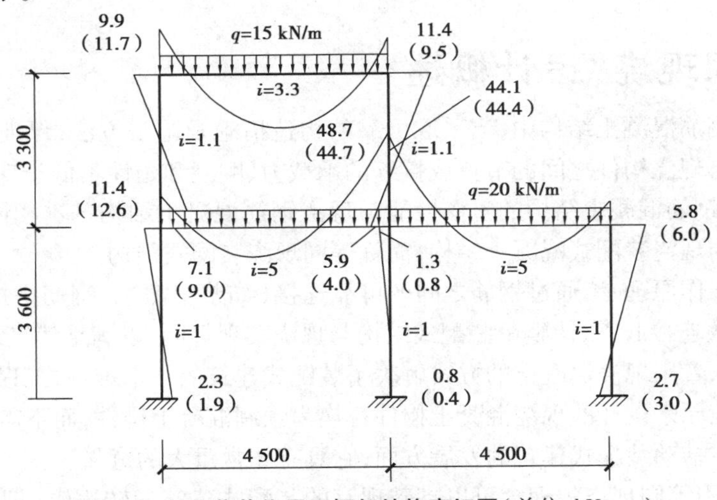

图 3.1 竖向荷载作用下框架结构弯矩图(单位:kN·m)

另外,由影响线理论及精确计算结果可知,框架各层横梁上的竖向荷载只对本层横梁及与之相连的上、下层柱的弯矩影响较大,对其他各层梁、柱的弯矩影响较小。这也可从弯矩分配法的过程来理解,受荷载作用杆件的弯矩值通过弯矩的多次分配与传递,逐渐向左右、上下衰减,在梁的线刚度大于柱的线刚度的情况下,柱中弯矩衰减得更快,因而对其他各层杆端弯矩的影响较小。

根据上述分析,计算竖向荷载作用下框架结构内力时,可采用以下两个简化假定:

①不考虑框架结构的侧翼对其内力的影响。

②每层梁上的荷载仅对本层梁及上、下柱的内力产生影响,对其他各层梁、柱的内力影响可忽略不计。

应当指出，上述假定中所指的内力不包括轴力，因为某层梁上的荷载对下部各层柱的轴力均有较大影响，不能忽略。

(2)计算要点及步骤

①将多层框架沿高度分成若干单层无侧移的敞口框架。每个敞口框架包括本层梁和与之相连的上、下层柱。梁上作用的荷载、各层柱高及梁跨度均与原结构相同，如图3.2所示。

②除底层柱的下端外，其他各柱的柱端应为弹性约束。为便于计算，均将其处理为固定端(图3.2)。这样将使柱的弯曲变形有所减小，为消除这种影响，可把除底层以外的其他各层柱的线刚度均乘以修正系数0.9。

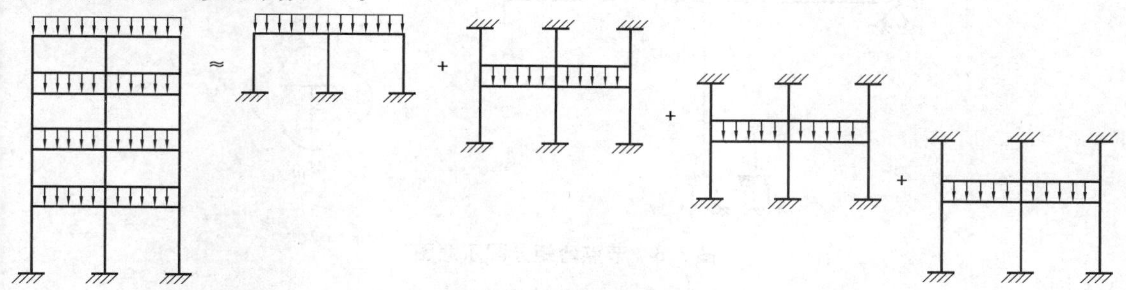

图3.2 竖向荷载作用下框架弯矩图

③用无侧移框架的计算方法(如弯矩分配法)计算每个敞口框架的杆端弯矩，由此所得的杆端弯矩即为其最后的弯矩值；因每一柱属于上、下两层，所以每一柱端的最终弯矩值需将上、下层计算所得的弯矩值相加。在上、下层柱端弯矩值相加后，将引起新的节点不平衡弯矩，如欲进一步修正，可对这些不平衡弯矩再做一次弯矩分配。

如用弯矩分配法计算各敞口框架杆端弯矩，在计算每个节点周围杆件的弯矩分配系数时，应采用修正后的柱线刚度计算，并且底层柱和各层梁的传递系数均取1/2，其他各层柱和梁的传递系数改用1/3。

④在杆端弯矩求出后，可用静力平衡条件计算梁端剪力及跨中弯矩；逐层叠加柱上的竖向压力(包括节点集中力柱自重等)和与之相连的梁端剪力，即得柱的轴力。

2)弯矩二次分配法

计算竖向荷载作用下多层多跨框架结构的杆端弯矩时，如用无侧移框架的弯矩分配法，由于该法要考虑任一节点的不平衡弯矩对框架结构所有杆件的影响，因此计算相当繁复。根据在分层法中所做的分析可知，多层框架中某节点的不平衡弯矩对与其相邻的节点影响较大，对其他节点的影响较小，因此可假定某一节点的不平衡弯矩只对与该节点相交的各杆件的远端有影响，这样可将弯矩分配法的循环次数简化到弯矩二次分配和其间的一次传递，此即弯矩二次分配法。下面说明这种方法的具体计算步骤。

①根据各杆件的线刚度计算各节点的杆端弯矩分配系数，并计算竖向荷载作用下各跨梁的固端弯矩(将梁上各种荷载形式按表3.1中对应公式计算杆端弯矩，并将求得的杆端弯矩叠加)。关于节点杆端弯矩分配系数计算，以图3.3中的A节点为例，首先根据连接在A节点处梁和柱的远端约束情况确定各梁柱的转动刚度，将各构件转动刚度按比例分配，即得到节点连接处各梁柱构件的分配系数，如式(3.1)—式(3.3)所示。

②计算框架各节点的不平衡弯矩，并对所有节点的不平衡弯矩反号后进行第一次分配(其

间不进行弯矩传递)。

③将所有杆端的分配弯矩同时向其远端传递(根据远端支承情况确定,对于远端固定的情况,传递系数取 $C=1/2$;远端简支情况,$C=0$;远端为定向支座的情况,$C=-1$)。

④将各节点因传递弯矩而产生的新的不平衡弯矩反号后进行第二次分配,使各节点处于平衡状态。至此,整个弯矩分配和传递过程即告结束。

⑤将各杆端的固端弯矩、分配弯矩和传递弯矩叠加,即得各杆端弯矩。

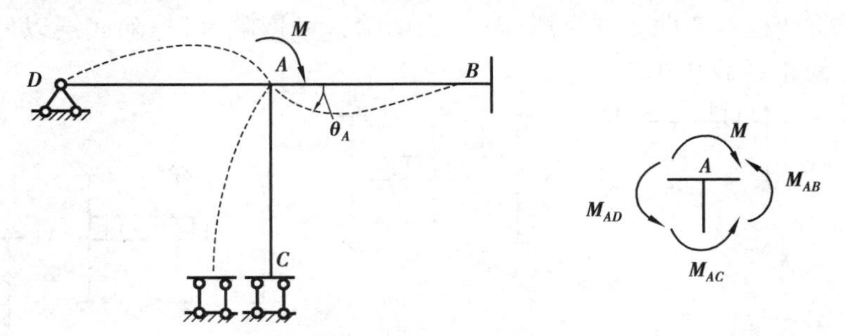

图 3.3　节点弯矩分配示意图

$$\sum A = S_{AB} + S_{AC} + S_{AD} \tag{3.1}$$

$$\mu_{AB} = \frac{S_{AB}}{\sum A}, \mu_{AC} = \frac{S_{AC}}{\sum A}, \mu_{AD} = \frac{S_{AD}}{\sum A} \tag{3.2}$$

$$\sum \mu = \mu_{AB} + \mu_{AC} + \mu_{AD} = 1 \tag{3.3}$$

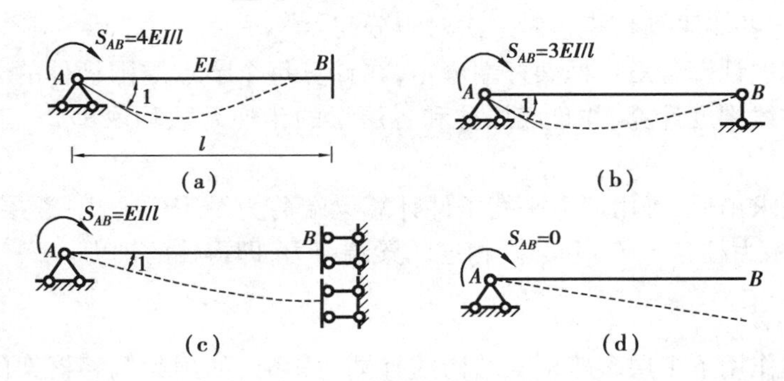

图 3.4　节点转动刚度计算

表 3.1　荷载作用下梁端弯矩计算

	编号	简　图	固端弯矩(以顺时针转向为正)	固端剪力
两端固定	1		$M_{AB}^{F} = -\frac{ql^2}{12}$ $M_{BA}^{F} = \frac{ql^2}{12}$	$F_{QAB}^{F} = \frac{ql}{2}$ $F_{QBA}^{F} = -\frac{ql}{2}$
	2		$M_{AB}^{F} = -\frac{ql^2}{30}$ $M_{BA}^{F} = \frac{ql^2}{20}$	$F_{QAB}^{F} = \frac{3ql}{20}$ $F_{QBA}^{F} = -\frac{7ql}{20}$

续表

	编号	简 图	固端弯矩(以顺时针转向为正)	固端剪力
两端固定	3	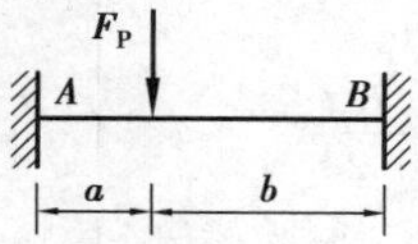 F_P; A, B; a, b	$M_{AB}^F=-\dfrac{F_Pab^2}{l^2}$ $M_{BA}^F=\dfrac{F_Pa^2b}{l^2}$	$F_{QAB}^F=\dfrac{F_Pb^2}{l^2}\left(1+\dfrac{2a}{l}\right)$ $F_{QBA}^F=-\dfrac{F_Pa^2}{l^2}\left(1+\dfrac{2b}{l}\right)$
	4	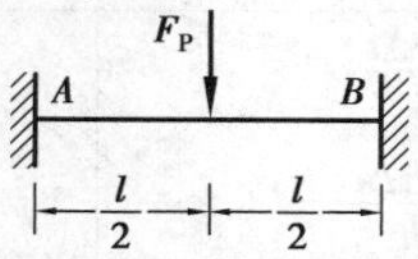 F_P; A, B; $\dfrac{l}{2}$, $\dfrac{l}{2}$	$M_{AB}^F=-\dfrac{F_Pl}{8}$ $M_{BA}^F=\dfrac{F_Pl}{8}$	$F_{QAB}^F=\dfrac{F_P}{2}$ $F_{QBA}^F=-\dfrac{F_P}{2}$
	5	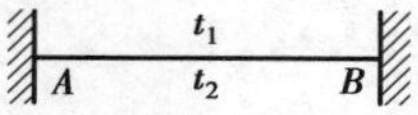 t_1, t_2; A, B; $\Delta t=t_1-t_2$	$M_{AB}^F=\dfrac{EI\alpha\Delta t}{h}$ $M_{BA}^F=-\dfrac{EI\alpha\Delta t}{h}$	$F_{QAB}^F=0$ $F_{QBA}^F=0$
一端固定另一端铰支	6	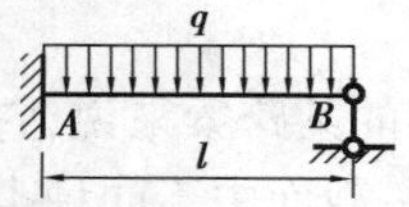 q; A, B; l	$M_{AB}^F=-\dfrac{ql^2}{8}$	$F_{QAB}^F=\dfrac{5}{8}ql$ $F_{QBA}^F=-\dfrac{3}{8}ql$
	7	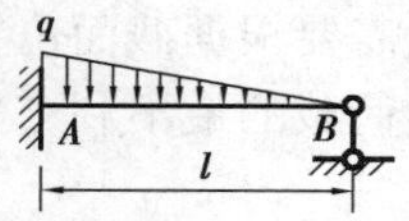 q; A, B; l	$M_{AB}^F=-\dfrac{ql^2}{15}$	$F_{QAB}^F=\dfrac{2}{5}ql$ $F_{QBA}^F=-\dfrac{1}{10}ql$
	8	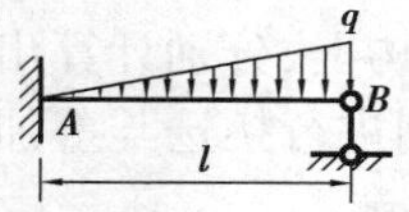 q; A, B; l	$M_{AB}^F=-\dfrac{7ql^2}{120}$	$F_{QAB}^F=\dfrac{9}{40}ql$ $F_{QBA}^F=-\dfrac{11}{40}ql$
	9	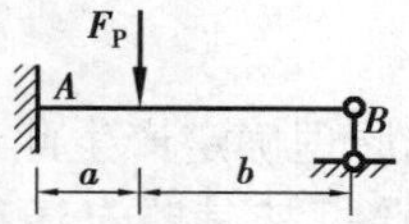 F_P; A, B; a, b	$M_{AB}^F=-\dfrac{F_Pb(l^2-b^2)}{2l^2}$	$F_{QAB}^F=\dfrac{F_Pb(3l^2-b^2)}{2l^3}$ $F_{QBA}^F=-\dfrac{F_Pa^2(3l-a)}{2l^3}$
	10	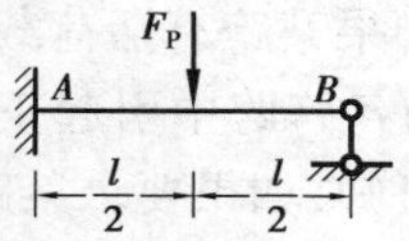 F_P; A, B; $\dfrac{l}{2}$, $\dfrac{l}{2}$	$M_{AB}^F=-\dfrac{3F_Pl}{16}$	$F_{QAB}^F=\dfrac{11}{16}F_P$ $F_{QBA}^F=-\dfrac{5}{16}F_P$
	11	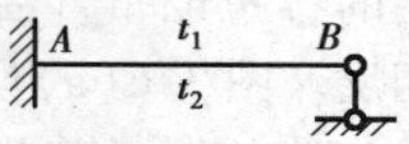 t_1, t_2; A, B; $\Delta t=t_1-t_2$	$M_{AB}^F=\dfrac{3EI\alpha\Delta t}{2h}$	$F_{QAB}^F=F_{QAB}^F$ $=-\dfrac{3EI\alpha\Delta t}{2hl}$
一端固定另一端滑动支承	12	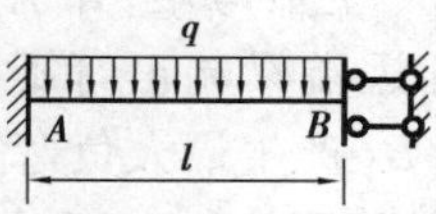 q; A, B; l	$M_{AB}^F=-\dfrac{ql^2}{3}$ $M_{BA}^F=-\dfrac{ql^2}{6}$	$F_{QAB}^F=ql$ $F_{QBA}^F=0$
	13	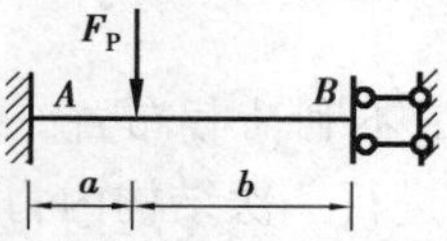 F_P; A, B; a, b	$M_{AB}^F=-\dfrac{F_Pa}{2l}(2l-a)$ $M_{BA}^F=-\dfrac{F_Pa^2}{2l}$	$F_{QAB}^F=F_P$ $F_{QBA}^F=0$

续表

	编号	简　图	固端弯矩(以顺时针转向为正)	固端剪力
一端固定另一端滑动支承	14	F_P, A, B, l	$M_{AB}^{F}=M_{BA}^{F}=-\dfrac{F_P l}{2}$	$F_{QAB}^{F}=F_P$ $F_{QB}^{L}=F_P$ $F_{QB}^{R}=0$
	15	A, B, t_1, t_2 $\Delta t=t_1-t_2$	$M_{AB}^{F}=\dfrac{EI\alpha\Delta t}{h}$ $M_{BA}^{F}=-\dfrac{EI\alpha\Delta t}{h}$	$F_{QAB}^{F}=0$ $F_{QBA}^{F}=0$

3.2.2　框架活荷载不利布置

楼面活荷载是随机作用的竖向荷载,对于框架房屋某层的某跨梁来说,它有时作用,有时不作用。对于框架结构,一般来说,结构构件的不同截面或同一截面中不同种类的最不利内力,有不同的活荷载最不利布置情况。因此,活荷载的最不利布置需要根据截面位置及最不利内力种类分别确定。设计中,一般按下述方法确定框架结构楼面活荷载的最不利布置:

1)分层分跨组合法

这种方法是将楼面活荷载逐层逐跨单独作用在框架结构上,分别计算出结构的内力,然后对结构各个控制截面上的不同内力,按照不利与可能的原则进行挑选与叠加,得到控制截面的最不利内力。这种方法的计算工作量很大,适用于计算机求解。

2)最不利荷载布置法

对某一指定截面的某种最不利内力,可直接根据影响线原理确定产生此最不利内力的荷载位置来计算结构内力。如图3.5所示为一无侧移的多层多跨框架某跨有活荷载时各杆的变形曲线示意图,其中,圆点表示受拉纤维的一边。由图可见,如果某跨有活荷载作用,则该跨跨中产生正弯矩,并使沿横向隔跨、沿竖向隔层然后隔跨隔层的各跨跨中引起正弯矩,还使横向邻跨、竖向邻层然后隔跨隔层的各跨跨中产生负弯矩。由此可知,如果要求某跨跨中产生最大正弯矩,则应在该跨布置活荷载,然后沿横向隔跨、沿竖向隔层的各跨也布置活荷载;如果要求某跨跨中产生最大负弯矩(绝对值),则活荷载布置恰与上述相反。图3.6(a)所示为B_1C_1,D_1E_1,A_2B_2,C_2D_2,B_3C_3,D_3E_3,A_4B_4和C_4D_4跨的各跨跨中产生最大正弯矩时活荷载的不利布置方式。

另由图3.5可见,如果某跨有活荷载作用,则该跨梁端产生负弯矩,并引起上、下邻层梁端负弯矩,然后逐层相反,还引起横向邻跨近端梁端负弯矩和远端梁端正弯矩,然后逐层逐跨相反。按此规律,如果要求图3.6(b)中BC跨梁B_2C_2的左端B_2产生最大负弯矩(绝对值),则可按此图布置活荷载。按此图活荷载的布置方式计算得到B_2截面的负弯矩,即为该截面的最大负弯矩(绝对值)。

对于梁和柱的其他截面,也可根据图3.5的规律得到最不利荷载布置。一般来说,对应于一个截面的一种内力,就有一种最不利荷载布置,相应地需进行一次结构内力计算,这样计算工作量就很大。

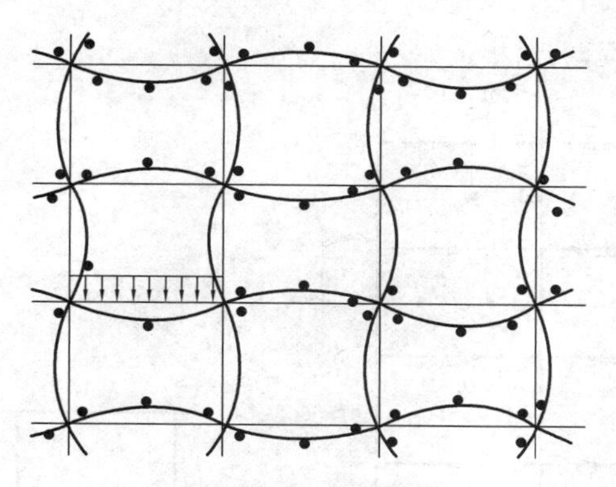

图3.5 框架杆件的变形曲线

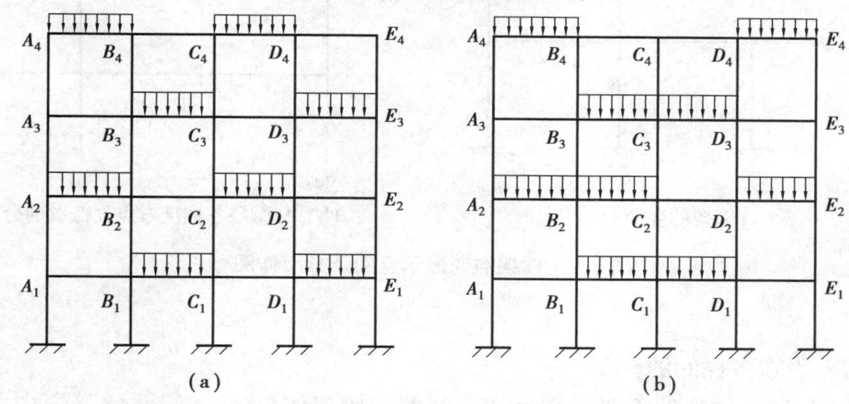

图3.6 框架结构活荷载不利布置示例

对于混凝土框架结构，由恒荷载和楼面活荷载引起的单位面积重力荷载为 12 ~ 14 kN/m²，而活荷载部分仅为 2 ~ 3 kN/m²，只占全部重力荷载的 15% ~ 20%，活载不利分布的影响较小。另一方面，高层建筑结构层数很多，每层的房间也很多，活载在各层间的分布情况极其繁多，难以一一计算。因此，一般情况下，可以不考虑楼面活荷载不利布置的影响，而按活荷载满布各层各跨梁的一种情况计算内力。如果活荷载较大，其不利分布对梁弯矩的影响会比较明显，计算时应予考虑。除进行活荷载不利分布的详细计算分析外，也可将未考虑活荷载不利分布计算的框架梁弯矩乘以放大系数予以近似考虑，该放大系数通常可取为 1.1 ~ 1.3，活载大时可选用较大数值。近似考虑活荷载不利分布影响时，梁正、负弯矩应同时予以放大。

3.2.3 水平荷载作用下框架内力计算

框架结构在水平荷载作用下，变形如图3.7(a)所示。从图中可以看到，每层柱都存在一个反弯点，而在反弯点处，内力只有剪力、轴力，没有弯矩。如果从某一层各柱的反弯点处切开并取分离体，如图3.7(b)所示，则可根据分离体的平衡条件求出层剪力。因此，若要求柱端弯矩，关键要解决两个问题：一是层剪力在各柱间如何分配；二是如何确定各柱反弯点的位置。解决了这两个问题，就可求出柱端弯矩，根据节点平衡条件及杆件平衡条件即可求出梁、柱的其他内力。

根据计算柱剪力和反弯点位置时所作的假定不同，框架结构在水平荷载作用下内力计算的近似方法又分为D值法和反弯点法。

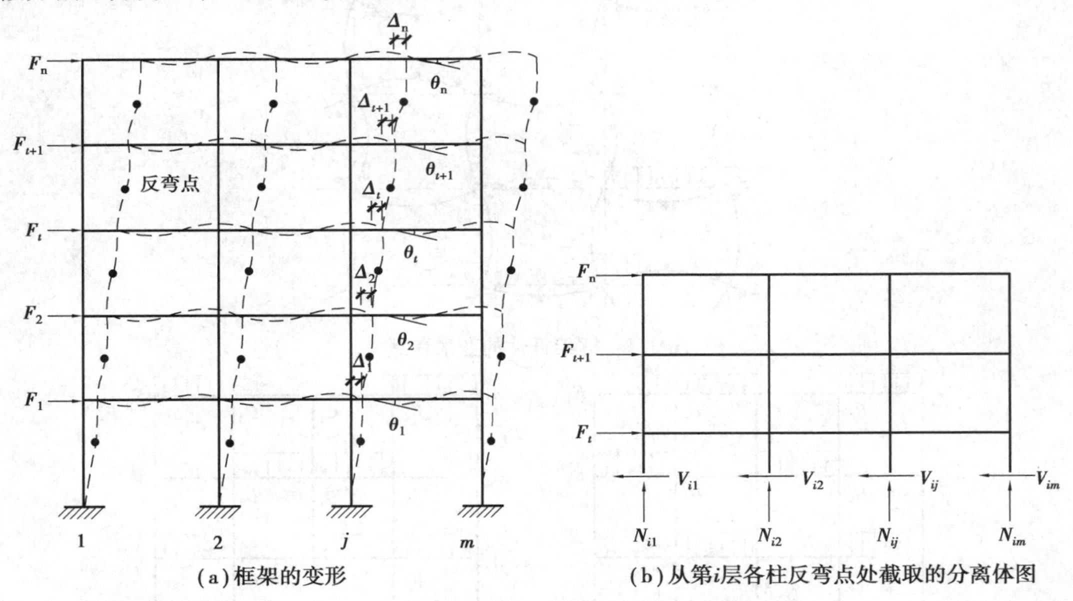

(a)框架的变形　　(b)从第i层各柱反弯点处截取的分离体图

图3.7　框架的变形示意图及分离体图

1)D 值法

(1)层间剪力在各柱间的分配

从图3.7(a)所示框架的第2层柱反弯点处截取脱离体(图3.8),由水平方向力的平衡条件可得该框架第2层的层间剪力。一般地,框架结构第i层的层间剪力可表示为:

$$V_i = \sum_{k=i}^{m} F_k \tag{3.4}$$

式中　F_k——作用于第k层楼面处的水平荷载;

m——框架结构的总层数。

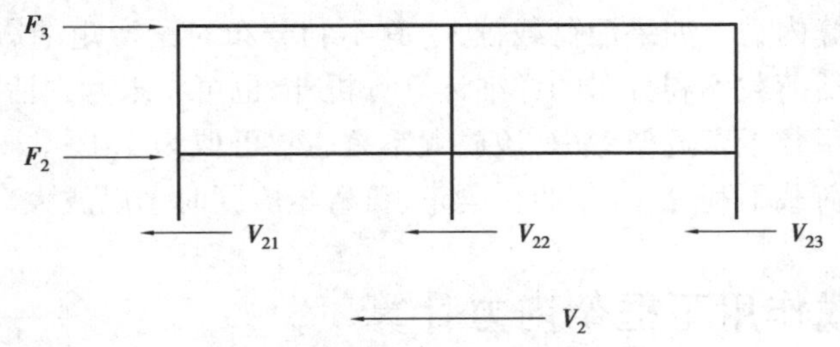

图3.8　框架第二层脱离体图

令V_{ij}表示第i层第j柱分配到的剪力,如该层共有s根柱,则由平衡条件可得:

$$\sum_{j=1}^{s} V_{ij} = V_i \tag{3.5}$$

框架横梁的轴向变形一般很小,可忽略不计,则同层各柱的相对侧移δ_{ij}相等(变形协调条件),即:

$$\delta_{i1} = \delta_{i2} = \cdots = \delta_{ij} = \cdots = \delta_i \tag{3.6}$$

用D_{ij}表示框架结构第i层第j柱的侧向刚度,它是框架柱两端产生单位相对侧移所需的水平剪力，称为框架柱的侧向刚度，也称为框架柱的抗剪刚度。因而由物理条件得：

$$V_{ij} = D_{ij} \cdot \delta_{ij} \tag{3.7}$$

将式(3.7)代入式(3.5)，并考虑式(3.6)的变形条件，则得：

$$\delta_{ij} = \delta_i = \frac{1}{\sum_{j=1}^{s} D_{ij}} V_i \tag{3.8}$$

将式(3.8)代入式(3.7)，得：

$$V_{ij} = \frac{D_{ij}}{\sum_{j=1}^{s} D_{ij}} V_i \tag{3.9}$$

式中　V_{ij}——第 i 层第 j 柱的层间剪力；

V_i——第 i 层的总剪力标准值；

$\sum_{j=1}^{s} D_{ij}$——第 i 层所有柱的抗侧刚度之和；

D_{ij}——第 i 层第 j 柱的抗侧刚度。

上式即为层间剪力 V_i 在该层各柱间的分配公式，它适用于整个框架结构同层各柱间的剪力分配。可见，每层柱分配到的剪力值与其侧向刚度成正比。

(2)框架柱的侧向刚度——D 值

所谓规则框架，是指各层层高、各跨跨度和各层柱线刚度分别相等的框架，如图 3.9(a)所示。现从框架中取柱 AB 及与其相连的梁为脱离体［图 3.9(b)］，框架侧移后，柱 AB 达到新的位置。柱 AB 的相对侧移为 δ，弦转角为 $\varphi=\delta/h$，上、下端均产生转角 θ。

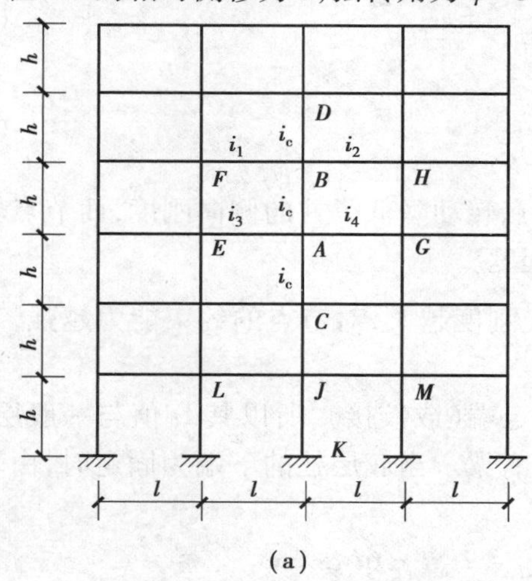

(a)

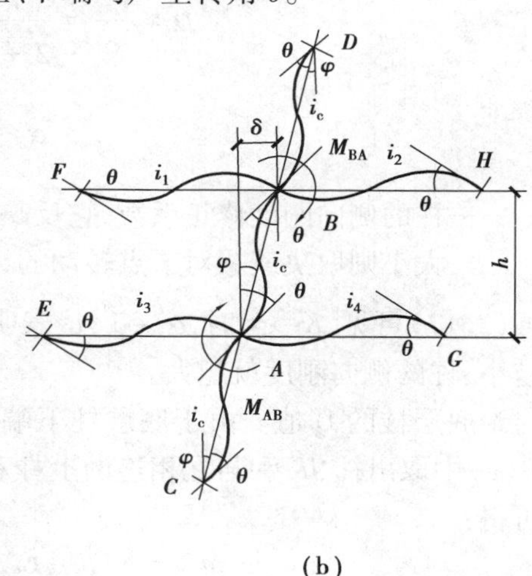

(b)

图 3.9　框架柱侧向刚度计算图式

对于如图 3.9(b)所示的框架单元，有 8 个节点转角 θ 和 3 个弦转角 φ 共 11 个未知数，而只有节点 A、B 两个力矩平衡条件。为此，作如下假定：

①柱 AB 两端及与之相邻各杆远端的转角 θ 均相等。

②柱 AB 及与之相邻的上、下层柱的弦转角 φ 均相等。

③柱 AB 及与之相邻的上、下层柱的线刚度 i_c 均相等。

由前两个假定可知，整个框架单位［图 3.9(b)］只有 θ 和 φ 两个未知数，用两个节点力矩平衡条件可以求解。

由转角位移方程及上述假定可得：

$$M_{AB}=M_{BA}=M_{AC}=M_{BD}=4i_c\theta+2i_c\theta-6i_c\varphi=6i_c(\theta-\varphi)$$

$$M_{AE}=6i_3\theta,M_{AG}=6i_4\theta,M_{BF}=6i_1\theta,M_{BH}=6i_2\theta$$

由节点 A 和节点 B 的力矩平衡条件分别得：

$$6(i_3+i_4+2i_c)\theta-12i_c\varphi=0$$

$$6(i_1+i_2+2i_c)\theta-12i_c\varphi=0$$

将以上两式相加，经整理后得：

$$\frac{\theta}{\varphi}=\frac{2}{2+\overline{K}} \tag{3.10}$$

式中，$\overline{K}=\sum i/2i_c=[(i_1+i_3)/2+(i_2+i_4)/2]i_c$，表示节点两侧梁平均线刚度与柱线刚度的比值，简称梁柱线刚度比。

柱 AB 所受的剪力为：

$$V_{AB}=-\frac{M_{AB}+M_{BA}}{h}=\frac{12i_c}{h}\left(1-\frac{\theta}{\varphi}\right)\varphi$$

将式(3.10)代入上式得：

$$V_{AB}=\frac{\overline{K}}{2+\overline{K}}\cdot\frac{12i_c}{h}\varphi=\frac{\overline{K}}{2+\overline{K}}\cdot\frac{12i_c}{h^2}\cdot\delta$$

由此可得柱 AB 的侧向刚度 D 为：

$$D=\frac{V_{AB}}{\delta}=\frac{\overline{K}}{2+\overline{K}}\cdot\frac{12i_c}{h^2}=\alpha_c\frac{12i_c}{h^2} \tag{3.11}$$

$$\alpha_c=\frac{\overline{K}}{2+\overline{K}} \tag{3.12}$$

式中　α_c——柱的侧向刚度修正系数，它反映出节点转动降低了柱的侧向刚度，而节点转动的大小则取决于梁对节点转动的约束程度。

由式(3.12)可见，$\overline{K}\to\infty$ 时，$\alpha_c\to1$，这表明梁线刚度越大，对节点的约束能力越强，节点的转动也越小，柱的侧向刚度就越大。

现讨论底层柱的 D 值。由于底层柱下端为固定端(或铰接)，所以其 D 值与一般层不同。从图 3.9(a)中取出柱 JK 和与之相连的上柱和左、右梁。当底层柱的下端为固定时，由转角位移方程可得：

$$M_{JK}=4i_c\theta-6i_c\varphi,M_{KJ}=2i_c\theta-6i_c\varphi$$

$$M_{JL}=6i_5\theta,M_{JM}=6i_6\theta$$

柱 JK 所受剪力为：

$$V_{JK}=-\frac{M_{JK}+M_{KJ}}{h}=-\frac{6i_c\theta-12i_c\varphi}{h}=\frac{12i_c}{h^2}\left(1-\frac{1}{2}\frac{\theta}{\varphi}\right)\delta$$

则柱 JK 的侧向刚度为：

$$D=\frac{V_{JK}}{\delta}=\left(1-\frac{1}{2}\frac{\theta}{\varphi}\right)\frac{12i_c}{h^2}=\alpha_c\frac{12i_c}{h^2} \tag{3.13}$$

式中，$\alpha_c = 1 - \frac{1}{2}\frac{\theta}{\varphi}$。

设：

$$\frac{M_{JK}}{M_{JL} + M_{JM}} = \frac{4i_c\theta - 6i_c\varphi}{6(i_5 - i_6)\theta} = \frac{2\theta - 3\varphi}{3\bar{K}\theta}$$

则：

$$\frac{\theta}{\varphi} = \frac{3}{2 - 3\beta\bar{K}}$$

故：

$$\alpha_c = 1 - \frac{1}{2}\frac{\theta}{\varphi} = \frac{0.5 - 3\beta\bar{K}}{2 - 3\beta\bar{K}}$$

式中，$\bar{K} = (i_5 + i_6)/i_c$，$\beta$ 表示柱所承受的弯矩与其梁两侧弯矩之和的比值，因梁、柱弯矩反向，故 β 为负值。实际工程中，$\bar{K}$ 值通常在0.3～5.0范围内变化，β 在−0.14～−0.15变化，相应的 α_c 值为0.30～0.84。为简化计算，若令 β 为一常数，且取 $\beta = -1/3$ 时，相应的 α_c 值为0.35～0.79，可见对D值产生的误差不大，当取 $\beta = -1/3$ 时，α_c 可简化为：

$$\alpha_c = \frac{0.5 + \bar{K}}{2 + \bar{K}} \tag{3.14}$$

同理，当底层柱的下端为铰接时，可得：

$$M_{JK} = 3i_c\theta - 3i_c\varphi, M_{KJ} = 0$$

$$V_{JK} = -\frac{3i_c\theta - 3i_c\varphi}{h} = \left(1 - \frac{\theta}{\varphi}\right)\frac{3i_c}{h^2}\delta$$

$$D = \frac{V_{JK}}{\delta} = \frac{1}{4}\left(1 - \frac{\theta}{\varphi}\right)\frac{12i_c}{h^2} = \alpha_c\frac{12i_c}{h^2} \tag{3.15}$$

式中，$\alpha_c = \frac{1}{4}\left(1 - \frac{\theta}{\varphi}\right)$。

令：

$$\beta = \frac{M_{JK}}{M_{JL} + M_{JM}} = \frac{\theta - \varphi}{2\bar{K}\theta}$$

则：

$$\frac{\theta}{\varphi} = \frac{1}{1 - 2\beta\bar{K}}$$

当 K 取不同值时，β 常在−1～−0.67范围内变化，在简化计算且保证精度的条件下可取 $\beta = -1$，则得 $\theta/\varphi = 1/(1 + 2\bar{K})$，故有：

$$\alpha_c = \frac{0.5\bar{K}}{1 + 2\bar{K}} \tag{3.16}$$

综上所述，在不同情况下，柱的侧向刚度D值可相应按式(3.11)、式(3.13)或式(3.15)计算，其中系数 α_c 及梁柱线刚度比 $\bar{K}$ 按表3.2所列公式计算。

(3)柱的反弯点高度 yh

柱的反弯点高度 yh 是指柱中反弯点至柱下端的距离，如图 3.10 所示，其中 y 称为反弯点高度比。如图 3.10 所示的单层框架，由几何关系得反弯点高度比 y 为：

$$y=\frac{3\overline{K}+1}{6\overline{K}+1}$$

表 3.2　柱侧向刚度修正系数 α_c

位置		边柱		中柱		α_c
		简图	$\overline{K}$	简图	$\overline{K}$	
一般层			$\overline{K}=\frac{i_2+i_4}{2i_c}$		$\overline{K}=\frac{i_1+i_2+i_3+i_4}{2i_c}$	$\alpha_c=\frac{\overline{K}}{2+\overline{K}}$
底层	固接		$\overline{K}=\frac{i_2}{i_c}$		$\overline{K}=\frac{i_1+i_2}{i_c}$	$\alpha_c=\frac{0.5+\overline{K}}{2+\overline{K}}$
	铰接		$\overline{K}=\frac{i_2}{i_c}$		$\overline{K}=\frac{i_1+i_2}{i_c}$	$\alpha_c=\frac{0.5\overline{K}}{1+\overline{2}}$

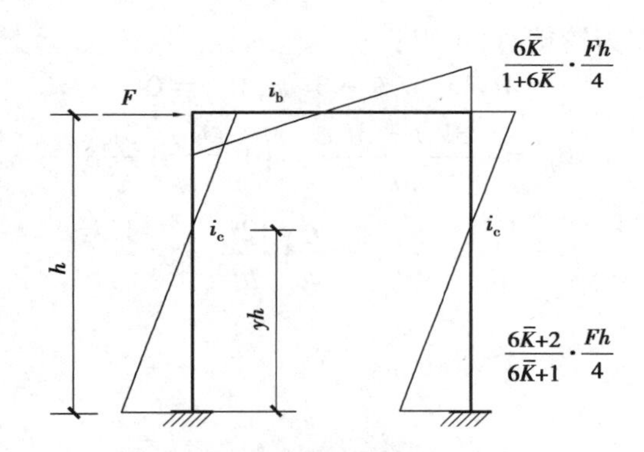

图 3.10　反弯点高度示意图

由上式可知，在单层框架中，反弯点高度比 y 主要与梁柱线刚度比 $\overline{K}$ 有关。当横梁线刚度很弱($\overline{K}\approx 0$)时，$y=1.0$，反弯点移至柱顶，横梁相当于铰支连杆；当横梁线刚度很强($\overline{K}\to\infty$)时，$y=0.5$，反弯点在柱子中点，柱上端可视为有侧移但无转角的约束。

根据上述分析，可认为框架柱的反弯点位置主要与柱两端的约束刚度有关。而影响杆端约束刚度的主要因素，除了梁柱线刚度比外，还与结构总层数及该柱所在楼层位置、上层与下层梁线刚度比、上下层层高变化以及作用于框架上端的荷载形式等因素有关。框架各柱的反弯点高度比 y 可用下式表示，即：

$$y=y_n+y_1+y_2+y_3 \tag{3.17}$$

式中　y_n——标准反弯点高度比；

y_1——上、下层横梁线刚度变化时反弯点高度比的修正值；

y_2, y_3——上、下层层高变化时反弯点高度比的修正值。

①标准反弯点高度比 y_n。

y_n 是指规则框架的反弯点高度比。不同荷载作用下，框架柱的反弯点高度比 y_n 主要与梁柱线刚度比 $\overline{K}$、结构总层数 m 以及该柱所在的楼层位置 n 有关。

②上、下层横梁线刚度变化时反弯点高度比的修正值 y_1。

若与某层柱相连的上、下层横梁线刚度不同，则其反弯点位置不同于标准反弯点位置 $y_n h$，其修正值为 $y_1 h$，如图 3.11 所示。y_1 的分析方法与 y_n 相仿。

查取 y_1 时，梁柱线刚度比 $\overline{K}$ 仍按表 3.2 所列公式确定。当 $i_1+i_2<i_3+i_4$ 时，取 $\alpha_1=(i_1+i_2)/(i_3+i_4)$，则由 α_1 和 $\overline{K}$ 查出 y_1，这时反弯点应向上移动，y_1 取正值[图 3.11(a)]；当 $i_1+i_2>i_3+i_4$ 时，取 $\alpha_1=(i_3+i_4)/(i_1+i_2)$，由 α_1 和 $\overline{K}$ 查出 y_1，这时反弯点应向下移动，故 y_1 取负值[图 3.11(b)]。

对底层框架柱，不考虑修正值 y_1。

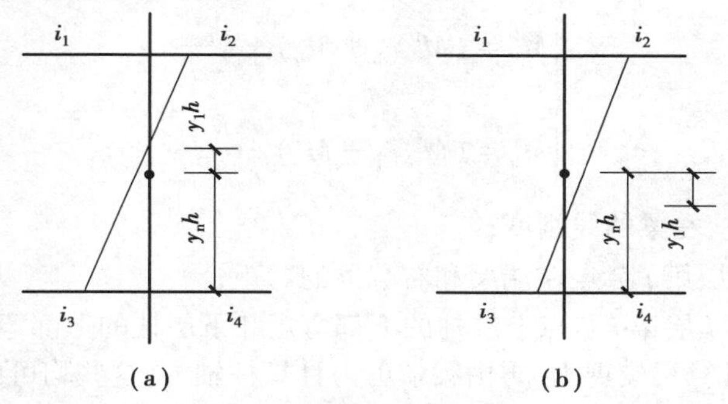

图 3.11　梁刚度变化对反弯点的修正

③上、下层层高变化时反弯点高度比的修正值 y_2 和 y_3。

当与某柱相邻的上层或下层层高改变时，柱上端或下端的约束刚度也发生变化，引起反弯点移动，其修正值为 $y_2 h$ 或 $y_3 h$。y_2、y_3 的分析方法也与 y_n 相仿。

如与某柱相邻的上层层高较大时[图 3.12(a)]，其上端的约束刚度相对较小，所以反弯点向上移动，移动值为 $y_2 h$。令 $\alpha_2=h_u/h>1.0$，则由 α_2 和 $\overline{K}$ 查表知 y_2，y_2 为正值，反弯点向上移动；当 $\alpha_2<1.0$ 时，y_2 为负值，反弯点向下移动。

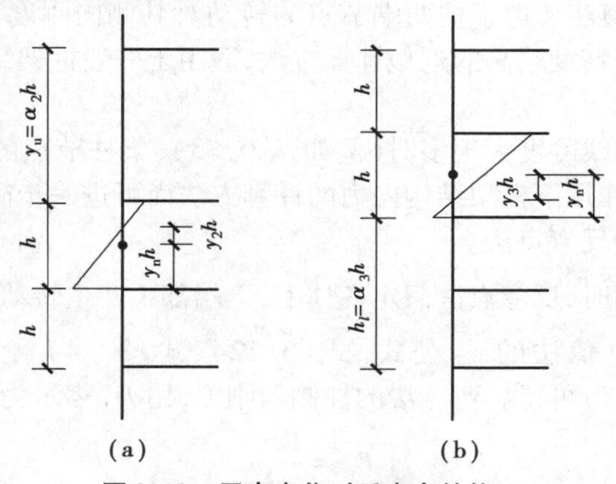

图 3.12　层高变化对反弯点的修正

当与某柱相邻的下层层高较大时[图 3.12(b)],令 $\alpha_3=h_l/h$,若 $\alpha_3>1.0$ 时 y_3 为负值,反弯点向下移动;若 $\alpha_3<1.0$ 时,则 y_3 为正值,反弯点向上移动。

对顶层柱不考虑修正值 y_2,对底层柱不考虑修正值 y_3。

(4)计算要点

①按式(3.4)计算各框架结构各层层间剪力 V_i。

②按式(3.11)、式(3.13)或式(3.15)计算各柱的侧向刚度 D_{ij},然后按式(3.9)求出第 i 层第 j 柱的剪力 V_{ij}。

③按式(3.17)及相应的表格确定各柱的反弯点高度比 y,并按下式计算第 i 层第 j 柱的下端弯矩 M_{ij}^{b} 和上端弯矩 M_{ij}^{a}。

$$\begin{cases}M_{ij}^{b}=V_{ij}\cdot yh\\M_{ij}^{a}=V_{ij}\cdot(1-y)h\end{cases}\tag{3.18}$$

④根据节点的弯矩平衡条件(图 3.13),将节点上、下柱弯矩之和按左、右梁的线刚度(当各梁远端都不是刚接时,应取梁的转动刚度)分配给梁端,即:

$$\begin{cases}M_{b}^{l}=(M_{i+1,j}^{b}+M_{ij}^{a})\dfrac{i_{b}^{l}}{i_{b}^{l}+i_{b}^{r}}\\M_{b}^{r}=(M_{i+1,j}^{b}+M_{ij}^{a})\dfrac{i_{b}^{r}}{i_{b}^{l}+i_{b}^{r}}\end{cases}\tag{3.19}$$

式中 i_{b}^{l}、i_{b}^{r}——节点左、右梁的线刚度;

M_{b}^{l}、M_{b}^{r}——第 i 层第 j 节点左端梁和右端梁的弯矩;

$M_{i+1,j}^{b}$、M_{ij}^{a}——第 i 层第 j 节点上层柱的下部弯矩和下层柱的上部弯矩。

⑤根据梁端弯矩计算梁端剪力,再由梁端剪力计算柱轴力,这些均可由静力平衡条件计算。

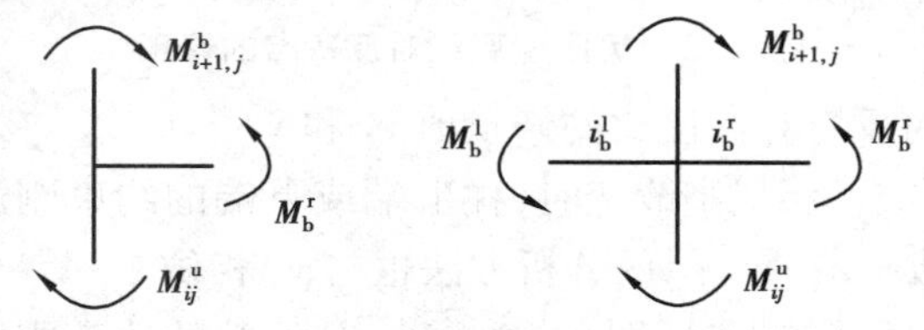

图 3.13 节点弯矩平衡

2)反弯点法

由上述分析可见,D 值法考虑了柱两端节点的转动对其侧向刚度和反弯点位置的影响,所以此法是一种合理且计算精度较高的近似计算方法,适用于一般框架结构在水平荷载作用下的内力和侧移计算。

当梁的线刚度比柱的线刚度大很多时(例如,$i_b/i_c>3$),梁柱节点的转角很小。如果忽略此转角的影响,则水平荷载作用下框架结构内力的计算方法尚可进一步简化。这种忽略梁柱节点转角影响的计算方法称为反弯点法。

在确定柱的侧向刚度时,反弯点法假定各柱上、下端都不产生转动,即认为梁柱线刚度比 $\overline{K}$ 无限大。将 $\overline{K}\to\infty$ 代入 D 值法的 α_c 公式[式(3.12)、式(3.14)],可得 $\alpha_c=1$。因此,由式(3.8)、式(3.11)、式(3.13)可得反弯点法的柱侧向刚度,用 D_0 表示为:

$$D_0=\frac{12i_c}{h^2}\tag{3.20}$$

同样,因为柱的上、下端都不转动,故除底层柱外,其他各层柱的反弯点均在柱中点($h/2$);底层柱由于实际是下端固定,柱上端的约束刚度相对较小,因此,反弯点向上移动,一般取离柱下端2/3柱高处为反弯点位置,即取 $yh=\frac{2}{3}h$。

反弯点法是D值法的近似计算法,计算框架结构内力的要点与D值法相同。

3.3 内力计算实例

3.3.1 恒荷载作用下的内力计算

根据图2.26,用弯矩二次分配法计算⑥轴线框架在恒荷载作用下的弯矩。

1)计算各框架梁柱的截面惯性矩

(1)框架梁的截面惯性矩

AB、*CD* 跨梁:

$$I_0=\frac{bh^3}{12}=\frac{300\times600^3}{12}=5.4\times10^9\ \text{mm}^4$$

BC 跨梁:

$$I_0=\frac{bh^3}{12}=\frac{300\times500^3}{12}=3.125\times10^9\ \text{mm}^4$$

(2)框架柱的截面惯性矩

$$I_0=\frac{bh^3}{12}=\frac{500\times500^3}{12}=5.208\times10^9\ \text{mm}^4$$

2)计算各框架梁柱的线刚度

考虑到叠合楼板对框架梁刚度的加强作用,故对⑥轴线框架梁(中框架梁)的惯性矩乘以1.5。框架梁、柱线刚度计算过程如下。

(1)框架梁的线刚度

AB、*CD* 跨梁:

$$i_b=1.5\times\frac{EI}{l}=1.5\times\frac{3\times10^4\times5.4\times10^9}{6\ 300}=3.86\times10^{10}\ \text{N}\cdot\text{mm}$$

BC 跨梁:

$$i_b=1.5\times\frac{EI}{l}=1.5\times\frac{3\times10^4\times3.125\times10^9}{2\ 700}=5.21\times10^{10}\ \text{N}\cdot\text{mm}$$

(2)框架柱的线刚度

底层柱:

$$i_c=\frac{EI}{l}=\frac{3\times10^4\times5.208\times10^9}{4\ 400}=3.55\times10^{10}\ \text{N}\cdot\text{mm}$$

二至五层柱:

$$i_c=\frac{EI}{l}=\frac{3\times10^4\times5.208\times10^9}{3\ 600}=4.34\times10^{10}\ \text{N}\cdot\text{mm}$$

3)计算弯矩分配系数

以图 3.14 中的 11 节点为例,图中括号内的数字为梁、柱杆件的线刚度($\times10^{10}$),交于 11 节点处各杆件的分配系数计算如下:

$$\mu_{11,5}=\frac{4\times3.86}{4\times3.86+4\times5.21+4\times4.34+4\times4.34}=0.217$$

$$\mu_{11,17}=\frac{4\times5.21}{4\times3.86+4\times5.21+4\times4.34+4\times4.34}=0.293$$

$$\mu_{11,12}=\frac{4\times4.34}{4\times3.86+4\times5.21+4\times4.34+4\times4.34}=0.245$$

$$\mu_{11,10}=\frac{4\times4.34}{4\times3.86+4\times5.21+4\times4.34+4\times4.34}=0.245$$

其他节点采用相同的计算方式,弯矩分配系数结果如图 3.14 所示。

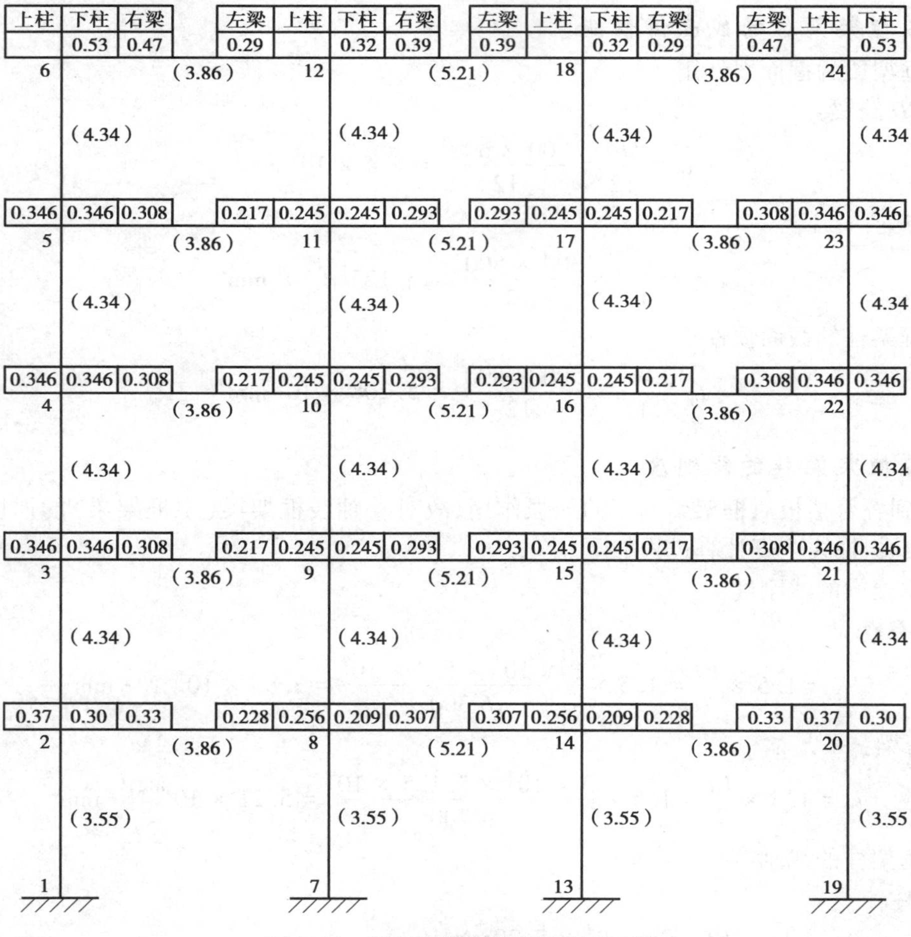

上柱 下柱 右梁
0.53 0.47
左梁 上柱 下柱 右梁
0.29 0.32 0.39
左梁 上柱 下柱 右梁
0.39 0.32 0.29
左梁 上柱 下柱
0.47 0.53
6 12 18 24
(3.86) (5.21) (3.86)
(4.34) (4.34) (4.34) (4.34)
0.346 0.346 0.308 | 0.217 0.245 0.245 0.293 | 0.293 0.245 0.245 0.217 | 0.308 0.346 0.346
5 11 17 23
(3.86) (5.21) (3.86)
(4.34) (4.34) (4.34) (4.34)
0.346 0.346 0.308 | 0.217 0.245 0.245 0.293 | 0.293 0.245 0.245 0.217 | 0.308 0.346 0.346
4 10 16 22
(3.86) (5.21) (3.86)
(4.34) (4.34) (4.34) (4.34)
0.346 0.346 0.308 | 0.217 0.245 0.245 0.293 | 0.293 0.245 0.245 0.217 | 0.308 0.346 0.346
3 9 15 21
(3.86) (5.21) (3.86)
(4.34) (4.34) (4.34) (4.34)
0.37 0.30 0.33 | 0.228 0.256 0.209 0.307 | 0.307 0.256 0.209 0.228 | 0.33 0.37 0.30
2 8 14 20
(3.86) (5.21) (3.86)
(3.55) (3.55) (3.55) (3.55)
1 7 13 19

图 3.14　梁柱线刚度及弯矩分配系数

4)计算梁端弯矩

由于各跨框架梁承担的荷载相对复杂,故采用叠加法计算在复杂荷载作用下的梁端弯矩。以一层 AB 框架梁的荷载为例说明,AB 段计算荷载作用可分解为以下几种情况进行叠加,如图 3.15 所示。

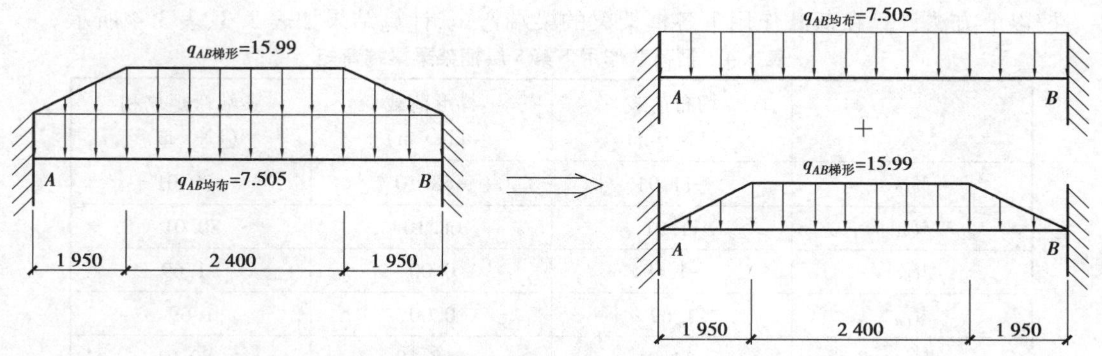

图 3.15　第一层 AB 梁的荷载分解(单位:F 为 kN,q 为 kN/m)

(1)均布荷载作用下梁端弯矩

均布荷载作用下的梁端弯矩可按照下式进行计算:

$$\overline{M}_A = -\overline{M}_B = -\frac{1}{12}ql^2 \tag{3.21}$$

AB 框架梁在均布荷载作用下梁端弯矩:

$$\overline{M}_A = -\overline{M}_B = -\frac{1}{12}\times 7.505\times 6.3^2 = -24.82\ \text{kN}\cdot\text{m}$$

(2)梯形荷载作用下梁端弯矩

作用在框架梁上的梯形荷载的荷载形式如图 3.16 所示,梯形荷载作用下梁端弯矩计算可按下式计算。

$$\overline{M}_A = -\overline{M}_B = -\frac{1}{12}ql^2\left(1-\frac{2a^2}{l^2}+\frac{a^3}{l^3}\right) \tag{3.22}$$

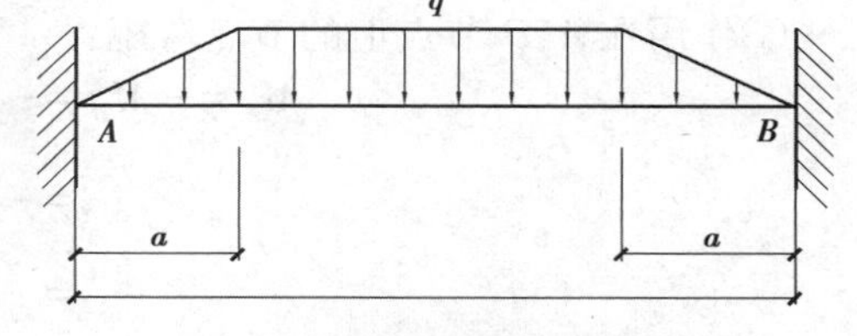

图 3.16　梯形荷载的荷载形式

表 3.3　恒荷载作用下一至四层框架梁梁端弯矩

	均布荷载 (kN·m)	梯形荷载 (kN·m)	梁端弯矩总和 (kN·m)
M_{AB}	-24.82	-44.32	-69.14
M_{BA}	24.82	44.32	69.14
M_{BC}	-1.84	0.00	-1.84
M_{CB}	1.84	0.00	1.84
M_{CD}	-24.82	-44.32	-69.14
M_{DC}	24.82	44.32	69.14

按式(3.22)计算 AB 梁在梯形荷载作用下梁端弯矩:

$$\overline{M}_A = -\overline{M}_B = -\frac{1}{12}ql^2\left(1-\frac{2a^2}{l^2}+\frac{a^3}{l^3}\right)$$

$$= -\frac{1}{12}\times 15.99\times 6.3^2\times\left(1-\frac{2\times 1.95^2}{6.3^2}+\frac{1.95^3}{6.3^3}\right) = 44.32\ \text{kN}\cdot\text{m}$$

采用叠加法求得 AB 梁梁端弯矩:

$$\overline{M}_A = -\overline{M}_B = -24.82 - 44.32 = -69.14\ \text{kN}\cdot\text{m}$$

按以上方法计算在荷载作用下各框架梁的梁端弯矩，计算结果如表 3. 3、表 3. 4 所示。

表 3. 4　恒荷载作用下第 5 层框架梁梁端弯矩

	均布荷载（kN·m）	梯形荷载（kN·m）	梁端弯矩总和（kN·m）
M_{AB}	-11. 91	-68. 10	-80. 01
M_{BA}	11. 91	68. 10	80. 01
M_{BC}	-1. 69	0. 00	-1. 69
M_{CB}	1. 69	0. 00	1. 69
M_{CD}	-11. 91	-68. 10	-80. 01
M_{DC}	11. 91	68. 10	80. 01

5）计算节点弯矩

由于作用在横向框架上的节点集中力存在偏心现象，所以需计算偏心作用下节点产生的弯矩。

（1）一至四层横向框架节点弯矩

①作用在 A、D 节点上的节点弯矩：

$$M_A = - M_D = - Fe$$

$$= - 160.28 \times \left(\frac{0.5}{2} - \frac{0.3}{2}\right)$$

$$= - 16.028 \text{ kN} \cdot \text{m}$$

②作用在 B、C 节点上的节点弯矩：

$$M_B = - M_C = Fe$$

$$= 190.70 \times \left(\frac{0.5}{2} - \frac{0.3}{2}\right)$$

$$= 19.07 \text{ kN} \cdot \text{m}$$

（2）第五层横向框架节点弯矩

①作用在 A、D 节点上的节点弯矩：

$$M_A = - M_D = - Fe$$

$$= - 169.42 \times \left(\frac{0.5}{2} - \frac{0.3}{2}\right)$$

$$= - 16.942 \text{ kN} \cdot \text{m}$$

②作用在 B、C 节点上的节点弯矩：

$$M_B = - M_C = Fe$$

$$= 206.23 \times \left(\frac{0.5}{2} - \frac{0.3}{2}\right)$$

$$= 20.623 \text{ kN} \cdot \text{m}$$

6）弯矩分配过程

采用弯矩分配+弯矩二次分配法计算框架在恒荷载作用下的弯矩，弯矩分配过程如图 3. 17 所示。

顶层（五层）	A 上柱	A 下柱	A 右梁	B 左梁	B 上柱	B 下柱	B 右梁	C 左梁	C 上柱	C 下柱	C 右梁	D 左梁	D 上柱	D 下柱
节点集中弯矩（kN·m）		16.942				-20.623				20.623			-16.942	
分配系数μ		0.53	0.47	0.29		0.32	0.39	0.39		0.32	0.29	0.47		0.53
			-80.01	80.01			-1.69	1.69			-80.01	80.01		
		33.39	29.67	14.84			11.21	22.42		18.68	16.60	8.30		
顶层（五层）弯矩分配			-12.05	-24.09		-27.11	-32.53	-16.27			-16.79	-33.58		-37.79
		6.38	5.67	2.83			6.42	12.84		10.70	9.51	4.76		
			-1.33	-2.66		-3.00	-3.60	-1.80			-1.12	-2.24		-2.52
		0.71	0.63	0.31			0.57	1.13		0.94	0.84	0.42		
合计（kN·m）		40.48	-57.42	-0.25		-0.28	-0.34	20.02		30.33	-70.97	-0.20		-0.22
				70.98		-30.39	-19.97					57.47		-40.53

标准层（二至四层）	A 上柱	A 下柱	A 右梁	B 左梁	B 上柱	B 下柱	B 右梁	C 左梁	C 上柱	C 下柱	C 右梁	D 左梁	D 上柱	D 下柱
节点集中弯矩（kN·m）		16.028				-19.070				19.070			-16.028	
分配系数μ	0.346	0.346	0.308	0.217	0.245	0.245	0.293	0.293	0.245	0.245	0.217	0.308	0.346	0.346
			-69.14	69.14			-1.84	1.84			-69.14	69.14		
	18.39	18.39	16.34	8.17			7.08	14.16	11.80	11.80	10.48	5.24		
			-6.90	-13.80	-15.53	-15.53	-18.63	-9.32			-8.98	-17.95	-20.20	-20.20
标准层（二至四层）	2.39	2.39	2.12	1.06			2.68	5.37	4.47	4.47	3.98	1.99		
弯矩分配			-0.41	-0.81	-0.92	-0.92	-1.10	-0.55			-0.31	-0.61	-0.69	-0.69
	0.14	0.14	0.13	0.06			0.13	0.25	0.21	0.21	0.19	0.09		
合计（kN·m）	20.92	20.92	-57.86	-0.04	-0.05	-0.05	-0.06	11.75	16.48	16.48	-63.78	-0.03	-0.03	-0.03
				63.78	-16.49	-16.49	-11.74					57.87	-20.92	-20.92

一层	A 上柱	A 下柱	A 右梁	B 左梁	B 上柱	B 下柱	B 右梁	C 左梁	C 上柱	C 下柱	C 右梁	D 左梁	D 上柱	D 下柱
节点集中弯矩（kN·m）		16.028				-19.070				19.070			-16.028	
分配系数μ	0.37	0.30	0.33	0.228	0.256	0.209	0.307	0.307	0.256	0.209	0.228	0.33	0.37	0.30
			-69.14	69.14			-1.84	1.84			-69.14	69.14		
	19.62	16.05	17.44	8.72			7.41	14.82	12.35	10.10	10.97	5.49		
一层弯矩分配			-7.32	-14.64	-16.48	-13.48	-19.77	-9.89			-9.62	-19.24	-21.65	-17.71
	2.70	2.21	2.40	1.20			3.00	5.99	4.99	4.08	4.44	2.22		
			-0.48	-0.95	-1.07	-0.88	-1.29	-0.64			-0.36	-0.73	-0.82	-0.67
	0.18	0.14	0.16	0.08			0.15	0.31	0.26	0.21	0.23	0.11		
合计（kN·m）	22.51	18.41	-56.94	-0.05	-0.06	-0.05	-0.07	12.43	17.60	14.39	-63.49	-0.04	-0.04	-0.03
				63.49	-17.61	-14.40	-12.41					56.96	-22.51	-18.41

A B C D

图3.17　弯矩分配计算过程

如图 3.17 所示的弯矩分配计算过程只涉及层内相邻框架梁之间的传递，而对于层间未曾建立起框架柱之间的联系。下面针对图 3.17 中计算结果进行柱与柱之间的弯矩传递计算。

柱与柱弯矩传递时，底层柱取 1/2；而上层各柱对柱远端的传递，传递系数改用 1/3。以⑥轴线横向框架二层Ⓐ框架柱和三层Ⓐ框架柱连接节点为例，进行柱间弯矩传递计算（注：连接二层框架柱上下端的节点弯矩分别表示为 $M_{2上}$ 和 $M_{2下}$）。

$$M'_{2下} = M_{2下} + \frac{1}{3}M_{1上} = 20.92 + \frac{1}{3} \times 22.51 = 28.42\ \text{kN} \cdot \text{m}$$

$$M'_{2上} = M_{2上} + \frac{1}{3}M_{3下} = 20.92 + \frac{1}{3} \times 20.92 = 27.89\ \text{kN} \cdot \text{m}$$

参考前边计算方法可以计算出各层框架柱之间的弯矩传递，横向框架各节点上下柱弯矩分配结果如表 3.5 所示。

表 3.5　恒载作用下各层柱上下端弯矩　　单位：kN · m

层数	Ⓐ柱		Ⓑ柱		Ⓒ柱		Ⓓ柱	
	柱上端	柱下端	柱上端	柱下端	柱上端	柱下端	柱上端	柱下端
5	47.45	34.41	−35.89	−26.62	35.82	26.59	−47.50	−34.43
4	27.89	27.89	−21.98	−21.98	21.97	21.97	−27.90	−27.90
3	27.89	27.89	−21.98	−21.98	21.97	21.97	−27.90	−27.90
2	28.42	29.48	−22.36	−23.11	22.35	23.09	−28.43	−29.49
1	18.41	9.21	−14.40	−7.20	14.39	7.20	−18.41	−9.21

弯矩分配后即可进行竖向框架之间的内力组合，但是由于分层法的计算误差导致节点弯矩不平衡，故需要进行弯矩二次分配以平衡节点的不平衡弯矩。以三层Ⓑ框架柱与四层Ⓑ框架柱的连接节点为例，进行弯矩二次分配的计算。

根据弯矩分配结果可知，该节点左端、右端、上端、下端以及节点的偏心力产生的偏心弯矩分别为：63.78 kN · m，−11.74 kN · m，−21.98 kN · m，−21.98 kN · m，−19.07 kN · m，则节点不平衡弯矩为：63.78−11.74−21.98−21.98−19.07 = −10.99 kN · m。根据该节点所连接的梁、柱线刚度占比将节点不平衡弯矩反向分配并与弯矩分配得到的杆端弯矩相加即可得到最终弯矩值。根据图 3.17 可知，该节点左端、右端、上端、下端构件线刚度占比分别为：0.217、0.293、0.245、0.245，则二次分配后的弯矩值分别为：

左端：63.78+0.217×(−(−10.99)) = 66.17 kN · m

右端：−11.74+0.293×(−(−10.99)) = −8.51 kN · m

上端：−21.98+0.245×(−(−10.99)) = −19.30 kN · m

下端：−21.98+0.245×(−(−10.99)) = −19.30 kN · m

其余各节点弯矩二次分配均可参照上述计算过程，恒载作用下该计算框架各层弯矩二次分配后的梁、柱端弯矩见表 3.6。

表 3.6　恒载作用下各层梁、柱端弯矩二次分配后的杆端弯矩　　单位:kN·m

层数	Ⓐ柱		Ⓑ柱		*AB* 跨梁		*BC* 跨梁	
	上端	下端	上端	下端	左端	右端	左端	右端
5	43.76	27.32	-34.11	-22.80	-60.70	72.56	-17.83	17.88
4	20.80	23.06	-18.16	-19.30	-64.16	67.18	-7.15	7.17
3	23.06	22.88	-19.30	-19.20	-62.15	66.17	-8.51	8.52
2	23.41	26.90	-19.58	-21.70	-62.31	66.25	-8.25	8.42
1	16.30	8.15	-13.25	-6.63	-59.23	64.74	-10.72	10.74

注:由于结构布置和荷载分布都是对称的,故在恒荷载作用下Ⓒ柱、Ⓓ柱和Ⓑ柱、Ⓐ柱端弯矩分别对称;*CD* 跨梁梁端弯矩与 *AB* 跨梁端弯矩对称。

7)梁跨中弯矩计算

以图 2.26 所示的三层 *AB* 跨框架梁为例进行跨中弯矩计算,其计算跨度 l=6 300 mm。该框架梁承受的荷载类型有:均布荷载 q_1=7.505 kN/m、梯形荷载 q_2=15.99 kN/m 以及梁端弯矩 M_1、M_r,*AB* 框架梁跨中弯矩值为按简支梁计算的梁上各荷载作用产生的跨中弯矩值的总和。

均布荷载、梯形荷载和梁端弯矩使 *AB* 跨框架梁产生的跨中弯矩分别为:(框架梁跨中弯矩计算时以使梁下部受拉的弯矩方向为正)。

(1)均布荷载 q_1

跨中弯矩系数 α_M=0.125。

$$M_1 = \alpha_M q_1 l^2 = 0.125 \times 7.505 \times (6\,300 \times 10^{-3})^2 = 37.234 \text{ kN} \cdot \text{m}$$

(2)梯形荷载 q_2

查询静力手册可知,跨中弯矩系数 $\alpha_M=(3-4\alpha^2)/24$,其中 $\alpha=a/l$。根据双向板荷载传递规律,可知 a 为平面图中 *AB* 跨框架梁一侧板宽的一半(a=3 900/2=1 950 mm),如图 3.18 所示,则:

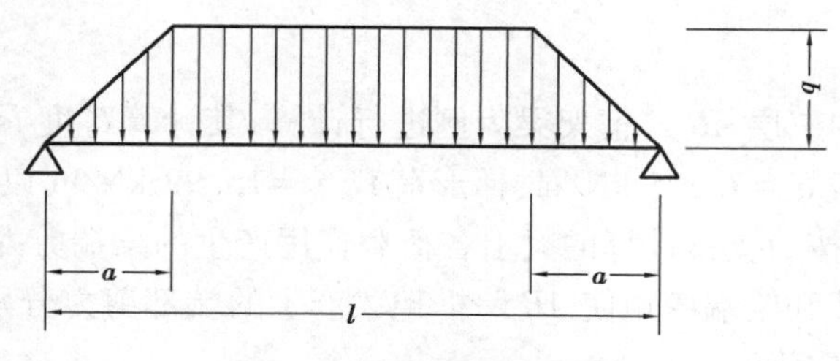

图 3.18　梯形荷载分布图

$$\alpha_M = \frac{1}{24}(3 - 4\alpha^2) = \frac{3 - 4 \times \left(\frac{1\,950}{6\,300}\right)^2}{24} = 0.109$$

$$M_2 = \alpha_M q_2 l^2 = 0.109 \times 15.99 \times (6\,300 \times 10^{-3})^2 = 69.17 \text{ kN} \cdot \text{m}$$

(3)*AB* 跨梁端弯矩

根据弯矩分配结果,从表 3.6 可知,三层 *AB* 框架梁左右端弯矩分别为:M_1=-62.15 kN·m,M_r=66.17 kN·m

在梁端弯矩 M_l,M_r 作用下(假定都为正),如图3.19所示,其跨中弯矩值 $M_{跨中}$ 如式3.23所示:

$$M_{跨中} = \frac{1}{2} \cdot (M_l - M_r) \tag{3.23}$$

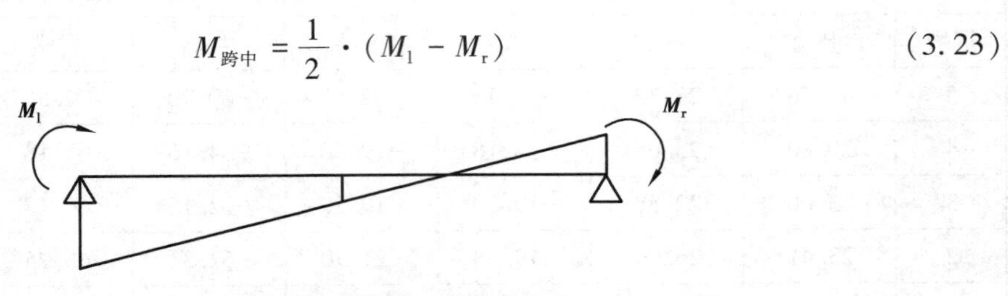

图3.19　梁端弯矩作用下跨中弯矩值

故 AB 跨框架梁的梁端弯矩作用下跨中弯矩 M_3 为:

$$M_3 = 0.5(M_l - M_r) = 0.5 \times (-62.15 - 66.17) = -64.16 \text{ kN} \cdot \text{m}$$

故 AB 跨框架梁跨中弯矩值:$M_{AB0} = M_1 + M_2 + M_3 = 37.26 + 69.17 - 64.16 = 42.27$ kN·m

其余各梁跨中弯矩值均可参照上述计算方法实施,恒载作用下该计算框架中各层框架梁的跨中弯矩值见表3.7。

表3.7　恒载作用下框架梁的跨中弯矩　　单位:kN·m

层数	AB 跨梁	BC 跨梁
	M_{AB0}	M_{BC0}
5	57.55	-15.32
4	40.76	-4.40
3	42.27	-5.76
2	42.14	-5.57
1	44.44	-7.97

注:由于结构布置以及荷载分布均对称,故 CD 跨框架梁的跨中弯矩值与 AB 跨框架梁的跨中弯矩值相等。

8)梁端剪力计算

以如图2.26所示的三层 AB 跨框架梁为例进行计算,其计算跨度 l=6 300 mm。该梁承受的荷载类型有:均布荷载 q_1=7.505 kN/m、梯形荷载 q_2=15.99 kN/m 以及梁端弯矩 M_l、M_r,AB 框架梁的梁端剪力值为按简支梁计算的梁上各荷载作用产生的梁端剪力值的总和。

均布荷载、梯形荷载和梁端弯矩使 AB 跨框架梁产生的端部剪力分别为:(梁端剪力以使构件产生顺时针旋转的方向为正):

(1)均布荷载 q_1

梁端剪力系数 α_V=0.5

$$V_{AB1} = \alpha_V q_1 l = 0.5 \times 7.505 \times 6\,300 \times 10^{-3} = 23.64 \text{ kN}$$

$$V_{BA1} = -\alpha_V q_1 l = -0.5 \times 7.505 \times 6\,300 \times 10^{-3} = -23.64 \text{ kN}$$

式中,V_{AB1} 和 V_{BA1} 分别为 AB 跨框架梁左端剪力和右端剪力。

(2)梯形荷载 q_2

查询静力手册可知,梁端剪力系数 $\alpha_V = (l - \alpha)/2$,其中 $\alpha = a/l$,a 为 AB 跨框架梁一侧板宽的

一半(a=3 900/2=1 950mm),如图3.18所示,则有:

$$\alpha_V = \frac{1}{2}(1-\alpha) = \frac{1}{2} \times \left(1 - \frac{1\ 950}{6\ 300}\right) = 0.345\ 2$$

$$V_{AB2} = \alpha_V q_2 l = 0.345\ 2 \times 15.99 \times 6\ 300 \times 10^{-3} = 34.78\ \text{kN}$$

$$V_{BA2} = -\alpha_V q_2 l = -0.345\ 2 \times 15.99 \times 6\ 300 \times 10^{-3} = -34.78\ \text{kN}$$

(3)AB跨梁端弯矩

根据弯矩分配结果,从表3.6可知三层AB框架梁左右梁端弯矩分别为:M_l=-62.15 kN·m,M_r=66.17 kN·m。如图3.19所示,在梁端弯矩M_l、M_r作用下(假定都为正),根据弯矩图的性质,框架梁内剪力值等于弯矩图的斜率值,则其梁端剪力值V_{AB}、V_{BA}按下式计算:

$$V_{AB} = V_{BA} = -\frac{M_l + M_r}{l} \tag{3.24}$$

故AB跨框架梁左右端使梁端产生的剪力为:

$$V_{AB3} = V_{BA3} = -\frac{M_l + M_r}{l} = -\frac{-62.15 + 66.17}{6\ 300 \times 10^{-3}} = -0.64\ \text{kN}$$

则AB跨梁端剪力为:

$$V_{AB} = V_{AB1} + V_{AB2} + V_{AB3} = 23.64 + 34.78 - 0.64 = 57.78\ \text{kN}$$

$$V_{BA} = V_{BA1} + V_{BA2} + V_{BA3} = -23.64 - 34.78 - 0.64 = -59.06\ \text{kN}$$

其余梁端剪力的计算均可参照上述计算方法,恒载作用下该计算框架中各层框架梁梁端剪力见表3.8。

表3.8　恒载作用下梁端剪力　　单位:kN

层数	AB跨框架梁		BC跨框架梁	
	V_{AB}	V_{BA}	V_{BC}	V_{CB}
5	62.89	-66.66	3.74	-3.77
4	57.94	-58.90	4.08	-4.09
3	57.78	-59.06	4.08	-4.09
2	57.79	-59.04	4.02	-4.15
1	57.54	-59.29	4.08	-4.09

注:由于结构布置以及荷载分布均对称,故CD跨剪力与AB跨对称,$V_{DC}=-V_{AB}$,$V_{CD}=-V_{BA}$。

9)梁端控制截面的剪力、弯矩计算

(1)控制截面剪力计算

前文计算得到的梁端剪力值以计算跨度为基础,也就是柱中心线处的剪力值,控制截面的剪力如图3.20所示,即梁柱交界处。具体控制截面的剪力计算过程如下:

框架柱截面尺寸$b \times h$=500 mm×500 mm,则柱中心线至控制截面的距离0.5h=0.5×500=250 mm;以第三层AB跨框架梁为例,计算梁端控制截面剪力。根据梁端剪力计算结果,梁端(柱中心线处)剪力V_{AB}=57.78 kN、V_{BA}=-59.06 kN,在梁上均布荷载q_1=7.505 kN/m以及梯形荷载q_2=15.99 kN/m作用下梁端控制截面的剪力V'_{AB}、V'_{BA}分别为:

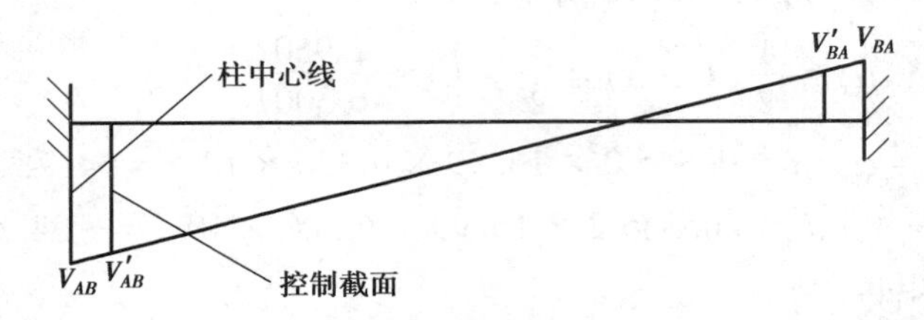

图 3.20　控制截面剪力示意图

$$V'_{AB}=V_{AB}-q_1\cdot\frac{b}{2}-\frac{1}{2}\cdot q_2\frac{\frac{b}{2}}{a}\cdot\frac{b}{2}$$

$$=57.78-7.505\times250\times10^{-3}-\frac{1}{2}\times15.99\times\frac{250}{1\,950}\times250\times10^{-3}=55.65\ \text{kN}$$

$$V'_{BA}=V_{BA}+q_1\cdot\frac{b}{2}+\frac{1}{2}\cdot q_2\frac{\frac{b}{2}}{a}\cdot\frac{b}{2}$$

$$=-59.06+7.505\times250\times10^{-3}+\frac{1}{2}\times15.99\times\frac{250}{1\,950}\times250\times10^{-3}=-56.92\ \text{kN}$$

(2)控制截面弯矩计算

梁端(柱中心线处)弯矩 $M_l=-62.15$ kN、$M_r=66.17$ kN,则梁端控制截面的弯矩 M'_{AB}、M'_{BA} 分别为:

$$M'_{AB}=M_{AB}+V'_{AB}\cdot\frac{b}{2}=-62.15+55.65\times250\times10^{-3}=-48.24\ \text{kN}\cdot\text{m}$$

$$M'_{BA}=M_{BA}+V'_{BA}\cdot\frac{b}{2}=66.17+(-56.92)\times250\times10^{-3}=51.94\ \text{kN}\cdot\text{m}$$

其余各层框架梁梁端控制截面剪力和弯矩均可按照上述计算方法实施。恒载作用下,该计算框架各层梁端控制截面的弯矩剪力值见表 3.9 和表 3.10。

表 3.9　恒载作用下梁端控制截面剪力　　单位:kN

层数	*AB* 跨框架梁		*BC* 跨框架梁	
	V'_{AB}	V'_{BA}	V'_{BC}	V'_{CB}
5	61.60	−65.37	3.04	−3.08
4	55.81	−56.77	3.32	−3.34
3	55.65	−56.92	3.32	−3.33
2	55.66	−56.91	3.27	−3.39
1	55.41	−57.16	3.32	−3.34

注:由于结构布置以及荷载分布均对称,故 *CD* 跨剪力与 *AB* 跨对称,$V'_{DC}=-V'_{AB}$,$V'_{CD}=-V'_{BA}$。

表 3.10 恒载作用下梁端控制截面弯矩 单位:kN·m

层数	AB 跨框架梁		BC 跨框架梁	
	M'_{AB}	M'_{BA}	M'_{BC}	M'_{CB}
5	-45.30	56.22	-17.07	17.11
4	-50.21	52.99	-6.32	6.34
3	-48.24	51.94	-7.68	7.69
2	-48.40	52.03	-7.43	7.57
1	-45.38	50.45	-9.89	9.91

注:由于结构布置以及荷载分布均对称,故 CD 跨弯矩与 AB 跨对称,$M'_{DC}=-M'_{AB}$,$M'_{CD}=-M'_{BA}$。

10)框架梁的弯矩调幅计算

因本工程为装配整体式结构,故调幅系数取 $\beta=0.75$,以第三层梁跨 AB 为例进行弯矩调幅的计算。调幅示意图如图 3.21 所示,图中 M''_{AB},M''_{BA} 为梁端弯矩调幅后的值,M''_{AB0} 为跨中弯矩调幅后的值。

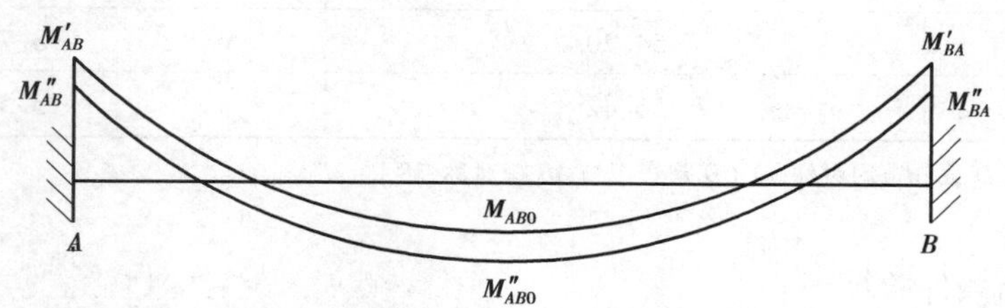

图 3.21 AB 框架梁弯矩调幅示意图

(1)梁端弯矩调幅

根据控制截面弯矩计算得,三层 AB 框架梁梁端控制截面弯矩 $M'_{AB}=-48.24$ kN·m,$M'_{BA}=51.94$ kN·m,则调幅后弯矩 M''_{AB}、M''_{BA} 分别为:

$$M''_{AB}=M'_{BA}\cdot\beta=-48.24\times0.75=-36.18\ \text{kN}\cdot\text{m}$$

$$M''_{BA}=M'_{AB}\cdot\beta=51.94\times0.75=38.96\ \text{kN}\cdot\text{m}$$

其余各层梁端弯矩的调幅均可按照上述计算方法实施,恒载作用下该计算框架各层梁端控制截面弯矩调幅值见表 3.11。

表 3.11 恒载作用下框架梁端控制截面弯矩调幅值 单位:kN·m

层数	AB 跨框架梁		BC 跨框架梁	
	M''_{AB}	M''_{BA}	M''_{BC}	M''_{CB}
5	-33.97	42.17	-12.80	12.83
4	-37.65	39.74	-4.74	4.75
3	-36.18	38.96	-5.76	5.77
2	-36.30	39.02	-5.57	5.68
1	-34.03	37.84	-7.42	7.43

注:由于结构布置以及荷载分布均对称,故 CD 跨弯矩与 AB 跨对称,$M''_{DC}=-M''_{AB}$,$M''_{CD}=-M''_{BA}$。

(2)跨中弯矩调幅

跨中弯矩根据梁端弯矩值调幅的减小而增加。根据梁跨中弯矩计算,三层 AB 框架梁跨中弯矩 $M_{AB0}=42.27\ \text{kN}\cdot\text{m}$,跨中弯矩调幅值 M''_{AB0} 为:

$$M''_{AB0}=M_{AB0}+\frac{1}{2}(1-\beta)\times(|M'_{AB}|+|M'_{BA}|)$$

$$=42.27+\frac{1}{2}\times(1-0.75)\times(|-48.24|+|51.94|)=54.79\ \text{kN}\cdot\text{m}$$

其余各层梁跨中弯矩的调幅均可按照上述方法实施,恒载作用下该计算框架各层跨中弯矩调幅值见表 3.12。

表 3.12 恒载作用下跨中弯矩调幅值 单位:kN · m

层数	AB 跨框架梁	BC 跨框架梁
	M''_{AB0}	M''_{BC0}
5	70.24	−11.05
4	53.66	−2.82
3	54.79	−3.84
2	54.70	−3.70
1	56.42	−5.50

注:由于结构布置以及荷载分布均对称,故 CD 跨弯矩与 AB 跨对称,$M''_{AB0}=M''_{CD0}$。

(3)静力平衡条件验算

调幅后的跨中弯矩应符合梁的静力平衡条件,即调幅后梁端弯矩 M''_{AB},M''_{BA}的平均值与跨中最大正弯矩 M''_{AB0}之和应大于按简支梁计算的跨中弯矩值 $\overline{M}_{AB}$。

按简支梁计算跨中弯矩值 $\overline{M}_{AB}$ 时,应按照净跨进行计算,故原本在计算跨度上的梯形荷载在净跨上的分布成了不规则的分布(图 3.22),但是可以将其等效为一个均布荷载 q'_1和一个梯形荷载 q'_2的叠加。

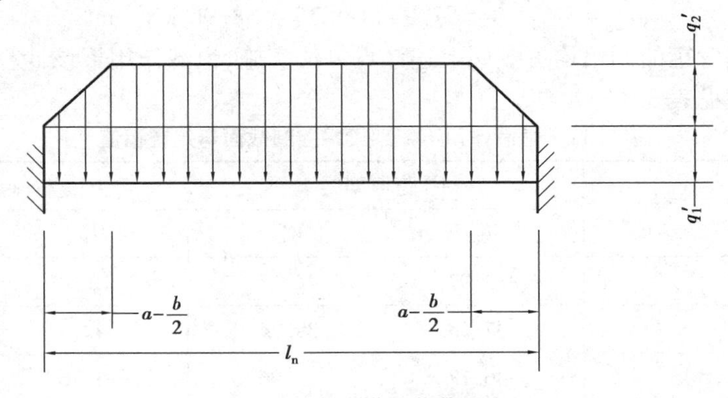

图 3.22 净跨梯形荷载示意图

将不规则荷载等效为梯形荷载和均布荷载以后,再分别与净跨上的其余梯形荷载和均布荷载叠加得到总的梁上荷载,则净跨梁上总的均布荷载 q_1 和梯形荷载 q_2 分别为:

$$q_1 = q'_1 + q_{均布} = q_{梯形} \cdot \frac{\frac{b}{2}}{a} + q_{均布} = 15.99 \times \frac{250}{1\ 950} + 7.505 = 9.55\ \text{kN/m}$$

$$q_2 = q'_2 = q_{梯形} - q_{梯形} \cdot \frac{\frac{b}{2}}{a} = 15.99 - 15.99 \times \frac{250}{1\ 950} = 13.94\ \text{kN/m}$$

AB 框架梁净跨 $l_n = 6\ 300 - 250 \times 2 = 5\ 800$ mm，则按简支梁计算的 AB 框架梁跨中弯矩 $\overline{M}_{AB}$ 为：

$$\begin{aligned}\overline{M}_{AB} &= \frac{1}{8}q_1 l_n^2 + \frac{1}{24}q_2 l_n^2\left[3 - 4\left(\frac{a'}{l_n}\right)^2\right] \\ &= \frac{1}{8} \times 9.55 \times (5\ 800 \times 10^{-3})^2 + \frac{1}{24} \times 13.94 \times (5\ 800 \times 10^{-3})^2 \times \left[3 - 4 \times \left(\frac{1\ 950 - 250}{5\ 800}\right)^2\right] \\ &= 92.08\ \text{kN} \cdot \text{m}\end{aligned}$$

式中，a' 是净跨梁上实际的梯形荷载中三角形荷载部分的底边长，如图 3.22，$a' = a - \frac{b}{2}$。

静力平衡条件验算：

$$\overline{M}_{AB} = 92.08\ \text{kN} \cdot \text{m} \leqslant M''_{AB0} + \frac{1}{2}(|M''_{AB}| + |M''_{BA}|) = 54.79 + \frac{1}{2} \times (|-36.18| + |38.96|)$$
$$= 92.36\ \text{kN} \cdot \text{m}$$

满足静力平衡条件。

其余各层梁按简支梁计算的跨中弯矩值以及静力平衡条件判断均可按照上述计算方法实施，恒载作用下该计算框架按简支梁计算的跨中弯矩值以及弯矩调幅的静力平衡判断见表 3.13。

表 3.13　恒载作用下按简支梁计算的跨中弯矩值　　单位：kN·m

层数	AB 跨框架梁		BC 跨框架梁	
	$\overline{M}_{AB}$	静力平衡判断	$\overline{M}_{BC}$	静力平衡判断
5	108.13	满足	1.68	满足
4	92.08	满足	1.83	满足
3	92.08	满足	1.83	满足
2	92.08	满足	1.83	满足
1	92.08	满足	1.83	满足

注：由于结构布置以及荷载分布均对称，故 CD 跨弯矩与 AB 跨对称，$\overline{M}_{AB} = \overline{M}_{CD}$。

11）框架柱的轴力计算

各层框架柱在恒载作用下的柱底轴力由柱子自重、柱顶梁端剪力作用、上层柱传来的轴力以及立面图中与之垂直方向上的框架传到柱子上的集中力组成；以四层Ⓑ柱为例，计算Ⓑ柱上、下端轴力，首先应计算上层柱子传下来的轴力：

(1)对于五层Ⓑ柱

根据表3.8,梁端框架柱中心线处截面剪力 $V_{BA}=-66.66$ kN,$V_{BC}=3.74$ kN,则在梁端剪力作用下框架柱轴力 N_V 为(假定梁端剪力方向均为正):

$$N_V = V_{BC} - V_{BA} = 3.47 - (-66.66) = 70.4 \text{ kN}$$

竖向框架传递到框架柱上的集中力 $F_B=206.23$ kN

则五层Ⓑ柱上端轴力 N_{B5}^t:

$$N_{B5}^t = F_B + N_V = 206.23 + 70.4 = 276.63 \text{ kN}$$

框架柱的截面尺寸 $b \times h = 500 \text{ mm} \times 500 \text{ mm}$,取钢筋混凝土容重为 $\gamma = 25 \text{ kN/m}^3$,层高 $H=3.6$ m,预制柱自重 G 为:

$$G = bh \cdot H \cdot \gamma = 500 \times 500 \times 10^{-6} \times 3.6 \times 25 = 22.50 \text{ kN}$$

则五层Ⓑ柱下端轴力 N_{B5}^b:

$$N_{B5}^b = N_{B5}^t + G = 276.63 + 22.50 = 299.13 \text{ kN}$$

(2)对于四层柱Ⓑ

根据表3.8,梁端框架柱中心线处截面剪力 $V_{BA}=-58.90$ kN,$V_{BC}=4.08$ kN,则在梁端剪力作用下框架柱轴力 N_V 为:

$$N_V = V_{BC} - V_{BA} = 4.08 - (-58.90) = 62.98 \text{ kN}$$

竖向框架传递到框架柱上的集中力 $F_B=190.70$ kN

则四层Ⓑ柱上端轴力:

$$N_{B4}^t = N_{B5}^b + F_B + N_V = 299.13 + 190.70 + 62.98 = 552.81 \text{ kN}$$

同理,得到四层Ⓑ柱下端轴力:

$$N_{B4}^b = N_{B4}^t + G = 552.81 + 22.50 = 575.31 \text{ kN}$$

其余各层框架柱的轴力计算均可参照上述计算方法实施,恒载作用下该计算框架各层柱上、下端轴力见表3.14。

表3.14 恒载作用下各柱轴力 单位:kN

层数	Ⓐ柱		Ⓑ柱	
	N_A^t	N_A^b	N_B^t	N_B^b
5	232.31	254.81	276.63	299.13
4	473.03	495.53	552.81	575.31
3	713.58	736.08	829.15	851.65
2	954.15	976.65	1 105.42	1 127.92
1	1 194.47	1 221.97	1 382.00	1 409.50

注:由于结构布置以及荷载分布均对称,故Ⓒ、Ⓓ柱轴力与Ⓑ、Ⓐ柱轴力分别相等。

12)框架柱剪力计算

以四层Ⓑ柱为例,进行剪力计算,在恒载作用下框架柱上、下端弯矩为:$M_{B4}^t=-18.16$ kN·m,$M_{B4}^b=-19.30$ kN·m,根据弯矩图的性质,框架柱的剪力 V_{B4} 为:

$$V_{B4} = \frac{-(M_{B4}^t + M_{B4}^b)}{l} = -\frac{-18.16 - 19.30}{3.6} = 10.41 \text{ kN}$$

其余各框架柱剪力均可按照上述计算方法,恒载作用下该计算框架各层柱剪力值见表3.15。

表3.15　恒载作用下各层柱剪力值　　单位:kN

层数	Ⓐ柱	Ⓑ柱
	V_A	V_B
5	-19.74	15.81
4	-12.19	10.41
3	-12.76	10.69
2	-13.97	11.47
1	-5.56	4.52

注:由于结构布置以及荷载分布均对称,故Ⓒ、Ⓓ柱剪力与Ⓑ、Ⓐ柱剪力分别对称,$V_C=-V_B$,V_D-V_A。

13)**内力图绘制**

根据上述计算,画出横向框架在恒荷载作用下的内力图。

①恒荷载作用下横向框架弯矩图如图3.23所示。

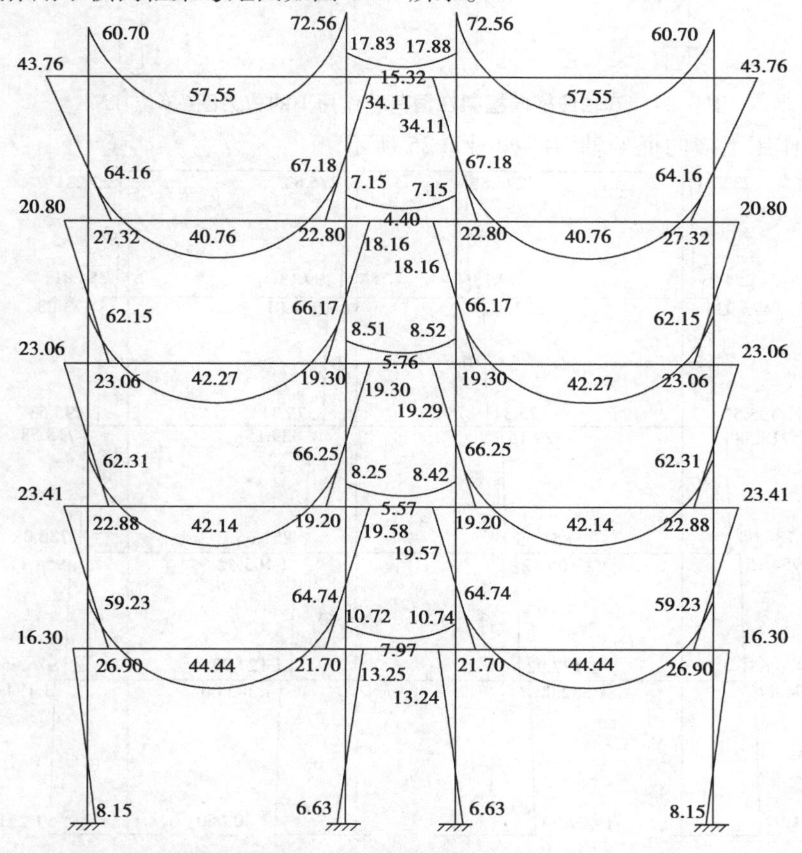

图3.23　⑥轴线横向框架在恒荷载作用下的弯矩图(单位:kN·m)

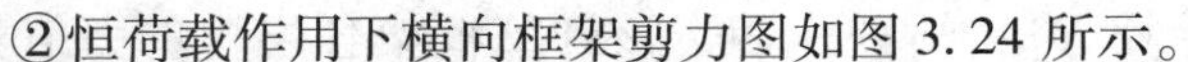

②恒荷载作用下横向框架剪力图如图 3.24 所示。

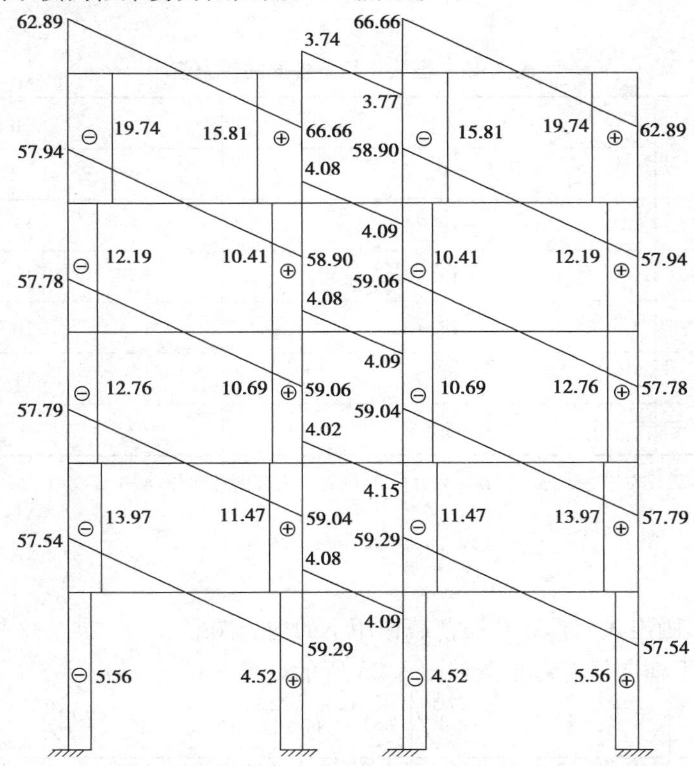

图 3.24 ⑥轴线横向框架在恒荷载作用下的剪力图(单位:kN)

③恒荷载作用下横向框架轴力图如图 3.25 所示。

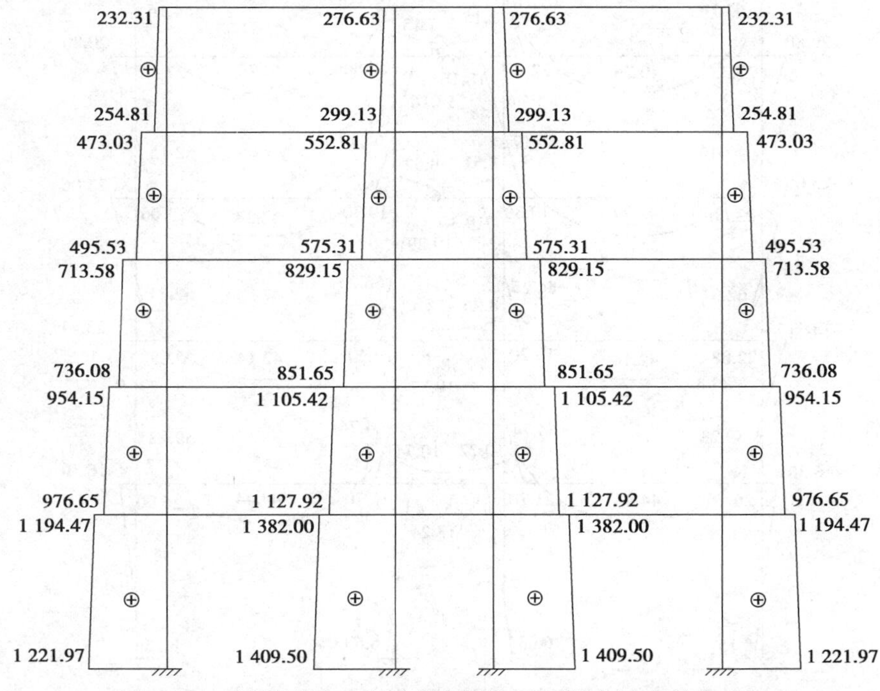

图 3.25 ⑥轴线横向框架在恒荷载作用下的轴力图(单位:kN)

3.3.2 活荷载作用下的内力计算

根据图2.41,用弯矩二次分配法计算⑥轴线框架在活荷载作用下的弯矩。

1)计算梁端弯矩

以如图3.15所示的叠加法计算各框架梁在活荷载作用下的梁端弯矩,计算结果见表3.16和表3.17。

表3.16 活荷载作用下1-4层框架梁梁端弯矩 单位:kN·m

	梯形荷载	最终梁端弯矩
M_{AB}	-27.03	-27.03
M_{BA}	27.03	27.03
M_{BC}	0.00	0.00
M_{CB}	0.00	0.00
M_{CD}	-27.03	-27.03
M_{DC}	27.03	27.03

表3.17 活荷载作用下第5层框架梁梁端弯 单位:kN·m

	梯形荷载	最终梁端弯矩
M_{AB}	-21.62	-21.62
M_{BA}	21.62	21.62
M_{BC}	0.00	0.00
M_{CB}	0.00	0.00
M_{CD}	-21.62	-21.62
M_{DC}	21.62	21.62

2)计算节点弯矩

(1)一至四层横向框架节点弯矩

①作用在A、D节点上的节点弯矩:

$$M_A = -M_D = -Fe = -41.68 \times \left(\frac{0.5}{2} - \frac{0.3}{2}\right) = -4.168 \text{ kN}\cdot\text{m}$$

②作用在B、C节点上的节点弯矩:

$$M_B = -M_C = Fe = 69.76 \times \left(\frac{0.5}{2} - \frac{0.3}{2}\right) = 6.976 \text{ kN}\cdot\text{m}$$

(2)第五层横向框架节点弯矩

①作用在 A、D 节点上的节点弯矩：

$$M_A=-M_D=-Fe=-33.35\times\left(\frac{0.5}{2}-\frac{0.3}{2}\right)=-3.335\ \text{kN}\cdot\text{m}$$

②作用在 B、C 节点上的节点弯矩：

$$M_B=-M_C=Fe=52.07\times\left(\frac{0.5}{2}-\frac{0.3}{2}\right)=5.207\ \text{kN}\cdot\text{m}$$

3)弯矩分配过程

用弯矩分配+弯矩二次分配法计算框架在活荷载作用下的弯矩，活载作用下的框架结构内力计算过程与恒载基本相同，其不同点在于，活载计算时需要考虑活荷载布置的不利布置。弯矩分配过程如图 3.26 所示。

如图 3.26 所示的弯矩分配计算过程没有对上下柱之间进行弯矩传递。参考第 3.3.1 节相关计算方法可对各层框架柱之间进行弯矩传递，横向框架各层框架柱上下端弯矩分配结果如表 3.18 所示。

表 3.18　活载作用下各层框架柱上下端弯矩　　单位：kN·m

层数	Ⓐ柱		Ⓑ柱		Ⓒ柱		Ⓓ柱	
	柱上端	柱下端	柱上端	柱下端	柱上端	柱下端	柱上端	柱下端
5	14.69	12.87	-10.98	-9.78	10.96	9.77	-14.71	-12.88
4	11.96	11.96	-9.18	-9.18	9.18	9.18	-11.96	-11.96
3	11.96	11.96	-9.18	-9.18	9.18	9.18	-11.96	-11.96
2	12.19	12.64	-9.34	-9.66	9.34	9.65	-12.19	-12.64
1	7.89	3.95	-6.02	-3.01	6.02	3.01	-7.89	-3.95

弯矩分配后即可进行竖向框架之间的内力组合，但是由于分层法的计算误差导致节点弯矩不平衡，故需要进行弯矩二次分配以平衡节点的不平衡弯矩。以三层Ⓑ柱与四层Ⓑ柱的连接节点为例，进行弯矩二次分配的计算。

根据弯矩分配结果可知，该节点左端、右端、上端、下端以及节点的偏心力产生的偏心弯矩分别为：24.89 kN·m，-4.14 kN·m，-9.18 kN·m，-9.18 kN·m，-6.98 kN·m，则节点不平衡弯矩为：24.89-4.14-9.18-9.18-6.98=-4.59 kN·m。根据该节点所连接的梁、柱线刚度占比将节点不平衡弯矩反向分配并与弯矩分配得到的杆端弯矩相加即可得到最终弯矩值。根据弯矩分配图可知，该节点左端、右端、上端、下端构件线刚度占比分别为：0.217、0.293、0.245、0.245，则二次分配后的弯矩值分别为：

左端：24.89+0.217×(-(-4.59))=25.89 kN·m

右端：-4.14+0.293×(-(-4.59))=-2.79 kN·m

上端：-9.18+0.245×(-(-4.59))=-8.06 kN·m

下端：-9.18+0.245×(-(-4.59))=-8.06 kN·m

其余各节点弯矩二次分配均可参照上述计算过程，活载作用下该计算框架各层弯矩二次分配后的梁、柱端弯矩见表 3.19。

	A			B				C				D		
	上柱	下柱	右梁	左梁	上柱	下柱	右梁	左梁	上柱	下柱	右梁	左梁	上柱	下柱
节点集中弯矩（kN·m）		3.335				-5.207				5.207			-3.335	
分配系数μ		0.53	0.47	0.29		0.32	0.39	0.39		0.32	0.29	0.47		0.53
			-21.62	21.62			0.00	0.00			-21.62	21.62		
		9.68	8.60	4.30			3.19	6.38		5.31	4.72	2.36		
顶层（5层）弯矩分配			-3.44	-6.88		-7.74	-9.29	-4.64			-4.86	-9.72		-10.93
		1.82	1.62	0.81			1.85	3.69		3.08	2.73	1.37		
			-0.38	-0.76		-0.86	-1.03	-0.52			-0.32	-0.64		-0.72
		0.20	0.18	0.09			0.16	0.33		0.27	0.24	0.12		
合计（kN·m）		11.70	-15.04	-0.07		-0.08	-0.10	5.23		8.66	-19.10	-0.06		-0.06
				19.11		-8.68	-5.22					15.05		-11.72

	A			B				C				D		
	上柱	下柱	右梁	左梁	上柱	下柱	右梁	左梁	上柱	下柱	右梁	左梁	上柱	下柱
节点集中弯矩（kN·m）		4.168				-6.976				6.976			-4.168	
分配系数μ	0.346	0.346	0.308	0.217	0.245	0.245	0.293	0.293	0.245	0.245	0.217	0.308	0.346	0.346
			-27.03	27.03			0.00	0.00			-27.03	27.03		
	7.91	7.91	7.03	3.52			2.94	5.88	4.90	4.90	4.36	2.18		
标准层（二至四层）弯矩分配			-2.88	-5.76	-6.48	-6.48	-7.78	-3.89			-3.85	-7.70	-8.67	-8.67
	1.00	1.00	0.89	0.44			1.14	2.27	1.89	1.89	1.68	0.84		
			-0.17	-0.34	-0.39	-0.39	-0.46	-0.23			-0.13	-0.26	-0.29	-0.29
	0.06	0.06	0.05	0.03			0.05	0.11	0.09	0.09	0.08	0.04		
合计（kN·m）	8.97	8.97	-22.11	-0.02	-0.02	-0.02	-0.02	4.14	6.89	6.89	-24.89	-0.01	-0.01	-0.01
				24.89	-6.89	-6.89	-4.14					22.11	-8.97	-8.97

	A			B				C				D		
	上柱	下柱	右梁	左梁	上柱	下柱	右梁	左梁	上柱	下柱	右梁	左梁	上柱	下柱
节点集中弯矩（kN·m）		4.168				-6.976				6.976			-4.168	
分配系数μ	0.37	0.30	0.33	0.228	0.256	0.209	0.307	0.307	0.256	0.209	0.228	0.33	0.37	0.30
			-27.03	27.03			0.00	0.00			-27.03	27.03		
	8.44	6.91	7.50	3.75			3.08	6.16	5.13	4.20	4.56	2.28		
一层弯矩分配			-3.06	-6.11	-6.88	-5.63	-8.26	-4.13			-4.13	-8.25	-9.29	-7.60
	1.13	0.92	1.00	0.50			1.27	2.54	2.11	1.73	1.88	0.94		
			-0.20	-0.40	-0.45	-0.37	-0.54	-0.27			-0.15	-0.31	-0.35	-0.28
	0.07	0.06	0.07	0.03			0.07	0.13	0.11	0.09	0.10	0.05		
合计（kN·m）	9.65	7.89	-21.71	-0.02	-0.03	-0.02	-0.03	4.42	7.35	6.02	-24.77	-0.02	-0.02	-0.01
				24.77	-7.36	-6.02	-4.42					21.72	-9.65	-7.89

图3.26　弯矩分配计算过程

4)梁跨中弯矩计算

以如图2.41所示的三层 AB 跨框架梁为例进行跨中弯矩计算,其计算跨度 $l=6\ 300$ mm。该框架梁承受的荷载类型有:梯形荷载 $q=9.75$ kN/m 以及梁端弯矩 M_l、M_r。AB 框架梁跨中弯矩值为按简支梁计算的梁上各荷载作用产生的跨中弯矩值的总和。

表3.19　活载作用下各层梁、柱端弯矩二次分配后的杆端弯矩　　单位:kN·m

	Ⓐ柱		Ⓑ柱		*AB* 跨梁		*BC* 跨梁	
层数	上端	下端	上端	下端	左端	右端	左端	右端
5	13.11	10.49	−10.23	−8.51	−16.45	19.77	−4.33	4.34
4	9.57	9.89	−7.92	−8.06	−24.23	26.02	−2.61	2.62
3	9.89	9.81	−8.06	−8.02	−23.95	25.89	−2.79	2.79
2	10.04	11.53	−8.18	−9.07	−24.02	25.92	−2.68	2.75
1	6.99	3.49	−5.54	−2.77	−22.69	25.30	−3.71	3.72

注:由于结构布置和荷载分布都是对称的,故在活荷载作用下Ⓒ柱、Ⓓ柱和Ⓑ柱、Ⓐ柱端弯矩分别对称;*CD* 跨梁梁端弯矩与 *AB* 跨梁端弯矩对称。

梯形荷载和梁端弯矩使 AB 跨框架梁产生的跨中弯矩分别为(框架梁跨中弯矩计算时以使梁下部受拉的弯矩方向为正):

(1)梯形荷载 q

$$\alpha_M=\frac{1}{24}(3-4\alpha^2)=\frac{3-4\times\left(\frac{1\ 950}{6\ 300}\right)^2}{24}=0.109$$

$$M_1=\alpha_M q_2 l^2=0.109\times9.75\times(6\ 300\times10^{-3})^2=42.193\ \text{kN}\cdot\text{m}$$

(2)AB 跨梁端弯矩

根据弯矩分配结果,从表3.19可知,三层 AB 框架梁左右梁端弯矩分别为:$M_l=-23.95$ kN·m,$M_r=25.89$ kN·m。

在梁端弯矩 M_l、M_r 作用下(假定都为正),如图3.19所示,其跨中弯矩值 $M_{跨中}$ 如式(3.23)所示:

故 AB 跨框架梁的梁端弯矩作用下跨中弯矩 M_3 为:

$$M_3=0.5(M_l-M_r)=0.5\times(-23.95-25.89)=-24.917\ \text{kN}\cdot\text{m}$$

故 AB 跨框架梁跨中弯矩值:$M_{AB0}=M_1+M_2=42.193-24.917=17.28$ kN·m

其余各梁跨中弯矩值均可参照上述计算方法实施,活载作用下该计算框架中各层框架梁的跨中弯矩值见表3.20。

表3.20　活载作用下框架梁的跨中弯矩　　单位:kN·m

层数	*AB* 跨梁	*BC* 跨梁
	M_{AB0}	M_{BC0}
5	15.65	−4.34
4	17.07	−2.62
3	17.28	−2.79
2	17.22	−2.71
1	18.20	−3.72

注:由于结构布置以及荷载分布均对称,故 *CD* 跨框架梁的跨中弯矩值与 *AB* 跨框架梁的跨中弯矩值相等。

5)梁端剪力计算

以如图2.41所示的三层 AB 跨梁为例进行计算,其计算跨度 l=6 300 mm。该梁承受的荷载类型有:梯形荷载 q=9.75 kN/m 以及梁端弯矩 M_l、M_r。AB 框架梁的梁端剪力值为按简支梁计算的梁上各荷载作用产生的梁端剪力值的总和。

均布荷载、梯形荷载和梁端弯矩使 AB 跨框架梁产生的端部剪力分别如下(梁端剪力以使构件产生顺时针旋转的方向为正):

①梯形荷载 q。

$$\alpha_V=\frac{1}{2}(1-\alpha)=\frac{1}{2}\times\left(1-\frac{1\ 950}{6\ 300}\right)=0.345\ 2$$

$$V_{AB1}=\alpha_V q_2 l=0.345\ 2\times 9.75\times 6\ 300\times 10^{-3}=21.204\ \text{kN}$$

$$V_{BA1}=-\alpha_V q_2 l=-0.3452\times 9.75\times 6\ 300\times 10^{-3}=-21.204\ \text{kN}$$

②AB 跨梁端弯矩。

根据弯矩分配结果,从表3.19可知,三层 AB 框架梁左右梁端弯矩分别为:M_l=-23.95 kN·m,M_r=25.89 kN·m。在梁端弯矩 M_l、M_r 作用下(假定都为正),如图3.20所示,根据弯矩图的性质,框架梁内剪力值等于弯矩图的斜率值,则其梁端剪力值 V_{AB},V_{BA} 按照式(3.24)进行计算。

故 AB 跨框架梁左右端使梁端产生的剪力为:

$$V_{AB2}=V_{BA2}=-\frac{M_l+M_r}{l}=-\frac{-23.95+25.89}{6\ 300\times 10^{-3}}=-0.308\ \text{kN}$$

则 AB 跨梁端剪力为:

$$V_{AB}=V_{AB1}+V_{AB2}=21.204-0.308=20.90\ \text{kN}$$

$$V_{BA}=V_{BA1}+V_{BA2}=-21.204-0.308=-21.51\ \text{kN}$$

其余梁端剪力的计算均可参照上述计算方法,活载作用下该计算框架中各层框架梁梁端剪力见表3.21。

表3.21 活载作用下梁端剪力　　单位:kN

层数	AB 跨框架梁		BC 跨框架梁	
	V_{AB}	V_{BA}	V_{BC}	V_{CB}
5	16.44	−17.49	−0.01	0.00
4	20.92	−21.49	0.00	0.00
3	20.90	−21.51	0.00	0.00
2	20.90	−21.51	−0.03	0.00
1	20.79	−21.62	0.00	0.00

注:由于结构布置以及荷载分布均对称,故 CD 跨剪力与 AB 跨对称,$V_{DC}=-V_{AB}$,$V_{CD}=-V_{BA}$。

6)梁端控制截面的剪力、弯矩计算

(1)控制截面剪力计算

控制截面的剪力如图3.20所示,即梁柱交界处。具体控制截面的剪力计算过程如下:

框架柱截面尺寸 $b\times h$=500 mm×500 mm,则柱中心线至控制截面的距离 0.5h=0.5×500=

250 mm；以第三层 AB 跨框架梁为例，计算梁端控制截面剪力。根据梁端剪力计算结果，梁端（柱中心线处）剪力 $V_{AB}=20.90$ kN、$V_{BA}=-21.51$ kN，在梁上梯形荷载 $q=9.75$ kN/m 作用下梁端控制截面的剪力 V'_{AB}、V'_{BA}分别为：

$$V'_{AB}=V_{AB}-\frac{1}{2}\cdot q_2\frac{\frac{b}{2}}{a}\cdot\frac{b}{2}=20.90-\frac{1}{2}\times 9.75\times\frac{250}{1\,950}\times 250\times 10^{-3}=20.74\text{ kN}$$

$$V'_{BA}=V_{BA}+\frac{1}{2}\cdot q_2\frac{\frac{b}{2}}{a}\cdot\frac{b}{2}=-25.51+\frac{1}{2}\times 9.75\times\frac{250}{1\,950}\times 250\times 10^{-3}=-21.36\text{ kN}$$

（2）控制截面弯矩计算

梁端（柱中心线处）弯矩 $M_l=-23.95$ kN、$M_r=25.89$ kN，则梁端控制截面的弯矩 M'_{AB}、M'_{BA}分别为：

$$M'_{AB}=M_{AB}+V'_{AB}\cdot\frac{b}{2}=-23.95+20.74\times 250\times 10^{-3}=-18.76\text{ kN}\cdot\text{m}$$

$$M'_{BA}=M_{BA}+V'_{BA}\cdot\frac{b}{2}=25.89+(-21.36)\times 250\times 10^{-3}=20.55\text{ kN}\cdot\text{m}$$

其余各层框架梁梁端控制截面剪力和弯矩均可按照上述计算方法实施，活载作用下该计算框架各层梁端控制截面的弯矩剪力值见表 3.22 和表 3.23。

表 3.22　活载作用下梁端控制截面剪力　　单位：kN

层数	AB 跨框架梁		BC 跨框架梁	
	V'_{AB}	V'_{BA}	V'_{BC}	V'_{CB}
5	16.31	−17.37	−0.01	0.00
4	20.77	−21.33	0.00	0.00
3	20.74	−21.36	0.00	0.00
2	20.75	−21.35	−0.03	0.00
1	20.64	−21.46	0.00	0.00

注：由于结构布置以及荷载分布均对称，故 CD 跨剪力与 AB 跨对称，$V'_{DC}=-V'_{AB}$，$V'_{CD}=-V'_{BA}$。

表 3.23　恒载作用下梁端控制截面弯矩　　单位：kN·m

层数	AB 跨框架梁		BC 跨框架梁	
	M'_{AB}	M'_{BA}	M'_{BC}	M'_{CB}
5	−12.37	15.43	−4.33	4.34
4	−19.04	20.68	−2.61	2.62
3	−18.76	20.55	−2.79	2.79
2	−18.83	20.58	−2.68	2.75
1	−17.53	19.93	−3.71	3.72

注：由于结构布置以及荷载分布均对称，故 CD 跨弯矩与 AB 跨对称，$M'_{DC}=-M'_{AB}$，$M'_{CD}=-M'_{BA}$。

7)活荷载不利布置的考虑

由于楼面活荷载产生的内力明显小于恒荷载以及水平力产生的内力,故可不考虑活荷载的最不利布置,将活荷载同时作用在所有框架梁上,此时应将考虑活荷载满布计算得到的框架梁弯矩值进行放大,放大系数取为1.1。以三层 AB 框架梁为例,进行弯矩放大。

根据前文计算可知三层 AB 框架梁梁端以及跨中弯矩分别为:$M'_{AB}=-18.76\ \text{kN}\cdot\text{m}$,$M'_{BA}=20.55\ \text{kN}\cdot\text{m}$,$M_{AB0}=17.28\ \text{kN}\cdot\text{m}$,则放大后的弯矩值分别为:

左端:$\widetilde{M}_{AB}=1.1\times(-18.76)=-20.64\ \text{kN}\cdot\text{m}$

右端:$\widetilde{M}_{BA}=1.1\times20.55=22.60\ \text{kN}\cdot\text{m}$

跨中:$\widetilde{M}_{AB0}=1.1\times17.28=19.00\ \text{kN}\cdot\text{m}$

其余框架梁考虑活荷载满布的弯矩增大可按上述计算方法实施,活载作用下该计算框架各框架梁梁端及跨中放大后的弯矩值见表3.24。

表3.24　考虑活荷载满布时梁的弯矩调整值　　单位:kN·m

层数	AB 跨框架梁		BC 跨框架梁		AB 框架梁	BC 框架梁
	$\widetilde{M}_{AB}$	$\widetilde{M}_{BA}$	$\widetilde{M}_{BC}$	$\widetilde{M}_{CB}$	$\widetilde{M}_{AB0}$	$\widetilde{M}_{BC0}$
5	−13.60	16.97	−4.76	4.78	17.21	−4.77
4	−20.94	22.75	−2.87	2.88	18.78	−2.88
3	−20.64	22.60	−3.07	3.07	19.00	−3.07
2	−20.71	22.64	−2.95	3.02	18.95	−2.98
1	−19.28	21.92	−4.09	4.09	20.02	−4.09

注:结构布置以及荷载分布均对称,故 CD 跨弯矩与 AB 跨对称,$\widetilde{M}_{DC}=-\widetilde{M}_{AB}$,$\widetilde{M}_{CD}=-\widetilde{M}_{BA}$,$\widetilde{M}_{CD0}=\widetilde{M}_{AB0}$。

8)框架梁的弯矩调幅计算

因本工程为装配整体式结构,故调幅系数取 $\beta=0.75$,以第三层 AB 跨框架梁为例进行弯矩调幅的计算,调幅示意图如图3.27所示,其中 M''_{AB},M''_{BA} 为梁端弯矩调幅后的值,M''_{AB0} 为跨中弯矩调幅后的值。

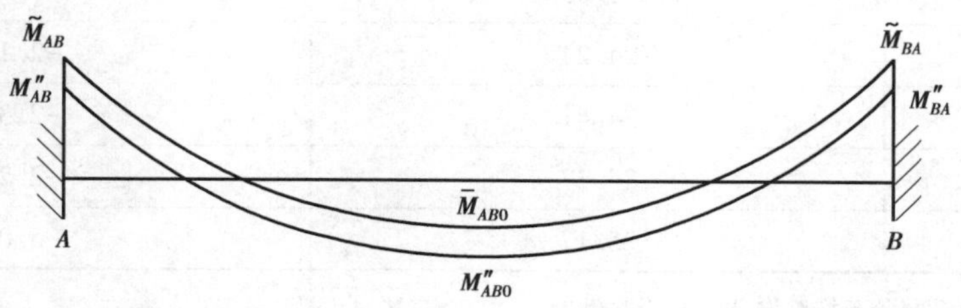

图3.27　AB 框架梁弯矩调幅示意图

(1)梁端弯矩调幅

根据前文计算得,三层 AB 框架梁梁端控制截面弯矩为 $\widetilde{M}_{AB}=-20.64\ \text{kN}\cdot\text{m}$,$\widetilde{M}_{BA}=20.60\ \text{kN}\cdot\text{m}$,则调幅后弯矩 M''_{AB},M''_{BA} 分别为:

$$M''_{AB}=\tilde{M}_{AB}\cdot\beta=-20.64\times0.75=-15.48\ \text{kN}\cdot\text{m}$$

$$M''_{BA}=\tilde{M}_{BA}\cdot\beta=22.60\times0.75=16.95\ \text{kN}\cdot\text{m}$$

其余各层梁端弯矩的调幅均可按照上述计算方法实施，活载作用下该计算框架各层梁端控制截面弯矩调幅值见表3.25。

表3.25 活载作用下框架梁端控制截面弯矩调幅值 单位:kN·m

层数	AB跨框架梁		BC跨框架梁	
	M''_{AB}	M''_{BA}	M''_{BC}	M''_{CB}
5	−10.20	12.73	−3.57	3.58
4	−15.70	17.06	−2.16	2.16
3	−15.48	16.95	−2.30	2.30
2	−15.53	16.98	−2.21	2.27
1	−14.46	16.44	−3.06	3.07

注:由于结构布置以及荷载分布均对称，故CD跨弯矩与AB跨对称，$M''_{DC}=-M''_{AB}$，$M''_{CD}=-M''_{BA}$。

(2)跨中弯矩调幅

跨中弯矩根据梁端弯矩值调幅的减小而增大，根据梁跨中弯矩计算，三层AB框架梁跨中弯矩$M_{AB0}=19.00\ \text{kN}\cdot\text{m}$，跨中弯矩调幅值$M''_{AB0}$为：

$$M''_{AB0}=M_{AB0}+\frac{1}{2}(1-\beta)\times(|M'_{AB}|+|M'_{BA}|)$$

$$=19.00+\frac{1}{2}\times(1-0.75)\times(|-20.64|+|22.60|)=24.41\ \text{kN}\cdot\text{m}$$

其余各层梁跨中弯矩的调幅均可按照上述方法实施，活载作用下该计算框架各层跨中弯矩调幅值见表3.26。

表3.26 活载作用下跨中弯矩调幅值 单位:kN·m

层数	AB跨框架梁	BC跨框架梁
	M''_{AB0}	M''_{BC0}
5	21.03	−3.58
4	24.24	−2.16
3	24.41	−2.30
2	24.37	−2.24
1	25.17	−3.07

注:由于结构布置以及荷载分布均对称，故CD跨弯矩与AB跨对称，$M''_{AB0}=M''_{CD0}$。

(3)静力平衡条件验算

将不规则荷载等效为梯形荷载和均布荷载以后，再分别与净跨上的其余梯形荷载和均布荷载叠加得到总的梁上荷载，则净跨梁上总的均布荷载q_1和梯形荷载q_2分别为：

$$q_1 = q_1' = q_{梯形} \cdot \frac{\frac{b}{2}}{a} = 9.75 \times \frac{250}{1\ 950} = 1.25\ \mathrm{kN/m}$$

$$q_2 = q_2' = q_{梯形} - q_{梯形} \cdot \frac{\frac{b}{2}}{a} = 9.75 - 19.75 \times \frac{250}{1\ 950} = 8.50\ \mathrm{kN/m}$$

AB 框架梁净跨 $l_n = 6\ 300 - 250 \times 2 = 5\ 800$ mm，则按简支梁计算的 AB 框架梁跨中弯矩 $\overline{M}_{AB}$ 为：

$$\overline{M}_{AB} = \frac{1}{8}q_1 l_n^2 + \frac{1}{24}q_2 l_n^2\left(3 - 4\left(\frac{a'}{l_n}\right)^2\right)$$

$$= \frac{1}{8} \times 1.25 \times (5\ 800 \times 10^{-3})^2 + \frac{1}{24} \times 8.50 \times (5\ 800 \times 10^{-3})^2 \times \left[3 - 4 \times \left(\frac{1\ 950 - 250}{5\ 800}\right)^2\right]$$

$$= 36.90\ \mathrm{kN \cdot m}$$

其中，a'是净跨梁上实际的梯形荷载中三角形荷载部分的底边长，如图 3.62 所示，$a' = a - \frac{b}{2}$。

静力平衡条件验算：

$$\overline{M}_{AB} = 36.90\ \mathrm{kN \cdot m} \leqslant M''_{AB0} + \frac{1}{2}(|M''_{AB}| + |M''_{BA}|) = 24.41 + \frac{1}{2} \times (|-15.48| + |16.95|)$$

$$= 40.63\ \mathrm{kN \cdot m}$$

满足静力平衡条件。

其余各层梁按简支梁计算的跨中弯矩值以及静力平衡条件判断均可按照上述计算方法实施，恒载作用下该计算框架按简支梁计算的跨中弯矩值以及弯矩调幅的静力平衡判断见表 3.27。

表 3.27 活载作用下按简支梁计算的跨中弯矩值 单位：kN · m

层数	AB 跨框架梁		BC 跨框架梁	
	$\overline{M}_{AB}$	静力平衡判断	$\overline{M}_{BC}$	静力平衡判断
5	29.52	满足	0.00	满足
4	36.90	满足	0.00	满足
3	36.90	满足	0.00	满足
2	36.90	满足	0.00	满足
1	36.90	满足	0.00	满足

注：由于结构布置以及荷载分布均对称，故 CD 跨弯矩与 AB 跨对称，$\overline{M}_{AB} = \overline{M}_{CD}$。

9）框架柱的轴力计算

各层预制柱在活载作用下的柱顶与柱底轴力相同，由柱顶梁端剪力作用、上层柱传来的轴力以及平面图中竖向框架传到柱子上的集中力组成；以四层Ⓑ柱为例，计算Ⓑ柱上、下端轴力，首先应计算上层柱子传下来的轴力（计算轴力时，以框架柱受压为正，受拉为负）：

(1)对于五层Ⓑ柱

根据表3.21,梁端框架柱中心线处截面剪力 $V_{BA}=-17.49$ kN,$V_{BC}=-0.01$ kN,则在梁端剪力作用下框架柱轴力 N_V(假定梁端剪力方向均为正)为:

$$N_V = V_{BC} - V_{BA} = -0.01 - (-17.49) = 17.48 \text{ kN}$$

竖向框架传递到框架柱上的集中力 $F_B=52.07$ kN。

则五层Ⓑ柱上、下端轴力 N_{B5} 为:

$$N_{B5} = F_B + N_V = 52.07 + 17.48 = 69.55 \text{ kN}$$

(2)对于四层Ⓑ柱

根据表3.21,梁端框架柱中心线处截面剪力 $V_{BA}=-21.49$ kN,$V_{BC}=0.0$ kN,则在梁端剪力作用下框架柱轴力 N_V 为:

$$N_V = V_{BC} - V_{BA} = 0 - (-21.49) = 21.49 \text{ kN}$$

竖向框架传递到框架柱上的集中力 $F_B=69.76$ kN。

则四层Ⓑ柱上、下端轴力 N_{B4} 为:

$$N_{B4} = N_{B5} + F_B + N_V = 69.55 + 69.74 + 21.49 = 160.8 \text{ kN}$$

其余各层框架柱的轴力计算均可参照上述计算方法实施,活载作用下该计算框架各层柱上、下端轴力见表3.28。

表3.28　活载作用下各柱轴力　　单位:kN

层数	Ⓐ柱		Ⓑ柱	
	N_A^t	N_A^b	N_B^t	N_B^b
5	49.78	49.78	69.55	69.55
4	112.39	112.39	160.80	160.80
3	174.97	174.97	252.07	252.07
2	237.55	237.55	343.32	343.32
1	300.02	300.02	434.70	434.70

注:由于结构布置以及荷载分布均对称,故Ⓒ、Ⓓ柱轴力与Ⓑ、Ⓐ柱轴力分别相等。

10)预制柱剪力计算

以四层柱B为例,进行剪力计算。在活载作用下,柱上、下端弯矩为:$M_{B4}^t=-8.06$ kN·m,$M_{B4}^b=-8.02$ kN·m,根据弯矩图的性质,柱的剪力 V_{B4} 为:

$$V_{B4} = \frac{-(M_{B4}^t + M_{B4}^b)}{l} = -\frac{-8.06 - 8.02}{3.6} = 4.47 \text{ kN}$$

其余各柱剪力均可按照上述计算方法,活载作用下该计算框架各层柱剪力值见表3.29。

表 3.29 活载作用下各层柱剪力值 单位:kN

层数	Ⓐ柱	Ⓑ柱
	V_A	V_B
5	−19.74	15.81
4	−12.19	10.41
3	−12.76	10.69
2	−13.97	11.47
1	−5.56	4.52

注:由于结构布置以及荷载分布均对称,故Ⓒ、Ⓓ柱剪力与Ⓑ、Ⓐ柱剪力分别对称,$V_C=-V_B$,V_D-V_A。

根据上述计算,画出横向框架在活荷载作用下的内力图。

①活荷载作用下横向框架弯矩图如图 3.28 所示。

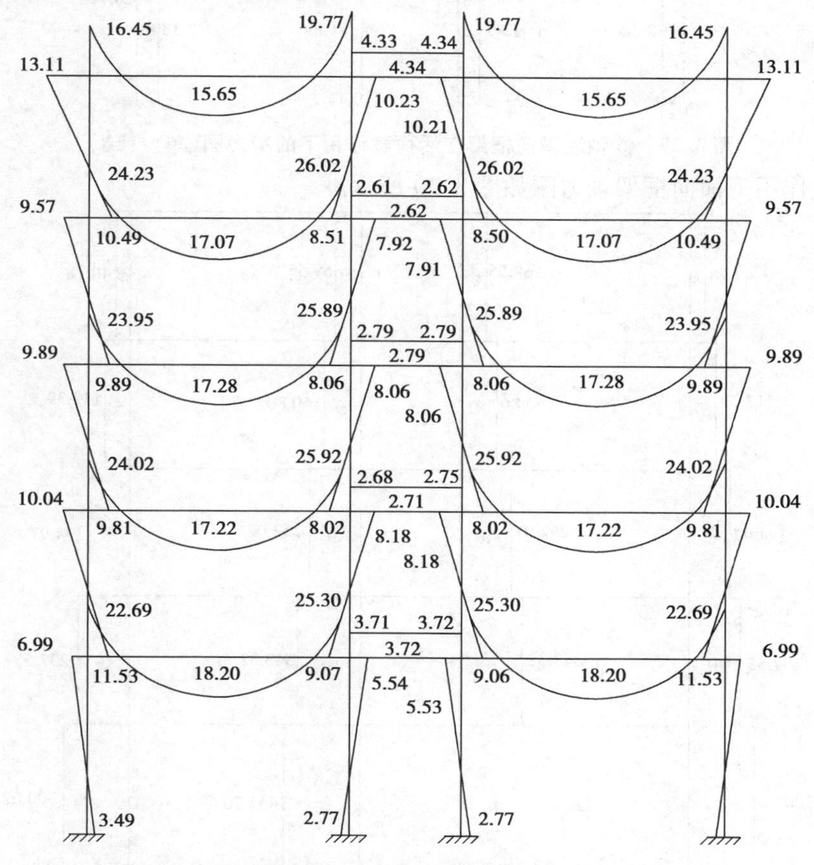

图 3.28 ⑥轴线横向框架在活荷载作用下的弯矩图(单位:kN·m)

②活荷载作用下横向框架剪力图如图 3. 29 所示。

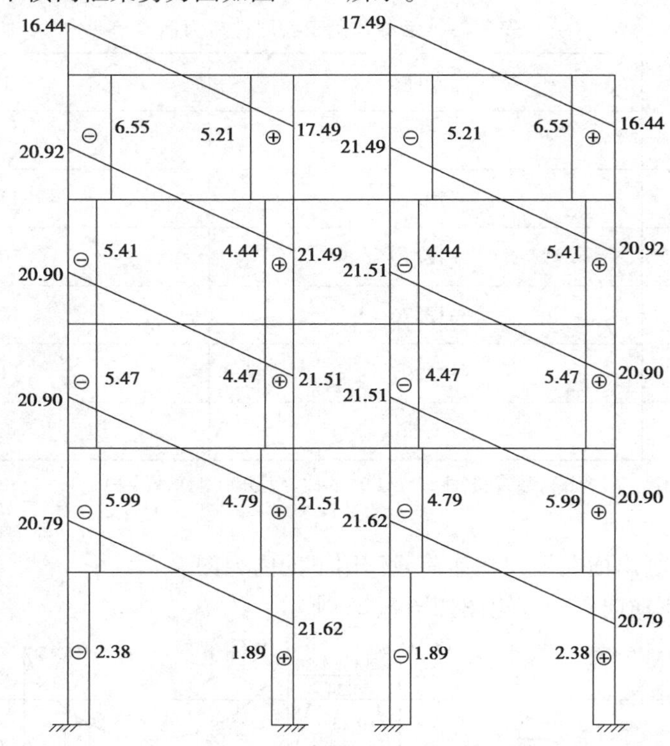

图 3. 29　⑥轴线横向框架在活荷载作用下的剪力图(单位:kN)

③活荷载作用下横向框架轴力图如图 3. 30 所示。

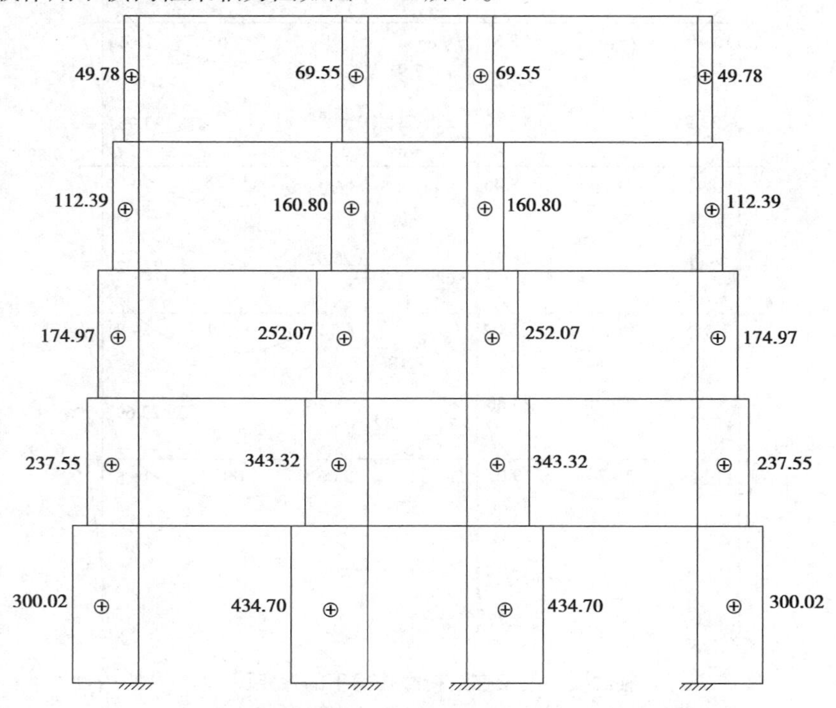

图 3. 30　⑥轴线横向框架在活荷载作用下的轴力图(单位:kN)

3.3.3 风荷载作用下的内力计算

1)横向框架在风荷载作用下的位移计算

(1)侧移刚度D值计算

考虑梁柱的线刚度比,用D值法计算⑥轴线横向框架柱的侧移刚度,计算数据见表3.30。

表3.30 框架柱侧移刚度D值计算

框架柱位置	柱的类型	$\bar{k}$ 一般层:$\bar{k}=\sum i_b/2i_c$ 底层:$\bar{k}=\sum i_b/i_c$	α_c 一般层:$\alpha_c=\bar{k}/(2+\bar{k})$ 底层:$\alpha_c=(0.5+\bar{k})/(2+\bar{k})$	层高(mm)	线刚度 i_c (N·mm)	$D=\frac{12\alpha i_c}{h^2}$ (kN/m)	根数
底层	Ⓐ、Ⓓ柱	1.09	0.51	4 400	3.55×10^{10}	11 312.88	2
	Ⓑ、Ⓒ柱	2.55	0.67	4 400	3.55×10^{10}	14 759.27	2
2~5	Ⓐ、Ⓓ柱	0.89	0.31	3 600	4.34×10^{10}	12 363.51	2
	Ⓑ、Ⓒ柱	2.09	0.51	3 600	4.34×10^{10}	20 529.73	2

(2)风荷载作用下框架侧移计算

风荷载作用下框架的层间侧移可按下式计算

$$\Delta u_j=\frac{V_j}{\sum D_j} \tag{3.25}$$

式中 V_j—— 第j层剪力标准值;

$\sum D_j$—— 第j层柱的侧向刚度之和;

Δu_j—— 第j层的层间侧移。

⑥轴线横向框架在风荷载作用下的侧移计算详见表3.31。

表3.31 风荷载作用下框架楼层层间侧移与层高之比计算

楼层	F_j (kN)	V_j (kN)	$\sum D_j$ (kN/m)	Δu_j (mm)	h (mm)	$\frac{\Delta u_j}{h}$
5	5.04	5.04	65 786.46	0.076 6	3 600	1/46 997
4	7.12	12.16	65 786.46	0.184 8	3 600	1/19 481
3	7.12	19.28	65 786.46	0.293 0	3 600	1/1228 7
2	7.12	26.40	65 786.46	0.401 2	3 600	1/897 3
1	12.26	38.66	52 144.30	0.741 2	4 400	1/593 6

侧移验算:由表3.7"弹性层间位移角限值"可知,对于框架结构,楼层层间最大位移与层高

之比的限值为1/550。本框架的层间最大位移与层高之比在底层，其值为$1/5\ 936<1/550$，框架侧移满足规范要求。

2）横向框架在风荷载作用下的内力计算

框架在风荷载作用下的内力计算采用D值法。计算时首先将框架各楼层的层间总剪力V_j，按各框架柱的侧移刚度（D值）在该层总侧移刚度所占比例分配到各框架柱，即可求得各柱的层间剪力；根据求得的各柱层间剪力，以及修正后的反弯点位置，即可确定柱端弯矩；由节点平衡条件，梁端弯矩之和加柱端弯矩之和为零，将节点左右梁端弯矩之和按线刚度比例分配，可求出各梁端弯矩，进而由框架梁的平衡条件求出梁端剪力；最后框架柱的轴力即为其上各层节点左右梁端剪力代数和。

（1）反弯点高度计算

反弯点高度比按式（3.17）进行计算，计算结果列于表3.32。

表3.32 反弯点高度比y计算

楼层	Ⓐ、Ⓓ柱		Ⓑ、Ⓒ柱	
五层	$\bar{k}=0.89$	$y_n=0.35$	$\bar{k}=2.09$	$y_n=0.40$
	$I=1$	$y_1=0$	$I=1$	$y_1=0$
	$\alpha_3=1$	$y_3=0$	$\alpha_3=1$	$y_3=0$
	$y=0.35+0+0=0.35$		$y=0.40+0+0=0.40$	
四层	$\bar{k}=0.89$	$y_n=0.40$	$\bar{k}=2.09$	$y_n=0.45$
	$I=1$	$y_1=0$	$I=1$	$y_1=0$
	$\alpha_2=1$	$y_2=0$	$\alpha_2=1$	$y_2=0$
	$\alpha_3=1$	$y_3=0$	$\alpha_3=1$	$y_3=0$
	$y=0.40+0+0+0=0.40$		$y=0.45+0+0+0=0.45$	
三层	$\bar{k}=0.89$	$y_n=0.45$	$\bar{k}=2.09$	$y_n=0.50$
	$I=1$	$y_1=0$	$I=1$	$y_1=0$
	$\alpha_2=1$	$y_2=0$	$\alpha_2=1$	$y_2=0$
	$\alpha_3=1$	$y_3=0$	$\alpha_3=1$	$y_3=0$
	$y=0.45+0+0+0=0.45$		$y=0.50+0+0+0=0.50$	
二层	$\bar{k}=0.89$	$y_n=0.50$	$\bar{k}=2.09$	$y_n=0.50$
	$I=1$	$y_1=0$	$I=1$	$y_1=0$
	$\alpha_2=1$	$y_2=0$	$\alpha_2=1$	$y_2=0$
	$\alpha_3=1.22$	$y_3=0.004$	$\alpha_3=1.22$	$y_3=0$
	$y=0.50+0+0+0.004=0.504$		$y=0.50+0+0+0=0.50$	
一层	$\bar{k}=1.09$	$y_n=0.64$	$\bar{k}=2.55$	$y_n=0.55$
	$I=1$	$y_1=0$	$I=1$	$y_1=0$
	$\alpha_2=0.82$	$y_2=0$	$\alpha_2=0.82$	$y_2=0$
	$y=0.64+0+0=0.64$		$y=0.55+0+0=0.55$	

(2)柱端弯矩及剪力计算

风荷载作用下柱端剪力按式(3.9)进行计算,风荷载作用下的柱端弯矩按式(3.18)计算,柱端剪力和柱端弯矩计算结果如表3.33所示。

表3.33 风荷载作用下的柱端剪力和弯矩计算

柱	楼层	V_j(kN)	$\sum D_j$ (kN/m)	D_{ij} (kN/m)	V_{ij} (kN)	y	M_{ij}^b (kN·m)	M_{ij}^a (kN·m)
Ⓐ、Ⓓ柱	5	5.04	65 786.46	12 363.51	0.95	0.35	-1.19	-2.22
	4	12.16	65 786.46	12 363.51	2.28	0.40	-3.29	-4.94
	3	19.28	65 786.46	12 363.51	3.62	0.45	-5.87	-7.17
	2	26.40	65 786.46	12 363.51	4.96	0.504	-9.00	-8.85
	1	38.66	52 144.30	11 312.88	8.39	0.64	-23.61	-13.28
Ⓑ、Ⓒ柱	5	5.04	65 786.46	20 529.73	1.57	0.40	-2.26	-3.40
	4	12.16	65 786.46	20 529.73	3.79	0.45	-6.15	-7.51
	3	19.28	65 786.46	20 529.73	6.01	0.50	-10.82	-10.82
	2	26.40	65 786.46	20 529.73	8.24	0.50	-14.83	-14.83
	1	38.66	52 144.30	14 759.27	10.94	0.55	-26.48	-21.66

(3)梁端弯矩及剪力计算

根据节点平衡条件,梁端弯矩与柱端弯矩之和等于0,将节点上下柱弯矩之和按左右梁线刚度比例分配,可求得各梁端弯矩,进而由框架梁的平衡条件求得梁端剪力。考虑到横向框架为对称结构,在下文计算时,取横向框架的一半进行框架内力计算。

①梁端弯矩分配系数计算列于表3.34。

表3.34 梁端弯矩分配系数μ计算

楼层	A节点	B节点			
	μ_{AB}	i_b^l (N·mm)	i_b^r (N·mm)	μ_{BA}	μ_{BC}
5	1	3.86×10^{10}	5.21×10^{10}	0.43	0.57
4	1	3.86×10^{10}	5.21×10^{10}	0.43	0.57
3	1	3.86×10^{10}	5.21×10^{10}	0.43	0.57
2	1	3.86×10^{10}	5.21×10^{10}	0.43	0.57
1	1	3.86×10^{10}	5.21×10^{10}	0.43	0.57

②梁端弯矩按式(3.19)计算,风荷载作用下梁端弯矩计算列于表3.35。

表 3.35　风荷载作用下梁端弯矩计算

楼层	A 节点			B 节点			
	柱端弯矩（kN·m）	柱端弯矩之和（kN·m）	M_{AB}（kN·m）	柱端弯矩（kN·m）	柱端弯矩之和（kN·m）	M_{BA}（kN·m）	M_{BC}（kN·m）
5	 -2.22	-2.22	2.22	 -3.40	-3.40	1.45	1.95
4	-1.19 -4.94	-6.13	6.13	-2.26 -7.51	-9.77	4.16	5.61
3	-3.29 -7.17	-10.46	10.46	-6.15 -10.82	-16.97	7.22	9.75
2	-5.87 -8.85	-14.72	14.72	-10.82 -14.83	-25.65	10.91	14.74
1	-9.00 -13.28	-22.28	22.28	-14.83 -21.66	-36.49	15.53	20.96

③风荷载作用下梁端剪力计算。

根据表 3.35 确定的梁端弯矩，按下式进行梁端剪力计算：

$$V_{AB}=\frac{M_{AB}+M_{BA}}{l_{AB}} \tag{3.26}$$

梁端剪力计算结果详见表 3.36。

表 3.36　梁端剪力计算

楼层	M_{AB}（kN·m）	M_{BA}（kN·m）	$V_{AB}=V_{BA}$（kN）	M_{BC}（kN·m）	M_{CB}（kN·m）	$V_{BC}=V_{CB}$（kN）
5	2.22	1.45	-0.58	1.95	1.95	-1.45
4	6.13	4.16	-1.63	5.61	5.61	-4.16
3	10.46	7.22	-2.81	9.75	9.75	-7.22
2	14.72	10.91	-4.07	14.74	14.74	-10.92
1	22.28	15.53	-6.00	20.96	20.96	-15.53

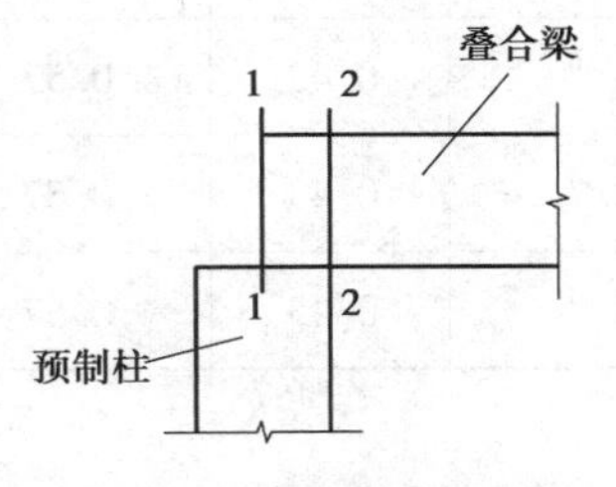

图 3.31　梁柱连接部位示意图

④风荷载作用下控制截面处的梁端弯矩、剪力计算。

表 3.35 和表 3.36 中的梁端弯矩和剪力是以图 3.31 中 1—1 截面为参考计算的，该截面并非危险截面。而图中的 2—2 截面作为控制截面，需要计算该部位处的弯矩和剪力。

以第 4 楼层 AB 框架梁为例，计算控制截面处梁端弯矩和梁端剪力。

$$M'_{AB}=M_{AB}-V_{AB}\cdot\frac{b}{2} \tag{3.27}$$

式中　b——梁端搭接处柱子的宽度。

$$M'_{AB}=6.13-1.63\times\frac{0.5}{2}=5.72\ \text{kN}\cdot\text{m}$$

$$M'_{BA}=4.16-1.63\times\frac{0.5}{2}=3.75\ \text{kN}\cdot\text{m}$$

梁端剪力在框架梁跨度范围内是一个定值，所以控制截面处梁端剪力和1—1截面处的剪力值保持一致。

控制截面处梁端弯矩和梁端剪力详见表3.37。

表3.37　控制截面处梁端弯矩和梁端剪力

楼层	M'_{AB}（kN·m）	M'_{BA}（kN·m）	$V'_{AB}=V'_{BA}$（kN）	M'_{BC}（kN·m）	M'_{CB}（kN·m）	$V'_{BC}=V'_{CB}$（kN）
5	2.07	1.30	-0.58	1.59	1.59	-1.45
4	5.72	3.75	-1.63	4.58	4.58	-4.16
3	9.76	6.52	-2.81	7.95	7.95	-7.22
2	13.71	9.90	-4.07	12.01	12.01	-10.92
1	20.78	14.02	-6.00	17.08	17.08	-15.53

（4）框架柱轴力计算

由梁柱节点力的平衡条件计算风荷载作用下框架柱轴力，计算中要注意剪力的实际方向，计算过程详见表3.38。

表3.38　风荷载作用下柱轴力计算　　单位：kN

楼层	V'_{AB}	N_A	V'_{BA}	V'_{BC}	N_B
5	-0.58	-0.58	-0.58	-1.45	-0.87
4	-1.63	-2.21	-1.63	-4.16	-3.40
3	-2.81	-5.02	-2.81	-7.22	-7.81
2	-4.07	-9.09	-4.07	-10.92	-14.66
1	-6.00	-15.09	-6.00	-15.53	-24.19

注：柱轴力以柱受压为正。

（5）绘制内力图

①弯矩图。根据表3.33和表3.35画出⑥轴线横向框架在风荷载作用下的弯矩图，如图3.32所示。

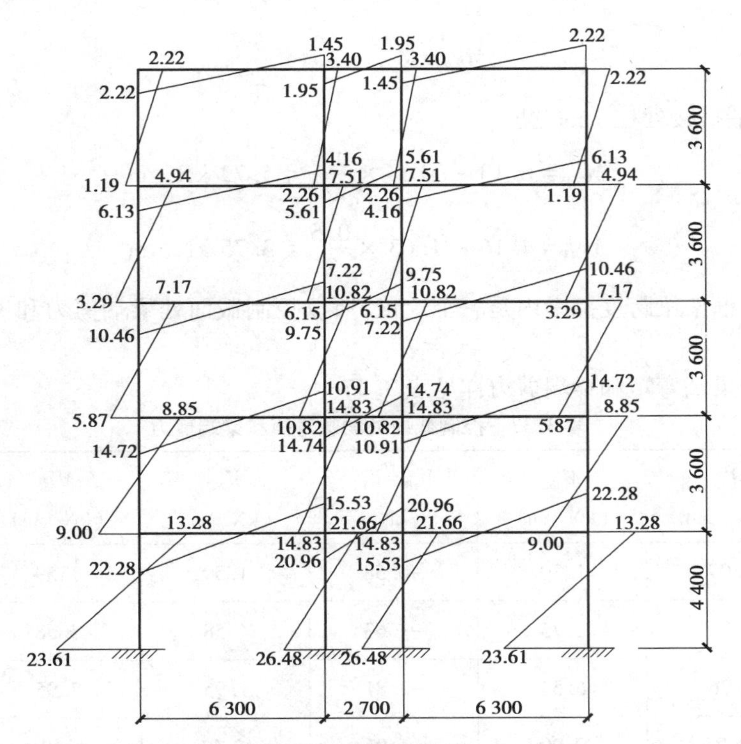

图 3.32　⑥轴线横向框架在风荷载作用下的弯矩图(单位:kN・m)

②剪力图。根据表 3.33 和表 3.36 画出⑥轴线横向框架在风荷载作用下的剪力图,如图 3.33 所示。注意:图中框架柱剪力正值画在柱左端,框架梁剪力正值画在梁上端。

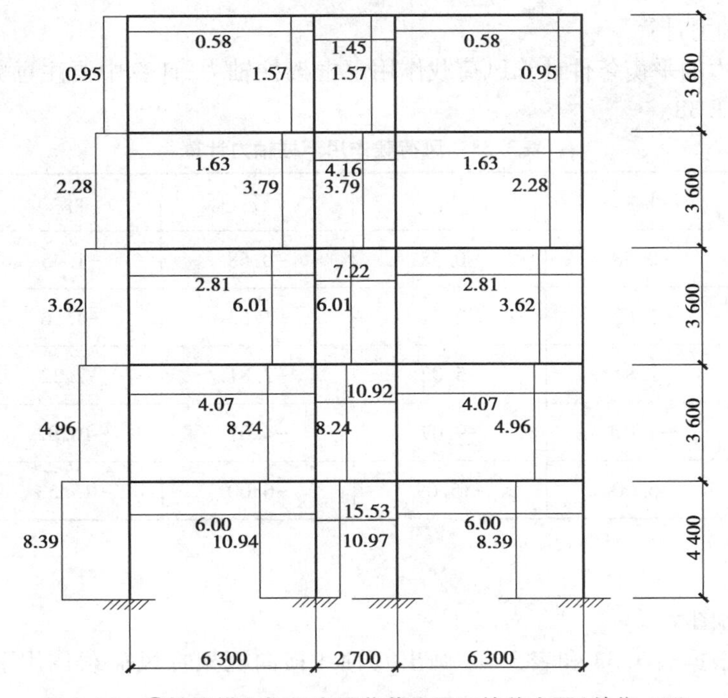

图 3.33　⑥轴线横向框架在风荷载作用下的剪力图(单位:kN)

③轴力图。依据表 3. 38 画出⑥轴线横向框架在风荷载作用下的轴力图,如图 3. 34 所示。注意:图中框架柱轴力正值画在柱左侧。

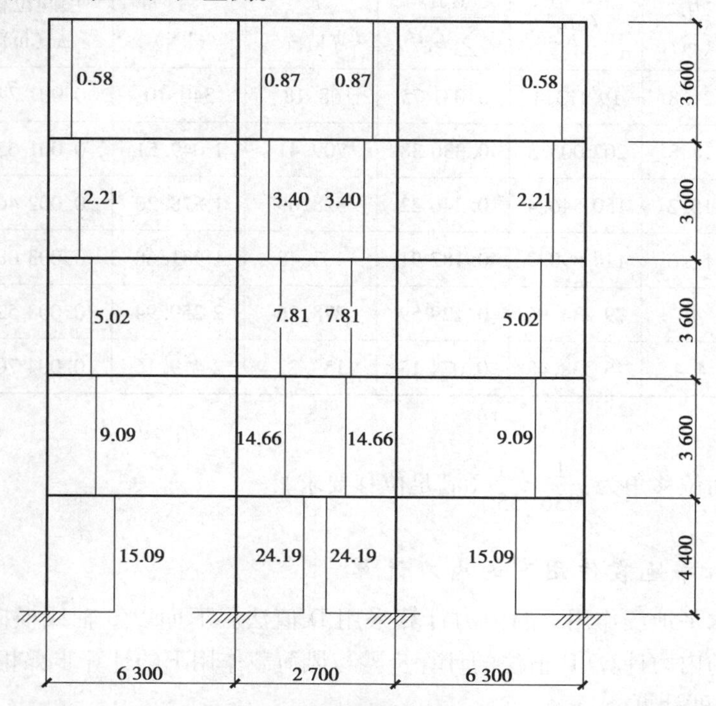

图 3. 34 ⑥轴线横向框架在风荷载作用下的轴力图(单位:kN)

3. 3. 4 地震作用下框架的内力计算

1)楼层地震剪力及楼层层间位移计算

根据第 2. 2. 6 节中表 2. 18 计算得到的各层水平地震作用标准值,进而可以求得各楼层地震剪力及楼层层间位移。

其中局部六层处的楼层地震剪力要加入顶部附加水平地震作用,即:

$$V_6 = 68.18 + 271.92 = 340.10\ \text{kN}$$

$$V_5 = V_6 + F_5 = 340.10 + 709.41 = 1\ 049.51\ \text{kN}$$

$$\vdots$$

以五层为例,计算结构在第五层处的层间位移和层间位移角:

层间位移:

$$\Delta x = \frac{V_5}{D_5} = \frac{1\ 049.51}{641\ 619.84} = 0.001\ 636$$

式中的 D_5 取自第 2. 2. 6 节中表 2. 17。

层间位移角:

$$\theta = \frac{\Delta x}{h_5} = \frac{0.001\ 636}{3.6} = 0.000\ 454\ 4 = \frac{1}{2\ 200}$$

其他楼层层高处的层间位移和层间位移角计算结果如表 3. 39 所示。

表 3.39　楼层地震剪力及楼层层间位移计算

楼层	H (m)	H_i (m)	G_iH_i	$\frac{G_iH_i}{\sum G_iH_i}$	F_i (kN)	V (kN)	层间位移 Δx(m)	层间位移角 θ
局部 6	3	21.8	19 413.4	0.031 75	68.18	340.10	0.001 746	1/1 715
5	3.6	18.8	202 005.3	0.330 38	709.41	1 049.51	0.001 636	1/2 200
4	3.6	15.2	150 546.4	0.246 22	528.69	1 578.20	0.002 460	1/1 463
3	3.6	11.6	114 890.7	0.187 91	403.48	1 981.68	0.003 089	1/1 165
2	3.6	8	79 234.96	0.129 59	278.26	2 259.94	0.003 522	1/1 022
1	4.4	4.4	45 338.48	0.074 15	159.22	2 419.16	0.004 702	1/936

楼层最大层间位移角为：$\frac{1}{936}<\frac{1}{550}$（满足位移要求）。

2）横向框架在水平地震作用下的内力计算

横向框架在水平地震作用下的内力计算采用 D 值法。下面以⑥轴线横向框架为例，进行水平地震作用下的内力计算，D 值法的计算步骤与风荷载作用下的计算步骤相同。

（1）反弯点高度计算

反弯点高度比计算与风荷载的计算方法相同，详见表 3.40。

表 3.40　反弯点高度比 y 计算

楼层	Ⓐ、Ⓓ柱		Ⓑ、Ⓒ柱	
五层	$\bar{k}=0.89$	$y_n=0.35$	$\bar{k}=2.09$	$y_n=0.40$
	$I=1$	$y_1=0$	$I=1$	$y_1=0$
	$\alpha_3=1$	$y_3=0$	$\alpha_3=1$	$y_3=0$
	$y=0.35+0+0=0.35$		$y=0.40+0+0=0.40$	
四层	$\bar{k}=0.89$	$y_n=0.40$	$\bar{k}=2.09$	$y_n=0.45$
	$I=1$	$y_1=0$	$I=1$	$y_1=0$
	$\alpha_2=1$	$y_2=0$	$\alpha_2=1$	$y_2=0$
	$\alpha_3=1$	$y_3=0$	$\alpha_3=1$	$y_3=0$
	$y=0.40+0+0+0=0.40$		$y=0.45+0+0+0=0.45$	
三层	$\bar{k}=0.89$	$y_n=0.45$	$\bar{k}=2.09$	$y_n=0.50$
	$I=1$	$y_1=0$	$I=1$	$y_1=0$
	$\alpha_2=1$	$y_2=0$	$\alpha_2=1$	$y_2=0$
	$\alpha_3=1$	$y_3=0$	$\alpha_3=1$	$y_3=0$
	$y=0.45+0+0+0=0.45$		$y=0.50+0+0+0=0.50$	

续表

楼层	Ⓐ、Ⓓ柱		Ⓑ、Ⓒ柱	
二层	$\bar{k}=0.89$	$y_n=0.50$	$\bar{k}=2.09$	$y_n=0.50$
	$I=1$	$y_1=0$	$I=1$	$y_1=0$
	$\alpha_2=1$	$y_2=0$	$\alpha_2=1$	$y_2=0$
	$\alpha_3=1.22$	$y_3=0.004$	$\alpha_3=1.22$	$y_3=0$
	$y=0.50+0+0+0.004=0.504$		$y=0.50+0+0+0=0.50$	
一层	$\bar{k}=1.09$	$y_n=0.65$	$\bar{k}=2.55$	$y_n=0.59$
	$I=1$	$y_1=0$	$I=1$	$y_1=0$
	$\alpha_2=0.82$	$y_2=0$	$\alpha_2=0.82$	$y_2=0$
	$y=0.65+0+0=0.65$		$y=0.59+0+0=0.59$	

(2)柱端弯矩及剪力计算

先按照刚度占比，将水平地震作用下层间剪力分配到⑥轴线横向框架上，计算结果详见表3.41。

框架在水平地震作用下的柱端剪力和柱端弯矩计算方法和风荷载作用下的方法相同，具体计算过程详见表3.42。

表3.41　作用在⑥轴线横向框架上的水平剪力

楼层	D_i (kN/m)	框架刚度 $\sum D_j$(kN/m)	刚度占比	V (kN)	框架剪力 V_j(kN)
5	641 619.84	65 786.46	10.253%	1 049.51	107.61
4	641 619.84	65 786.46	10.253%	1 578.20	161.81
3	641 619.84	65 786.46	10.253%	1 981.68	203.18
2	641 619.84	65 786.46	10.253%	2 259.94	231.71
1	514 538.88	52 144.30	10.134%	2 419.16	245.16

表3.42　水平地震作用下柱端弯矩和剪力计算

柱	楼层	V_j(kN)	$\sum D_j$ (kN/m)	D_{ij} (kN/m)	V_{ij} (kN)	y	M_{ij}^b (kN·m)	M_{ij}^a (kN·m)
Ⓐ、Ⓓ柱	5	107.61	65 786.46	12 363.51	20.22	0.35	−25.48	−47.32
	4	161.81	65 786.46	12 363.51	30.41	0.40	−43.79	−65.69
	3	203.18	65 786.46	12 363.51	38.19	0.45	−61.86	−75.61
	2	231.71	65 786.46	12 363.51	43.55	0.504	−79.01	−77.76
	1	245.16	52 144.30	11 312.88	53.19	0.65	−152.12	−81.91

续表

柱	楼层	V_j(kN)	$\sum D_j$ (kN/m)	D_{ij} (kN/m)	V_{ij} (kN)	y	M_{ij}^b (kN·m)	M_{ij}^a (kN·m)
Ⓑ、Ⓒ柱	5	107.61	65 786.46	20 529.73	33.58	0.40	−48.36	−72.54
	4	161.81	65 786.46	20 529.73	50.50	0.45	−81.81	−99.98
	3	203.18	65 786.46	20 529.73	63.41	0.50	−114.13	−114.13
	2	231.71	65 786.46	20 529.73	72.31	0.50	−130.16	−130.16
	1	245.16	52 144.30	14 759.27	69.39	0.59	−180.14	−125.18

(3)梁端弯矩和剪力计算

水平地震作用下梁端弯矩计算列于表3.43。

表3.43　梁端弯矩计算　　单位:kN·m

楼层	*A*节点			*B*节点			
	柱端弯矩	柱端弯矩之和	M_{AB}	柱端弯矩	柱端弯矩之和	M_{BA}	M_{BC}
5	−47.32	−47.32	47.32	−72.54	−72.54	30.86	41.68
4	−25.48 −65.69	−91.17	91.17	−48.36 −99.98	−148.34	63.11	85.23
3	−43.79 −75.61	−119.4	119.4	−81.81 −114.13	−195.94	83.37	112.57
2	−61.86 −77.76	−139.62	139.62	−114.13 −130.16	−244.29	103.94	140.35
1	−79.01 −81.91	−160.92	160.92	−130.16 −125.18	−255.34	108.64	146.70

水平地震作用下梁端剪力计算详见表3.44。

表3.44　梁端剪力计算

楼层	M_{AB} (kN·m)	M_{BA} (kN·m)	$V_{AB}=V_{BA}$ (kN)	M_{BC} (kN·m)	M_{CB} (kN·m)	$V_{BC}=V_{CB}$ (kN)
5	47.32	30.86	−12.41	41.68	41.68	−30.87
4	91.17	63.11	−24.49	85.23	85.23	−63.13
3	119.4	83.37	−32.19	112.57	112.57	−83.39
2	139.62	103.94	−38.66	140.35	140.35	−103.96
1	160.92	108.64	−42.79	146.70	146.70	−108.67

(4)梁端弯矩和梁端剪力

控制截面处梁端弯矩和梁端剪力详见表3.45。

表 3.45　控制截面处梁端弯矩和梁端剪力

楼层	M'_{AB}（kN·m）	M'_{BA}（kN·m）	$V'_{AB}=V'_{BA}$（kN）	M'_{BC}（kN·m）	M'_{CB}（kN·m）	$V'_{BC}=V'_{CB}$（kN）
5	44.22	27.76	-12.41	33.96	33.96	-30.87
4	85.05	56.99	-24.49	69.44	69.44	-63.13
3	111.35	75.32	-32.19	91.73	91.73	-83.39
2	129.95	94.28	-38.66	114.36	114.36	-103.96
1	150.23	97.95	-42.79	119.53	119.53	-108.67

（5）框架柱轴力计算

水平地震作用下框架柱轴力计算过程详见表 3.46。

表 3.46　水平地震作用下框架柱轴力计算　　单位:kN

楼层	V'_{AB}	N_A	V'_{BA}	V'_{BC}	N_B
5	-12.41	-12.41	-12.41	-30.87	-18.46
4	-24.49	-36.9	-24.49	-63.13	-57.1
3	-32.19	-69.09	-32.19	-83.39	-108.3
2	-38.66	-107.75	-38.66	-103.96	-173.6
1	-42.79	-150.54	-42.79	-108.67	-239.48

注:柱轴力以柱受压为正。

（6）绘制内力图

①弯矩图。根据表 3.42、3.43 画出⑥轴线横向框架在水平地震作用下的弯矩图,如图 3.35 所示。

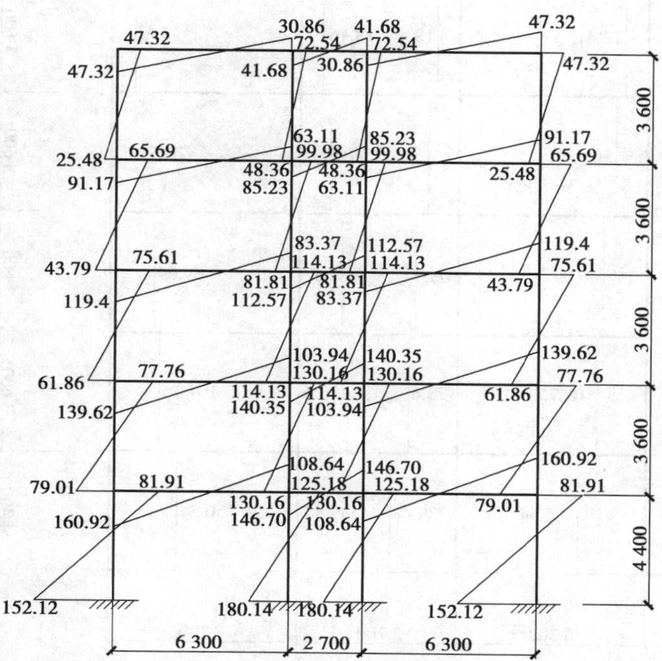

图 3.35　⑥轴线横向框架在水平地震作用下的弯矩图(单位:kN·m)

②剪力图。根据表3.42和表3.44画出⑥轴线横向框架在水平地震作用下的剪力图,如图3.36所示。注意:图中框架柱剪力正值画在柱左端,框架梁剪力正值画在梁上端。

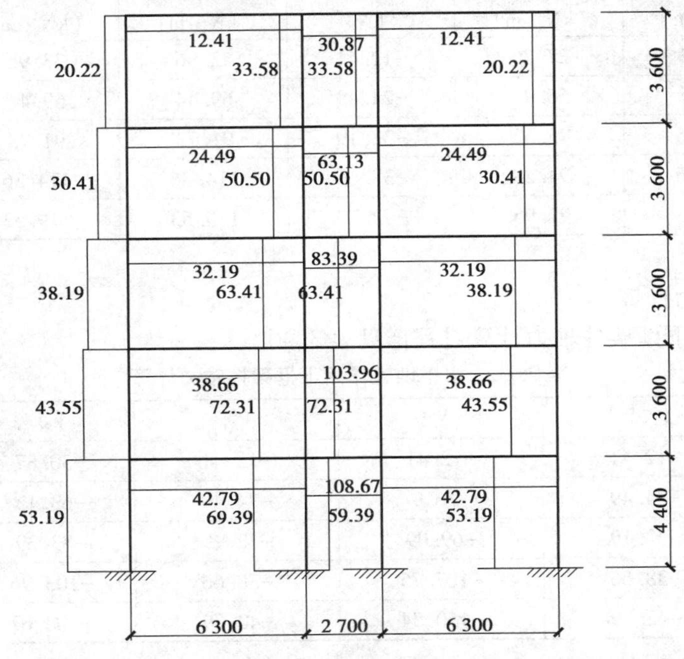

图3.36 ⑥轴线横向框架在水平地震作用下的剪力图(单位:kN)

③轴力图。依据表3.46画出⑥轴线横向框架在水平地震作用下的轴力图,如图3.37所示。注意:图中框架柱轴力正值画在柱左侧。

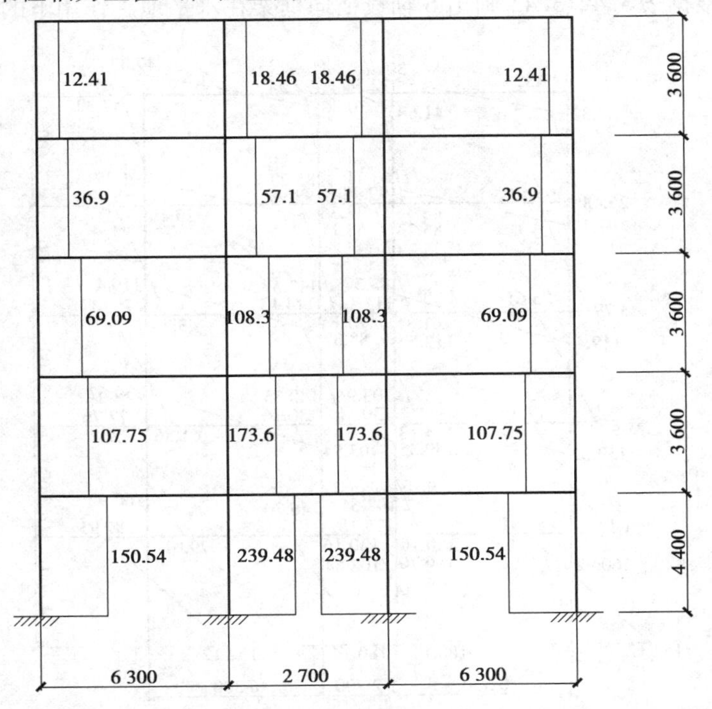

图3.37 ⑥轴线横向框架在水平地震作用下的轴力图(单位:kN)

3.4 内力组合

3.4.1 荷载组合

1)无地震作用效应组合

对持久设计状况和短暂设计状况,应采用作用的基本组合,基本组合的效应设计值按下式计算:

$$S_d = \sum_{i \geqslant 1} \gamma_{G_i} S_{G_i k} + \gamma_{Q_1} \gamma_{L_1} S_{Q_1 k} + \sum_{j > 1} \gamma_{Q_j} \psi_{c_j} \gamma_{L_j} S_{Q_j k} \tag{3.28}$$

式中 γ_{G_i}——第 i 个永久作用的分项系数;

γ_{Q_1}——第 1 个可变作用(主导可变作用)的分项系数;

γ_{Q_j}——第 j 个可变作用的分项系数;

$S_{G_i k}$——按第 i 个永久作用标准值计算的荷载效应值;

$S_{Q_1 k}$——按第 1 个可变作用(主导可变作用)的标准值计算的荷载效应值;

$S_{Q_j k}$——按第 j 个可变作用标准值计算的荷载效应值;

ψ_{c_j}——第 j 个可变作用的组合值系数;

γ_{L_1},γ_{L_j}——第 1 个和第 j 个考虑结构设计工作年限的荷载调整系数。

2)有地震作用效应组合

有地震作用效应组合时,应按下式计算:

$$S = \gamma_G S_{GE} + \gamma_{Eh} S_{Ehk} + \gamma_{Ev} S_{Evk} + \sum \psi_i \gamma_i S_{ik} \tag{3.29}$$

式中 γ_G——重力荷载分项系数;

γ_{Eh},γ_{Ev}——水平、竖向地震作用分项系数,按表 3.47 取值;

γ_i——不包括在重力荷载内的第 i 个可变荷载的分项系数,不应小于 1.5;

S——结构构件地震组合内力设计值,包括组合的弯矩、轴向力和剪力设计值等;

S_{GE}——重力荷载代表值的效应,有吊车时,尚应包括悬吊物重力标准值的效应;

S_{Ehk}——水平地震作用标准值的效应;

S_{Evk}——竖向地震作用标准值的效应;

S_{ik}——不包括在重力荷载内的第 i 个可变荷载标准值的效应;

ψ_i——不包括在重力荷载内的第 i 个可变荷载的组合值系数。

表 3.47 地震作用分项系数

地震作用	γ_{Eh}	γ_{Ev}
仅计算水平地震作用	1.4	0
仅计算竖向地震作用	0	1.4
同时计算水平与竖向地震作用(水平地震为主)	1.4	0.5
同时计算水平与竖向地震作用(竖向地震为主)	0.5	1.4

本章内力组合时的单位及方向如下：

①柱内力及梁剪力方向的规定：柱弯矩 M（单位为 kN · m），顺时针为正，逆时针为负；梁、柱轴力 N（单位为 kN）受压为正，受拉为负；梁、柱剪力 V（单位为 kN），顺时针为正，逆时针为负。

②梁跨中弯矩方向以下部受拉为正；梁端弯矩绕杆端顺时针转动为正，绕杆端逆时针转动为负。

3.4.2　控制截面及最不利内力

1）控制截面

框架梁的控制截面是跨内最大弯矩截面和支座截面，跨内最大弯矩截面可用求极值的方法准确求出，为了简便，通常取跨中截面作为控制截面。支座截面一般由受弯和受剪承载力控制，梁支座截面的最不利位置在柱边，配筋时应采用梁端部截面内力，而非轴线处的内力，如图3.38 梁支座控制截面所示 。柱边梁端的剪力和弯矩可按下式计算：

$$V' = V - (g + p)b/2 \tag{3.30}$$

$$M' = M - V'b/2 \tag{3.31}$$

式中　V', M'——梁端柱边截面的剪力和弯矩，当计算水平荷载或竖向集中荷载产生的内力时则 $V' = V$；

V, M——内力计算得到的梁端柱轴线截面的剪力和弯矩；

g, p——作用在梁上的竖向分布恒荷载和活荷载设计值。

对于框架柱，其弯矩、轴力和剪力沿柱高是线性变化的，柱两端截面的弯矩最大，剪力和轴力在一层内的变化较小，因此，柱的控制截面在柱的上下端。

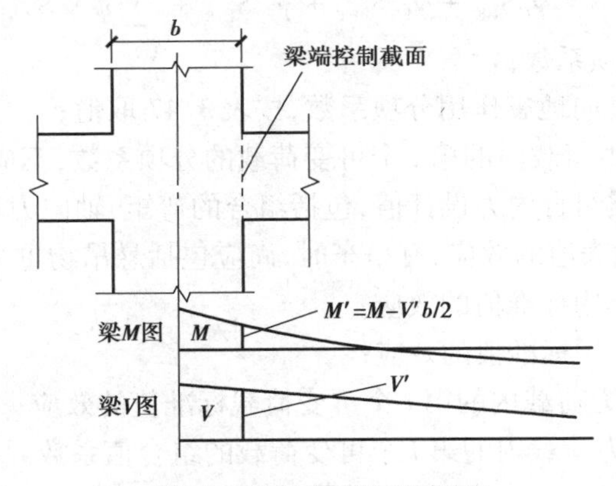

图 3.38　梁支座控制截面

2）最不利内力组合

①框架梁截面的最不利内力组合有：①梁端截面 $+M_{max}$、$-M_{max}$、V_{max}；②梁跨中截面 $+M_{max}$、$-M_{max}$。

②柱端截面的最不利内力取下列 4 种情况：①$+M_{max}$ 及相应的 N、V；②$-M_{min}$ 及相应的 N、V；③N_{max} 及相应的 M、V；④N_{min} 及相应的 M、V。

钢筋混凝土柱的破坏形态随 M、N 比值的不同而变化：对大偏心受压构件，弯矩不变，轴力越小所需配筋越多；对小偏心受压构件，弯矩不变，轴力越大所需配筋越多；对大偏压和小偏压构件，轴力不变，弯矩越大所需配筋越多。因此，设计框架柱应在多种组合内力中选出所需配筋最多的内力组合进行配筋计算；若不能明确最不利组合内力，则需分别计算配筋，确定最大配筋。

3.4.3 弯矩调幅

弯矩调幅只对竖向荷载作用下的内力进行，即水平荷载作用下产生的弯矩不参加调幅，因此，弯矩调幅应在内力组合之前进行。梁端弯矩调幅后，在相应荷载作用下的跨中弯矩必将增加，如图 3.39 所示。这时应校核该梁的静力平衡条件，即调幅后梁端弯矩 M_A、M_B 的平均值与跨中最大正弯矩之和 M_{C0} 应大于按简支梁计算的跨中弯矩值 M_0。

$$\frac{|M_A + M_B|}{2} + M_{C0} \geqslant M_0 \tag{3.32}$$

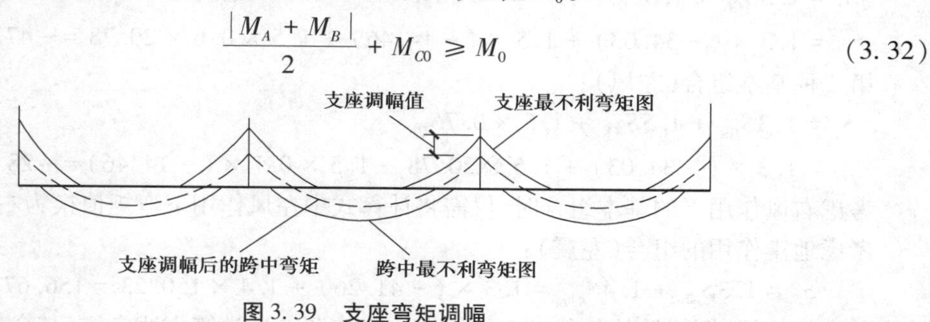

图 3.39 支座弯矩调幅

截面设计时，框架梁跨中截面正弯矩设计值不应小于竖向荷载作用下按简支梁计算的跨中弯矩设计值的 50%。按照框架结构的合理破坏形式，在梁端出现塑性铰是允许的，为了便于浇捣混凝土，也往往希望节点处梁的负钢筋放得少些。而对于装配式或装配整体式框架，节点并非绝对刚性，梁端实际弯矩将小于其弹性计算值。因此，在进行框架结构设计时，一般均对梁端弯矩进行调幅，即人为地减小梁端负弯矩，减小节点附近梁顶面的配筋量。

设某 AB 框架梁在竖向荷载作用下，梁端最大负弯矩分别为 M_{A0}、M_{B0}，梁跨中最大正弯矩为 M_{C0}，则调幅后梁端弯矩可取

$$M_A = \beta M_{A0} \tag{3.33}$$

$$M_B = \beta M_{B0} \tag{3.34}$$

式中，β 为弯矩调幅系数。对于现浇框架，可取 β=0.8～0.9；对于装配整体式框架，由于接头焊接不牢或由于节点区混凝土灌注不密实等原因，节点容易产生变形而达不到绝对刚性，框架梁端的实际弯矩比弹性计算值要小，因此，弯矩调幅系数允许取得低一些，一般取 β=0.7～0.8。

3.5 内力组合实例

1）内力组合

以一层 AB 框架梁为例，进行内力组合计算。对于框架梁，应将不同工况下梁端控制截面弯矩、剪力以及跨中弯矩分别进行基本组合和考虑地震组合得到各截面的内力设计值。

根据前文描述,不考虑雪荷载的前提下,当楼面活荷载和风荷载分别在可变荷载效应中起控制作用时,两种基本组合分别为:

$$S = 1.3S_{GK} + 1.5S_{QK} + 1.5 \times 0.6S_{WK}$$
$$S = 1.3S_{GK} + 1.5S_{WK} + 1.5 \times 0.7S_{QK}$$

考虑地震作用的组合为:

$$S = 1.3S_{GE} + 1.4S_{Ehk}$$

以一层 *AB* 框架梁左端弯矩为例进行荷载组合,根据前文计算可知,不同荷载作用下 *AB* 框架梁左端弯矩分别为:恒载(-34.03 kN·m)、活载(-14.46 kN·m)、左风(20.78 kN·m)以及左震(150.23 kN·m)右风以及右震作用下的该截面内力与前者成相反数,组合方式也相同。则重力荷载代表值的效应:$S_{GE}=S_{GK}+0.5S_{QK}=-34.03-0.5\times14.46=-41.26$(kN·m)。

第一种基本组合(左风):

$$S_1 = 1.3S_{GK} + 1.5S_{QK} + 1.5 \times 0.6S_{WK}$$
$$= 1.3 \times (-34.03) + 1.5 \times (-14.46) + 1.5 \times 0.6 \times 20.78 = -47.24\ \text{kN}\cdot\text{m}$$

第二种基本组合(左风):

$$S_2 = 1.3S_{GK} + 1.5S_{WK} + 1.5 \times 0.7S_{QK}$$
$$= 1.3 \times (-34.03) + 1.5 \times 20.78 + 1.5 \times 0.7 \times (-14.46) = -28.26\ \text{kN}\cdot\text{m}$$

考虑右风作用下的基本组合时,仅需将计算式中左风作用下弯矩值换为右风对应弯矩值。

考虑地震作用的组合(左震):

$$S_3 = 1.3S_{GE} + 1.4S_{Ehk} = 1.3 \times (-41.26) + 1.4 \times 150.23 = 156.67\ \text{kN}\cdot\text{m}$$

其余框架梁、框架柱的各截面内力组合均可按照上述计算方法实施,其余各层框架梁、框架柱内力组合结果见附表 1 至附表 10,一层 *AB* 框架梁内力组合结果见表 3.48。

表 3.48　一层 *AB* 框架梁内力组合结果

控制截面	内力	S_{GK}	S_{QK}	S_{GE}	S_{WK}	S_{Ehk}	S_1	S_2	S_3
左端	M''_{AB}(kN·m)	-34.03	-14.46	-41.26	20.78	150.23	-47.23	-28.25	156.67
	V'_{AB}(kN)	55.41	20.64	65.73	-6.00	-42.79	97.59	84.70	25.54
跨中	M''_0(kN·m)	56.42	25.17	69.01	3.38	26.14	114.14	104.85	126.30
右端	M''_{BA}(kN·m)	37.84	16.44	46.06	14.02	97.95	86.48	87.49	197.00
	V'_{BA}(kN)	-57.16	-21.46	-67.89	-6.00	-42.79	-111.90	-105.85	-148.16

注:表中 S_{WK},S_{Ehk} 值仅展示左风、左震作用下的截面内力标准值;S_1,S_2,S_3 也仅展示了左风、左震参与的基本组合和地震组合右风,右震参与组合的内力值详见附表。

2)框架梁的"强剪弱弯"调整

对于抗震等级为三级的混凝土框架结构,考虑地震组合的框架梁梁端剪力应进行"强剪弱弯"的调整(假定左右梁端弯矩方向为正),"强剪弱弯"调整后的梁端剪力值:

$$V_b = -1.1\frac{(M_b^l + M_b^r)}{l_n} + V_{Gb}$$

以一层 AB 框架梁为例，进行“强剪弱弯”调整计算。上式中 V_{Gb} 为按简支梁计算的考虑地震组合时的重力荷载代表值产生的剪力设计值，故其重力荷载代表值分项系数取为1.3。

$$V_{Gb}=1.3(\overline{V}_G+0.5\overline{V}_Q)$$

式中 $\overline{V}_G,\overline{V}_Q$——按简支梁计算的恒载和活载作用下梁端剪力标准值，以一层 AB 框架梁为例，计算恒载作用下的简支梁梁端剪力标准值。

净跨梁上荷载等效的计算方法同前文计算简支梁跨中弯矩时计算方法一致，得到净跨梁上均布荷载 $q_1=9.55\ \text{kN/m}$，梯形荷载 $q_2=13.94\ \text{kN/m}$。

则 AB 框架梁梁端剪力为：

$$\overline{V}_{G_{AB}}=-\overline{V}_{G_{BA}}=\frac{1}{2}q_1l_n+\frac{1}{2}q_2(l_n-a')$$

$$=\frac{1}{2}\times9.55\times5\,800\times10^{-3}+\frac{1}{2}\times13.94\times(5\,800-1\,700)\times10^{-3}=56.29\ \text{kN}$$

同理可计算得到活荷载作用下的一层 AB 框架梁梁端剪力 $\overline{V}_{Q_{AB}}=-\overline{V}_{Q_{BA}}=3.63\ \text{kN}$，则：

$$V_{Gb_{AB}}=-V_{Gb_{BA}}=1.3\cdot(\overline{V}_{G_{AB}}+0.5\overline{V}_{Q_{AB}})=1.3\times(56.27+0.5\times3.63)=75.53\ \text{kN}$$

左震作用下梁端弯矩见前文计算，则在左震作用下一层 AB 框架梁“强剪弱弯”调整后的梁左端剪力为：

$$V_b^l=-1.1\frac{(M_b^l+M_b^r)}{l_n}+V_{Gb}=-1.1\times\frac{(156.67+197.00)}{5\,800\times10^{-3}}+75.53=8.45\ \text{kN}$$

左震作用下一层 AB 框架梁“强剪弱弯”调整后的梁右端剪力为：

$$V_b^r=-1.1\frac{(M_b^l+M_b^r)}{l_n}+V_{Gb}=-1.1\times\frac{(156.67+197.00)}{5\,800\times10^{-3}}+(-75.51)=-142.61\ \text{kN}$$

其余各层混凝土框架梁的“强剪弱弯”调整均可按照上述计算方法实施，其余各层框架梁按照简支梁计算的恒载、活载作用下的梁端剪力见表3.49。计算结果见附表1至附表5。

表3.49 按简支梁计算的恒、活载作用下梁左端剪力 单位：kN

层数	恒载作用		活载作用	
	$\overline{V}_{G_{AB}}$	$\overline{V}_{G_{BC}}$	$\overline{V}_{Q_{AB}}$	$\overline{V}_{Q_{BC}}$
5	63.48	3.06	2.90	0.00
4	56.29	3.33	3.63	0.00
3	56.29	3.33	3.63	0.00
2	56.29	3.33	3.63	0.00
1	56.29	3.33	3.63	0.00

注：梁右端剪力与左端剪力成相反数，即 $\overline{V}_{G_{AB}}=-\overline{V}_{G_{BA}}$，$\overline{V}_{Q_{AB}}=-\overline{V}_{Q_{BA}}$，由于结构布置以及荷载分布均对称，故 CD 梁梁端剪力与 AB 梁对称，即 $\overline{V}_{G_{AB}}=\overline{V}_{G_{DC}}$。

3）框架柱的“强柱弱梁”以及“强剪弱弯”调整

（1）“强柱弱梁”计算

除顶层以及轴压比小于0.15的框架柱以外均应进行“强柱弱梁”的弯矩调整，以二层柱Ⓑ上端为例，进行“强柱弱梁”计算。框架柱采用混凝土等级为C40（$f_c=19.1\ \text{N/mm}^2$），柱截面尺寸 $b\times h=500\ \text{mm}\times500\ \text{mm}$，在考虑地震参与的组合中二层Ⓑ轴框架柱上端轴力设计值 $N_{左震}=$

1 417.16 kN，$N_{右震}$=1 903.25 kN，轴压比为

$$n=\frac{N}{f_cA}=\frac{1\ 417.16}{19.1\times500\times500\times10^{-3}}=0.30>0.15$$

故左震及右震参与组合的柱端弯矩设计值均需要进行“强柱弱梁”调整，以左震参与组合的柱端弯矩设计值为例进行计算。

对于三级抗震等级的框架结构：

$$\sum M_c=1.3\sum M_b$$

二层Ⓑ轴框架柱顶端节点左右梁端的弯矩，也就是二层 AB 框架梁的右端弯矩 M''_{BA}=193.75 kN · m 以及二层 BC 框架梁的左端弯矩 M''_{BC}=151.42 kN · m。该节点上下柱端弯矩，即二层Ⓑ轴框架柱顶端及三层Ⓑ轴框架柱底端弯矩值将按照两弯矩占两者总弯矩比例对梁端弯矩总和放大后进行分配。根据框架柱内力组合表知：节点上、下端弯矩 M^b_{B3}=−189.97 kN · m，M^t_{B2}=−212.99 kN · m。

则左震作用下二层Ⓑ轴框架柱顶端弯矩 M^t_{B2} 经“强柱弱梁”调整后的弯矩值为：

$$\begin{aligned}\widetilde{M}^t_{B2}&=-1.3(M''_{BA}+M''_{BC})\cdot\frac{M^t_{B2}}{M^t_{B2}+M^b_{B3}}\\&=-1.3\times(193.75+151.42)\times\frac{|-212.99|}{|-212.99|+|-189.97|}\\&=-237.18\ \text{kN}\cdot\text{m}\end{aligned}$$

同时，可求出左震作用下三层Ⓑ轴框架柱底端“强柱弱梁”调整后的弯矩值：

$$\begin{aligned}\widetilde{M}^b_{B3}&=-1.3(M''_{BA}+M''_{BC})\cdot\frac{M^b_{B3}}{M^t_{B2}+M^b_{B3}}\\&=-1.3\times(193.75+151.42)\times\frac{|-189.97|}{|-212.99|+|-189.97|}\\&=-211.54\ \text{kN}\cdot\text{m}\end{aligned}$$

其余各层考虑地震作用的框架柱“强柱弱梁”调整可按照上述计算方法实施，计算结果见附表 5 至附表 10。

(2)“强剪弱弯”计算

框架柱的“强剪弱弯”调整在“强柱弱梁”调整的基础上进行，对于抗震等级三级的混凝土框架结构，调整后的柱剪力(柱端弯矩均为正时)：

$$V_c=-1.2\frac{M^t_c+M^b_c}{H_n}$$

以二层Ⓑ轴框架柱为例，进行“强剪弱弯”的调整计算，根据上文计算可知，“强柱弱梁”调整后左震下的上、下端弯矩 $\widetilde{M}^t_{B2}$=−237.18 kN · m，$\widetilde{M}^b_{B2}$=−240.52 kN · m。二层层高为 H=3 600 mm，因柱端弯矩、剪力未换算到柱的控制截面，故其“强剪弱弯”调整时，计算式中的柱子净高取层高进行计算。

则左震作用下“强剪弱弯”调整后二层Ⓑ柱剪力：

$$\dot{V}_{B2}=-1.2\frac{\widetilde{M}^t_{B2}+\widetilde{M}^b_{B2}}{H}=-1.2\times\frac{-237.18-240.52}{3\ 600\times10^{-3}}=159.23\ \text{kN}$$

其余各层柱“强剪弱弯”调整计算均可按照上述计算方法实施，调整后的剪力值见附表 5 至附表 10。

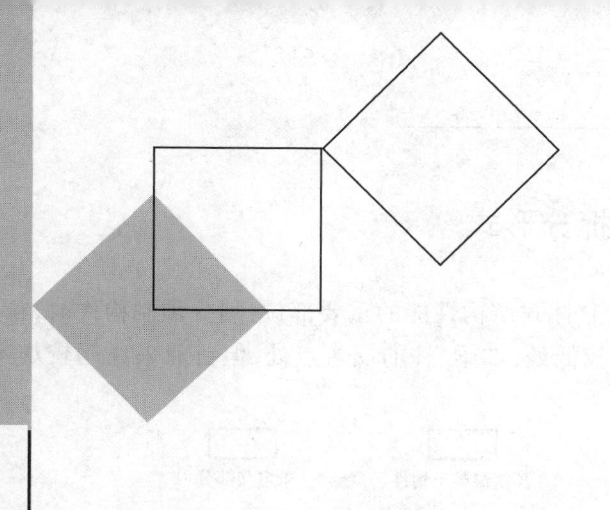

4 预制构件拆分形式与设计

4.1 梁柱构件拆分形式

4.1.1 拆分设计基本原则与规定

①装配式结构的构件拆分设计需整合全局，考虑建筑设计、结构设计、构件制作、施工安装、构配件采购等各种因素，并满足下列基本原则：

a. 拆分设计要在方案阶段就开始介入，应在结构方案和传力途径中确定预制构件的布置及连接方式，并在此基础上进行结构分析及构件设计。

b. 拆分设计要以施工为核心，实现全局利益最大化。

c. 拆分设计要考虑技术细节，构造要与结构计算假定相符合。

d. 不同的结构形式、连接技术，结构拆分也不尽相同。

②装配式结构的构件拆分设计需满足综合功能的需要并考虑其模数化与系列化的标准要求，应满足建筑使用功能，考虑标准化要求，需符合下列规定：

a. 被拆分的预制构件应符合模数协调原则，以标准化、模块化为基础，优化预制构件的尺寸，减少预制构件的种类。根据预制构件模具情况，一是构件生产标准、简单；二是现场施工操作简单。

b. 预制构件拼接部位宜设置在构件综合受力较小的部位，尽可能避免受力较不利的部位。

c. 相关连接接缝构造简单，构件传力路线应明确，形成的结构体系承载能力应安全可靠。

d. 构件的大小应尽量均匀；单个构件重量应根据选用的起重机械进行限制；被拆分的预制构件应满足施工吊装能力，并应便于施工安装，便于进行质量控制和验收。

e. 构件的切割应避开门窗洞口等部位；预制构件分割应避开管线位置。

f. 被拆分的预制构件应满足结构设计计算模型假定的要求。

4.1.2 装配式框架结构构件拆分形式

由于预制构件连接部位是影响装配整体式结构性能的重要部位，划分预制构件时，从现浇结构上来讲，宜将连接设置在应力水平较低处，如梁、柱的反弯点处，但目前来说还较难实现。图4.1为几种可能的划分方法。

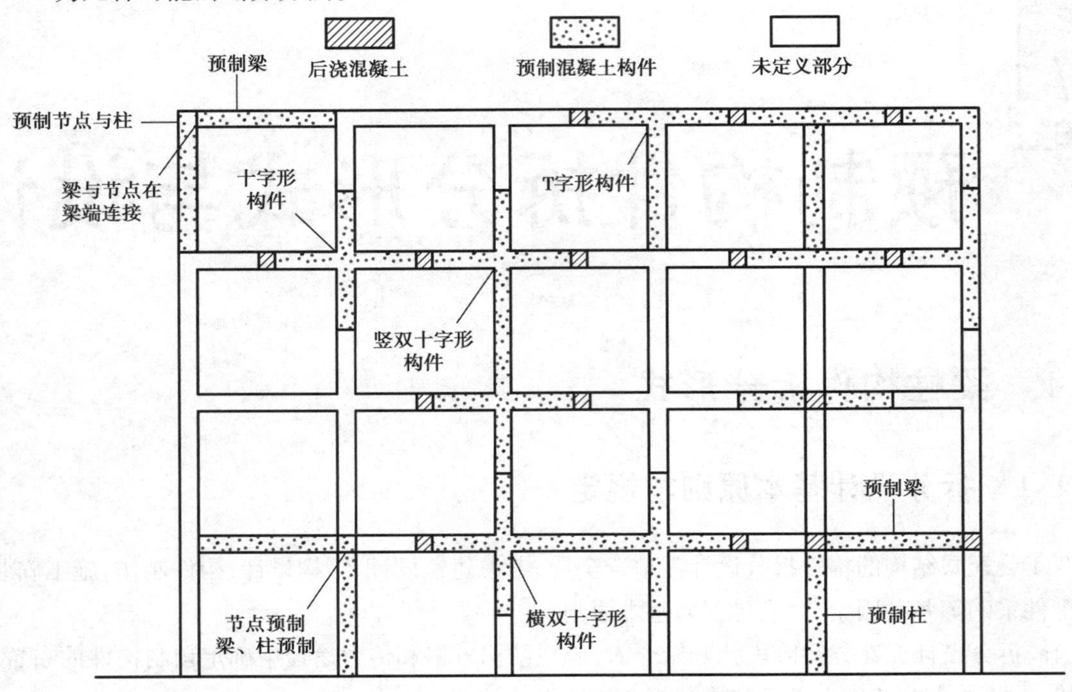

图4.1 梁、柱预制，节点现浇示意图

①梁预制，柱与梁柱节点现浇，如图4.2所示，也可以梁、柱预制，梁柱节点现浇，如图4.3所示。当梁柱节点现浇时，由于节点内钢筋拥挤，预制梁伸出钢筋较长，容易打架碰撞，设计和制作构件时需采取措施避让，而且安装时需要控制构件吊装顺序，施工较为复杂。

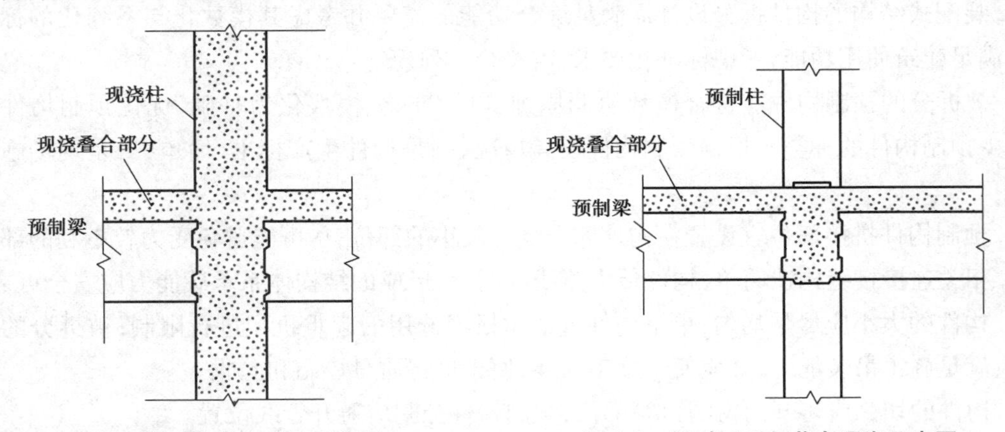

图4.2 梁预制，柱、节点现浇示意图

图4.3 梁、柱预制，节点现浇示意图

②梁、柱以及节点分别预制，在现场进行连接，如图4.4所示。当采用该种连接形式时，各个预制节点与梁的结合面均要预留钢筋与梁连接，预留孔道钢筋穿过。

③梁柱节点与梁共同预制，节点内钢筋可在构件制作阶段布置完成，简化施工步骤，如图4.5所示。也可以梁柱节点与柱共同预制，在梁端和柱中进行连接，如图4.6所示。

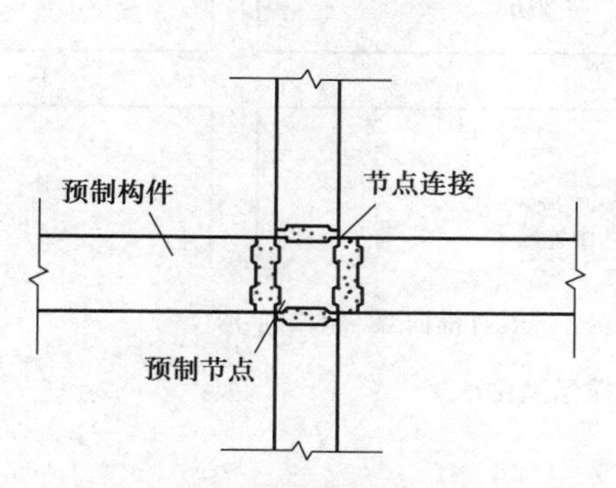

图4.4　梁、柱、节点分别预制，节点周边连接示意图

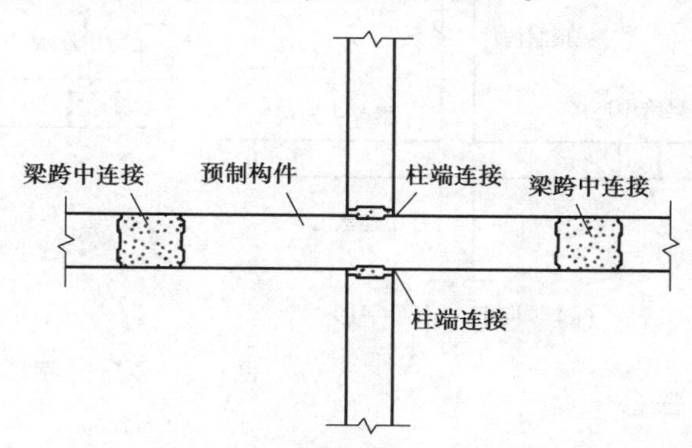

图4.5　梁柱节点与梁共同预制，柱端、梁中连接示意图

④梁柱共同预制成"T"字形或"十"字形构件，构件现场连接。此种方法可减少预制构件数量与连接数量，但在构件设计时应充分考虑构件运输与安装对构件尺寸和质量的限制。"T"字形构件连接形式、"十"字形构件连接形式和双"十"字形构件连接形式如图4.7、图4.8和图4.9所示。

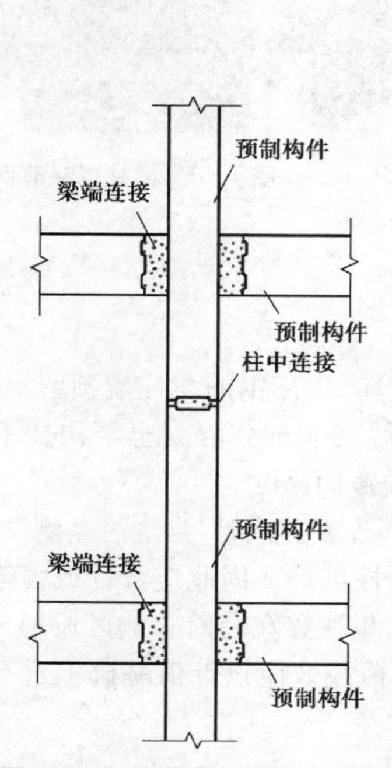

图4.6　梁柱节点与柱共同预制，柱中、梁端连接示意图

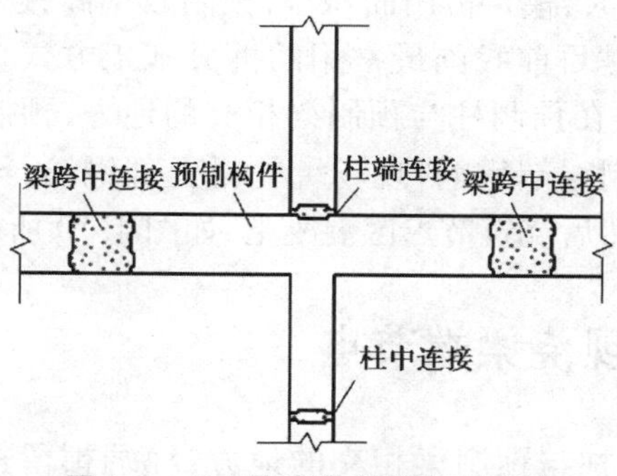

图4.7　"T"字形构件连接示意图

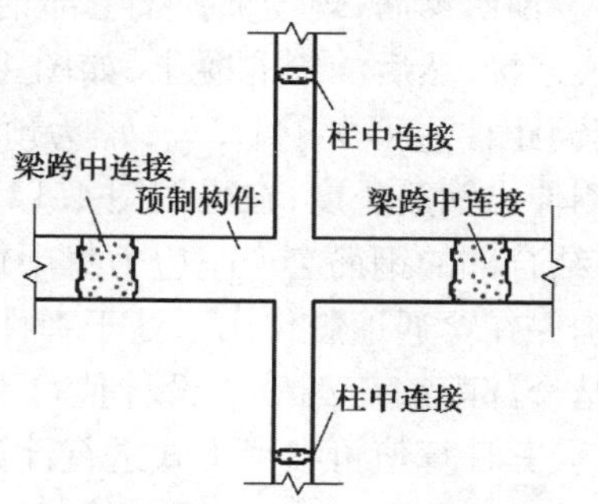

图4.8　"十"字形构件连接示意图

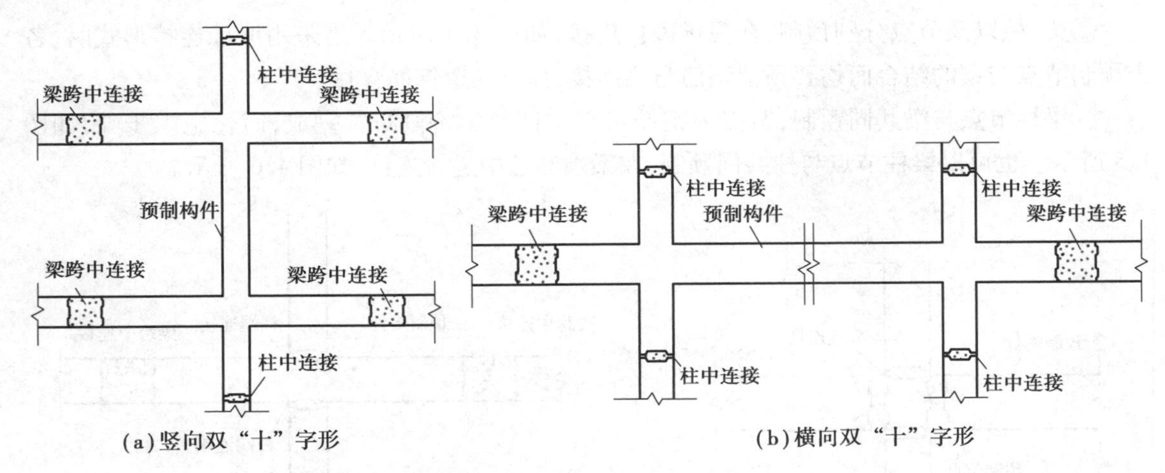

图 4.9　双“十”字形构件连接示意图

4.2　主要的装配式连接节点

梁柱现浇节点往往被认为是刚性连接,装配整体式框架结构中梁柱节点现浇可使梁的纵筋在节点中的锚固或贯通与现浇混凝土结构相同,因此现浇节点是比较常用的一种预制结构节点施工方式。单根梁柱预制时,模台占用面积小,预制效率高,运输、吊装方便,是目前我国最常用的拆分施工方式。现浇梁柱节点在预制柱与预制梁相交的地方,预制柱端纵筋,预制梁端钢筋,现场绑扎梁上部钢筋、梁柱节点箍筋,然后浇筑节点区混凝土,如图 4.10 所示。

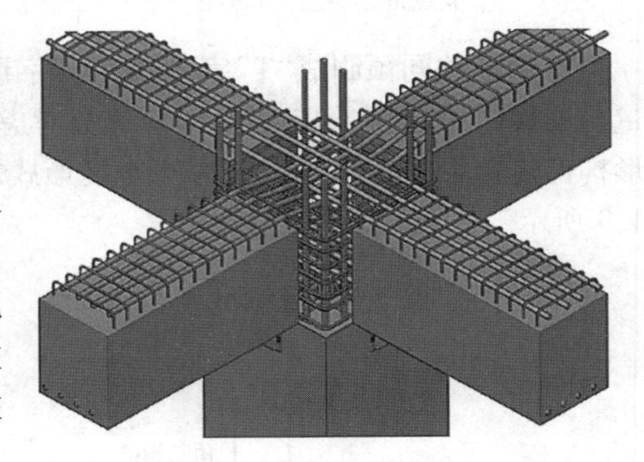
图 4.10　梁柱现浇节点

4.2.1　现浇梁端节点

在预制柱与预制梁相交的地方,柱端预留连接钢筋,预制梁端也预留钢筋,现场绑扎梁上部钢筋,梁箍筋、梁端钢筋与柱端预留钢筋通过套筒连接或其他方式连接,然后浇筑混凝土,如图 4.11 所示。《装配式混凝土结构技术规程》(JGJ 1)规定,图中套筒距柱边不少于 $1.5h_0$,h_0 为预制梁有效截面高度。

为减少柱侧伸出钢筋长度,在采用图 4.12 中梁钢筋连接方式时,当套筒左侧没有足够的塑性铰变形长度,结合部的钢筋会产生应力集中而发生脆性破坏。因此应设计成强连接,即加强套筒左侧配筋确保在罕遇地震作用下处于弹性阶段,使塑性铰在套筒右侧区段形成。设计时,套筒左侧梁柱结合部配筋荷载效应设计值可在右侧的荷载效应设计值基础上进行放大处理。以弯矩效应为例,其计算值可参考下式进行计算:

$$M_2 = M_1 \times K_1 \times K_2 \tag{4.1}$$

式中　M_2——叠合梁端配筋时放大后的弯矩设计值;

M_1——套筒外侧配筋弯矩设计值;

K_1——将 M_1 换算到梁端(柱边)时的系数;

K_2——考虑钢筋强度离散性的放大系数。

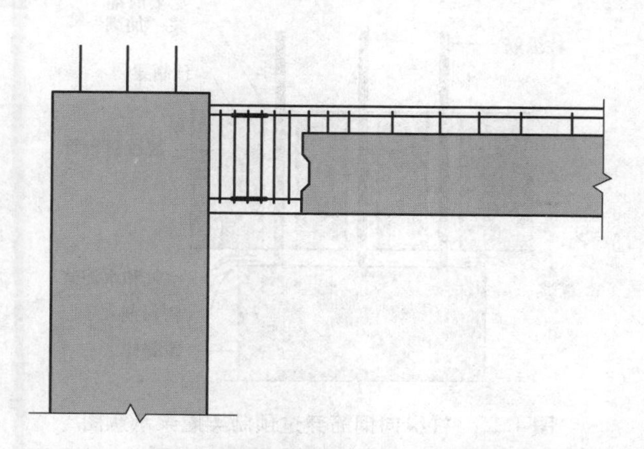

图 4.11 梁纵向钢筋在节点区外的后浇段内连接示意

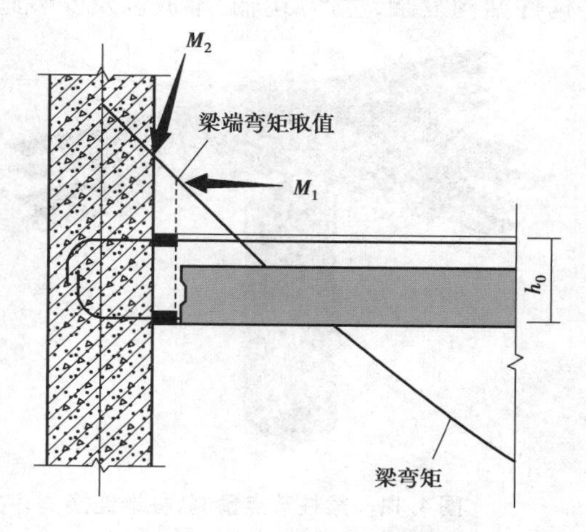

图 4.12 梁支座弯矩图

此时套筒两端的钢筋直径不同,应采用一头大一头小的套筒,即异径钢筋灌浆连接套筒。若柱截面较大,节点空间允许时,也可将套筒预埋于节点内,此时梁端钢筋设计与传统延性设计相同。在我国《装配式混凝土建筑技术标准》(GB/T 51231)和《装配式混凝土结构技术规程》(JGJ 1)中没有强连接和延性连接的概念,但规定了按延性连接设计,如套筒距柱边一定距离形成塑性铰的长度等,如图 4.13 所示。

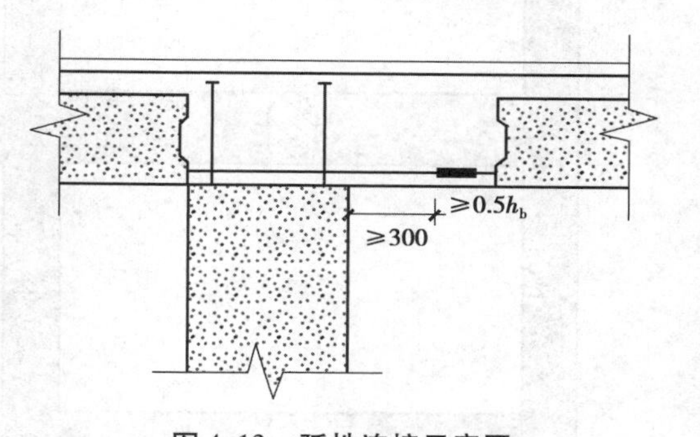

图 4.13 延性连接示意图

4.2.2 梁柱节点预制,柱端连接

梁柱节点预制、柱端连接示意如图 4.14 所示。在梁柱节点中设置供预制柱纵向受力钢筋穿过的波纹钢管,柱纵向钢筋穿过梁柱节点后用灌浆料填满钢筋与波纹钢管之间的空隙,在波纹钢管外设置规范要求的梁柱节点箍筋,如图 4.15 所示。考虑在构件制作和施工过程中存在的偏差,同时为了让灌浆料有足够的空间流动以填满波纹钢管管壁与钢筋之间的空隙,《新西兰装配式结构指导手册》建议波纹钢管的直径为穿过钢筋直径的 2 ~ 3 倍。此方法对于构件制作以及安装过程的精准度要求较高。必要时,叠合板的面筋也要预留,且与现浇层的结合面应做成粗糙面。

4.2.3 梁柱节点预制,“十”字形预制节点

梁、柱与梁柱节点一起预制,形成“十”字形预制节点构件,并通过梁与梁的拼接、梁端的连接、柱与柱的拼接、柱端连接等形式进行连接,如图 4.16 和图 4.17 所示。相比于图 4.10 所示的梁柱现浇节点而言,该种类型节点在现场连接时,连接接头构造简单,减少了现场施工难度,

保证了节点连接质量,梁端塑性铰区位于预制构件内部,节点性能较好,但“十”字形预制节点构件结构复杂,生产、运输、堆放以及安装施工不方便。

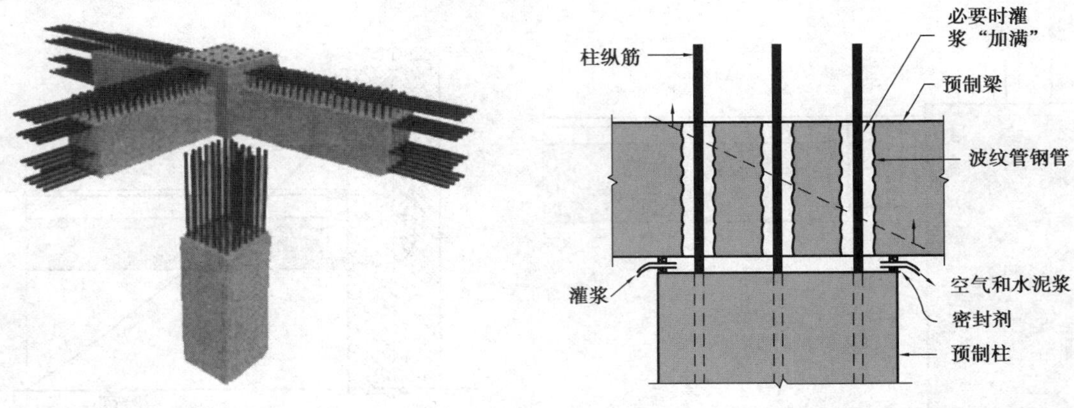

图 4.14　梁柱节点预制,柱端连接

图 4.15　柱纵向钢筋穿过预制梁灌浆示意图

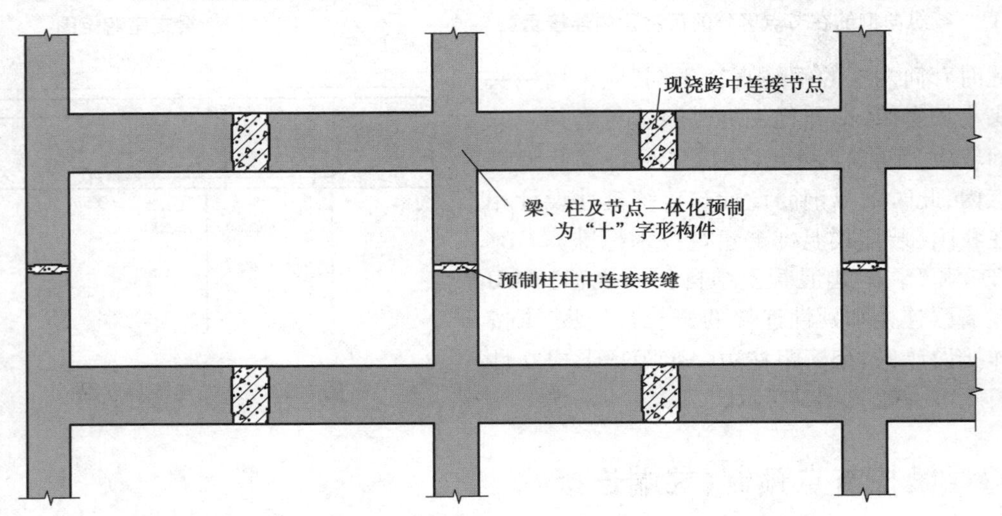

图 4.16　“十”字形预制节点构件

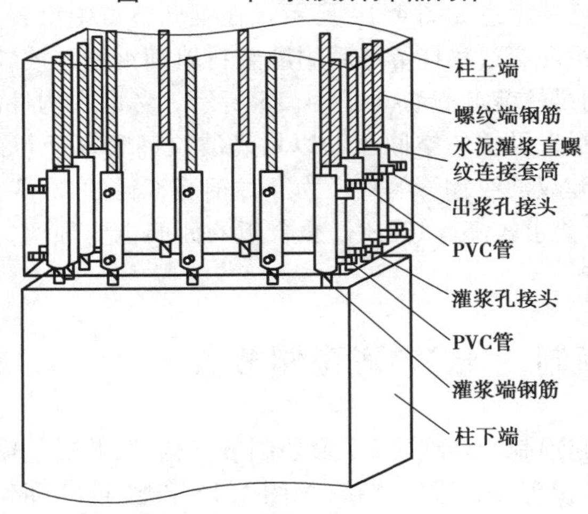

图 4.17　柱-柱拼接节点大样

4.3 预制构件设计的一般要求

4.3.1 预制构件设计要求

①预制构件的设计应符合下列规定：

a. 对持久设计状况,应对预制构件进行承载力、变形、裂缝控制验算。

b. 对地震设计状况,应对预制构件进行承载力验算。

c. 对制作、运输和堆放、吊装等短暂设计状况下的预制构件验算,应符合现行国家标准《混凝土结构工程施工规范》(GB 50666)的有关规定。

②应注意预制构件在短暂设计状况下的承载能力的验算,对预制构件脱模、翻转、起吊、运输、堆放、安装等生产和施工过程中的安全性进行分析。这主要是由于:a. 制作、施工安装阶段的荷载、受力状态和计算模式经常与使用阶段不同;b. 预制构件的混凝土强度在短暂阶段尚未达到设计强度。因此,许多预制构件的截面及配筋设计,不是使用阶段的设计计算起控制作用,而是短暂阶段的设计计算起控制作用。

③预制梁、柱构件由于节点区钢筋布置空间的需要,保护层往往是比较大的。当保护层大于 50 mm 时,宜采取增设钢筋网片等措施,控制混凝土保护层的裂缝及在受力过程中的剥离脱落。

④预制板式楼梯在吊装、运输及安装过程中,受力状况比较复杂,规定其板面宜配置通长钢筋,钢筋量可根据加工、运输、吊装过程中的承载力及裂缝控制验算结果确定,最小构造配筋率可参照楼板的相关规定。当楼梯两端均不能滑动时,在侧向力作用下楼梯会起到斜撑的作用,楼梯中会产生轴向拉力,因此规定其板面和板底均应配通长钢筋。

⑤用于固定连接件的预埋件与预埋吊件、临时支撑用预埋件不宜兼用;当兼用时,应同时满足各种设计工况要求。预制构件中预埋件的验算应符合现行国家标准《混凝土结构设计规范》(GB 50010)、《钢结构设计标准》(GB 50017)和《混凝土结构工程施工规范》(GB 50666)等有关规定。

⑥预制构件中外露预埋件凹入构件表面的深度不宜小于 10 mm,便于进行封闭处理。

⑦叠合式受弯构件尚应符合《混凝土结构设计规范》(GB 50010)的有关规定。进行后浇叠合层施工阶段验算时,应符合《混凝土结构工程施工规范》(GB 50666)的有关规定,叠合板的施工活荷载可取 1.5 kN/m^2,叠合梁的施工活荷载可取 1.0 kN/m^2。

4.3.2 预制构件施工要求

装配式混凝土结构施工前,应根据设计要求和施工方案进行必要的施工验算。由于预制混凝土构件的预制层厚度一般比较小,所以构件在吊装过程中容易出现开裂。因此,考虑构件在吊装中的开裂问题是不容忽视的工序。对于预制构件,施工时的受力情况可能与最终的受力情况不同,最不利的荷载工况可能出现在吊装阶段,有可能构件的配筋由吊装阶段控制,要保证构件在吊装时的安全性,有必要对预制构件吊装进行验算。吊装验算的内容包括确定吊点位置、预制构件受弯验算、预制构件受剪验算、预制构件吊环承载力验算。

预制构件在脱模、翻转、起吊、运输、堆放、安装等短暂设计状况下的施工验算，应将构件自重标准值乘以动力系数后作为等效静力荷载标准值。构件运输、吊运时，动力系数宜取 1.5；构件翻转及安装过程中就位、临时固定时，动力系数可取 1.2。预制构件进行脱模验算时，等效静力荷载标准值应取构件自重标准值乘以动力系数后与脱模吸附力之和，且不宜小于构件自重标准值的 1.5 倍。动力系数与脱模吸附力应符合下列规定：动力系数不宜小于 1.2；脱模吸附力应根据构件和模具的实际状况取用，且不宜小于 1.5 kN/m^2。

预制构件的吊装验算取构件脱模、翻转、起吊、运输、堆放、安装过程中最不利情况验算即可。当预制构件采用两点吊装时，预制构件受力简图及内力计算简图如图 4.18 所示，计算公式见式(4.2)—式(4.5)。

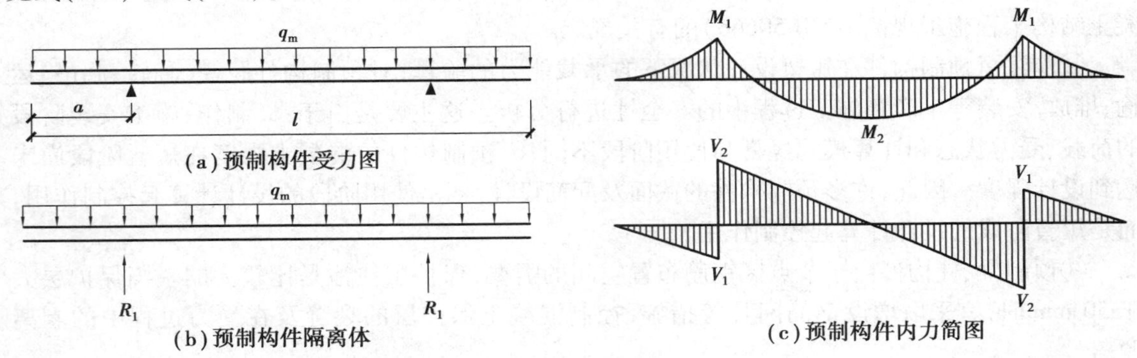

图 4.18　采用两点吊装的预制构件受力及内力简图

$$V_1 = q_m a \tag{4.2}$$

$$V_2 = \frac{1}{2}q_m l - q_m a \tag{4.3}$$

$$M_1 = \frac{1}{2}q_m a^2 \tag{4.4}$$

$$M_2 = \frac{1}{8}q_m(l - 2a)^2 - \frac{1}{2}q_m a^2 \tag{4.5}$$

式中　V_1, V_2——预制构件吊点外侧、内侧的剪力标准值；

M_1, M_2——预制构件吊点处和跨中的弯矩标准值；

a——沿预制构件长边方向，吊点到预制构件端部的距离；

l——预制构件的总长度；

q_m——各施工阶段中预制构件考虑动力系数的自重荷载标准值。

1)吊点选取

预制构件吊装时一般依据最小弯矩原理来选择吊点，即自重产生的正弯矩最大值与负弯矩最大值相等时，整个构件的弯矩绝对值最小。其中，梁和柱构件可以采用等代梁或者连续梁模型；对于预制板，可以采用等代梁模型。需注意的是，当采用等代梁计算预制板时，应对板的两个方向分别计算。此时，等代梁的宽度可取为吊点两侧半跨之和或吊点到板边缘的距离与一侧半跨之和，且等代梁宽度不宜大于板厚的 15 倍。

对沿长度方向质量分布均匀的构件，设预制构件总长为 l，吊点距端部为 a。两点吊装时，吊点位置取为：$a=0.207l$；三点吊装时，吊点位置取为：两边点 $a=0.153l$，第三点为构件中点。预制构件吊装示意图如图 4.19 所示。

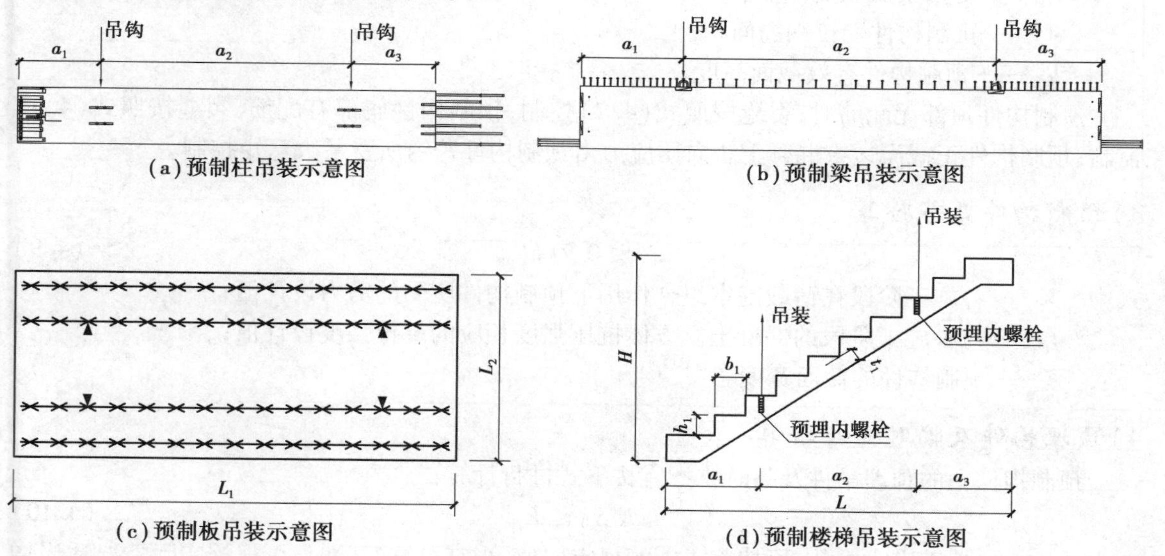

图 4.19　预制构件吊装示意图

2) 预制构件受弯验算

①钢筋混凝土构件正截面边缘的混凝土法向压应力，应满足下式的要求：

$$\sigma_{cc}=\frac{M_k}{W_{cc}}\leqslant 0.8f'_{ck} \tag{4.6}$$

式中　σ_{cc}——各施工阶段在荷载标准组合作用下产生的构件正截面边缘混凝土法向压应力，可按毛截面计算；

M_k——各施工阶段在荷载标准组合作用下等效组合截面弯矩标准值；

W_{cc}——截面混凝土受压边缘弹性抵抗矩；

f'_{ck}——与各施工阶段的混凝土立方体抗压强度相应的抗压强度标准值，按现行国家标准《混凝土结构设计规范》(GB 50010)确定。

②钢筋混凝土正截面边缘的混凝土法向拉应力，宜满足下式的要求：

$$\sigma_{ct}=\frac{M_k}{W_{ct}}\leqslant 1.0f'_{tk} \tag{4.7}$$

式中　σ_{ct}——各施工阶段在荷载标准组合作用下产生的构件正截面边缘混凝土法向拉应力，可按毛截面计算；

W_{ct}——截面混凝土受拉边缘弹性抵抗矩；

f'_{tk}——与各施工阶段的混凝土立方体抗压强度相对应的抗拉强度标准值，按国家标准《混凝土结构设计规范》(GB 50010)确定。

③对施工过程中允许出现裂缝的钢筋混凝土构件，其正截面边缘混凝土法向拉应力限值可适当放松，但开裂截面处受拉钢筋的应力应满足下式的要求：

$$\sigma_s=\frac{M_k}{0.87A_sh_{01}}\leqslant 0.7f_{yk} \tag{4.8}$$

式中 σ_s——各施工阶段在荷载标准组合作用下的受拉钢筋应力，应按开裂截面计算；

f_{yk}——受拉钢筋强度标准值；

A_s——预制构件受拉钢筋面积；

h_{01}——预制构件有效截面高度。

预制构件顶部无配筋时，裂缝按照式(4.7)控制；预制构件底部有配筋，裂缝按照式(4.8)控制；预制构件正截面边缘混凝土法向压应力由预制构件跨内所受最大弯矩控制。

3）预制构件受剪验算

$$V \leqslant 0.7 f_t b h_{01} \tag{4.9}$$

式中 V——各施工阶段在荷载基本组合作用下预制构件所受的剪力设计值；

f_t——与各施工阶段的混凝土立方体抗压强度相应的抗拉强度设计值；

b——预制构件的截面宽度。

4）预埋构件及临时支撑验算

预制构件中的预埋吊件及临时支撑宜按下式进行计算：

$$K_c S_c \leqslant R_c \tag{4.10}$$

式中 K_c——施工安全系数，可按表4.1的规定取值，当有可靠经验时，可根据实际情况适当增减，对复杂或特殊情况，宜通过试验确定；

S_c——施工阶段荷载标准组合作用下的效应值。施工阶段的荷载标准值按《混凝土结构工程施工规范》(GB 50666)的有关规定取值，其中风荷载重现期可取为5年；

R_c——根据国家现行有关标准并按材料强度标准值计算或根据试验确定的预埋吊件、临时支撑、连接件的承载力。

表4.1 预埋吊件及临时支撑的施工安全系数 K_c

项目	施工安全系数 K_c
临时支撑	2
临时支撑的连接件 预制构件中用于连接临时支撑的预埋件	3
普通预埋吊件	4
多用途的预埋吊件	5

桁架预制板的支撑架体可选用定型独立钢支柱(图4.20)，也可采用承插式支架(图4.21)。

吊环应采用HPB300钢筋或Q235B圆钢(图4.22)，并应符合下列规定：

①吊环锚入混凝土中的深度不应小于30d并应焊接或绑扎在钢筋骨架上，d为吊环钢筋或圆钢的直径。

②应验算在荷载标准值作用下的吊环应力，验算时每个吊环可按两个截面计算。当吊环直径小于等于14 mm时，可以采用HPB300钢筋，考虑各种折减系数后，吊环应力不应大于65 N/mm^2；当吊环直径大于14 mm时，可采用Q235B圆钢，考虑各种折减系数后吊环应力不应大于50 N/mm^2。

③当在一个构件上设有4个吊环时，应按3个吊环进行计算。

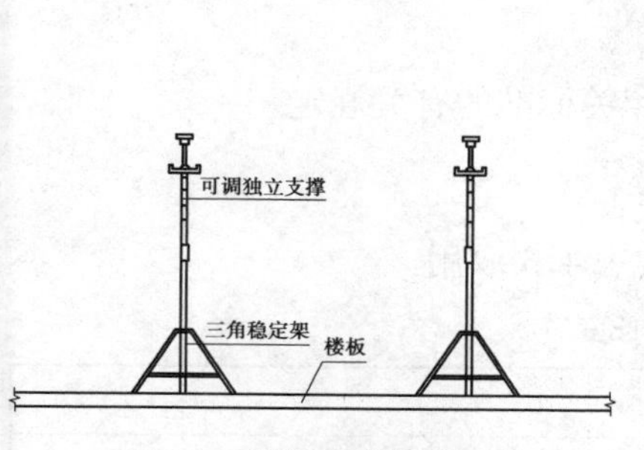

图4.20　桁架叠合板定型独立钢支柱示意

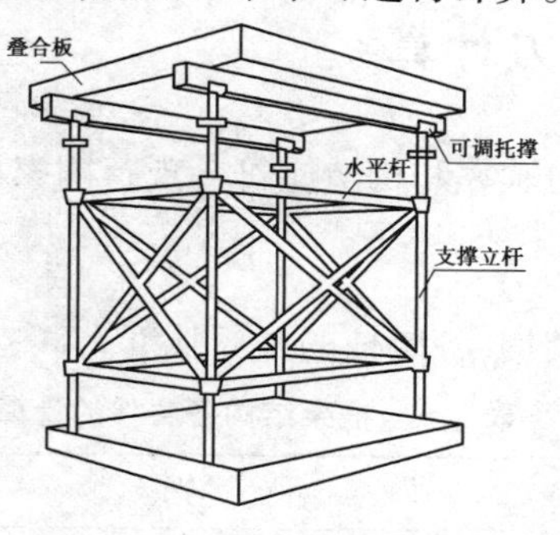

图4.21　桁架叠合板承插式支架示意

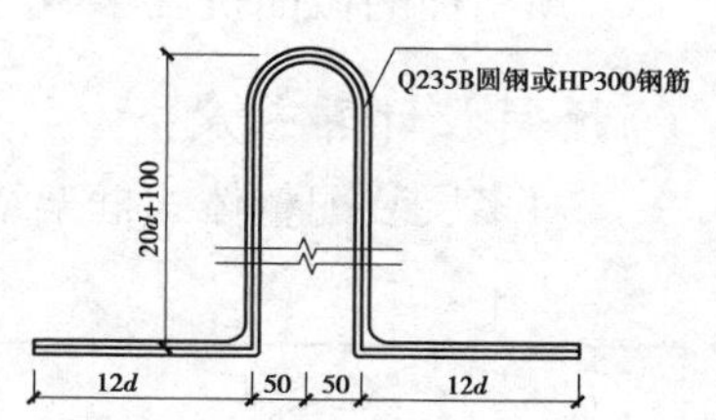

图4.22　预埋吊环示意图（单位：mm）

4.4　预制柱设计方法

4.4.1　一般规定

抗震设计时，钢筋混凝土柱轴压比不宜超过表4.2规定；对于Ⅳ类场地上较高的高层建筑，其轴压比限值应适当减小。

表4.2　柱轴压比限值

结构类型	抗震等级			
	一	二	三	四
框架结构	0.65	0.75	0.85	0.9
板柱-剪力墙、框架-剪力墙、框架-核心筒、筒中筒结构	0.75	0.85	0.9	0.95
部分框支剪力墙结构	0.6	0.7	—	

注：①轴压比指柱考虑地震作用组合的轴压力设计值与柱全截面面积和混凝土轴心抗压强度设计值乘积的比值；

②表内数值适用于混凝土强度等级不高于C60的柱。当混凝土强度等级为C65～C70时，轴压比限值应比表中数值降低0.05；当混凝土强度等级为C75～C80时，轴压比限值应比表中数值降低0.10；

③表内数值适用于剪跨比大于2的柱；剪跨比不大于2但不小于1.5的柱，其轴压比限值应比表中数值减小0.05；剪跨比小于1.5的柱，其轴压比限值应专门研究并采取特殊构造措施；

④当沿柱全高采用井字复合箍，箍筋间距不大于100 mm、肢距不大于200 mm、直径不小于12 mm，或当沿柱全高采用复合螺旋箍，箍筋螺距不大于100 mm、肢距不大于200 mm、直径不小于12 mm，或当沿柱全高采用连续复合螺旋箍，且螺距不大于80 mm、肢距不大于200 mm、直径不小于10 mm时，轴压比限值可增加0.10；

⑤当柱截面中部设置由附加纵向钢筋形成的芯柱，且附加纵向钢筋的截面面积不小于柱截面面积的0.8%时，柱轴压比限值可增加0.050。当本项措施与注④的措施共同采用时，柱轴压比限值可比表中数值增加0.15，但箍筋的配箍特征值仍可按轴压比增加0.10的要求确定；

⑥调整后的柱轴压比限值不应大于1.05。

4.4.2 柱的截面承载力计算

预制柱的截面抗震承载力验算和构造应符合现行国家相关标准的有关规定。

1)预制柱计算长度

对多层装配整体式框架结构,各层柱的计算长度 l_0 可按表 4.3 取用。

表 4.3　框架结构各层柱的计算长度

楼盖类型	柱的类别	l_0
装配式楼盖	底层柱	$1.25H$
	其余各层柱	$1.5H$
现浇楼盖	底层柱	$1.0H$
	其余各层柱	$1.25H$

注:表中 H 为底层柱从基础顶面到一层楼盖顶面的高度;对其余各层柱为上下两层楼盖顶面之间的高度。

2)预制柱正截面承载力计算

预制柱配筋值取以下二者的较大配筋值:轴心受压构件正截面承载力计算配筋值和偏心受压构件正截面承载力计算配筋值。

①轴心受压构件正截面受压承载力应符合下列规定:

$$N \leqslant 0.9\varphi(f_c A + f'_y A'_s) \tag{4.11}$$

式中　N——轴向压力设计值;

φ——预制柱的稳定系数,对矩形截面可近似取 $\varphi=[1+0.002(l_0/b-8)^2]^{-1}$;

l_0——构件计算长度;

b——矩形截面短边尺寸;

f_c——混凝土轴心抗压强度设计值;

A——构件截面面积;

A'_s——全部纵向钢筋的截面面积,当纵向普通钢筋的配筋率大于3%时,式(4.11)中的 A 应改用$(A-A'_s)$代替。

②矩形截面偏心受压构件正截面受压承载力应符合下列规定,计算示意图如图 4.23 所示:

$$N_u \leqslant \alpha_1 f_c bx + f'_y A'_s - f_y A_s \tag{4.12}$$

$$N_u e \leqslant \alpha_1 f_c bx(h_0 - x/2) + f'_y A'_s(h_0 - a'_s) \tag{4.13}$$

$$e = e_i + h/2 - a_s \tag{4.14}$$

$$e_i = e_0 + e_a \tag{4.15}$$

式中　N_u——受压承载力设计值;

e——轴向压力作用点至纵向受拉钢筋距离;

e_i——初始偏心距;

a_s——纵向受拉钢筋至截面近边缘的距离;

a'_s——纵向受压钢筋至截面近边缘的距离；

e_0——轴向压力对截面重心的偏心距，当需要考虑二阶效应时，取为 M/N；

e_a——附加偏心距，其值取 20 mm 和偏心方向截面最大尺寸的 1/30 两者中的较大值。

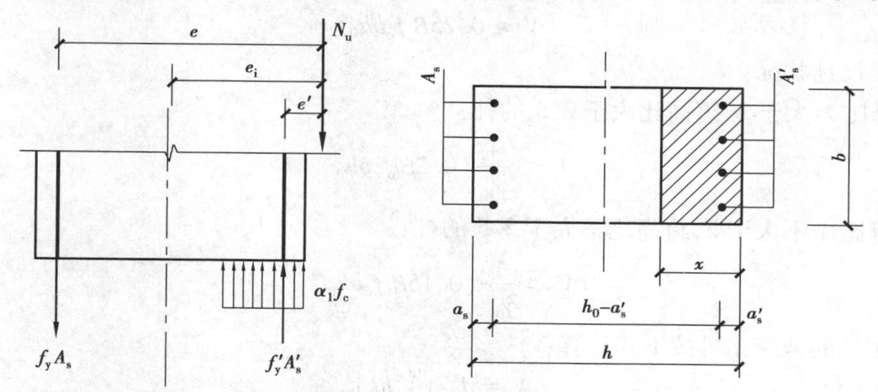

图 4.23　矩形截面偏心受压构件正截面受压承载力计算

3）预制柱斜截面承载力计算

①矩形截面偏心受压框架柱，其斜截面受剪承载力应按下列公式计算。

A. 持久、短暂设计状况：

$$V \leqslant \frac{1.75}{\lambda + 1} f_t b h_0 + f_{yv} \frac{A_{sv}}{s} h_0 + 0.07N \tag{4.16}$$

B. 地震设计状况：

$$V \leqslant \frac{1}{\gamma_{RE}} \left(\frac{1.05}{\lambda + 1} f_t b h_0 + f_{yv} \frac{A_{sv}}{s} h_0 + 0.056N \right) \tag{4.17}$$

式中　M——计算截面上与剪力 V 对应的弯矩；

H_n——柱净高；

N——考虑风荷载或地震荷载作用组合的框架柱轴向压力设计值，当 N 大于 $0.3f_cA_c$ 时，取 $0.3f_cA_c$；

λ——框架柱的剪跨比，宜取 $\lambda = M/(Vh_0)$。当框架柱反弯点在层高范围内时，可取 $\lambda = H_n/(2h_0)$。当 $\lambda<1$ 时，取 $\lambda=1$；当 $\lambda>3$ 时，取 $\lambda=3$。

②当矩形截面框架柱出现拉力时，其斜截面受剪承载力应按下列公式计算。

A. 持久、短暂设计状况：

$$V \leqslant \frac{1.75}{\lambda + 1} f_t b h_0 + f_{yv} \frac{A_{sv}}{s} h_0 - 0.2N \tag{4.18}$$

B. 地震设计状况：

$$V \leqslant \frac{1}{\gamma_{RE}} \left(\frac{1.05}{\lambda + 1} f_t b h_0 + f_{yv} \frac{A_{sv}}{s} h_0 - 0.2N \right) \tag{4.19}$$

式中　N——剪力 V 对应的轴向拉力设计值，取绝对值；

λ——框架柱的剪跨比。

当式(4.18)右端的计算值或式(4.19)右端括号内的计算值小于 $f_{yv}h_0A_{sv}/s$ 时，应取

$f_{yv}h_0A_{sv}/s$,且$f_{yv}h_0A_{sv}/s$值不应小于$0.36f_tbh_0$。

③框架柱受剪截面应符合下列要求。

A.持久、短暂状况:

$$V \leqslant 0.25\beta_c f_c bh_0 \tag{4.20}$$

B.地震设计状况:

a.剪跨比λ大于2、跨高比大于2.5的柱:

$$V \leqslant \frac{1}{\gamma_{RE}}(0.2\beta_c f_c bh_0) \tag{4.21}$$

b.剪跨比λ不大于2,跨高比不大于2.5的柱:

$$V \leqslant \frac{1}{\gamma_{RE}}(0.15\beta_c f_c bh_0) \tag{4.22}$$

C.框架柱的剪跨比可按下式计算:

$$\lambda = M^c/(V^c h_0) \tag{4.23}$$

式中 V——框架柱计算截面的剪力设计值;

λ——框架柱的剪跨比,反弯点位于柱高中部的框架柱,可取柱净高与计算方向2倍柱截面有效高度之比值;

β_c——混凝土强度影响系数,当混凝土强度不大于C50时,取1.0,当混凝土强度不小于C80时,取0.8,当混凝土强度等级在C50和C80之间可按线性内插取值;

h_0——柱截面计算方向有效高度;

M^c——柱截面未经调整的组合弯矩设计值,可取上、下端的较大值;

V^c——柱端截面与组合弯矩设计值对应的组合剪力设计值。

4)预制柱吊装验算

预制柱吊装验算应符合本章预制构件施工要求的相应内容。

4.4.3 构造要求

1)柱截面尺寸规定

①矩形柱截面边长不宜小于400 mm,圆形截面柱直径不宜小于450 mm,且不宜小于同方向梁宽的1.5倍。

②柱剪跨比宜大于2。

③柱截面高宽比不宜大于3。

2)柱纵向钢筋配置要求

①柱纵向受力钢筋直径不宜小于20 mm;截面尺寸大于400 mm的柱,一、二、三级抗震设计时其纵向钢筋间距不宜大于200 mm;抗震等级为四级和非抗震设计时,柱纵向钢筋间距不宜大于300 mm;柱纵向钢筋净距均不应小于50 mm。

②柱全部纵向钢筋的配筋率,不应小于表4.4的规定值,且柱截面每一侧纵向钢筋配筋率不应小于0.2%;抗震设计时,对Ⅳ类场地上较高的高层建筑,表中数值应增加0.1。

③抗震设计时，柱纵筋宜采用对称配筋。

④全部纵向钢筋的配筋率，非抗震设计时不宜大于 5%、不应大于 6%，抗震设计时不应大于 5%。

⑤一级且剪跨比不大于 2 的柱，其单侧纵向受拉钢筋的配筋率不宜大于 1.2%。

⑥边柱、角柱及剪力墙端柱考虑地震作用组合产生小偏心受拉时，柱内纵筋总截面面积应比计算值增加 25%。

⑦柱的纵筋不应与箍筋、拉筋及预埋件等焊接。

表 4.4　柱纵向受力钢筋最小钢筋百分率(%)

柱类型	抗震等级				非抗震
	一级	二级	三级	四级	
中柱、边柱	0.9(1.0)	0.7(0.8)	0.6(0.7)	0.5(0.6)	0.5
角柱	1.1	0.9	0.8	0.7	0.5
框支柱	1.1	0.9	—	—	0.7

注：①表中括号内数值适用于框架结构；

②采用 335 MPa 级、400 MPa 级纵向受力钢筋时，应分别按表中数值增加 0.1 和 0.05 采用；

③当混凝土强度等级高于 C60 时，上述数值应增加 0.1 采用。

3)柱箍筋配置要求

①柱箍筋在规定的范围内应加密，加密区的箍筋间距和直径应符合下列要求：

a. 箍筋的最大间距和最小直径，应按表 4.5 采用。

b. 一级框架柱的箍筋直径大于 12 mm 且箍筋肢距不大于 150 mm 及二级框架柱箍筋直径不小于 10 mm 且肢距不大于 200 mm 时，除柱根外最大间距应允许采用 150 mm；三级框架柱的截面尺寸不大于 400 mm 时，箍筋直径不应小于 6 mm；四级框架柱的剪跨比不大于 2 或柱中全部纵向钢筋的配筋率大于 3% 时，箍筋直径不应小于 8 mm。

c. 剪跨比不大于 2 的柱，箍筋间距不应大于 100 mm。

表 4.5　柱端箍筋加密区的构造要求

抗震等级	箍筋最大间距(mm)	箍筋最小直径(mm)
一级	$6d$ 和 100 的较小值	10
二级	$8d$ 和 100 的较小值	8
三级	$8d$ 和 150(柱根 100)的较小值	8
四级	$8d$ 和 150(柱根 100)的较小值	6(柱根 8)

注：①d 为柱纵向钢筋直径(mm)；

②柱根指框架柱底部嵌固部位。

②抗震设计时,柱箍筋加密区的范围应符合下列规定:

a. 底层柱的上端和其他各层柱的两端,应取矩形截面柱之长边尺寸(或圆形截面柱之直径)、柱净高之1/6和500 mm三者之最大值范围。

b. 底层柱刚性地面上、下各500 mm的范围。

c. 底层柱柱根以上1/3柱净高的范围。

d. 剪跨比不大于2的柱和因填充墙等形成的柱净高与截面高度之比不大于4的柱全高范围。

e. 一、二级框架角柱的全高范围。

③抗震设计时,柱箍筋设置尚应符合下列规定:

a. 箍筋应为封闭式,其末端应做成135°弯钩且弯钩末端平直段长度不应小于10倍的箍筋直径,且不应小于75 mm。

b. 箍筋加密区的箍筋肢距,一级不宜大于200 mm,二、三级不宜大于250 mm和20倍箍筋直径的较大值,四级不宜大于300 mm。每隔一根纵向钢筋宜在两个方向有箍筋约束;采用拉筋组合箍时,拉筋宜紧靠纵向钢筋并勾住封闭箍筋。

c. 柱非加密区的箍筋,其体积配箍率不宜小于加密区的一半;其箍筋间距,不应大于加密区箍筋间距的2倍,且一、二级不应大于10倍纵向钢筋直径,三、四级不应大于15倍纵向钢筋直径。

④非抗震设计时,柱中箍筋应符合下列规定:

a. 周边箍筋应为封闭式。

b. 箍筋间距不应大于400 mm,且不应大于构件截面的短边尺寸和最小纵向受力钢筋直径的15倍。

c. 箍筋直径不应小于最大纵向钢筋直径的1/4,且不应小于6 mm。

d. 当柱中全部纵向受力钢筋的配筋率超过3%时,箍筋直径不应小于8 mm,箍筋间距不应大于最小纵向钢筋直径的10倍,且不应大于200 mm,箍筋末端应做成135°弯钩且弯钩末端平直段长度不应小于10倍箍筋直径。

e. 当柱每边纵筋多于3根时,应设置复合箍筋。

f. 柱内纵向钢筋采用搭接做法时,搭接长度范围内箍筋直径不应小于搭接钢筋较大直径的1/4;在纵向受拉钢筋的搭接长度范围内的箍筋间距不应大于搭接钢筋较小直径的5倍,且不应大于100 mm;在纵向受压钢筋的搭接长度范围内的箍筋间距不应大于搭接钢筋较小直径的10倍,且不应大于200 mm。当受压钢筋直径大于25 mm时,尚应在搭接接头端面外100 mm的范围内各设置两道箍筋。

⑤柱箍筋加密区箍筋的体积配箍率,应符合下式要求:

$$\rho_v \geqslant \lambda_v f_c / f_{yv} \tag{4.24}$$

式中 ρ_v——箍筋的体积配箍率;

λ_v——柱最小配箍特征值,宜按表4.6采用;

f_c——混凝土轴心抗压强度设计值,当柱混凝土强度等级低于C35时,应按C35计算;

f_{yv}——柱箍筋或拉筋的抗拉强度设计值。

表4.6 柱端箍筋加密区最小配箍特征值 λ_v

抗震等级	箍筋形式	柱轴压比								
		≤0.30	0.40	0.50	0.60	0.70	0.80	0.90	1.00	1.05
一	普通箍、复合箍	0.10	0.11	0.13	0.15	0.17	0.20	0.23	—	—
	螺旋箍、复合或连续复合螺旋箍	0.08	0.09	0.11	0.13	0.15	0.18	0.21	—	—
二	普通箍、复合箍	0.08	0.09	0.11	0.13	0.15	0.17	0.19	0.22	0.24
	螺旋箍、复合或连续复合螺旋箍	0.06	0.07	0.09	0.11	0.13	0.15	0.17	0.20	0.22
三	普通箍、复合箍	0.06	0.07	0.09	0.11	0.13	0.15	0.17	0.20	0.22
	螺旋箍、复合或连续复合螺旋箍	0.05	0.06	0.07	0.09	0.11	0.13	0.15	0.18	0.20

注：普通箍指单个矩形箍或单个圆形箍；螺旋箍指单个连续螺旋箍筋，复合箍指由矩形、多边形、圆形箍或拉筋组成的箍筋；复合螺旋箍指由螺旋箍与矩形、多边形圆形箍或拉筋组成的箍筋；连续复合螺旋箍指全部螺旋箍由同一根钢筋加工而成的箍筋。

⑥对一、二、三、四级框架柱，其箍筋加密区范围内箍筋的体积配箍率应分别不应小于0.8%、0.6%、0.4%和0.4%。

⑦剪跨比不大于2的柱宜采用复合螺旋箍或井字复合箍，其体积配箍率不应小于1.2%；设防烈度为9度时，不应小于1.5%。

4.4.4 例题设计

1）设计基本参数

本例题选取二层Ⓐ轴框架柱作为计算示例。Ⓐ轴框架柱柱高 H=3 600 mm，计算高度 $l_c=1.5H=1.5\times3\ 600=5\ 400$ mm，与柱两个方向拼接的梁的截面尺寸分别为300 mm×600 mm和300 mm×700 mm，柱底拼缝20 mm。因此，预制柱净高 $H_n=3\ 600-700-20=2\ 880$ mm；截面尺寸 $b\times h=500$ mm×500 mm，柱所采用的混凝土为C40（$f_c=19.1$ N/mm^2，$f_t=1.71$ N/mm^2，$f_{tk}=2.39$ N/mm^2），混凝土容重 $\gamma=25$ kN/m^3，纵筋和箍筋均采用HRB400级（$f_y=f_{yv}=360$ N/mm^2）。混凝土保护层厚度 $c=25$ mm，初步假设柱箍筋直径为10 mm，灌浆套筒外径为50 mm，则 $a_s=a_s'=25+10+50/2=60$ mm，$h_0=h-a_s=500-60=440$ mm。

2）柱的正截面设计

（1）弯矩、轴力设计值的最不利组合

由内力组合表可知，二层Ⓐ轴框架柱上、下端在抗震组合和非抗震组合作用下，分别由 $|M_{max}|$、N_{max}、N_{min} 控制的弯矩和轴力见表4.7和表4.8。其中抗震组合中的弯矩和轴力已考虑"强柱弱梁"和抗震承载力调整系数 γ_{RE} 的影响。由表4.7和表4.8可选出非抗震组合和抗震

组合下二层Ⓐ轴框架柱上、下端截面的最不利内力组合为：

①非抗震组合：

$$M_{max} = 60.58\ kN \cdot m, N = 1\ 532.71\ kN \cdot m$$
$$N_{max} = 1\ 634.15\ kN, M = 60.37\ kN$$
$$N_{min} = 1\ 476.19\ kN, M = 27.68\ kN$$

②抗震组合：

$$M_{max} = 143.19\ kN \cdot m, N = 1\ 259.92\ kN \cdot m$$
$$N_{max} = 1\ 259.92\ kN, M = 143.19\ kN$$
$$N_{min} = 995.17\ kN, M = -76.16\ kN$$

表 4.7　二层Ⓐ轴框架柱柱上端内力组合下的弯矩、轴力

柱上端						
组合情况	非抗震组合			抗震组合		
控制项	$\lvert M_{max}\rvert$	N_{max}	N_{min}	$\lvert M_{max}\rvert$	N_{max}	N_{min}
M(kN·m)	54.25	53.46	27.68	135.09	135.09	−76.16
N(kN)	1 503.46	1 604.90	1 476.19	1 236.52	1 236.52	995.17

表 4.8　二层Ⓐ轴框架柱柱下端内力组合下的弯矩、轴力

柱下端						
组合情况	非抗震组合			抗震组合		
控制项	$\lvert M_{max}\rvert$	N_{max}	N_{min}	$\lvert M_{max}\rvert$	N_{max}	N_{min}
M(kN·m)	60.58	60.37	33.58	143.19	143.19	−70.69
N(kN)	1 532.71	1 634.15	1 505.44	1 259.92	1 259.92	1 018.57

(2)配筋计算

仅以二层Ⓐ轴框架柱在抗震组合 M_{max}=143.19 kN·m,N=1 259.92 kN 作用下的正截面设计为例。由于在地震作用下,柱会受到两个方向的地震作用,故柱采用对称配筋。

①判断Ⓐ轴框架柱是否考虑 P-δ 二阶效应。

$$M_1 = \lvert M_{max-柱上端}\rvert = 135.09\ kN \cdot m, M_2 = \lvert M_{max-柱下端}\rvert = 143.19\ kN \cdot m$$

$$\frac{M_1}{M_2} = \frac{135.09}{143.19} = 0.94 > 0.9, 满足$$

故Ⓐ轴框架柱需要考虑 P-δ 二阶效应。

②计算考虑 P-δ 二阶效应后控制截面的弯矩设计值。

$$e_a = \max\left(\frac{h}{30}, 20\right) = \max(16.67, 20) = 20\ mm$$

$$C_m = 0.7 + 0.3\frac{M_1}{M_2} = 0.7 + 0.3 \times 0.94 = 0.98$$

$$\zeta_c = \frac{0.5f_cA}{N} = \frac{0.5 \times 19.1 \times 500 \times 500}{1\ 259.92 \times 10^3} = 1.89 > 1, 取\ \zeta_c = 1$$

$$\eta_{ns}=1+\frac{1}{1\,300\left(\frac{M_2}{N}+e_a\right)/h_0}\left(\frac{l_c}{h}\right)^2\zeta_c=1+\frac{1}{1\,300\times\left(\frac{143.19\times10^6}{1\,259.92\times10^3}+20\right)/440}\times\left(\frac{5\,400}{500}\right)^2\times1$$

$$=1.30$$

$$C_m\eta_{ns}=0.98\times1.30=1.27>1$$

故 $M=C_m\eta_{ns}M_2=1.27\times143.19=181.99\ \text{kN}\cdot\text{m}$

③计算偏心距。

理论偏心距：$e_0=\dfrac{M}{N}=\dfrac{181.99\times10^6}{1\,259.92\times10^3}=144.45\ \text{mm}$

初始偏心距：$e_i=e_0+e_a=144.45+20=164.45\ \text{mm}$

则最终偏心距为：$e=e_i+\dfrac{h}{2}-a_s=164.45+\dfrac{500}{2}-60=354.45\ \text{mm}$

④柱的配筋计算。

由于柱采用对称配筋，故 $A_s=A_s'$。

$N_u=\alpha_1f_cbx+f_yA_s-f_y'A_s'\Rightarrow x=\dfrac{N_u}{\alpha_1f_cb}=\dfrac{1\,259.92\times10^3}{1\times19.1\times500}=131.93\ \text{mm}>2a_s'=120\ \text{mm}$

$x_b=\xi_b\cdot h_0=0.518\times440=227.92\ \text{mm}>x=131.93\ \text{mm}$，故按照大偏压进行计算。

由于 $N_ue=\alpha_1f_cbx\left(h_0-\dfrac{x}{2}\right)+f_y'A_s'(h_0-a_s')$，则 $A_s'=\dfrac{N_ue-\alpha_1f_cbx\left(h_0-\dfrac{x}{2}\right)}{f_y'(h_0-a_s')}$

$$=\frac{1\,259.92\times10^3\times354.45-1\times19.1\times500\times131.93\times\left(440-\frac{131.93}{2}\right)}{360\times(440-60)}=-180\ \text{mm}^2<0$$

由于柱的总配筋率需≥0.55%，故柱的最小配筋面积为：

$$A_{s,\min}=0.55\%bh=0.55\%\times500\times500=1\,375\ \text{mm}^2>127.81\times2=255.62\ \text{mm}^2$$

所以柱按照构造配筋即可，柱每侧实际配筋为3 ⌀20，$A_s=A_s'=942\ \text{mm}^2$，因此灌浆套筒选取思达建茂GT-20，套筒长度 $L=211\ \text{mm}$，套筒选型详见第5章。

⑤配筋率验算。

单侧配筋率：

$$\rho_{\min1}=\max\left(0.20\%,0.45\frac{f_t}{f_y}\right)=\max\left(0.20\%,45\times\frac{1.71}{360}\right)=0.21\%$$

$$\rho_1=\frac{A_s}{bh_0}=\frac{942}{500\times440}\times100\%=0.43\%>\rho_{\min1}\cdot\frac{h}{h_0}=0.21\%\times\frac{500}{440}=0.24\%$$

单侧配筋率满足要求。

总配筋率：

$$\rho=8\rho_1/3=8\times0.43\%/3=1.15\%$$

$$\rho_{\min}\cdot\frac{h}{h_0}=0.55\%\times\frac{500}{440}=0.63\%<\rho=1.15\%$$

$$\rho_{\max}\cdot\frac{h}{h_0}=5\%\times\frac{500}{440}=5.68\%>\rho=1.15\%$$

总配筋率满足要求。

⑥纵筋间距验算。

纵筋的间距 $s_{纵}=(h-a_s-a_s'-2d_{纵})/(3-1)=(500-60-60-2\times20)/2=170\ \text{mm}<200\ \text{mm}$

满足要求。

⑦正截面受压承载力验算。

预制柱的稳定系数 $\varphi=[1+0.002(l_0/b-8)^2]^{-1}=[1+0.002(5\,400/500-8)^2]^{-1}=0.985$

$N_u=0.9\varphi(f_cA+f_y'A_s')$

$=0.9\times0.985\times(19.1\times500\times500+360\times942\times2)\times10^{-3}=4\,837.64\ \text{kN}>N$

$=1\,259.92\ \text{kN}$

故柱的正截面受压承载力满足要求。

其他几组最不利组合与此种组合计算方式相同，最终柱所选配的纵筋为6组最不利组合中配筋面积最大的一组。经计算得出，二层Ⓐ轴框架柱每侧实际配筋为3 ⏀20。

3）柱的斜截面设计

（1）剪力设计值的最不利组合

由内力组合表可知，二层Ⓐ轴框架柱上下端在非抗震组合和抗震组合作用下的剪力最不利值，以及对应的弯矩和轴力如下，此时的剪力设计值已考虑抗震承载力系数 γ_{RE} 的调整：

①非抗震组合：

$$V=-31.90\ \text{kN},M=60.58\ \text{kN}\cdot\text{m},N=1\,532.71\ \text{kN}$$

②抗震组合：

$$V=-98.56\ \text{kN},M=143.19\ \text{kN}\cdot\text{m},N=1\,259.92\ \text{kN}$$

由于 $0.3f_cA_c=0.3\times19.1\times500\times500\times10^{-3}=1\,432.50\ \text{kN}$ 小于非抗震组合下的轴力，则非抗震组合下的轴力取为 $N=1\,432.50\ \text{kN}$。

经过轴力调整后，非抗震组合和抗震组合下的弯矩、剪力、轴力如下计算。

①非抗震组合：

$$V=-31.90\ \text{kN},M=60.58\ \text{kN}\cdot\text{m},N=1\,432.50\ \text{kN}$$

②抗震组合：

$$V=-98.56\ \text{kN},M=143.19\ \text{kN}\cdot\text{m},N=1\,259.92\ \text{kN}$$

（2）非抗震组合下的斜截面设计

剪跨比 $\lambda=\dfrac{M}{Vh_0}=\dfrac{60.58\times10^6}{31.90\times10^3\times440}=4.32>3$，取 $\lambda=3$。

①截面最小尺寸验算：

$$h_w=h_0=440\ \text{mm},\frac{h_w}{b}=\frac{440}{500}=0.88<4$$

$0.25\beta_cf_cbh_0=0.25\times1\times19.1\times500\times440\times10^{-3}=1\,050.50\ \text{kN}>31.90\ \text{kN}$

故柱满足截面最小尺寸要求。

②斜截面配筋计算：

$$\frac{1.75}{\lambda+1}f_t bh_0+0.07N=\frac{1.75}{3+1}\times 1.71\times 500\times 440\times 10^{-3}+0.07\times 1\,432.50$$

$$=264.86\text{ kN}>31.90\text{ kN}$$

故该柱斜截面按照构造配箍即可。柱箍筋应满足 $d_{min}\geqslant\max(d/4,6)=\max(20/4,6)=6$ mm，且 $s_{max}\leqslant\min(400,b_c,15d)=\min(400,500,300)=300$ mm，故该柱非抗震时的箍筋可暂选配⏀6@200。

(3)抗震组合下的斜截面设计

剪跨比 $\lambda=\frac{M}{Vh_0}=\frac{143.19\times10^6}{92.76\times10^3\times440}=3.51>3$，取 $\lambda=3$。

①截面最小尺寸验算：

$$0.2\beta_c f_c bh_0=0.2\times 1\times 19.1\times 500\times 440\times 10^{-3}=840.40\text{ kN}>98.56\text{ kN}$$

故柱满足截面最小尺寸要求。

②斜截面配筋计算：

$$\frac{1.05}{\lambda+1}f_t bh_0+0.056N=\frac{1.05}{3+1}\times 1.71\times 500\times 440\times 10^{-3}+0.056\times 1\,259.92$$

$$=169.31\text{ kN}>98.56\text{ kN}$$

故该柱斜截面按照构造配箍即可。三级抗震时柱端加密区的箍筋直径应满足 $d_{min}\geqslant 8$ mm，故选配⏀8 的箍筋(3 肢)；三级抗震柱端箍筋加密区间距应满足 $s_{max}\leqslant\min(8d,150)=\min(8\times20,150)=150$ mm，取柱端箍筋加密区间距为 100 mm，故该结构柱端部箍筋加密区选配⏀8@100(3 肢)。对于⏀8@100(3 肢)有：$A_{sv}/s=3\times50.3/100=1.51\text{ mm}^2/\text{mm}$。

③体积配箍率验算。

二层Ⓐ轴框架柱为三级抗震、采用普通复合箍筋，其轴压比 $n=\frac{N}{f_c A}=\frac{1\,259.92\times10^3}{19.1\times500\times500}=0.26$，则柱的箍筋加密区最小配箍特征值 $\lambda_v=0.06$。

最小体积配箍率：$\rho_{sv,min}=\max\left(0.4\%,\lambda_v\frac{f_c}{f_{yv}}\right)=\max\left(0.4\%,0.06\times\frac{19.1}{360}\right)=0.4\%$

$\rho_{sv}=\frac{n_1 A_{s1}l_1+n_2 A_{s2}l_2}{A_{cor}s}=\frac{2\times3\times50.3\times(500-2\times25-8)}{(500-2\times25-2\times8)^2\times100}=0.708\%>\rho_{sv,min}=0.4\%$，满足要求。

灌浆套筒上方的柱箍筋加密区长度 $\max(h_b,H_n/6,500)=\max(500,2\,880/6,500)=500$ mm，因此，柱端箍筋加密区长度加上套筒长度 L 和柱底拼缝高度后为：$500+211+20=731$ mm，最终取柱端箍筋加密区长度 $l_p^c=770$ mm。

对于二层Ⓐ轴框架柱的箍筋非加密区除满足受剪承载力之外，箍筋非加密区的体积配箍率应满足 $\rho_{sv-非}\geqslant0.5\rho_{sv}$，且非加密区的箍筋间距应满足 $s_{非加密区}\leqslant2s_{加密区}$。故二层Ⓐ轴框架柱的箍筋非加密区可取⏀8@200(3 肢)，其体积配箍率必然满足 $\rho_{sv-非}\geqslant0.5\rho_{sv}$。

综合非抗震、抗震两种情况下的斜截面设计结果，二层Ⓐ轴框架柱箍筋加密区采用⏀8@100(3 肢)、箍筋非加密区箍筋采用⏀8@200(3 肢)。

4)预制柱的吊装验算

(1)荷载计算

计算预制柱的自重均布荷载标准值需要综合考虑脱模阶段、吊装运输阶段和翻转安装阶段,分别计算各个阶段的自重均布荷载标准值,通过对比进行后续的吊装验算。

自重均布荷载标准值:$q_{Gk}=\gamma bh=25\times0.5\times0.5=6.25\ \text{kN/m}$

考虑脱模动力系数的自重均布荷载标准值:$q'_{Gk1}=1.2\times6.25+1.5\times0.5=8.25\ \text{kN/m}$,且考虑脱模的自重均布荷载标准值不宜小于构件自重标准值的 1.5 倍,$1.5q_{Gk}=9.375\ \text{kN/m}$,可取 $q'_{Gk1}=9.375\ \text{kN/m}$。

考虑吊装动力系数的自重均布荷载标准值:$q'_{Gk2}=1.5\times6.25=9.375\ \text{kN/m}$。

考虑安装动力系数的自重均布荷载标准值:$q'_{Gk3}=1.2\times6.25=7.5\ \text{kN/m}$。

由于 $q'_{Gk1}=q'_{Gk2}>q'_{Gk3}$,故吊装验算时进行脱模阶段或者吊装阶段验算即可。

(2)吊点的选取

此处的预制柱吊装采用两点吊装,并且吊环采用 HPB300 钢筋制作。由于柱两侧为对称配筋,因此可根据最小弯矩原理来选择吊点,即吊装过程中由预制柱自重产生的正弯矩最大值与负弯矩最大值相等时,整个构件的弯矩绝对值最小。两点吊装时,吊点位置取为:$a=0.207l\approx0.6\ \text{m}$,其中 l 为预制柱的净长度,即 $l=H_n=2.88\ \text{m}$。预制柱吊点布置如图 4.24 所示。

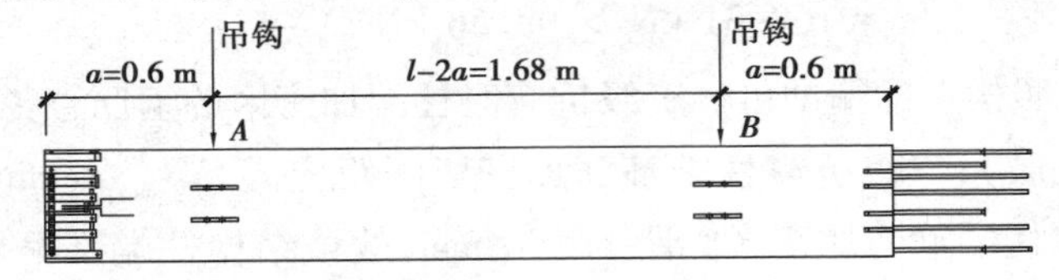

图 4.24 预制柱吊点布置图

(3)预制柱受弯验算

吊点处剪力标准值计算:$V_A^l=q'_{Gk1}a=9.375\times0.6=5.63\ \text{kN}$

$$V_A^r=\frac{1}{2}q'_{Gk1}l-aq'_{Gk1}=\frac{1}{2}\times9.375\times2.88-9.375\times0.6=7.88\ \text{kN}$$

吊点处弯矩标准值计算:$M_{吊点}=\frac{1}{2}q'_{Gk1}a^2=\frac{1}{2}\times9.375\times0.6^2=1.69\ \text{kN}\cdot\text{m}$

跨中处弯矩标准值计算:

$$M_{跨中}=\frac{1}{8}q'_{Gk2}(l-2a)^2-\frac{1}{2}q'_{Gk2}a^2=\frac{1}{8}\times9.375\times(2.88-2\times0.6)^2-\frac{1}{2}\times9.375\times0.6^2$$
$$=1.62\ \text{kN}\cdot\text{m}$$

①预制柱吊点处截面边缘混凝土法向压应力验算。

预制柱截面抵抗矩:

$$W_{cc}=\frac{bh^2}{6}=\frac{500\times500^2}{6}=2.08\times10^7\ \text{mm}^3$$

预制柱吊点处截面边缘混凝土法向压应力:

$$\sigma_{cc}=\frac{M_{吊点}}{W_{cc}}=\frac{1.69\times10^6}{2.08\times10^7}=0.08\ \text{N/mm}^2<0.8f'_{ck}=0.8\times26.8=21.44\ \text{N/mm}^2$$,满足要求。

②预制柱吊点处截面边缘混凝土法向拉应力验算：

$$W_{ct}=\frac{bh^2}{6}=\frac{500\times 500^2}{6}=2.08\times 10^7\ \text{mm}^3$$

$$\sigma_{ct}=\frac{M_{吊点}}{W_{ct}}=\frac{1.69\times 10^6}{2.08\times 10^7}=0.08\ \text{N/mm}^2<1.0f'_{tk}=2.39\ \text{N/mm}^2,满足要求。$$

③预制柱跨中截面开裂处受拉钢筋的应力验算。

$$\sigma_s=\frac{M_{跨中}}{0.87A_sh_0}=\frac{1.62\times10^6}{0.87\times942\times440}=4.49\ \text{N/mm}^2<0.7f_{yk}=0.7\times400=280\ \text{N/mm}^2,满足要求。$$

(4)预制柱截面受剪验算

$V=0.7f_tbh_0=0.7\times1.71\times500\times440\times10^{-3}=263.34\ \text{kN}>1.3\max(V_A^l,V_A^r)=1.3V_A^r=1.3\times7.88=10.24\ \text{kN}$,满足要求。

(5)预制柱吊环承载力验算

初步假定吊环直径为 10 mm,预制柱吊环的计算简图如图 4.25 所示。

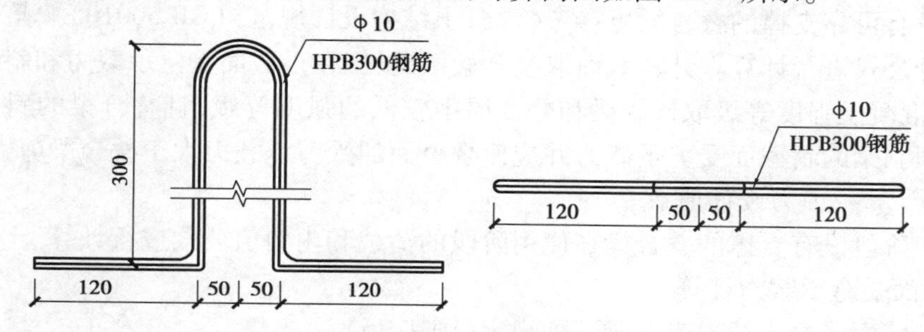

图 4.25 预制柱吊环的计算简图(单位:mm)

预制柱吊环数量为 $N=2$,计算用吊环数量 $N_1=2$,吊环钢筋直径 $d=10$ mm,故每个吊点计算截面总面积 $A_s=2\times\pi/4\times10^2=157\ \text{mm}^2$,且吊点应力不超过 $f_y=65\ \text{N/mm}^2$,单个吊环的承载力为:$F=f_yA_s=65\times157\times10^{-3}=10.21$ kN,预制柱总重为 $G=q_{Gk}l=6.25\times2.88=18$ kN,吊环总承载力为:$F_1=N_1\times F=2\times10.21=20.42\ \text{kN}>18$ kN,吊环承载力满足要求。

4.5 叠合梁设计方法

4.5.1 一般规定

1)施工阶段有可靠支撑的叠合梁(除两端支撑外)

两阶段成形的叠合梁,当预制梁高度不足全截面高度的 40% 时,施工阶段应有可靠的支撑。施工阶段有可靠支撑的叠合梁,可按整体受弯构件设计计算,但其斜截面受剪承载力和叠合面受剪承载力应按《混凝土结构设计规范》(GB 50010)计算。

2)施工阶段不加支撑的叠合梁(除两端支撑外)

施工阶段无支撑的叠合梁,应对底部预制梁及浇筑混凝土后的叠合梁按《混凝土结构设计规范》(GB 50010)要求进行两阶段受力计算。

①第一阶段：后浇的叠合层混凝土未达到强度设计值之前的阶段。荷载由预制梁承担，预制梁按简支构件计算；荷载包括预制梁自重、预制板自重、叠合层自重以及本阶段的施工活荷载。

②第二阶段：后浇的叠合层混凝土达到设计规定的强度值之后的阶段。叠合梁按整体结构计算；荷载考虑下列两种情况并取较大值：a. 施工阶段考虑叠合梁自重、预制板自重、面层、吊顶等自重以及本阶段的施工活荷载；b. 使用阶段考虑叠合梁自重、预制板自重、面层、吊顶等自重以及使用阶段的可变荷载。

4.5.2 梁的截面承载力计算

1) 施工阶段有可靠支撑的叠合梁计算

(1) 计算方法

施工阶段有可靠支撑的叠合梁可参考《混凝土结构设计规范》(GB 50010)按整体受弯构件的规定和计算公式进行计算。计算截面取叠合梁截面，但在正截面受弯承载力和斜截面受剪承载力计算中，混凝土强度等级取预制梁和叠合层中较低的强度等级，且叠合梁的斜截面受剪承载力不低于预制梁的斜截面受剪承载力并应使叠合面的受剪承载力大于叠合梁剪力设计值。

(2) 荷载计算及内力设计值

按照施工阶段没有支撑的叠合梁在使用阶段的荷载和内力值公式进行计算。

(3) 正截面受弯承载力计算

叠合梁正截面受弯承载力应符合下列规定(图 4.26)：

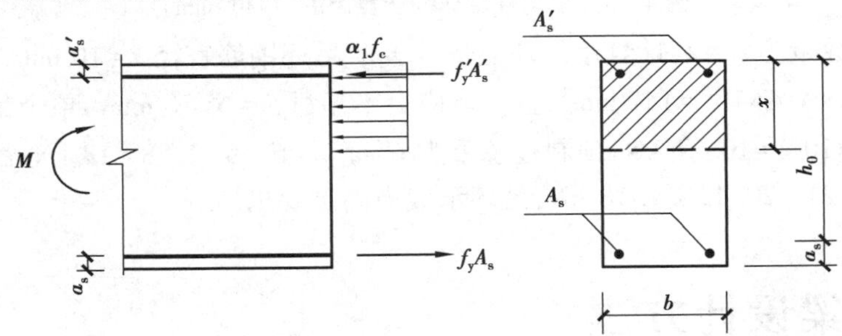

图 4.26 矩形截面受弯构件正截面承载力计算

$$M \leqslant \alpha_1 f_c bx(h_0 - x/2) + f'_y A'_s(h_0 - a'_s) \tag{4.25}$$

混凝土受压区高度应按下列公式确定：

$$\alpha_1 f_c bx = f_y A_s - f'_y A'_s \tag{4.26}$$

混凝土受压高度尚应符合下列条件：

$$x \leqslant \xi_b h_0 \tag{4.27}$$

$$x \geqslant 2a'_s \tag{4.28}$$

式中 M——弯矩设计值；

α_1——系数；

f_c——混凝土轴心抗压强度设计值；

A_s、A'_s——受拉区、受压区纵向普通钢筋的截面面积；

ξ_b——相对受压区高度限值，弯矩调整后的梁端截面相对受压区高度 ξ 不应超过0.35，且不宜小于0.1；

b——叠合梁截面的宽度；

h_0——叠合梁截面有效高度；

a'_s——受压区纵向普通钢筋合力点至截面受压边缘的距离。

(4)斜截面及叠合面受剪承载力计算

叠合梁配置的单位长度箍筋面积 A_{sv}/s 取式(4.31)、式(4.34)和式(4.35)三项计算结果的最大值。

①预制梁斜截面受剪承载力计算。

预制梁斜截面受剪承载力按一般钢筋混凝土梁的斜截面受剪承载力公式计算，应符合下列规定：

$$V_1 \leqslant V_{cs1} \tag{4.29}$$

$$V_1 = V_{1G} + V_{1Q} \tag{4.30}$$

$$V_{cs1} = 0.7f_{t1}bh_{01} + f_{yv}\frac{A_{sv}}{s}h_{01} \tag{4.31}$$

式中　V_1——预制梁计算截面的剪力设计值；

V_{cs1}——预制梁受剪承载力设计值；

f_{t1}——预制梁混凝土的抗拉强度设计值；

h_{01}——预制梁截面有效高度。

②叠合梁斜截面受剪承载力计算。

叠合梁斜截面受剪承载力按一般钢筋混凝土梁的斜截面受剪承载力公式计算，但在计算时，混凝土强度等级应取预制梁和后浇叠合层混凝土强度等级中的较低值，应符合下列规定：

$$V \leqslant V_{cs} \tag{4.32}$$

$$V = V_{1G} + V_{2G} + V_{2Q} \tag{4.33}$$

$$V_{cs} = 0.7f_tbh_0 + f_{yv}\frac{A_{sv}}{s}h_0 \tag{4.34}$$

式中　V——叠合梁计算截面的剪力设计值；

V_{cs}——叠合梁受剪承载力设计值；

V_{2G}——按整体结构计算的由面层、吊顶等自重在计算截面产生的剪力设计值；

V_{2Q}——按整体结构计算的可变荷载在计算截面产生的剪力设计值，取施工活荷载和使用阶段可变荷载在计算截面产生的剪力设计值中的较大值。

③叠合面受剪承载力计算。

叠合梁底部预制梁与叠合层后浇混凝土之间的叠合面，在符合构造措施的条件下，其受剪承载力应符合下列规定：

$$V \leqslant 1.2f_tbh_0 + 0.8f_{yv}\frac{A_{sv}}{s}h_0 \tag{4.35}$$

式中　f_t——混凝土的抗拉强度设计值，取叠合层和预制梁中的较低值。

在计算中，叠合梁斜截面受剪承载力设计值 V_{cs} 应不低于预制梁斜截面受剪承载力设计值 V_{cs1}，满足下列要求：

$$V_{cs1} \leqslant V_{cs} \tag{4.36}$$

2)施工阶段不加支撑的叠合梁计算

(1)计算方法

施工阶段无支撑的叠合梁,二次成型浇筑混凝土的自重及施工活荷载的作用影响了构件的内力和变形,应按两阶段受力的叠合进行设计计算,预制梁和叠合梁的正截面受弯承载力、斜截面受剪承载力的验算,应按一般受弯构件的规定和计算公式进行。

在计算中,正弯矩区段的混凝土强度等级,按叠合层取用;负弯矩区段的混凝土强度等级,按计算截面受压区的实际情况取用。在计算中,叠合构件斜截面上混凝土和箍筋的受剪承载力设计值 V_{cs} 应取叠合层和预制构件中较低的混凝土强度等级进行计算,且不低于预制构件的受剪承载力设计值。其中,正弯矩区段(跨中截面)的配筋,应取预制梁和叠合梁计算结果的较大值,并进行叠合面的受剪承载力计算、叠合梁纵向受拉钢筋的应力验算、裂缝宽度验算、挠度验算等。

(2)荷载计算及内力设计值

①施工阶段(计算预制梁)。

预制梁按简支梁计算,如图 4.27(a)所示,弯矩设计值 M_1 和剪力设计 V_1 值按下式确定:

$$M_1 = M_{1G} + M_{1Q} \tag{4.37}$$

$$V_1 = V_{1G} + V_{1Q} \tag{4.38}$$

式中 M_{1G}, V_{1G}——按简支梁计算的由预制梁自重、预制板自重和叠合层自重 q_{1G} 在计算截面产生的弯矩设计值、剪力设计值;

M_{1Q}, V_{1Q}——按简支梁计算的由施工活荷载 q_{1Q} 在计算截面产生的弯矩设计值、剪力设计值。

②使用阶段(计算叠合梁)。

叠合层混凝土达到强度设计值,如图 4.27(b)所示,计算叠合梁时,按整体结构分析,按下列公式计算:

对叠合梁的正弯矩区:

$$M = M_{1G} + M_{2G} + M_{2Q} \tag{4.39}$$

对叠合构件负弯矩区:

$$M = M_{2G} + M_{2Q} \tag{4.40}$$

叠合梁剪力:

$$V = V_{1G} + V_{2G} + V_{2Q} \tag{4.41}$$

式中 M_{2G}, V_{2G}——按整体结构计算的由面层、吊顶等自重 q_{2G} 在计算截面产生的弯矩设计值、剪力设计值;

M_{2Q}, V_{2Q}——按整体结构计算的可变荷载 q_{2Q} 在计算截面产生的弯矩设计值、剪力设计值,取施工活荷载和使用阶段可变荷载在计算截面产生的设计值中的较大值。

(3)预制梁及叠合梁配筋计算和截面验算

预制梁的正截面边缘混凝土法向拉、压应力验算以及开裂截面处的钢筋应力验算按照式(4.6)—式(4.8)计算;预制梁正截面受弯承载力、斜截面受剪承载力的验算,应按一般受弯构件的规定和计算公式进行,按式(4.25)—式(4.28)验算受弯纵向钢筋,按式(4.29)—式(4.31)验算受剪箍筋,其弯矩设计值按式(4.37)取值,剪力设计值按式(4.38)取值。

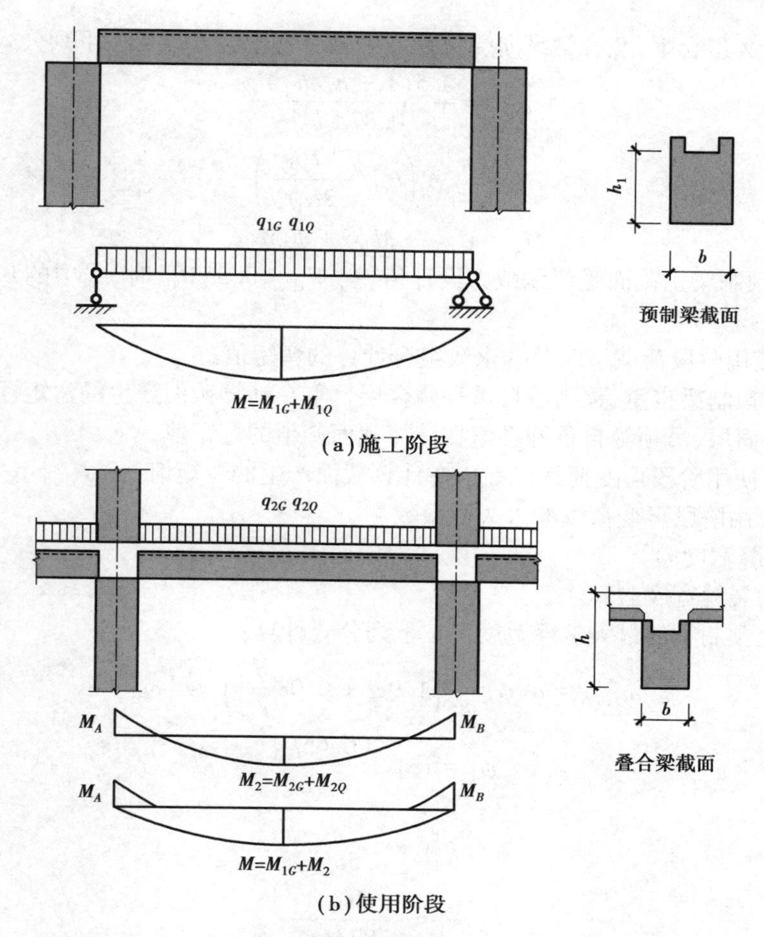

(a)施工阶段

(b)使用阶段

图 4.27 叠合梁的两受力阶段

叠合梁正截面受弯承载力、斜截面受剪承载力的验算,应按一般受弯构件的规定和计算公式进行,按公式(4.25)—式(4.28)验算受弯纵向钢筋。按式(4.32)—式(4.34)验算受剪箍筋,其弯矩设计值按式(4.39)、式(4.40),剪力设计值按式(4.41)取值,按照式(4.35)—式(4.36)验算叠合面受剪承载力。

(4)纵向受拉钢筋应力验算

不加支撑的叠合构件在两阶段受力过程中,由于叠合构件在施工阶段先以截面高度小的预制构件承担该阶段全部荷载,使得受拉钢筋中的应力比假定用叠合构件全截面承担同样荷载时大,出现受拉钢筋应力超前的现象。在使用阶段受力过程中,虽然受拉钢筋应力超前的现象有所减小,但仍使叠合构件与同样截面普通受弯构件相比钢筋拉应力及曲率偏大,并有可能使受拉钢筋在弯矩准永久值作用下过早达到屈服,这种情况在设计中应予以防止。

叠合梁在荷载准永久组合下,其纵向受拉钢筋的应力 σ_{sq} 应符合下列规定:

$$\sigma_{sq} \leqslant 0.9f_y \tag{4.42}$$

$$\sigma_{sq} = \sigma_{s1k} + \sigma_{s2q} \tag{4.43}$$

在弯矩 M_{1Gk} 作用下,预制构件纵向受拉钢筋的应力 σ_{s1k} 可按下列公式计算:

$$\sigma_{s1k} = \frac{M_{1Gk}}{0.87A_s h_{01}} \tag{4.44}$$

在荷载准永久组合下，叠合梁纵向受拉钢筋中的应力增量 σ_{s2q} 可按下列公式计算：

$$\sigma_{s2q}=\frac{0.5(1+h_1/h)M_q}{0.87A_s h_0} \tag{4.45}$$

$$M_{1u}=f_y A_s\left(h_{01}-\frac{f_y A_s}{2\alpha_1 f_c b}\right) \tag{4.46}$$

$$M_q=M_{1Gk}+M_{2Gk}+\psi_q M_{2Qk} \tag{4.47}$$

式中 M_{1u}——预制梁正截面受弯承载力设计值，当 $M_{1Gk}<0.35M_{1u}$ 时，式中的 $0.5(1+h_1/h)$ 值应取 1.0；

M_q——使用阶段荷载按荷载准永久组合计算的弯矩值；

M_{1Gk}——预制梁自重、预制板自重和叠合层自重在计算截面产生的弯矩标准值；

M_{2Gk}——面层、吊顶等自重标准值在计算截面产生的弯矩值；

M_{2Qk}——使用阶段可变荷载标准值在计算截面产生的弯矩值；

ψ_q——使用阶段可变荷载准永久值系数。

(5)梁的裂缝宽度验算

①预制梁的裂缝宽度验算。

钢筋混凝土预制梁的最大裂缝宽度可按下列公式计算：

$$\omega_{1,\max}=\alpha_{cr}\psi_1\frac{\sigma_{s1}}{E_s}\left(1.9c_s+0.08\frac{d_{eq}}{\rho_{te1}}\right)\leqslant[\omega] \tag{4.48}$$

$$\psi_1=1.1-\frac{0.65f_{tk1}}{\rho_{te1}\sigma_{s1}} \tag{4.49}$$

$$\rho_{te1}=\frac{A_s}{0.5bh_1} \tag{4.50}$$

$$\sigma_{s1}=\frac{M_{1k}}{0.87A_s h_{01}} \tag{4.51}$$

$$M_{1k}=M_{1Gk}+M_{1Qk} \tag{4.52}$$

$$d_{eq}=\frac{\sum n_i d_i^2}{\sum n_i v_i d_i} \tag{4.53}$$

式中 α_{cr}——构件受力特征值系数，钢筋混凝土预制梁取 1.9；

ψ_1——预制梁裂缝间纵向受拉钢筋应变不均匀系数，当 $\psi_1<0.2$ 时，取 $\psi_1=0.2$，当 $\psi_1>1$ 时，取 $\psi_1=1$；

σ_{s1}——钢筋混凝土预制梁纵向受拉钢筋应力；

c_s——最外层纵向受拉钢筋外边缘至受拉区底边的距离，当 $c_s<20$ mm 时，取 $c_s=20$ mm，当 $c_s>65$ mm 时，取 $c_s=65$ mm；

ρ_{te1}——按预制梁的有效受拉混凝土截面面积计算的纵向受拉钢筋配筋率；

f_{tk1}——预制梁的混凝土抗拉强度标准值；

M_{1Qk}——施工阶段施工活荷载在计算截面产生的弯矩标准值；

d_{eq}——纵向受拉钢筋的等效直径；

d_i——受拉区第 i 种纵向钢筋的公称直径；

n_i——受拉区第 i 种纵向钢筋的根数；

v_i——受拉区第 i 种纵向钢筋的相对黏结系数，光圆钢筋取 0.7，带肋钢筋取 1.0。

②叠合梁的裂缝宽度验算。

混凝土叠合梁按荷载准永久组合或标准组合并考虑长期作用影响的最大裂缝宽度 ω_{max}，其不应超过规范规定的最大裂缝宽度限值。

$$\omega_{max} = 2\frac{\psi(\sigma_{s1k} + \sigma_{s2q})}{E_s}\left(1.9c + 0.08\frac{d_{eq}}{\rho_{te1}}\right) \tag{4.54}$$

$$\psi = 1.1 - \frac{0.65f_{tk1}}{\rho_{te1}\sigma_{s1k} + \rho_{te}\sigma_{s2q}} \tag{4.55}$$

式中 ψ——叠合梁裂缝间纵向受拉钢筋应变不均匀系数；

σ_{s1k}——在弯矩 M_{1Gk} 作用下，预制构件纵向受拉钢筋的应力，可按式(4.44)计算；

σ_{s2q}——叠合梁纵向受拉钢筋中的应力增量，可按式(4.45)计算；

c——叠合梁的保护层厚度；

ρ_{te2}——叠合梁的有效受拉混凝土截面面积计算的纵向受拉钢筋配筋率。

(6)梁的挠度验算

①短期刚度。预制梁的短期刚度 B_{s1} 的计算公式为：

$$B_{s1} = \frac{E_sA_sh_{01}^2}{1.15\psi_1 + 0.2 + 6\alpha_E\rho_1} \tag{4.56}$$

式中 ρ_1——预制梁纵向受拉钢筋配筋率，对混凝土预制梁取 $A_s/(bh_{01})$。

叠合梁使用阶段的短期刚度可按下列公式计算：

$$B_s = \frac{E_sA_sh_0^2}{0.7 + 0.6\frac{h_1}{h} + \frac{45\alpha_E\rho}{1 + 3.5\gamma_f'}} \tag{4.57}$$

式中 α_E——钢筋弹性模量与叠合层混凝土弹性模量的比值，即 $\alpha_E = E_s/E_{c2}$；

ρ——叠合梁纵向受拉钢筋配筋率，对混凝土叠合梁取 $A_s/(bh_0)$。

②长期刚度。叠合梁按荷载准永久组合或标准组合并考虑长期作用影响的刚度可按下列公式计算。

$$B = \frac{M_q}{(B_s/B_{s1} - 1)M_{1Gk} + \theta M_q} \tag{4.58}$$

式中 θ——考虑荷载长期作用对挠度增大的影响系数；

M_q——叠合构件按荷载准永久组合计算的弯矩值；

B_{s1}——预制梁的短期刚度，按式(4.56)计算；

B_s——叠合构件使用阶段的短期刚度，按式(4.57)计算。

施工阶段(预制梁)：钢筋混凝土预制梁跨中挠度 f_1 可采用短期刚度的简支梁挠度公式计算。当施工阶段为均布荷载时，构件挠度按下式计算：

$$f_1 = \frac{5M_{1k}\cdot l_{01}^2}{48B_{s1}} \leqslant [f] \tag{4.59}$$

式中 M_{1k}——第一阶段荷载按照荷载标准组合计算的弯矩，可按式(4.52)计算；

l_{01}——预制梁计算跨度。

使用阶段(叠合梁)：叠合梁跨中最大挠度 f 应满足下式：

$$f = \alpha \frac{M_q \cdot l_0^2}{B} \leqslant [f] \tag{4.60}$$

式中 α——与荷载形式及支撑条件有关的系数，按照《建筑结构静力手册》取值；

M_q——使用阶段荷载按荷载准永久组合计算的弯矩值，按式(4.47)计算；

l_0——叠合梁计算跨度；

B——叠合梁的长期刚度，按照式(4.58)计算。

(7)预制梁的吊装验算

预制梁的吊装验算应符合本章预制构件施工要求中的相关规定。

4.5.3 构造要求

1)纵向钢筋要求

(1)纵向受力钢筋配筋率

梁端截面的底面和顶面纵向钢筋配筋量的比值，除按计算确定外，一级不应小于0.5，二、三级不应小于0.3。非抗震设计时，梁纵向受拉钢筋的最小配筋 ρ_{min} 不应小于0.2%和 $0.45f_t/f_y$ 二者的较大值；抗震设计时，梁纵向受拉钢筋的最小配筋率 ρ_{min} 不应小于表4.9规定的数值；抗震设计时，梁端计入受压钢筋的混凝土受压区高度和有效高度之比，一级不应大于0.25，二、三级不应大于0.35。梁端纵向受拉钢筋的配筋率不宜大于2.5%。

表4.9 梁纵向受拉钢筋的最小配筋率 ρ_{min} 单位：%

抗震等级	钢筋混凝土梁	
	支座(取较大值)	跨中(取较大值)
一级	0.40 和 $80f_t/f_y$	0.30 和 $65f_t/f_y$
二级	0.30 和 $65f_t/f_y$	0.25 和 $55f_t/f_y$
三、四级	0.25 和 $55f_t/f_y$	0.20 和 $45f_t/f_y$

(2)纵筋直径

非抗震设计时，沿梁全长顶面和底面应至少各配置两根纵向钢筋。梁高不小于300 mm时，钢筋直径不应小于10 mm；梁高小于300 mm时，钢筋直径不应小于8 mm。抗震设计时，沿梁全长顶面、底面的配筋，一、二级不应少于2 Φ14，且分别不应少于梁顶面、底面两端纵向配筋中较大截面面积的1/4；三、四级不应少于2 Φ12。一、二、三级框架梁内贯通中柱的每根纵向钢筋直径，对框架结构不应大于矩形截面柱在该方向截面尺寸的1/20，或纵向钢筋所在位置圆形截面柱弦长的1/20；对其他结构类型的框架不宜大于矩形截面柱在该方向截面尺寸的1/20，或纵向钢筋所在位置圆形截面柱弦长的1/20。

(3)纵筋排布

梁上部钢筋水平方向的净间距不应小于30 mm和1.5d，d为钢筋的最大直径；梁下部钢筋水平方向的净间距不应小于25 mm和d。当下部钢筋多于2层时，2层以上钢筋水平方向的中距应比下面2层的中距增大一倍；各层钢筋之间的净间距不应小于25 mm和d。在梁的配筋密集区域宜采用并筋的配筋形式,如图 4.28 所示。预制梁下部受力纵筋排布应根据框架节点连接形式进行钢筋排布检查,确保叠合梁现场顺利吊装就位。必要时应增设辅助纵向构造钢筋,该钢筋可不伸入梁柱节点,应按图 4.29 进行锚固。

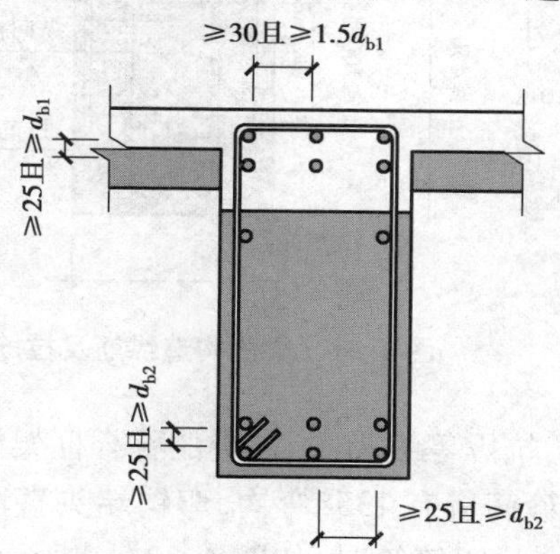

图 4.28 叠合梁纵筋间距

注:图中 d_{b1} 为叠合梁上部纵筋的最大直径,
d_{b2} 为叠合梁下部纵筋的最大直径。

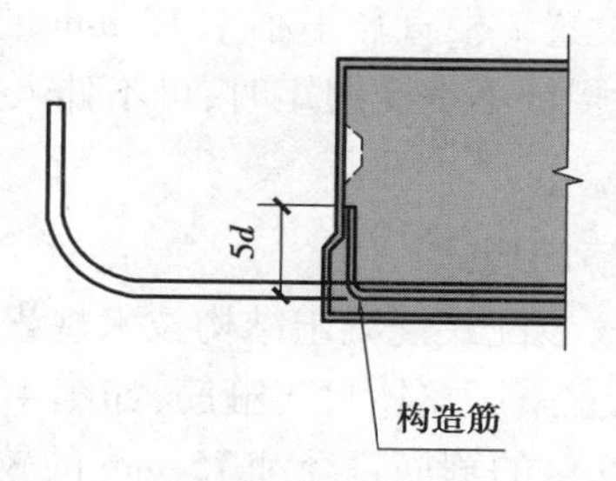

图 4.29 梁下部构造纵筋布置

(4)受扭纵向钢筋

除应在梁截面四角设置受扭纵向钢筋外,其余受扭纵向钢筋应沿截面周边均匀对称布置。其间距不应大于 200 mm 和梁截面短边长度,并应按受拉钢筋要求锚固在支座内。同时承受弯剪扭作用的框架梁,配置在截面弯曲受拉边的纵向受力钢筋截面面积,不应小于该梁受弯计算的纵向受力钢筋截面面积和按受扭计算的纵向受力钢筋配置在弯曲受拉边的截面面积之和,如图 4.30 所示。

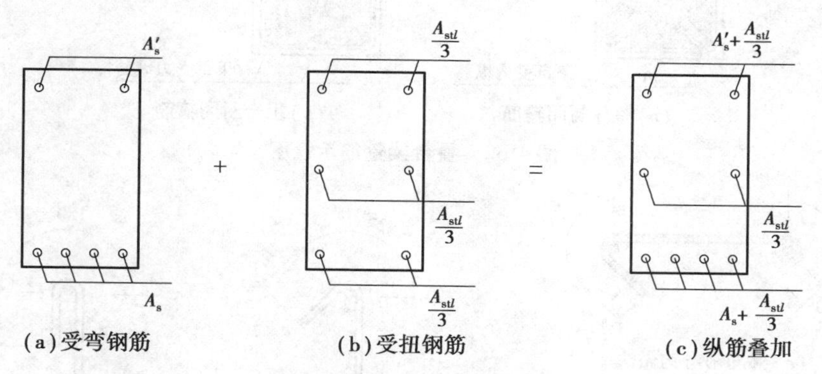

图 4.30 弯扭纵筋的叠加

梁内受扭纵向钢筋的配筋率 ρ_{tl} 应符合下列规定:

$$\rho_{tl} \geqslant 0.6\sqrt{\frac{T}{Vb}}\frac{f_t}{f_y} \tag{4.61}$$

当 $T/Vb>2.0$ 时,取 $T/V=2.0$。式中 ρ_{tl} 为受扭纵向钢筋的配筋率,取 $\rho_{tl}=A_{stl}/(bh)$;T 为扭矩设计值;V 为剪力设计值;b 为梁截面宽度,矩形截面取梁宽;h 为梁截面高度;A_s 为沿截面周边布置的受扭纵向钢筋总截面面积。

(5)梁侧纵向构造钢筋

当梁的腹板高度 $h_w \geqslant 450$ mm 时,在梁的两个侧面应沿高度配置纵向构造钢筋,每侧纵向构造钢筋(不包括梁上、下部受力纵筋及架立钢筋)的截面面积不应小于腹板截面面积 bh_w 的0.1%,其间距不宜大于200 mm,如图4.31所示。在预制梁的上预制面以下100 mm范围内,应设置2根直径不小于12 mm的腰筋。叠合梁预制部分的腰筋不承受扭矩时,可不伸入梁柱节点。

图4.31　梁侧构造纵筋及拉筋布置

2)箍筋要求

(1)箍筋形式

根据《装配式混凝土结构技术规程》(JGJ 1)规定,抗震等级为一、二级的叠合框架梁的端箍筋加密区宜采用整体封闭箍筋,如图4.32(a)所示。箍筋应有135°弯钩,弯钩端头直段长度不应小于10倍的箍筋直径和75 mm的较大值;采用组合封闭箍筋时,如图4.32(b)所示,开口箍筋上方应做成135°弯钩。非抗震设计时,弯钩端头平直段长度不应小于 $5d$(d 为箍筋直径);抗震设计时,平直段长度不应小于 $10d$,如图4.33所示。预制梁的箍筋应全部伸入叠合层,且各肢伸入叠合层的直线段长度不宜小于 $10d$。通常叠合次梁可采用组合箍筋。

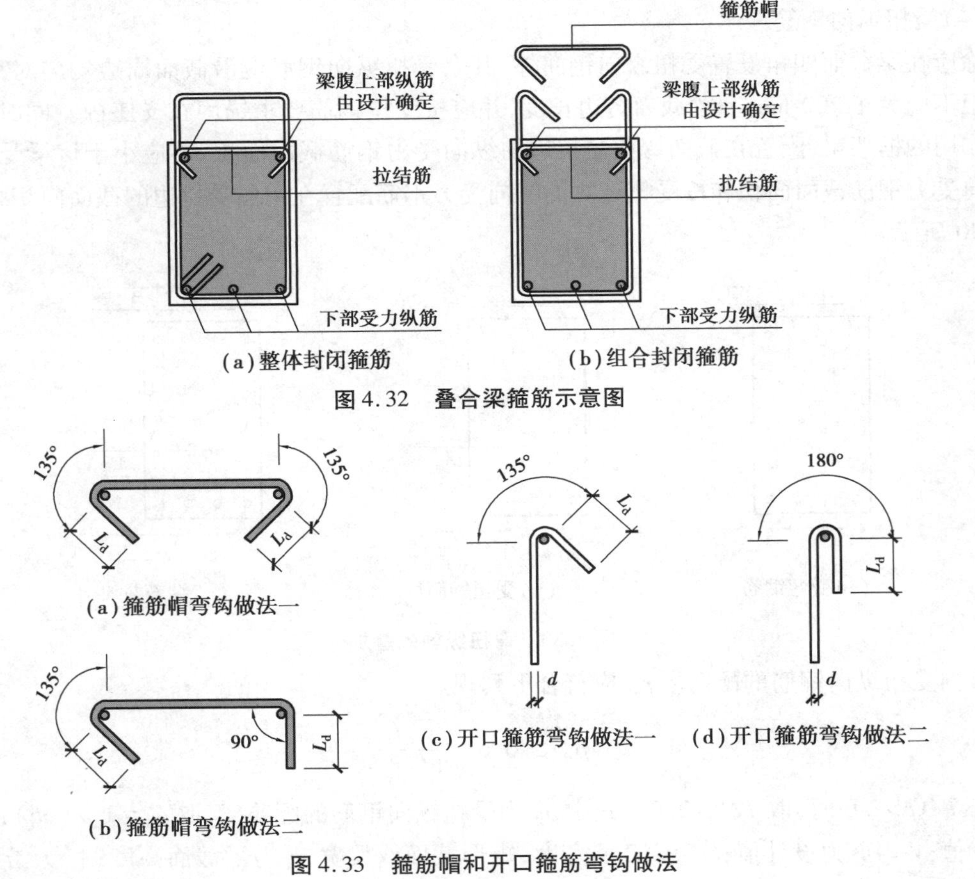

图4.32　叠合梁箍筋示意图

图4.33　箍筋帽和开口箍筋弯钩做法

注:L_d 为箍筋弯钩的弯后直线段长度,L_d 不应小于 $10d$ 和75 mm的较大值。

(2)箍筋配箍率

非抗震设计时,当梁的剪力设计值大于 $0.7 f_t b h_0$ 时,其箍筋面积配筋率应符合下列要求:

$$\rho_{sv} \geq 0.24 f_t / f_y \tag{4.62}$$

抗震设计时,框架梁沿梁全长箍筋面积配筋率应符合下列要求:

一级:
$$\rho_{sv} \geq 0.3 f_t / f_y \tag{4.63}$$

二级:
$$\rho_{sv} \geq 0.28 f_t / f_y \tag{4.64}$$

三、四级:
$$\rho_{sv} \geq 0.26 f_t / f_y \tag{4.65}$$

(3)箍筋直径

非抗震设计时,截面高度大于 800 mm 的梁,箍筋直径不宜小于 8 mm;对截面高度不大于 800 mm 的梁,不宜小于 6 mm。梁中配有计算需要的纵向受压钢筋时,箍筋直径尚不应小于 $d/4$,d 为受压钢筋最大直径。抗震设计时,梁端箍筋加密区箍筋最小直径应符合表 4.10 的要求。

表 4.10 梁端加密区箍筋最小直径

抗震等级	箍筋最小直径(mm)
一级	10(12)
二、三级	8(10)
四级	6(8)

注:当梁端纵向受拉钢筋配筋率大于 2% 时,表中箍筋最小直径取括号内的数值。

(4)箍筋肢距

非抗震设计时,当梁的宽度大于 400 mm 且一层内的纵向受压钢筋多于 3 根时,或当梁的宽度不大于 400 mm 但一层内的纵向受压钢筋多于 4 根时,应设置复合箍筋。根据《装配式混凝土结构连接节点构造(框架)》(20G 310-3)相关规定,箍筋加密区长度内的箍筋肢距:对一级抗震等级,不宜大于 200 mm 和 20 倍箍筋直径的较大值,且不应大于 300 mm;对二、三级抗震等级,不宜大于 250 mm 和 20 倍箍筋直径的较大值,且不应大于 350 mm;对四级抗震等级,不宜大于 300 mm,且不应大于 400 mm。

(5)箍筋间距及加密区长度

非抗震设计时,梁箍筋间距不应大于表 4.11 的规定。在纵向受拉钢筋的搭接长度范围内,箍筋间距尚不应大于搭接钢筋较小直径的 5 倍,且不应大于 100 mm;在纵向受压钢筋的搭接长度范围内,箍筋间距尚不应大于搭接钢筋较小直径的 10 倍,且不应大于 200 mm。当梁中配有计算需要的纵向受压钢筋时,箍筋间距不应大于 $15d$ 且不应大于 400 mm;当一层内的受压钢筋多于 5 根且直径大于 18 mm 时,箍筋间距不应大于 $10d$(d 为纵向受压钢筋的最小直径)。抗震设计时,梁端箍筋加密区长度、箍筋最大间距应符合表 4.12 的要求,框架梁非加密区箍筋最大间距不宜大于加密区箍筋间距的 2 倍,如图 4.34 至图 4.36 所示。

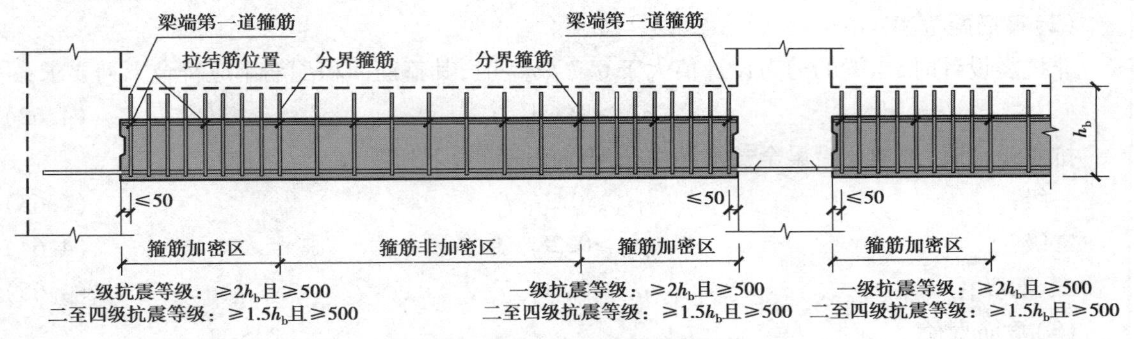

图 4.34　叠合梁箍筋和拉结筋排布

注:①图中 h_b 为叠合梁的截面高度,d 为拉结筋直径;

②在不同配置要求的箍筋区域分界处应设置一道分界箍筋,分界箍筋应按相邻区域中的较高要求配置;

③抗震等级为一、二级的叠合梁,其梁端箍筋加密区宜采用整体封闭箍筋;当叠合梁受扭时,应采用整体封闭箍筋;

④梁腹两侧纵筋用拉结筋联系,拉结筋紧靠箍筋并勾住梁腹纵筋,拉结筋的钢筋牌号与箍筋相同。梁宽不大于 350 mm 时,拉结筋直径不小于 6 mm;梁宽大于 350 mm 时,拉结筋直径不小于 8 mm。拉结筋的间距为非加密区箍筋间距的 2 倍,且不大于 400 mm。

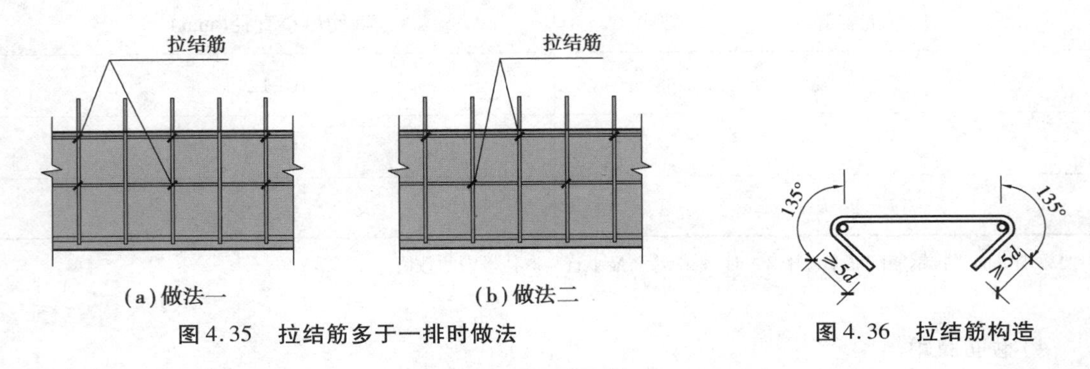

图 4.35　拉结筋多于一排时做法

图 4.36　拉结筋构造

表 4.11　非抗震设计梁箍筋最大间距

单位:mm

h_b(mm)	V(kN)	
	$V>0.7f_tbh_0$	$V\leqslant 0.7f_tbh_0$
$h_b\leqslant 300$	150	200
$300<h_b\leqslant 500$	200	300
$500<h_b\leqslant 800$	250	350
$h_b>800$	300	400

表 4.12　梁端加密区长度、箍筋最大间距

单位:mm

抗震等级	加密区长度(取较大值)	箍筋最大间距(取最小值)
一级	$2.0h_b$,500	$h_b/4$,$6d$,100
二级	$1.5h_b$,500	$h_b/4$,$8d$,100
三、四级	$1.5h_b$,500	$h_b/4$,$8d$,150

注:①d 为纵向钢筋直径,h_b 为梁截面高度;

②一、二级抗震等级框架,当箍筋直径大于 12 mm,肢数不少于 4 肢且肢距不大于 150 mm 时,箍筋加密区最大间距应允许适当放松,但不应大于 150 mm。

(6)剪扭箍筋

受扭所需的箍筋应做成封闭式,且应沿截面周边布置;当采用复合箍筋时,位于截面内部的箍筋不应计入受扭所需的箍筋面积,受扭所需的箍筋的末端应做成135°弯钩,弯钩端头平直段长度不应小于10d(d为箍筋直径)。同时受弯剪扭作用的框架梁,其受扭箍筋的最小配箍率为$0.28\,f_t/f_{yv}$。配置在截面上的箍筋面积,不应小于该梁按受剪计算的箍筋面积和受扭计算的箍筋面积之和。以4肢箍为例,图4.37(a)为受剪箍筋A_{sv1}/s沿截面周边配置,图4.37(b)为受扭箍筋A_{st1}/s的配置,图4.37(c)为两者叠加的结果。

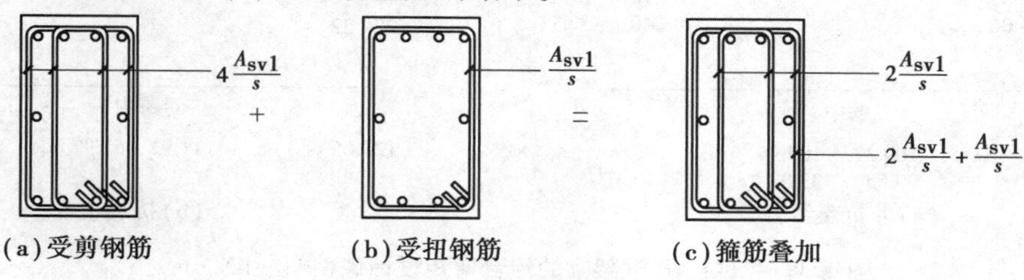

图4.37　剪扭箍筋的叠加

4.5.4　例题设计

以二层Ⓐ~Ⓑ轴叠合梁为例说明设计方法。

1)设计基本参数

叠合梁的混凝土均采用C30($f_c=14.3\ \text{N/mm}^2$,$f_t=1.43\ \text{N/mm}^2$,$f_{tk}=2.01\ \text{N/mm}^2$,$E_c=3\times10^4\ \text{N/mm}^2$);钢筋均采用HRB400级($f_y=360\ \text{N/mm}^2$,$E_s=2\times10^5\ \text{N/mm}^2$)。叠合梁截面尺寸为$b\times h=300\ \text{mm}\times600\ \text{mm}$(预制梁高度$h_1=420\ \text{mm}$,叠合层厚度$h_2=180\ \text{mm}$),外墙厚200 mm,柱的截面尺寸为500 mm×500 mm,预制梁两端各搭接10 mm在柱上,因此预制梁的净长$l_n=6\ 600+200/2\times2-500\times2+10\times2=5\ 820\ \text{mm}$,叠合梁的计算长度$l_0=6\ 600+200/2\times2-2\times500/2=6\ 300\ \text{mm}<1.15l_n=1.15\times5\ 820=6\ 693\ \text{mm}$,则取$l_0=6\ 300\ \text{mm}$。假设叠合梁上下部配筋均为一层,且钢筋直径$d=20\ \text{mm}$,保护层厚度$c=25\ \text{mm}$,故叠合梁上下部的$a_s=c+d/2=25+20/2=35\ \text{mm}$,则预制梁计算高度$h_{01}=h_1-a_s=420-35=385\ \text{mm}$,叠合梁计算高度$h_0=h-a_s=600-35=565\ \text{mm}$。叠合梁的具体尺寸如图4.38所示。

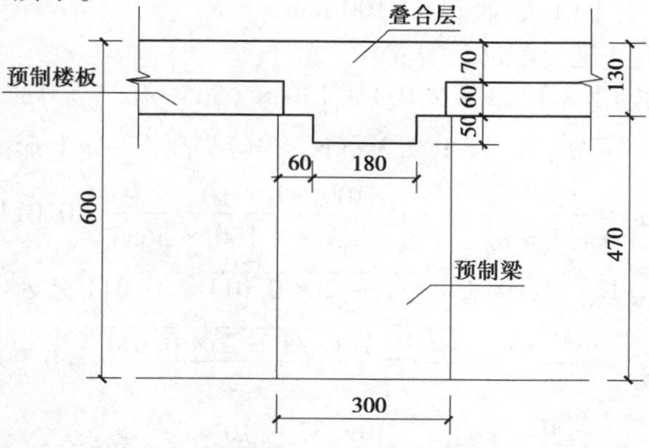

图4.38　叠合梁示意图(单位:mm)

2）梁的正截面设计

（1）最不利组合弯矩设计值

在非抗震组合和抗震组合下，查询附表 2 可知，二层 AB 框架梁梁的端部、跨中弯矩设计值如图 4.39 所示，则非抗震组合下的最不利组合弯矩设计值为：$M_{AB}^{b-ns}=-84.06$ kN · m，$M_{AB-下部}^{b-ns}=109.37$ kN · m，$M_{BA}^{b-ns}=-85.10$ kN · m；抗震组合下的最不利组合弯矩设计值为：$M_{AB}^{b-s}=-239.22$ kN · m，$M_{AB-下部}^{b-s}=124.65$ kN · m，$M_{BA}^{b-s}=-193.75$ kN · m。

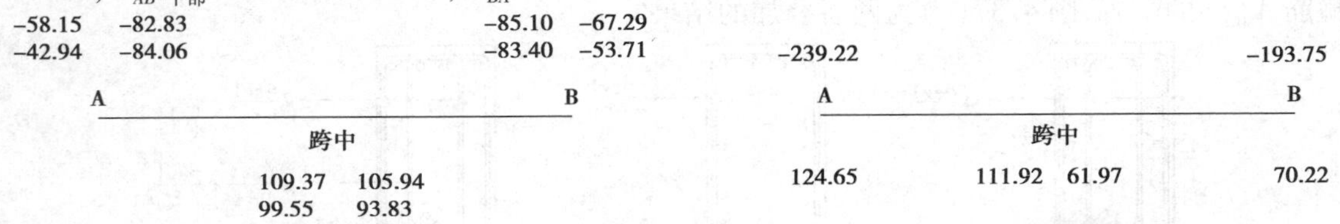

-58.15　-82.83　　-85.10　-67.29
-42.94　-84.06　　-83.40　-53.71
A　　B
跨中
109.37　105.94
99.55　93.83

（a）非抗震组合

-239.22　　-193.75
A　　B
跨中
124.65　111.92　61.97　70.22

（b）抗震组合

图 4.39　二层 AB 框架梁的组合弯矩设计值（单位：kN · m）

由于非抗震、抗震组合时叠合梁的正截面极限承载力 M_u 的计算方法相同（相差 γ_{RE}），因此可将非抗震组合、抗震组合的最不利弯矩进行比较，然后再完成后续设计。其比较方法如下：

$$|M_{AB}^{b-ns}| = 84.06\ \text{kN} \cdot \text{m}(非抗震) < |\gamma_{RE}M_{AB}^{b-s}| = 0.75 \times 239.22 = 179.42\ \text{kN} \cdot \text{m}(抗震)$$

$$M_{AB-下部}^{b-ns} = 109.37\ \text{kN} \cdot \text{m}(非抗震) > \gamma_{RE}M_{AB-下部}^{b-s} = 0.75 \times 124.65 = 93.49\ \text{kN} \cdot \text{m}(抗震)$$

$$|M_{BA}^{b-ns}| = 85.10\ \text{kN} \cdot \text{m}(非抗震) < |\gamma_{RE}M_{BA}^{b-s}| = 0.75 \times 193.75 = 145.31\ \text{kN} \cdot \text{m}(抗震)$$

比较结果表明，叠合梁左、右端控制弯矩为抗震组合，叠合梁跨中的控制弯矩为非抗震组合。因此，采用 $M_{AB}^{b-max}=-239.22$ kN · m，$M_{AB-下部}^{b-max}=109.37$ kN · m，$M_{BA}^{b-max}=-193.75$ kN · m 进行叠合梁的配筋计算。

（2）梁下部正弯矩截面设计

在正弯矩作用下，叠合梁下部受拉，上部叠合板为受压翼缘，可按照单筋 T 形截面行设计，且中部截面正弯矩最不利（$M_{AB-下部}^{b-max}=109.37$ kN · m）。

确定 T 形截面的翼缘宽度 b_f'：

①按计算跨度 l_0 考虑：$b_f'=l_0/3=6\ 300/3=2\ 100$ mm

②按梁肋净距 s_n 考虑：$s_n=l_{梁轴间距}-(b_{主梁}+b_{次梁})/2=3\ 900-(250+300)/2=3\ 625$ mm

$$b_f' = b + s_n = 300 + 3\ 625 = 3\ 925\ \text{mm}$$

③按翼缘高度 h_f' 考虑：$h_f'/h_0=130/565=0.23>0.1$，故肋形梁不能按翼缘高度 h_f' 考虑 b_f'。由于 b_f' 取 3 种考虑方式的最小值，故取 $b_f'=2\ 100$ mm。

判断 T 形截面类型，并进行配筋计算：

$$\alpha_1 f_c b_f' h_f'(h_0 - 0.5h_f') = 1 \times 14.3 \times 2\ 100 \times 130 \times (565 - 0.5 \times 130) = 1\ 951.95\ \text{kN} \cdot \text{m}$$

$$> M_{AB-下部}^{b-max} = 109.37\ \text{kN} \cdot \text{m}(属于第一类\ \text{T}\ 形截面)$$

$$\alpha_s = \frac{M_{AB-下部}^{b-max}}{\alpha_1 f_c b_f' h_0^2} = \frac{109.37 \times 10^6}{1 \times 14.3 \times 2\ 100 \times 565^2} = 0.011$$

$$\xi = 1 - \sqrt{1 - 2\alpha_s} = 1 - \sqrt{1 - 2 \times 0.011} = 0.011 < \xi_b = 0.518$$

$$\gamma_s = \frac{1 + \sqrt{1 - 2\alpha_s}}{2} = \frac{1 + \sqrt{1 - 2 \times 0.011}}{2} = 0.994$$

$$A_s = \frac{M_{AB-下部}^{b-max}}{f_y \gamma_s h_0} = \frac{109.37 \times 10^6}{360 \times 0.994 \times 565} = 541\ \text{mm}^2$$

选配 3 Φ 22（$A_s = 1\ 140\ mm^2 > 541\ mm^2$）。

验算配筋率：

$$\rho = \frac{A_s}{bh_0} = \frac{1\ 140}{300 \times 565} \times 100\% = 0.67\% > \rho_{min} = \max\left(0.2\% \frac{h}{h_0}, 45\% \frac{h}{h_0} \cdot \frac{f_t}{f_y}\right)$$

$$= \max(0.21\%, 0.19\%) = 0.21\%$$

故配筋率满足要求。

（3）支座负弯矩截面设计

叠合梁配置的下部纵筋（3 Φ 22）全跨拉通并伸入支座，故该叠合梁支座截面负弯矩按双筋矩形截面进行配筋设计，下部通长纵筋作为受压钢筋。

以该叠合梁 A 侧的支座截面进行设计。其控制弯矩为 $\gamma_{RE} M_{AB}^{b-max} = 179.42\ kN \cdot m$，取 $a_s = 35\ mm$，$h_0 = 565\ mm$，下部受压钢筋为 3 Φ 22（$A_s = 1\ 140\ mm^2$），其配筋计算过程如下：

$$M_u = f_y' A_s' (h_0 - a_s') = 360 \times 1\ 140 \times (565 - 35) = 217.51\ kN \cdot m$$

由于 $M_u > \gamma_{RE} M_{AB}^{b-max}$，则表示下部钢筋未屈服。

故：$A_s' = \dfrac{\gamma_{RE} M_{AB}^{b-max}}{f_y (h_0 - a_s')} = \dfrac{179.42 \times 10^6}{360 \times (565 - 35)} = 941\ mm^2$

实配 3 Φ 22（$A_s' = 1\ 140\ mm^2 > 941\ mm^2$），钢筋直径（22 mm）$< h/20 = 600/20 = 30$ mm（三级抗震），满足要求。

验算配筋率：

$$\rho = \frac{A_s'}{bh_0} = \frac{1\ 140}{300 \times 565} \times 100\% = 0.67\% > \rho_{min} = \max\left(0.2\% \frac{h}{h_0}, 45\% \frac{h}{h_0} \cdot \frac{f_t}{f_y}\right)$$

$$= \max(0.21\%, 0.19\%) = 0.21\%$$

对于三级抗震，$A_s'/A_s = 1\ 140/1\ 140 = 1 > 0.3$，满足要求。

由于叠合梁 $h_w = 600 - 130 = 470\ mm > 450\ mm$，梁侧应配置纵向构造钢筋，选配 4 Φ 12，其中 $A_s = 552\ mm^2 > 0.1\% bh_w = 0.1\% \times 300 \times 470 = 141\ mm^2$，满足要求。

3）梁的斜截面设计

（1）最不利组合剪力设计值

查询附表 2 可知，二层 AB 框架梁端部非抗震组合剪力设计值如图 4.40 所示（均取绝对值）。

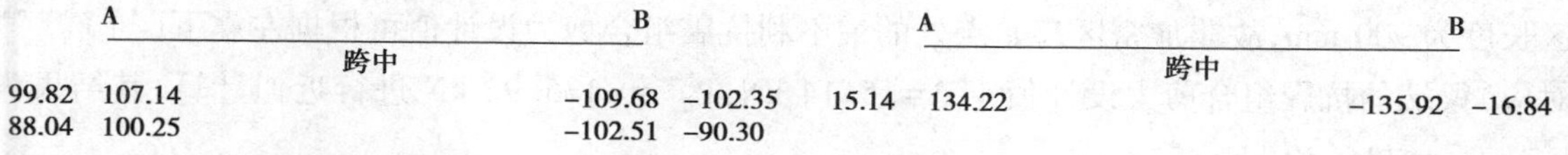

A　　　　　　跨中　　　　　　B

99.82　107.14　　　　　　−109.68　−102.35

88.04　100.25　　　　　　−102.51　−90.30

（a）非抗震组合

A　　　　　　跨中　　　　　　B

15.14　134.22　　　　　　−135.92　−16.84

（b）抗震组合

图 4.40　二层 AB 框架梁的组合剪力设计值汇总（单位：kN）

（2）非抗震组合下的斜截面设计

非抗震组合下的最不利组合剪力设计值为 $V_B^{b-ns-max} = 109.68$ kN（位于 B 侧支座截面），如图 4.40（a）所示。

验算截面尺寸：

$$h_w = h_0 = 600 - 35 = 565\ mm, \frac{h_w}{b} = \frac{565}{300} = 1.88 < 4$$

$0.25\beta_c f_c bh_0 = 0.25 \times 1 \times 14.3 \times 300 \times 565 = 605.96\ \text{kN} > V_B^{b-ns-max} = 109.68\ \text{kN}$

验算是否需要计算配箍：

$0.7f_t bh_0 = 0.7 \times 1.43 \times 300 \times 565 = 169.67\ \text{kN} > V_B^{b-ns-max} = 109.68\ \text{kN}$，采用构造配箍。

由于 $V_B^{b-ns-max}<0.7f_t bh_0$，且 500 mm<$h$=600 mm<800 mm，根据构造要求，应取 $s_{max} \leqslant 350$ mm、$d_{min} \geqslant 6$ mm，故暂选配⌀6@300（双肢）。

（3）抗震组合下的斜截面设计

在抗震设计中，为避免剪切破坏早于弯曲破坏，应按"强剪弱弯"措施对梁端考虑地震组合的剪力值进行调整。由于内力组合表已进行过"强剪弱弯"的调整，故直接在内力组合表中引用，如图4.40（b）所示。综上所述，抗震组合的剪力设计值取 $\gamma_{RE}V_B^{b-s-max}=0.85\times135.92=115.53$ kN。

验算截面尺寸：

$$\frac{l_0}{h} = \frac{6\ 300}{600} = 10.5 > 2.5$$

$0.2\beta_c f_c bh_0 = 0.2 \times 1 \times 14.3 \times 300 \times 565 = 484.77\ \text{kN} > \gamma_{RE}V_B^{b-s-max} = 115.53\ \text{kN}$

验算是否需要计算配箍：

$0.42f_t bh_0=0.42\times1.43\times300\times565=101.80\ \text{kN}<\gamma_{RE}V_B^{b-s-max}=115.53$ kN，采用计算配箍。

受剪配箍计算：

$$\frac{A_{sv}}{s} = \frac{\gamma_{RE}V_B^{b-s-max} - 0.42f_t bh_0}{f_{yv}h_0} = \frac{(115.53 - 101.80) \times 10^3}{360 \times 565} = 0.07$$

三级抗震时梁端箍筋加密区的箍筋直径应满足 $d_{min} \geqslant 8$ mm，故选配⌀8 的箍筋（双肢）；此外，三级抗震梁端箍筋加密区的箍筋间距应满足 $s_{max} \leqslant \min(h_b/4, 8d, 150) = \min(600/4, 8\times22, 150) = 150$ mm，故该叠合梁端部箍筋加密区可选配⌀8@150（双肢）。对于⌀8@150（双肢）有：$A_{sv}/s=2\times50.3/150=0.67>0.07$，满足抗震组合下的受剪承载力要求。

箍筋的配箍率验算：

$\rho_{sv} = \dfrac{A_{sv}}{bs} = \dfrac{2\times50.3}{300\times150}\times100\% = 0.22\% > \rho_{sv,min} = 0.26\dfrac{f_t}{f_{yv}} = 0.26\times\dfrac{1.43}{360}\times100\% = 0.10\%$，满足要求。

梁端箍筋加密区长度：$l_p^b=\max(1.5h_b, 500)=\max(900, 500)=900$ mm。

叠合梁跨内无集中力，分布竖向荷载和水平地震作用下梁剪力大致呈直线分布。箍筋加密区长度为900 mm，故非加密区起始点处的最不利抗震组合剪力设计值可根据左震下（与 $V_B^{b-s-max}$ 对应）梁端的抗震组合剪力设计值 $V_A^{b-s}=15.14$ kN，$V_B^{b-s}=-135.92$ kN 进行近似计算，其结果为 $V_{B-非加密}^{b-s-max}=-116.50$ kN。

依据叠合梁端部箍筋加密区所配的中⌀8@150（双肢），暂取非加密区配箍为⌀8@200（双肢），并采用 $V_{B-非加密}^{b-s-max}=-116.50$ kN 对非加密区的配箍进行验算。

$$0.42f_t bh_0 + f_{yv}\frac{A_{sv}}{s}h_0 = 0.42 \times 1.43 \times 300 \times 565 + 360 \times \frac{2 \times 50.3}{200} \times 565 = 204.11\ \text{kN}$$

$$> \gamma_{RE}V_{B-非加密}^{b-s-max} = 0.85 \times 116.50 = 99.03\ \text{kN}，满足要求。$$

非加密区的配箍也应满足规范要求的最小面积配箍率限值。

$\rho_{sv} = \dfrac{A_{sv}}{bs} = \dfrac{2\times50.3}{300\times200}\times100\% = 0.17\% > \rho_{sv,min} = 0.24\dfrac{f_t}{f_{yv}} = 0.24\times\dfrac{1.43}{360}\times100\% = 0.10\%$，满足

要求。

综合以上非抗震、抗震时的计算结果可知，叠合梁的配箍由抗震组合的斜截面设计（抗震构造措施）控制，即端部箍筋加密区配箍为Φ 8@150（双肢），非加密区配箍Φ 8@200（双肢），箍筋加密区长度取900 mm。

4）预制梁验算

由于预制梁在施工阶段两端需要设置临时支撑，根据最小弯矩原理，两道支撑点都设置在离梁端 $a=0.207l_n=0.207\times5\ 820\approx1\ 200$ mm 处，$l_n=5\ 820$ mm 为预制梁的净长度，预制梁的计算长度 $l_{01}=l_n-2a=5\ 820-2\times1\ 200=3\ 420$ mm，预制梁的施工活荷载取为1.0 kN/m²。预制梁荷载简图如图4.41所示。

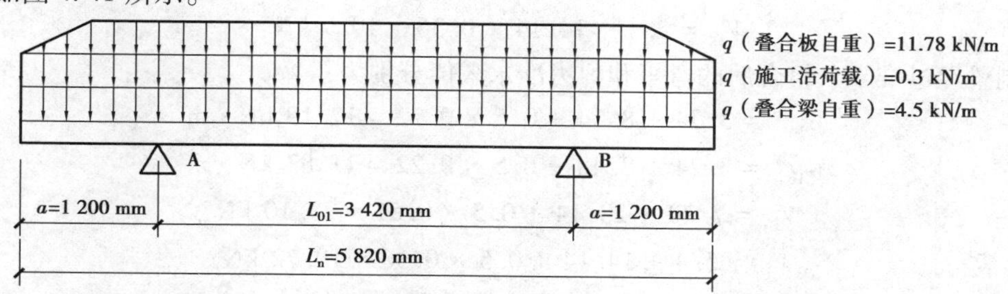

图4.41　预制梁的荷载简图

（1）荷载情况

①叠合梁自重（均布荷载）：$0.3\times0.6\times25=4.5$ kN/m

②叠合板自重（梯形荷载）：$(3.9-0.25/2-0.3/2)\times0.13\times25=11.78$ kN/m

③施工活荷载（均布荷载）：$1\times0.3=0.3$ kN/m

（2）内力值计算

①叠合梁自重：

支撑处：$M_{支撑}=1/2\times4.5\times1.2^2=3.24$ kN·m

跨中：$M_{跨中}=1/8\times4.5\times(5.82-2\times1.2)^2-1/2\times4.5\times1.2^2=3.34$ kN·m

支撑左侧：$V_A^l=4.5\times1.2=5.4$ kN

支撑右侧：$V_A^r=1/2\times4.5\times5.82-4.5\times1.2=7.70$ kN

②叠合板自重：

为简化计算，将叠合板自重的梯形荷载看作荷载值大小相等的均布荷载进行计算。

支撑处：$M_{支撑}=1/2\times11.78\times1.2^2=8.48$ kN·m

跨中：$M_{跨中}=1/8\times11.78\times(5.82-2\times1.2)^2-1/2\times11.78\times1.2^2=8.74$ kN·m

支撑左侧：$V_A^l=11.78\times1.2=14.14$ kN

支撑右侧：$V_A^r=1/2\times11.78\times5.82-11.78\times1.2=20.14$ kN

③施工活荷载：

支撑处：$M_{支撑}=1/2\times0.3\times1.2^2=0.22$ kN·m

跨中：$M_{跨中}=1/8\times0.3\times(5.82-2\times1.2)^2-1/2\times0.3\times1.2^2=0.22$ kN·m

支撑左侧：$V_A^l=0.3\times1.2=0.36$ kN

支撑右侧：$V_A^r=1/2\times0.3\times5.82-0.3\times1.2=0.51$ kN

预制梁经过基本组合后的弯矩和剪力设计值分别为：

$$M_{1a}^{跨中} = 1.3 \times (3.34 + 8.74) + 1.5 \times 0.22 = 16.03\ \text{kN} \cdot \text{m}$$

$$M_{1a}^{支撑} = 1.3 \times (3.24 + 8.48) + 1.5 \times 0.22 = 15.57\ \text{kN} \cdot \text{m}$$

$$V_{1a}^{r} = 1.3 \times (7.70 + 20.14) + 1.5 \times 0.51 = 36.96\ \text{kN}$$

$$V_{1a}^{l} = 1.3 \times (5.4 + 14.14) + 1.5 \times 0.36 = 25.94\ \text{kN}$$

预制梁经过标准组合后的弯矩和剪力标准值分别为：

$$M_{1k}^{跨中} = 3.34 + 8.74 + 0.22 = 12.3\ \text{kN} \cdot \text{m}$$

$$M_{1k}^{支撑} = 3.24 + 8.48 + 0.22 = 11.94\ \text{kN} \cdot \text{m}$$

$$V_{1k}^{r} = 7.70 + 20.14 + 0.51 = 28.35\ \text{kN}$$

$$V_{1k}^{l} = 5.4 + 14.14 + 0.36 = 19.9\ \text{kN}$$

预制梁经过准永久组合后的弯矩和剪力准永久值分别为：

$$M_{1q}^{跨中} = 3.34 + 8.74 + 0.5 \times 0.22 = 12.19\ \text{kN} \cdot \text{m}$$

$$M_{1q}^{支撑} = 3.24 + 8.48 + 0.5 \times 0.22 = 11.83\ \text{kN} \cdot \text{m}$$

$$V_{1q}^{r} = 7.70 + 20.14 + 0.5 \times 0.51 = 28.10\ \text{kN}$$

$$V_{1q}^{l} = 5.4 + 14.14 + 0.5 \times 0.36 = 19.72\ \text{kN}$$

(3)预制梁跨中正截面边缘混凝土法向压应力验算

$$W_{cc} = \frac{bh_1^2}{6} = \frac{300 \times 420^2}{6} = 8.82 \times 10^6\ \text{mm}^3$$

$$\sigma_{cc} = \frac{M_{1k}^{跨中}}{W_{cc}} = \frac{12.3 \times 10^6}{8.82 \times 10^6} = 1.39\ \text{N/mm}^2 < 0.8f'_{ck} = 0.8 \times 20.1 = 16.08\ \text{N/mm}^2$$，满足要求。

(4)开裂截面处受拉钢筋的应力验算

$$\sigma_s = \frac{M_{1k}^{跨中}}{0.87A_s h_{01}} = \frac{12.3\times10^6}{0.87\times1\ 140\times385} = 32.21\ \text{N/mm}^2 < 0.7f_{yk} = 0.7\times400 = 280\ \text{N/mm}^2$$，满足要求。

(5)预制梁支撑处正截面边缘混凝土法向拉应力验算

$$W_{ct} = \frac{bh_1^2}{6} = \frac{300 \times 420^2}{6} = 8.82 \times 10^6\ \text{mm}^3$$

$$\sigma_{ct} = \frac{M_{1k}^{支撑}}{W_{ct}} = \frac{11.94 \times 10^6}{8.82 \times 10^6} = 1.35\ \text{N/mm}^2 < 1.0f'_{tk} = 2.01\ \text{N/mm}^2$$，满足要求。

(6)预制梁正截面受弯承载力验算

按照叠合梁设计时，梁底部所配的受拉纵筋为3 Φ 22(A_s=1 140 mm^2)，故按照此配筋进行预制梁的受弯承载力的验算。

$$x = \frac{f_y A_s}{\alpha_1 f_c b} = \frac{360 \times 1\ 140}{1 \times 14.3 \times 300} = 95.66\ \text{mm} > 2a'_s = 70\ \text{mm}$$

$$M_{1u} = \alpha_1 f_c bx\left(h_{01} - \frac{x}{2}\right) = 1\times14.3\times300\times95.66\times\left(385 - \frac{95.66}{2}\right) = 138.37\ \text{kN} \cdot \text{m} > M_{1a}^{跨中} = 16.03\ \text{kN} \cdot \text{m}$$，

满足要求。

(7)预制梁斜截面受剪承载力验算

$$0.7f_t bh_{01} = 0.7 \times 1.43 \times 300 \times 385 = 115.62\ \text{kN} > V_{1a}^{r} = 36.96\ \text{kN}$$，满足要求。

(8)裂缝宽度验算

$$c_s = c + d_{箍} = 25 + 8 = 33\ \text{mm}$$

预制梁的底部纵筋采用的是3 ⌀ 22,故 $\nu_i = 1$,因此 $d_{eq} = d_{纵} = 22$ mm。

$$A_{te1} = 0.5bh_1 = 0.5 \times 300 \times 420 = 63\ 000\ \text{mm}^2$$

$$\rho_{te1} = \frac{A_s}{A_{te1}} = \frac{1\ 140}{63\ 000} = 0.018$$

$$\sigma_{s1k} = \frac{M_{1k}^{跨中}}{0.87h_{01}A_s} = \frac{12.3 \times 10^6}{0.87 \times 385 \times 1\ 140} = 32.21\ \text{N/mm}^2$$

$$\psi_1 = 1.1 - 0.65\frac{f_{tk1}}{\rho_{te1}\sigma_{s1k}} = 1.1 - 0.65 \times \frac{2.01}{0.018 \times 32.21} = -1.15 < 0,取\ \psi_1 = 0.2$$

预制梁施工时属于受弯构件,故 α_{cr} 取为1.9。

$$\omega_{1,max} = \alpha_{cr}\psi_1\frac{\sigma_{s1k}}{E_s}\left(1.9c_s + 0.08\frac{d_{eq}}{\rho_{te1}}\right)$$

$$= 1.9 \times 0.2 \times \frac{32.21}{2 \times 10^5} \times \left(1.9 \times 33 + 0.08 \times \frac{22}{0.018}\right) = 0.01\ \text{mm} < [\omega] = 0.2\ \text{mm}$$

因此,预制梁施工时裂缝宽度满足要求。

(9)预制梁挠度验算

$$\rho_1 = \frac{A_s}{bh_{01}} = \frac{1\ 140}{300 \times 385} = 0.01$$

由于预制梁没有翼缘,故 $\gamma_f = 0$。

$$B_{s1} = \frac{E_sA_sh_{01}^2}{1.15\psi_1 + 0.2 + \dfrac{6\alpha_E\rho_1}{1 + 3.5\gamma_f}} = \frac{2 \times 10^5 \times 1\ 140 \times 385^2}{1.15 \times 0.2 + 0.2 + 6 \times 6.67 \times 0.01} = 4.07 \times 10^{13}\ \text{N} \cdot \text{mm}^2$$

$$\lambda = a/l_{01} = 1\ 200/3\ 420 = 0.35$$

查询《建筑结构静力计算手册》可知,单跨带两端悬臂的梁最大挠度系数

$$\alpha = \frac{1}{384}(5 - 24\lambda^2) = \frac{1}{384} \times (5 - 24 \times 0.35^2) = 0.005\ 36$$

$f_1 = \alpha\dfrac{M_{1k}^{跨中}l_{01}^2}{B_{s1}} = 0.005\ 36 \times \dfrac{12.3 \times 10^6 \times 3\ 420^2}{4.07 \times 10^{13}} = 0.02\ \text{mm} < [f] = \dfrac{l_{01}}{200} = \dfrac{3\ 420}{200} = 17.1\ \text{mm}$,满足要求。

综上所述,预制梁施工阶段满足要求。

5)叠合梁验算

叠合面受剪承载力验算如下:

预制梁斜截面剪力设计值:$V_{cs1} = V_{1a}^{r} = 36.96$ kN

叠合梁斜截面剪力设计值:$V_{cs} = \gamma_{RE}V_B^{b-s-max} = 115.53$ kN

$V_{cs} > V_{cs1}$,满足要求。

$$1.2f_tbh_0 + 0.85f_{yv}\frac{A_{sv}}{s}h_0 = 1.2 \times 1.43 \times 300 \times 565 + 0.85 \times 360 \times \frac{2 \times 50.3}{200} \times 565$$

$$= 377.83\ \text{kN} > V_{cs} = 115.53\ \text{kN}$$

故叠合面受剪承载力满足要求。

由于叠合梁纵向受拉钢筋的应力验算、裂缝验算、挠度验算与叠合板的计算方法一致，故具体计算方法详见本章叠合板例题设计对应部分。

6）预制梁的吊装验算

吊装时，预制梁的脱模吸附力取 1.5 kN/m^2，脱模动力系数取 1.2，吊装动力系数取 1.5，安装动力系数取 1.2。预制梁顶部无配筋，裂缝按照 $\sigma_{cc}<0.8f'_{ck}$、$\sigma_{ct}<1.0f'_{tk}$控制；预制梁底部有配筋，裂缝按照 $\sigma_s<0.7f_{yk}$ 控制。

（1）荷载计算

自重均布荷载标准值：$q_{Gk}=25\times(0.3\times0.47-0.18\times0.05)=1.275$ kN/m

考虑脱模动力系数和脱模吸附力的自重均布荷载标准值：

$$q'_{Gk1}=1.2\times1.275+1.5\times0.03=1.575\ \text{kN/m}$$

考虑吊装动力系数的自重均布荷载标准值：$q'_{Gk2}=1.5\times1.275=1.913$ kN/m

考虑安装动力系数的自重均布荷载标准值：$q'_{Gk3}=1.2\times1.275=1.53$ kN/m

由于 $q'_{Gk2}>q'_{Gk1}>q'_{Gk3}$，故吊装验算时进行吊装阶段验算即可。

（2）吊点的选取

此处的预制梁吊装采用两点吊装，并且吊环采用 HPB300 钢筋制作。根据最小弯矩原理来选择吊点，即吊装过程中由预制梁自重产生的正弯矩最大值与负弯矩最大值相等时，整个构件的弯矩绝对值最小。两点吊装时，吊点位置取为：$a=0.207l=1.2$ m，取 $a=1.2$ m，其中 l 为预制梁的净长度，即 $l=l_n=5.82$ m。预制梁吊装验算与预制梁施工阶段验算的内容和计算方法除了荷载值不同以外，其余内容均相同，故此处计算过程不再详细描述。预制梁吊点布置如图 4.42 所示。

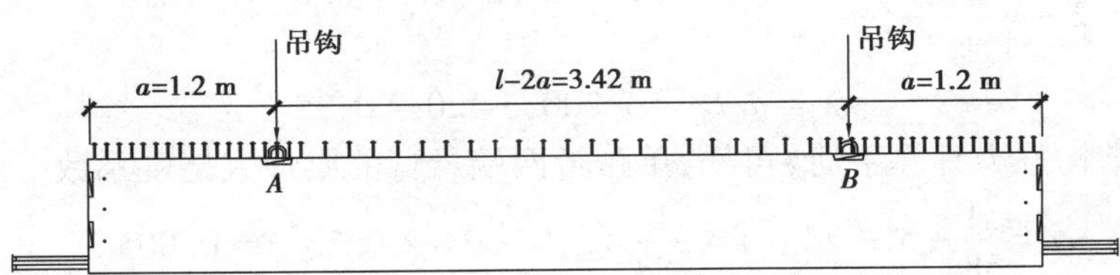

图 4.42　预制梁吊点布置图

（3）预制梁受弯验算

吊装剪力标准值的计算：$V_A^l=2.49$ kN；$V_A^r=3.22$ kN

吊装弯矩标准值计算：$M_{吊点}=1.62$ kN · m；$M_{跨中}=1.10$ kN · m

①预制梁吊点处正截面边缘混凝土法向压应力验算：

$$\sigma_{cc}=\frac{M_{吊点}}{W_{cc}}=0.18\ \text{N/mm}^2<0.8f'_{ck}=16.08\ \text{N/mm}^2$$，满足要求。

②预制梁吊点处正截面边缘混凝土法向拉应力验算：

$$\sigma_{ct}=\frac{M_{吊点}}{W_{ct}}=0.18\ \text{N/mm}^2<1.0f'_{tk}=2.01\ \text{N/mm}^2$$，满足要求。

③预制梁跨中开裂截面处受拉钢筋的应力验算：

$$\sigma_s=\frac{M_{跨中}}{0.87A_sh_{01}}=2.88\ \text{N/mm}^2<0.7f_{yk}=280\ \text{N/mm}^2$$，满足要求。

(4)预制梁受剪验算

$V=0.7f_{t}bh_{01}=115.62\ \mathrm{kN}>1.3\max(V_{A}^{l},V_{A}^{r})=1.3V_{A}^{r}=1.3\times3.22=4.19\ \mathrm{kN}$,满足要求。

(5)预制梁吊环承载力验算

初步假定吊环直径为 10 mm,预制梁吊环的计算简图如图 4.43 所示。

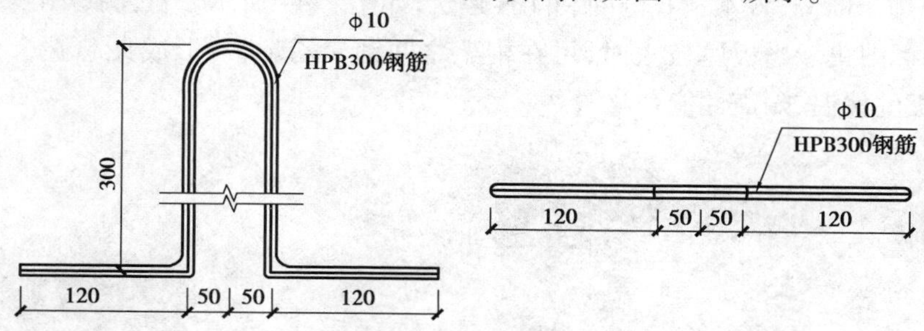

图 4.43 预制梁吊环的计算简图(单位:mm)

预制梁吊环数量为 $N=2$,计算用吊环数量 $N_1=2$,吊环钢筋直径 $d=10$ mm,故每个吊点计算截面总面积 $A_s=2\times\pi/4\times10^2=157\ \mathrm{mm}^2$,且吊点应力不超过 $f_y=65\ \mathrm{N/mm}^2$,单个吊环的承载力为:$F=f_yA_s=65\times157\times10^{-3}=10.21$ kN,预制梁总重为 $G=q_{Gk}l_n=1.275\times5.82=7.42$ kN,吊环总承载力为:$F_1=N_1\times F=2\times10.21=20.42\ \mathrm{kN}>7.42$ kN,吊环承载力满足要求。

4.6 叠合楼盖设计方法

目前,国内外学者主要采用底板带肋、预应力、空心(空腔)三大类技术来提高叠合板受力性能,研发出了多种类型叠合板。三类技术特点以及各类叠合板类型及特点,详见表 4.13。

表 4.13 叠合楼板常见类型及特点

类型	技术特点			规范图集	适用跨度
	带肋	预应力	空心		
预应力混凝土叠合板		√		T/CECS 993 06SG 439-1	3.9~6 m
预制带肋底板混凝土叠合板	√	√		JGJ/T 258 14G 443	3~9 m
钢筋桁架混凝土叠合板	√			T/CECS 715 15G 366-1	2.7~6 m
钢管桁架预应力混凝土叠合板	√	√		T/CECS 722 23TG 02	2.1~9.6 m
预应力混凝土空心板		√	√	T/CECS 10132 13G 440	4.2~18 m
预应力混凝土双 T 板		√		18G 432-1	8.1~24 m

注:①底板带肋技术可提高叠合板施工阶段的刚度和叠合面抗剪性能,常用形式有钢筋桁架、灌浆钢管桁架、混凝土肋。

②预应力技术可提高叠合板的抗裂性能、刚度,并有效利用高强材料,减轻楼板自重,使其适用于大跨度装配式建筑。

③空心(空腔)技术(空心多为圆形,且面积较小,空腔多为矩形,且面积较大)可节省材料,减轻楼板自重,且对刚度影响较少。同时,空腔内放置轻质填充物,可发挥保温、隔音作用。

1) 钢筋桁架混凝土叠合板

钢筋桁架混凝土叠合板最早产生于德国,因其工业化生产程度高,质量较轻(底板约60 mm厚),已广泛应用于欧洲、日本和我国的装配式建筑,如图4.44所示。目前我国已经编制了相关技术规程和国标图集。当板厚较大时,可在桁架之间铺聚乙烯板,形成夹芯叠合板,减小了板重,提高了楼板的保温、隔声性能。

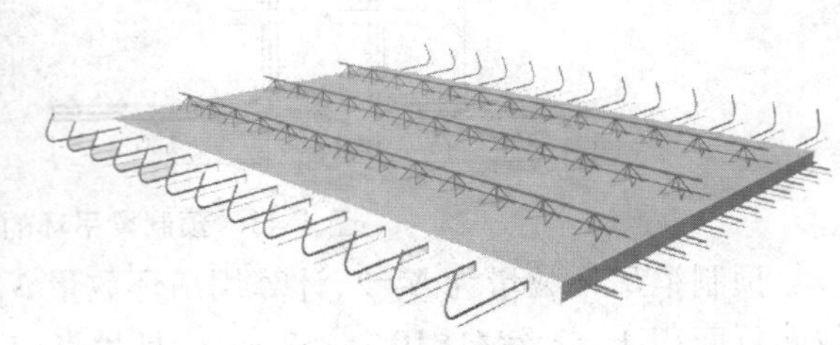

图4.44 钢筋桁架混凝土叠合板

2) 钢管桁架预应力混凝土叠合板

钢管桁架预应力混凝土叠合板简称PK3型板,它是在预制带肋底板混凝土叠合板基础上研发的一种新型叠合楼板,主要由预应力混凝土底板和灌浆钢管桁架组成,如图4.45所示。它结合了钢筋桁架混凝土叠合板与预应力混凝土叠合板各自的特点,扬长避短,预应力的施加解决了前者底板开裂问题,钢管桁架则解决了后者反拱问题。该叠合板桁架的上弦钢筋优化为灌浆钢管,有效提高了预制底板的刚度,减小了底板厚度,具有质量轻、承载力高、抗裂性能好以及生产效率高等优点。

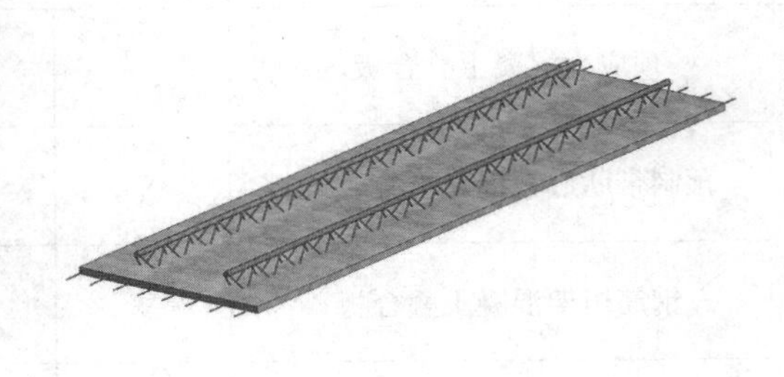

图4.45 钢管桁架预应力混凝土叠合板

3) 预应力混凝土空心板

预应力混凝土空心板最早是由美国SPANCRETE机械制造公司采用干硬性混凝土冲捣挤压成型工艺生产而成的板,简称SP板,如图4.46所示。SP板采用经优化的孔洞设计和侧边嵌锁式键槽,具有受力性能好、生产无需蒸养、施工快捷等优势,已被世界几十个国家和地区所采用。在SP板的基础上,增加叠合层,就形成SPD板。我国从1993年开始引进该设备生产线及相关技术,开展了试验研究,编制了标准图集和设计手册,并在诸多工程中得到应用。

图 4.46　预应力混凝土空心板

4）预应力混凝土双 T 板

美国在 1952 年研发了预应力混凝土双 T 板，它是一种先张法预应力混凝土梁板一体化构件，由受压翼缘板和两个腹梁组成，如图 4.47 所示。双 T 板受力性能好、安装速度快，截面高度一般较大(350 ~ 700 mm)，主要用于大跨度(常用跨度为 9 ~ 18 m)的重荷载工业建筑，特别是在装配式车库中应用较多。为增强双 T 板抗震性能，可在双 T 板上后浇叠合层，形成双 T 板叠合板。我国双 T 板的研究与应用起步于 20 世纪 60 年代，已在许多项目中得到应用。

图 4.47　预应力混凝土双 T 板

4.6.2　叠合板的一般规定

①装配整体式结构的楼盖宜采用叠合楼盖。结构转换层、平面复杂或开洞较大的楼层、作为上部结构嵌固部位的地下室楼层宜采用现浇楼盖。

②叠合板应按现行国家标准进行设计，并应符合下列规定：

a. 叠合板的预制板厚度不宜小于 60 mm，后浇混凝土叠合层厚度不应小于 60 mm。

b. 当叠合板的预制板采用空心板时，板端空腔应封堵。

c. 跨度大于 3 m 的叠合板，宜采用桁架钢筋混凝土叠合板。

d. 跨度大于 6 m 的叠合板，宜采用预应力混凝土预制板。

e. 板厚大于 180 mm 的叠合板，宜采用混凝土空心板。

4.6.3 桁架钢筋混凝土叠合板

1)桁架钢筋混凝土叠合板的一般规定

根据《装配式混凝土结构技术规程》(JGJ 1)规定,叠合板可根据预制板接缝构造、支座构造、长宽比按单向板或双向板设计。当预制板之间采用分离式接缝[图4.48(a)]时,宜按单向板设计。对长宽比不大于3的四边支承叠合板,当其预制板之间采用整体式接缝[图4.48(b)]或无接缝[图4.48(c)]时,可按双向板设计。

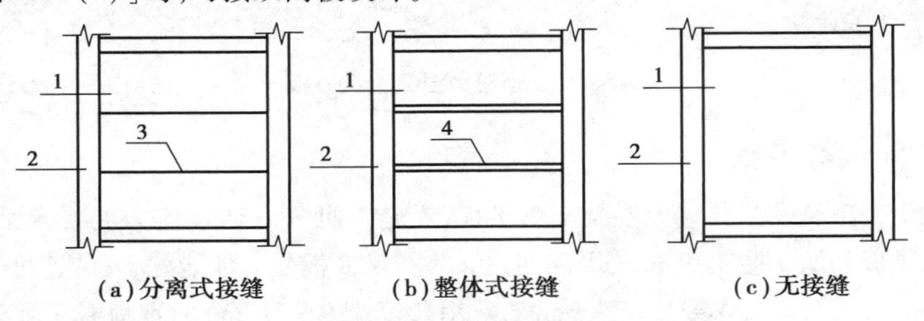

图4.48 叠合板的预制板布置形式示意图

1—预制板;2—梁或墙;3—板侧分离式接缝;4—板侧整体式接缝

叠合板应按照单向板还是双向板进行设计计算取决于叠合板的接缝构造、支座构造做法以及叠合板的长宽比。

①当按照双向板设计时,有以下两种情况:

a.当一个楼板由一整块叠合板构成,且叠合板长宽比不大于3时,该叠合板四边支承按照双向板进行设计,配筋与现浇板相同。

b.当一个四边支承楼板由多个叠合板拼接而成,且板与板间的拼接接缝为整体式接缝,同时该楼板长宽比不大于3,此时该整板按双向板进行设计,整板的底筋为预制板内钢筋,面筋为叠合层内现场铺设的钢筋。预制板内钢筋在接缝处应通过搭接形成传力良好的接缝。

②当采用分离式接缝按照单向板设计时,沿单向板长边方向的钢筋可直接按构造配置,无须考虑受力问题。

2)桁架钢筋混凝土叠合板计算

桁架钢筋混凝土叠合板根据使用阶段支撑设置情况分别采用下列不同的计算方法。施工阶段有可靠支撑的桁架钢筋混凝土叠合板,可按整体受弯构件考虑,其承载力、挠度及裂缝计算或验算应符合有关整体受弯构件的规定,同时叠合面受剪强度应满足规范的要求。施工阶段有可靠支撑的桁架钢筋混凝土叠合板可参考本章中施工阶段有可靠支撑的叠合梁进行计算。

施工阶段不加支撑的桁架钢筋混凝土叠合板,应对桁架钢筋预制板及浇筑叠合层混凝土后的叠合板按两阶段受力分别进行计算。桁架钢筋预制板可按一般受弯构件考虑,叠合板应考虑二次叠合的影响,此时,应按本节下述的规定计算或验算。

施工阶段不加支撑的叠合板,内力应分别接下列两个阶段计算。

第一阶段:后浇的叠合层混凝土未达到强度设计值之前的阶段。荷载由预制板承担,预制板按简支构件计算;荷载包括预制板自重、叠合层自重以及本阶段的施工活荷载。

第二阶段：后浇的叠合层混凝土达到设计规定的强度值之后的阶段。叠合板按整体结构计算；荷载考虑下列两种情况并取较大值：a. 施工阶段考虑叠合板自重、面层、吊顶等自重以及本阶段的施工活荷载；b. 使用阶段考虑叠合板自重、面层、吊顶等自重以及使用阶段的可变荷载。

（1）荷载计算及内力设计值

当进行桁架钢筋混凝土叠合板计算时，通常选定一定截面宽度作为计算对象，并将其简化为梁的设计问题，该等代梁上的荷载应按下面方法确定。

①施工阶段荷载组合。

a. 荷载基本组合。施工阶段荷载基本组合设计值 S_{1a} 为：

$$S_{1a} = 1.3(S_{Gk1} + S_{Gk2}) + 1.5S_{Q1k} \tag{4.66}$$

式中 S_{Gk1}——预制板的自重；

S_{Gk2}——叠合层的自重；

S_{Q1k}——叠合板上的施工活荷载，混凝土浇筑验算时，作用在桁架预制板上的施工活荷载标准值可按实际情况计算，且取值不宜小于 1.5 kN/m^2。

b. 荷载标准组合。施工阶段荷载标准组合值 S_{1k} 为：

$$S_{1k} = S_{Gk1} + S_{Gk2} + S_{Q1k} \tag{4.67}$$

c. 荷载准永久组合。施工阶段荷载准永久组合值 S_{1q} 为：

$$S_{1q} = S_{Gk1} + S_{Gk2} \tag{4.68}$$

②使用阶段荷载组合。

a. 荷载基本组合。使用阶段荷载基本组合设计值 S_a 为：

$$S_a = 1.3(S_{Gk1} + S_{Gk2} + S_{Gk3}) + 1.5S_{Q2k} \tag{4.69}$$

式中 S_{Gk3}——叠合板承受的额外附加恒载（通常为面层、吊顶等自重）；

S_{Q2k}——施工活荷载和使用阶段可变荷载的较大值。

b. 荷载标准组合。使用阶段荷载标准组合值 S_k 为：

$$S_k = S_{Gk1} + S_{Gk2} + S_{Gk3} + S_{Q2k} \tag{4.70}$$

c. 荷载准永久组合。使用阶段荷载准永久组合值 S_q 为：

$$S_q = S_{Gk1} + S_{Gk2} + S_{Gk3} + 0.5S_{Q2k} \tag{4.71}$$

以上各式中，荷载均为按照等效截面宽度折算到等代梁上的线荷载，单位为 kN/m。

③内力设计值。

叠合板的等代梁内力值按下式计算：

$$M = \alpha_M \cdot S \cdot l_0^2 \tag{4.72}$$

$$V = \alpha_V \cdot S \cdot l_0 \tag{4.73}$$

式中 α_M——弯矩系数，若按简支梁，取 0.125；

α_V——剪力系数，若按简支梁，取 0.5；

S——根据施工阶段和使用阶段荷载组合确定的线荷载；

l_0——叠合板的计算长度。

（2）预制板验算

预制板验算内容包括预制板正截面边缘混凝土法向拉、压应力、开裂截面处钢筋应力验算、预制板受弯承载力验算、桁架钢筋验算以及预制板的裂缝、挠度验算。

①预制板正截面边缘混凝土法向拉、压应力、开裂截面处钢筋应力验算、预制板受弯承载力验算具体计算方法同式(4.6)—式(4.8)、式(4.25)—式(4.28)。由于预制板设置有钢筋桁架,故计算预制板的截面弹性抵抗矩需考虑桁架钢筋对预制板的刚度贡献。截面验算时,平行桁架方向宜按钢筋桁架与混凝土板组成的等效组合截面计算,垂直桁架方向应按混凝土板截面计算。

验算平行桁架方向截面承载力时,截面特性宜按组合截面计算,如图4.49所示,截面中和轴至板底的距离 y_0、惯性矩 I_0 计算见下式。

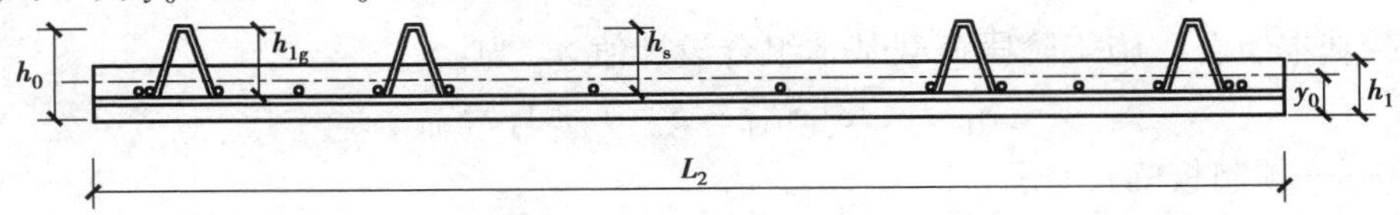

图4.49　桁架预制板板带组合截面示意(平行桁架方向)

$$y_0 = h_a - \frac{L_2 h_1\left(h_a - \dfrac{h_1}{2}\right) + (A_s h_s + A_1 h_{1g})(\alpha_E - 1)}{L_2 h_1 + (A_s + A_1)(\alpha_E - 1) + A_2 \alpha_E} \tag{4.74}$$

$$I_0 = A_2\alpha_E(h_a - y_0)^2 + [y_0 - (h_a - h_{1g})]^2 A_1(\alpha_E - 1) + [y_0 - (h_a - h_s)]^2 A_s(\alpha_E - 1) + \left(y_0 - \frac{h_1}{2}\right)^2 L_2 h_1 + \frac{1}{12} L_2 h_1^3 \tag{4.75}$$

式中　A_1——钢筋桁架下弦钢筋截面积之和;

A_2——钢筋桁架上弦钢筋截面积之和;

A_s——桁架预制板纵向钢筋截面积之和(不含钢筋桁架下弦钢筋截面积);

L_2——桁架预制板板宽;

h_1——桁架预制板厚度;

h_a——桁架预制板底至桁架上弦钢筋中心线垂直高度;

h_s——桁架预制板纵筋至桁架上弦钢筋中心线垂直高度;

h_{1g}——桁架上、下弦钢筋中心线垂直高度;

y_0——桁架预制板组合截面中性轴至板底的距离;

α_E——桁架预制板内钢筋与桁架预制板混凝土的弹性模量之比。

②桁架钢筋验算。桁架钢筋验算内容包括上弦钢筋拉应力或压应力验算以及腹杆钢筋的压应力验算,钢筋桁架的几何参数如图4.50所示。

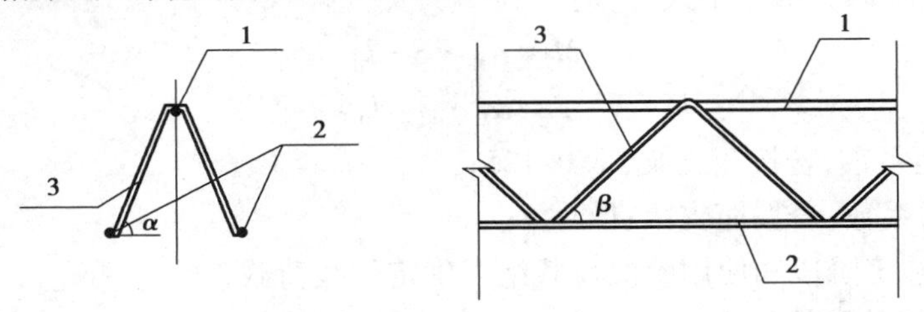

图4.50　钢筋桁架的几何参数

1—上弦钢筋;2—下弦钢筋;3—腹杆钢筋

a. 上弦钢筋拉应力或压应力验算。对平行于桁架方向板带的截面,上弦钢筋拉应力或压应力应符合下列公式规定:

$$\sigma_{s2} = \frac{\alpha_E M_k}{\varphi_2 W_2} < \frac{f_{yk2}}{2.0} \tag{4.76}$$

式中 σ_{s2}——各短暂设计状况下在荷载标准组合作用下的上弦钢筋拉应力或压应力；

W_2——等效组合截面上弦钢筋弹性抵抗矩，按平截面假定计算；

f_{yk2}——桁架上弦钢筋的屈服强度标准值；

φ_2——桁架上弦钢筋的轴心受压稳定系数，按现行国家标准《钢结构设计标准》(GB 50017)确定，计算长度取上弦钢筋焊接节点距离，当 M_k 为负弯矩时，φ_2 取为1.0。

b. 腹杆钢筋的压应力验算。对平行于桁架方向的截面，腹杆钢筋压应力应符合下式规定：

$$\sigma_{s3} = \frac{V_k}{2\varphi_3 A_3 \sin\alpha \sin\beta} < \frac{f_{yk3}}{2.0} \tag{4.77}$$

式中 σ_{s3}——各短暂设计状况下在荷载标准组合作用下的腹杆钢筋压应力；

V_k——各短暂设计状况下在荷载标准组合作用下等效组合截面剪力标准值；

φ_3——腹杆钢筋的轴心受压稳定系数，按现行国家标准《钢结构设计标准》(GB 50017)确定；计算长度取腹杆钢筋自由段长度的70%；

A_3——单肢腹杆钢筋的截面面积；

α——腹杆钢筋垂直桁架方向的倾角；

β——腹杆钢筋平行桁架方向的倾角；

f_{yk3}——桁架腹杆钢筋的屈服强度标准值。

③预制板的裂缝验算按照式(4.48)—式(4.53)计算，预制板的挠度验算按照式(4.56)和式(4.59)计算，根据《钢筋桁架混凝土叠合板应用技术规程》(T/CECS 715)规定，桁架预制板下方临时支撑的位置及间距应根据验算确定，相邻临时支撑之间桁架预制板的挠度不宜大于支撑间距的1/400。

(3)叠合板验算

叠合板验算内容包括叠合面受剪承载力验算、纵向受拉钢筋的应力验算以及叠合板的裂缝和挠度验算。

①叠合面受剪承载力验算。对不配箍筋的叠合板，其叠合面的受剪承载力应满足：

$$\frac{V}{b \cdot h_0} < 0.4\ \text{N/mm}^2 \tag{4.78}$$

式中 V——使用阶段等代梁在基本组合下的剪力设计值；

b——等代梁的计算截面宽度；

h_0——叠合板的总截面有效高度。

②板纵向受拉钢筋应力验算按照式(4.42)—式(4.47)计算，叠合板的裂缝验算按照式(4.54)—式(4.55)计算，叠合板的挠度验算按照式(4.57)、式(4.58)、式(4.60)计算。

(4)预制板吊装验算

预制板的吊装验算，除了符合第4.3.2节预制构件施工要求相关规定以外，还应符合下列规定：

①可简化为以吊点或临时支撑作为简支支座的单向带悬臂的简支梁或连续梁。

②桁架预制板可按吊点所在位置划分为若干板带，所有板带应平均承担总荷载。脱膜、运输、吊运、堆放和安装阶段应分别计算平行桁架方向和垂直桁架方向的板带内力和变形；混凝土

浇筑阶段应计算平行桁架方向板带的内力和变形。

③平行桁架方向,可将宽度不大于 3 000 mm 的桁架预制板作为 1 个板带,如图 4.51(a)所示。

④垂直桁架方向,宜以垂直桁架方向的吊点连线为中心线,板带取中心线两侧一定范围内预制板,如图 4.51(b)所示。每侧板宽宜取到板边或者相邻两个中心线的中间位置,且板带宽度不应大于桁架预制板厚度的 15 倍。

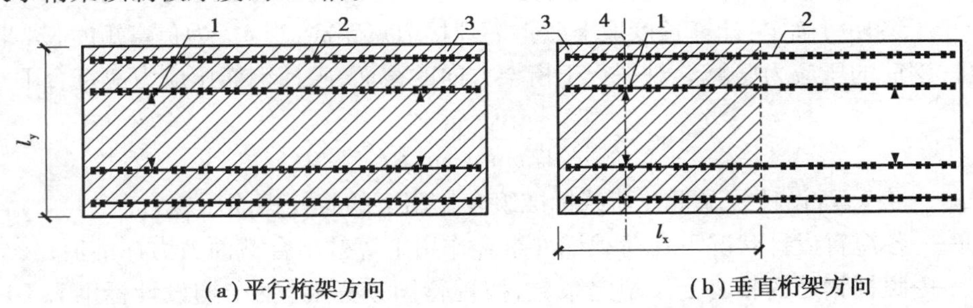

图 4.51　桁架预制板板带划分示意

1—吊点;2—钢筋桁架;3—板带;4—中心线

3)桁架钢筋混凝土叠合板的构造要求

①钢筋桁架的尺寸(图 4.52)应符合下列规定:

a. 钢筋桁架的设计高度 H_1 不宜小于 70 mm,不宜大于 400 mm,且宜以 10 mm 为模数。

b. 钢筋桁架的设计宽度 B 不宜小于 60 mm,不宜大于 110 mm,且宜以 10 mm 为模数。

c. 腹杆钢筋与上、下弦钢筋相邻焊点的中心间距 P_s 宜取 200 mm,且不宜大于 200 mm。

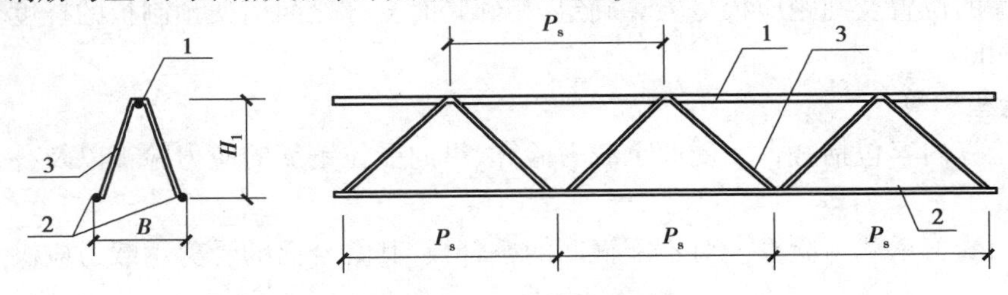

图 4.52　钢筋桁架示意图

1—上弦钢筋;2—下弦钢筋;3—腹杆钢筋

②桁架预制板的厚度不宜小于 60 mm,且不应小于 50 mm;后浇混凝土叠合层厚度不应小于 60 mm。

③桁架预制板板边第一道纵向钢筋中线至板边的距离不宜大于 50 mm。

④钢筋桁架的布置应符合下列规定:

a. 钢筋桁架宜沿桁架预制板的长边方向布置。

b. 钢筋桁架上弦钢筋至桁架预制板板边的水平距离不宜大于 300 mm。相邻钢筋桁架上弦钢筋的间距不宜大于 600 mm,如图 4.53 所示。

c. 钢筋桁架下弦钢筋下表面至桁架预制板上表面的距离不应小于 35 mm。钢筋桁架上弦钢筋上表面至桁架预制板上表面的距离不应小于 35 mm,如图 4.54 所示。

d. 在持久设计状况下,钢筋桁架上弦钢筋参与受力计算时,上弦钢筋宜与桁架叠合板内同方向受力钢筋位于同一平面。

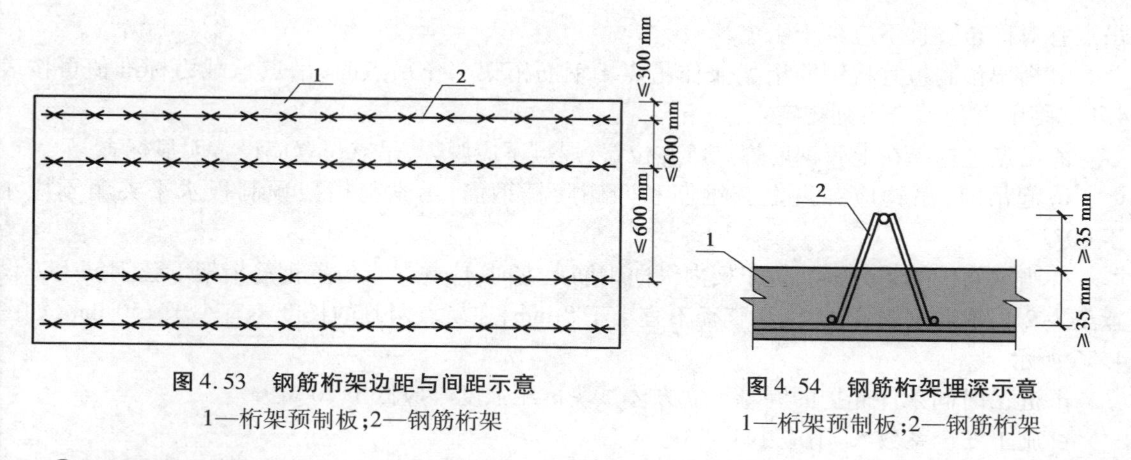

图4.53　钢筋桁架边距与间距示意

1—桁架预制板;2—钢筋桁架

图4.54　钢筋桁架埋深示意

1—桁架预制板;2—钢筋桁架

⑤钢筋直径不宜小于8 mm,间距不宜大于200 mm,且单位宽度内的配筋面积不宜小于跨中相应方向板底钢筋截面面积的1/30。

⑥板中受力钢筋的间距,当板厚不大于150 mm时不宜大于200 mm;当板厚大于150 mm时不宜大于板厚的1.5倍,且不宜大于250 mm。

⑦板类受弯构件(不包括悬臂板)的受拉钢筋,当采用强度等级400 MPa、500 MPa钢筋时,其最小配筋百分率应允许采用0.15和$45f_t/f_y$中的较大值。

⑧当桁架叠合板开洞时,应符合下列规定:

a.洞口大小、位置及洞口周边加强措施应符合国家现行有关标准的规定。

b.桁架预制板中钢筋桁架宜避开楼板开洞位置。当因无法避开而被截断时,应在平行于钢筋桁架布置方向的洞边两侧50 mm处设置补强钢筋桁架,补强钢筋桁架端部与被切断钢筋桁架端部距离不小于相邻焊点中心距P_s,如图4.55所示。

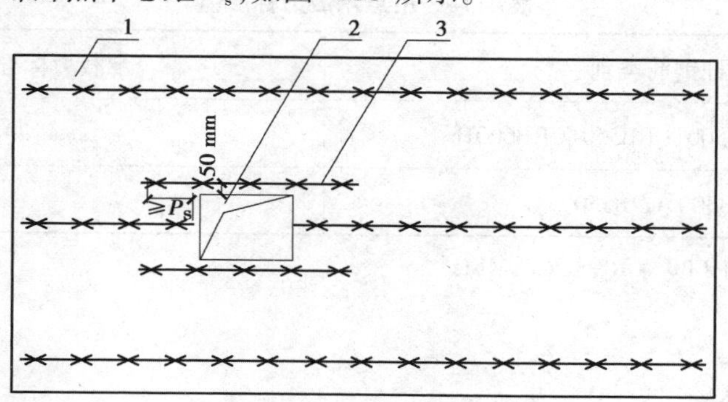

图4.55　桁架预制板开洞补强构造示意

1—桁架预制板;2—洞口;3—补强钢筋桁架

⑨桁架预制板与后浇混凝土之间的结合面应符合下列规定:

a.桁架预制板与后浇混凝土叠合层之间的结合面应设置粗糙面。

b.采用后浇带式整体接缝时,接缝处桁架预制板板侧与后浇混凝土之间的结合面宜设置粗糙面。

c.板端支座处桁架预制板侧面宜设置粗糙面。

d.粗糙面面积不宜小于结合面的80%,凹凸深度不应小于4 mm。

⑩桁架预制板的吊点数量及布置应根据桁架预制板尺寸、质量及起吊方式通过计算确定,

吊点宜对称布置且不应少于 4 个。

⑪桁架预制板宜将钢筋桁架兼作吊点。钢筋桁架兼作吊点时，吊点承载力标准值可按表 4.14 采用，并应符合下列规定：

a. 吊点应选择在上弦钢筋焊点所在位置，焊点不应脱焊；吊点位置应设置明显标志。

b. 起吊时，吊钩应穿过上弦钢筋和两侧腹杆钢筋，吊索与桁架预制板水平夹角不应小于 60°。

c. 当钢筋桁架下弦钢筋位于板内纵向钢筋上方时，应在吊点位置钢筋桁架下弦钢筋上方设置至少 2 根附加钢筋，附加钢筋直径不宜小于 8 mm，在吊点两侧的长度不宜小于 150 mm，如图 4.56 所示。

d. 起吊时同条件养护的混凝土立方体试块抗压强度不应低于 20 MPa。

e. 施工安全系数 K_c 不应小于 4.0。

f. 当不符合本条第 a 款 ~ 第 d 款的规定时，吊点的承载力应通过试验确定。

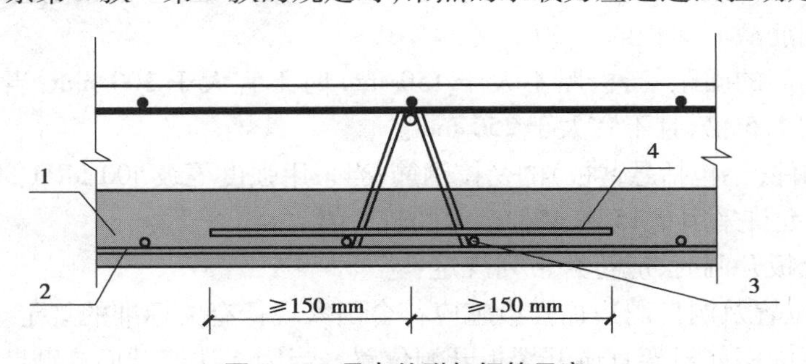

图 4.56　吊点处附加钢筋示意

1—预制板；2—预制板内纵向钢筋；3—下弦钢筋；4—附加钢筋

表 4.14　吊点承载力标准值

腹杆钢筋类别	承载力标准值(kN)
HRB400、HRB500、CRB550、CRB600H	20
HPB300、CPB550	15

注：CRB 表示冷轧带肋钢筋；CPB 表示冷轧光圆钢筋。

4.6.4　例题设计

本例题工程楼盖均采用叠合楼盖，楼板布置如图 4.57 所示。叠合板总厚度为 $h=130$ mm，其中预制板厚度为 $h_1=60$ mm，叠合层厚度为 $h_2=70$ mm。

本工程楼板按弹性理论方法计算内力。由于楼面活荷载小于 4 kN/m^2，故不用考虑楼面活荷载不利布置引起的结构内力的增大。

取图 4.57 中阴影部分楼板作为计算示例，其余楼板计算方法相同，其过程省略。其中阴影部分楼板由 3 块预制板拼凑而成，预制板的出筋以及底板之间的拼缝应满足构造要求，具体尺寸信息如图 4.58 所示。

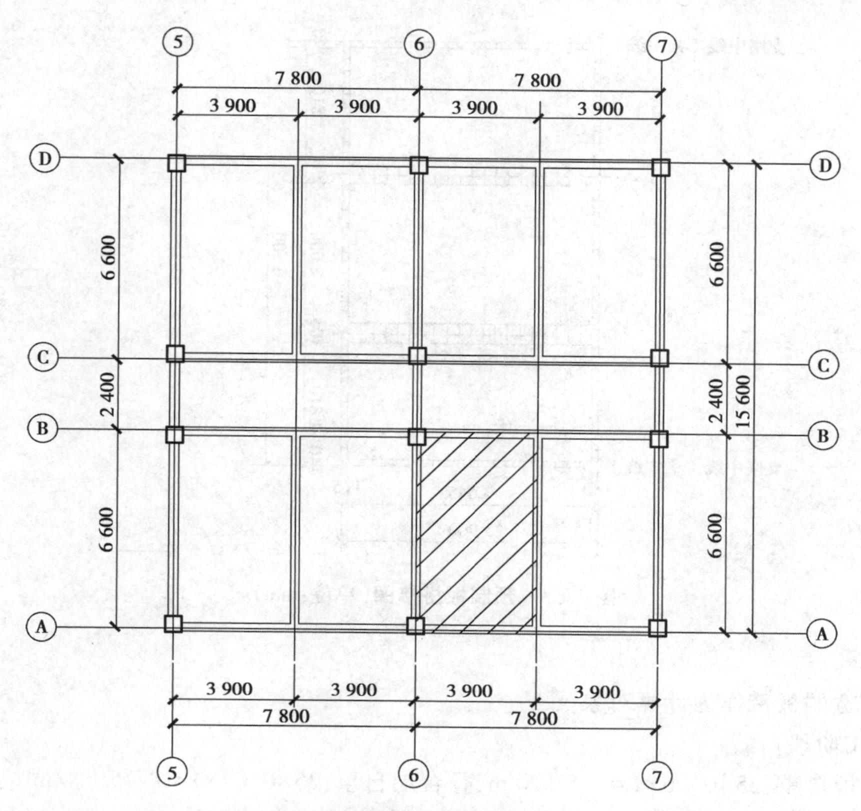

图4.57 二层楼面板示意图(单位:mm)

1)设计基本参数

①楼面做法:10 mm 面砖饰面层(28 kN/m^3),5 mm 厚专用瓷砖胶粘剂(23 kN/m^3),30 mm 厚增强型水泥基泡沫保温隔声板(2 kN/m^3),15 mm 厚黏结层(14 kN/m^3)。

②吊顶:石膏板(0.15 kN/m^2)。

③钢筋混凝土容重:$\gamma=25$ kN/m^3,泊松比$\mu=0.2$。

④楼面活荷载:办公楼为2.5 kN/m^2,准永久值系数$\psi_q=0.5$,可变荷载调整系数$\gamma_L=1.0$。

⑤施工活荷载:根据《钢筋桁架混凝土叠合板应用技术规程》(T/CECS 715)规定,叠合板的施工活荷载不应小于1.5 kN/m^2,取施工活荷载为1.5 kN/m^2。

⑥材料:楼板的混凝土均采用C30($f_c=14.3$ N/mm^2,$f_t=1.43$ N/mm^2,$f_{tk}=2.01$ N/mm^2,$f_{ck}=20.1$ N/mm^2,$E_c=3\times10^4$ N/mm^2);除了桁架钢筋的腹杆钢筋采用HPB300级以外,其余钢筋均采用HRB400级($f_y=360$ N/mm^2,$f_{yk}=400$ N/mm^2,$E_s=2\times10^5$ N/mm^2)。

施工阶段:取中间的预制板作为计算对象,预制板两侧都搭接10 mm在梁上,因此,两个方向的计算长度分别为:$l_{x1}=3\ 900-300/2-250/2+10\times2=3\ 645$ mm,$l_{y1}=2\ 000$ mm。由于其为两边支承,故按照单向板设计。

使用阶段:此阶段,预制板已经与凝结硬化的叠合层形成了一整块叠合板,且为四边支承,其中两个方向的计算长度分别为$l_x=3\ 900$ mm,$l_y=6\ 600+2\times200/2-2\times300/2=6\ 500$ mm,$l_y/l_x=6\ 500/3\ 900=1.67<2$,故叠合板按照双向板设计。

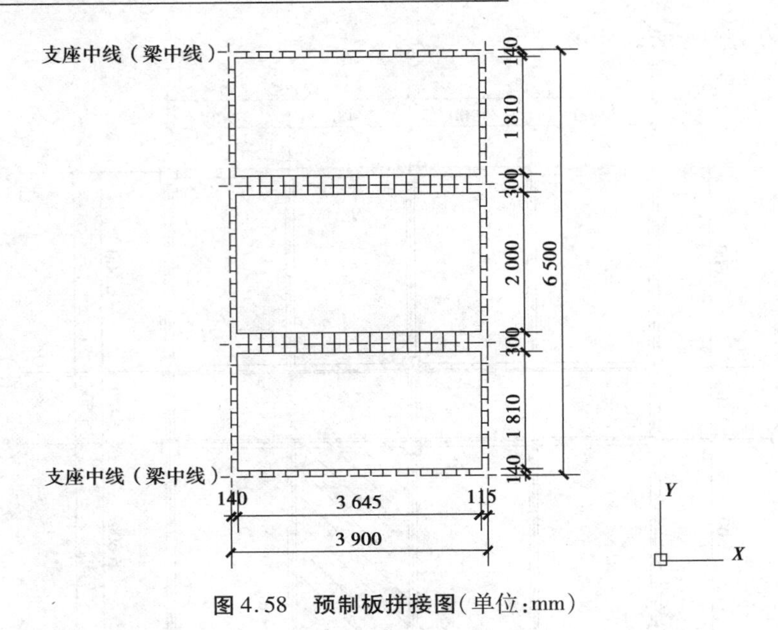

图 4.58　预制板拼接图(单位:mm)

2)荷载计算

取 1 m 宽的板带作为计算对象。

(1)施工阶段荷载

①预制板自重:25×0.06×1=1.5 kN/m,叠合层自重:25×0.07×1=1.75 kN/m

$q_{1Gk}=1.5+1.75=3.25$ kN/m

②施工活荷载:$q_{1Qk}=1.5\times1=1.5$ kN/m

(2)使用阶段荷载

①$q_{1Gk}=1.5+1.75=3.25$ kN/m

②面层、吊顶等自重:

$q_{2Gk}=28\times0.01\times1+23\times0.005\times1+2\times0.03\times1+14\times0.015\times1+0.15\times1=0.82$ kN/m

③楼面活荷载:2.5×1=2.5 kN/m,施工活荷载:1.5×1=1.5 kN/m

使用阶段活荷载取值:q_{2Qk}=max(楼面活荷载,施工荷载)=2.5 kN/m

(3)施工阶段荷载组合

①基本组合:$q_{1a}=\gamma_G q_{1Gk}+\gamma_Q\gamma_{L1}q_{1Qk}=1.3\times3.25+1.5\times1\times1.5=6.475$ kN/m

②标准组合:$q_{1k}=q_{1Gk}+q_{1Qk}=3.25+1.5=4.75$ kN/m

③准永久组合:$q_{1q}=q_{1Gk}+\psi_q q_{1Qk}=3.25+0.5\times1.5=4$ kN/m

(4)使用阶段荷载组合

①基本组合:$q_a=\gamma_G(q_{1Gk}+q_{2Gk})+\gamma_Q\gamma_{L1}q_{2Qk}=1.3\times(3.25+0.82)+1.5\times1\times2.5=9.04$ kN/m

②标准组合:$q_k=q_{1Gk}+q_{2Gk}+q_{2Qk}=3.25+0.82+2.5=6.57$ kN/m

③准永久组合:$q_q=q_{1Gk}+q_{2Gk}+\psi_q q_{2Qk}=3.25+0.82+0.5\times2.5=5.32$ kN/m

3)叠合板设计

叠合板按照三边固接、一边铰接的双向板计算。对四边与梁整体连接的板,允许其弯矩设计值按下列情况进行折减:①中间跨和跨中截面及中间支座截面,减小 20%;②边跨的跨中截面及楼板边缘算起的第二个支座截面，当 $l_y/l_x<1.5$ 时减小 20%；当 $1.5\leqslant l_y/l_x\leqslant 2.0$ 时减小 10%。根据本例题所选的计算楼板可知，x 方向跨中和支座的弯矩折减系数为 0.8；由于 $l_y/l_x=6\ 500/3\ 900=1.67<2.0$，y 方向跨中及楼板边缘算起的第二个支座截面的弯矩折减系数为 0.9，取钢筋混凝土的泊松比 $\mu=0.2$，叠合板两个方向的计算长度均为 $\min(l_x,l_y)=l_x=3\ 900$ mm，且 $l_x/l_y=3\ 900/6\ 500=0.6$，叠合板计算简图如图 4.59 所示。

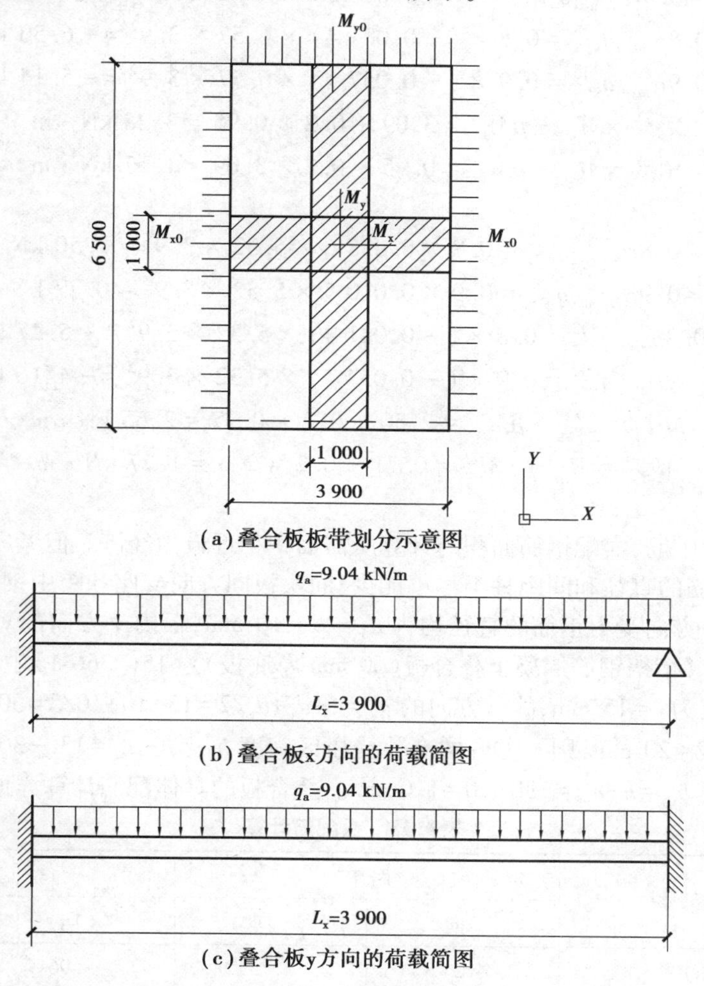

图 4.59 叠合板计算简图(单位:mm)

(1)使用阶段叠合板的弯矩设计值

根据叠合板的支承条件和 $l_x/l_y=0.6$，查阅《建筑结构静力计算手册》可得 $\mu=0$ 时的叠合板支座跨中和叠合板中心的弯矩最大值系数，$\alpha_{M\mathrm{xmax}}=0.038\ 6$，$\alpha_{Mx0}=-0.0814$，$\alpha_{M\mathrm{ymax}}=0.010\ 5$，$\alpha_{My0}=-0.057\ 1$，故各种组合下经过折减后的弯矩值分别为：

①基本组合：

$$M_{\mathrm{ax}}=0.8\alpha_{M\mathrm{x\,max}}q_a l_x^2=0.8\times0.038\ 6\times9.04\times3.9^2=4.25\ \mathrm{kN\cdot m}$$

$$M_{\mathrm{ay}}=0.9\alpha_{M\mathrm{y\,max}}q_a l_x^2=0.9\times0.010\ 5\times9.04\times3.9^2=1.30\ \mathrm{kN\cdot m}$$

$$M_{\mathrm{ax0}}=0.8\alpha_{M\mathrm{x0}}q_a l_x^2=0.8\times(-0.081\ 4)\times9.04\times3.9^2=-8.96\ \mathrm{kN\cdot m}$$

$$M_{\mathrm{ay0}}=0.9\alpha_{M\mathrm{y0}}q_a l_x^2=0.9\times(-0.057\ 1)\times9.04\times3.9^2=-7.07\ \mathrm{kN\cdot m}$$

$$M_{ax}^{(\mu)} = M_{ax} + \mu M_{ay} = 4.25 + 0.2 \times 1.30 = 4.51 \text{ kN} \cdot \text{m}$$

$$M_{ay}^{(\mu)} = M_{ay} + \mu M_{ax} = 1.30 + 0.2 \times 4.25 = 2.15 \text{ kN} \cdot \text{m}$$

②标准组合：

$$M_{kx} = 0.8\alpha_{Mx\max} q_k l_x^2 = 0.8 \times 0.0386 \times 6.57 \times 3.9^2 = 3.09 \text{ kN} \cdot \text{m}$$

$$M_{ky} = 0.9\alpha_{My\max} q_k l_x^2 = 0.9 \times 0.0105 \times 6.57 \times 3.9^2 = 0.95 \text{ kN} \cdot \text{m}$$

$$M_{kx0} = 0.8\alpha_{Mx0} q_k l_x^2 = 0.8 \times (-0.0814) \times 6.57 \times 3.9^2 = -6.50 \text{ kN} \cdot \text{m}$$

$$M_{ky0} = 0.9\alpha_{My0} q_k l_x^2 = 0.9 \times (-0.0571) \times 6.57 \times 3.9^2 = -5.14 \text{ kN} \cdot \text{m}$$

$$M_{kx}^{(\mu)} = M_{kx} + \mu M_{ky} = 3.09 + 0.2 \times 0.95 = 3.28 \text{ kN} \cdot \text{m}$$

$$M_{ky}^{(\mu)} = M_{ky} + \mu M_{kx} = 0.95 + 0.2 \times 3.09 = 1.57 \text{ kN} \cdot \text{m}$$

③准永久组合：

$$M_{qx} = 0.8\alpha_{Mx\max} q_q l_x^2 = 0.8 \times 0.0386 \times 5.32 \times 3.9^2 = 2.50 \text{ kN} \cdot \text{m}$$

$$M_{qy} = 0.9\alpha_{My\max} q_q l_x^2 = 0.9 \times 0.0105 \times 5.32 \times 3.9^2 = 0.77 \text{ kN} \cdot \text{m}$$

$$M_{qx0} = 0.8\alpha_{Mx0} q_q l_x^2 = 0.8 \times (-0.0814) \times 5.32 \times 3.9^2 = -5.27 \text{ kN} \cdot \text{m}$$

$$M_{qy0} = 0.9\alpha_{My0} q_q l_x^2 = 0.9 \times (-0.0571) \times 5.32 \times 3.9^2 = -4.16 \text{ kN} \cdot \text{m}$$

$$M_{qx}^{(\mu)} = M_{qx} + \mu M_{qy} = 2.50 + 0.2 \times 0.77 = 2.65 \text{ kN} \cdot \text{m}$$

$$M_{qy}^{(\mu)} = M_{qy} + \mu M_{qx} = 0.77 + 0.2 \times 2.5 = 1.27 \text{ kN} \cdot \text{m}$$

(2)配筋计算

根据内力确定配筋，实配钢筋面积与计算所需面积相近最为经济。但考虑到实际施工的可行性，应使选用钢筋的直径和间距种类尽可能少，同块板同方向支座和跨中钢筋间距最好一致。假设预制板的两个方向受力钢筋的直径均为 $d_1 = d_2 = 10$ mm，板内 y 方向的短钢筋均在 x 方向的长钢筋的外侧。《桁架钢筋混凝土叠合板(60 mm 厚底板)》(15G 366-1)中规定，底板最外层钢筋混凝土保护层为 $c = 15$ mm，故 x 方向的 $a_{sx} = c + d_1 + d_2/2 = 15 + 10 + 10/5 = 30$ mm，y 方向的 $a_{sy} = c + d_1/2 = 15 + 10/2 = 20$ mm，则 x 方向的有效受压区高度 $h_{0x} = h - a_{sx} = 130 - 30 = 100$ mm，y 方向的有效受压区高度 $h_{0y} = h - a_{sy} = 130 - 20 = 110$ mm。叠合板的具体配筋计算详见表 4.15。

表 4.15　板配筋计算

截面位置	跨中		支座	
	x 向	y 向	x 向	y 向
M(kN·m)	4.51	2.15	-8.96	-7.07
$\alpha_s = \dfrac{M}{\alpha_1 f_c b h_0^2}$	0.038	0.010	0.078	0.045
$\xi = 1 - \sqrt{1 - 2\alpha_s}$	0.039	0.010	0.082<0.1 取 $\xi = 0.1$	0.046<0.1 取 $\xi = 0.1$
$A_s = \dfrac{M}{f_y h_0 (1 - 0.5\xi)}$ (mm²)	128	55	262	188
实际配筋(mm²)	⌀8@150 $A_s = 335$	⌀8@150 $A_s = 335$	⌀8@150 $A_s' = 335$	⌀8@150 $A_s' = 335$

注：① $b = 1\,000$ mm；

②经过弯矩调整后的板端截面相对受压区高度不应超过 0.35，且不宜小于 0.10。

(3)最小配筋率验算

对于板类受弯构件,其一侧纵向受力钢筋的配筋百分率不应小于0.15%和$0.45f_t/f_y$中的较大值。

①x方向的最小配筋率验算:

$$0.15\% \frac{h}{h_{0x}} = 0.15\% \times \frac{130}{100} = 0.20\%$$

$$0.45 \cdot \frac{f_t}{f_y} \cdot \frac{h}{h_{0x}} = 0.45 \times \frac{1.43}{360} \times \frac{130}{100} = 0.23\%$$

故最小配筋率为:

$$\rho_{\min} \frac{h}{h_{0x}} = \max\left(0.15\% \frac{h}{h_{0x}}, 0.45 \cdot \frac{f_t}{f_y} \cdot \frac{h}{h_{0x}}\right) = 0.23\%$$

跨中:

$$\rho = \frac{A_s}{bh_{0x}} = \frac{335}{1\ 000 \times 100} = 0.34\% > \rho_{\min} \frac{h}{h_{0x}} = 0.23\%\text{,满足要求。}$$

支座:

$$\rho' = \frac{A'_s}{bh_{0x}} = \frac{335}{1\ 000 \times 100} = 0.34\% > \rho_{\min} \frac{h}{h_{0x}} = 0.23\%\text{,满足要求。}$$

②y方向的最小配筋率验算:

$$0.15\% \frac{h}{h_{0y}} = 0.15\% \times \frac{130}{110} = 0.18\%$$

$$0.45 \cdot \frac{f_t}{f_y} \cdot \frac{h}{h_{0y}} = 0.45 \times \frac{1.43}{360} \times \frac{130}{110} = 0.21\%$$

故最小配筋率为:

$$\rho_{\min} \frac{h}{h_{0y}} = \max\left(0.15\% \frac{h}{h_{0y}}, 0.45 \cdot \frac{f_t}{f_y} \cdot \frac{h}{h_{0y}}\right) = 0.21\%$$

跨中:

$$\rho = \frac{A_s}{bh_{0y}} = \frac{335}{1\ 000 \times 110} = 0.30\% > \rho_{\min} \frac{h}{h_{0y}} = 0.21\%\text{,满足要求。}$$

支座:

$$\rho' = \frac{A'_s}{bh_{0y}} = \frac{335}{1\ 000 \times 110} = 0.30\% > \rho_{\min} \frac{h}{h_{0y}} = 0.21\%\text{,满足要求。}$$

4)预制板验算

取中间一块预制板作为计算对象,预制板为两端支承,故按照单向板计算。其中,$l_{x1}=3\ 645$ mm,$l_{y1}=2\ 000$ mm,$h_{01}=h_1-a_{sx}=60-30=30$ mm。由于预制板在施工阶段两端需要设置临时支撑,根据《桁架钢筋混凝土叠合板(60 mm厚底板)》(15G 366-1)规定,设置的两道临时支撑应垂直于长边方向,并且都与板端距离$a=500$ mm,因此,预制板的计算长度$l_{01}=l_{x1}-2a=3\ 645-2\times500=2\ 645$ mm。根据《钢筋桁架混凝土叠合板应用技术规程》(T/CECS 715)中的构造要求,初步假定钢筋桁架上弦钢筋采用1 ⌀8,下弦钢筋采用2 ⌀8,腹杆钢筋采用2 Φ6,桁架钢筋的设计高度$H_1=90$ mm,钢筋桁架的设计宽度$B=70$ mm,腹杆钢筋与上、下弦钢筋相邻焊点的中心间距

$P_s = 200$ mm，钢筋桁架之间的间距按照构造设置即可，如图 4.60 所示。计算宽度为 1 m 的阴影条带(图 4.61)，其荷载简图如图 4.62 所示。

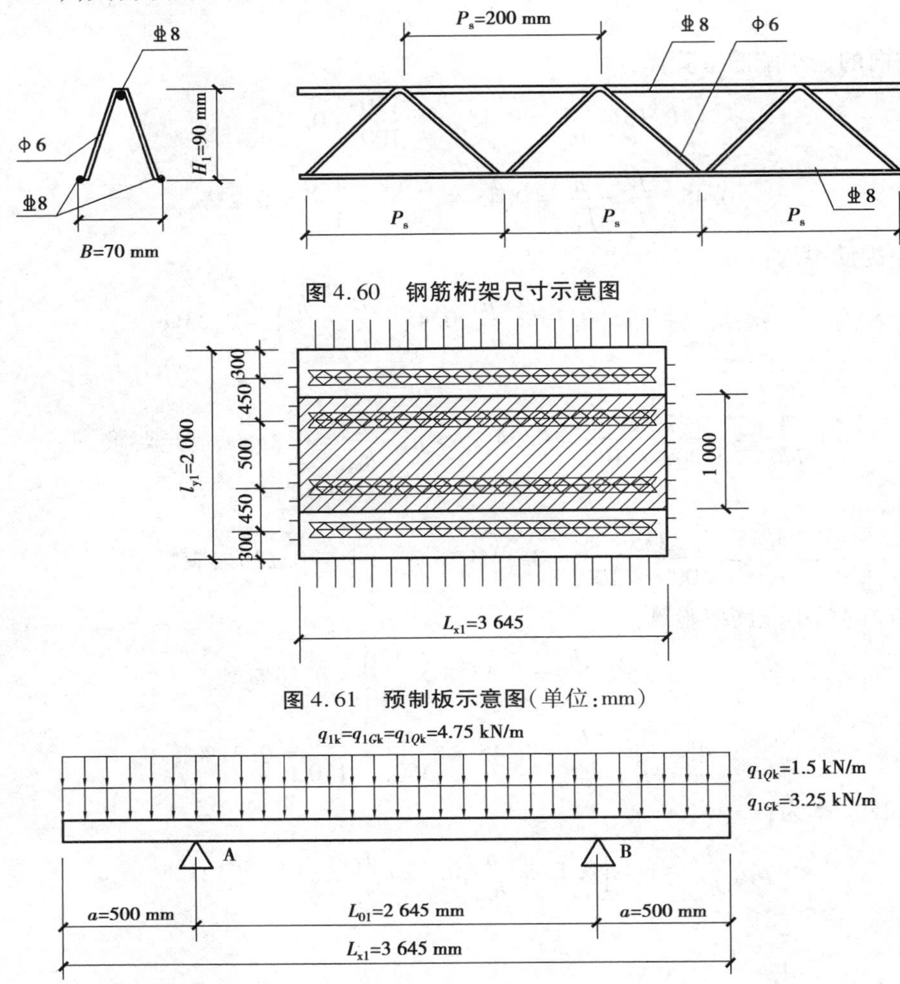

图 4.60　钢筋桁架尺寸示意图

图 4.61　预制板示意图(单位:mm)

图 4.62　预制板荷载计算简图

$$M_{1k}^{支撑} = \frac{1}{2}q_{1k}a^2 = \frac{1}{2}\times 4.75\times 0.5^2 = 0.59\ \text{kN}\cdot\text{m}$$

$$M_{1k}^{跨中} = \frac{1}{8}q_{1k}(l_{x1}-2a)^2 - \frac{1}{2}q_{1k}a^2 = \frac{1}{8}\times 4.75\times(3.645-2\times 0.5)^2 - \frac{1}{2}\times 4.75\times 0.5^2 = 3.56\ \text{kN}\cdot\text{m}$$

支撑左侧：$V_{1k}^{l} = q_{1k}a = 4.75\times 0.5 = 2.38\ \text{kN}$

支撑右侧：$V_{1k}^{r} = \frac{1}{2}q_{1k}l_{x1} - q_{1k}a = \frac{1}{2}\times 4.75\times 3.645 - 4.75\times 0.5 = 6.28\ \text{kN}$

$V_{1k} = \max(V_{1k}^{l}, V_{1k}^{r}) = V_{1k}^{r} = 6.28\ \text{kN}$

(1)预制板跨中正截面边缘混凝土法向压应力验算

由于计算时取的预制板宽中间 1 m 作为计算对象，故 1 m 宽预制板内有 2 榀钢筋桁架。

则钢筋桁架下弦钢筋截面积之和为：$A_1 = 2\times 2\times \pi/4\times 8^2 = 200\ \text{mm}^2$

钢筋桁架上弦钢筋截面积之和为：$A_2 = 2\times \pi/4\times 8^2 = 100\ \text{mm}^2$

桁架预制板纵向钢筋截面积之和为(不含钢筋桁架下弦钢筋截面积)：$A_s = 335\ \text{mm}^2$

桁架预制板板宽为：$L_2 = 1\ 000\ \text{mm}$

桁架预制板厚度为：$h_1 = 60\ \text{mm}$

桁架预制板纵筋至桁架上弦钢筋中心线垂直高度为：$h_s = H_1 - d_{上弦}/2 = 90 - 8/2 = 86\ \text{mm}$

桁架预制板底至桁架上弦钢筋中心线垂直高度为：$h_a = h_s + d_{纵} + c = 86 + 8 + 15 = 109\ \text{mm}$

桁架上、下弦钢筋中心线垂直高度为：$h_{1g} = h_s - d_{下弦}/2 = 86 - 8/2 = 82\ \text{mm}$

桁架预制板内钢筋与桁架预制板混凝土的弹性模量之比为：

$$\alpha_E = E_s/E_c = 2 \times 10^5/3 \times 10^4 = 6.67$$

桁架预制板板带组合截面具体尺寸如图 4.63 所示。

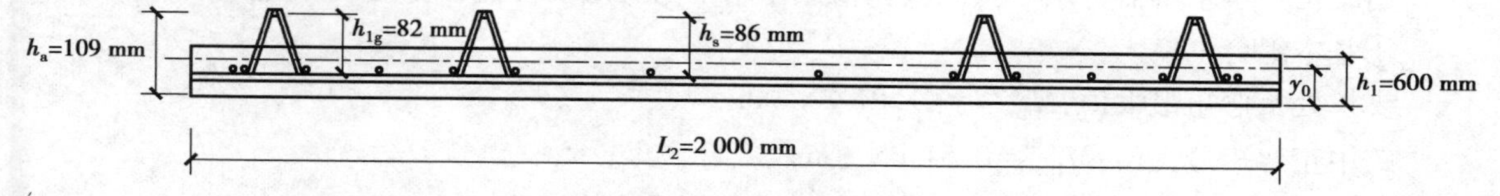

图 4.63　桁架预制板板带组合截面具体尺寸图

桁架预制板组合截面中性轴至板底的距离：

$$y_0 = h_a - \frac{L_2 h_1\left(h_a - \dfrac{h_1}{2}\right) + (A_s h_s + A_1 h_{1g})(\alpha_E - 1)}{L_2 h_1 + (A_s + A_1)(\alpha_E - 1) + A_2 \alpha_E}$$

$$= 109 - \frac{1\ 000 \times 60 \times (109 - 60/2) + (335 \times 86 + 200 \times 82) \times (6.67 - 1)}{1\ 000 \times 60 + (335 + 200) \times (6.67 - 1) + 100 \times 6.67} = 30.56\ \text{mm}$$

$I_0 = A_2\alpha_E(h_a - y_0)^2 + [y_0 - (h_a - h_{1g})]^2 A_1(\alpha_E - 1) + [y_0 - (h_a - h_s)]^2 A_s(\alpha_E - 1) + \left(y_0 - \dfrac{h_l}{2}\right)^2 L_2 h_1 + \dfrac{1}{12} L_2 h_1^3 = 100 \times 6.67 \times (109 - 30.56)^2 + [30.56 - (109 - 82)]^2 \times 200 \times (6.67 - 1) + [30.56 - (109 - 86)]^2 \times 335 \times (6.67 - 1) + (30.56 - 60/2)2 \times 1\ 000 \times 60 + 1/12 \times 1\ 000 \times 60^3 = 2.22 \times 10^7\ \text{mm}^4$

$$W_{cc} = \frac{I_0}{y_0} = \frac{2.22 \times 10^7}{30.56} = 7.26 \times 10^5\ \text{mm}^3$$

经计算，不考虑桁架钢筋刚度贡献，预制板截面混凝土受压边缘弹性抵抗矩 W_{cc} 约为 $6\times10^5\ \text{mm}^3$，可以看出桁架钢筋对预制板弹性抵抗矩提高约 20%。

$\sigma_{cc} = \dfrac{M_{1k}^{跨中}}{W_{cc}} = \dfrac{3.56\times10^6}{7.26\times10^5} = 4.90\ \text{N/mm}^2 < 0.8f'_{ck} = 0.8\times20.1 = 16.08\ \text{N/mm}^2$，满足要求。

(2)开裂截面处受拉钢筋的应力验算

$\sigma_s = \dfrac{M_{1k}^{跨中}}{0.87A_s h_{01}} = \dfrac{3.56\times10^6}{0.87\times335\times30} = 407.16\ \text{N/mm}^2 > 0.7f_{yk} = 0.7\times400 = 280\ \text{N/mm}^2$，不满足要求。

因此，施工时除了在预制板两端需要设置临时支撑外，还需在预制板跨中设置支撑。《桁架钢筋混凝土叠合板(60 mm 厚底板)》(15G 366-1)规定，当预制板跨度小于 4.8 m 时，跨中还需设置一道临时支撑，则预制板的计算跨度 $l_{01} = (l_{x1} - 2a)/2 = (3\ 645 - 2\times500)/2 = 1\ 322.5\ \text{mm}$，跨中设置临时支撑的荷载计算简图如图 4.64 所示。

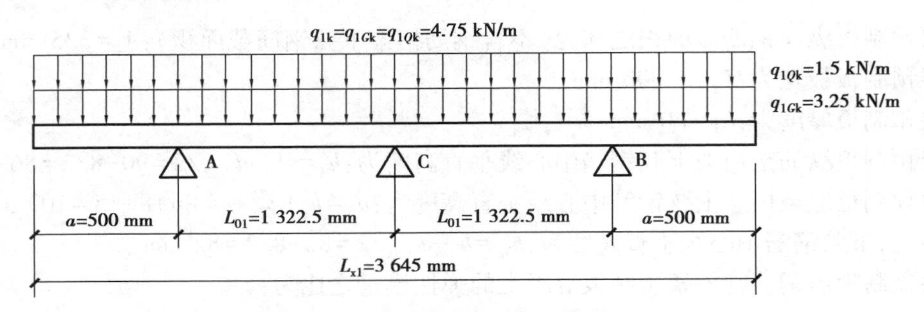

图 4.64　设置支撑后预制板的荷载简图

由结构力学求解器可求出预制板在荷载作用下的弯矩设计值和剪力设计值。

①基本组合：

支撑处负弯矩最大值：$M_{1a}^{支撑C}=-1.01\ \text{kN}\cdot\text{m}$

跨中正弯矩最大值：$M_{1a}^{跨中}=0.51\ \text{kN}\cdot\text{m}$

剪力最大值：$V_{1a}=4.43$ kN

②标准组合：

支撑处负弯矩最大值：$M_{1k}^{支撑C}=-0.74\ \text{kN}\cdot\text{m}$

跨中正弯矩最大值：$M_{1k}^{跨中}=0.37\ \text{kN}\cdot\text{m}$

剪力最大值：$V_{1k}=3.25$ kN

③准永久组合：

支撑处负弯矩最大值：$M_{1q}^{支撑C}=-0.62\ \text{kN}\cdot\text{m}$

跨中正弯矩最大值：$M_{1q}^{跨中}=0.31\ \text{kN}\cdot\text{m}$

剪力最大值：$V_{1q}=2.74$ kN

(3)预制板支撑处正截面混凝土边缘法向压应力验算

$$\sigma_{cc}=\frac{M_{1k}^{支撑C}}{W_{cc}}=\frac{0.74\times10^6}{7.26\times10^5}=1.02\ \text{N/mm}^2<0.8f'_{ck}=0.8\times20.1=16.08\ \text{N/mm}^2\text{，满足要求。}$$

(4)预制板支撑处正截面混凝土边缘法向拉应力验算

$$W_{ct}=\frac{I_0}{h_1-y_0}=\frac{2.22\times10^7}{60-30.56}=7.54\times10^5\ \text{mm}^3$$

$$\sigma_{ct}=\frac{M_{1k}^{支撑C}}{W_{ct}}=\frac{0.74\times10^6}{7.54\times10^5}=0.98\ \text{N/mm}^2<1.0f'_{tk}=2.01\ \text{N/mm}^2\text{，满足要求。}$$

(5)开裂截面处受拉钢筋的应力验算

$$\sigma_s=\frac{M_{1k}^{跨中}}{0.87A_sh_{01}}=\frac{0.37\times10^6}{0.87\times335\times30}=42.32\ \text{N/mm}^2<0.7f_{yk}=0.7\times400=280\ \text{N/mm}^2\text{，满足要求。}$$

(6)预制板的受弯承载力验算

$$\alpha_1f_cbx=f_yA_s\Rightarrow x=\frac{f_yA_s}{\alpha_1f_cb}=\frac{360\times335}{1\times14.3\times1\ 000}=8.43\ \text{mm}$$

$$M_{1u}=\alpha_1f_cbx\left(h_{01}-\frac{x}{2}\right)=1\times14.3\times1\ 000\times8.43\times\left(30-\frac{8.43}{2}\right)\times10^{-6}=3.11\ \text{kN}\cdot\text{m}>M_{1a}^{跨中}=$$

$0.51\ \text{kN}\cdot\text{m}$，满足要求。

(7)桁架钢筋验算

①上弦纵筋截面验算。

单根上弦钢筋惯性矩为：$I=\pi d_{上弦}^4/64=(\pi\times 8^4)/64=201\ \text{mm}^4$

单根上弦钢筋横截面面积为：$A=\pi d_{上弦}^2/4=\pi\times 8^2/4=50\ \text{mm}^2$

上弦钢筋截面对主轴的回转半径为：$i=\sqrt{\dfrac{I}{A}}=\sqrt{\dfrac{201}{50}}=2\ \text{mm}$

计算长度取上弦钢筋焊接节点距离，即 $l_{02}=P_s=200\ \text{mm}$

故钢筋的长细比为：$\lambda=l_{02}/i=200/2=100$

上弦钢筋为 a 类截面，因此根据长细比 λ 查询《钢结构设计标准》(GB 50017)可知，上弦钢筋的轴心受压稳定系数为 $\varphi_2=0.637$。

由于 1 m 板宽内有 2 榀钢筋桁架，故每根上弦钢筋承担的弯矩标准值为：

$M'_{1k}=M_{1k}^{跨中}/2=0.37/2=0.19\ \text{kN}\cdot\text{m}$

$$W_2=\frac{I_0}{h_a-y_0}=\frac{2.22\times 10^7}{109-30.56}=2.83\times 10^5\ \text{mm}^3$$

$$\sigma_{s2}=\frac{\alpha_E M'_{1k}}{\varphi_2 W_2}=\frac{6.67\times 0.19\times 10^6}{0.637\times 2.83\times 10^5}=7.03\ \text{N/mm}^2<\frac{f_{yk2}}{2.0}=\frac{400}{2}=200\ \text{N/mm}^2$$，满足要求。

②腹杆钢筋截面验算。

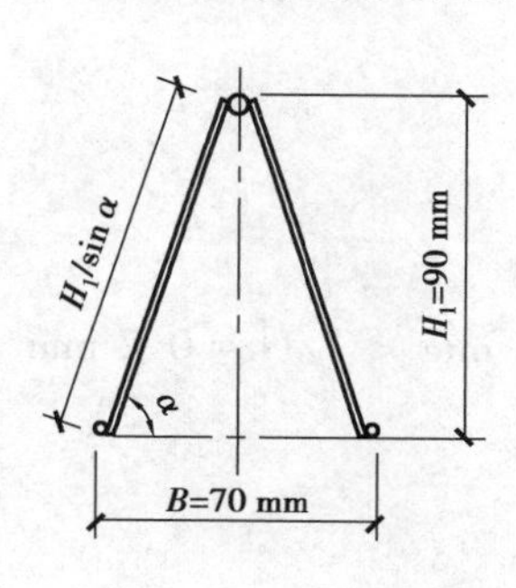

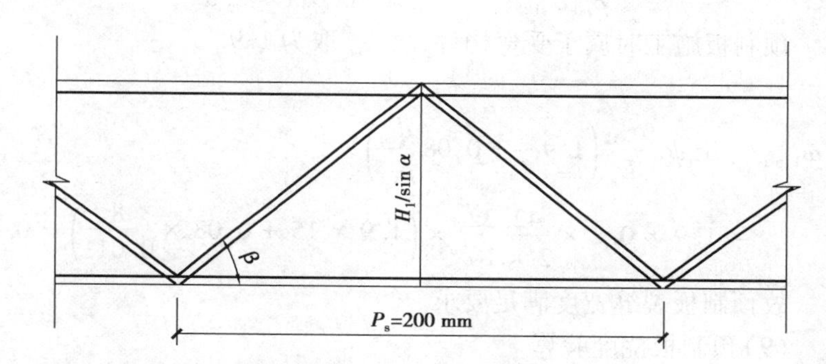

图 4.65 钢筋桁架的几何参数

钢筋桁架的几何参数如图 4.65 所示。

单根腹杆钢筋惯性矩为：$I=\pi d_{腹杆}^4/64=(\pi\times 6^4)/64=64\ \text{mm}^4$

单根腹杆钢筋横截面面积为：$A_3=\pi d_{腹杆}^2/4=\pi\times 6^2/4=28\ \text{mm}^2$

腹杆钢筋截面对主轴的回转半径为：$i=\sqrt{\dfrac{I}{A}}=\sqrt{\dfrac{64}{28}}=1.51\ \text{mm}$

腹杆钢筋垂直桁架方向的倾角：$\alpha=\arctan\left(\dfrac{H_1}{B/2}\right)=\arctan\left(\dfrac{90}{70/2}\right)=68°$

腹杆钢筋平行桁架方向的倾角：$\beta=\arctan\left(\dfrac{H_1/\sin\alpha}{P_s/2}\right)=\arctan\left(\dfrac{90/\sin 68°}{200/2}\right)=44°$

腹杆钢筋的计算长度：$l_{03}=0.7\cdot\dfrac{P_s/2}{\cos\beta}=0.7\times\dfrac{200/2}{\cos 44°}=97\ \text{mm}$

故钢筋的长细比为：$\lambda=l_{03}/i=97/1.51=64.2$

腹杆钢筋为 a 类截面，因此根据长细比 λ 查询《钢结构设计标准》(GB 50017)可知，腹杆钢筋的轴心受压稳定系数为 $\varphi_3=0.866$。

由于 1 m 板宽内有 2 榀钢筋桁架，且每榀钢筋桁架有 2 根腹杆钢筋，故每根腹杆钢筋承担的剪力标准值为：

$$V'_{1k}=V_{1k}/4=3.25/4=0.81\ \text{kN}$$

$$\sigma_{s3}=\frac{V'_{1k}}{2\varphi_3 A_3\sin\alpha\sin\beta}=\frac{0.81\times10^3}{2\times0.866\times28\times\sin68^\circ\times\sin44^\circ}=25.93\ \text{N/mm}^2<\frac{f_{yk3}}{2.0}=\frac{300}{2}=150\ \text{N/mm}^2$$

故腹杆钢筋截面验算满足要求。

(8)预制板裂缝验算

$$c_s=c=15\ \text{mm}$$

预制板的底部纵筋采用的是 ⌀8@150，$A_s=335$ mm，故 $\nu_i=1$，因此 $d_{eq}=8$ mm。

$$A_{te1}=0.5bh_1=0.5\times1\,000\times60=30\,000\ \text{mm}^2$$

$$\rho_{te1}=\frac{A_s}{A_{te1}}=\frac{335}{30\,000}=0.011$$

$$\sigma_{s1k}=\frac{M_{1k}^{跨中}}{0.87h_{01}A_s}=\frac{0.37\times10^6}{0.87\times30\times335}=42.32\ \text{N/mm}^2$$

$$\psi_1=1.1-0.65\frac{f_{tk1}}{\rho_{te1}\sigma_{s1k}}=1.1-0.65\times\frac{2.01}{0.011\times42.32}=-1.71<0.2\text{，取}\ \psi=0.2$$

预制板施工时属于受弯构件，故 α_{cr} 取为 1.9。

$$\omega_{1,\max}=\alpha_{cr}\psi_1\frac{\sigma_{s1k}}{E_s}\left(1.9c_s+0.08\frac{d_{eq}}{\rho_{te1}}\right)$$

$$=1.9\times0.2\times\frac{42.32}{2\times10^5}\times\left(1.9\times15+0.08\times\frac{8}{0.011}\right)=0.007\ \text{mm}<[\omega]=0.2\ \text{mm}$$

故预制板裂缝宽度满足要求。

(9)预制板挠度验算

$$\rho_1=\frac{A_s}{bh_{01}}=\frac{335}{1\,000\times30}=0.011$$

由于预制板没有翼缘，故 $\gamma_f=0$

$$B_{s1}=\frac{E_sA_sh_{01}^2}{1.15\psi_1+0.2+\dfrac{6\alpha_E\rho_1}{1+3.5\gamma_f}}=\frac{2\times10^5\times335\times30^2}{1.15\times0.2+0.2+6\times6.67\times0.011}=6.93\times10^{10}\ \text{N}\cdot\text{mm}^2$$

$$f_1=\frac{5}{48}\cdot\frac{M_{1k}l_{01}^2}{B_{s1}}=\frac{5}{48}\times\frac{0.37\times10^6\times1\,822.5^2}{6.93\times10^{10}}=1.35\ \text{mm}<[f]=\frac{l_{01}}{400}=\frac{1\,822.5}{400}=4.56\ \text{mm}$$

故预制板的挠度满足要求。

5)叠合板验算

(1)叠合面受剪承载力验算

计算板端剪力时，忽略板两端的相互影响。沿 x 方向计算时，按照 1 m 宽的板带，两端固接进行计算；沿 y 方向计算时，按照 1 m 宽的板带，一端固接、一端简支进行计算。

①沿 x 方向的叠合面受剪承载力验算。

根据《建筑结构静力计算手册》可知，在均布荷载作用下，两端固接的梁剪力系数最大值为1/2，所以沿 x 方向板剪力最大值为：

$$V_x = \frac{1}{2}q_a l_x = \frac{1}{2} \times 9.04 \times 3.9 = 17.63 \text{ kN}$$

$$\frac{V_x}{b \cdot h_{0x}} = \frac{17.63 \times 10^3}{1\ 000 \times 100} = 0.18 \text{ N/mm}^2 < 0.4 \text{ N/mm}^2$$

故沿 x 方向的叠合面受剪承载力验算满足要求。

②沿 y 方向的叠合面受剪承载力验算。

根据《建筑结构静力计算手册》可知，在均布荷载作用下，一端固接、一端简支的梁剪力系数最大值为 $\frac{5}{8}$，所以沿 y 方向板剪力最大值为：

$$V_y = \frac{5}{8}q_a l_x = \frac{5}{8} \times 9.04 \times 3.9 = 22.04 \text{ kN}$$

$$\frac{V_y}{b \cdot h_{0y}} = \frac{22.04 \times 10^3}{1\ 000 \times 110} = 0.20 \text{ N/mm}^2 < 0.4 \text{ N/mm}^2$$

故沿 y 方向的叠合面受剪承载力验算满足要求。

(2)纵向受拉钢筋的应力验算

由结构力学求解器可求出：$M_{1Gk}=0.25$ kN·m

$$\sigma_{s1k} = \frac{M_{1Gk}}{0.87A_s h_{01}} = \frac{0.25 \times 10^6}{0.87 \times 335 \times 30} = 28.59 \text{ N/mm}^2$$

由于 $M_{1Gk}<0.35M_{1u}=0.35\times3.11=1.09$ kN·m，故 σ_{s2q} 计算式中的 $0.5(1+h_1/h)$ 用1代替，则

$$\sigma_{s2q} = \frac{M_{qx}^{(\mu)}}{0.87A_s h_{0x}} = \frac{2.65 \times 10^6}{0.87 \times 335 \times 100} = 90.92 \text{ N/mm}^2$$

$$\sigma_{sq} = \sigma_{s1k} + \sigma_{s2q} = 28.59 + 90.92 = 119.51 \text{ N/mm}^2 < 0.9f_y = 0.9 \times 360 = 324 \text{ N/mm}^2$$

故纵向受拉钢筋的应力验算满足要求。

(3)叠合板的裂缝验算

①沿 x 方向的裂缝验算。

$$d_{eq} = d_{纵} = 8 \text{ mm}$$

$$\rho_{te1} = \frac{A_s}{A_{te1}} = \frac{335}{0.5 \times 1\ 000 \times 60} = 0.011$$

$$\rho_{te} = \frac{A_s}{A_{te}} = \frac{335}{0.5 \times 1\ 000 \times 130} = 0.005 < 0.01\text{，取}\rho_{te} = 0.01$$

$$\psi = 1.1 - \frac{0.65f_{tk1}}{\rho_{te1}\sigma_{s1k} + \rho_{te}\sigma_{s2q}} = 1.1 - \frac{0.65 \times 2.01}{0.011 \times 28.59 + 0.01 \times 90.92} = 0.032 < 0.2\text{，取}\psi = 0.2$$

$$\omega_{max} = 2\frac{\psi(\sigma_{s1k} + \sigma_{s2q})}{E_s}\left(1.9c + 0.08\frac{d_{eq}}{\rho_{te1}}\right)$$

$$= 2 \times \frac{0.2 \times 119.51}{2 \times 10^5} \times \left(1.9 \times 15 + 0.08 \times \frac{8}{0.011}\right)$$

$$= 0.021 \text{ mm} < [\omega] = 0.2 \text{ mm}$$

故沿 x 方向的裂缝验算满足要求。

②沿 y 方向的裂缝验算。

沿 y 方向的裂缝计算过程和沿 x 方向的裂缝计算过程相同,此处不再赘述。最终结果为 $\omega_{max}=0.011\ mm<[\omega]=0.2\ mm$,沿 y 方向的裂缝验算满足要求。

(4)叠合板的挠度验算

①沿 x 方向的挠度验算。

$$\rho_1=\frac{A_s}{bh_{01}}=\frac{335}{1\ 000\times 30}=1.1\%$$

$$\rho=\frac{A_s}{bh_{0x}}=\frac{335}{1\ 000\times 100}=0.335\%$$

$$\rho'=\frac{A'_s}{bh_{0x}}=\frac{335}{1\ 000\times 100}=0.335\%$$

$$\alpha_E=\frac{E_s}{E_c}=\frac{2\times 10^5}{3\times 10^4}=6.67$$

由于 $\rho'/\rho=0.335\%/0.335\%=1$,故 $\theta=1.6$。

$$B_{s1}=\frac{E_sA_sh_{01x}^2}{1.15\psi_1+0.2+\dfrac{6\alpha_E\rho_1}{1+3.5\gamma_f}}=\frac{2\times 10^5\times 335\times 30^2}{1.15\times 0.2+0.2+6\times 6.67\times 0.011}=6.93\times 10^{10}\ N\cdot mm^2$$

$$B_s=\frac{E_sA_sh_{0x}^2}{0.7+0.6\dfrac{h_1}{h}+\dfrac{45\alpha_E\rho}{1+3.5\gamma_f'}}=\frac{2\times 10^5\times 335\times 100^2}{0.7+0.6\times\dfrac{60}{130}+45\times 6.67\times 0.003\ 35}=3.38\times 10^{11}\ N\cdot mm^2$$

$$B=\frac{M_{qx}^{(\mu)}}{\left(\dfrac{B_s}{B_{s1}}-1\right)M_{1Gk}+\theta M_{qx}^{(\mu)}}B_s=\frac{2.65\times 10^6}{\left(\dfrac{3.38\times 10^{11}}{6.93\times 10^{10}}-1\right)\times 0.25\times 10^6+1.6\times 2.65\times 10^6}\times 3.38\times 10^{11}$$

$$=1.72\times 10^{11}\ N\cdot mm^2$$

由 $l_x/l_y=0.6$ 和泊松比 $\mu=0.2$,查询《建筑结构静力计算手册》可知,三边固接、一边简支的板跨中挠度系数 $\alpha=0.002\ 22$。

$$f=\alpha\frac{M_{qx}^{(\mu)}\cdot l_x^2}{B}=0.002\ 22\times\frac{2.65\times 10^6\times 3\ 900^2}{1.72\times 10^{11}}=0.52\ mm<[f]=\frac{l_x}{200}=\frac{3\ 900}{200}=19.5\ mm$$

故叠合板的挠度满足要求。

②沿 y 方向的挠度验算。

沿 y 方向的挠度计算过程和沿 x 方向的挠度计算过程相同,此处计算过程省略。得出最终结果为 $f=1.68\ mm<[f]=19.5\ mm$,沿 y 方向的挠度验算满足要求。

6)预制板的吊装验算

吊装时取中间 2 000 mm 宽的预制板作为计算对象。其中脱模吸附力取 1.5 kN/m²,脱模动力系数取 1.2,吊装动力系数取 1.5,安装动力系数取 1.2。预制板板顶无配筋,桁架钢筋作为构造加强刚度不参与受力计算,裂缝按照 $\sigma_{cc}<0.8f'_{ck}$、$\sigma_{ct}<1.0f'_{tk}$ 控制;预制板板底有配筋,裂缝按照 $\sigma_s<0.7f_{yk}$ 控制。

(1)吊点的选取

此处的预制板吊装采用四点吊装,吊点的设置应充分利用钢筋的抗拉性能和混凝土的抗压性能,具体参照《桁架钢筋混凝土叠合板(60 mm 厚底板)》(15G 366-1),此处吊点设置在预制板两侧的钢筋桁架上且平行于桁架方向吊点与板边距离为 a=800 mm,垂直于桁架方向吊点与板边距离为 b=300 mm,如图 4.66 所示。

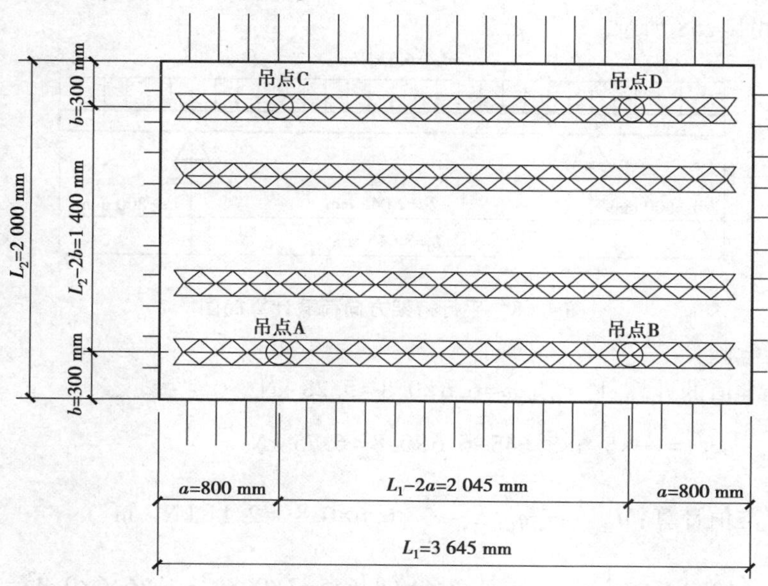

图 4.66　桁架预制板吊点布置

(2)平行桁架方向预制板吊装验算

由于预制板宽为 2 000 mm<3 000 mm,故取整块预制板作为计算板带,如图 4.67 所示。

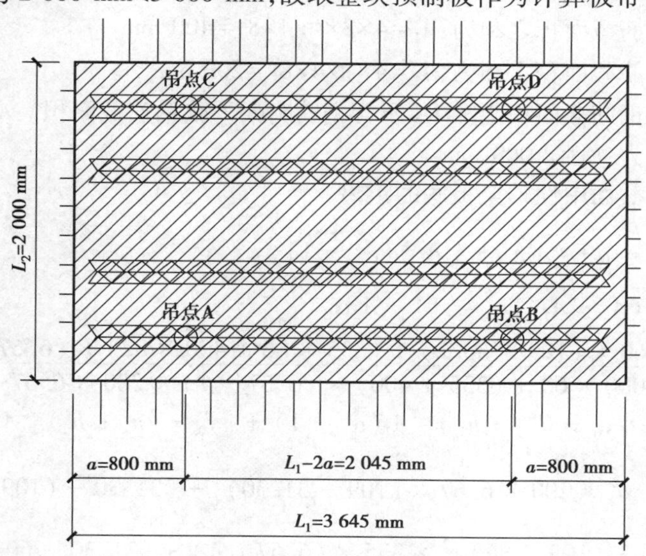

图 4.67　平行桁架方向板带划分示意图

①荷载计算。

自重均布荷载标准值:$q_{Gk}=25\times0.06\times2=3\ \text{kN/m}$

考虑脱模动力系数和脱模吸附力的自重均布荷载标准值：$q'_{Gk1}=1.2\times3+1.5\times2=6.6\ \text{kN/m}>1.5q_{Gk}=4.5\ \text{kN/m}$

考虑吊装动力系数的自重均布荷载标准值：$q'_{Gk2}=1.5\times3=4.5\ \text{kN/m}$

考虑安装动力系数的自重均布荷载标准值：$q'_{Gk3}=1.2\times3=3.6\ \text{kN/m}$

由于 $q'_{Gk1}>q'_{Gk2}>q'_{Gk3}$，故吊装验算时应按脱模时的自重均布荷载标准值计算，平行桁架方向荷载计算简图如图 4.68 所示。

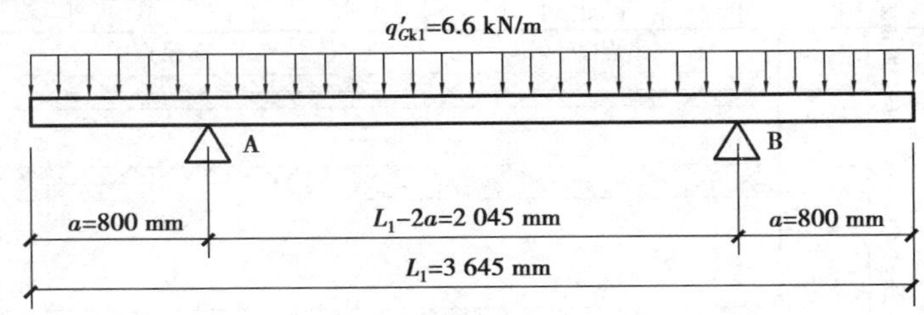

图 4.68　平行桁架方向荷载计算简图

②预制板受弯验算。

吊装剪力标准值的计算：$V_A^l=q'_{Gk1}a=6.6\times0.8=5.28\ \text{kN}$

$$V_A^r=\frac{1}{2}q'_{Gk1}L_1-q'_{Gk1}a=\frac{1}{2}\times6.6\times3.645-6.6\times0.8=6.75\ \text{kN}$$

吊装弯矩标准值计算：$M_{吊点}=\frac{1}{2}q'_{Gk1}a^2=\frac{1}{2}\times6.6\times0.8^2=2.11\ \text{kN}\cdot\text{m}$

$$M_{跨中}=\frac{1}{8}q'_{Gk1}(L_1-2a)^2-\frac{1}{2}q'_{Gk1}a^2=\frac{1}{8}\times6.6\times(3.645-2\times0.8)^2-\frac{1}{2}\times6.6\times0.8^2=1.34\ \text{kN}\cdot\text{m}$$

a. 预制板吊点处正截面边缘混凝土法向压应力验算。

预制板共有 4 榀钢筋桁架。

钢筋桁架下弦钢筋截面积之和为：$A_1=4\times2\times\pi/4\times8^2=400\ \text{mm}^2$

钢筋桁架上弦钢筋截面积之和为：$A_2=4\times\pi/4\times8^2=200\ \text{mm}^2$

桁架预制板纵向钢筋截面积之和为（不含钢筋桁架下弦钢筋截面积）：$A_s=335\ \text{mm}^2$

桁架预制板板宽为：$L_2=2\ 000\ \text{mm}$

桁架预制板组合截面中性轴至板底的距离：

$$y_0=h_a-\frac{L_2h_1\left(h_a-\dfrac{h_1}{2}\right)+(A_sh_s+A_1h_{lg})(\alpha_E-1)}{L_2h_1+(A_s+A_1)(\alpha_E-1)+A_2\alpha_E}$$

$$=109-\frac{1\ 000\times60\times(109-60/2)+(335\times86+400\times82)\times(6.67-1)}{1\ 000\times60+(335+400)\times(6.67-1)+200\times6.67}=31.30\ \text{mm}$$

$$I_0=A_2\alpha_E(h_a-y_0)^2+[y_0-(h_a-h_{lg})]^2A_1(\alpha_E-1)+[y_0-(h_a-h_s)]^2A_s(\alpha_E-1)+\left(y_0-\frac{h_l}{2}\right)^2L_2h_1+\frac{1}{12}L_2h_1^3=200\times6.67\times(109-31.30)^2+[31.30-(109-82)]^2\times400\times(6.67-1)+[31.30-(109-86)]^2\times335\times(6.67-1)+(31.30-60/2)^2\times2\ 000\times60+1/12\times2\ 000\times60^3=4.44\times10^7\ \text{mm}^4$$

$$W_{cc}=\frac{I_0}{y_0}=\frac{4.44\times10^7}{31.30}=1.42\times10^6\ \text{mm}^3$$

$$\sigma_{cc}=\frac{M_{吊点}}{W_{cc}}=\frac{2.11\times10^6}{1.42\times10^6}=1.49\ \text{N/mm}^2<0.8f'_{ck}=0.8\times20.1=16.08\ \text{N/mm}^2$$

预制板吊点处正截面边缘混凝土法向压应力验算满足要求。

b. 预制板吊点处正截面边缘混凝土法向拉应力验算。

$$W_{ct}=\frac{I_0}{h_1-y_0}=\frac{4.44\times10^7}{60-31.30}=1.55\times10^6\ \text{mm}^3$$

$$\sigma_{ct}=\frac{M_{吊点}}{W_{ct}}=\frac{2.11\times10^6}{1.55\times10^6}=1.36\ \text{N/mm}^2<1.0f'_{tk}=2.01\ \text{N/mm}^2$$

预制板吊点处正截面边缘混凝土法向拉应力验算满足要求。

c. 预制板跨中开裂截面处受拉钢筋的应力验算。

$$\sigma_s=\frac{M_{跨中}}{0.87A_sh_{01}}=\frac{1.34\times10^6}{0.87\times335\times30}=153.26\ \text{N/mm}^2<0.7f_{yk}=0.7\times400=280\ \text{N/mm}^2$$

故预制板的跨中开裂截面处受拉钢筋的应力满足要求。

③预制板受剪验算。

$$V=0.7f_tbh_{01}=0.7\times1.43\times2\ 000\times30\times10^{-3}=60.06\ \text{kN}>1.3\max(V_A^l,V_A^r)=1.3V_A^r=$$
$$1.3\times6.75=8.78\ \text{kN}$$

预制板受剪承载力满足要求。

(3)垂直桁架方向预制板吊装验算

对于四点吊装,板带计算宽度取预制板平行于桁架方向长度的一半与预制板厚度 15 倍的较小值,因此,板带的计算宽度为 $\min(L_1/2,15h_1)=\min(3\ 720/2,15\times60)=\min(1\ 860,900)=$ 900 mm,如图 4.69 所示。

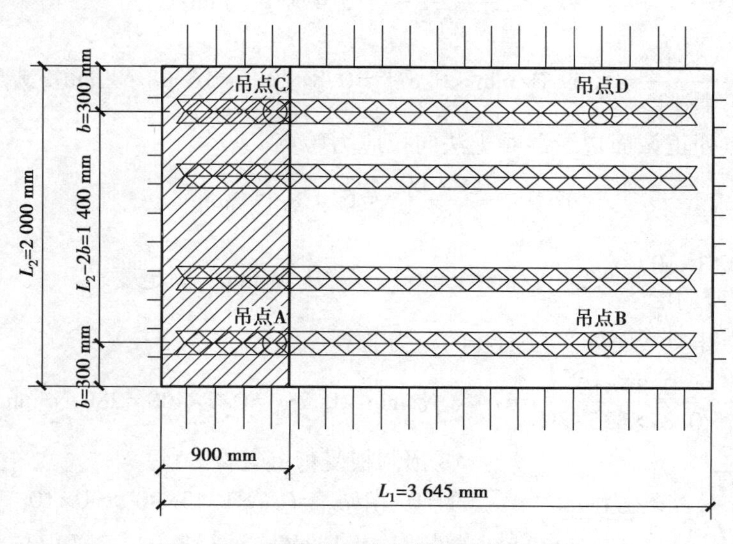

图 4.69　垂直桁架方向板带划分示意图

①荷载计算。

自重均布荷载标准值:$q_{Gk}=25\times0.06\times0.9=1.35\ \text{kN/m}$

考虑脱模动力系数和脱模吸附力的自重均布荷载标准值:$q'_{Gk1}=1.2\times1.35+1.5\times0.9=2.97\ \text{kN/m}>1.5q_{Gk}=2.03\ \text{kN/m}$

考虑吊装动力系数的自重均布荷载标准值：$q'_{Gk2}=1.5\times1.35=2.03$ kN/m

考虑安装动力系数的自重均布荷载标准值：$q'_{Gk3}=1.2\times1.35=1.62$ kN/m

由于 $q'_{Gk1}>q'_{Gk2}>q'_{Gk3}$，故吊装验算时应按脱模时的自重均布荷载标准值计算，垂直桁架方向荷载计算简图如图 4.70 所示。

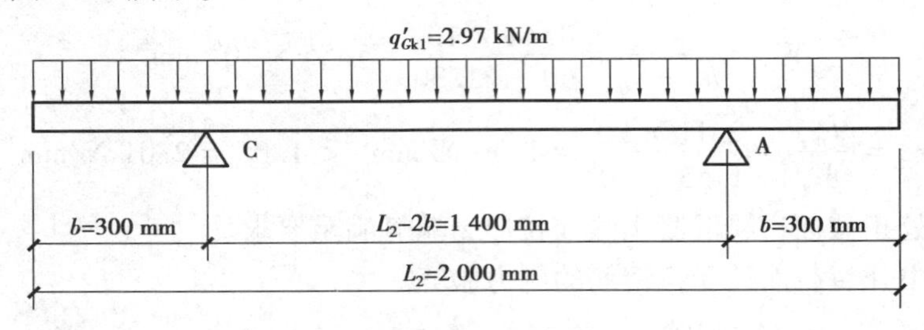

图 4.70　垂直桁架方向荷载计算简图

②预制板受弯验算。

吊装剪力标准值的计算：$V_C^l=q'_{Gk1}b=2.97\times0.3=0.89$ kN

$$V_C^r=\frac{1}{2}q'_{Gk1}L_2-q'_{Gk1}b=\frac{1}{2}\times2.97\times2-2.97\times0.3=2.08\ \text{kN}$$

吊装弯矩标准值计算：$M_{吊点}=\frac{1}{2}q'_{Gk1}b^2=\frac{1}{2}\times2.97\times0.3^2=0.13$ kN·m

$$M_{跨中}=\frac{1}{8}q'_{Gk1}(L_2-2b)^2-\frac{1}{2}q'_{Gk1}b^2=\frac{1}{8}\times2.97\times(2-2\times0.3)^2-\frac{1}{2}\times2.97\times0.3^2=0.59\ \text{kN·m}$$

a. 预制板跨中处正截面边缘混凝土法向压应力验算。

$$W_{cc}=\frac{900\times60^2}{6}=5.4\times10^5\ \text{mm}^3$$

$$\sigma_{cc}=\frac{M_{跨中}}{W_{cc}}=\frac{0.59\times10^6}{5.4\times10^5}=1.09\ \text{N/mm}^2<0.8f'_{ck}=0.8\times20.1=16.08\ \text{N/mm}^2$$，满足要求。

b. 预制板吊点处正截面边缘混凝土法向拉应力验算。

$$W_{ct}=\frac{900\times60^2}{6}=5.4\times10^5\ \text{mm}^3$$

$$\sigma_{ct}=\frac{M_{吊点}}{W_{ct}}=\frac{0.13\times10^6}{5.4\times10^5}=0.24\ \text{N/mm}^2<1.0f'_{tk}=2.01\ \text{N/mm}^2$$，满足要求。

c. 预制板跨中开裂截面处受拉钢筋的应力验算。

$$\sigma_s=\frac{M_{跨中}}{0.87A_sh_{01}}=\frac{0.59\times10^6}{0.87\times335\times30}=67.48\ \text{N/mm}^2<0.7f_{yk}=0.7\times400=280\ \text{N/mm}^2$$，满足要求。

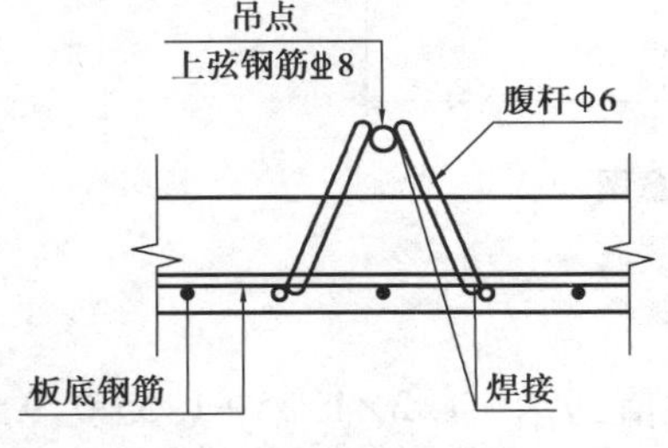

图 4.71　预制板吊点示意图

③预制板受剪验算。

$V=0.7f_tbh_{01}=0.7\times1.43\times900\times30\times10^{-3}=27.03\ \text{kN}>1.3\max(V_C^l,V_C^r)=1.3V_C^r=1.3\times2.08=2.70$ kN，满足要求。

(4)预制板吊环承载力验算

预制板吊点示意图如图 4.71 所示，预制板吊点数量 $N=4$，计算用吊点数量 $N_1=3$，每个吊点钢筋采用 2 Φ6。《混凝土结构工程施工规范》(GB 50666)规定每个吊环按两个截面计算,故每个吊点计算截面总面积 $A_s = 2\times2\times\pi/4\times6^2 = 113\ mm^2$,且吊点应力不超过 $f_y = 65\ N/mm^2$,因此单个吊点承载力为:$F = f_y A_s = 65\times113\times10^{-3} = 7.35\ kN$,预制板总重为:$G = \gamma L_1 L_2 h_1 = 25\times3.72\times2\times0.06 = 11.16\ kN$,故吊点总承载力为:$N_1 F = 3\times7.35 = 22.05\ kN > G = 11.16\ kN$,满足要求。

4.7　预制楼梯设计方法

4.7.1　预制楼梯概述

1)预制楼梯类型

楼梯是建筑主要的竖向交通通道和重要的逃生通道,是现代产业化建筑的重要组成部分。如图 4.72 所示,在工厂预制的楼梯远比现浇的更方便、精致,安装后马上就可以使用,给工地施工带来了很大的便利,同时提高了施工安全性。预制楼梯的设计应在满足建筑使用功能的基础上,符合标准化和模数化的要求。板式楼梯有双跑楼梯和剪刀楼梯。双跑楼梯一层楼两跑,长度较短;剪刀楼梯一层楼一跑,长度较长,如图 4.73 所示。对于板式楼梯,可参考国家建筑标准设计图集《预制钢筋混凝土板式楼梯》(15G 367-1)中大样。

图 4.72　预制楼梯

2)预制楼梯与支承构件的连接节点

楼梯作为竖向疏散通道,是建筑物中主要的垂直交通空间,也是安全疏散的重要通道。在火灾、地震等危险情况下,楼梯间疏散能力的大小直接影响着人民生命的安全。2008 年汶川地震的大量震害资料显示了楼梯的重要性,楼梯不倒塌就能保证人员有疏散通道,可更大程度地保证人民生命安全。《建筑抗震设计规范》(GB 50011)规定:"楼梯构件与主体结构整浇时,应计入楼梯构件对地震作用及其效应的影响,应进行楼梯构件的抗震承载力验算;宜采取构造措施,减少楼梯构件对主体结构刚度的影响。"采取构造措施,减少楼梯对主体结构的影响是目前设计行业最简便、可行、可控的方法。

预制楼梯与支承构件连接有 3 种方式:一端固定铰接点和一端滑动铰接点的简支方式、一端固定支座和一端滑动支座的方式以及两端都是固定支座的方式。

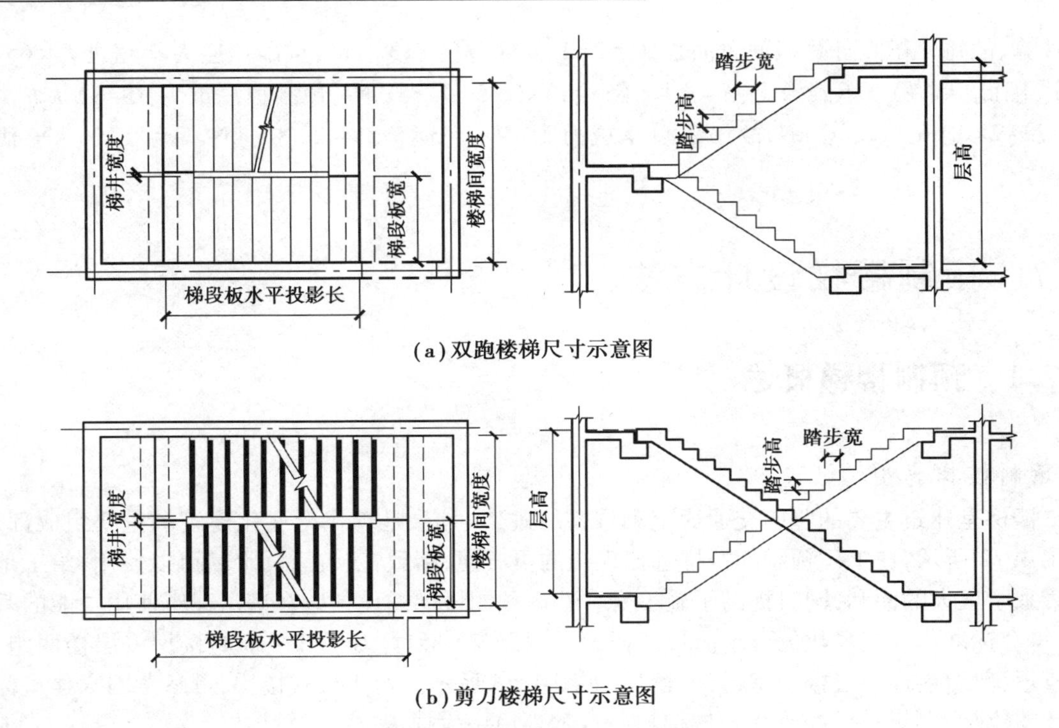

(a)双跑楼梯尺寸示意图

(b)剪刀楼梯尺寸示意图

图 4.73　双跑楼梯与剪刀楼梯

(1)简支方式

预制楼梯一端设置固定铰节点(图 4.74),另一端设置滑动铰节点(图 4.75)。其中,预制楼梯设置滑动铰的端部应采取防止滑落的构造措施。其转动及滑动变形能力应满足结构层间位移的要求且预制楼梯端部在支承构件上的最小搁置长度应符合表 4.16 的规定。

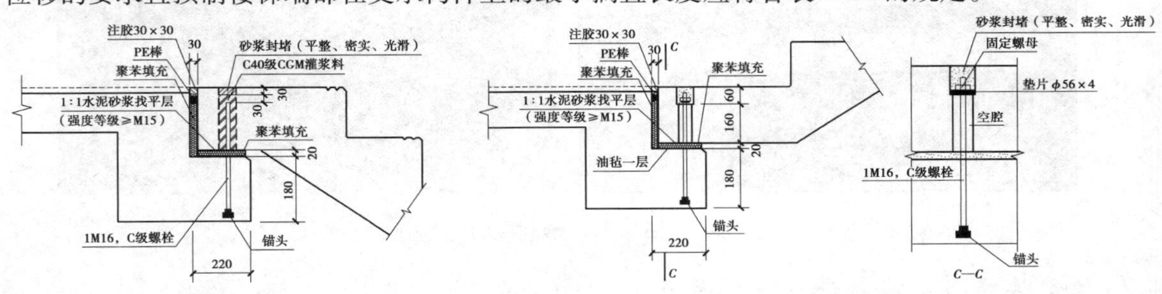

图 4.74　固定铰节点　　　　图 4.75　滑动铰节点

表 4.16　预制楼梯在支撑构件上的最小搁置长度

抗震设防烈度	6 度	7 度	8 度
最小搁置长度(mm)	75	75	100

(2)固定与滑动方式

预制楼梯上端设置固定端,与支承结构现浇混凝土连接(图 4.76);下端设置滑动支座,放置在支撑体系上(图 4.77)。滑动支座也可作为耗能支座,根据实际情况选择软钢支座、高阻尼橡胶支座等减隔震支座。地震时滑动支座可限量伸缩变形,既消耗了地震能量,又保证了梯段的安全性。滑动支座能减少楼梯段对主体结构的影响，这种连接形式是减少主体结构的震动对楼梯的损伤最常见的设计方式。

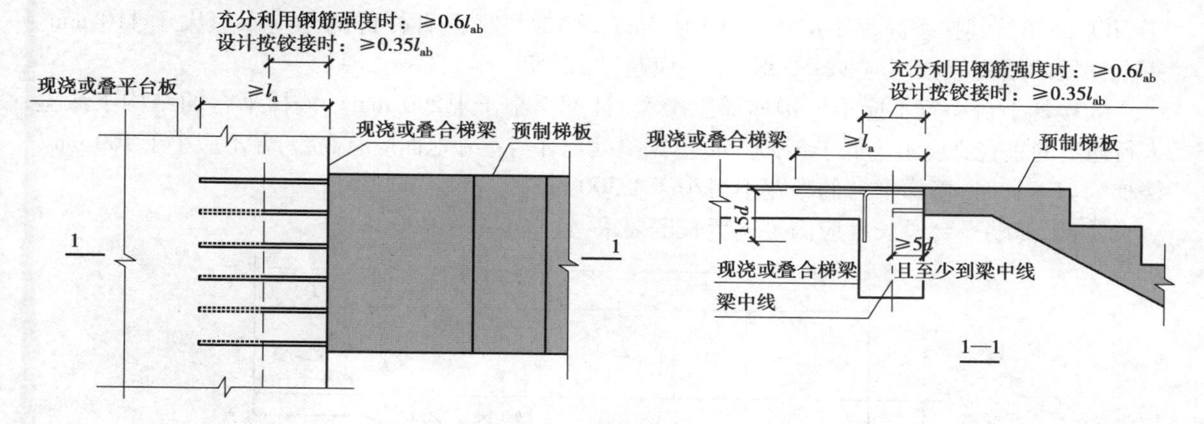

图 4.76 固定端节点

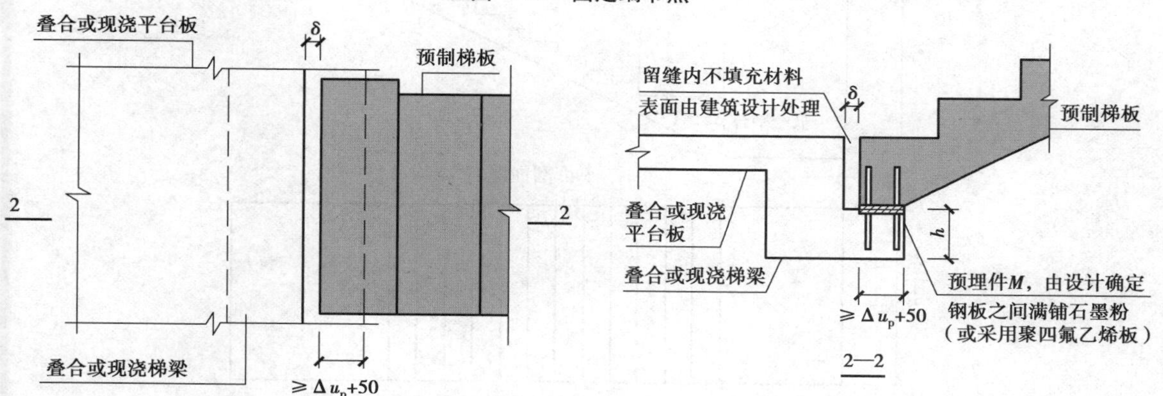

图 4.77 滑动支座节点

(3)两端固定方式

预制楼梯上下两端都设置固定支座，如图 4.76 所示，与支承结构现浇混凝土连接。日本装配式建筑的楼梯不做两端都固定支座连接，是因为地震中楼梯是逃生通道，应该避免与主体结构互相作用造成损坏。

4.7.2 预制楼梯计算

1)预制楼梯设计

预制楼梯可以通过正截面受弯承载力验算进行配筋，所配钢筋应符合预制楼梯的一般规定。由于预制楼梯的梯段板厚一般是按照经验法确定的，故取预制楼梯板跨的 1/25 ~ 1/30。一般的预制楼梯的裂缝和挠度都能符合要求，具体计算时不必再验算。

2)预制楼梯构造要求

①预制楼梯宽度宜为 100 mm 的整数倍，且楼梯梯段净宽不应小于 1 100 mm，不超过 6 层的住宅，一边设有栏杆的梯段净宽不应小于 1 000 mm。

②预制楼梯踏步宽度宜不小于250 mm,宜采用260 mm,280 mm,300 mm。踏步高度不应大于175 mm,同一梯段踏步高度应一致。扶手高度不应小于900 mm。楼梯水平段栏杆长度大于500 mm时,其扶手高度不应小于1 050 mm。楼梯栏杆垂直杆件间净空不应大于110 mm。每个梯段的踏步级数不应少于3级,且不应超过18级。

③楼梯平台净宽不应小于楼梯梯段净宽,且不得小于1 200 mm。楼梯平台的结构下缘至人行通道的垂直高度不应低于2 000 mm。入口处地坪与室外地面应有高差,并不应小于100 mm。楼梯为剪刀梯时,楼梯平台的净宽不得小于1 300 mm。

④低、高端平台段长度应满足搁置长度要求,且宜不小于400 mm。

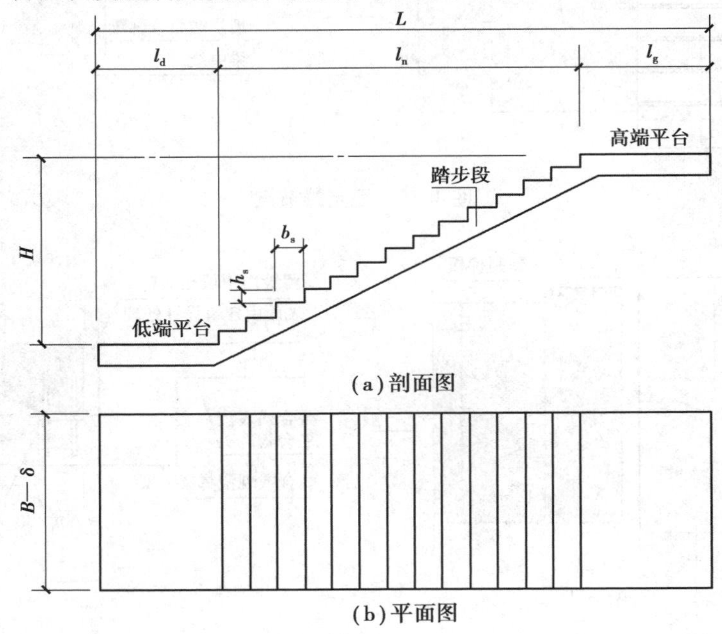

图4.78　预制楼梯示意图

B—预制楼梯宽度;δ—预留缝宽度;L—预制楼梯投影长度;H—踏步段高度;

l_n—踏步段投影长度;l_d、l_g—低,高端平台段长度;b_s—踏步宽度;h_s—踏步高度

⑤预制楼梯的纵向钢筋直径不宜小于8 mm,且上部纵筋配筋率应≥1.5%,下部纵筋配筋率应≥2.5%。分布筋直径不宜小于8 mm,间距不宜大于200 mm,且单位宽度内的配筋面积不宜小于跨中相应方向板底钢筋截面面积的1/3;非受力方向的分布钢筋,截面面积尚不宜小于受力方向跨中板底钢筋截面面积的1/3,如图4.79所示。

4.7.3　例题设计

预制楼梯设计以1.800~3.600 m标高处的一跑楼梯为例进行计算,楼梯各部位参数如图4.80所示(其中单跑楼梯的宽度为1 800 mm)。

1)楼梯材料选取

参考规范,确定楼梯混凝土强度等级为C30,梯段板顶部和底部的纵向受力钢筋采用HRB400,保护层厚度c=20 mm,具体配筋情况参考后续计算结果。

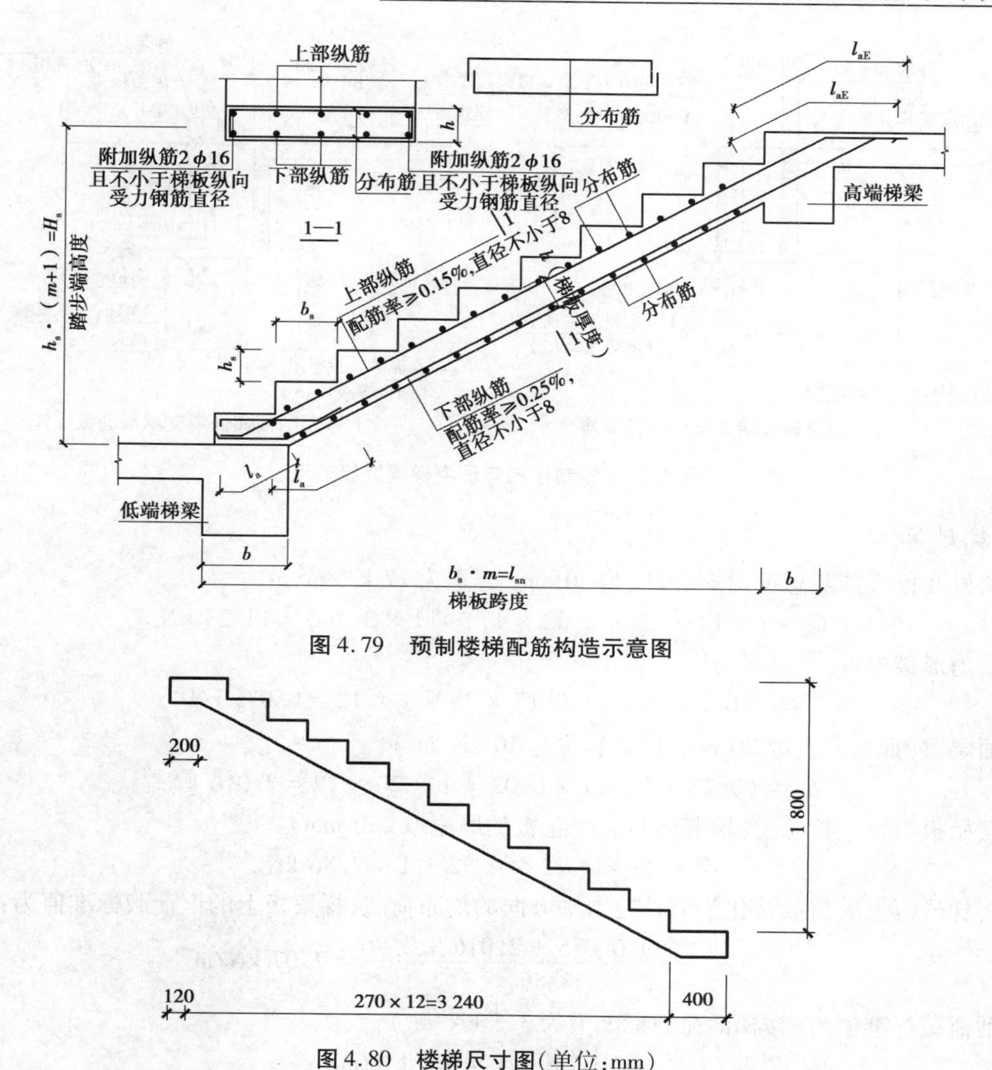

图 4.79　预制楼梯配筋构造示意图

图 4.80　楼梯尺寸图(单位:mm)

2)楼梯计算长度确定

图 4.81 为预制楼梯与现浇梯梁的连接节点。其中,在预制楼梯高端支承采用固定铰支座连接方式与现浇梯梁固定连接,如图 4.81(a)所示;在预制楼梯低端支承采用滑动铰支座的连接方式和现浇梯梁连接,如图 4.81(b)所示。采用滑动铰支座的连接方式与梯梁连接是为了减小楼梯对主体结构的影响。如图 4.80 所示的一跑楼梯的计算长度取节点连接处锚头之间的距离。参考图 4.80 和图 4.81 的细部尺寸,可确定该跑楼梯的计算长度:$l=270\times12+400+120-100\times2=3\ 560$ mm。

3)梯段板设计

楼梯的踏步宽度取 270 mm,踏步高度取 150 mm,板倾斜角 $\tan\alpha=\dfrac{150}{270}=0.56$,梯段板厚度取 $h=(1/25\sim1/30)l'_n$(l'_n为梯段板倾斜段长度),倾斜段长度为:$l'_n=\sqrt{1\ 800^2+3\ 240^2}=3\ 706$ mm。梯段板的厚度范围为 124 ~ 148 mm,取梯段板厚度为 140 mm,取 1 000 mm 的板宽作为计算单元。

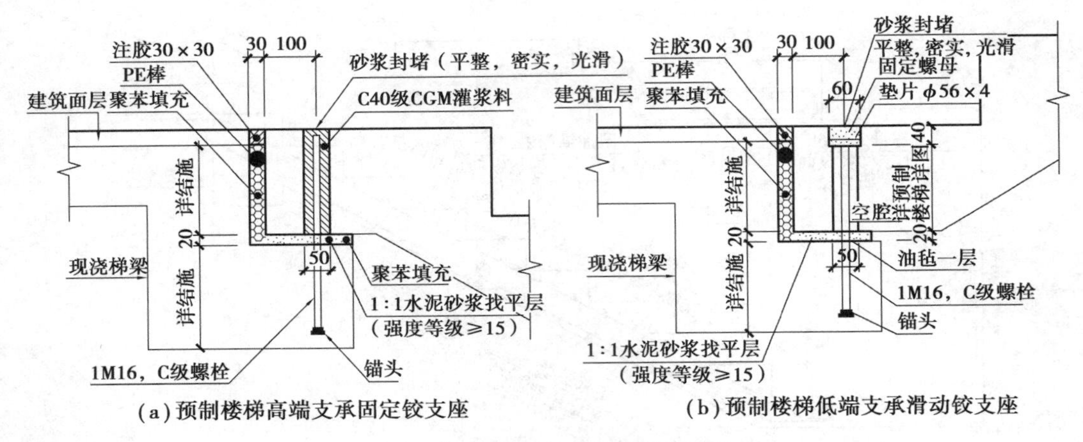

(a)预制楼梯高端支承固定铰支座　　(b)预制楼梯低端支承滑动铰支座

图 4.81　预制楼梯与现浇梯梁连接节点

4)荷载计算

斜板及板底抹灰总重(抹灰厚度为 20 mm,容重为 17 kN/m³):

$$G_1 = (0.14 \times 25 + 0.02 \times 17) \times 1 \times 3.706 = 14.23 \text{ kN}$$

三角形踏步重:

$$G_2 = 0.5 \times 0.27 \times 0.15 \times 25 \times 1 \times 12 = 6.075 \text{ kN}$$

面层重(面层厚度取 20 mm,材料容重为 20 kN/m³):

$$G_3 = (0.27 + 0.15) \times 0.02 \times 1 \times 20 \times 12 = 2.016 \text{ kN}$$

起始板与终止板总重(取起始板和终止板的厚度取 220 mm):

$$G_4 = 25 \times 0.22 \times 0.52 \times 1 = 2.86 \text{ kN}$$

将梯段板上的荷载转化为沿长边水平方向的均布荷载,梯段板上的恒荷载标准值为:

$$g_k = \frac{14.23 + 6.075 + 2.016 + 2.86}{3.56} = 7.07 \text{ kN/m}$$

活荷载标准值为(楼梯活荷载标准值为 3.5 kN/m²):

$$q_k = 3.5 \times 1 = 3.5 \text{ kN/m}$$

荷载设计值为:

$$q = 1.3 \times 7.07 + 1.5 \times 3.5 = 14.441 \text{ kN/m}$$

5)截面配筋设计

楼梯起始板和终止板与现浇梯梁连接节点按简支进行计算,跨中截面弯矩设计值为:

$$M = \frac{1}{8}ql^2 = \frac{1}{8} \times 14.441 \times 3.56^2 = 22.88 \text{ kN} \cdot \text{m}$$

梯段板的有效高度为:

$$h_0 = 140 - 20 - \frac{10}{2} = 115 \text{ mm}$$

其中板底纵筋直径初步设为 10 mm。

截面抵抗矩系数为:

$$\alpha_s = \frac{M}{\alpha_1 f_c b h_0^2} = \frac{22.88 \times 10^6}{14.3 \times 1\,000 \times 115^2} = 0.121$$

相对受压区高度计算：

$$\xi = 1 - \sqrt{1 - 2 \times \alpha_s} = 1 - \sqrt{1 - 2 \times 0.121} = 0.129 < \xi_b = 0.518$$

属于适筋破坏。

板底钢筋面积计算：

$$A_s = \frac{\alpha_1 f_c b h_0 \xi}{f_y} = \frac{1.0 \times 14.3 \times 1\ 000 \times 115 \times 0.129}{360} = 589.28\ \text{mm}^2$$

板底纵筋配筋率 $\rho \geqslant 0.25\%$，且钢筋直径不小于 8 mm。

选配⊈12@150 钢筋，$A_s = 754\ \text{mm}^2$

$$\rho = \frac{A_s}{bh_0} = \frac{754}{1\ 000 \times 115} = 0.656\% > 0.250\%$$

满足最小配筋率的要求。

上部纵筋通长配筋，钢筋直径不小于 8 mm，间距不宜大于 200 mm，且单位宽度内的配筋面积不宜小于跨中相应方向板底钢筋截面面积的 1/3，且不应小于最小配筋率要求，选配⊈10@180 钢筋，$A_s' = 436\ \text{mm}^2$。

$$A'_s = 436\ \text{mm}^2 > \frac{1}{3} A_s = 251\ \text{mm}^2$$

$$\rho' = \frac{A'_s}{bh_0} = \frac{436}{1\ 000 \times 115} = 0.379\% > 0.150\%$$

上部钢筋满足最小配筋率的要求。

垂直于纵筋方向的分布钢筋按通长配，且钢筋面积不宜小于受力方向跨中板底钢筋截面面积的 1/3，取⊈8@180

$$A'_s = 279\ \text{mm}^2 > \frac{1}{3} A_s = 251\ \text{mm}^2$$

分布钢筋满足要求。

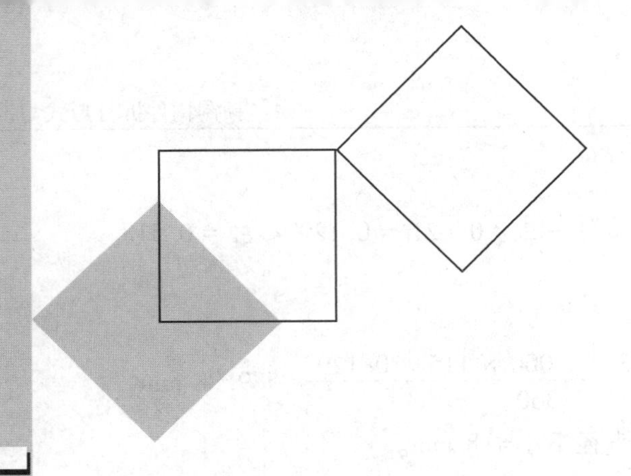

5 预制构件连接节点设计

5.1 概述

本章主要介绍预制构件连接的相关计算以及不同类型连接的构造要求,本章应与第4章预制构件的设计同时考虑,预制构件的截面设计和构件连接设计不可分割,两者相互影响。若未综合考虑将会导致截面设计不符合构件连接的构造要求甚至可能需要重新进行截面设计。根据构件的类型不同,预制构件之间的主要连接类型包括预制柱与预制柱的连接、叠合梁与梁柱节点的连接、主次梁的连接、叠合板之间的连接以及叠合板与支座的连接等。

预制构件连接时应该符合以下基本规定:①预制构件拼接部位的混凝土强度等级不应低于预制构件的混凝土强度等级;②预制构件的连接位置宜设置在受力较小部位;③预制构件的连接应考虑温度作用和混凝土收缩徐变的不利影响,宜适当增加构造配筋。

5.2 连接的传力机理

预制构件之间力的传递主要依靠混凝土和混凝土、钢筋和混凝土、钢筋和钢筋、钢板和混凝土、栓钉和混凝土、钢板和钢板等材料的接触来实现,传力方式主要有摩擦、承压、黏结等,连接的强度取决于节点所采用的连接方式。在进行连接的设计时,既要充分考虑构件连接部位的生产工艺要求和施工可行性,又要选取合适的满足节点性能要求的连接方式,从而进一步确定构件和连接部位的尺寸和形状。因此,有必要深入了解各种传力方式的工作机理。

5.2.1 混凝土和混凝土之间的传力机理

在装配整体式框架结构中往往需要在结构的关键受力部位后浇混凝土,从而形成后浇混凝土与预制混凝土之间的混凝土结合面。该结合面不能传递混凝土之间的拉力,但可以传递剪力或压剪组合作用。混凝土和混凝土之间的传力方式包括:受压抗剪、剪摩擦抗剪、钢筋销栓抗剪、抗剪键作用、支承作用等。

1)受压抗剪

受压抗剪往往发生在预制混凝土构件粗糙面与后浇混凝土之间，当预制混凝土和现浇混凝土的结合面上存在弯矩或压力与剪力共同作用时，会在新旧混凝土结合面产生相应的法向压应力 σ 和剪应力 τ，此时可以通过粗糙面来传递剪力。当剪应力 τ 小于法向压应力 σ 与摩擦系数 μ 的乘积时，预制混凝土与现浇混凝土之间不会发生剪切变形。

图5.1给出了结合面法向压应力和剪应力组合的破坏曲线。*ABC* 为破坏曲线，它分为两种破坏模式：*AB* 段为压应力较小时剪应力 τ 大于法向压应力 σ 与摩擦系数 μ 的乘积时沿结合面的剪切破坏模式；相反地，*BC* 段为混凝土的受压破坏模式。*OB* 为结合面剪切破坏模式的直线简化关系，如下式所示。

$$\tau_{R(cp)}=\mu\cdot\sigma \tag{5.1}$$

式中 $\tau_{R(Cp)}$——剪应力；

σ——法向压应力；

μ——结合面应力传递的摩擦系数，其值取决于结合面的粗糙程度。《装配式混凝土结构技术规程》(JGJ 1)提出，当预制柱底接缝灌浆层上下表面接触的混凝土均有粗糙面及键槽构时，在计算受压预制柱轴压产生的摩擦力计算式中摩擦系数取0.8。

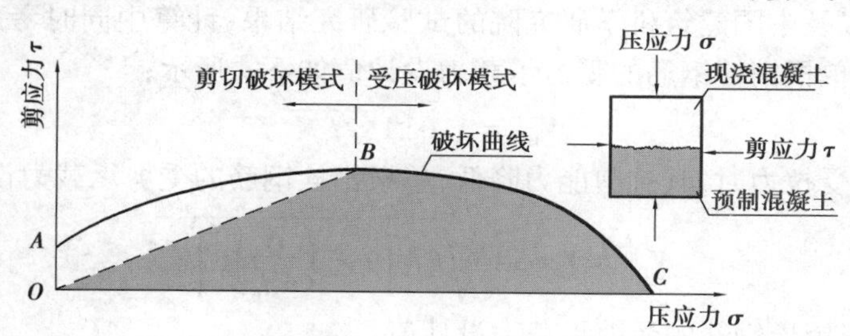

图5.1 结合面压应力和剪应力组合的破坏曲线

2)剪摩擦抗剪

《美国混凝土结构建筑规范》(ACI 318M-05)中规定，当穿过混凝土结合面的正交钢筋在两侧混凝土内充分锚固且结合面发生滑移变形时，由于结合面压应力 σ 的存在，而在结合面上生成的摩擦力称为剪摩擦。如图5.2所示，在施工过程中一般将结合面处理为粗糙面，当混凝土结合面发生剪切变形时，滑动将使结合面的两侧混凝土相互远离一定距离 δ，该距离 δ 将使贯通结合面的正交钢筋产生拉力，拉力提供的外部夹紧力使结合面产生相等的压力。

因此在剪摩擦作用下，结合面能够传递的剪应力大小如下式所示：

$$\tau_{R(sh)}=\mu_s\cdot p_s\cdot f_y \tag{5.2}$$

式中 $\tau_{R(sh)}$——剪摩擦抗剪强度设计值；

μ_s——摩擦系数，按照《美国混凝土结构建筑规范》(ACI 318M-05)相关要求确定；

p_s——单位面积内贯穿结合面的正交钢筋的面积；

f_y——钢筋强度设计值。在摩擦抗剪钢筋与剪切面倾斜的情况下，受剪钢筋会承受额外的拉力。其剪摩擦抗剪强度按照《美国混凝土结构建筑规范》(ACI 318M-05)相关公式进行计算。

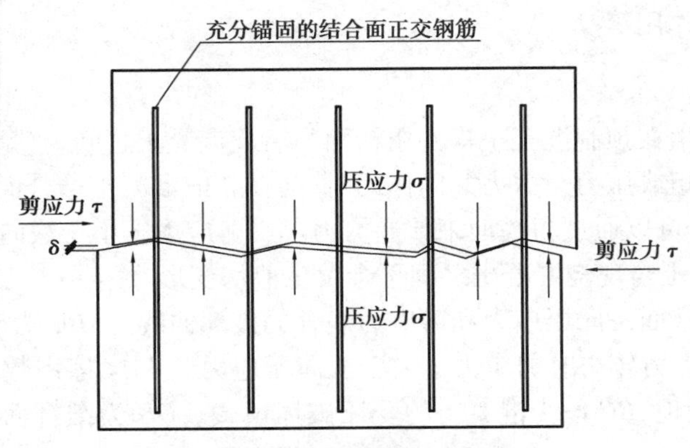

图 5.2　剪摩擦抗剪示意图

3)钢筋销栓抗剪

当横穿结合面的钢筋锚固不够充分时,混凝土结合面不会形成剪摩擦抗剪,当结合面间发生一定的相对滑动时,贯穿结合面的钢筋可以通过自身的弯曲变形产生拉力抵抗结合面的剪力,称为钢筋销栓抗剪,如图 5.3 所示。钢筋销栓抗剪是结合面发生滑移变形时混凝土受压破坏和钢筋屈服的状态,我国计算钢筋销栓作用的受剪承载力公式主要参照日本的装配式框架设计规程中的规定,以及中国建筑科学研究院的试验研究结果,计算中同时考虑了混凝土强度及钢筋强度的影响。单根销栓钢筋的受剪承载力设计值如下式所示:

$$V_{UE} = 1.65A_s\sqrt{f_c f_y} \tag{5.3}$$

当销栓钢筋承受拉力时,其抗剪能力降低,单根销栓钢筋的受剪承载力设计值如下式所示:

$$V_{UE} = 1.65A_s\sqrt{f_c f_y\left[1-\left(\frac{N}{A_s f_y}\right)^2\right]} \tag{5.4}$$

式中　V_{UE}——单根销栓钢筋的受剪承载力设计值;

A_s——单根销栓钢筋的截面积:

f_c——混凝土强度设计值;

f_y——钢筋强度设计值;

N——单根销栓钢筋承受的轴拉力。

4)抗剪键作用

抗剪键是指人为设置的混凝土构件表面的凹槽以及凸起(图 5.4),并通过凹槽和凸起的咬合来传递剪力,在剪力达到抗剪强度之前几乎不发生结合面的滑移变形。在装配式混凝土结构的构件连接中,结合面往往同时设置销栓抗剪钢筋以及键槽,但由于钢筋销栓抗剪达到抗剪强度时的滑移变形量大于抗剪键达到抗剪强度时的滑移变形量,二者不能够同时达到各自承载力的峰值。因此,在计算结合面的受剪承载力时,不同规范的考虑方式有所不同。《预制装配整体式钢筋混凝土结构技术规范》(SJG 18)建议钢筋销栓抗剪和抗剪键作用应分别计算,并取两者的较大值作为结合面的抗剪承载力,而《装配式混凝土结构技术规程》(JGJ 1)建议将钢筋销栓抗剪和抗剪键抗剪组合在一起

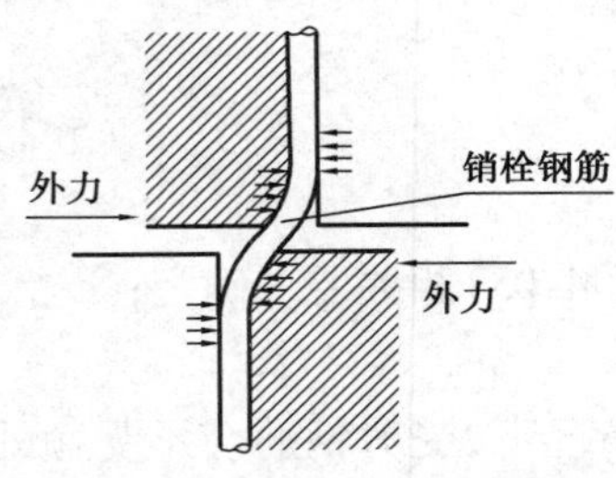

图 5.3　钢筋销栓抗剪示意图

考虑,并对抗剪键抗剪承载力予以折减,二者对抗剪键受剪承载力的计算如下所示。

《预制装配整体式钢筋混凝土结构技术规范》(SJG 18)规定,抗剪键的承载力是由抗剪键凸出部分的承压强度和抗剪键根部的抗剪强度二者较小值决定。如图5.4所示,左边抗剪键承载力设计值为$V_{RL(K)}$,右边抗剪键承载力设计值为$V_{RR(K)}$,将二者较小值作为该抗剪键的受剪承载力设计值,可按下式计算:

$$V_{RL(K)}=\min\left\{\alpha_L f_{cL}\sum_{i=1}^{n}w_i x_i,0.10f_{cL}a_3w_3+0.15f_{cL}\sum_{i=1}^{2}w_i a_i\right\} \tag{5.5}$$

$$V_{RR(K)}=\min\left\{\alpha_R f_{cR}\sum_{i=1}^{n}w_i x_i,0.10f_{cR}b_1w_1+0.15f_{cR}\sum_{i=2}^{n}w_i b_i\right\} \tag{5.6}$$

式中　n——发生局部承压的剪力键的个数(图5.4中$n=3$);

x_i——剪力键凸出长度;

w_i——剪力键宽度;

a_i、b_i——剪力键根部高度。另外,外边缘剪力键有可能沿如图5.4所示的M-M'面及L-L'面受拉破坏,故左边a_3剪力键和右边b_1剪力键的混凝土抗剪强度折减0.7使用;

α——混凝土承压系数,为避免剪力键传递剪力过程中发生过大变形或混凝土局部破坏,承压系数参照日本指南取$\alpha=1.25$;

f_{cL},f_{cR}——左、右侧混凝土的强度设计值。

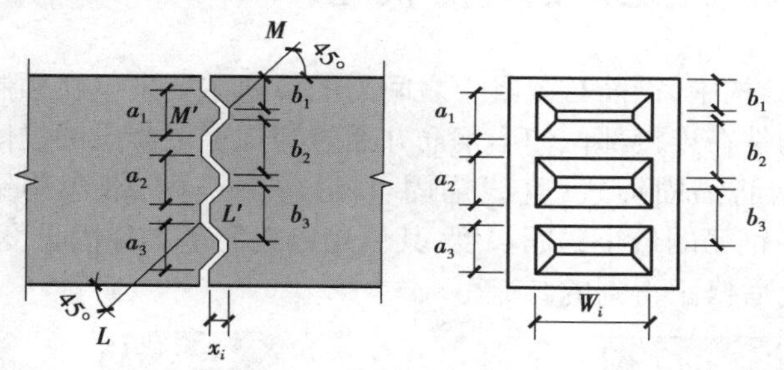

图5.4　抗剪键示意图

《装配式混凝土结构技术规程》(JGJ 1)规定,混凝土抗剪键槽的受剪承载力一般为$(0.15\sim0.2)f_cA_K$,但由于混凝土抗剪键槽的受剪承载力和钢筋的销栓抗剪作用一般不会同时达到最大值,因此在计算公式中,对混凝土键槽的受剪承载力进行折减,取$0.1f_cA_K$。抗剪键槽的受剪承在计算中仅考虑键槽根部的剪切破坏,并对键槽构造尺寸进行规定,键槽的受剪承载力按现浇键槽和预制键槽根部剪切面分别计算,并取二者的较小值,可按下式计算:

$$V_{R(K)}=0.1f_cA_K \tag{5.7}$$

式中　f_c——混凝土强度设计值;

A_K——各键槽的根部截面面积之和,计算时按后浇键槽根部截面和预制键槽根部截面分别计算,并取二者较小值。

5)支承作用

预制次梁与主梁的搭接,通常是次梁通过端部的预埋钢部件直接搁置于主梁的预留凹槽内,如图5.5所示。次梁端部的预埋抗剪钢板支承于主梁凹槽中的预埋承压钢板上,把次梁的剪力转换为主梁跨中的局部支承力。

根据《混凝土结构设计规范》(GB 50010)的相关规定,主梁预埋承压钢板下的混凝土局部

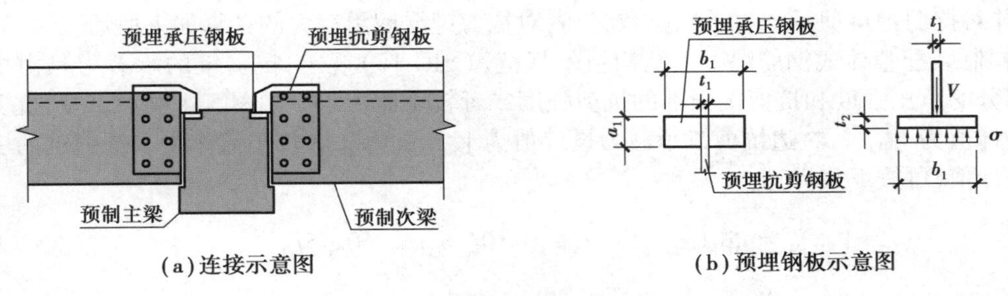

(a)连接示意图　　(b)预埋钢板示意图

图 5.5　主次梁钢企口连接

受压承载力 $V_{R(B)}$ 应满足下式计算：

$$V_{R(B)} = \omega\beta_1 f_{cc} A_{ln} \tag{5.8}$$

式中　ω——荷载分布影响系数，取 0.75；

β_1——混凝土局部受压强度提高系数，取 $\sqrt{2+4\dfrac{a_1}{b_1}}$；

f_{cc}——素混凝土轴心抗压强度设计值，取 $0.85f_c$；

A_{ln}——混凝土局部受压净面积，取 $a_1 \cdot b_1$。

5.2.2　钢筋和混凝土之间的传力机理

在装配式混凝土结构中，钢筋与混凝土之间力的传递主要发生在预制构件的预留钢筋与后浇混凝土之间，预制构件在连接部位伸出钢筋并通过与现浇混凝土的锚固作用传力。一般情况下，主要有以下几种钢筋锚固形式：直线锚固、L 形弯折锚固、带弯钩锚固和锚固板锚固，如图 5.6 所示，其中 L 为钢筋的最小锚固长度，其值是以钢筋基本锚固长度为基准，充分考虑钢筋形态、受力状态等情况后修正得到的。

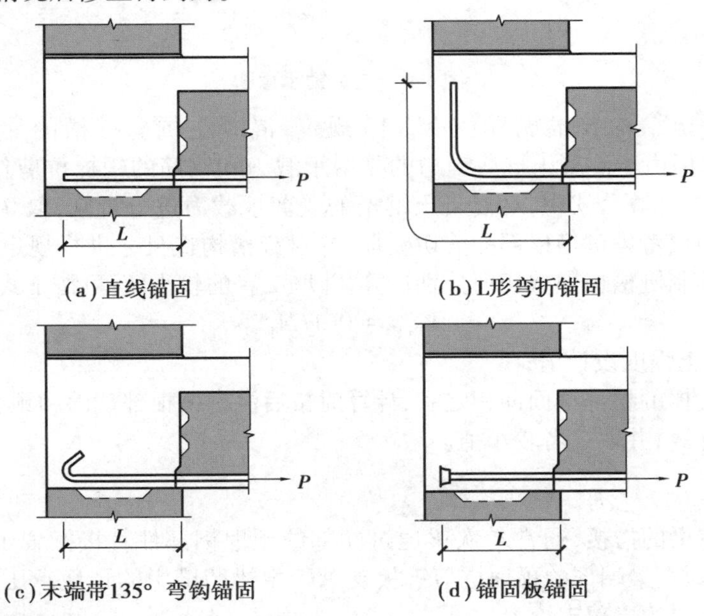

(a)直线锚固　　(b)L形弯折锚固

(c)末端带135° 弯钩锚固　　(d)锚固板锚固

图 5.6　钢筋锚固形式

1)受拉钢筋的基本锚固长度

①当计算中充分利用钢筋的抗拉强度时,直线锚固和L形弯折锚固的基本锚固长度 l_{ab} 可按下式计算:

$$l_{ab} = \alpha \frac{f_y}{f_t} d \tag{5.9}$$

式中 α——锚固钢筋的外形系数,根据《混凝土结构设计规范》(GB 50010)相关规定取值;

f_y——普通钢筋抗拉强度设计值;

f_t——混凝轴心抗拉强度设计值;

d——锚固钢筋的直径。

当纵向受拉普通钢筋末端采用弯钩或机械锚固措施时,包括弯钩或锚固端头在内的锚固长度可取为基本锚固长度 l_{ab} 的60%。

②受拉钢筋的锚固长度应根据锚固条件按下列公式计算,且不应小于200 mm:

$$l_a = \zeta_a l_{ab} \tag{5.10}$$

式中 l_a——受拉钢筋的锚固长度;

ζ_a——锚固长度修正系数,按《混凝土结构设计规范》(GB 50010)的相关规定取用,当多于一项时,可按连乘计算,但不应小于0.6。

③当锚固钢筋的保护层厚度不大于 $5d$ 时,锚固长度范围内应配置横向构造钢筋,其直径不应小于 $d/4$;对梁、柱、斜撑等构件间距不应大于 $5d$,对板、墙等平面构件间距不应大于 $10d$,且均不应大于100 mm,此处 d 为锚固钢筋的直径。

2)受压钢筋锚固长度

混凝土结构中的纵向受压钢筋,当计算中充分利用其抗压强度时,锚固长度不应小于相应受拉锚固长度的70%。受压钢筋不应采用末端弯钩和一侧贴焊锚筋的锚固措施。

3)纵向受拉钢筋的抗震锚固长度

纵向受拉钢筋的抗震锚固长度 l_{aE} 应按下式计算:

$$l_{aE} = \zeta_{aE} l_a \tag{5.11}$$

式中 ζ_{aE}——纵向受拉钢筋抗震锚固长度修正系数,对一、二级抗震等级取1.15,对三级抗震等级取1.05,对四级抗震等级取1.00;

l_a——纵向受拉钢筋的锚固长度,按式5.10确定。

4)钢筋锚固板

(1)锚固板的分类

锚固板可按表5.1进行分类。

表5.1 锚固板的分类

分类方法	类别
按材料分	球墨铸铁锚固板、钢板锚固板、锻钢锚固板、铸钢锚固板
按形状分	圆形、方形、长方形

续表

分类方法	类别
按厚度分	等厚、不等厚
按连接方式分	螺纹连接锚固板、焊接连接锚固板
按受力性能分	部分锚固板、全锚固板

注:部分锚固板指依靠锚固长度范围内钢筋与混凝土的粘结作用和锚固板承压面的承压作用共同承担钢筋规定锚固力的锚固板;全锚固板指全部依靠锚固板承压面的承压作用承担钢筋规定锚固力的锚固板。

(2)钢筋锚固板的一般规定

全锚固板承压面积不应小于锚固钢筋公称面积的9倍;部分锚固板承压面积不应小于锚固钢筋公称面积的4.5倍;锚固板厚度不应小于锚固钢筋公称直径;当采用不等厚或长方形锚固板时,除应满足上述面积和厚度要求外,尚应通过省部级的产品鉴定;采用部分锚固板锚固的钢筋公称直径不宜大于40 mm;当公称直径大于40 mm的钢筋采用部分锚周板锚固时,应通过试验确定其设计参数。

(3)钢筋锚固板的混凝土保护层厚度

锚固板的布置方式有正放和反放(图5.7),锚固板的保护层厚度要求如表5.2所示。

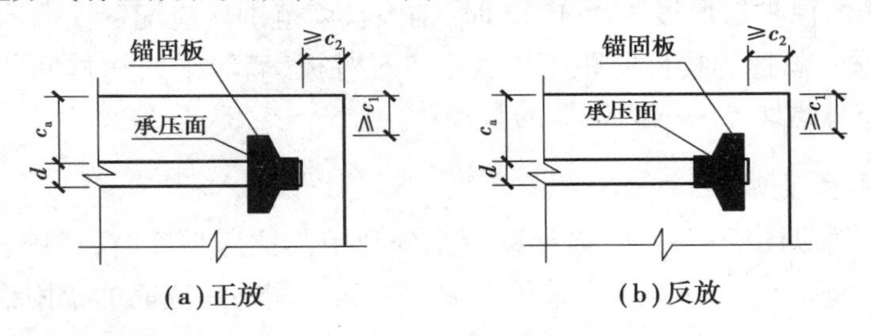

图5.7　锚固板布置方式

表5.2　采用锚固板时混凝土保护层的最小厚度　　单位:mm

	环境类别				
c_1	一	二a	二b	三a	三b
	15	20	25	30	40
c_2	$\geqslant c_{min}$				

注:图中和表中 c_1 为锚固板侧面保护层的最小厚度;c_2 为钢筋端面保护层的厚度;c_{min} 为锚固钢筋的混凝土保护层最小厚度;c_a 为锚固钢筋的混凝土保护层厚度,除应符合《混凝土结构设计规范》相关规定外,尚应满足 $c_a>1.5d$,d 为锚固钢筋直径。

5.2.3　钢筋和钢筋之间的传力机理

在装配整体式结构中,节点及接缝处的纵向钢筋连接宜根据接头受力、施工工艺等要求选用机械连接、套筒灌浆连接、浆锚搭接连接、焊接连接、绑扎搭接连接等连接方式。当采用套筒灌浆连接时，应符合现行行业标准《钢筋套筒灌浆连接应用技术规程》(JGJ 355)的规定；当采用机械连接时，应符合现行行业标准《钢筋机械连接技术规程》(JGJ 107)的规定；当采用焊接连接时，应符合现行行业标准《钢筋焊接及验收规程》(JGJ 18)的规定。

1)机械连接

钢筋的机械连接是通过钢筋与连接件的机械咬合作用或钢筋端面的承压作用，将一根钢筋中的力传递至另一根钢筋的连接方法。工程中常用的钢筋机械连接接头是直螺纹套筒接头、锥螺纹套筒接头、套筒挤压套筒接头和套筒灌浆接头。

(1)直螺纹套筒接头

直螺纹套筒接头是通过钢筋端头制作的直螺纹和连接件螺纹咬合形成的接头，如图5.8所示。

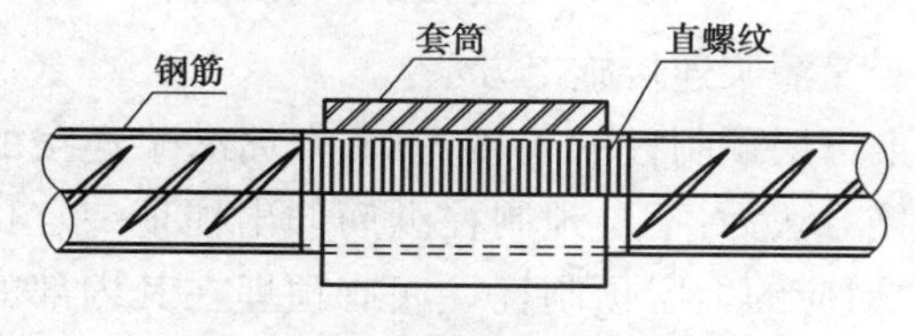

图5.8　钢筋直螺纹套筒接头

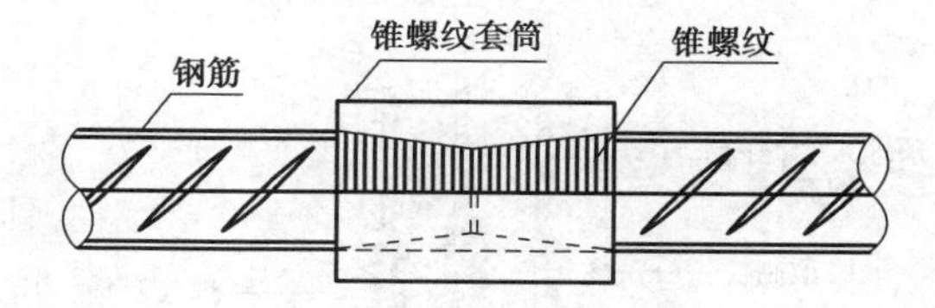

图5.9　钢筋锥螺纹套筒接头

(2)锥螺纹套筒接头

锥螺纹接头是通过钢筋端头特制的锥形螺纹和连接件螺纹咬合形成的接头，如图5.9所示。

(3)挤压套筒接头

挤压套筒接头是将一个冷拔无缝钢套筒套在两根对接的带肋钢筋的端部，通过挤压力使连接件钢套筒塑性变形与带肋钢筋紧密咬合形成的接头，如图5.10所示。

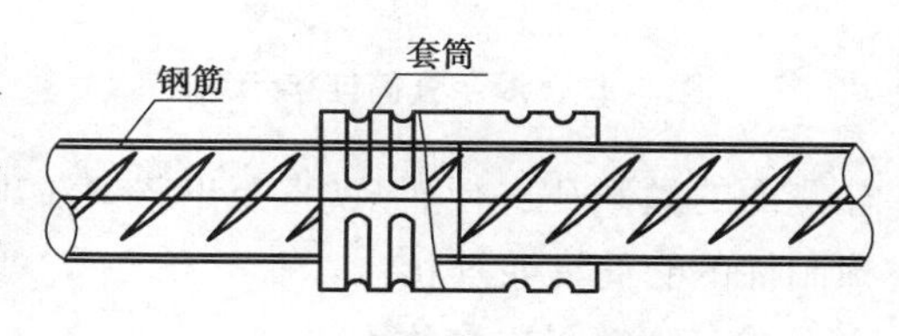

图5.10　钢筋挤压套筒接头

(4)套筒灌浆接头

套筒灌浆接头是由专门加工的套筒、配套灌浆料和钢筋形成的组合体，在连接钢筋时通过注入快硬无收缩灌浆料，依靠材料之间的黏结咬合作用连接钢筋与套筒。套筒灌浆接头具有性能可靠、适用性广、安装简便等优点。

①套筒灌浆接头组成及类型。

套筒灌浆接头由对接的两根带肋钢筋，灌浆套筒以及灌浆料组成，其中灌浆套筒是一种金属材质圆筒，圆筒两端预留插孔，套筒内部带有多组剪力键用以增大套筒与灌浆料的咬合度。灌浆料具有微膨胀、流动性好、早强、高强等性质，用以从灌浆套筒的灌浆口灌入并填充套筒内部空隙。

灌浆套筒分为全灌浆套筒和半灌浆套筒。两端均采用灌浆方式与钢筋连接的接头为全灌浆套筒接头，如图5.11所示；一端采用灌浆方式与钢筋连接，而另一端采用螺纹连接方式与钢筋连接的接头为半灌浆套筒接头，如图5.12所示，这类接头在预制构件中一般采用直螺纹方式连接钢筋，现场装配端采用灌浆方式连接。

如图 5.11 和图 5.12 所示，套筒产品的主要外形参数包括：长度 L、壁厚 t、预制端开口直径 D_1、装配端开口直径 D_2。在套筒两端设有灌浆孔和排浆孔，全套筒灌浆接头预制端还设有封浆橡胶环。为了控制钢筋伸入套筒的长度，在套筒内部设置钢筋限位挡板。套筒构造及两端钢筋锚固长度 L_1、L_2 与连接钢筋的直径、强度、外形以及灌浆料性能、施工偏差要求等因素有关。

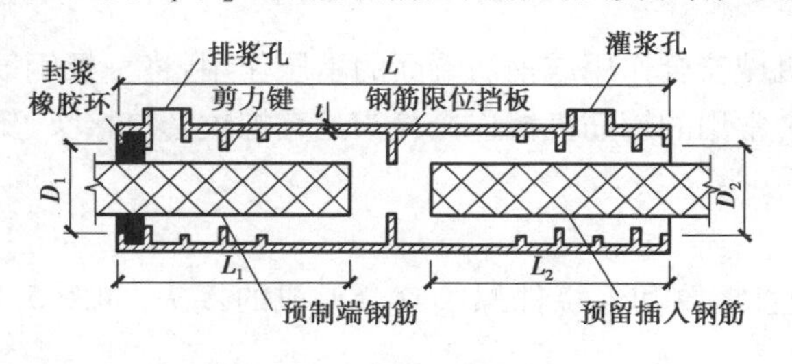

图 5.11　全灌浆套筒接头

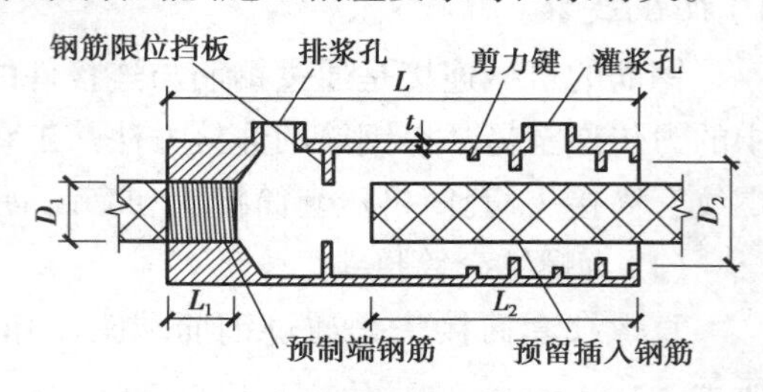

图 5.12　半灌浆套筒接头

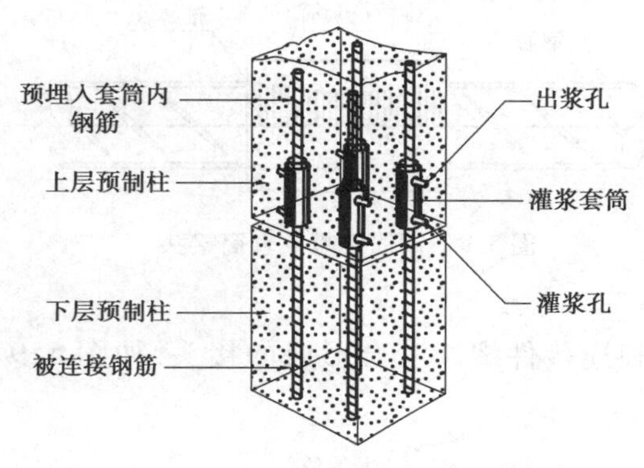

图 5.13　灌浆套筒连接示意图

②套筒灌浆连接施工方法。

以上下层预制柱的连接为例，套筒灌浆连接的具体连接方法为：下层预制柱纵筋伸出柱顶一定长度，与之对应的上层预制柱柱底有预埋在其内部的灌浆套筒，且上层预制柱内部的纵筋已伸入灌浆套筒上端空腔内或已经与灌浆套筒上端完成了螺纹连接；现场施工时，将上层预制柱柱底的灌浆套筒底端插口与下层预制柱顶伸出的钢筋相对应，上层预制柱就位后下层预制柱伸出柱顶的钢筋将全部进入灌浆套筒内，如图 5.13 所示，然后在上层预制柱侧面的灌浆孔进行灌浆，直至出浆口流出灌浆料即停止灌浆并堵塞出浆口，便完成了上下层预制柱的套筒灌浆连接。

③套筒灌浆连接传力机理。

如图 5.14 所示，钢筋与灌浆料之间的作用由材料黏附力 f_1、表面摩擦力 f_2 和钢筋表面肋部与灌浆料之间的机械咬合力 f_3 构成，钢筋中的应力通过该结合面传递到灌浆料中。灌浆料与套筒内壁之间的结合面同样由 f_1、f_2、f_3 构成，灌浆料中的应力再传递到套筒中。同时，由于灌浆料微膨胀的性质，套筒可以为灌浆料提供有效的沿径向的侧向约束力 F_n，而套筒外侧的混凝土又可为套筒提供沿径向的侧向约束 F_{n1}，可以有效增强灌浆料的强度并增强材料结合面的黏结锚固作用，确保接头的传力能力。

④套筒灌浆连接的破坏形式。

灌浆套筒的理想破坏模式为套筒以外的钢筋发生破坏，套筒始终保持正常工作的状态。除此以外，套筒灌浆接头也可能会形成预期以外的破坏模式：钢筋-灌浆料结合面在钢筋拉断前失效，造成钢筋拔出破坏，这种情况下应增大钢筋锚固长度以避免此类破坏；灌浆料-套筒结合面在钢筋拉断前失效，造成灌浆料拔出破坏，可在套筒上适当增加剪力键数量以避免此类破坏；灌浆料强度不够，会导致接头钢筋拉断前发生灌浆料劈裂破坏；套筒强度不够，会导致接头钢筋拉断前发生套筒拉断破坏。

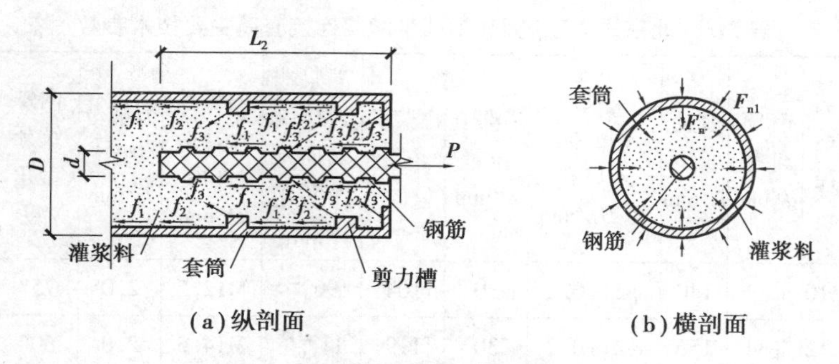

图 5.14 灌浆套筒传力机理示意图

⑤套筒灌浆连接的一般规定。

钢筋套筒灌浆连接接头的关键技术之一在于灌浆料的质量,灌浆料应符合现行标准《钢筋连接用套筒灌浆料》(JG/T 408)的规定。另外,灌浆连接接头采用的套筒应符合现行标准《钢筋连接用灌浆套筒》(JG/T 398)、《钢筋套筒灌浆连接应用技术规程》(JCJ 355)的有关规定。

在装配整体式混凝土结构中,采用钢筋套筒灌浆连接的混凝土预制构件应符合下列规定:

a. 套筒灌浆连按性能应满足《钢筋机械连接技术规程》(JCJ 107)中 I 级接头的要求。

b. 接头连接钢筋的强度等级不应高于灌浆套筒规定的连接钢筋强度等级。

c. 连接钢筋的直径规格不应大于灌浆套筒规定的连接钢筋直径规格,且不宜小于灌浆套筒规定的连接钢筋规格一级以上。

d. 预制构件采用钢筋套筒灌浆连接时,应在构件生产前进行钢筋套筒灌浆连接接头的抗拉强度试验,每种规格的连接接头试件数量不少于 3 个。

e. 为防止采用套筒灌浆连接的混凝土构件发生不利破坏,规定要求连接接头抗拉试验应断于接头外钢筋的要求,即不允许发生断于接头或连接钢筋与灌浆套筒拉脱的现象。

f. 构件配筋方案应根据灌浆套筒外径、长度及灌浆施工要求确定,钢筋插入灌浆套筒的锚固长度应符合灌浆套筒参数要求。

g. 预制剪力墙中钢筋接头处套筒外侧钢筋的混凝土保护层厚度不应小于 15 mm,预制柱中钢筋接头处套筒外侧箍筋的混凝土保护层厚度不应小于 20 mm;套筒之间的净距不应小于 25 mm。

⑥全灌浆套筒(图 5.15)和半灌浆套筒(图 5.16)的尺寸选用可参考表 5.3 和表 5.4。

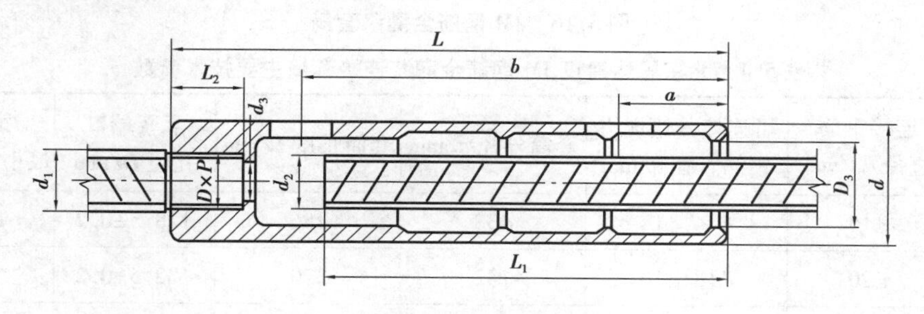

图 5.15 JM 钢筋半灌浆套筒

表 5.3　北京思达建茂 JM 钢筋半灌浆连接套筒主要技术参数

套筒型号	螺纹端连接钢筋直径 d_1/mm	灌浆端连接钢筋直径 d_2/mm	套筒外径 d/mm	套筒长度 L/mm	灌浆端钢筋插入口孔径 D_3/mm	灌浆孔位置 a/mm	出浆孔位置 b/mm	灌浆端连接钢筋插入深度 L_1/mm	内螺纹公称直径 D/mm	内螺纹螺距 P/mm	内螺纹牙型角/度	内螺纹孔深度 L_2/mm	螺纹端与灌浆端通孔直径 d_3/mm
GT12	ϕ12	ϕ12,ϕ10	ϕ32	140	ϕ23±0.2	30	104	96_{0}^{+15}	M12.5	2.0	75°	19	≤ϕ8.8
GT14	ϕ14	ϕ14,ϕ12	ϕ34	156	ϕ25±0.2	30	119	112_{0}^{+15}	M14.5	2.0	60°	20	≤ϕ10.5
GT16	ϕ16	ϕ16,ϕ14	ϕ38	174	ϕ28.5±0.2	30	134	128_{0}^{+15}	M16.5	2.0	60°	22	≤ϕ12.5
GT18	ϕ18	ϕ18,ϕ16	ϕ40	193	ϕ30.5±0.2	30	151	144_{0}^{+15}	M18.7	2.5	60°	25.5	≤ϕ15
GT20	ϕ20	ϕ20,ϕ18	ϕ42	211	ϕ32.5±0.2	30	166	160_{0}^{+15}	M20.7	2.5	60°	28	≤ϕ17
GT22	ϕ22	ϕ22,ϕ20	ϕ45	230	ϕ35±0.2	30	181	176_{0}^{+15}	M22.7	2.5	60°	30.5	≤ϕ19
GT25	ϕ25	ϕ25,ϕ22	ϕ50	256	ϕ38.5±0.2	30	205	200_{0}^{+15}	M25.7	2.5	60°	33	≤ϕ22
GT28	ϕ28	ϕ28,ϕ25	ϕ56	292	ϕ43±0.2	30	234	224_{0}^{+15}	M28.9	3.0	60°	38.5	≤ϕ23
GT32	ϕ32	ϕ32,ϕ28	ϕ63	330	ϕ48±0.2	30	266	256_{0}^{+15}	M32.7	3.0	60°	44	≤ϕ26
GT36	ϕ36	ϕ36,ϕ32	ϕ73	387	ϕ53±0.2	30	316	306_{0}^{+15}	M36.5	3.0	60°	51.5	≤ϕ30
GT40	ϕ40	ϕ40,ϕ36	ϕ80	426	ϕ58±0.2	30	350	340_{0}^{+15}	M40.2	3.0	60°	56	≤ϕ34

注：①本表为标准套筒的尺寸参数；套筒材料优质碳素结构钢或合金结构钢、抗拉强度≥600 MPa，屈服强度≥355 MPa，断后伸长率≥16%。

②竖向连接异径钢筋的套筒：a. 灌浆端连接钢筋直径小时，采用本表中螺纹连接端钢筋的标准套筒，灌浆端连接钢筋的插入深度为该标准套筒规定的深度 L_1 值。b. 灌浆端连接钢筋直径大时，采用变径套筒。

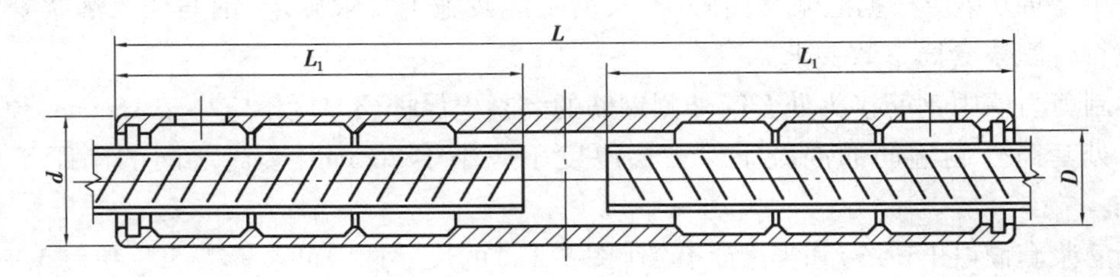

图 5.16　JM 钢筋全灌浆套筒

表 5.4　北京思达建茂 JM 钢筋全灌浆连接套筒主要技术参数

套筒型号	连接钢筋直径 d_1/mm	可连接其他规格钢筋直径 d/mm	套筒外径 d/mm	套筒长度 L/mm	灌浆端口孔径 D/mm	钢筋插入最小深度 L_1/mm
CT16H	ϕ16	ϕ14,ϕ12	ϕ38	256	ϕ28.5±0.2	113±128
CT20H	ϕ20	ϕ18,ϕ16	ϕ42	320	ϕ32.5±0.2	145±16
CT22H	ϕ22	ϕ20,ϕ18	ϕ45	350	ϕ35±0.2	160±175

续表

套筒型号	连接钢筋直径 d_1/mm	可连接其他规格钢筋直径 d/mm	套筒外径 d/mm	套筒长度 L/mm	灌浆端口孔径 D/mm	钢筋插入最小深度 L_1/mm
CT25H	$\phi25$	$\phi22$，$\phi20$	$\phi50$	400	$\phi38.5\pm0.2$	185±200
CT32H	$\phi32$	$\phi28$，$\phi25$	$\phi63$	510	$\phi48\pm0.2$	240±255

注：①套筒材料：优质碳素结构钢或合金结构钢，机械性能，抗拉强度≥600 MPa，屈服强度≥355 MPa，断后伸长率≥16%。
②套筒两端装有橡胶密封环，灌浆孔、出浆孔在套筒两端。

2）**搭接连接**

搭接连接主要是依靠钢筋与钢筋之间的混凝土作为传力介质来实现的。搭接连接在不同的使用环境下有着不同的连接形式，如直线搭接连接[图5.17(a)]、90°弯钩搭接连接[图5.17(b)]以及135°弯钩搭接连接。除上述几种搭接连接形式以外还有浆锚搭接，主要用于装配整体式混凝土结构中重要预制构件之间的连接，如上下层预制柱、预制剪力墙的对接。该技术安全可靠，与套筒灌浆连接相比成本相对较低，对施工误差的容许空间更大。

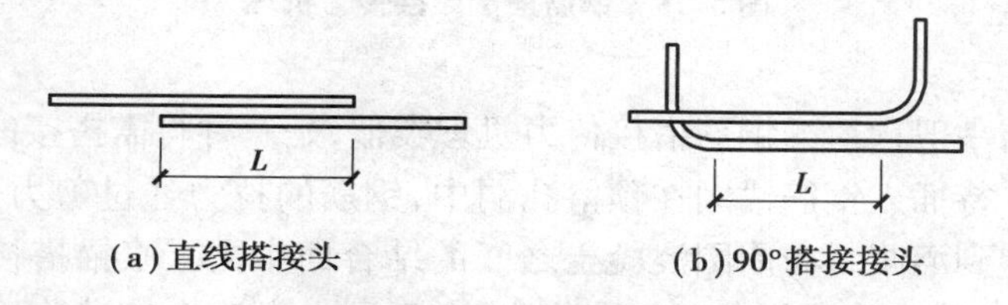

(a)直线搭接头　　(b)90°搭接接头

图5.17　钢筋搭接连接

(1)搭接连接的搭接长度

受拉钢筋绑扎搭接的搭接长度，应根据位于同一连接区段内搭接钢筋截面面积的百分率确定纵向受拉钢筋搭接长度修正系数并按下式计算，且不应小于300 mm。

$$l_l = \zeta_l l_a \tag{5.12}$$

式中　l_l——受拉钢筋的搭接长度；

l_a——受拉钢筋的锚固长度；

ζ_l——受拉钢筋搭接长度修正系数，应按表5.5采用，当纵向搭接钢筋接头面积百分率为表的中间值时，修正系数可按内插取值。

表5.5　纵向受拉钢筋搭接长度修正系数

同一连接区段内搭接钢筋面积百分率(%)	≤25	50	100
受拉搭接长度修正系数 ζ	1.2	1.4	1.6

注：同一连接区段内搭接钢筋面积百分率取在同一连接区段内有搭接接头的受力钢筋与全部受力钢筋面积之比。

当采用搭接连接时，纵向受拉钢筋的抗震搭接长度 l_{lE} 应按下列公式计算：

$$l_{lE} = \zeta_l l_{aE} \tag{5.13}$$

式中　l_{aE}——纵向受拉钢筋的抗震锚固长度；

ζ_l——受拉钢筋的搭接长度修正系数。

(2)搭接连接的传力机理

钢筋搭接传力的本质是锚固,但比锚固相对较弱,故钢筋搭接长度 l_l 要比锚固长度 l_a 长。由于搭接的钢筋在受力后有互相分离的趋势及搭接区混凝土产生的纵向劈裂(图5.18),要求对搭接区域的混凝土应有强有力的约束。根据《混凝土结构设计规范》(GB 50010)的有关规定,在梁、柱类构件的纵向受力钢筋搭接长度范围内的横向构造钢筋,其直径不应小于 $d/4$;间距不应大于5d,且均不应大于100 mm,此处 d 为锚固钢筋的直径。当受压钢筋直径大于25 mm时,尚应在搭接接头两个端面外100 mm的范围内各设置两道箍筋。

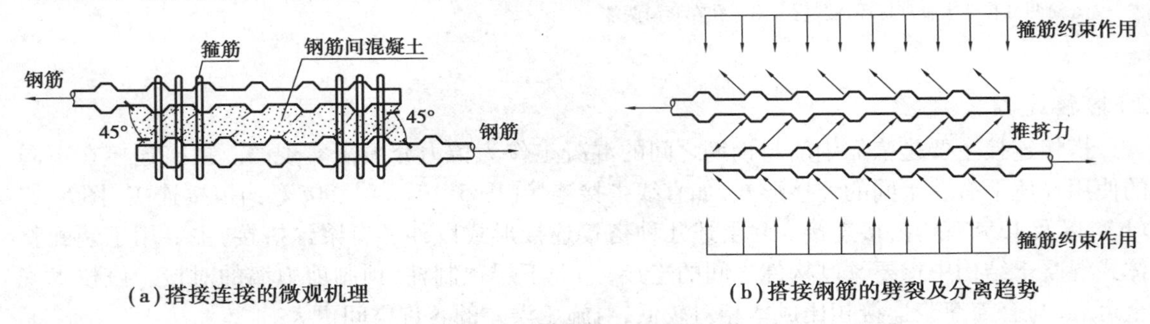

(a)搭接连接的微观机理　　(b)搭接钢筋的劈裂及分离趋势

图5.18　钢筋搭接连接传力机理

(3)浆锚搭接连接

钢筋浆锚搭接与一般预留的钢筋搭接传力机理类似,是一种将需搭接的钢筋在径向拉开一定距离的搭接方式。待插入钢筋锚固在预留孔洞中,钢筋的拉力通过剪力传递到灌浆料中,再进一步通过剪力传递到灌浆料与周围混凝土之间的结合面中去。浆锚搭接的连接方法与灌浆套筒类似,都是两侧预制构件就位后进行灌浆连接,不同点在于套筒灌浆连接预埋在预制构件内的连接件是灌浆套筒,而浆锚搭接是在预制构件内开孔,孔道周边预埋波纹管或螺纹箍筋并使钢筋在孔道中完成搭接。

①浆锚搭接的类型。

常用浆锚搭接连接有钢筋约束浆锚搭接连接(图5.19)和金属波纹管浆锚搭接连接(图5.20)两种。在预制构件有螺旋箍筋约束的孔道中进行搭接的连接方式,称为钢筋约束浆锚搭接连接;预制构件的受力钢筋在金属套筒或金属波纹管中完成搭接的连接方式,称为金属波纹管浆锚搭接连接。

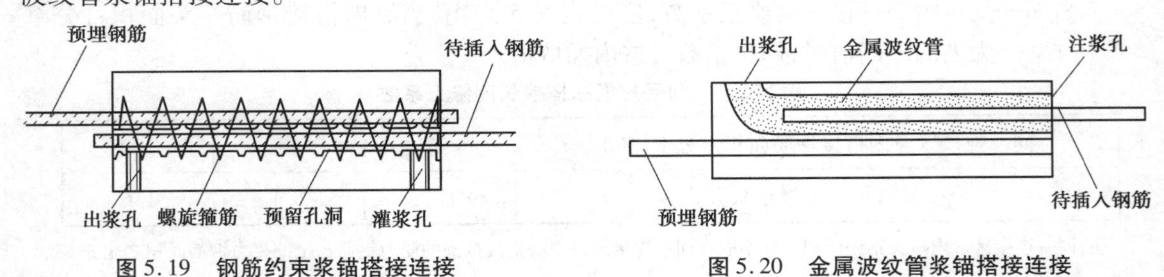

图5.19　钢筋约束浆锚搭接连接　　图5.20　金属波纹管浆锚搭接连接

②浆锚搭接的破坏形式。

浆锚搭接的破坏形式主要有:钢筋在灌浆料中的拉拔破坏;沿灌浆料和周围混凝土之间结合面的剪切破坏(灌浆料的拉拔破坏);灌浆料周围混凝土的劈裂破坏;拉结钢筋自身的钢材破坏。

③浆锚搭接的一般规定。

当纵向钢筋采用浆锚搭接连接时，对预留孔成孔工艺、孔道形状和长度、构造要求、灌浆料和被连接钢筋，应进行力学性能以及适用性的试验验证。直径大于 20 mm 的钢筋不宜采用浆锚搭接连接，直接承受动力荷载构件的纵向钢筋不应采用浆锚搭接连接。

5.3　连接接缝设计的一般规定

装配整体式结构中的接缝主要指预制构件之间的连接接缝及预制构件与现浇及后浇混凝土之间的结合面，包括梁端接缝、柱顶、柱底接缝、剪力墙的竖向接缝和水平接缝等。装配整体式结构中，接缝是影响结构受力性能的关键部位。

接缝的压力通过后浇混凝土、灌浆料或坐浆材料等直接传递；拉力通过由各种方式连接的钢筋、预埋件等传递；剪力由结合面混凝土的黏结作用、键槽或者粗糙面、钢筋的摩擦抗剪作用、销栓抗剪作用承担；接缝处于受压、受弯状态时，静力摩擦可承担一部分剪力。

5.3.1　连接接缝的正截面承载力验算

预制构件连接接缝一般采用强度等级高于构件的后浇混凝土、灌浆料或坐浆材料。当穿过接缝的钢筋不少于构件内钢筋并且构造符合《装配式混凝土结构技术规程》(JGJ 1)的相关规定时，节点及接缝的正截面受压、受拉及受弯承载力一般不低于构件，可不必进行承载力验算。当需要计算时，可按照混凝土构件正截面的计算方法进行，混凝土强度取接缝及构件混凝土材料强度的较低值，钢筋取穿过正截面且有可靠锚固的钢筋数量。

5.3.2　连接接缝的受剪承载力验算

后浇混凝土、灌浆料或坐浆材料与预制构件结合面的黏结抗剪强度往往低于预制构件本身的抗剪强度，而在结构设计中，需保证“强节点，弱构件”，即节点的强度不应低于节点连接的构件强度。因此，预制构件的接缝一般都需要进行受剪承载力的计算。连接接缝的受剪承载力应符合下列规定：

持久设计状况：

$$V_{jd} \leqslant V_u \tag{5.14}$$

地震设计状况：

$$V_{jdE} \leqslant \frac{V_{uE}}{\gamma_{RE}} \tag{5.15}$$

在梁、柱端部箍筋加密区及剪力墙底部加强部位，尚应符合下式要求：

$$\eta_j \cdot V_{mua} \leqslant V_{uE} \tag{5.16}$$

式中　γ_0——结构重要性系数，安全等级为一级时不应小于 1.1，安全等级为二级时不应小于 1.0；

V_{jd}——持久设计状况下接缝剪力设计值；

V_{jdE}——地震设计状况下接缝剪力设计值；

V_u——持久设计状况下梁端、柱端、剪力墙底部接缝受剪承载力设计值；

V_{uE}——地震设计状况下梁端、柱端、剪力墙底部接缝受剪承载力设计值；

V_{mua}——被连接构件端部按实配钢筋面积计算的斜截面受剪承载力设计值；

η_j——接缝受剪承载力增大系数，抗震等级为一、二级取 1.2，抗震等级为三、四级取 1.1；

γ_{RE}——承载力抗震调整系数，按《建筑抗震设计规划》(GB 50011)的相关规定取值。

对于装配整体式结构的控制区域，即梁、柱箍筋加密区及剪力墙底部加强部位，接缝要实现强连接，保证不在接缝处发生破坏，即要求接缝的承载力设计值大于被连接构件的承载力设计值乘以强连接系数，强连接系数根据抗震等级、连接区域的重要性以及连接类型，参照美国规范(ACI 318)中的规定确定。同时，也要求接缝的承载力设计值大于设计内力，保证接缝的安全。对于其他区域的接缝，可采用延性连接，允许连接部位产生塑性变形，但要求接缝的承载力设计值大于设计内力，保证接缝的安全。

5.4 预制柱连接、预制梁连接及梁柱连接节点

5.4.1 预制柱的连接节点

1)预制柱底水平接缝的受剪承载力计算

预制柱底结合面的受剪承载力主要包括新旧混凝土结合面的黏结力、粗糙面的机械咬合力、键槽的抗剪能力、纵向钢筋的销栓抗剪作用和摩擦抗剪作用，其中后两者为受剪承载力的主要组成部分。在非抗震设计时，柱底剪力通常较小，不需要验算。地震往复作用下，混凝土自然黏结及粗糙面的受剪承载力丧失较快，计算中不考虑其作用。

当柱受压时，计算轴压产生的摩擦力时，若柱底接缝灌浆层上下表面接触的混凝土均有粗糙面及键槽构造，摩擦系数取 0.8。当柱受拉时，没有轴压产生的摩擦力，且由于钢筋受拉，计算钢筋销栓作用时，需要根据钢筋中的拉应力结果对销栓受剪承载力进行折减。

在地震设计状况下，预制柱底水平接缝的受剪承载力设计值应按下列公式计算：

当预制柱受压时：

$$V_{uE}=0.8N+1.65A_{sd}\sqrt{f_c f_y} \tag{5.17}$$

当预制柱受拉时：

$$V_{uE}=1.65A_{sd}\sqrt{f_c f_y\left[1-\left(\frac{N}{A_{sd}f_y}\right)^2\right]} \tag{5.18}$$

式中 f_c——预制构件混凝土轴心抗压强度设计值；

f_y——垂直穿过结合面钢筋抗拉强度设计值；

N——与剪力设计值 V 相应的垂直于结合面的轴向力设计值，取绝对值进行计算；

A_{sd}——垂直穿过结合面所有钢筋的面积；

V_{uE}——地震设计状况下接缝受剪承载力设计值。

2)“强节点”验算

根据式(5.16)，接缝要实现强连接，保证不在接缝处发生破坏，即要求接缝的承载力设计

值要大于被连接构件的承载力设计值与增大系数的乘积。

3)预制柱连接的构造要求

(1)粗糙面及键槽的构造设计

预制柱的底部应设置键槽且宜设置粗糙面，键槽应均匀布置，键槽深度不宜小于 30 mm，键槽端部斜面倾角不宜大于 30°。柱顶应设置粗糙面。粗糙面的面积不宜小于结合面的 80%，预制柱端的粗糙面凹凸深度不应小于 6 mm。

(2)预制柱纵向钢筋连接方式的选择

根据《装配式混凝土结构技术规程》(JGJ 1)的相关规定，装配整体式框架结构中，预制柱的纵向钢筋连接应符合下列规定：

①当房屋高度不大于 12 m 或层数不超过 3 层时，可采用套筒灌浆、浆锚搭接、焊接等连接方式。

②当房屋高度大于 12 m 或层数超过 3 层时，宜采用套筒灌浆连接。

③当纵向钢筋采用套筒灌浆连接时，应符合第 5.2.3 节套筒灌浆连接的一般规定。

(3)预制柱水平接缝的构造要求

采用预制柱及叠合梁的装配整体式框架中，柱底接缝宜设置在楼面标高处(图 5.21)，并应符合下列规定：

①后浇节点区混凝土上表面应设置粗糙面。

②柱纵向受力钢筋应贯穿后浇节点区。

③柱底接缝厚度宜为 20 mm，并应采用灌浆料填实。

(4)预制柱节点连接构造

①预制柱与现浇基础连接。

预制柱与现浇基础的连接如图 5.22 所示，预制柱下方的基础表面应设置粗糙面，其凹凸深度不应小于 6 mm；预制柱安装前，应清除浮浆、松动石子和软弱混凝土层。

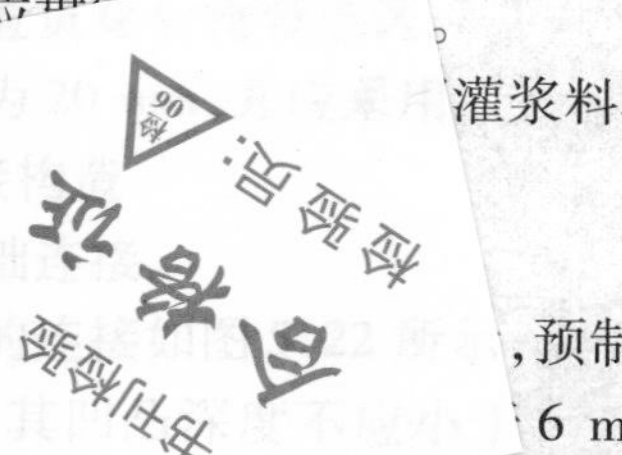

图 5.21　预制柱底接缝构造示意图
1—后浇节点混凝土上表面粗糙面；
2—接缝灌浆层；3—后浇区

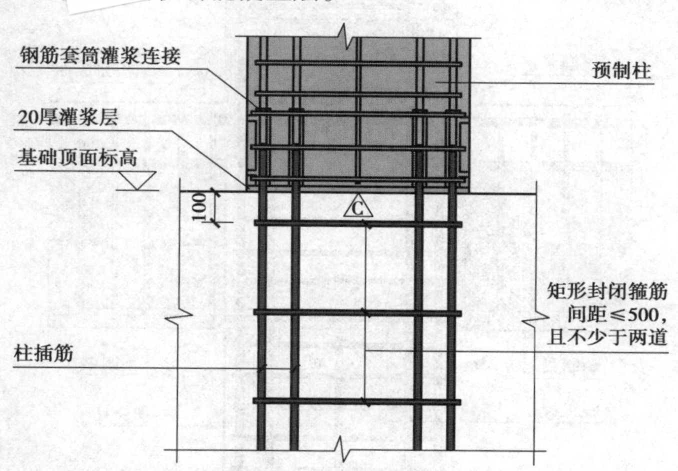

图 5.22　预制柱与现浇基础的连接示意图(单位:mm)

②预制柱与杯口基础连接。

预制柱与杯口基础的连接如图 5.23 所示，其中 h_r 为预制柱插入杯口基础的深度，由设计确定。杯口基础可预制,也可现浇,由设计确定。预制柱插入杯口部分的表面及杯口基础的侧面设粗糙面或键槽,粗糙面的凹凸深度不小于6 mm,键槽的尺寸由设计确定。在预制柱底和杯口基础间设置钢质垫片,以调整预制柱的底部标高,垫片尺寸根据混凝土局部受压承载力的要求计算确定。预制柱与杯口的空隙采用细石混凝土填实,其混凝土强度等级应比预制柱的高。框架柱下端箍筋加密范围从基础顶面算起,插入杯口基础部分的箍筋配置,由设计确定。

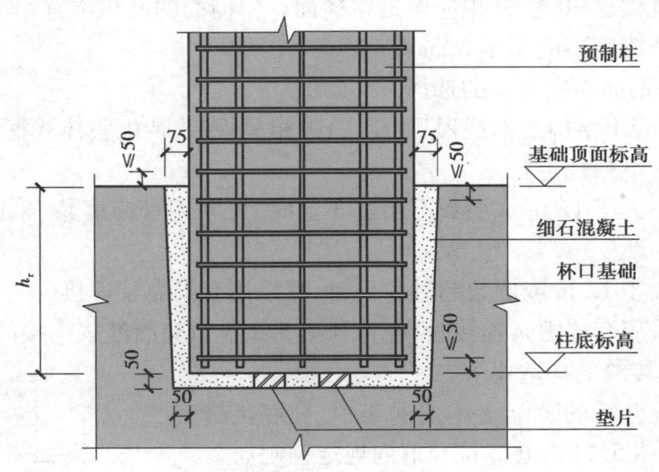

图5.23 预制柱与杯口基础连接示意图(单位:mm)

③预制柱与现浇柱连接。

预制柱与现浇柱的连接如图5.24所示,现浇混凝土柱中纵筋的伸出长度根据所选灌浆套筒的规格确定,预制柱底设置键槽。

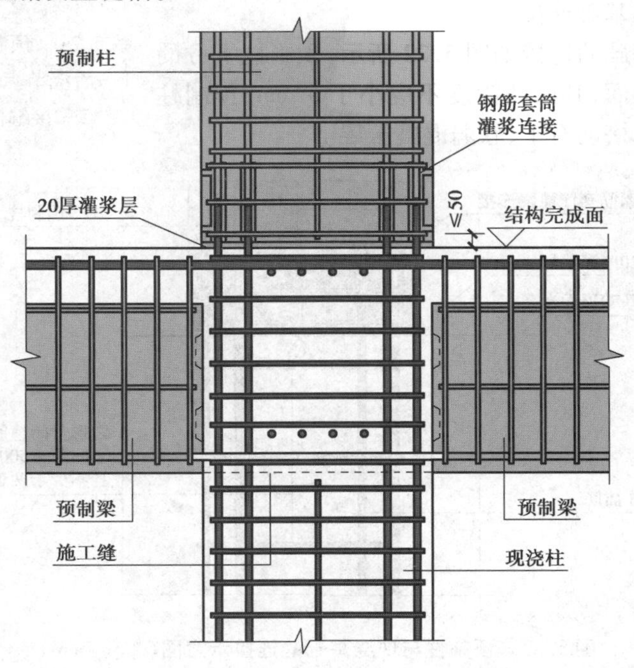

图5.24 预制柱与现浇柱的连接示意图

④预制柱与预制柱连接。

预制柱与下层预制柱连接时，下层预制柱在节点顶面处伸出钢筋并与上层预制柱内纵筋采用套筒灌浆连接，预制柱底及柱顶设置键槽（图5.25）。

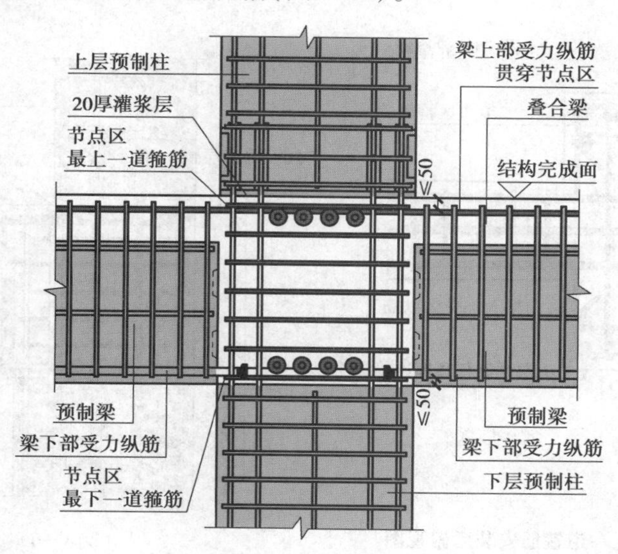

图5.25 预制柱之间的连接示意图

⑤预制柱与预制柱变截面连接。

根据预制平面位置不同，其变截面连接分为角柱变截面连接（图5.26）、边柱变截面连接（图5.27）及柱变截面连接（图5.28）。

下层预制柱将保留与上层纵筋对应的钢筋，并附加与上层柱纵筋的套筒连接，与下层柱纵筋搭接的节点区钢筋。

a.中间层角柱变截面连接。

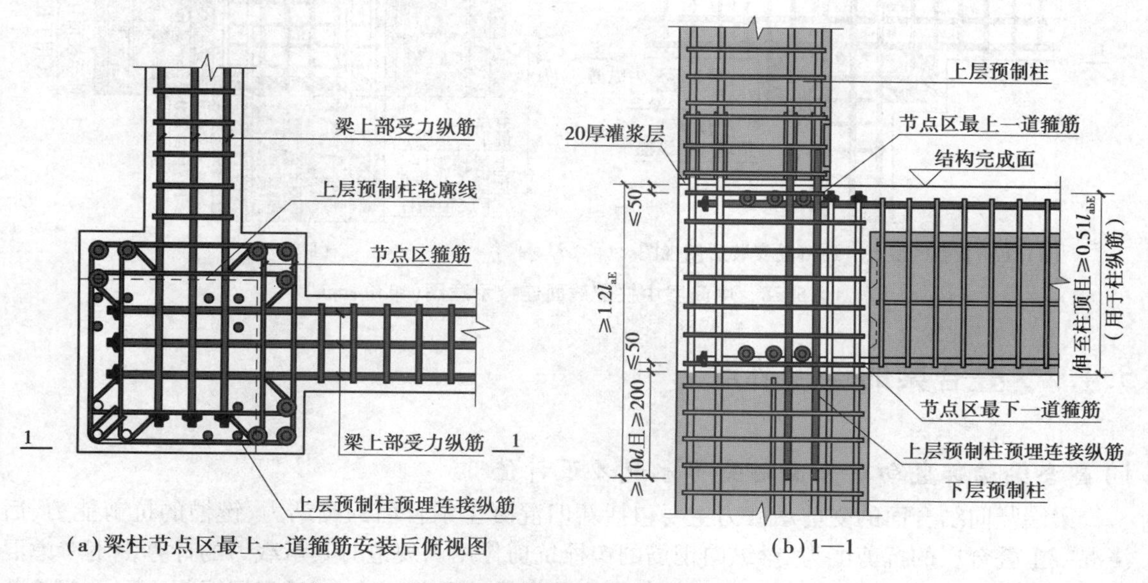

图5.26 中间层角柱变截面连接示意图（单位：mm）

b. 中间层边柱变截面连接。

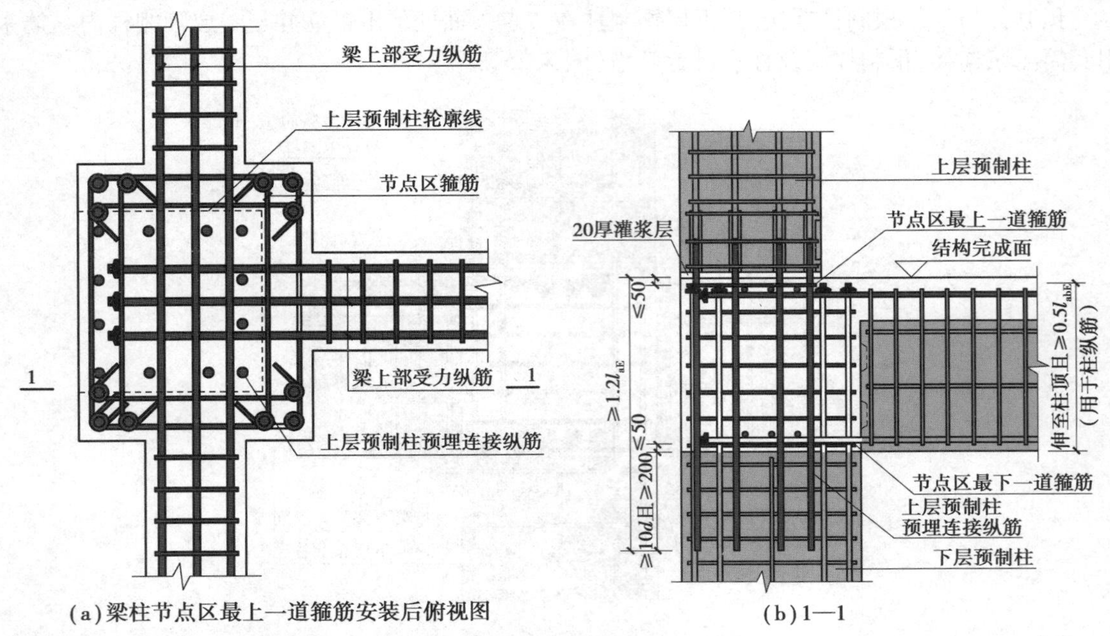

(a)梁柱节点区最上一道箍筋安装后俯视图　(b)1—1

图 5.27　中间层边柱变截面连接示意图(单位:mm)

c. 中间层中柱变截面连接。

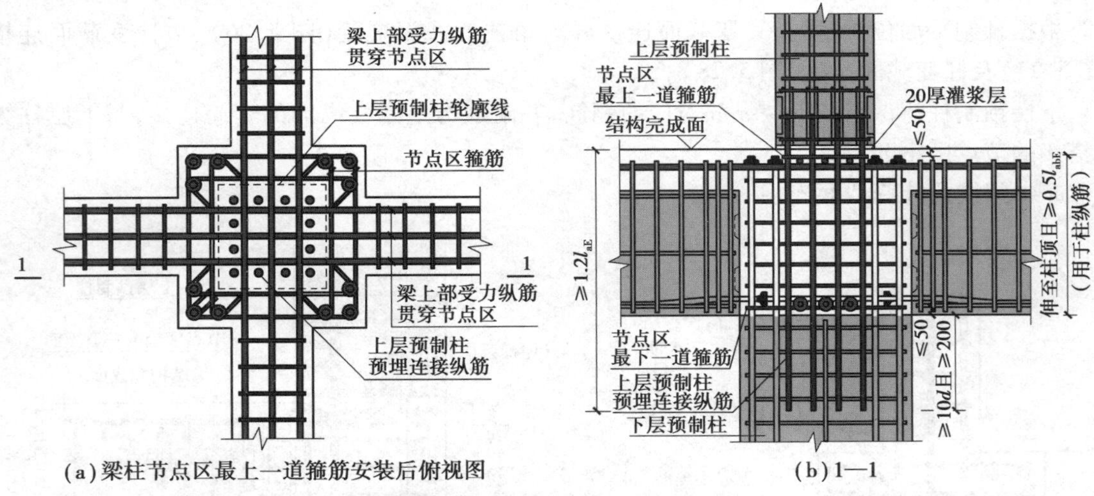

(a)梁柱节点区最上一道箍筋安装后俯视图　(b)1—1

图 5.28　中间层中柱变截面连接示意图(单位:mm)

5.4.2　叠合梁的连接节点

1)叠合梁端部竖向结合面的受剪承载力设计值

梁端竖向结合面的受剪承载力主要包括新旧混凝土结合面的黏结力、键槽的抗剪能力、后浇混凝土叠合层的抗剪能力、梁纵向钢筋的销栓抗剪作用。规范对其承载力的计算中不考虑混凝土的自然黏结作用是偏安全的。取混凝土抗剪键槽的受剪承载力、后浇层混凝土的受剪承载力、穿过结合面的钢筋的销栓抗剪作用之和,作为结合面的受剪承载力。

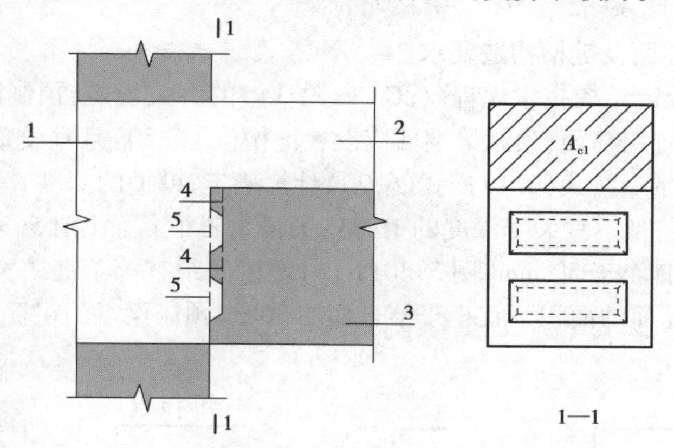

图5.29 叠合梁端受剪承载力计算参数示意图

1—后浇节点区;2—后浇混凝土叠合层;3—预制梁;4—预制键槽根部面积;5—后浇键槽根部面积

叠合梁端竖向接缝的受剪承载力设计值应按下式计算:

持久设计状况:

$$V_u = 0.07f_cA_{c1} + 0.10f_cA_k + 1.65A_{sd}\sqrt{f_cf_y} \tag{5.19}$$

地震设计状况:

$$V_u = 0.04f_cA_{c1} + 0.06f_cA_k + 1.65A_{sd}\sqrt{f_cf_y} \tag{5.20}$$

式中 A_{c1}——叠合梁端截面后浇混凝土叠合层截面面积;

f_c——预制构件混凝土轴心抗压强度设计值;

f_y——垂直穿过结合面钢筋抗拉强度设计值;

A_k——各键槽的根部截面面积(图5.29)之和,分别计算后浇键混凝土部分键槽根部截面积和预制构件键槽根部截面积,并取二者的较小值进行计算;

A_{sd}——垂直穿过结合面所有钢筋的面积,包括叠合层内的纵向钢筋。

地震设计状况中,在地震往复作用下,对后浇层混凝土部分的受剪承载力进行折减,参照混凝土斜截面受剪承载力设计方法,折减系数取0.6,得到式(5.20)中的计算系数。

有研究表明,混凝土抗剪键槽的受剪承载力一般为$(0.15 \sim 0.2)f_cA_k$,但由于混凝土抗剪键槽的受剪承载力和钢筋的销栓抗剪作用一般不会同时达到最大值。因此在计算公式中,对混凝土抗剪键槽的受剪承载力进行折减,取$0.1f_cA_k$。抗剪键槽的受剪承载力取各抗剪键槽根部受剪承载力之和;梁端抗剪键槽数量一般较少,沿高度方向一般不会超过3个,不考虑群键作用。抗剪键槽破坏时,可能沿现浇键槽或预制键槽的根部破坏,因此计算抗剪键槽受剪承载力时应按现浇键槽和预制键槽根部剪切面分别计算,并取二者的较小值。设计中,应尽量使现浇键槽和预制键槽根部剪切面面积相等。

钢筋销栓作用的受剪承载力计算公式主要参照日本的装配式框架设计规程中的规定,以及中国建筑科学研究院的试验研究结果,同时考虑混凝土强度及钢筋强度的影响。

2)"强节点"验算

同预制柱"强节点"验算,保证梁端接缝的受剪承载力不小于按实际配筋计算的梁端构件本身的受剪承载力。

3)叠合梁连接的构造要求

(1)叠合梁的粗糙面及键槽构造要求

根据《装配式混凝土结构技术规程》(JGJ 1—2014)的有关规定,预制梁与后浇混凝土叠合层之间的结合面应设置粗糙面;预制梁端面应设置键槽(图5.30)且宜设置粗糙面。

键槽的尺寸和数量应按式(6.19)、式(6.20)计算确定;键槽的深度 t 不宜小于30 mm,宽度 w 不宜小于深度的3倍且不宜大于深度的10倍;键槽可贯通截面[图5.30(a)],当不贯通时,槽口距离截面边缘不宜小于50 mm[图5.30(b)];键槽间距宜等于键槽宽度;键槽端部斜面倾角不宜大于30°。粗糙面的面积不宜小于结合面的80%,预制梁端的粗糙面凹凸深度不应小于6 mm。

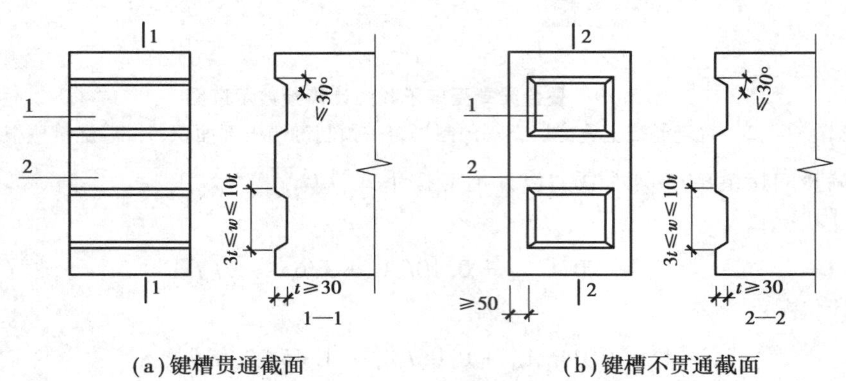

图5.30 梁端键槽示意图

1—键槽;2—梁端面

试验表明,预制梁端采用键槽的方式时,其受剪承载力一般大于粗糙面,且易于控制加工质量及检验。键槽深度太小时,易发生承压破坏;当不会发生承压破坏时,增加键槽深度对增加受剪承载力没有明显帮助,故键槽深度一般在30 mm左右。

(2)叠合梁对接连接构造要求

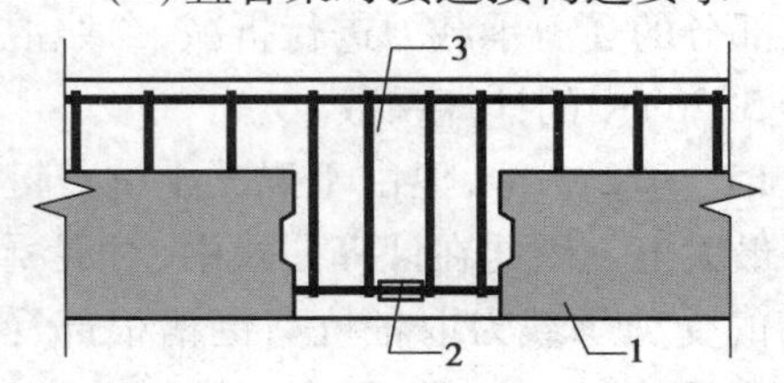

图5.31 叠合梁连接节点示意图

1—预制梁;2—钢筋连接接头;3—后浇段

叠合梁可采用对接连接(图5.31),并应符合下列规定:

①连接处应设置后浇段,后浇段的长度应满足梁下部纵向钢筋连接作业的空间需求。

②梁下部纵向钢筋在后浇段内宜采用机械连接、套筒灌浆连接或焊接连接。

③后浇段内的箍筋应加密,箍筋间距不应大于 $5d$(d 为纵向钢筋直径),且不应大于100 mm。

5.4.3 梁柱节点

一、二、三级抗震等级的框架应进行节点核心区抗震受剪承载力验算;四级抗震等级的框架节点可不进行计算,但应符合抗震构造措施的要求。框支柱中间层节点的抗震受剪承载力验算方法及抗震构造措施与框架中间层节点相同。

1)梁柱节点核心区剪力设计值的计算

一、二、三级抗震等级的框架梁柱节点核心区的剪力设计值 V_j,应按下列规定计算:

(1)顶层中间节点和端节点

①一级抗震等级的框架结构和9度设防烈度的一级抗震等级框架:

$$V_j=\frac{1.15\sum M_{bua}}{h_{b0}-a'_s} \tag{5.21}$$

②其他情况:

$$V_j=\frac{\eta_{jb}\sum M_b}{h_{b0}-a'_s} \tag{5.22}$$

(2)其他层中间节点和端节点

①一级抗震等级的框架结构和9度设防烈度的一级抗震等级框架:

$$V_j=\frac{1.15\sum M_{bua}}{h_{b0}-a'_s}\left(1-\frac{h_{b0}-a'_s}{H_c-h_b}\right) \tag{5.23}$$

②其他情况:

$$V_j=\frac{\eta_{jb}\sum M_b}{h_{b0}-a'_s}\left(1-\frac{h_{b0}-a'_s}{H_c-h_b}\right) \tag{5.24}$$

式中　M_{bua}——节点左、右两侧的梁端反时针或顺时针方向实配的正截面抗震受弯承载力所对应的弯矩值之和,可根据实配钢筋面积(计入纵向受压钢筋)和材料强度标准值确定;

$\sum M_b$——节点左、右两侧的梁端反时针或顺时针方向组合弯矩设计值之和,一级抗震等级框架节点左右梁端均为负弯矩时,绝对值较小的弯矩应取零;

η_{jb}——节点剪力增大系数,对于框架结构,一级取1.50,二级取1.35,三级取1.20;对于其他结构中的框架,一级取1.35,二级取1.20,三级取1.10;

h_{b0},h_b——分别为梁的截面有效高度、截面高度,当节点两侧梁高不相同时,取其平均值;

H_c——节点上柱和下柱反弯点之间的距离;

a'_s——梁纵向受压钢筋合力点至截面近边的距离。

2)梁柱节点核心区截面验算

框架梁柱节点核心区的受剪水平截面应符合下列条件:

$$V_j\leqslant\frac{1}{\gamma_{RE}}(0.3\eta_j\beta_c f_c b_j h_j) \tag{5.25}$$

式中　f_c——混凝土轴心抗压强度设计值;

h_j——框架节点核心区的截面高度,可取验算方向的柱截面高度 h_c;

b_j——框架节点核心区的截面有效验算宽度,当 b_b 不小于 $b_c/2$ 时,可取 b_c,当 b_b 小于 $b_c/2$ 时,可取($b_b+0.5h_c$)和 b_c 中的较小值,当梁与柱的中线不重合且偏心距 e_0 不大于 $b_c/4$ 时,可取($b_b+0.5h_c$)、($0.5b_b+0.5b_c+0.25h_c-e_0$)和 b_c 三者中的最小值,此处,b_b 为验算方向梁截面宽度,b_c 为该侧柱截面宽度;

η_j——正交梁对节点的约束影响系数:当楼板为现浇、梁柱中线重合、四侧各梁截面宽度不小于该侧柱截面宽度1/2，且正交方向梁高度不小于较高框架梁高度的3/4时，可取η_j为1.50，但对9度设防烈度宜取η_j为1.25，当不满足上述条件时，应取η_j为1.00；

γ_{RE}——承载力抗震调整系数，按《建筑抗震设计规范》(GB 50011)的相关规定取值；

β_c——混凝土强度影响系数按《混凝土结构设计规范》(GB 50010)的相关规定取值。

3）梁柱节点核心区受剪承载力验算

框架梁柱节点的抗震受剪承载力应符合下列规定：

①9度设防烈度的一级抗震等级框架：

$$V_j \leqslant \frac{1}{\gamma_{RE}}\left(0.9\eta_j f_t b_j h_j + f_{yv}A_{svj}\frac{h_{b0}-a'_s}{s}\right) \tag{5.26}$$

②其他情况：

$$V_j \leqslant \frac{1}{\gamma_{RE}}\left(1.1\eta_j f_t b_j h_j + 0.05\eta_j N\frac{b_j}{b_c} + f_{yv}A_{svj}\frac{h_{b0}-a'_s}{s}\right) \tag{5.27}$$

式中 A_{svj}——核心区有效验算宽度范围内同一截面验算方向箍筋各肢的全部截面面积；

h_{b0}——框架梁截面有效高度，节点两侧梁截面高度不等时取平均值；

N——对应于考虑地震组合剪力设计值的节点上柱底部的轴向力设计值，当N为压力时，取轴向压力设计值的较小值，且当N大于$0.5f_c b_c h_0$时，取$0.5f_c b_c h_0$，当N为拉力时，取为0；

f_{yv}——横向钢筋的抗拉强度设计值；

f_t——混凝土轴心抗拉强度设计值；

s——箍筋间距。

4）梁柱节点内的钢筋构造

当柱和梁分别采用预制柱和叠合梁时，节点区采用后浇混凝土进行连接。根据强节点弱构件的抗震设防思想，节点区在地震作用下需要保持其处于弹性状态不发生严重破坏，故预制梁柱钢筋在节点区的锚固和搭接需要满足一定的构造要求。

当梁、柱纵向钢筋在后浇节点区内采用直线锚固、弯折锚固或锚固板锚固的方式时，其锚固长度应符合现行国家标准《混凝土结构设计规范》(GB 50010)中的有关规定；当梁、柱纵向钢筋采用锚固板时，应符合现行行业标准《钢筋锚固板应用技术规程》(JGJ 256)中的有关规定。

(1)叠合梁受力纵筋在框架节点内的构造

①中间层中间节点。

对框架中间层中节点，节点两侧的梁下部纵向受力钢筋宜锚固在后浇节点区内(图5.32)，也可采用机械连接或焊接的方式直接连接；当采用90°弯折锚固时[图5.32(c)]，弯折钢筋在弯折平面内包含弯弧段的投影长度不应小于$15d$；梁的上部纵向受力钢筋应贯穿后浇节点区。

②中间层端节点。

对框架中间层端节点，当柱截面尺寸不满足梁纵向受力钢筋的直线锚固要求时，宜采用锚固板锚固(图5.33)，也可采用90°弯折锚固。

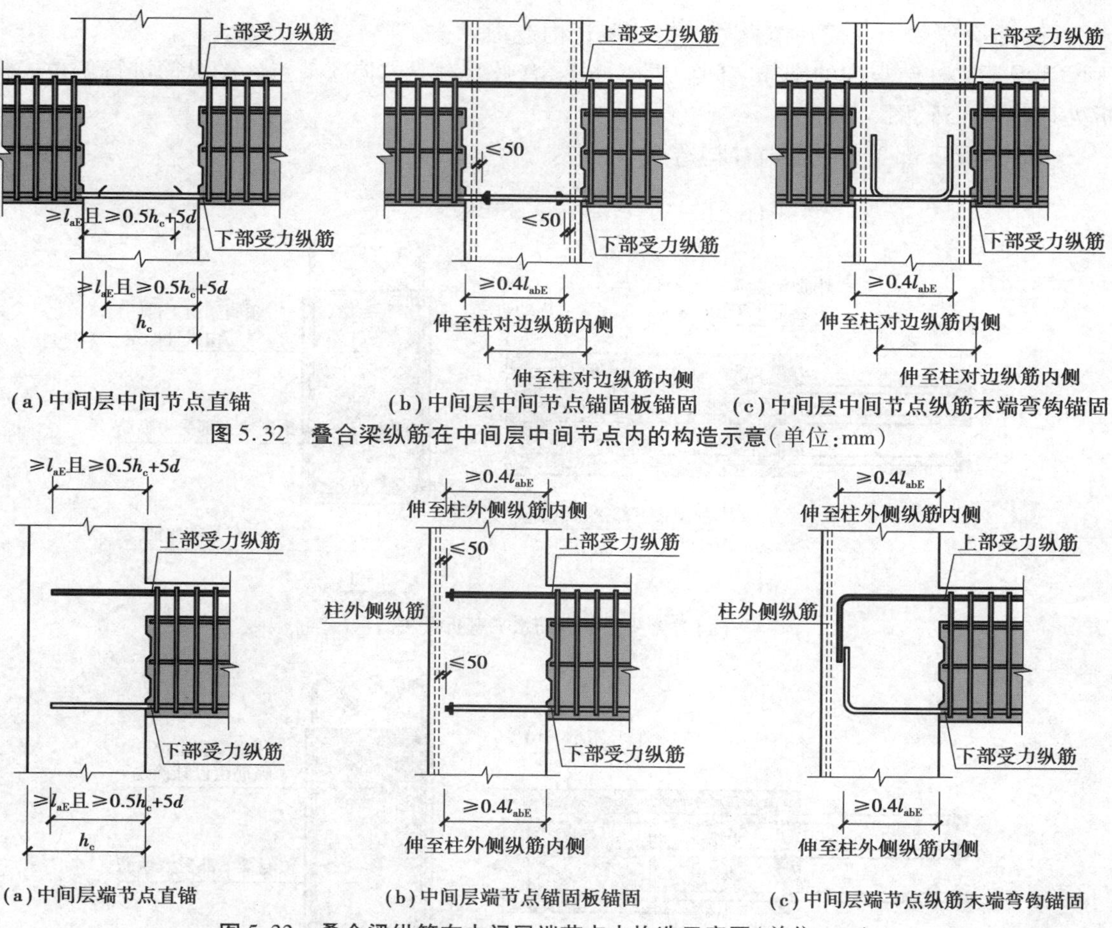

(a) 中间层中间节点直锚　(b) 中间层中间节点锚固板锚固　(c) 中间层中间节点纵筋末端弯钩锚固

图 5.32　叠合梁纵筋在中间层中间节点内的构造示意(单位:mm)

(a) 中间层端节点直锚　(b) 中间层端节点锚固板锚固　(c) 中间层端节点纵筋末端弯钩锚固

图 5.33　叠合梁纵筋在中间层端节点内构造示意图(单位:mm)

③顶层端节点。

对框架顶层端节点,梁下部纵向受力钢筋应锚固在后浇节点区内,且宜采用锚固板的锚固方式,如图 5.34 所示。

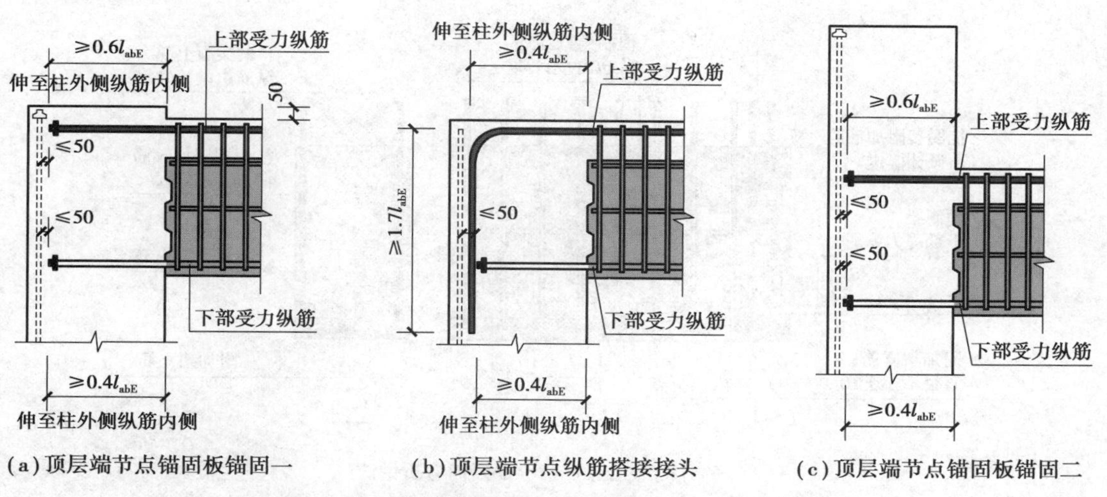

(a) 顶层端节点锚固板锚固一　(b) 顶层端节点纵筋搭接接头　(c) 顶层端节点锚固板锚固二

图 5.34　叠合梁纵筋在顶层端节点内构造示意图(单位:mm)

(2)叠合梁受力纵筋在节点处的钢筋避让构造

为保证梁柱节点内的钢筋空间位置不冲突,有必要对梁内伸入节点区的纵筋进行偏位式弯折处理(图5.35、图5.36)。

①叠合梁下部受力纵筋避让构造。

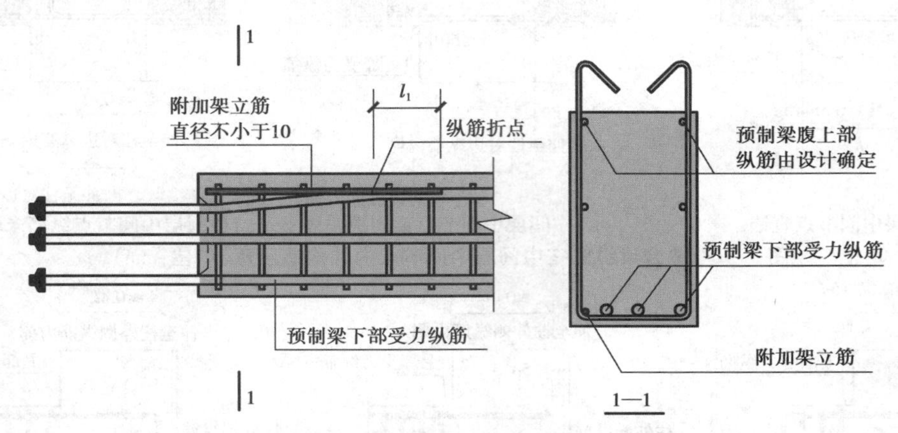

(a)叠合梁底部纵筋水平弯折做法

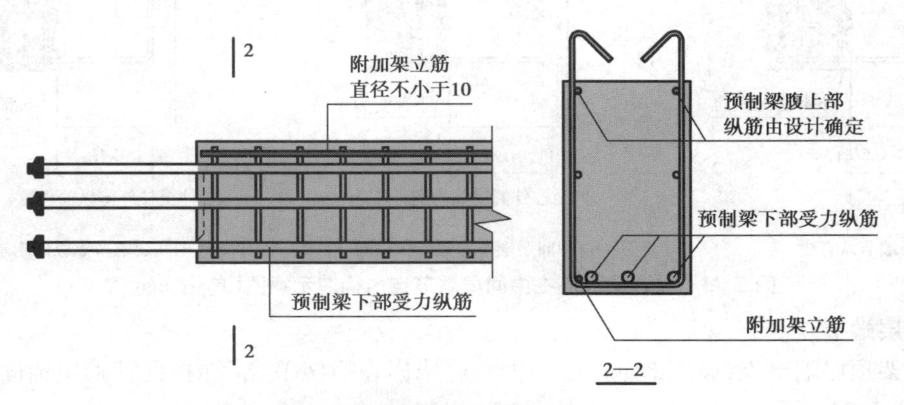

(b)叠合梁底部纵筋水平偏位做法

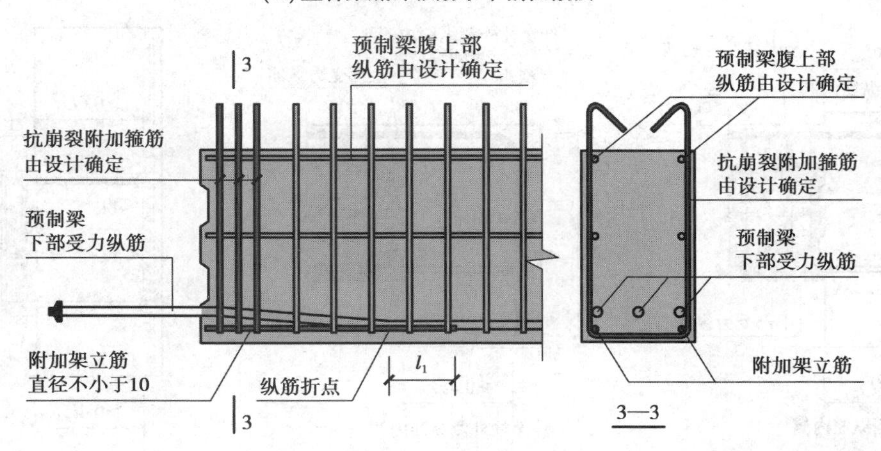

(c)叠合梁底部纵筋竖向弯折做法

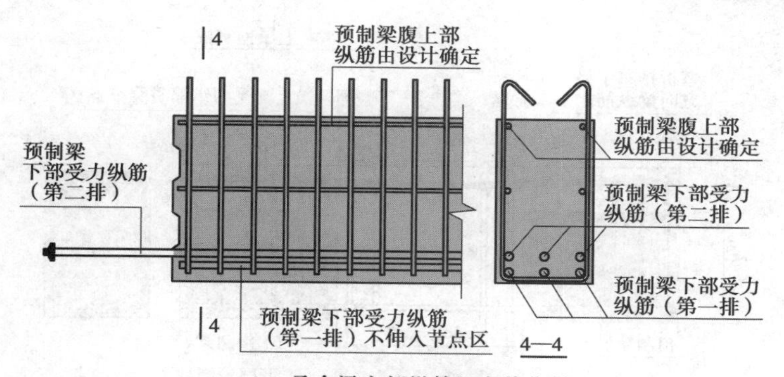

(d)叠合梁底部纵筋竖向偏位做法

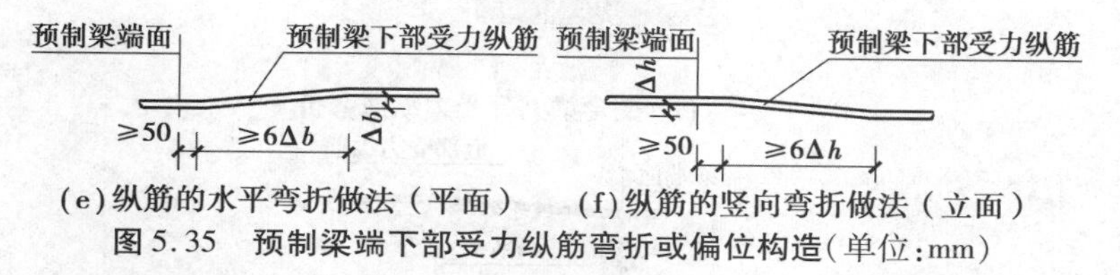

(e)纵筋的水平弯折做法（平面）　(f)纵筋的竖向弯折做法（立面）

图 5.35　预制梁端下部受力纵筋弯折或偏位构造(单位:mm)

注:1. 图中 Δb、Δh 分别为预制梁端下部纵向钢筋的水平弯折量和竖向弯折量,由设计确定;

2. 图中 l_1 为附加架立筋与梁下部受力纵筋的搭接长度,从纵筋折点算起的 l_1 不小于 150 mm;

3. 受力纵筋弯折或偏位将引起梁端下部纵筋的有效高度减小,设计时应予以考虑。

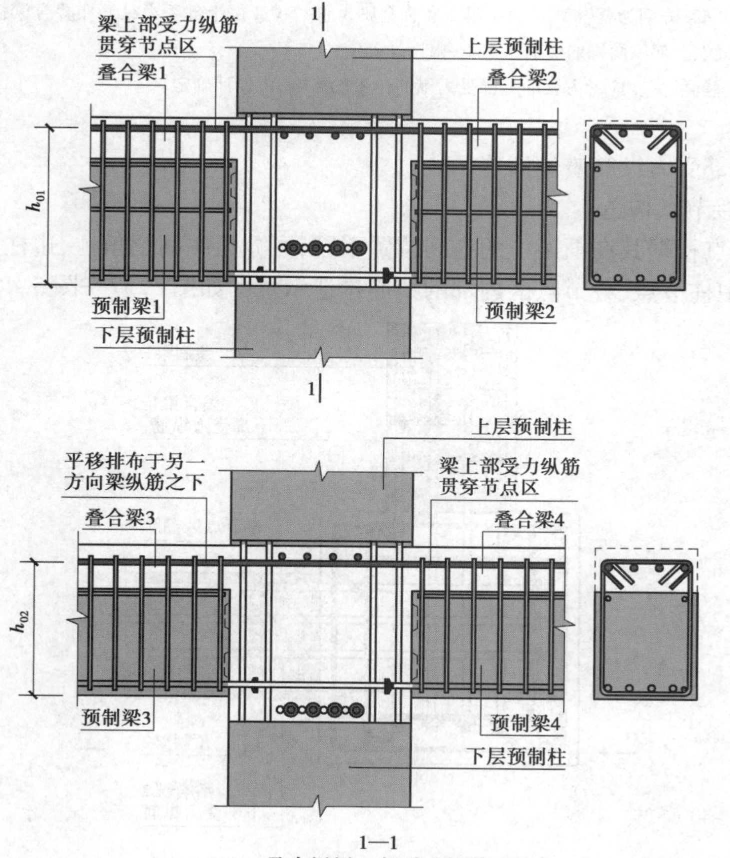

(a)叠合梁梁上部受力纵筋平移

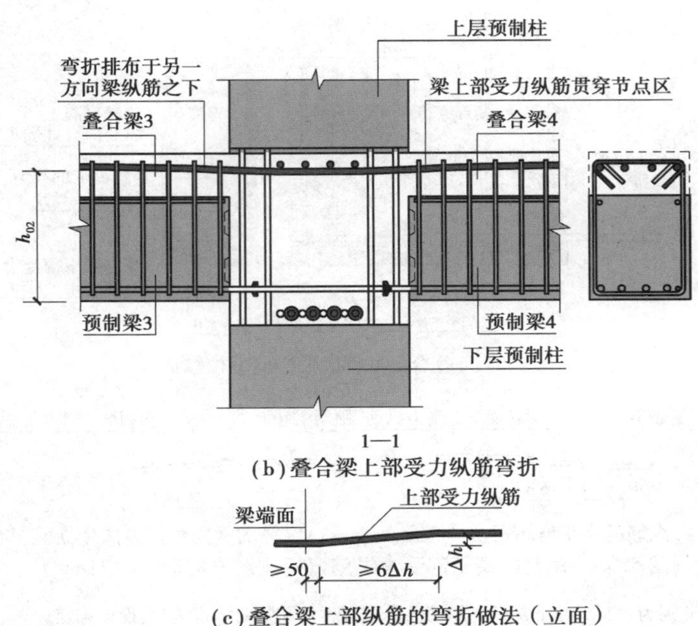

(b)叠合梁上部受力纵筋弯折

(c)叠合梁上部纵筋的弯折做法（立面）

图 5.36　节点处叠合梁上部受力纵筋避让构造

注:1. 图中预制梁和预制柱中的配筋均为示意;

2. 图中 h_{01} 和 h_{02} 分别为叠合梁 1、叠合梁 2 和叠合梁 3、叠合梁 4 的上部受力纵筋在叠合梁根部接缝截面的有效高度,Δh 为梁端上部纵向钢筋竖向弯折量,由设计确定;

3. 叠合梁中箍筋的高度应考虑梁的上部受力纵筋位置的影响,由设计确定。

②叠合梁上部受力纵筋避让构造。

(3)框架连接节点构造

框架梁柱节点根据其在框架中的空间位置不同,可分为中间层角柱、边柱,中柱节点以及顶层角柱、边柱。中柱节点,各节点区内部的钢筋构造示意图如图 5.37—图 5.46 所示。

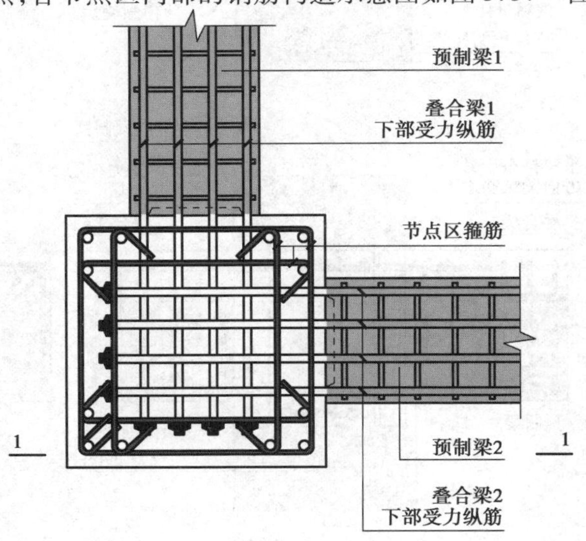

(a)叠合梁上部纵筋安装前俯视图

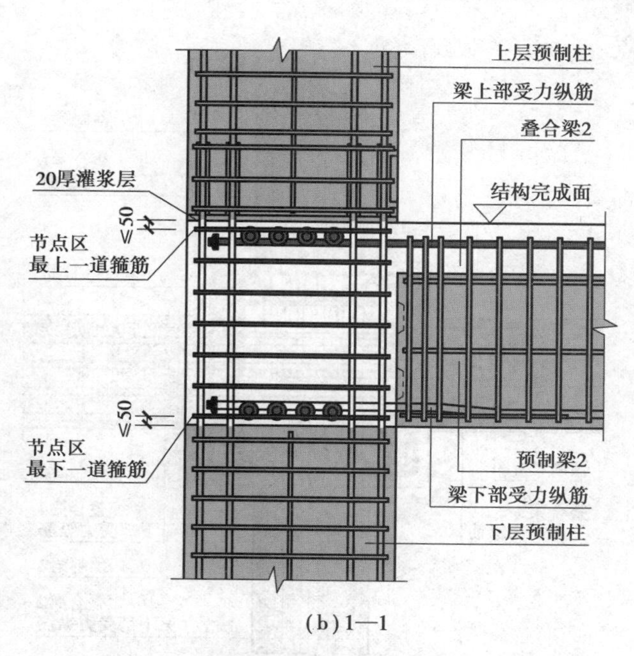

(b)1—1

图 5.37 中间层角柱节点连接构造(单位:mm)

注:1. 本图适用于中间层角柱节点、预制柱和预制梁对中且两方向叠合梁等高的情况;

2. 图中预制梁下部纵向钢筋采取避让措施;

3. 安装预制梁前,先安装节点区最下一道箍筋。安装预制梁时,先安装预制梁 1,再安装预制梁 2。

①中间层角柱节点。

②中间层边柱节点。

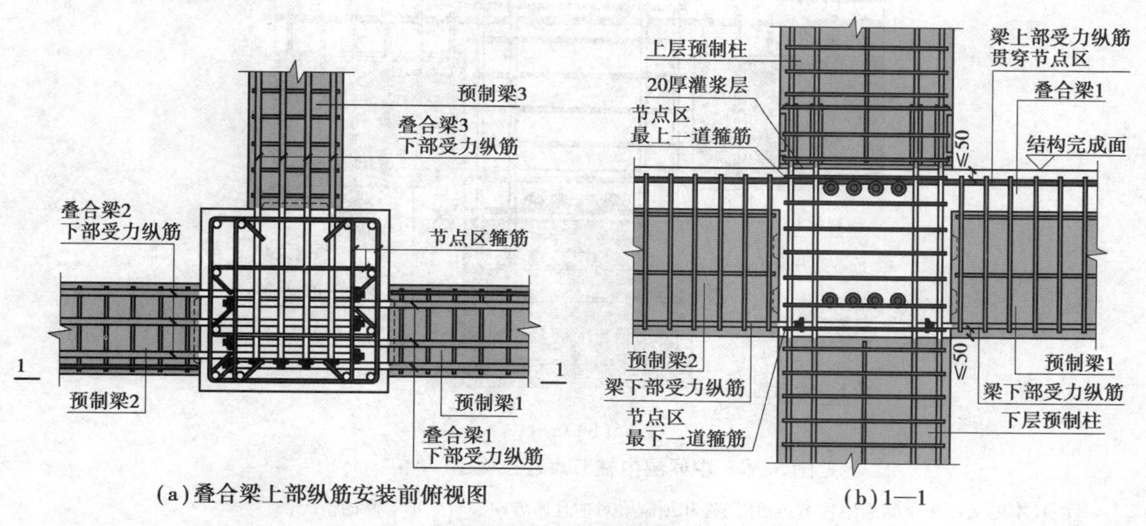

(a)叠合梁上部纵筋安装前俯视图　　(b)1—1

图 5.38 中间层边柱节点连接构造(单位:mm)

注:1. 本图适用于中间层边柱节点、预制柱和预制梁偏心且两方向叠合梁不等高的情况;

2. 图中预制梁 1 与预制梁 2 等高且高于预制梁 3;

3. 安装预制梁前,先安装节点区最下一道箍筋。安装预制梁时,先安装预制梁 1、预制梁 2,再安装预制梁 3。预制梁 3 梁底纵筋以下的箍筋应在预制梁 3 安装前放置。

③中间层中柱节点。

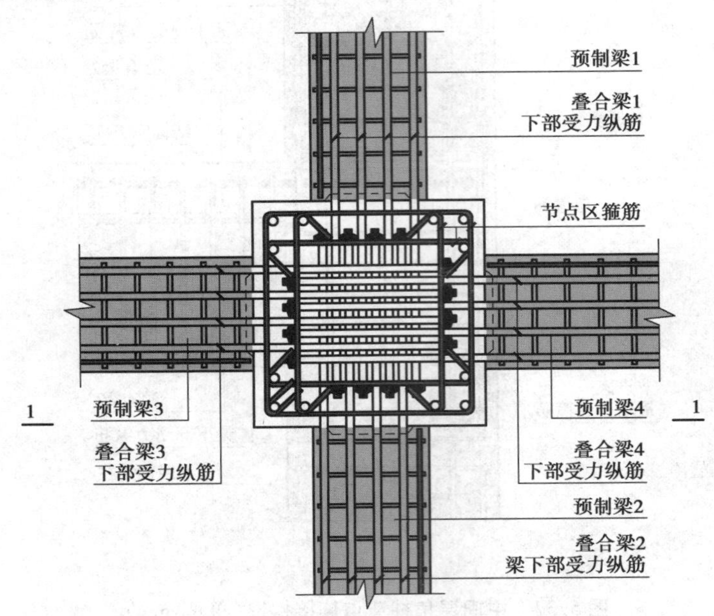

(a)叠合梁上部纵筋安装前俯视图

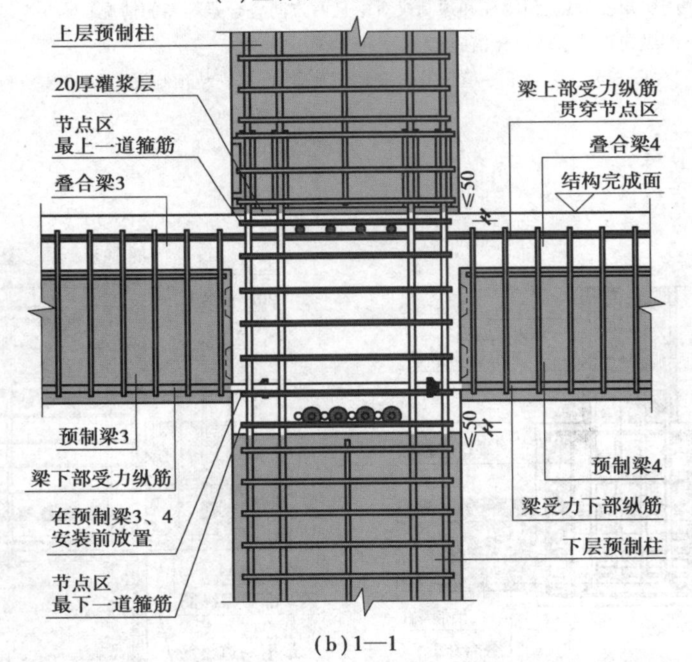

(b)1—1

图5.39　中间层中柱节点连接构造(单位:mm)

注:1. 本图适用于中间层中柱节点、预制柱和预制梁对中且两方向叠合梁不等高的情况;

2. 图中预制梁1与预制梁2等高,预制梁3与预制梁4等高,前者高于后者;

3. 安装预制梁前,先安装节点区最下一道箍筋。安装预制梁时,先安装预制梁1、预制梁2,再安装预制梁3、预制梁4。预制梁3、预制梁4梁底纵筋以下的箍筋应在预制梁3安装前放置。

④顶层角柱节点。

a. 顶层角柱节点连接构造一。

根据《装配式混凝土结构技术规程》(JGJ 1)以及《装配式混凝土建筑技术标准》(GB/T 51231)的有关规定,对框架顶层端节点,柱宜伸出屋面并将柱纵向受力钢筋锚固在伸出段内[图5.40(b)],伸出段长度不宜小于500 mm。柱纵向受力钢筋宜采用锚固板的锚固方式,此时锚固长度不应小于$0.6l_{abE}$。伸出段内箍筋直径不应小于$d/4$(d为柱纵向受力钢筋的最大直径),伸出段内箍筋间距不应大于$5d$(d为柱纵向受力钢筋的最小直径)且不应大于100 mm;梁纵向受力钢筋应锚固在后浇节点区内,且宜采用锚固板的锚固方式,此时锚固长度不应小于$0.6l_{abE}$。

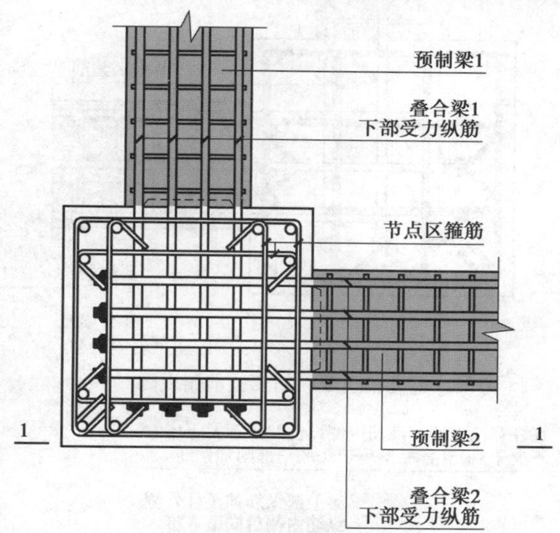

(a)叠合梁上部纵筋安装前俯视图

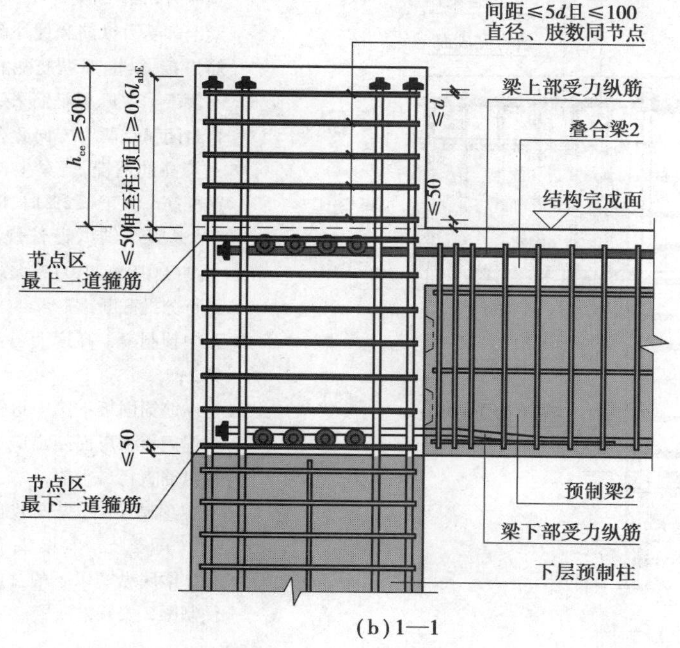

(b)1—1

注:1. 本图适用于顶层角柱节点、预制柱和预制梁对中、框架柱向上延伸且两方向叠合梁等高的情况;
2. 图中预制梁1与预制梁2等高;
3. 图中d为柱纵筋直径最小值,柱纵筋锚固板下第一道箍筋与锚固板承压面距离应小于d;
4. 安装预制梁前,先安装节点区最下一道箍筋。安装预制梁时,先安装预制梁1,再安装预制梁2;
5. 当柱顶伸出长度满足柱纵筋直锚的构造要求时,柱纵筋也可采用直锚。

图5.40　顶层角柱节点连接构造一(单位:mm)

b. 顶层角柱节点连接构造二。

对框架顶层端节点，柱外侧纵向受力钢筋也可与梁上部纵向受力钢筋在后浇节点区搭接[图 5.41(b)]，其构造要求应符合现行国家标准《混凝土结构设计规范》(GB 50010)的相关规定；柱内侧纵向受力钢筋宜采用锚固板锚固。

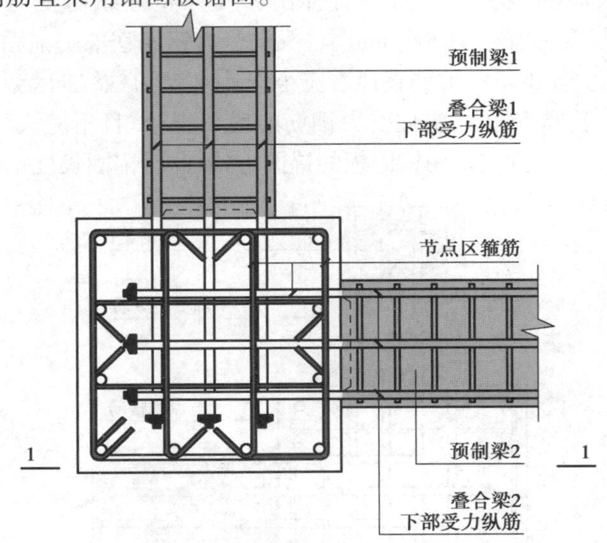

(a)叠合梁上部纵筋安装前俯视图

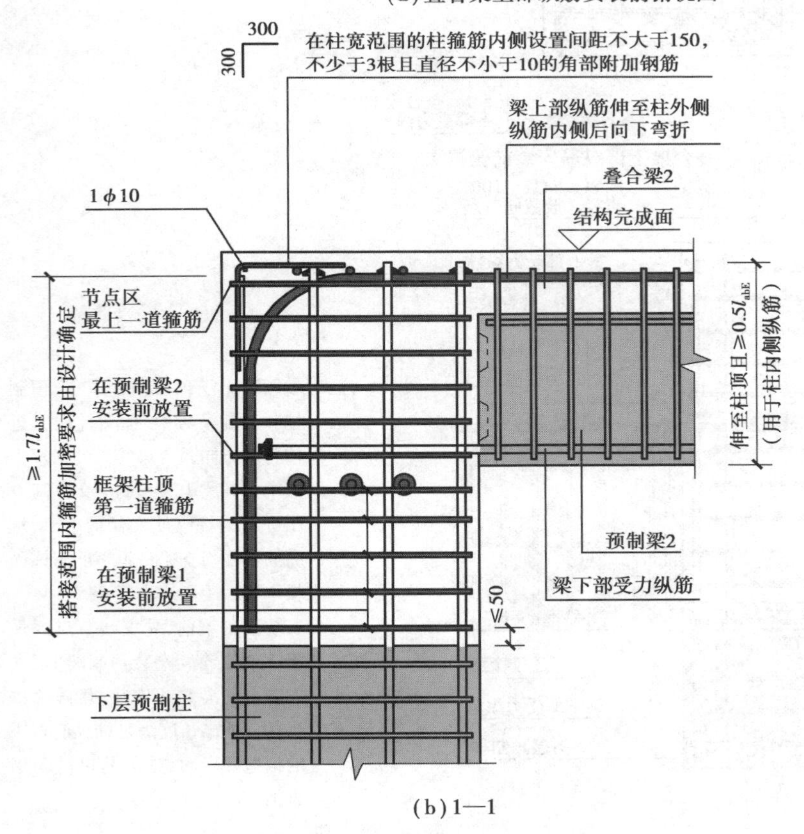

(b)1—1

注：1. 本图适用于顶层角柱节点、预制柱和预制梁对中、叠合梁上部受力纵筋和柱外侧纵筋搭接、梁上部纵筋配筋率不大于1.2%、梁箍筋采用组合封闭箍且两个方向叠合梁不等高的情况，当梁上部纵筋配筋率大于1.2%时，应按照《混凝土结构设计规范》(GB 50010—2010)有关规定进行分批截断；

2. 图中预制梁1高度大于预制梁2；

3. 柱纵筋锚固板下第一道箍筋与锚固板承压面距离应小于柱纵筋直径最小值；

4. 安装预制梁时，先安装预制梁1，再安装预制梁2；预制梁2梁底纵筋以下的箍筋在预制梁2安装前放置。

图 5.41　顶层角柱节点连接构造二(单位：mm)

c. 顶层角柱节点连接构造三。

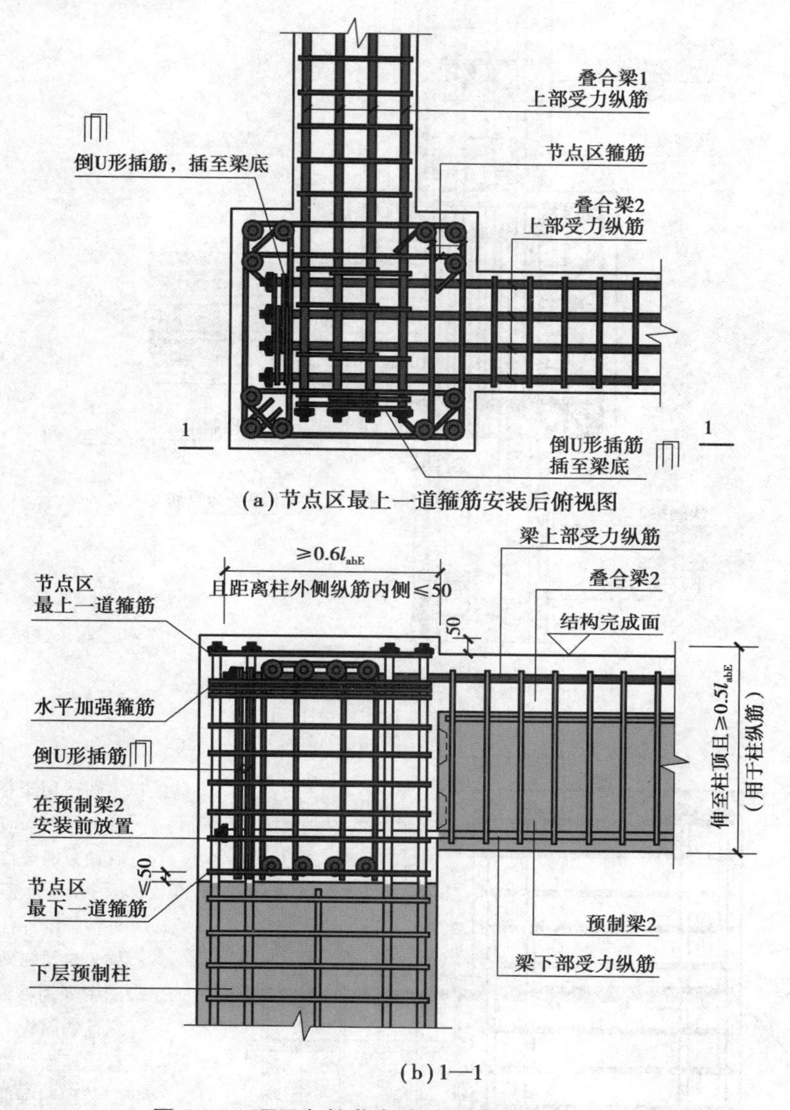

(a) 节点区最上一道箍筋安装后俯视图

(b) 1—1

图 5.42　顶层角柱节点连接构造三（单位：mm）

注：1. 本图适用于顶层角柱节点、预制柱和预制梁对中、叠合梁上部受力钢筋和柱纵筋均采用锚固板锚固、框架柱向上延伸 50 mm 且两方向叠合梁等高的情况；

2. 图中预制梁 1 高度大于预制梁 2；

3. 倒 U 形插筋与水平加强箍筋均由设计计算确定。倒 U 形插筋从梁纵筋顶面起算，向下延伸的长度不小于 l_{aE}，并伸至预制柱顶面；

4. 柱纵筋锚固板下第一道箍筋与锚固板承压面距离应小于柱纵筋直径最小值；

5. 安装预制梁前，先安装节点区最下一道箍筋。安装预制梁时，先安装预制梁 1，再安装预制梁 2。

⑤顶层边柱节点。

a. 顶层边柱节点连接构造一。

b. 顶层边柱节点连接构造二。

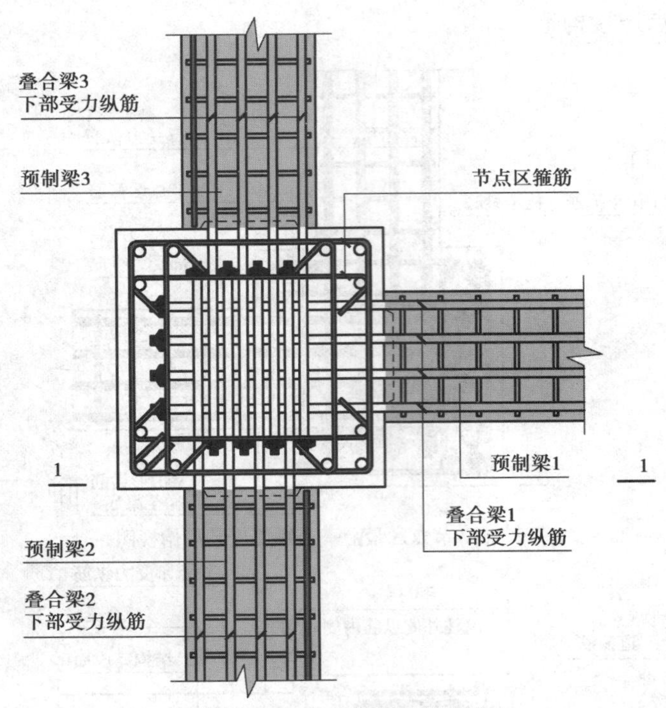

(a)叠合梁上部纵筋安装前俯视图

间距≤5d且≤100
直径、肢数同节点
梁上部受力纵筋
叠合梁1
≤d
≤50
结合完成面
h_{ce}
≥500
伸至柱顶且≥$0.6l_{abE}$
≤50
节点区
最上一道箍筋
在预制梁2、3
安装前放置
≤50
节点区
最下一道箍筋
预制梁1
梁下部受力纵筋
下层预制柱

(b)1—1

注:1. 本图适用于顶层边柱节点、预制柱和预制梁对中框架柱向上延伸且两方向叠合梁不等高的情况;

2. 图中 h_{ce} 为框架柱从结构完成面外伸长度,由设计确定;图中预制梁 2 与预制梁 3 等高;

3. 图中 d 为柱纵筋直径最小值,柱纵筋锚固板下第一道箍筋与锚固板承压面距离应小于 d;

4. 安装预制梁前,先安装节点区最下一道箍筋。安装预制梁时,先安装预制梁 1,再安装预制梁 2;预制梁 2 梁底纵筋以下的箍筋在预制梁 2 安装前放置;

5. 当柱顶伸出长度满足柱纵筋直锚的构造要求时,柱纵筋也可采用直锚。

图 5.43　顶层边柱节点连接构造一(单位:mm)

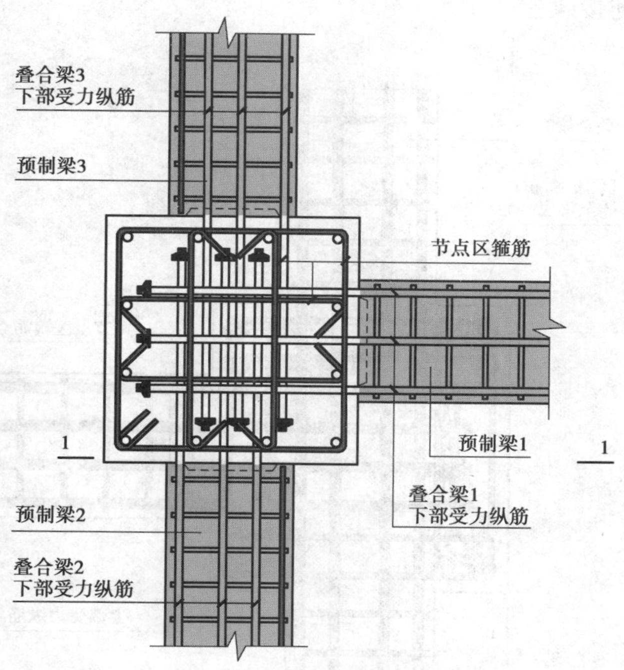

(a)叠合梁上部纵筋安装前俯视图

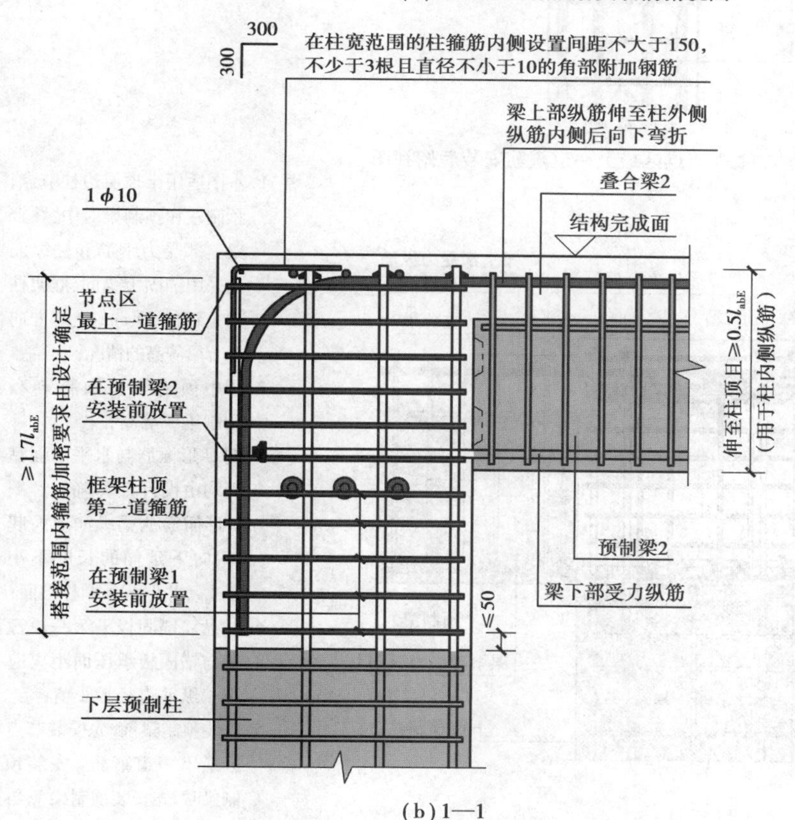

(b)1—1

注：1. 本图适用于顶层边柱节点、预制柱和预制梁对中、叠合梁上部受力纵筋和柱外侧纵筋搭接、梁上部纵筋配筋率不大于1.2%、梁箍筋采用组合封闭箍且两个方向叠合梁等高的情况，当梁上部纵筋配筋率大于1.2%时，应按照《混凝土结构设计规范》(GB 50010)的相关规定进行分批截断；

2. 图中预制梁1、预制梁2、预制梁3等高；

3. 柱纵筋锚固板下第一道箍筋与锚固板承压面距离应小于柱纵筋直径最小值；

4. 安装预制梁时，先安装预制梁2、预制梁3，再安装预制梁1。

图5.44　顶层边柱节点连接构造二(单位：mm)

c. 顶层边柱节点连接构造三。

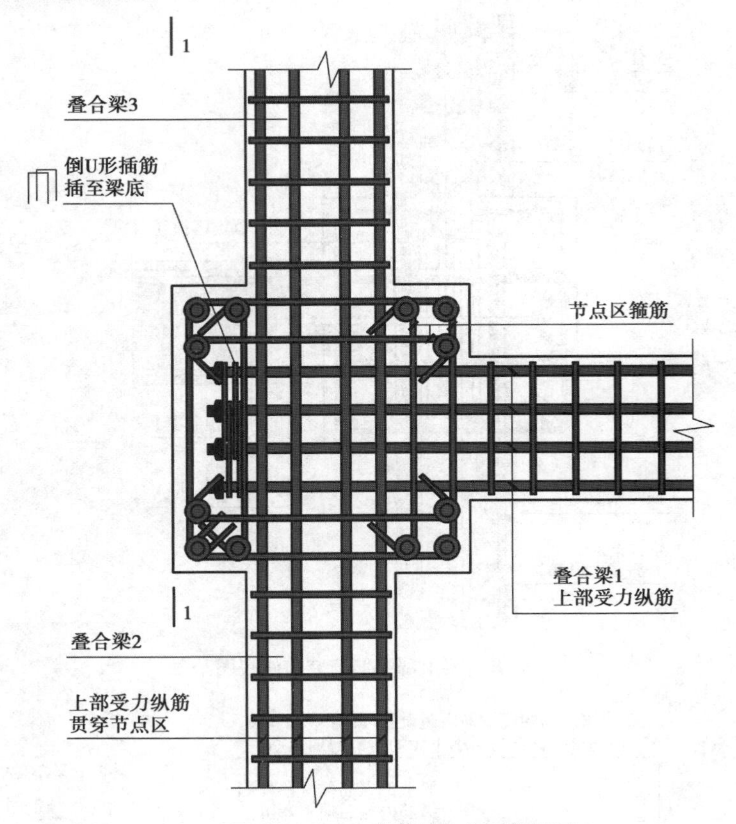

(a) 节点区最上一道箍筋安装后俯视图

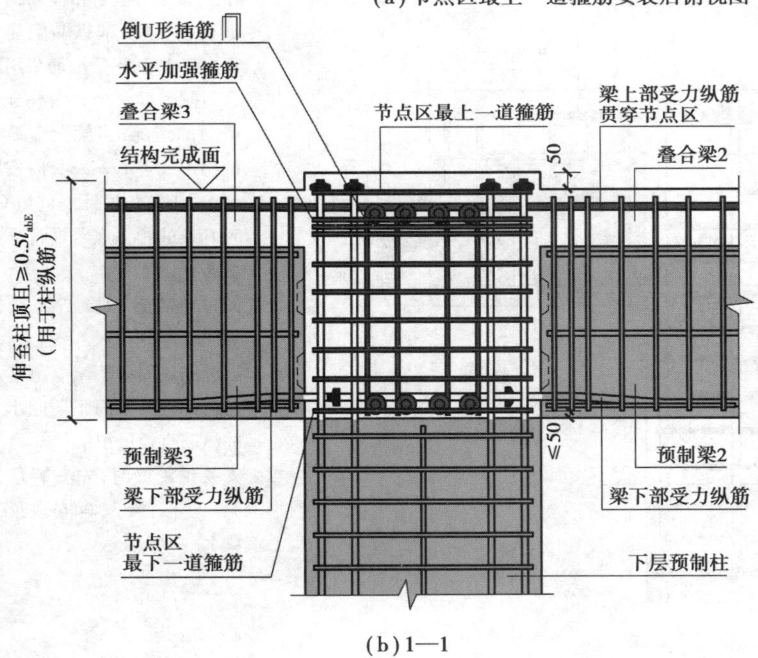

(b) 1—1

注：1. 本图适用于顶层边柱节点、预制柱和预制梁对中、叠合梁上部受力钢筋和柱纵筋均采用锚固板锚固、框架柱向上延伸 50 mm 且两方向叠合梁等高的情况；
2. 图中预制梁 1、预制梁 2、预制梁 3 等高；
3. 倒 U 形插筋与水平加强箍筋均由设计计算确定。倒 U 形插筋从梁纵筋顶面起算，向下延伸的长度不小于 l_{aE}，并伸至预制柱顶面；
4. 柱纵筋锚固板下第一道箍筋与锚固板承压面距离应小于纵筋直径最小值；
5. 安装预制梁前，先安装节点区最下一道箍筋。安装预制梁时，先安装预制梁 1，再安装预制梁 2、预制梁 3。

图 5.45　顶层边柱节点连接构造三（单位：mm）

⑥顶层中柱节点。

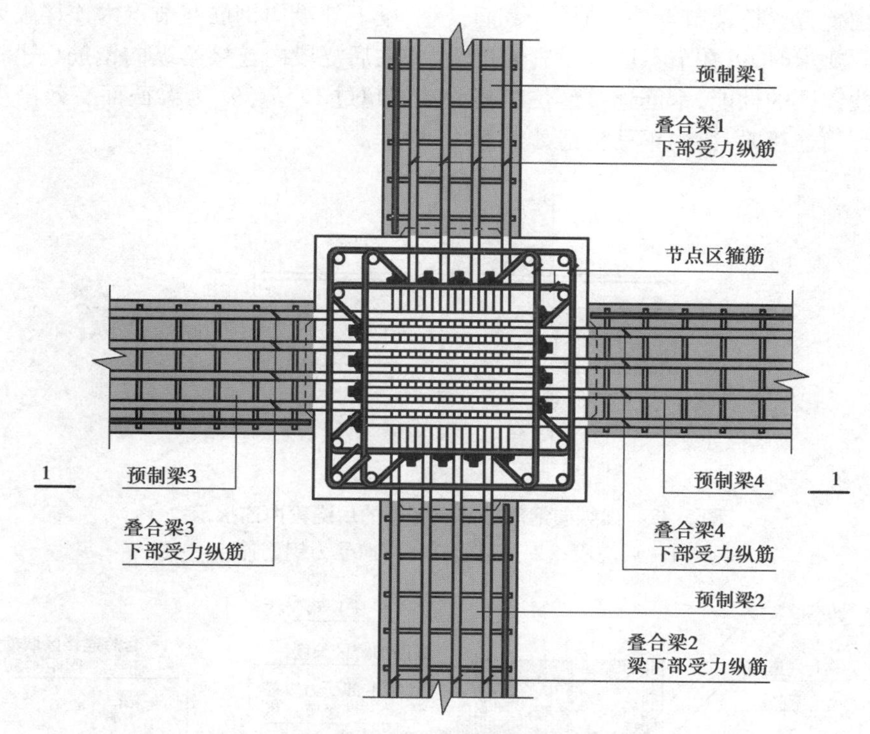

(a)叠合梁上部纵筋安装前俯视图

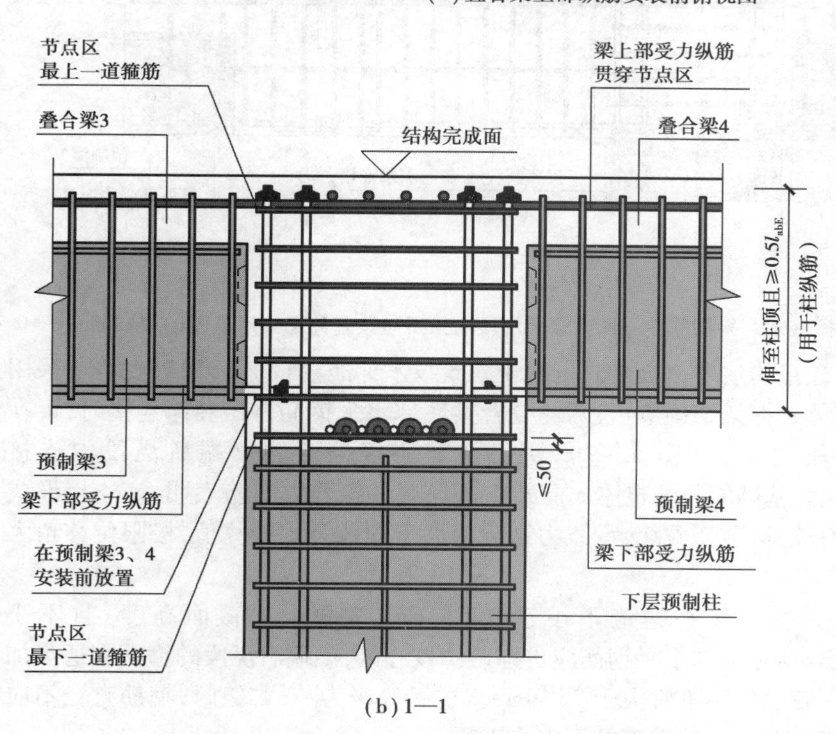

(b)1—1

图5.46　顶层中柱节点连接构造三(单位:mm)

注:1. 本图适用于顶层中柱节点、预制柱和预制梁对中且两方向叠合梁不等高的情况;

2. 图中预制梁1与预制梁2等高,预制梁3与预制梁4等高;

3. 柱纵筋锚固板下第一道箍筋与锚固板承压面距离应小于柱纵筋直径最小值;

4. 安装预制梁前,先安装节点区最下一道箍筋。安装预制梁时,先安装预制梁1、预制梁2,再安装预制梁3、预制梁4;预制梁3、预制梁4梁底纵筋以下的箍筋,应在预制梁3、预制梁4安装前放置。

(4)叠合梁底部钢筋在节点区外后浇段内的连接构造

在预制柱叠合梁框架节点中,如果柱截面较小,梁下部纵向钢筋在节点内连接较困难、无法满足锚固长度要求时,可在节点区外设置后浇段,并在后浇段内连接梁纵向钢筋(图5.47)。为保证梁端塑性铰区的性能,钢筋连接部位距离梁端需超过 $1.5h_0$(h_0 为梁截面有效高度)。当连接采用灌浆套筒连接时,梁内钢筋构造如图5.48所示。

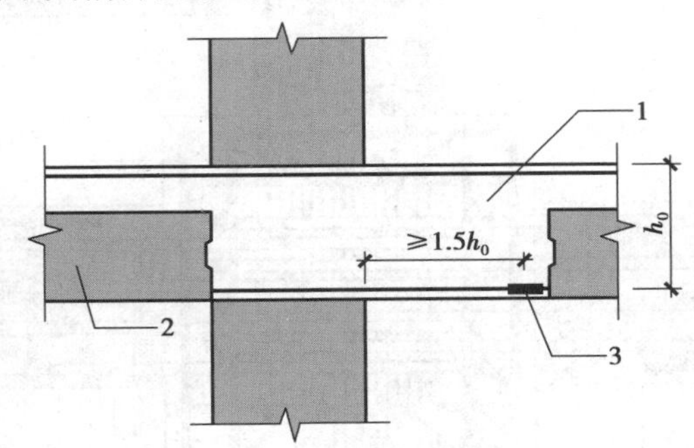

图5.47 梁纵向钢筋在节点区外的后浇段内连接示意

1—后浇段;2—预制梁;3—纵向受力钢筋连接

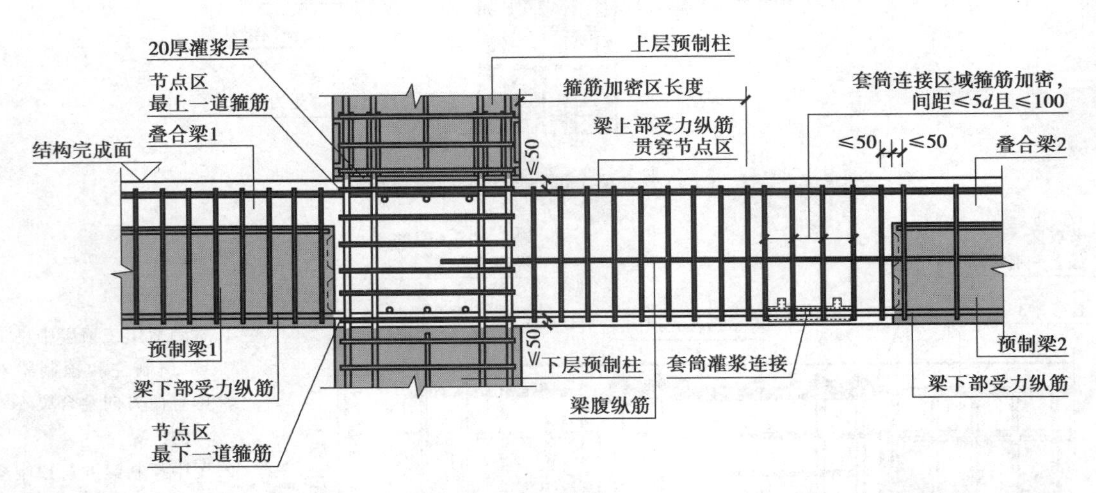

图5.48 框架节点叠合梁底部水平钢筋在一侧梁端后浇段内采用灌浆套筒连接示意图(单位:mm)

除上述节点外后浇段连接构造外,《装配式混凝土建筑技术标准》(GB/T 51231)提出,采用预制柱及叠合梁的装配整体式框架结构节点,两侧叠合梁底部水平钢筋挤压套筒连接时,可在核心区外一侧梁端后浇段内连接(图5.49),也可在核心区外两侧梁端后浇段内连接(图5.50)。以该连接形式为基础的装配整体式框架中节点试件拟静力实验表明,该连接形式可以实现梁端弯曲破坏和核心区剪切破坏,承载力试验值大于规范公式计算值,极限位移角大于1/30,满足规范要求。

在该连接形式中,连接接头距柱边应不小于 $0.5h_b$(h_b 为叠合梁截面高度)且不小于300 mm,叠合梁后浇叠合层顶部的水平钢筋应贯穿后浇核心区,梁端后浇段的箍筋宜适当加密且尚应满足下列要求:①箍筋间距不宜大于75 mm;②抗震等级为一、二级时,箍筋直径不应小于10 mm,抗震等级为三、四级时,箍筋直径不应小于8 mm。

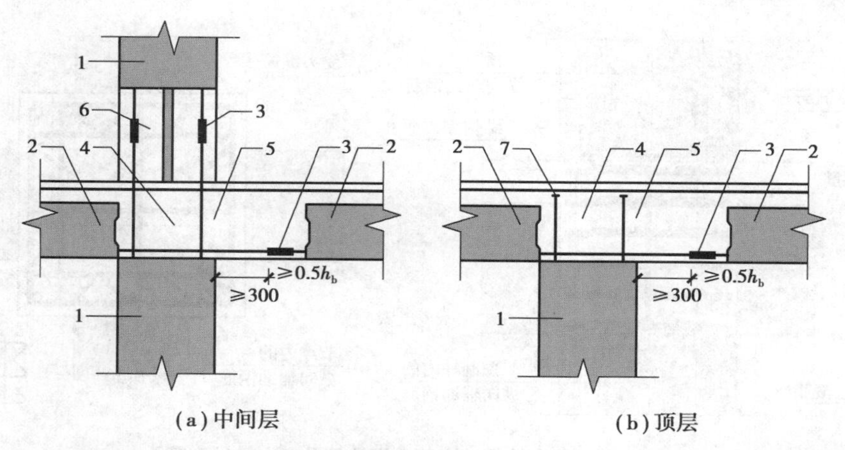

图5.49　框架节点叠合梁底部水平钢筋在一侧梁端后浇段内采用挤压套筒连接示意图(单位:mm)

1—预制柱;2—叠合梁预制部分;3—挤压套筒;4—后浇区;5—梁端后浇段;6—柱底后浇段;7—锚固板

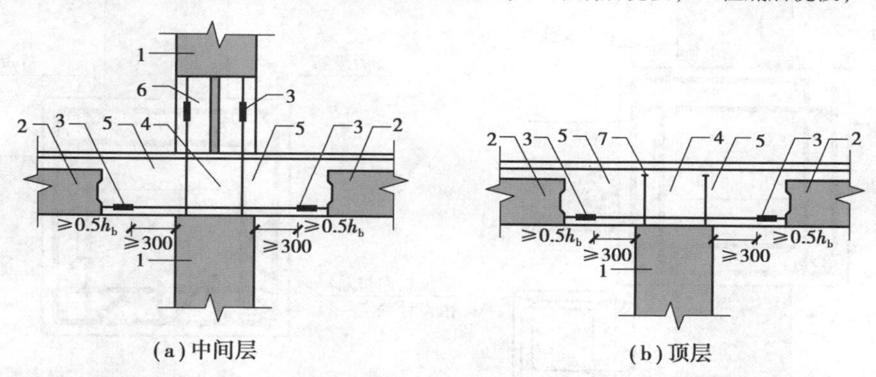

图5.50　框架节点叠合梁底部水平钢筋在两侧梁端后浇段内采用挤压套筒连接示意(单位:mm)

1—预制柱;2—叠合梁预制部分;3—挤压套筒;4—后浇区;5—梁端后浇段;6—柱底后浇段;7—锚固板

(5)节点核心区的箍筋构造

节点核心区的钢筋构造如图5.51所示。

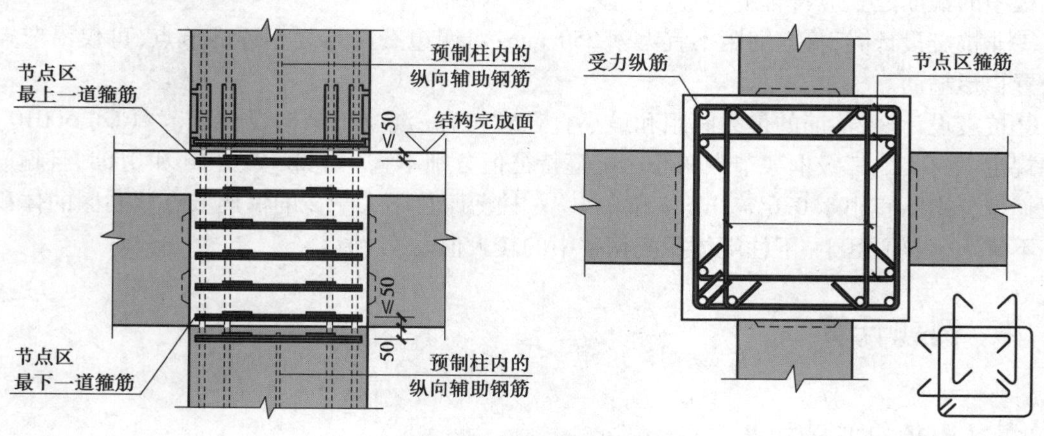

(a)复合箍筋(内部均采用拉筋)

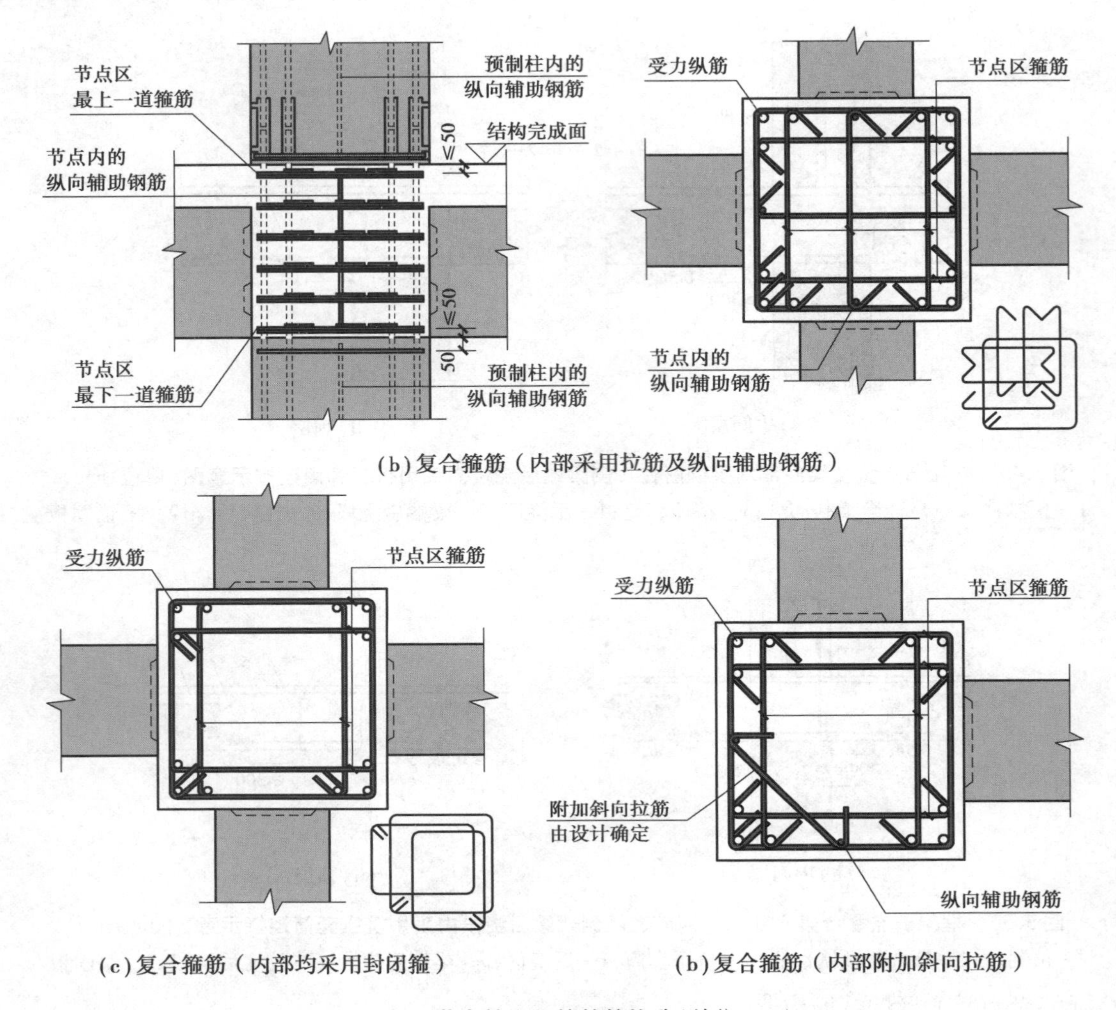

(b)复合箍筋(内部采用拉筋及纵向辅助钢筋)

(c)复合箍筋(内部均采用封闭箍)

(b)复合箍筋(内部附加斜向拉筋)

图 5.51　节点核心区的箍筋构造(单位:mm)

柱中的箍筋配置应符合下列规定:

①非抗震设计时,箍筋间距不宜大于 250 mm;对四边有梁与之相连的节点,可仅沿节点周边设置矩形箍筋。

②抗震设计时,箍筋的最大间距和最小直径宜符合《混凝土结构设计规范》(GB 50010)的相关规定。一、二、三级框架节点核心区配箍特征值分别不宜小于0.12、0.10 和0.08,且箍筋体积配箍率分别不宜小于0.6%、0.5%和0.4%。柱剪跨比不大于 2 的框架节点核心区的体积配箍率不宜小于核心区上、下柱端体积配箍率中的较大值。

5.4.4　例题计算

1)预制柱连接的例题计算

(1)设计参数

根据第 4 章预制柱的截面设计可知,预制柱采用混凝土等级为 C40($f_c=19.1\ \text{N/mm}^2$,$f_t=$

1.71 N/mm²)；预制柱纵筋和箍筋均采用 HRB400 级($f_y=f_{yv}=360$ N/mm²)；预制柱实际配筋为每侧 3 ⌀ 20，$A_s=A'_s=942$ mm²，则穿过预制柱底结合面的钢筋为 8 ⌀ 20 面积 $A_{sd}=2\ 512$ mm²。

(2)预制柱受压时的连接接缝验算

在非抗震情况下，柱底剪力往往不会很大，故仅需要对地震组合情况下的柱底剪力进行验算。根据预制柱受压时柱底接缝受剪承载力计算公式可知，轴压力越大截面受剪承载力越大，故更加不利的地震设计工况为柱底轴压力小的同时柱底剪力大，当无法判断哪一组合更不利时，应对所有组合进行验算。

以第二层Ⓐ轴对应的预制柱为例，在地震作用下柱底轴力、剪力组合有：$N_1=1\ 273.21$ kN，$V_1=61.19$ kN；$N_2=1\ 574.90$ kN，$V_2=-115.95$ kN，两种组合无法判断哪一种更加不利，故对两种组合均进行柱底接缝的验算。

对第一种组合，柱底接缝受剪承载力：

$$V_{UE1}=0.8N+1.65A_{sd}\sqrt{f_c f_y}=0.8\times 1\ 273.21+1.65\times 2\ 512\times\frac{\sqrt{19.1\times 360}}{1\ 000}=1\ 362.26\text{ kN}$$

柱底剪力设计值 $V_1=61.19$ kN$<V_{UE}=1\ 362.26$ kN

对第二种组合，柱底接缝受剪承载力：

$$V_{UE2}=0.8N+1.65A_{sd}\sqrt{f_c f_y}=0.8\times 1\ 574.90+1.65\times 2\ 512\times\frac{\sqrt{19.1\times 360}}{1\ 000}=1\ 603.61\text{ kN}$$

柱底剪力设计值 $V_2=115.95$ kN$<V_{UE}=1\ 603.61$ kN

故二层Ⓐ轴对应的预制柱柱底接缝受剪承载力满足要求。

(3)预制柱受拉时的连接接缝验算

根据内力组合表，在地震组合工况下二层Ⓐ轴预制柱柱底均受压，故无须进行该项验算。当需要进行验算时，更不利的地震设计工况为柱底受拉拉力大的同时柱底剪力也大。

(4)"强连接"验算

本结构抗震等级为三级，故接缝受剪承载力增大系数 $\eta_j=1.1$。

预制柱端箍筋加密区箍筋配置为 ⌀ 8@100(四肢箍)，斜截面承载力计算时各类构件及框架节点的承载力抗震调整系数 $\gamma_{RE}=0.85$，根据第 4 章关于预制柱斜截面配筋计算可得，预制柱端部按照实际配筋面积计算的斜截面受剪承载力 V_{mua} 为：

$$V_{mua}=\frac{1}{\gamma_{RE}}\left[\frac{1.05}{\lambda+1}f_t bh_0+f_{yv}\frac{A_{sv}}{s}h_0+0.056N\right]$$

$$=\frac{1}{0.85}\left[\frac{1.05}{3+1}\times 1.71\times 500\times 440\times 10^{-3}+360\times\frac{3\times(0.25\times 3.14\times 8^2)}{100}\times 440\times 10^{-3}+0.056\times 1\ 273.21\right]$$

$$=480.93\text{ kN}$$

由上述计算知：$V_{UE}=1\ 362.26$ kN$>1.1\times 480.93=529.02$ kN

满足"强节点"设计要求。

2)叠合梁连接的例题计算

(1)设计参数

以二层 AB 框架梁为例，根据叠合梁的截面设计可知，叠合梁采用混凝土等级为 C30($f_c=$

14.3 N/mm², f_t=1.43 N/mm²)；叠合梁纵筋箍筋均采用 HRB400 级(f_y=f_{yv}=360 N/mm²)，叠合梁下部钢筋和上部钢筋均采用 3 ⌀22，预制梁部分穿过结合面的梁底纵筋面积A_{s1}=1 139.82 mm²，后浇混凝土内穿过结合面的梁顶纵筋面积 A_{s2}=1 139.82 mm²，总计穿过结合面的钢筋面积 A_{sd}=1 139.82×2=2 279.64 mm²。

叠合梁高 600 mm、宽 300 mm，叠合板厚 60+70=130 mm，预制部分梁高 600−130=470 mm，预制梁顶部开槽深度为 50 mm，则预制梁端用于开设键槽的高度为 470−50=420 mm。

(2)梁端键槽设置

根据叠合梁梁端的构造要求，应在预制梁部分设置键槽，此处设置贯通的键槽，规范要求键槽深度不小于 30 mm，取键槽深度 t=30 mm；根据现浇键槽和预制键槽根部剪切面面积相等的原则，取两个现浇键槽根部宽度 B 和两个预制键槽根部宽度 A 相等，均为 w；键槽宽度 w 应满足 30×3=90 mm≤w≤30×10=300 mm，取键槽根部宽度 w=100 mm，取键槽端部斜面在梁端面投影宽度为 15 mm，则斜面倾角为 $\arctan\dfrac{15}{30}=26°33'<30°$，满足构造要求；键槽之间的间距为 d=100−15×2=70 mm；梁端全截面设为粗糙面。预制梁部分梁端键槽尺寸及构造如图 5.52 所示。

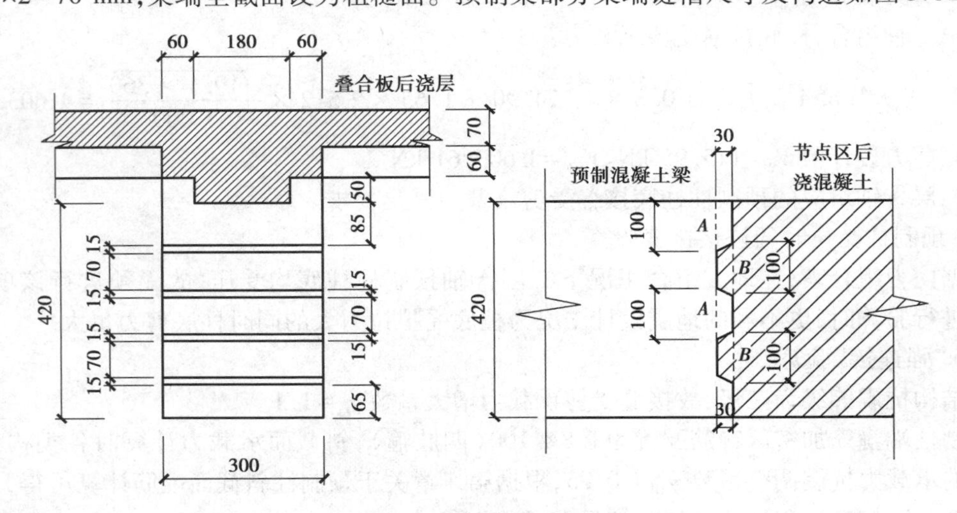

图 5.52　预制梁梁端键槽示意图

(3)梁端竖向接缝的受剪承载力验算

①键槽根部面积计算。

梁端键槽设计时，已将现浇键槽根部宽度和预制端键槽根部宽度取为相等 w=100 mm，故现浇键槽根部面积与预制键槽根部面积 $A_{k1}=A_{k2}$=300×100×2=60 000 mm²。

②后浇混凝土叠合层截面面积计算。

根据图 5.52 可得出，A_{c1}=50×180+(60+70)×300=48 000 mm²

③持久设计状况梁端竖向接缝的受剪承载力验算：

$$
\begin{aligned}
V_u &= 0.07f_cA_{c1} + 0.10f_cA_K + 1.65A_{sd}\sqrt{f_cf_y}\\
&= (0.07\times14.3\times48\,000 + 0.10\times14.3\times60\,000 + 1.65\times2\,279.64\times\sqrt{14.3\times360})\div1\,000\\
&= 403.73\ \text{kN}
\end{aligned}
$$

根据内力组合表，二层 AB 框架梁在基本组合下梁端最大剪力设计值为：V=109.68 kN<V_u

=403.73 kN,故持久设计状况下梁端竖向接缝的受剪承载力满足要求。

④地震设计状况梁端竖向接缝的受剪承载力验算:

$$V_u = 0.04 f_c A_{c1} + 0.06 f_c A_K + 1.65 A_{sd} \sqrt{f_c f_y}$$

$$= (0.04 \times 14.3 \times 48\,000 + 0.06 \times 14.3 \times 60\,000 + 1.65 \times 2\,279.64 \times \sqrt{14.3 \times 360}) \div 1\,000$$

$$= 348.82 \text{ kN}$$

根据内力组合表,*AB* 层框架梁在地震组合下梁端最大剪力设计值为:$V_{RE} = 141.99$ kN<V_u = 348.82 kN,故地震设计状况下梁端竖向接缝的受剪承载力满足要求。

(4)"强节点"验算

本结构抗震等级为三级,故接缝受剪承载力增大系数 $\eta_j = 1.1$。

梁端箍筋加密区箍筋配置为⌀8@150(两肢箍),斜截面承载力计算时各类构件及框架节点的承载力抗震调整系数 $\gamma_{RE}=0.85$,根据第4章关于叠合梁斜截面配筋计算可得,梁端按照实际配筋面积计算的斜截面受剪承载力 V_{mua} 为:

$$V_{mua} = \frac{1}{\gamma_{RE}}\left[0.6\alpha_{cv} f_t b h_0 + f_{yv}\frac{A_{sv}}{s}h_0\right]$$

$$= \frac{1}{0.85}\left[0.6 \times 0.7 \times 1.43 \times 300 \times 565 \times 10^{-3} + 360 \times \frac{2 \times (0.25 \times 3.14 \times 8^2)}{150} \times 565 \times 10^{-3}\right]$$

$$= 280.06 \text{ kN}$$

由上述计算知:$V_{UE} = 348.82$ kN>1.1×280.06=308.07 kN

满足"强节点"设计要求。

3)梁柱节点的例题计算

该框架为三级抗震等级,应按照《建筑抗震设计规范》(GB 50011)的相关规定对节点核心区抗震受剪承载力进行验算,此处以二层 *AB* 框架梁与Ⓐ轴框架柱的边节点为例进行计算。

(1)梁柱节点核心区剪力设计值的计算

对于抗震等级为三级的框架结构,节点剪力增大系数 $\eta_{jb} = 1.20$;根据前文框架梁计算结果,二层 *AB* 梁下部实配钢筋为3⌀22,上部配筋3⌀22,梁端加密区实配箍筋为⌀8@150,保护层厚度 c=25 mm,*AB* 框架梁高 h_b=600 mm,则梁的有效高度 h_{b0}=600−25−8−0.5×22=556 mm,a'_s=25+8+0.5×22=44 mm;左震作用下的节点左、右梁端弯矩设计值直接从内力组合表中提取;节点上柱和下柱反弯点之间的距离 H_c 根据内力组合表中一层Ⓐ轴框架柱以及二层Ⓐ轴框架柱上、下端的抗震组合弯矩值进行计算。

由内力组合表可知,左震作用下一层柱上、下端弯矩值 $M_{A1}^t = -88.94$ kN·m,M_{A1}^b = −200.10 kN·m,二层柱上下端弯矩 $M_{A2}^t = -71.91$ kN·m,$M_{A2}^b = -68.15$ kN·m,根据相似三角形的方法进行反弯点计算,一层柱计算高度为4.4 m,二层柱计算高度为3.6 m,对二层柱Ⓐ轴边节点,上下柱反弯点之间的间距为:

$$H_c = \left(88.94 \div \frac{88.94 + 200.10}{4.4}\right) + \left(68.15 \div \frac{71.91 + 68.15}{3.6}\right) = 3.11 \text{ m}$$

由内力组合表可知,二层 *AB* 框架梁在左震作用下的左端弯矩 $M_{AB2} = 124.65$ kN·m,则梁柱节点核心区剪力设计值为:

$$V_j = \frac{\eta_{jb}\sum M_b}{h_{b0} - a'_s}\left(1 - \frac{h_{b0} - a'_s}{H_c - h_b}\right) = \frac{1.20 \times 124.65 \times 10^3}{556 - 44} \times \left(1 - \frac{556 - 44}{3\,110 - 600}\right) = 232.55 \text{ kN}$$

(2)梁柱节点核心区截面验算

框架柱截面尺寸为 $b\times h=500\ \text{mm}\times500\ \text{mm}$,框架节点核心区截面高度 $h_j=h_c=500\ \text{mm}$;梁柱中线重合,验算方向梁截面宽度 $h_b=300\ \text{mm}>\frac{1}{2}h_c=250\ \text{mm}$,故节点核心区验算有效宽度取为 $b_j=h_c=500\ \text{mm}$;因楼板为预制板加后浇混凝土的形式,故正交梁对节点的约束影响系数 $\eta_j=1.0$;节点区采用混凝土等级为 C40($f_c=19.1\ \text{N/mm}^2$, $f_t=1.71\ \text{N/mm}^2$);对于受剪构件取 $\gamma_{RE}=0.85$。

$$\frac{1}{\gamma_{RE}}(0.3\eta_j\beta_c f_c b_j h_j)=\frac{1}{0.85}(0.3\times1.0\times1.0\times19.1\times500\times500)\times10^{-3}=1\ 685.29\ \text{kN}\geqslant V_j=232.55\ \text{kN}$$

故梁柱节点核心区受剪截面尺寸满足要求。

(3)梁柱节点核心区受剪承载力验算

假定梁柱节点核心区箍筋与框架柱箍筋加密区箍筋配置相同均为⏀8@100(3 肢箍),所采用的钢筋等级为 HRB400($f_{yv}=360\ \text{N/mm}^2$),$A_{svj}=0.25\times3.14\times8^2\times3=150.72\ \text{mm}^2$;$N_t$ 为节点上侧柱底部的轴向力设计值,由内力组合表可知,二层柱底端轴力 $N_t=1\ 273.21\ \text{kN}$,$0.5f_cb_ch_c=0.5\times19.1\times500\times500\times10^{-3}=2\ 387.5\ \text{kN}>N_t=1\ 273.21\ \text{kN}$,故取轴压力 $N_t=1\ 273.21\ \text{kN}$。

$$\frac{1}{\gamma_{RE}}\left(1.1\eta_j f_t b_j h_j+0.05\eta_j N_t\frac{b_j}{b_c}+f_{yv}A_{svj}\frac{h_{b0}-a'_s}{s}\right)$$

$$=\frac{1}{0.85}\times\left(1.1\times1.0\times1.71\times500\times500\times10^{-3}+0.05\times1.0\times1\ 273.21\times\frac{500}{500}+360\times150.72\times\frac{556-44}{100}\times10^{-3}\right)$$

$$=954.96\ \text{kN}\geqslant V_j=229.73\ \text{kN}$$

故梁柱节点核心区的箍筋布置满足抗剪要求,同时梁柱节点核心区箍筋构造应满足《混凝土结构设计规范》(GB 50010)的相关要求。

5.5 主次梁连接节点

5.5.1 主次梁连接节点构造

在《装配式混凝土结构技术规程》(JGJ 1)以及《装配式混凝土建筑技术标准》(GB/T 51231)中,主次梁的连接方式有后浇混凝土节点和钢企口连接两种。后浇混凝土节点连接是指在主梁或次梁上预留后浇段,混凝土在此处断开或部分断开而钢筋连续,以便在此穿过和锚固另一方向上的次梁或主梁钢筋,次梁端部根据钢筋锚固形式不同可设计为刚接或铰接;钢企口连接是指在主梁上预留凹槽并在凹槽底面预埋承压钢板,同时次梁的梁端预埋抗剪钢板并在梁端伸出悬挑钢板,主次梁连接时将次梁悬挑钢板搁置于主梁的预留凹槽内,并灌注少量砂浆填满凹槽,形成主次梁钢企口连接节点。在进行结构计算时,钢企口连接节点按照铰接来考虑。

1)主次梁后浇段连接

(1)主梁后浇段连接

当后浇段设置在主梁时,应符合下列规定:

①在端部节点处,次梁底部纵向钢筋伸入主梁后浇段内的长度不应小于 $12d$。次梁上部纵向钢筋应在主梁后浇段内锚固,锚固形式有弯折锚固[图 5.53(a)]和锚固板[图 5.53(b)]。当

充分利用钢筋强度时，锚固直段长度不应小于 $0.6l_{ab}$；当钢筋应力不大于钢筋强度设计值的50%或按铰接设计时，锚固直段长度不应小于 $0.35l_{ab}$；采用弯折锚固的弯折后直段长度不应小于15d（d 为纵向钢筋直径）。

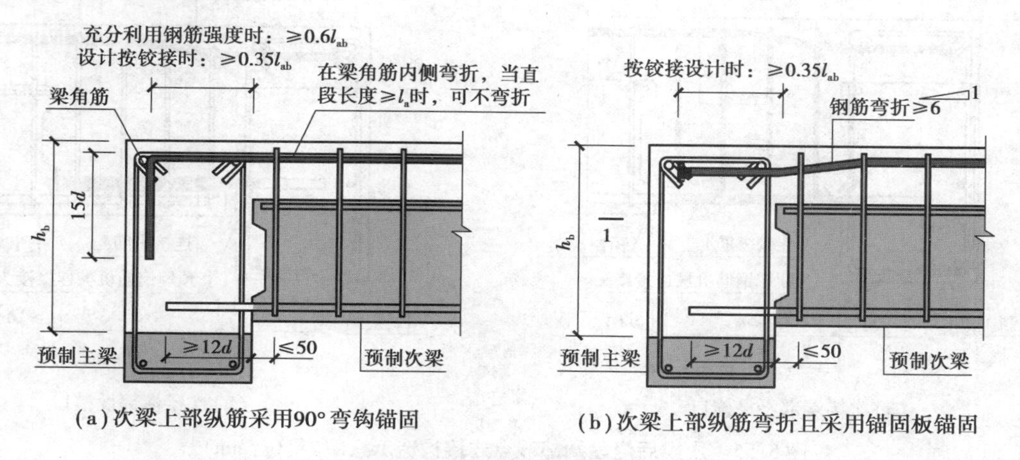

（a）次梁上部纵筋采用90°弯钩锚固　　（b）次梁上部纵筋弯折且采用锚固板锚固

图5.53　主梁后浇段端部节点连接构造（单位：mm）

注：主梁预留槽口高度和宽度由设计确定；预制主梁吊装时需采取加强措施。

②在中间节点处，次梁底部纵筋应采取错位的方式在后浇段内锚固，且伸入主梁后浇段内的长度不应小于12d，如图5.54所示。

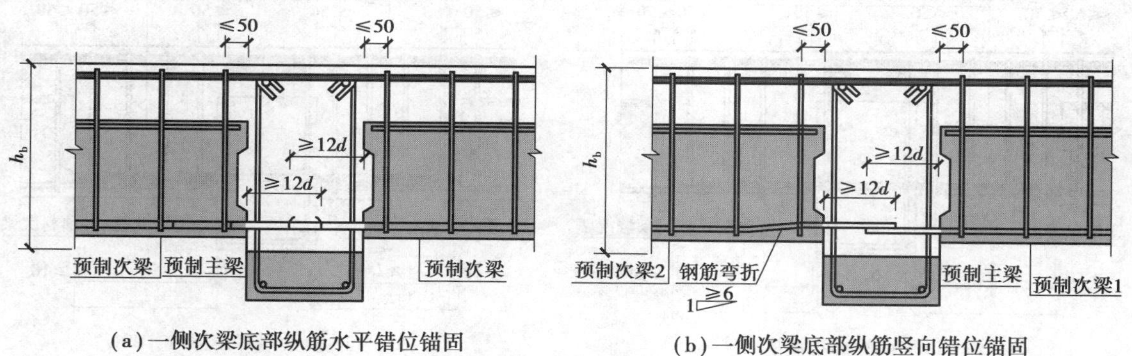

（a）一侧次梁底部纵筋水平错位锚固　　（b）一侧次梁底部纵筋竖向错位锚固

图5.54　主梁后浇段中间节点连接构造（单位：mm）

注：主梁预留槽口高度和宽度由设计确定；预制主梁吊装时需采取加强措施。

（2）次梁后浇段连接

当后浇段设在次梁端部时，应符合下列规定：

①在端部节点处（图5.55），次梁底部纵向钢筋伸至主梁侧面与主梁内伸出的带预埋连接套筒的钢筋搭接连接，搭接长度不应小于 l_1。次梁上部纵向钢筋应在主梁叠合层内采用锚固板锚固。当采用锚固板时，锚固长度不应小于 $0.35l_{ab}$，且伸过主梁中心线的距离不小于5d（d 为纵向钢筋直径）。

②在中间节点处（图5.56），两侧次梁的底部纵向钢筋伸至主梁侧面与主梁内伸出的带预埋连接套筒的钢筋搭接连接，搭接长度不应小于 l_1；次梁上部纵向钢筋应在现浇层内贯通。

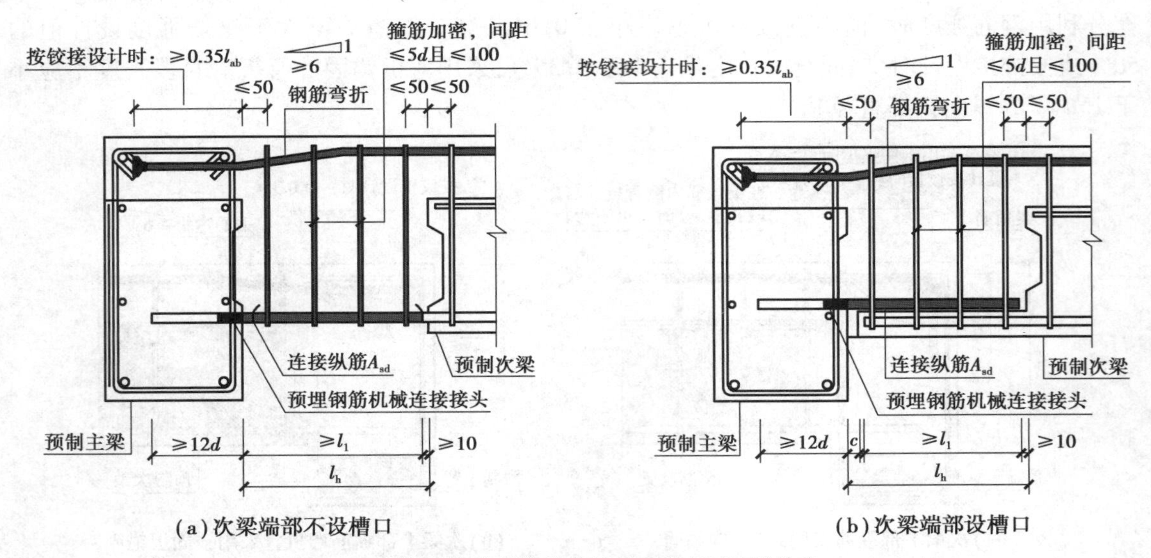

(a)次梁端部不设槽口

(b)次梁端部设槽口

图 5.55　次梁后浇段端部节点连接构造示意图(单位:mm)

注:1.(b)图中预制次梁端部到主梁的间隙 c 由设计确定;

2.(b)图中预制次梁端部槽口尺寸及配筋由设计确定;

3.图中连接纵筋 A_{sd} 由设计确定。

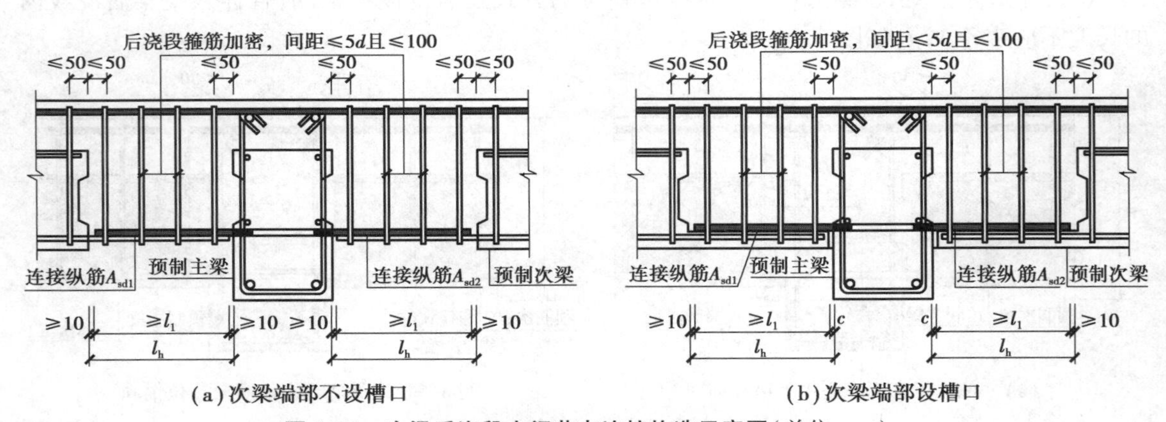

(a)次梁端部不设槽口

(b)次梁端部设槽口

图 5.56　次梁后浇段中间节点连接构造示意图(单位:mm)

注:1.图中连接纵筋 A_{sd1} 和 A_{sd2} 由设计确定;

2.(a)图中梁下部纵筋可竖向搭接,也可水平搭接;

3.(b)图中 c 为预制次梁槽口端部到主梁的间隙,由设计确定;

4.(b)图中预制次梁端部槽口尺寸及配筋等由设计确定。

2)主次梁钢企口连接

主次梁连接时宜采用铰接连接,也可采用刚接连接。当主次梁刚接并采用后浇段连接的形式时,应符合现行行业标准《装配式混凝土结构技术规程》(JGJ 1)的有关规定。当采用铰接连接时,可采用企口连接或钢企口连接;当采用企口连接时,应符合国家现行标准的有关规定;当次梁不直接承受动力荷载且跨度不大于9 m时,可采用钢企口连接(图5.57、图5.58),并应符合下列规定:

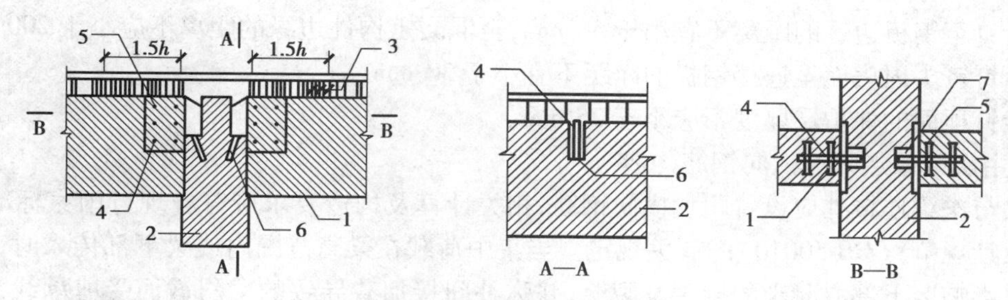

图 5.57 钢企口接头示意图

1—预制次梁;2—预制主梁;3—次梁端部加密箍筋;4—钢企口(预埋抗剪钢板);5—栓钉;6—预埋承压钢板;7—灌浆料

(a)预制次梁(带钢企口预埋抗剪钢板) (b)预制主梁(带钢企口连接凹槽) (c)主次梁钢企口连接俯视图

图 5.58 主次梁钢企口连接实物图

(1)钢企口连接构造

钢企口(预埋抗剪钢板)两侧应对称布置抗剪栓钉,如图 5.59 所示,钢板厚度不应小于栓钉直径的 0.6 倍;预制主梁与钢企口连接处应设置预埋件(预埋承压钢板);次梁端部 1.5 倍梁高范围内,箍筋间距不应大于 100 mm。

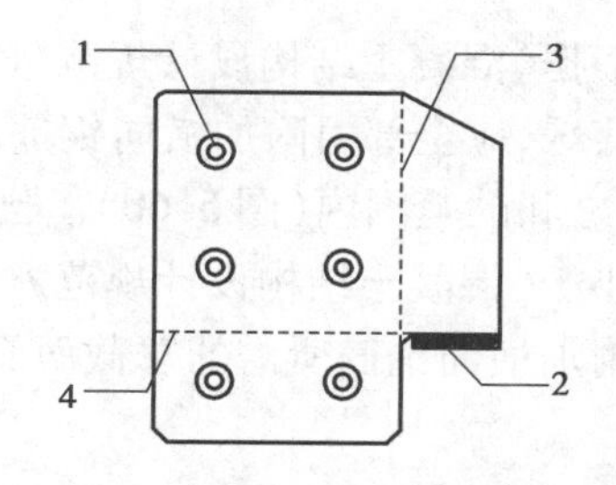

图 5.59 钢企口(预埋抗剪钢板)示意图

1—栓钉;2—预埋件;3—截面 A;4—截面 B

(2)钢企口设计计算内容

钢企口接头的承载力验算,除应符合现行国家标准《混凝土结构设计规范》(GB 50010)、《钢结构设计规范》(GB 50017)的有关规定外,进行钢企口设计时应对以下内容进行验算:

①钢企口接头应能够承受施工及使用阶段的荷载。

②应验算钢企口截面 A 处在施工及使用阶段的抗弯、抗剪强度。

③应验算钢企口截面 B 处在施工及使用阶段的抗弯强度。

④凹槽内灌浆料未达到设计强度前,应验算钢企口外挑部分的稳定性。

⑤应验算栓钉的抗剪强度。

⑥应验算钢企口搁置处混凝土的局部受压承载力。

(3)抗剪栓钉构造

钢企口两侧抗剪栓钉的布置,应符合下列规定:

①栓钉杆直径不宜大于 19 mm,单侧抗剪栓钉排数及列数均不应小于 2。

②栓钉间距不应小于杆径的 6 倍且不宜大于 300 mm。

③栓钉至钢板边缘的距离不宜小于 50 mm,至混凝土构件边缘的距离不应小于 200 mm。

④栓钉钉头内表面至连接钢板的净距不宜小于 30 mm。

⑤栓钉顶面的保护层厚度不应小于 25 mm。

(4)主次梁节点附加横向钢筋构造

主梁与次梁连接处应设置附加横向钢筋,相关计算及构造要求应符合现行国家标准《混凝土结构设计规范》(GB 50010)的有关规定。当集中荷载在梁高范围内或梁下部传入时,为防止集中荷载影响区下部混凝土的撕裂及裂缝,并弥补间接加载导致的梁斜截面受剪承载力降低,应在集中荷载影响区范围内配置附加横向钢筋。

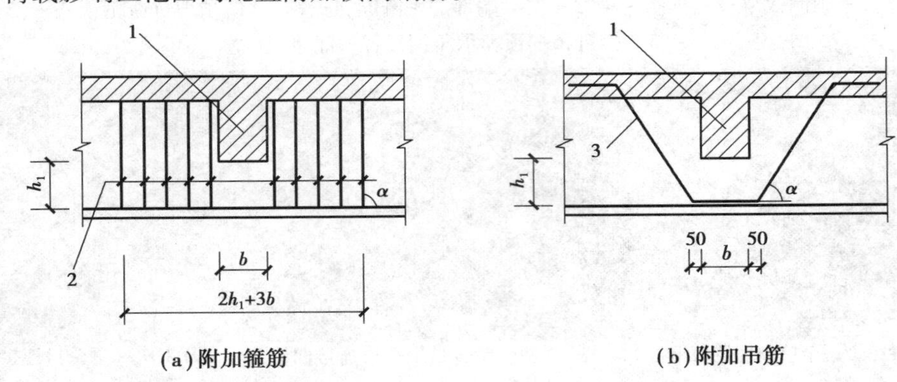

图 5.60　梁截面高度范围内有集中荷载作用时附加横向钢筋布置(单位:mm)

1—传递集中荷载的位置;2—附加箍筋;3—附加吊筋

根据《混凝土结构设计规范》(GB 50010)的有关规定,位于梁下部或梁截面高度范围内的集中荷载,应全部由附加横向钢筋承担;附加横向钢筋宜采用箍筋。箍筋应布置在长度为 $2h_1$ 与 $3b$ 之和的范围内(图 5.60)。当采用吊筋时,弯起段应伸至梁的上边缘,且末端水平段长度不应小于《混凝土结构设计规范》(GB 50010)的有关规定。

附加横向钢筋所需的总截面面积应符合下列规定:

$$A_{sv} \geqslant \frac{F}{f_{yv}\sin\alpha} \tag{5.28}$$

式中　A_{sv}——承受集中荷载所需的附加横向钢筋总截面积,当采用附加吊筋时,A_{sv} 应为左、右弯起段截面面积之和;

F——作用在梁的下部或梁截面高度范围内的集中荷载设计值;

α——附加横向钢筋与梁轴线间的夹角;

f_{yv}——箍筋的抗拉强度设计值。

5.5.2　钢企口连接设计方法

由于主次梁钢企口连接构造简洁,便于施工,在装配式混凝土框架结构中经常被用于叠合次梁和叠合主梁的连接节点。根据《装配式混凝土建筑技术标准》(GB/T 51231)提出的钢企口连接设计计算内容,对主次梁钢企口连接中的预埋抗剪钢板以及预埋承压钢板进行设计计算,其连接方式的详细构造如图 5.61 所示。

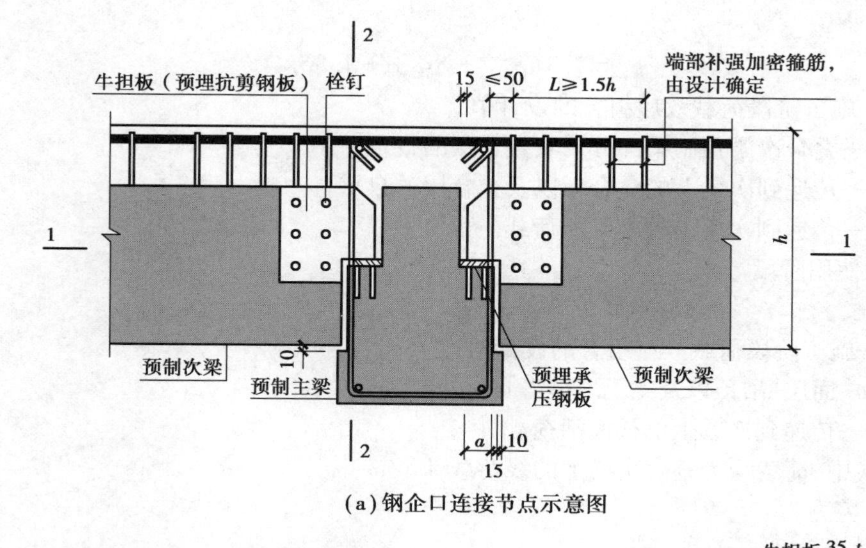

(a)钢企口连接节点示意图

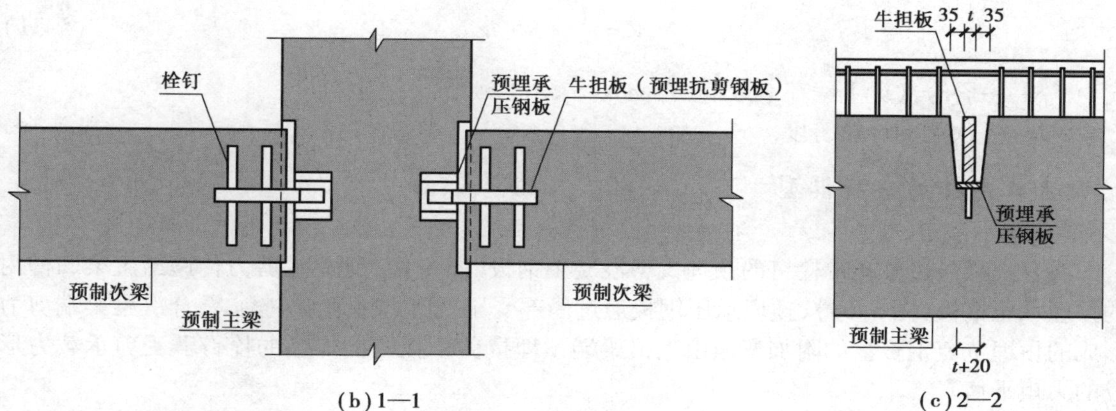

(b)1—1　　(c)2—2

图 5.61　主次梁钢企口连接节点构造详图(单位:mm)

1)叠合次梁梁端剪力计算

施工阶段不加支撑的叠合受弯构件(梁、板),内力应分别按下列两个阶段计算。

第一阶段:后浇的叠合层混凝土未达到强度设计值之前的阶段。荷载由预制构件承担,预制构件按简支构件计算;荷载包括预制构件自重、预制楼板自重、叠合层自重以及本阶段的施工活荷载。

第二阶段:叠合层混凝土达到设计规定的强度值之后的阶段,叠合构件按整体结构计算;荷载考虑下列两种情况并取较大值:

①施工阶段,考虑叠合构件、预制楼板、面层、吊顶等自重以及本阶段的施工活荷载;

②使用阶段,考虑叠合构件、预制楼板、面层、吊顶等自重以及使用阶段的可变荷载。

由于钢企口连接相当于次梁两端铰接,不论第一阶段还是第二阶段均按铰接计算,故计算梁端剪力时仅需分成施工阶段和正常使用阶段,计算次梁自重、板传给次梁的荷载以及传至次梁的施工活荷载或正常使用活荷载在简支梁梁端产生的剪力之和即可。

(1)施工阶段

$$S_1 = 1.3(S_{Gk1} + S_{Gk2}) + 1.5S_{Qk1} \tag{5.29}$$

式中 S_1——施工阶段荷载效应组合的设计值;

S_{Gk1}——叠合次梁预制梁部分以及叠合层的自重;

S_{Gk2}——传递到次梁上的叠合板以及叠合层的自重;

S_{Qk1}——传递到次梁上的施工活荷载。

(2)正常使用阶段

$$S_2 = 1.3(S_{Gk1} + S_{Gk2} + S_{Gk3}) + 1.5S_{Qk2} \tag{5.30}$$

式中 S_2——施工阶段荷载效应组合的设计值;

S_{Gk3}——面层、吊顶以及梁上墙体等自重;

S_{Qk2}——传递到次梁上的楼面活荷载。

以上各式中,荷载均为叠合次梁上的线荷载,kN/m。

(3)梁端剪力

$$V = \frac{1}{2} \cdot S \cdot L \tag{5.31}$$

式中 S——叠合次梁上线荷载取值,$S = \max(S_1, S_2)$;

L——次梁的计算跨度。

2)钢企口连接的分析模型

(1)基本假定

叠合次梁通过梁端带栓钉的预埋抗剪混凝土钢板(图5.62)把梁端剪力传递给主梁凹槽内的预埋承压钢板(图5.63),预埋承压钢板通过局部受压把剪力传递给主梁,叠合次梁梁端剪力形成的预埋抗剪钢板上的附加弯矩由次梁梁端预埋抗剪钢板两侧焊接的栓钉群受剪承载力形成的力矩平衡。

计算时假定预埋抗剪钢板平面内是绝对刚性的,栓钉则是弹性的,所有栓钉都绕栓钉群形心旋转,其受力大小与到栓钉群形心的距离成正比,方向与栓钉至形心的连线垂直。

带栓钉的预埋抗剪钢板尺寸及栓钉布置如图5.62所示,g_b、p 分别为栓钉横向和竖向间距,不应小于栓钉直径的6倍且不宜大于300 mm;e_1、e_2 分别为栓钉的横向和竖向边距,不宜小于50 mm;n 为栓钉排数,通常为2~4排,每排2列;c 为预埋抗剪钢板伸出预制混凝土梁端的悬臂长度;h_0+d 为悬臂钢板根部的高度;h_0 为悬臂钢板自由端高度;t_1 为预埋抗剪钢板厚度;a 为剪力 V 作用位置距预制梁端的距离。

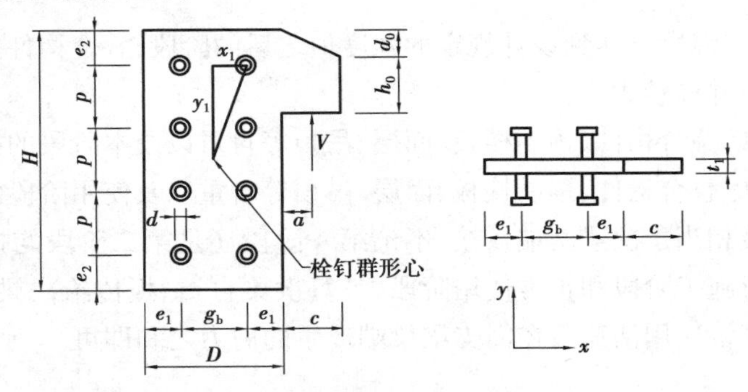

图5.62 带栓钉的预埋抗剪钢板

预埋承压钢板与主梁混凝土凹槽之间接触面上的压应力可假定是均匀分布的，如图 5.63 所示，其厚度 t_2 由压应力作用下产生的弯矩计算确定，一般厚度为 20～40 mm，a_1、b_1 分别为预埋承压钢板的宽度和长度。

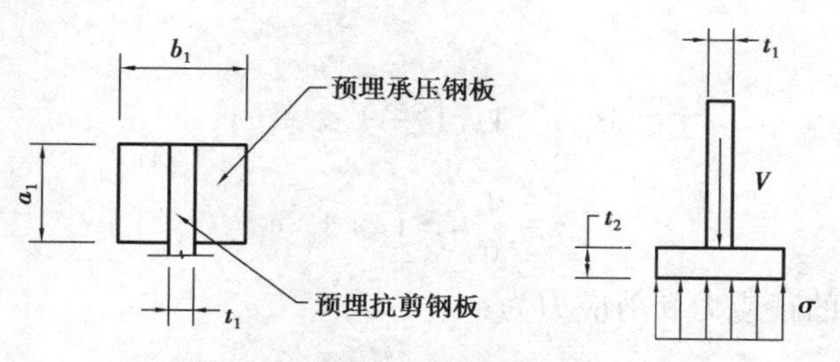

图 5.63　预埋承压钢板及其受力图

(2)预埋抗剪钢板栓钉群在力矩和剪力共同作用下的计算

叠合次梁的梁端剪力通过预埋抗剪钢板的悬臂钢板直接传递至叠合主梁的预埋承压钢板上，故主梁给叠合次梁的梁端反作用力作用于悬臂钢板上，与栓钉群形心之间存在偏心，这使得栓钉群受到的偏心剪力 V 可以等效为作用于栓钉群形心的剪力 V_1 和力矩 M_1 的共同作用，如图 5.64 所示。

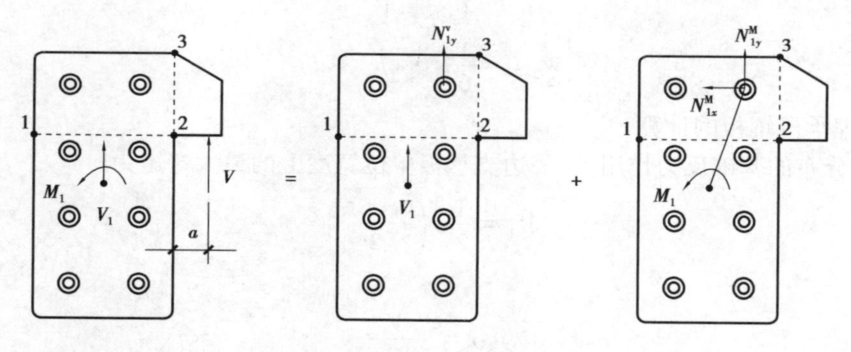

图 5.64　栓钉群受剪、扭共同作用

假设栓钉 1 离栓钉群的形心最远，其离形心的 x、y 向距离分别为 x_1、y_1，其在 V_1 作用下产生的剪力 N_{1y}^V 为：

$$N_{1y}^V = \frac{V_1}{2n} \tag{5.32}$$

该栓钉在力矩 M_1 的作用下产生的剪力 N_1^M 可以沿 x、y 向分解为 N_{1x}^M、N_{1y}^M：

$$N_{1x}^M = \frac{M_1 y_1}{\sum x^2 + \sum y^2} \tag{5.33}$$

$$N_{1y}^M = \frac{M_1 x_1}{\sum x^2 + \sum y^2} \tag{5.34}$$

式中　x、y——各栓钉距离栓钉群形心的距离。

(3)预埋抗剪钢板截面在力矩和剪力共同作用下的计算

预埋抗剪钢板在偏心剪力作用下，需要验算截面 1—2 和截面 2—3 在弯剪共同作用下的应力，如图 5.64 所示。

①1—2 截面所受正应力和剪应力为：

$$\sigma_{1-2}=\frac{M_{1-2}}{W_{1-2}}+\frac{V}{A_{1-2}} \tag{5.35}$$

$$\tau_{1-2}=0 \tag{5.36}$$

其中:

$$M_{1-2}=V\cdot\left(\frac{g_b}{2}+e_1+a\right) \tag{5.37}$$

$$W_{1-2}=\frac{1}{6}t_1\cdot(g_b+2e_1)^2 \tag{5.38}$$

②2—3 截面所受的正应力和剪应力为:

$$\sigma_{2-3}=\frac{M_{2-3}}{W_{2-3}} \tag{5.39}$$

$$\tau_{1-2}=\frac{V_{2-3}}{t_1(h_0+d)} \tag{5.40}$$

其中:

$$M_{2-3}=V\cdot a \tag{5.41}$$

$$V_{2-3}=V \tag{5.42}$$

$$W_{2-3}=\frac{1}{6}t_1\cdot(h_0+d)^2 \tag{5.43}$$

(4)预埋承压钢板的计算

在均布分布的基础反力作用下,一边支承板单位宽度上的最大弯矩为:

$$M_2=\frac{1}{2}\sigma\left(\frac{b_1-t_1}{2}\right)^2 \tag{5.44}$$

其中:

$$\sigma=\frac{V}{a_1\cdot b_1} \tag{5.45}$$

3)预埋抗剪钢板企口连接的设计方法

(1)栓钉群承载力验算

当栓钉同时承受力矩和剪力时,离栓钉群形心最远的栓钉受力最大,栓钉的受剪承载力应满足:

$$\sqrt{(N_{1x}^{M})^2+(N_{1y}^{M}+N_{1y}^{V})^2}\leqslant N_v^c \tag{5.46}$$

式中 N_v^c——栓钉的受剪承载力,根据《组合结构设计规范》(JGJ 138)相关规定取值:

$$N_v^c=0.43A_s\sqrt{f_cE_c}\leqslant 0.7A_sf_{at} \tag{5.47}$$

式中 A_s——栓钉截面面积;

f_{at}——栓钉极限强度设计值,需满足现行国家标准《电弧螺柱焊用圆柱头焊钉》(GB/T 10433)的要求;

E_c——混凝土弹性模量;

f_c——混凝土轴心抗压强度设计值。

(2)预埋抗剪钢板截面承载力验算

在梁的腹板计算高度边缘处,若同时承受较大的正应力、剪应力和局部压应力,或同时承受较大的正应力和剪应力时，其折算应力应按下列公式计算：

$$\sqrt{\sigma^2 + \sigma_c^2 - \sigma \cdot \sigma_c + 3\tau^2} \leqslant \beta_1 f \tag{5.48}$$

式中 σ,τ,σ_c——腹板计算高度边缘同一点上同时产生的正应力、剪应力和局部压应力，σ 和 σ_c 以拉应力为正值，压应力为负值；

β_1——强度增大系数；当 σ 与 σ_c 异号时，取 $\beta_1=1.2$；当 σ 与 σ_c 同号或 $\sigma_c=0$ 时，取 $\beta_1=1.1$；

f——钢材的材料设计强度，根据《钢结构设计标准》(GB 50017)确定。

由于钢企口连接中的预埋抗剪钢板截面没有局部压应力作用(即 $\sigma_c=0$)，取 $\beta_1=1.1$，故预埋抗剪钢板在偏心剪力的作用下截面1—2和截面2—3弯剪组合下的应力为：

1—2截面：

$$\sigma_{1-2} \leqslant 1.1f \tag{5.49}$$

2—3截面：

$$\sqrt{(\sigma_{2-3})^2 + 3(\tau_{2-3})^2} \leqslant 1.1f \tag{5.50}$$

(3)预埋承压钢板截面验算以及混凝土局部承压验算

预埋承压钢板抗弯应满足下式：

$$M_2 \leqslant \frac{1}{6}t_2^2 f \tag{5.51}$$

式中 f——预埋承压钢板的材料设计强度。

预埋承压钢板下混凝土局部受压承载力应满足下式：

$$V \leqslant \omega\beta_1 f_{cc} A_{ln} \tag{5.52}$$

式中 ω——荷载分布影响系数，该计算取0.75；

β_1——混凝土局部受压时的强度提高系数，取 $\sqrt{2+\frac{4a_1}{b_1}}$；

f_{cc}——素混凝土轴心抗压强度设计值，取 $0.85f_c$；

A_{ln}——混凝土局部受压净面积，取 $a_1 b_1$。

(4)附加箍筋的计算

根据前文所述，钢企口连接处的集中剪力，应全部由附加箍筋承担。附加箍筋应布置在主梁长度为 $S(2h_1+3b)$ 的范围内。当不采用吊筋时，附加箍筋所需的总截面面积应按下式计算：

$$A_{sv} = \frac{V}{f_{yv}} \tag{5.53}$$

式中 A_{sv}——承受集中荷载所需要附加的横向钢筋总截面面积；

V——次梁传来的集中荷载设计值；

f_{yv}——箍筋抗拉强度设计值。

(5)预埋抗剪钢板悬臂段的宽厚比限制

在向上的梁端剪力 V 作用下，抗剪钢板悬臂段的自由边可能受压弯曲，采用下列实用设计公式来控制板件宽厚比。

当 $0.5 \leqslant \frac{c}{h_0+d} \leqslant 1.0$ 时，有：

$$\frac{c}{t_1} \leqslant 42.8\sqrt{\frac{235}{f_y}} \tag{5.54}$$

当 $1.0\leqslant\frac{c}{h_0+d}\leqslant2.0$ 时，有：

$$\frac{c}{t_1}\leqslant 42.8\frac{c}{h_0+d}\sqrt{\frac{235}{f_y}} \tag{5.55}$$

5.5.3 例题计算

以沿Ⓑ轴方向的主梁与计算框架一侧次梁的连接节点为例，进行钢企口连接的设计计算。因次梁不直接承受动力荷载且跨度为6.6 m<9 m，故可采用钢企口连接。

1）根据构造要求确定构件尺寸

根据抗剪栓钉布置的构造要求，栓钉杆直径不宜大于19 mm，取栓钉杆直径 d=15 mm，则栓杆面积 $A_s=\frac{\pi d^2}{4}=0.25\times3.14\times15^2=176.625\ \text{mm}^2$；取栓钉在预埋抗剪钢板两侧按三排两列（$n$=3，$m$=2）对称布置，预埋抗剪钢板示意图如图5.65所示。

栓钉间距不宜小于 $6d=6\times10=60$ mm，且不宜大于300 mm，故取栓钉之间横向、纵向之间的间距 $g_b=p=90$ mm；栓钉至钢板边缘的距离不宜小于50 mm，取栓钉横向和纵向边距 $e_1=e_2=50$ mm；栓钉长度取为45 mm，叠合次梁宽度为250 mm，取预埋抗剪钢板厚度 t_1=20 mm，则栓钉顶面的保护层厚度 $c'=0.5\times250-0.5\times20-45=70$ mm>25 mm，满足规范要求；取悬臂部分钢板宽度 c=90 mm，悬臂钢板根部高度 $h_0+d_0=80+40=120$ mm。

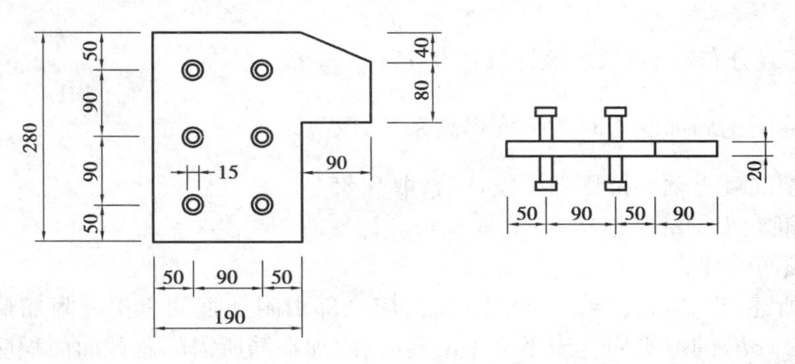

图5.65　预埋抗剪钢板示意图（单位：mm）

根据预埋承压钢板构造要求大致确定预埋承压钢板尺寸，如图5.66所示，取预埋承压钢板厚度 t_2=25 mm，取其两边边长 a_1=90 mm，b_1=40 mm。假定叠合次梁通过预埋抗剪钢板的悬臂钢板将剪力传递到叠合主梁的预埋承压钢板上，且预埋承压钢板下方混凝土对其产生均匀的反力作用。

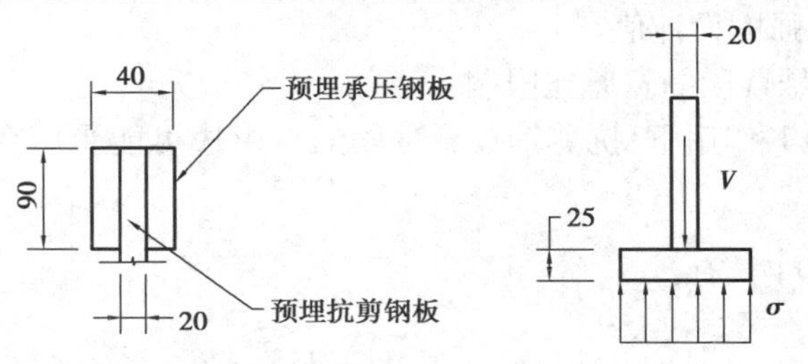

图5.66　预埋承压钢板示意图（单位：mm）

2)构件材料选用

预埋抗剪钢板以及预埋承压钢板所用钢材等级为 Q235,其厚度分别为 $t_1=20$ mm,$t_2=25$ mm。根据钢材设计用强度指标表有:$f=205$ N/mm^2,$f_v=120$ N/mm^2,$f_y=225$ N/mm^2,$f_u=370$ N/mm^2;栓钉采用钢材等级为 Q345,其杆径为 $d=10$ mm。根据钢材设计用强度指标表有:$f=305$ N/mm^2,$f_v=175$ N/mm^2,$f_y=345$ N/mm^2,$f_u=470$ N/mm^2;叠合主次梁采用混凝土等级为 C30,则 $f_c=14.3$ N/mm^2,$f_t=1.43$ N/mm^2。

3)叠合次梁梁端剪力计算

(1)施工阶段荷载

根据前文计算结果知:

预制底板和叠合层自重:1.75+1.5=3.25 kN/m^2

叠合次梁自重:2.312 5 kN/m

施工活荷载:2.0 kN/m^2

其中,叠合板以及施工活荷载在叠合次梁上产生梯形荷载,叠合次梁自重为均布荷载,梁端剪力为梯形荷载和均布荷载共同作用之和,则施工阶段各荷载值在次梁梁端产生的总的剪力设计值为:

$$V_1=1.3\times\left[\frac{1}{2}\times 2.3125\times 6.5+\frac{1}{2}\times(2\times 3.25\times 1.95)\times(6.5-1.95)\right]+1.5\times\left[\frac{1}{2}\times(2\times 2\times 1.95)\times(6.5-1.95)\right]=73.87\text{ kN}$$

(2)正常使用阶段

根据前文计算结果知:

叠合板及吊顶、面层自重:4.1 kN/m^2

叠合次梁、表面粉刷以及梁上墙体自重:6.346 kN/m

楼面活荷载:2.5 kN/m^2

则施工阶段各荷载值在次梁梁端产生的总的剪力设计值为:

$$V_2=1.3\times\left[\frac{1}{2}\times 6.346\times 6.5+\frac{1}{2}\times(2\times 4.1\times 1.95)\times(6.5-1.95)\right]+1.5\times\left[\frac{1}{2}\times(2\times 2.5\times 1.95)\times(6.5-1.95)\right]=107.37\text{ kN}$$

故进行主次梁连接设计时,应取次梁梁端剪力设计值 $V=V_{max}\{73.87\text{ kN},107.37\text{ kN}\}=107.37$ kN。

4)抗剪栓钉在偏心剪力作用下的承载能力验算

预埋抗剪钢板在预埋承压钢板上的布置如图 5.67 所示。其中 l 为安装间隙,取 $l=l'=15$ mm,则取预埋抗剪钢板的悬臂钢板在叠合主梁上搭接长度的中心作为梁端剪力的作用点。

则剪力作用点至预埋刚剪钢板边缘的距离:

$$a=\frac{1}{2}(a_1-l)+[c-(a_1-l)]=\frac{1}{2}(90-15)+[90-(90-15)]=52.5\text{ mm}$$

则梁端剪力对栓钉群形心的偏心距:

$$e=a+e_1+0.5g_b=52.5+50+0.5\times 90=147.5\text{ mm}$$

由于预埋抗剪钢板两面对称布置栓钉群,则栓钉群受到的扭矩为:

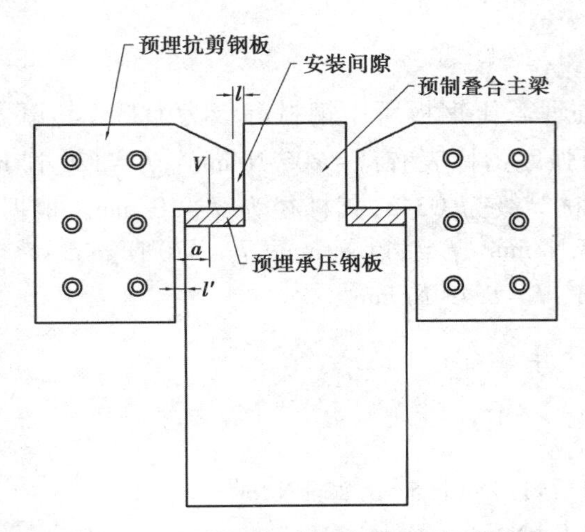

图 5.67　预埋抗剪钢板与叠合主梁搭接示意图

$$T = \frac{1}{2}V \cdot e = \frac{1}{2} \times 107.37 \times 145 \times 10^{-3} = 7.92 \text{ kN} \cdot \text{m}$$

在偏心剪力作用下,栓钉群的受力分解为作用于栓钉群中心的剪力及扭矩,如图 5.68 所示。

在剪力作用下,各栓钉受到的剪力(x 为水平方向,y 为竖向):

$$N_y^V = \frac{\frac{V}{2}}{m \cdot n} = \frac{\frac{107.37}{2}}{2 \times 3} = 8.95 \text{ kN}$$

在扭矩作用下,处于角点的栓钉所受 x、y 方向剪力:

$$N_x^M = \frac{T \cdot y_1}{\sum x^2 + \sum y^2} = \frac{7.92 \times 135 \times 10^3}{6 \times 45^2 + 4 \times 90^2} = 24.00 \text{ kN}$$

$$N_y^M = \frac{T \cdot x_1}{\sum x^2 + \sum y^2} = \frac{7.92 \times 45 \times 10^3}{6 \times 45^2 + 4 \times 90^2} = 8.00 \text{ kN}$$

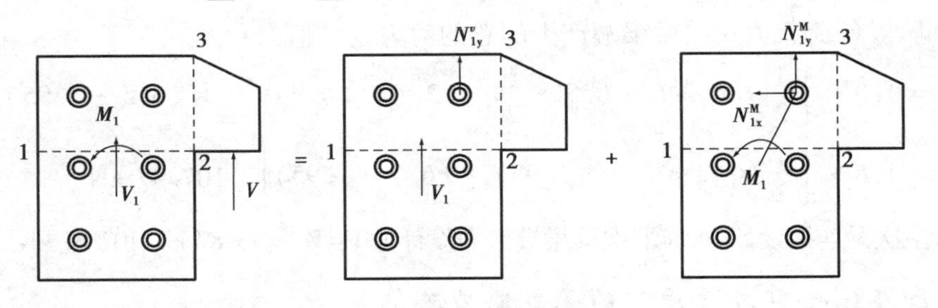

图 5.68　栓钉受剪扭共同作用示意图

栓钉的受剪承载力:

$$N_v^c = 0.43A_s\sqrt{f_c E_c} = 0.43 \times 176.625 \times \sqrt{14.3 \times 30\,000} \times 10^{-3} = 49.74 \text{ kN} \leqslant 0.7A_s f_{at}$$
$$= 0.7 \times 176.625 \times 470 \times 10^{-3} = 58.11 \text{ kN}$$

栓钉受剪承载力满足规范要求。

角点最不利栓钉在剪力、扭矩共同作用下的受剪承载力验算:

$$\sqrt{(N_x^M)^2 + (N_y^M + N_y^V)^2} = \sqrt{(24.00)^2 + (8.00 + 8.95)^2} = 29.38 \text{ kN} \leqslant N_v^c = 49.74 \text{ kN}$$

故栓钉群在偏心剪力作用下其受剪承载力满足要求。

5)预埋抗剪钢板截面在偏心剪力作用下的承载力验算

如图5.69所示,预埋抗剪钢板需要验算悬臂钢板根部竖直截面2—3和剪力作用面的水平截面1—2,其中截面2—3在偏心剪力作用下等效为截面受弯矩 $M_{2\text{-}3}$ 以及剪力 V 共同作用,需要对该截面在最大正应力和剪应力共同作用下的复杂应力状况进行验算;1—2截面在偏心剪力作用下等效为截面受弯矩 $M_{1\text{-}2}$ 和正截面拉力 V 共同作用,需要对该截面总的正应力进行验算。

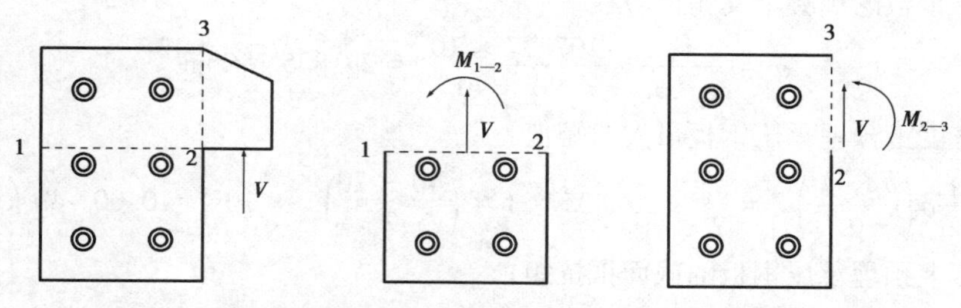

图5.69　预埋抗剪钢板在偏心剪力作用下的钢板控制截面内力

(1)预埋抗剪钢板1—2截面验算

预埋抗剪钢板1—2截面受到的弯矩:

$$M_{1\text{-}2}=V\cdot\left(\frac{g_b}{2}+e_1+a\right)=107.37\times\left(\frac{90}{2}+50+52.5\right)\times10^{-3}=15.84\ \text{kN}\cdot\text{m}$$

预埋抗剪钢板1—2截面抵抗矩:

$$W_{1\text{-}2}=\frac{1}{6}t_1\cdot(g_b+2e_1)^2=\frac{1}{6}\times20\times(90+2\times50)^2=120\ 333.33\ \text{mm}^3$$

则预埋抗剪钢板1—2截面受到的剪应力以及最大正应力:

$$\tau_{1\text{-}2}=0$$

$$\sigma_{1\text{-}2}=\frac{M_{1\text{-}2}}{W_{1\text{-}2}}+\frac{V}{A_{1\text{-}2}}=\frac{15.84\times10^6}{120\ 333.33}+\frac{107.37\times10^3}{(90+50\times2)\times20}=159.87\ \text{N/mm}^2$$

则预埋抗剪钢板1—2截面在弯矩、剪力共同作用下的承载力验算:

$$\sigma_{1\text{-}2}=159.87\ \text{N/mm}^2\leqslant1.1f=1.1\times205=225.5\ \text{N/mm}^2$$

故截面1—2在偏心剪力作用下满足要求。

(2)预埋抗剪钢板2—3截面验算

预埋抗剪钢板2—3截面剪力以及弯矩:

$$V_{2\text{-}3}=V=107.37\ \text{kN}$$

$$M_{2\text{-}3}=V\cdot a=107.37\times52.5\times10^{-3}=5.64\ \text{kN}\cdot\text{m}$$

预埋抗剪钢板2—3截面抵抗矩:

$$W_{2\text{-}3}=\frac{1}{6}t_1\cdot(h_0+d)^2=\frac{1}{6}\times20\times120^2=48\ 000\ \text{mm}^3$$

预埋抗剪钢板2—3截面正应力以及剪应力:

$$\sigma_{2\text{-}3}=\frac{M_{2\text{-}3}}{W_{2\text{-}3}}=\frac{5.37\times10^6}{48\ 000}=117.44\ \text{N/mm}^2$$

$$\tau_{1\text{-}2}=\frac{V_{2\text{-}3}}{t_1(h_0+d)}=\frac{107.37\times10^3}{20\times120}=44.74\ \text{N/mm}^2$$

则预埋抗剪钢板 2—3 截面在弯矩、剪力共同作用下的承载力验算：

$$\sqrt{(\sigma_{2-3})^2 + 3(\tau_{2-3})^2} = \sqrt{117.44^2 + 3 \times 44.74^2} = 178.34\ \text{N/mm}^2 \leqslant 1.1f = 1.1 \times 205 = 225.5\ \text{N/mm}^2$$

故截面 2—3 在偏心剪力作用下满足要求。

6）预埋承压钢板承载力验算

预埋承压钢板的混凝土支座反力：

$$\sigma = \frac{V}{a_1 \cdot b_1} = \frac{107.37 \times 10^3}{90 \times 40} = 29.825\ \text{N/mm}^2$$

则单位宽度上预埋承压钢板最大弯矩值：

$$M = \frac{1}{2}\sigma\left(\frac{b_1 - t_1}{2}\right)^2 = \frac{1}{2} \times 29.825 \times 1 \times \left(\frac{40 - 20}{2}\right)^2 \times 10^{-6} = 0.00149\ \text{kN} \cdot \text{m}$$

单位宽度上预埋承压钢板的截面抵抗矩：

$$W = \frac{1}{6}t_2^2 = \frac{1}{6} \times 1 \times 25^2 = 104.17\ \text{mm}^3$$

则预埋承压钢板单位宽度上正截面承载力验算：

$$\sigma = \frac{M}{W} = \frac{0.00149 \times 10^6}{104.17} = 14.316\ \text{N/mm}^2 < f = 205\ \text{N/mm}^2$$

故预埋承压钢板截面受弯承载力满足要求。

7）混凝土局部受压承载力验算

$$\omega\beta_1 f_{cc} A_{ln} = \omega\sqrt{2 + \frac{4a_1}{b_1}} \cdot 0.85 f_c \cdot a_1 b_1$$

$$= 0.75 \times \sqrt{2 + \frac{4 \times 90}{40}} \times 0.85 \times 14.3 \times 90 \times 40 \times 10^{-3}$$

$$= 108.87\ \text{kN} \geqslant V = 107.37\ \text{kN}$$

故预埋钢板下方混凝土满足局部受压要求。

8）预埋抗剪钢板悬臂部分宽厚比验算

由前文叙述知，$0.5 \leqslant \frac{c}{h_0 + d} = \frac{90}{120} = 0.75 \leqslant 1.0$ 时，板件的宽厚比需满足下式：

$$\frac{c}{t_1} \leqslant 42.8\sqrt{\frac{235}{f_y}}$$

$$\frac{90}{20} = 4.5 \leqslant 42.8 \times \sqrt{\frac{235}{225}} = 43.74$$

预埋抗剪钢板的悬臂钢板部分宽厚比满足要求。

9）附加横向钢筋计算

附加横向钢筋所需面积：

$$A_{sv} = \frac{V}{f_{yv}} = \frac{107.37 \times 10^3}{360} = 298.25\ \text{mm}^2$$

根据构造要求，次梁梁高为 500 mm，主梁梁高为 600 mm，则 $h_1 = 600 - 500 = 100$ mm，次梁宽

$b=250$ mm，则附加箍筋布置范围为次梁两侧各 $b+h_1=250+100=350$ mm 范围内，如图 5.70 所示，选配附加横向箍筋 ⌀ 8 双肢箍，从次梁两侧 50 mm 的起始位置开始布置，两侧各布置 3 道，则实配箍筋面积 $A'_{sv}=0.25\times3.14\times8^2\times6=603.19\ \text{mm}^2>298.25\ \text{mm}^2$。

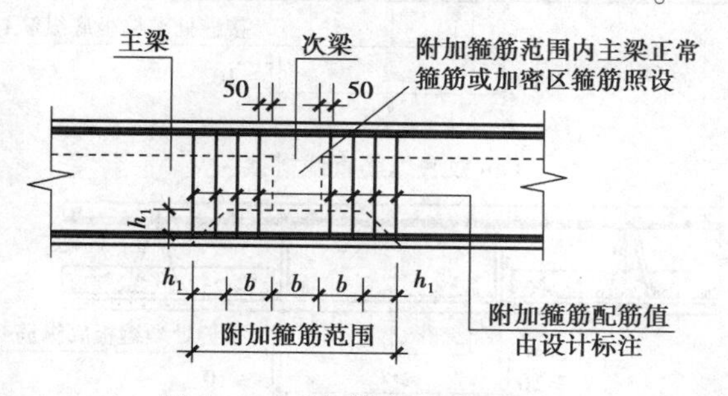

图 5.70 附加横向钢筋布置图

5.6 叠合楼板连接节点

5.6.1 叠合板板缝节点构造

叠合板板缝指平行于预制底板钢筋桁架方向（长边方向）两预制底板之间的连接接缝，该接缝根据拼接效果不同分为整体式接缝和分离式接缝。整体式接缝较分离式接缝而言，预制底板间的连接更加牢固，更接近于现浇整板。其中整体式接缝又可分为后浇带式整体接缝和密拼式整体接缝；分离式接缝指密拼式分离接缝。

1）整体式接缝

（1）后浇带式整体接缝

根据《装配式混凝土建筑技术标准》（GB/T 51231），《钢筋桁架混凝土叠合板应用技术规程》（T/CECS 715），以及《装配式混凝土结构技术规程》（JGJ 1）的有关规定，桁架预制板之间采用后浇带式整体接缝连接时，接缝宜设置在叠合板的次要受力方向且宜避开最大弯矩截面，并应符合下列规定：

①后浇带宽度不宜小于 200 mm。

②后浇带两侧板底纵向受力钢筋可在后浇带中焊接、搭接、弯折锚固、机械连接。当采用焊接连接时，应符合现行行业标准《钢筋焊接及验收规程》（JGJ 18）的有关规定。

③当后浇带两侧板底纵向受力钢筋在后浇带中搭接连接时，应符合下列规定：

a. 预制板板底外伸钢筋为直线形时［图 5.71（a）］，钢筋搭接长度应符合现行国家标准《混凝土结构设计规范》（GB 50010）的有关规定；

b. 预制板板底外伸钢筋端部为 90°或 135°弯钩时［图 5.71（b）（c）］，钢筋搭接长度应符合现行国家标准《混凝土结构设计规范》（GB 50010）的有关规定，90°和 135°弯钩钢筋弯后直段长度分别为 $12d$ 和 $5d$（d 为钢筋直径）；

c. 设计后浇带宽度 l_h 时，应计入钢筋下料长度、构件安装位置等施工偏差的影响，每侧预留的施工偏差不应小于 10 mm。

④接缝处顺缝板底纵筋 A_{sa} 的配筋率不应小于板缝两侧预制板板底配筋率的较大值。

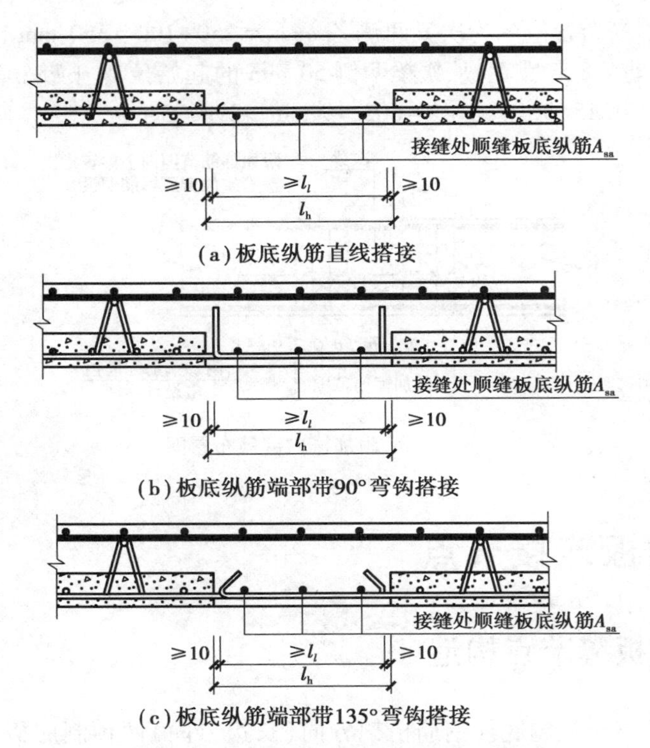

(a)板底纵筋直线搭接

(b)板底纵筋端部带90°弯钩搭接

(c)板底纵筋端部带135°弯钩搭接

图 5.71 双向桁架叠合板后浇带接缝构造示意图(单位:mm)

⑤当后浇带两侧板底纵向受力钢筋在后浇带中弯折锚固时(图 5.72),应符合下列规定:

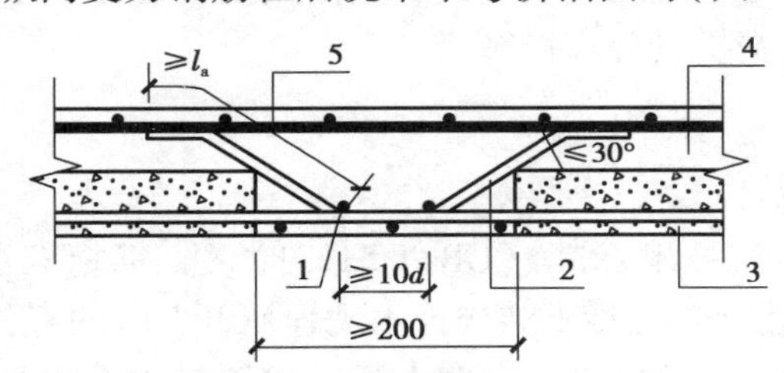

图 5.72 双向叠合板整体式接缝构造示意图(单位:mm)

1—通长构造钢筋;2—纵向受力钢筋;3—预制板;4—后浇混凝土叠合层;5—后浇层内钢筋

a. 叠合板厚度不应小于 $10d$,且不应小于 120 mm(d 为弯折钢筋直径的较大值);

b. 接缝处预制板侧伸出的纵向受力钢筋应在后浇混凝土叠合层内锚固,且锚固长度不应小于 l_a;两侧钢筋在接缝处重叠的长度不应小于 $10d$,钢筋弯折角度不应大于 30°,弯折处沿接缝方向应配置不少于 2 根通长构造钢筋,且直径不应小于该方向预制板内钢筋直径。

(2)密拼式整体接缝

桁架预制板之间采用密拼式整体接缝连接时(图 5.73),应符合下列规定:

①后浇混凝土叠合层厚度 h_2 不宜小于桁架预制板厚度 h_1 的 1.3 倍,且不应小于 75 mm。

②接缝处应设置垂直于接缝的搭接钢筋,搭接钢筋总受拉承载力设计值不应小于桁架预制板底纵向钢筋总受拉承载力设计值,直径不应小于 8 mm,且不应大于 14 mm;接缝处搭接钢筋与桁架预制板底板纵向钢筋对应布置,搭接长度不应小于 $1.6l_a$(l_a 为按较小直径钢筋计算的受拉钢筋锚固长度),且搭接长度应从距离接缝最近一道钢筋桁架的腹杆钢筋与下弦钢筋交点起算。

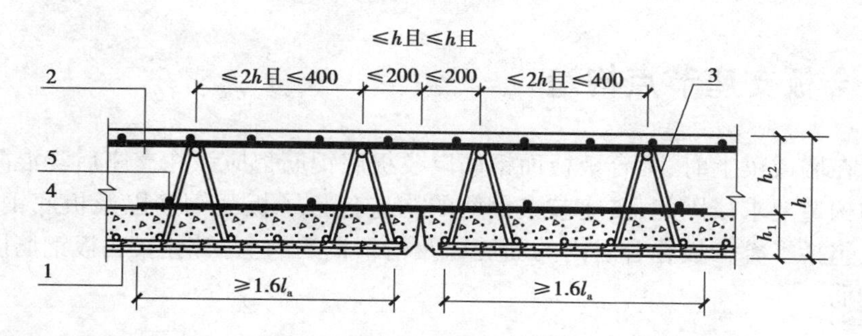

图 5.73　钢筋桁架平行于接缝的构造示意图(单位:mm)

1—桁架预制板;2—后浇叠合层;3—钢筋桁架;4—接缝处的搭接钢筋;5—横向分布钢筋

③垂直于搭接钢筋的方向应布置横向分布钢筋,在搭接范围内不宜少于 2 根,且钢筋直径不宜小于 6 mm,间距不宜大于 250 mm。

④接缝处的钢筋桁架应平行于接缝布置,在一侧纵向钢筋的搭接范围内,应设置不少于 2 道钢筋桁架,上弦钢筋的间距不宜大于桁架叠合板板厚的 2 倍,且不宜大于 400 mm;靠近接缝的桁架上弦钢筋到桁架预制板接缝边的距离不宜大于桁架叠合板板厚,且不宜大于 200 mm。

⑤接缝两侧钢筋桁架的腹杆钢筋尚应符合《钢筋桁架混凝土叠合板应用技术规程》(T/CECS 715)的有关规定。

⑥当采用密拼式整体接缝时,接缝处搭接钢筋在荷载效应准永久组合作用下的应力尚应符合《钢筋桁架混凝土叠合板应用技术规程》(T/CECS 715)的有关规定。

⑦桁架叠合板的密拼式整体接缝正截面受弯承载力计算时,截面高度取叠合层混凝土厚度,受拉钢筋取接缝处的搭接钢筋。

2)**分离式接缝**

当桁架预制板之间采用密拼式分离接缝连接时(图 5.74),应符合下列规定:

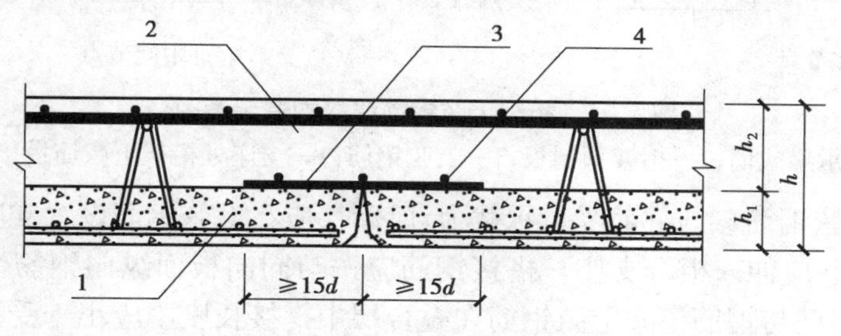

图 5.74　密拼式分离接缝构造示意图

1—预制板;2—后浇叠合层;3—附加钢筋;4—横向分布钢筋

①接缝处紧贴桁架预制板顶面宜设置垂直于接缝的附加钢筋,附加钢筋伸入两侧后浇混凝土叠合板的锚固长度不应小于附加钢筋直径的 15 倍。

②附加钢筋截面面积不宜小于桁架预制板中与附加钢筋同方向钢筋面积,附加钢筋直径不应小于 6 mm,间距不宜大于 250 mm。

③垂直于附加钢筋的方向应布置横向分布钢筋,在搭接范围内不宜少于 3 根,横向分布钢筋直径不应小于 6 mm,间距不宜大于 250 mm。

桁架预制板的密拼式接缝,可采用底面倒角和倾斜面形成连续斜坡、底面设槽口和顶面设倒角、底面和顶面均设倒角等做法,具体构造要求参见相关规范,此处不一一列举。

5.6.2 叠合板支座节点构造

当板搭接在墙或梁上时,叠合板板面钢筋以及板底钢筋都应该在支座后浇混凝土层内锚固并满足相应的构造要求。因此,支座节点钢筋的构造包括了板面钢筋以及板底钢筋的构造,其中板面钢筋又包括了叠合板叠合层内的面筋以及桁架钢筋的上弦钢筋,底板钢筋即钢筋桁架预制底板内的钢筋。

1)板面钢筋的支座节点构造

(1)叠合板的板面钢筋

桁架叠合板的板面纵向钢筋应符合下列规定:

①对于中节点支座,板面钢筋应贯通。

②对于端节点支座,应符合下列规定:

a. 钢筋伸入支座长度不应小于受拉钢筋的锚固长度(l_a);当截面尺寸不满足直线锚固要求时,可采用90°弯折锚固措施,此时,包括弯弧在内的钢筋平直段长度不应小于$\zeta_a l_{ab}$(l_{ab}为受拉钢筋的基本锚固长度),弯折平面内包含弯弧的钢筋平直段长度不应小于钢筋直径的15倍;

b. 当支座为梁或顶层剪力墙时,ζ_a应取为0.6;当支座为中间层剪力墙时,ζ_a应取为0.4。

(2)钢筋桁架的上弦钢筋

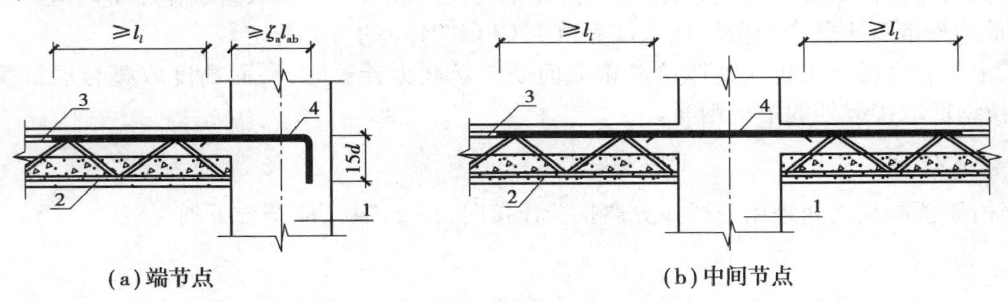

图5.75 桁架上弦钢筋搭接构造示意图

1—支承梁或墙;2—桁架预制板;3—上弦钢筋;4—支座处桁架上弦筋搭接钢筋

当钢筋桁架上弦钢筋参与截面受弯承载力计算时,应在上弦钢筋设置支座处桁架上弦筋搭接钢筋(图5.75),并应伸入板端支座。搭接钢筋应按与同向板面纵向钢筋受拉承载力相等的原则布置,且搭接钢筋与钢筋桁架上弦钢筋在叠合层中搭接长度不应小于受拉钢筋的搭接长度l_l,受拉钢筋的搭接长度l_l应符合现行国家标准《混凝土结构设计规范》(GB 50010)的有关规定。搭接钢筋在支座内的构造与上文板面钢筋在支座中的构造相同。

2)板底钢筋的支座节点构造

(1)板底钢筋伸入支座

当桁架预制板纵向钢筋伸入支座时,应在支承梁或墙的后浇混凝土中锚固(图5.76),锚固长度不应小于l_s。当板端支座承担负弯矩时,l_s不应小于钢筋直径的5倍且宜伸至支座中心线;当节点区承受正弯矩时,l_s不应小于受拉钢筋锚固长度l_a。

(2)板底钢筋不伸入支座

当桁架预制板纵向钢筋不伸入支座时,应符合下列规定:

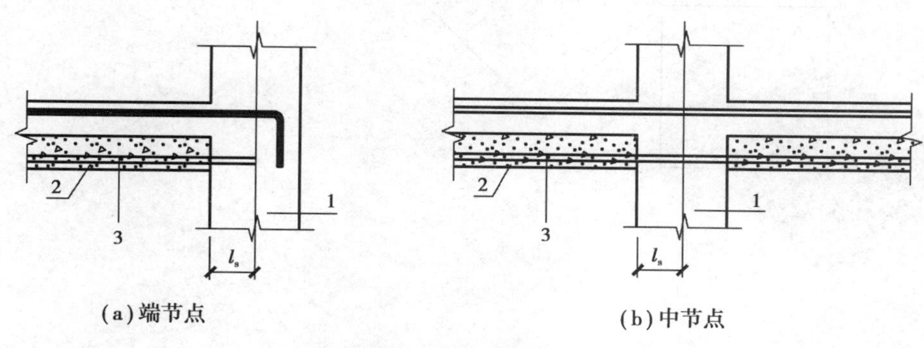

图 5.76　纵筋外伸的板端支座构造示意图

1—支承梁或墙;2—桁架预制板;3—桁架预制板纵筋

①后浇混凝土叠合层厚度不应小于桁架预制板厚度的 1.3 倍,且不应小于 75 mm。

②支座处应设置垂直于板端的桁架预制板纵筋搭接钢筋,搭接钢筋截面积应按计算确定,且不应小于桁架预制板内跨中同方向受力钢筋面积的 1/3,搭接钢筋直径不宜小于 8 mm,间距不宜大于 250 mm;搭接钢筋强度等级不应低于与搭接钢筋平行的桁架预制板内同向受力钢筋的强度等级。

③对于端节点支座,搭接钢筋伸入后浇叠合层锚固长度 l_s 不应小于 $1.2l_a$,并应在支承梁或墙的后浇混凝土中锚固,锚固长度不应小于 l'_s;当板端支座承担负弯矩时,支座内锚固长度 l'_s 不应小于 15 d 且宜伸至支座中心线;当节点区承受正弯矩时,支座内锚固长度 l'_s 不应小于受拉钢筋锚固长度 l_a,如图 5.77(a)所示。

④对于中节点支座,搭接钢筋在节点区应贯通,且每侧伸入后浇叠合层锚固长度 l_s 不应小于 $1.2l_a$,如图 5.77(b)所示。

⑤垂直于搭接钢筋的方向应布置横向分布钢筋,在一侧纵向钢筋的搭接范围内应设置不少于 3 道横向分布钢筋,且钢筋直径不宜小于 6 mm,间距不大于 250 mm。

⑥当搭接钢筋紧贴叠合面时,板端顶面应设置倒角,倒角尺寸不宜小于 15 mm×15 mm。

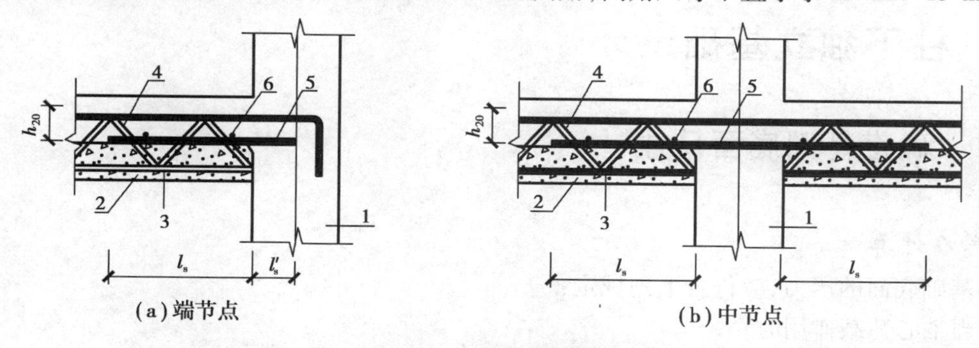

图 5.77　无外伸纵筋的板端支座构造示意图

1—支承梁或墙;2—桁架预制板;3—桁架预制板纵筋;4—钢筋桁架;
5—支座处桁架预制板纵筋搭接钢筋;6—横向分布钢筋

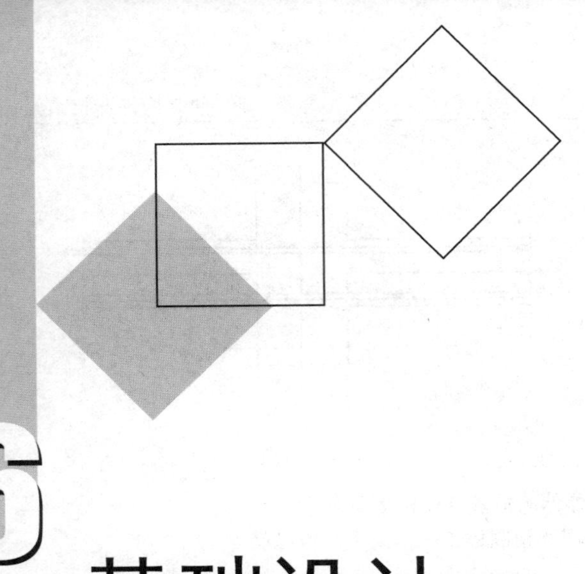

6 基础设计

6.1 概述

装配式混凝土框架结构的基础形式可分为浅基础和深基础两类。浅基础为埋置深度不超过5 m,或不超过基底最小宽度,在其承载力中不计入基础侧壁岩土摩阻力的基础。浅基础根据结构形式可分为扩展基础、联合基础、柱下条形基础、箱型基础等。深基础为埋置深度超过5 m,或超过基底最小宽度,在其承载力中计入基础侧壁岩土摩阻力的基础。本章以柱下独立基础(钢筋混凝土扩展基础)为例对浅基础进行概述;深基础设计以桩基础为例进行概述。例题设计根据土质条件,确定以柱下独立基础进行后续计算。

6.2 柱下独立基础设计

6.2.1 确定基础底面尺寸

1)承载力计算

①基础底面的压力,应符合下列规定:

a. 当轴心荷载作用时

$$P_k \leqslant f_a \tag{6.1}$$

式中 P_k——相应于作用的标准组合时,基础底面处的平均压力值;

f_a——修正后的地基承载力特征值。

b. 当偏心荷载作用时,除符合式(6.1)要求外,尚应符合下式规定:

$$P_{kmax} \leqslant 1.2f_a \tag{6.2}$$

式中 P_{kmax}——相应于作用的标准组合时,基础底面边缘的最大压力值。

②当基础宽度大于3 m或埋置深度大于0.5 m时,从载荷试验或其他原位测试、经验值等

方法确定的地基承载力特征值，尚应按下式修正：

$$f_a = f_{ak} + \eta_b \gamma (b - 3) + \eta_d \gamma_m (d - 0.5) \tag{6.3}$$

式中 f_a——修正后的地基承载力特征值；

f_{ak}——地基承载力特征值；

η_b, η_d——基础宽度和埋置深度的地基承载力修正系数；

γ——基础底面以下土的重度，地下水位以下取浮重度；

b——基础底面宽度；

γ_m——基础底面以上土的加权平均重度，位于地下水位以下的土层取有效重度；

d——基础埋置深度。

③基础底面的压力，可按下列公式确定：

a. 当轴心荷载作用时：

$$P_k = (F_k + G_k)/A \tag{6.4}$$

式中 F_k——相应于作用的标准组合时，上部结构传至基础顶面的竖向力值；

G_k——基础自重和基础上的土重；

A——基础底面面积。

b. 当偏心荷载作用时：

$$P_{kmax} = [(F_k + G_k)/A] + (M_k/W) \tag{6.5}$$

$$P_{kmin} = [(F_k + G_k)/A] - (M_k/W) \tag{6.6}$$

式中 M_k——相应于作用的标准组合时，作用于基础底面的力矩值；

W——基础底面的抵抗矩；

P_{kmin}——相应于作用的标准组合时，基础底面边缘的最小压力值。

c. 当基础底面形状为矩形且偏心距 $e>b/6$ 时（图 6.1），P_{kmax} 应按下式计算：

$$P_{kmax} = [2(F_k + G_k)]/3la \tag{6.7}$$

式中 l——垂直于力矩作用方向的基础底面边长；

a——合力作用点至基础底面最大压力边缘的距离。

2）基础底面尺寸的确定

①按轴心荷载作用下初步估算 A。

②再考虑偏心力影响，将基础底面积适当增加 20%～40%，初步选定基础底面的边长 b 和 l，$b/l \leqslant 2$。

③计算偏心荷载作用下基础底面的压力值，然后验算是否满足要求；若不满足，调整尺寸重新验算，直到满足为止。

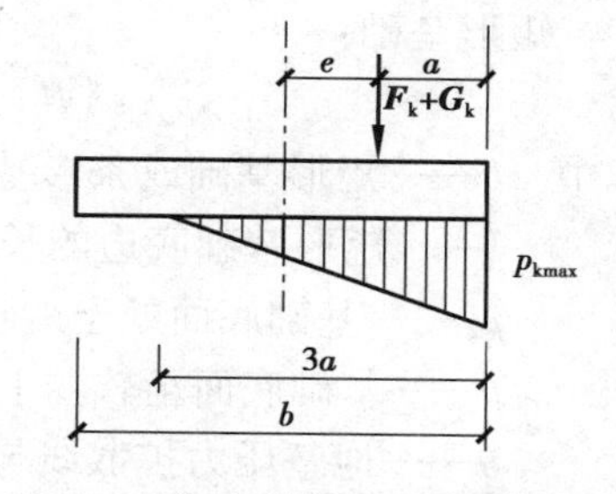

图 6.1 偏心荷载（$e>b/6$）下基底压力计算示意图

b—力矩作用方向基础底面边长

6.2.2 抗震承载力验算

《建筑与市政工程抗震通用规范》（GB 55002）规定在抗震承载力验算时，采用地震作用效应标准组合，各分项系数取 1.0。即地震作用效应标准组合=重力荷载代表值的效应+水平地震作用标准值的效应。

①地基抗震承载力应按下式计算：

$$f_{aE} = \xi_a f_a \tag{6.8}$$

式中 f_{aE}——调整后的地基抗震承载力；

ξ_a——地基抗震承载力调整系数；

f_a——深宽修正后的地基承载力特征值。

②验算天然地基地震作用下的竖向承载力时，按地震作用效应标准组合的基础底面平均压力和边缘最大压力应符合下列各式要求：

$$p \leqslant f_{aE} \tag{6.9}$$

$$p_{max} \leqslant 1.2 f_{aE} \tag{6.10}$$

式中 p——地震作用效应标准组合的基础底面平均压力；

p_{max}——地震作用效应标准组合的基础边缘的最大压力。

高宽比大于4的高层建筑，在地震作用下基础底面不宜出现脱离区（零应力区）；其他建筑，基础底面与地基土之间脱离区（零应力区）面积不应超过基础底面面积的15%。

6.2.3 地基软卧层强度验算

当地基受力层范围内有软弱下卧层时，应符合下列规定：

①应按下式验算软弱下卧层的地基承载力：

$$p_z + p_{cz} \leqslant f_{az} \tag{6.11}$$

式中 p_z——相应于作用的标准组合时，软弱下卧层顶面处的附加压力值；

p_{cz}——软弱下卧层顶面处土的自重压力值；

f_{az}——软弱下卧层顶面处经深度修正后的地基承载力特征值。

②对条形基础和矩形基础，式(6.11)中的 p_z 值可按下列公式简化计算：

条形基础：

$$p_z = [b(p_k - p_c)]/(b + 2z\tan\theta) \tag{6.12}$$

矩形基础：

$$p_z = [lb(p_k - p_c)]/[(b + 2z\tan\theta)(l + 2z\tan\theta)] \tag{6.13}$$

式中 b——矩形基础或条形基础底边的宽度；

l——矩形基础底边的长度；

p_c——基础底面处土的自重压力值；

z——基础底面至软弱下卧层顶面的距离；

θ——地基压力扩散线与垂直线的夹角。

6.2.4 地基变形验算

《建筑地基基础设计规范》(GB 50007)规定：根据地基基础设计等级及上部结构和地基条件来判断是否要进行地基变形计算，以及在计算地基变形时，针对不同地质条件应符合相关规定。

1) 建筑物的地基变形允许值

地基变形计算值不应大于地基变形允许值。地基变形允许值应根据上部结构对地基变形的适应能力和使用上的要求确定。

$$\Delta \leqslant [\Delta] \tag{6.14}$$

式中 Δ——建筑物的地基变形计算值；

$[\Delta]$——地基变形允许值。

2）地基变形计算

在计算地基变形时，地基内的应力分布，可采用各向同性均质线性变形体理论。其最终变形量可按下式进行计算：

$$s = \psi_s s' = \psi_s \sum_{i=1}^{n} \frac{p_0}{E_{si}} (z_i \overline{\alpha}_i - z_{i-1} \overline{\alpha}_{i-1}) \tag{6.15}$$

式中 s——地基最终变形量；

s'——按分层总和法计算出的地基变形量；

ψ_s——沉降计算经验系数；

n——地基变形计算深度范围内所划分的土层数；

p_0——相应于作用的准永久组合时基础底面处的附加压力；

E_{si}——基础底面下第 i 层土的压缩模量；

z_i, z_{i-1}——基础底面至第 i 层土、第 $i-1$ 层土底面的距离；

$\overline{\alpha}_i, \overline{\alpha}_{i-1}$——基础底面计算点至第 i 层土、第 $i-1$ 层土底面范围内平均附加应力系数。

6.2.5 基础设计

混凝土基础应进行受冲切承载力、受剪承载力、受弯承载力和局部受压承载力计算。

1）受冲切计算

柱下独立基础的受冲切承载力应按下列公式验算：

$$F_l \leqslant 0.7 \beta_{hp} f_t a_m h_0 \tag{6.16}$$

$$a_m = (a_t + a_b)/2 \tag{6.17}$$

$$F_l = p_j A_l \tag{6.18}$$

式中 β_{hp}——受冲切承载力截面高度影响系数；

f_t——混凝土轴心抗拉强度设计值；

h_0——基础冲切破坏锥体的有效高度；

a_m——冲切破坏锥体最不利一侧计算长度；

a_t——冲切破坏锥体最不利一侧斜截面的上边长；

a_b——冲切破坏锥体最不利一侧斜截面在基础底面积范围内的下边长，当冲切破坏锥体的底面落在基础底面以内[图 6.2(a)(b)]，计算柱与基础交接处的受冲切承载力时，取柱宽加两倍基础有效高度；当计算基础变阶处的受冲切承载力时，取上阶宽加两倍该处的基础有效高度；

p_j——扣除基础自重及其上土重后相应于作用的基本组合时的地基土单位面积净反力；

A_l——冲切验算时取用的部分基底面积如图 6.2(a)(b)中的阴影面积 $ABCDEF$；

F_l——相应于作用的基本组合时作用在 A_l 上的地基土净反力设计值。

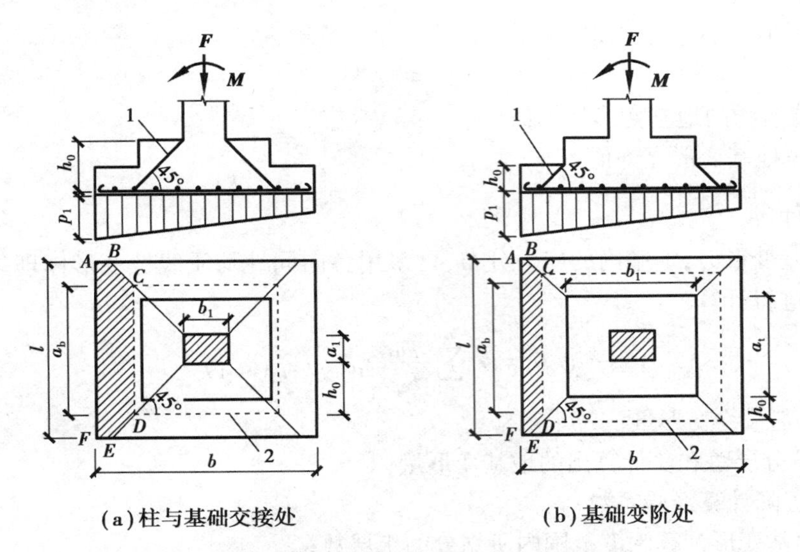

图 6.2　计算阶形基础的受冲切承载力截面位置

1—冲切破坏锥体最不利一侧的斜截面;2—冲切破坏锥体的底面线

2)抗剪计算

当基础底面短边尺寸小于或等于柱宽加两倍基础有效高度时,应按下列公式验算柱与基础交接处截面受剪承载力:

$$V_s \leqslant 0.7\beta_{hs}f_tA_0 \tag{6.19}$$

$$\beta_{hs} = (800/h_0)^{1/4} \tag{6.20}$$

式中　V_s——相应于作用的基本组合时,柱与基础交接处的剪力设计值,图 6.3 中的阴影面积乘以基底平均净反力;

β_{hs}——受剪切承载力截面高度影响系数;

A_0——验算截面处基础的有效截面面积。

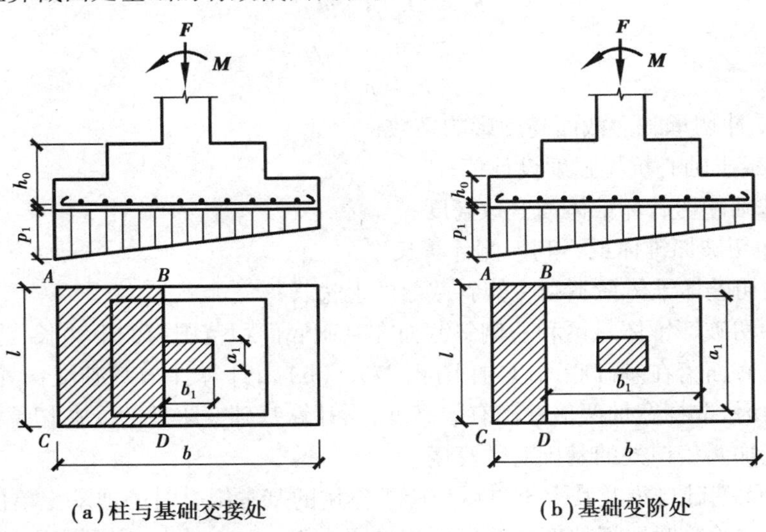

图 6.3　验算阶形基础受剪切承载力示意

6.2.6　基础底板配筋

基础底板的配筋,应按抗弯计算确定,在轴心荷载或单向偏心荷载作用下,当台阶的宽高比小于或等于2.5且偏心距小于或等于1/6基础宽度时,柱下矩形独立基础任意截面的底板弯矩可按下列简化方法进行计算(图6.4):

$$M_{\mathrm{I}}=\frac{1}{12}a_1^{\,2}\left[(2l+a')\left(p_{\max}+p-\frac{2G}{A}\right)+(p_{\max}-p)l\right] \tag{6.21}$$

$$M_{\mathrm{II}}=\frac{1}{48}(l-a')^2(2b+b')\left(p_{\max}+p_{\min}-\frac{2G}{A}\right) \tag{6.22}$$

式中　$M_{\mathrm{I}}, M_{\mathrm{II}}$——相应于作用的基本组合时,任意截面Ⅰ—Ⅰ、Ⅱ—Ⅱ处的弯矩设计值;

a_1——任意截面Ⅰ—Ⅰ至基底边缘最大反力处的距离;

l,b——基础底面的边长;

$p_{\max}, p_{\min}$——相应于作用的基本组合时的基础底面边缘最大和最小地基反力设计值;

p——相应于作用的基本组合时在任意截面Ⅰ—Ⅰ处基础底面地基反力设计值;

G——考虑作用分项系数的基础自重及其上的土自重。

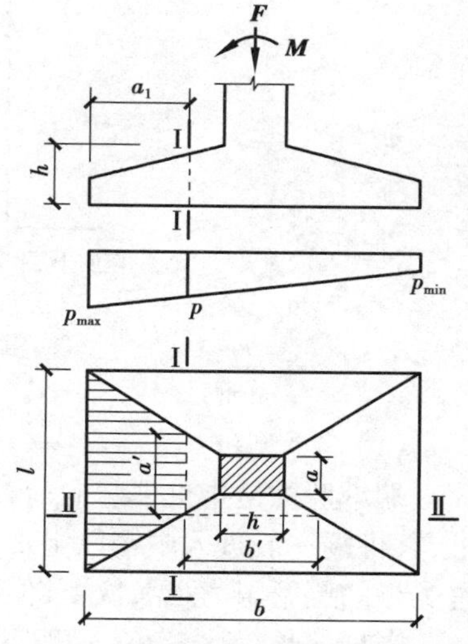

图6.4　矩形基础底板的计算示意

6.3　桩基础

6.3.1　概述

对浅埋基础,为提高地基承载力、降低沉降,可采用的方法主要有两种,一是加大基础的底面尺寸,二是加大基础的埋深。显然,为与上部结构平面尺寸相适应,基础的平面尺寸不可能任意增大;此外,过大的基础埋深,会使施工时基坑开挖深度增大,从而导致施工成本的剧增。也就是说,当荷载较大或地基土层较差时,浅埋基础可能会无法满足承载力、变形等方面的要求。另外,开挖深度过大会产生施工困难、造价过高等问题。

提高地基承载力、降低沉降的另一个思路是加大基础的竖向尺寸,即采用深埋基础。其作用有二:一是不需进行深基坑开挖,就可将基础置于更好的土层甚至基岩上,从底部获得较高的承载力;二是增大基础侧面与周围土层之间的接触面积,使摩擦力成为基础承载力的重要组成部分。桩基础就是目前应用最为广泛的一种深基础形式。

6.3.2　桩的类型

1)端承型桩和摩擦型桩

按桩的性状和竖向受力情况,可分为端承型桩和摩擦型桩两大类(图6.5)。

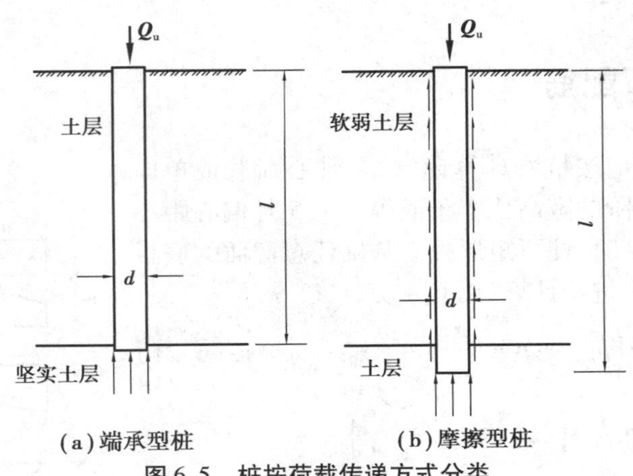

图6.5　桩按荷载传递方式分类

(1)端承型桩

端承型桩是指桩顶竖向荷载由桩侧阻力和桩端阻力共同承受,但桩端阻力分担荷载较多的桩,其桩端一般进入中密以上的砂类、碎石类土层,或位于中等风化、微风化及新鲜基岩顶面。这类桩的侧摩阻力虽属次要,但不可忽略。

当桩的长径比较小(一般 $l/d<10$),柱身穿越软弱土层,桩端设置在密实砂类、碎石类土层中或位于中等风化、微风化及未风化硬质岩石顶面(入岩深度 $h_r \leqslant 0.5d$),桩顶竖向荷载绝大部分由桩端阻力承受,而桩侧阻力很小可以忽略不计时,称为端承桩。

(2)摩擦型桩

摩擦型桩是指桩顶竖向荷载由桩侧阻力和桩端阻力共同承受,但桩侧阻力分担荷载较多的桩。一般摩擦型桩的桩端持力层多为较坚实的黏性土、粉土和砂类土,且桩的长径比不很大。

当桩顶竖向荷载绝大部分由桩侧阻力承受,而桩端阻力很小可以忽略不计时,称为摩擦桩。例如:①桩的长径比很大,桩顶荷载只通过桩身压缩产生的桩侧阻力传递给桩周土,因而桩端下土层无论坚实与否,其分担的荷载都很小;②桩端下无较坚实的持力层等情况。

2)预制桩和灌注桩

根据施工方法的不同,桩可分为预制桩和灌注桩两大类。

(1)预制桩

根据所用材料不同,预制桩可分为混凝土预制桩、钢桩和木桩三类。目前,木桩在工程中已甚少使用,应用较为广泛的是混凝土预制桩和钢桩。

(2)灌注桩

灌注桩是直接在设计桩位处成孔,然后在孔内下放钢筋笼(也有直接插筋或省去钢筋的)再浇灌混凝土而成。其横截面通常为圆形,可以做成大直径桩和扩底桩。保证灌注桩承载力的关键在于成孔和混凝土的灌注质量。灌注桩通常可根据施工方式分为沉管灌注桩、钻(冲)孔灌注桩和挖孔桩三类。

3)挤土桩、部分挤土桩和非挤土桩

《建筑桩基技术规范》(JGJ 94)按照桩的挤土效应大小的不同分为以下3种。

①挤土桩。在成桩过程中,造成大量挤土,使桩周土变得更密实,提高了桩侧阻力,有利于提高群桩基础的基桩承载力。

②部分挤土桩。由于桩设置过程中只引起部分挤土效应,桩周围土体受到一定程度的挠

动,土的强度和性质变化不大。

③非挤土桩。非挤土桩主要是灌注桩。由于桩成孔过程中桩孔土体被挖出,紧邻桩体的土的水平方向应力在成孔过程中释放,成桩后水平压力有所恢复,但恢复有限,相对于自重应力状态,水平应力实际上有所减少,因此桩侧摩擦力减小。

6.3.3　桩的竖向承载力

1)单桩轴向荷载的传递机理

在逐级增加单桩桩顶荷载时,桩身上部受到压缩相对于土的向下位移,桩侧表面受到土的向上摩阻力。荷载增加,桩身压缩和位移随之增大,桩侧摩阻力从桩身上段向下渐次发挥;桩底持力层也受压引起桩端反力,导致桩端下沉、桩身随之整体下移,这又加大了桩身各截面的位移,引发桩侧上下各处摩阻力的进一步发挥。当沿桩身全长的摩阻力都到达极限值之后,桩顶荷载增量就全归桩端阻力承担,直到桩底持力层破坏,无力支承更大的桩顶荷载为止。此时,桩顶所承受的荷载就是桩的极限承载力。因此,单桩轴向荷载的传递过程就是桩侧阻力与桩端阻力的发挥过程,如图 6.6 所示。

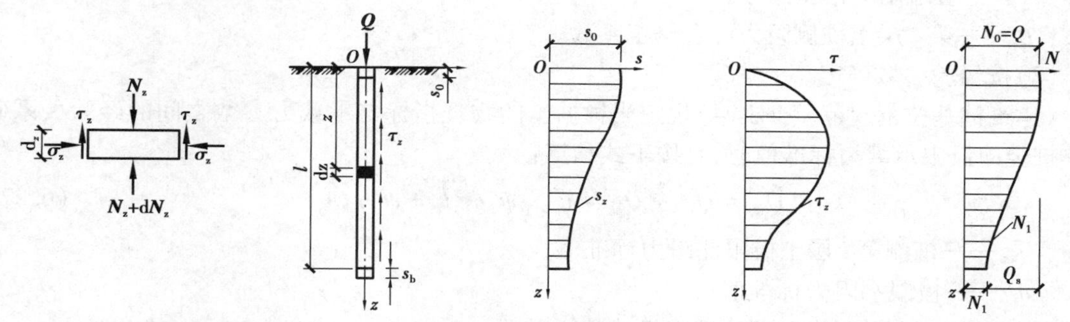

(a)微桩段的作用力　(b)轴向受压的单桩　(c)截面位移曲线　(d)摩阻力分布曲线　(e)轴力分布曲线

图 6.6　单桩轴向荷载传递

2)单桩竖向承载力的确定

(1)原位测试

通过对地基土进行原位测试,可确定桩的侧阻力和端阻力。《建筑桩基技术规范》(JGJ 94)给出了静力触探法确定单桩竖向承载力的方法。

当根据单桥探头静力触探资料确定混凝土预制桩单桩竖向极限承载力标准值时,如无当地经验,可按下式计算:

$$Q_{uk}=Q_{sk}+Q_{pk}=u\sum q_{sik}l_i+\alpha p_{sk}A_p \tag{6.23}$$

当 $p_{sk1}\leqslant p_{sk2}$ 时:

$$p_{sk}=\frac{1}{2}(p_{sk1}+\beta p_{sk2}) \tag{6.24}$$

当 $p_{sk1}>p_{sk2}$ 时:

$$p_{sk}=p_{sk2} \tag{6.25}$$

式中　Q_{sk},Q_{pk}——分别为总极限侧阻力标准值和总极限端阻力标准值;

u——桩身周长；

q_{sik}——用静力触探比贯入阻力值估算的桩周第 i 层土的极限侧阻力；

l_i——桩周第 i 层土的厚度；

α——桩端阻力修正系数；

p_{sk}——桩端附近的静力触探比贯入阻力标准值(平均值)；

A_p——桩端面积；

p_{sk1}——桩端全截面以上 8 倍桩径范围内的比贯入阻力平均值；

p_{sk2}——桩端全截面以下 4 倍桩径范围内的比贯入阻力平均值；

β——折减系数。

当根据双桥探头静力触探资料确定混凝土预制桩单桩竖向极限承载力标准值时，如无当地经验时可按下式计算：

$$Q_{uk} = Q_{sk} + Q_{pk} = u \sum l_i \beta_i f_{si} + \alpha q_c A_p \tag{6.26}$$

式中 f_{si}——第 i 层土的探头平均侧阻力；

q_c——桩端平面上、下探头阻力；

α——桩端阻力修正系数；

β_i——第 i 层土桩侧阻力综合修正系数。

(2)按经验参数确定

《建筑桩基技术规范》(JGJ 94)规定当根据土的物理指标与承载力参数之间的经验关系确定单桩竖向极限承载力标准值时，宜按下式估算：

$$Q_{uk} = Q_{sk} + Q_{pk} = u \sum \psi_{si} q_{sik} l_i + \psi_p q_{pk} A_p \tag{6.27}$$

式中 q_{sik}——桩侧第 i 层土极限侧阻力标准值；

q_{pk}——极限端阻力标准值；

ψ_{si}，ψ_p——大直径桩侧阻、端阻尺寸效应系数；

u——桩身周长。

3)竖向荷载作用下的群桩效应

对于端承桩而言，群桩效应系数为 $\eta=1.0$；对于摩擦桩，同一个承台下的多根桩在传递荷载过程中，由于会出现图 6.7(b)中的应力叠加部分，应力叠加后的桩端应力水准明显大于单桩桩端应力水准，因此要考虑群桩效应的影响。

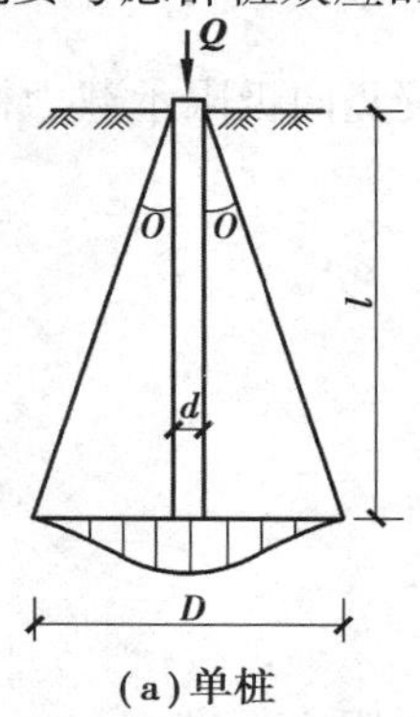

(a)单桩

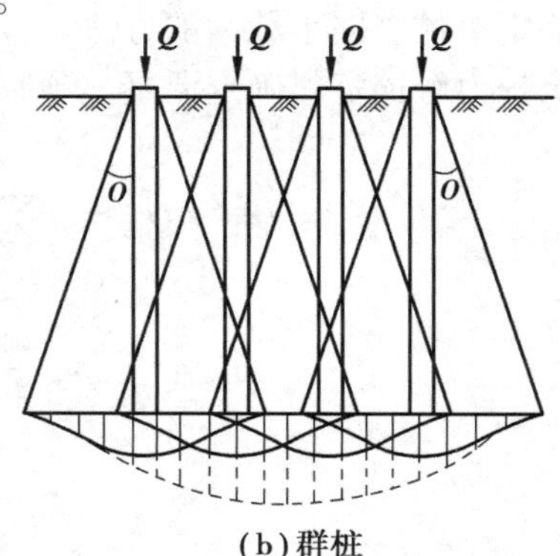

(b)群桩

图 6.7　群桩效应示意图

4)群桩竖向承载力的计算

(1)按刺入破坏模式

端承型群桩的竖向极限承载力可以按如下方法计算：

$$Q_{uk} = \sum Q_{ui} \tag{6.28}$$

式中 Q_{uk}——群桩竖向抗压极限承载力；

Q_{ui}——群桩中单桩竖向抗压极限承载力。

(2)按整体破坏模式

将群桩外围轮廓以内的桩和土视为一个实体深基础，按假想实体深基础计算群桩基础承载力，其竖向抗压极限承载力为：

$$Q_{uk} = Q_{sk} + Q_{pk} = q_{su} u_g l + q_{pu} A_p \tag{6.29}$$

式中 Q_{uk}——群桩竖向抗压极限承载力；

Q_{sk}——群桩外围侧壁极限摩阻力；

Q_{pk}——群桩中桩端极限承载力；

q_{su}——实体深基础侧面极限摩阻力；

u_g——群桩外围所包含的实体深基础的底面周长，$u_g = 2(a_0+b_0)$；

l——桩长；

q_{pu}——实体深基础底面土体极限承载力；

A_p——群桩外围所包含的实体深基础的底面积，$A_p = a_0 b_0$；

6.3.4 桩基础沉降的计算

尽管桩基础与天然地基上的浅基础比较，沉降量可大为减小，但随着建筑物的规模和尺寸的增加，以及对于沉降变形要求的提高，多数情况下桩基础也需要进行沉降计算。

1)单桩沉降计算

目前单桩沉降计算方法主要有下述几种：荷载传递分析法、弹性理论法、剪切变形传递法、有限单元分析法等，具体的计算过程可参考相关文献。

2)群桩沉降的计算

对于桩中心距不大于6倍桩径的桩基，其最终沉降量计算可采用等效作用分层总和法。桩基任一点最终沉降量可用角点法按下式计算：

$$s = \psi \cdot \psi_e \cdot s' = \psi \cdot \psi_e \cdot \sum_{j=1}^{m} p_{0j} \sum_{i=1}^{n} \frac{z_{ij}\overline{\alpha}_{ij} - z_{(i-1)j}\overline{\alpha}_{(i-1)j}}{E_{si}} \tag{6.30}$$

式中 s——桩基最终沉降量；

ψ——桩基沉降计算经验系数；

ψ_e——桩基等效沉降系数；

m——角点法计算点对应的矩形荷载分块数；

p_{0j}——第 j 块矩形底面在荷载效应准永久组合下的附加压力；

n——桩基沉降计算深度范围内所划分的土层数；

E_{si}——等效作用面以下第 i 层土的压缩模量；

z_{ij}，$z_{(i-1)j}$——桩端平面第 j 块荷载作用面至第 i 层土、第 i-1 层土底面的距离；

α_{ij}、$\alpha_{(i-1)j}$——桩端平面第 j 块荷载计算点至第 i 层土、第 i-1 层土底面深度范围内平均附加应力系数。

6.3.5 桩的负摩擦问题

在桩顶竖向荷载作用下，当桩相对于桩侧土体向下位移时，土对桩产生向上作用的摩阻力称为正摩阻力。但当桩周土层的竖向位移大于桩的沉降时，桩侧土对桩产生向下的摩擦力，此摩擦力称为负摩阻力。负摩阻力对于基桩而言是一种主动作用，等同于外荷载，对基桩的承载力和沉降都有影响，可使桩的承载力降低、沉降增大，影响桩基安全。

大量试验与工程实测结果表明，以负摩阻力有效应力法计算得到的桩的负摩阻力较接近于实际。《建筑桩基技术规范》(JGJ 94)提出以下内容。

①中性点以上单桩桩周第 i 层土负摩阻力标准值，可按下列公式计算：

$$q_{si}^{n} = \xi_{ni}\sigma_i' \tag{6.31}$$

a. 当填土、自重湿陷性黄土湿陷、欠固结土层产生固结和地下水降低时：

$$\sigma_i' = \sigma_{\gamma_i}' \tag{6.32}$$

b. 当地面分布大面积荷载时：

$$\sigma_i' = p + \sigma_{\gamma_i}' \tag{6.33}$$

$$\sigma_{\gamma_i}' = \sum_{e=1}^{i-1}\gamma_e\Delta z_e + \frac{1}{2}\gamma_i\Delta z_i \tag{6.34}$$

式中 q_{si}^{n}——第 i 层土桩侧负摩阻力标准值；

ξ_{ni}——桩周第 i 层土负摩阻力系数；

σ_{γ_i}'——由土自重引起的桩周第 i 层土平均竖向有效应力；

σ_i'——桩周第 i 层土平均竖向有效应力；

γ_i、γ_e——分别为第 i 计算土层和其上第 e 土层的重度，地下水位以下取浮重度；

Δz_i、Δz_e——第 i 层土、第 e 层土的厚度；

p——地面均布荷载。

②考虑群桩效应的基桩下拉荷载可按下式计算：

$$Q_g^{n} = \eta_n \cdot u\sum_{i=1}^{n} q_{si}^{n} l_i \tag{6.35}$$

$$\eta_n = s_{ax} \cdot s_{ay} \Big/ \left[\pi d\left(\frac{q_s^{n}}{\gamma_m} + \frac{d}{4}\right)\right] \tag{6.36}$$

式中 n——中性点以上土层数；

l_i——中性点以上第 i 土层的厚度；

η_n——负摩阻力群桩效应系数；

S_{ax}，S_{ay}——分别为纵、横向桩的中心距；

q_{ns}——中性点以上桩周土层厚度加权平均负摩阻力标准值；

γ_m——中性点以上桩周土层厚度加权平均重度(地下水位以下取浮重度)。

③考虑负摩阻力时桩基承载力验算。

桩周土沉降可能引起桩侧负摩阻力时,应根据工程具体情况考虑负摩阻力对桩基承载力和沉降的影响;当缺乏可参照的工程经验时,可按下列规定验算。

a. 对于摩擦型基桩可取桩身计算中性点以上侧阻力为零,并可按下式验算基桩承载力:

$$N_k \leqslant R_a \tag{6.37}$$

b. 对于端承型基桩除应满足上式要求外,尚应考虑负摩阻力引起基桩的下拉荷载 Q_g^n,并可按下式验算基桩承载力:

$$N_k + Q_g^n \leqslant R_a \tag{6.38}$$

6.3.6 桩的水平承载力

在工业与民用建筑中的桩基础,一般以承受竖向荷载为主,但在风荷载或者地震荷载的作用下,桩基础受到较大的水平荷载,此时就要对桩的水平承载力进行验算。

对承受水平荷载的一般建筑物和水平荷载较小的高大建筑物单桩基础和群桩中基桩应满足下式要求:

$$H_{ik} \leqslant R_h \tag{6.39}$$

式中 H_{ik}——在荷载效应标准组合下,作用于基桩 i 桩顶处的水平力;

R_h——单桩基础或群桩中基桩的水平承载力特征值。

1)单桩水平承载力特征值

①对于受水平荷载较大的设计等级为甲级、乙级的建筑桩基,单桩水平承载力特征值应通过单桩水平静载试验确定,试验方法可按现行行业标准《建筑基桩检测技术规范》(JGJ 106)执行。

②对于不同材料以及不同配筋率情况下计算单桩水平承载力特征值,依据静载试验结果并参考《建筑桩基技术规范》(JGJ 94)确定单桩承载力。

③当缺少单桩水平静载试验资料时,可按下列公式估算桩身配筋率小于 0.65% 的灌注桩单桩水平承载力的特征值:

$$R_{ha} = \frac{0.75\alpha\gamma_m f_t W_0}{\nu_M}(1.25 + 22\rho_g)\left(1 \pm \frac{\zeta_N N_k}{\gamma_m f_t A_n}\right) \tag{6.40}$$

式中 α——桩的水平变形系数;

R_{ha}——单桩水平承载力特征值,±号根据桩顶竖向力性质确定,压力取“+”,拉力取“-”;

γ_m——桩截面模量塑性系数,圆形截面 $\gamma_m=2$,矩形截面 $\gamma_m=1.75$;

f_t——桩身混凝土抗拉强度设计值;

W_0——桩身换算截面受拉边缘的截面模量;

v_M——桩身最大弯矩系数;

ρ_g——桩身配筋率;

A_n——桩身换算截面积;

ζ_N——桩顶竖向力影响系数;

N_k——在荷载效应标准组合下桩顶的竖向力,kN。

④当桩的水平承载力由水平位移控制,且缺少单桩水平静载试验资料时,可按下式估算预

制桩、钢桩、桩身配筋率不小于0.65%的灌注桩单桩水平承载力特征值：

$$R_{ha} = 0.75 \frac{\alpha^3 EI}{v_x} X_{oa} \tag{6.41}$$

式中 X_{oa}——桩顶允许水平位移；

v_x——桩顶水平位移系数。

⑤验算永久荷载控制的桩基的水平承载力时，应将上述2～5款方法确定的单桩水平承载力特征值乘以调整系数0.80；验算地震作用桩基的水平承载力时，应将按上述2～5款方法确定的单桩水平承载力特征值乘以调整系数1.25。

2）桩基水平承载力特征值

群桩基础的基桩水平承载力特征值应考虑由承台、桩群、土相互作用产生的群桩效应，可按下列公式确定：

$$R_h = \eta_h R_{ha} \tag{6.42}$$

考虑地震作用且 $s_a/d \leqslant 6$ 时：

$$\eta_h = \eta_i \eta_r + \eta_l \tag{6.43}$$

$$\eta_i = \frac{\left(\frac{s_a}{d}\right)^{0.015n_2 + 0.45}}{0.15n_1 + 0.10n_2 + 1.9} \tag{6.44}$$

$$\eta_l = \frac{m x_{0a} B'_c h_c^2}{2n_1 n_2 R_{ha}} \tag{6.45}$$

$$x_{0a} = \frac{R_{ha} \nu_x}{\alpha^3 EI} \tag{6.46}$$

其他情况：

$$\eta_h = \eta_i \eta_r + \eta_l + \eta_b \tag{6.47}$$

$$\eta_b = \frac{\mu P_c}{n_1 n_2 R_h} \tag{6.48}$$

$$B'_c = B_c + 1(m) \tag{6.49}$$

$$P_c = \eta_c f_{ak}(A - nA_{ps}) \tag{6.50}$$

式中 η_h——群桩效应综合系数；

η_i——桩的相互影响效应系数；

η_r——桩顶约束效应系数；

η_l——承台侧向土水平抗力效应系数；

η_b——承台底摩阻效应系数；

s_a/d——沿水平荷载方向的距径比；

n_1, n_2——分别为沿水平荷载方向与垂直水平荷载方向每排桩中的桩数；

m——承台侧向土水平抗力系数的比例系数；

X_{0a}——桩顶（承台）的水平位移允许值；

B'_c——承台受侧向土抗力一边的计算宽度；

B_c——承台宽度；

h_c——承台高度；

μ——承台底与地基土间的摩擦系数；

P_c——承台底地基土分担的竖向总荷载标准值；

η_c——按《建筑桩基技术规范》(JGJ 94)的有关规定确定；

A——承台总面积；

A_{ps}——桩身截面面积。

6.3.7 桩的平面布置原则

桩的平面布置可采用对称式、梅花式、行列式和环状排列。为使桩基在其承受较大弯矩的方向上有较大的抵抗矩，也可采用不等距排列，此时，对柱下单独桩基础和整片式的桩基础，宜采用外密内疏的布置方式。

为了使桩基础中各桩受力比较均匀，群桩横截面的重心应与竖向永久荷载合力的作用点重合或接近。

布置桩位时，桩的间距(中心距)一般采用3~4倍桩径。间距太大会增加承台的体积和用料，太小则将使桩基础(摩擦型桩)的沉降量增加，且给施工造成困难。桩的最小中心距应符合《建筑桩基技术规范》(JGJ 94)的有关规定。在确定桩的间距时，尚应考虑施工工艺中挤土等效应对邻近桩的影响。

6.3.8 桩承台的设计

桩基承台可分为柱下独立承台、柱下或墙下条形承台梁以及筏板承台和箱型承台等。承台的作用是将各桩联成整体，把上部结构传来的荷载转换、调整、分配于各桩，因而承台应有足够的强度和刚度。

承台承受上部结构的荷载，然后通过承台分配传递到承台下的各根桩。从结构上来看，承台因为受弯而导致承台底部受拉，需要计算配筋来保证承台的抗弯能力。同时，承台因为受到桩对承台、上部结构柱对承台等冲切作用，承台台阶或者柱边受剪切作用，因此必须合理设计承台的厚度，确保承台不发生冲切破坏及剪切破坏。

1)受弯计算

柱下桩基承台的弯矩可按以下简化计算方法确定：

多桩矩形承台计算截面取在柱边和承台高度变化处(杯口外侧或台阶边缘，如图6.8所示)：

$$M_x = \sum N_i y_i \tag{6.51}$$

$$M_y = \sum N_i x_i \tag{6.52}$$

式中 M_x, M_y——垂直y轴和x轴方向计算截面处的弯矩设计值；

x_i, y_i——垂直y轴和x轴方向自桩轴线到相应计算截面的距离；

N_i——扣除承台和其上填土自重后相应于作用的基本组合时的第i桩竖向力设计值。

另外，对于三桩三角形承台受弯以及下文受角桩冲切的承载力验算公式，可参考《建筑地基基础设计规范》(GB 50007)。

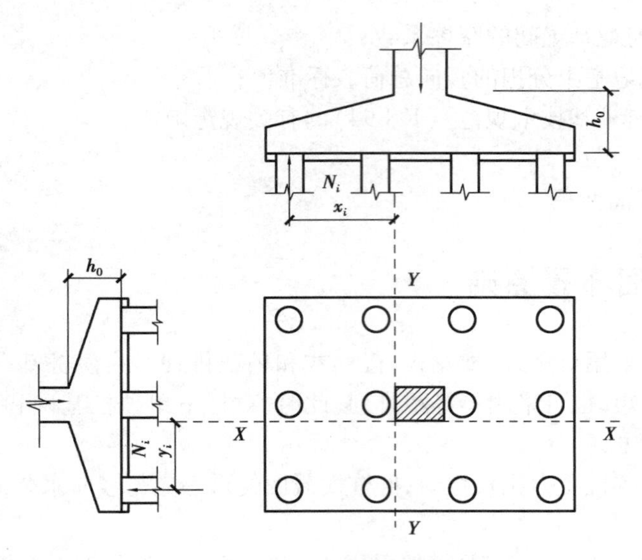

图 6.8 承台弯矩计算示意图

2)受冲切计算

冲切破坏锥体应采用自柱边或承台变阶处至相应桩顶边缘连线所构成的锥体,锥体斜面与承台底面的夹角不应小于45°,如图6.9所示。

(1)受柱冲切的承载力计算

$$F_l \leqslant 2[\alpha_{0x}(b_c + a_{0y}) + \alpha_{0y}(h_c + a_{0x})]\beta_{hp}f_t h_0 \tag{6.53}$$

$$F_l = F - \sum N_i \tag{6.54}$$

$$\alpha_{0x} = \frac{0.84}{\lambda_{0x} + 0.2} \tag{6.55}$$

$$\alpha_{0y} = \frac{0.84}{\lambda_{0y} + 0.2} \tag{6.56}$$

式中 F_l——扣除承台及其上填土自重,作用在冲切破坏锥体上相应于作用的基本组合时的冲切力设计值;

h_0——冲切破坏锥体的有效高度;

β_{hp}——受冲切承载力截面高度影响系数;

α_{0x},α_{0y}——冲切系数;

λ_{0x},λ_{0y}——冲跨比;

F——柱根部轴力设计值;

$\sum N_i$——冲切破坏锥体范围内各桩的净反力设计值之和。

(2)受角桩冲切的承载力计算

多桩矩形承台受角桩冲切的承载力应按下列公式计算(图6.10):

$$N_l \leqslant \left[\alpha_{1x}\left(c_2 + \frac{a_{1y}}{2}\right) + \alpha_{1y}\left(c_1 + \frac{a_{1x}}{2}\right)\right]\beta_{hp}f_t h_0 \tag{6.57}$$

$$\alpha_{1x} = \frac{0.56}{\lambda_{1x} + 0.2} \tag{6.58}$$

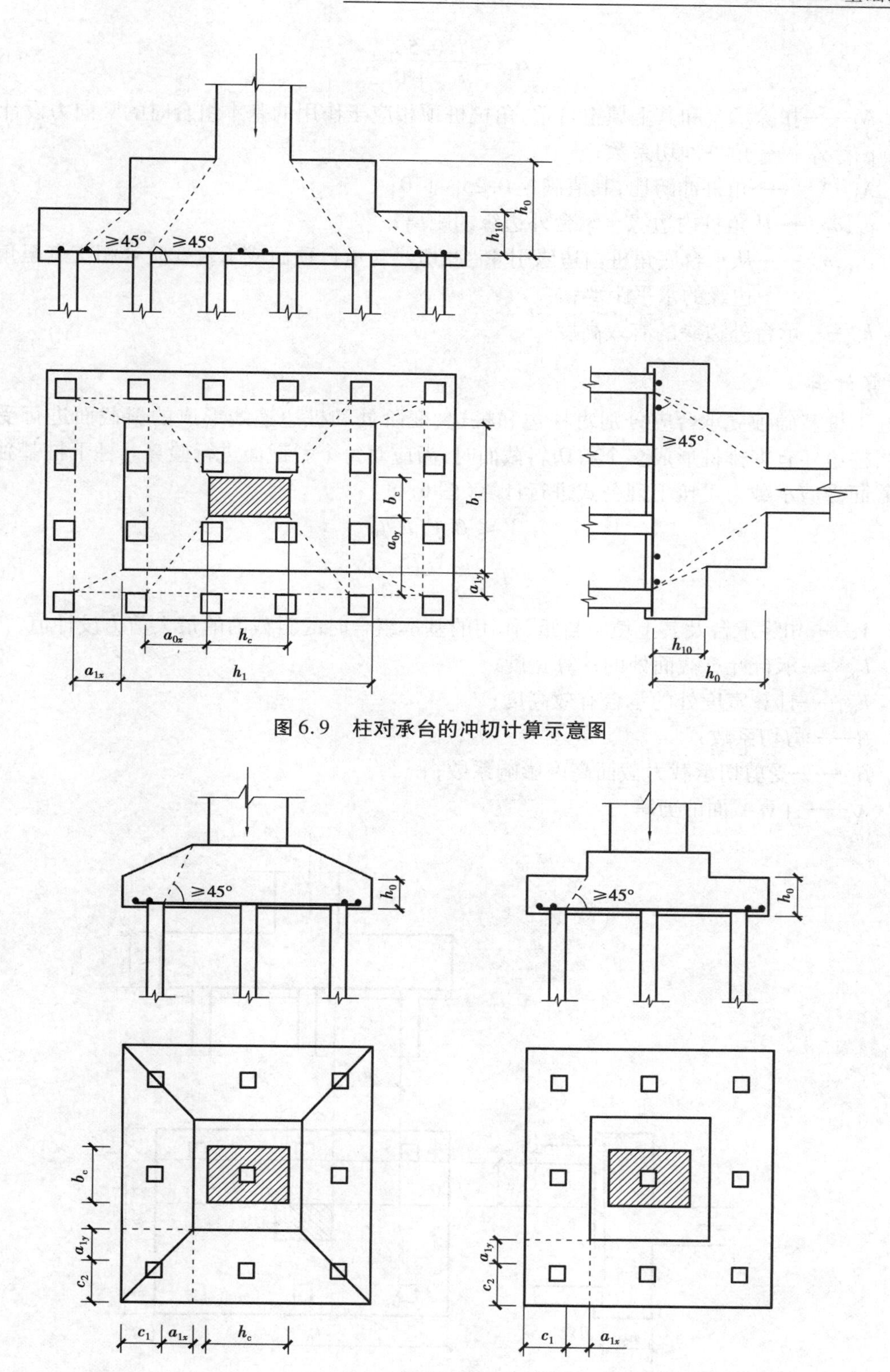

图6.9 柱对承台的冲切计算示意图

图6.10 四桩以上(含四桩)承台角桩冲切计算示意图

$$\alpha_{1y}=\frac{0.56}{\lambda_{1y}+0.2} \tag{6.59}$$

式中 N_l——扣除承台和其上填土自重，角桩桩顶相应于作用的基本组合时的竖向力设计值；

α_{1x},α_{1y}——角桩冲切系数；

$\lambda_{1x},\lambda_{1y}$——角桩冲跨比，其值满足0.25～1.0；

c_1,c_2——从角桩内边缘至承台外边缘的距离；

a_{1x},a_{1y}——从承台底角桩内边缘引45°冲切线与承台顶面或承台变阶处相交点至角桩内边缘的水平距离；

h_0——承台外边缘的有效高度。

3)抗剪计算

柱下桩基础独立承台应分别对柱边和桩边、变阶处和桩边连线形成的斜截面进行受剪计算。当柱边外有多排桩形成多个剪切斜截面时，尚应对每个斜截面进行验算。柱下桩基独立承台斜截面受剪承载力可按下列公式进行计算(图6.11)：

$$V\leqslant\beta_{hs}\beta f_t b_0 h_0 \tag{6.60}$$

$$\beta=\frac{1.75}{\lambda+1.0} \tag{6.61}$$

式中 V——扣除承台及其上填土自重，作用的基本组合时的斜截面的最大剪力设计值；

b_0——承台计算截面处的计算宽度；

h_0——计算宽度处的承台有效高度；

β——剪切系数；

β_{hs}——受剪切承载力截面高度影响系数；

λ——计算截面的剪跨比。

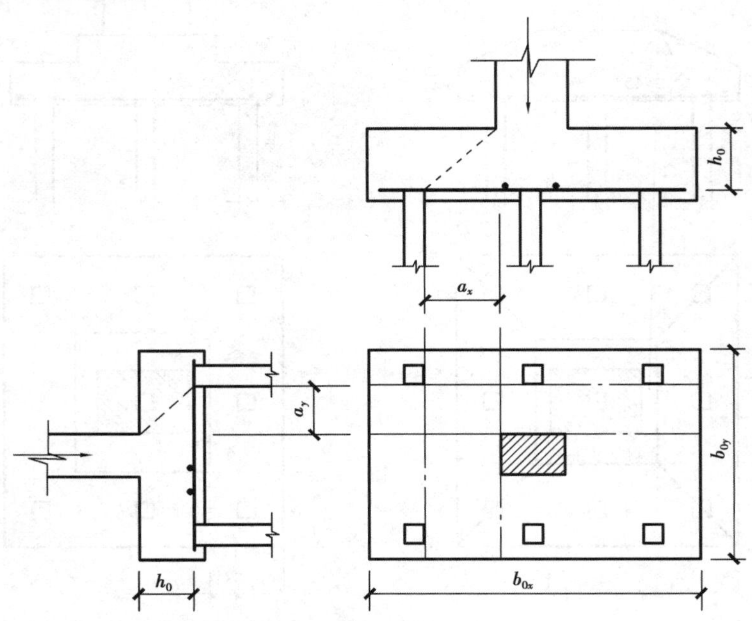

图6.11 承台斜截面受剪计算示意图

6.3.9 桩基础设计的一般步骤

1）调查研究，收集设计资料

设计必需的资料包括建筑物的有关资料、地质资料和周边环境、施工条件等资料。建筑物资料包括建筑物的结构类型、荷载及其性质、建筑物的安全等级、抗震设防烈度等。

2）选定桩型、桩长和截面尺寸

在对以上收集的资料进行分析研究的基础上，根据土层分布情况，考虑施工条件、设备和技术等因素，决定采用端承桩还是摩擦桩、灌注桩或预制桩，最终可通过综合经济技术和环境特点比较确定桩型。由持力层的深度和荷载大小确定桩长及桩截面尺寸，同时进行初步设计与验算。

3）确定单桩承载力特征值和桩数并进行桩的布置

按照第6.3.3节的方法确定单桩承载力标准值，然后根据基础的竖向荷载和承台及其上土自重确定桩数，当承受中心荷载作用时，桩数 n 为：

$$n \geqslant \frac{F_k + G_k}{Q_{uk}} \tag{6.62}$$

式中 F_k——作用的标准组合下桩基承台顶面的竖向力；

G_k——承台及其上土自重的标准值；

Q_{uk}——单桩竖向承载力标准值。

当桩基础承受偏心竖向力时，按承受中心荷载作用时计算的桩数按偏心程度增加10%～20%。在初步确定了桩数之后，就可以布置桩并初步确定承台的形状和尺寸。

4）桩基础的验算

在完成布桩之后，根据初步设计进行桩基础的验算。验算的内容包括桩基中单桩承载力的验算；桩基的沉降验算；其他方面的验算等，如果桩底持力层下存在承载力低于持力层承载力1/3的软弱下卧层时，还需进行软弱下卧层的承载力验算。

5）承台和桩身的设计

这包括承台的尺寸、厚度和构造的设计，应满足抗冲切、抗弯、抗剪、抗裂等要求。而对于钢筋混凝土承压桩，不但要满足轴心抗压的要求，还要对桩的配筋、构造和预制桩吊运中的内力、沉桩中的接头进行设计计算。

值得注意的是，桩基承载力、沉降和承台及桩身强度验算需采用不同的作用组合：当进行桩的承载力验算时，应采用正常使用极限状态下作用的标准组合；进行桩基的沉降验算时，应采用正常使用极限状态下作用的准永久组合；而在进行承台和桩身强度验算和配筋时，则采用承载能力极限状态下作用的基本组合。

6.4 例题设计

拟建场地地表平整，土层分布如图6.12所示。各土层特征分述如下：

①杂填土:层底埋深1.0 m,室内层厚1.0 m,室外层厚0.3 m。

②粉质黏土:层底埋深3.4 m,层厚2.4 m。

③淤泥质粉质黏土:未揭穿。

场地地下水水位在地淤泥质粉质黏土层以下。

根据原位测试及土工试验结果,结合地区建筑经验,综合确定地基土承载力特征值f_{ak}、压缩指标,见表6.1。

表6.1 地基土承载力特征值、压缩模量表

层号	压缩模量E_{S1-2}(MPa)	压缩性评价	承载力特征值f_{ak}(kPa)
①	/	/	/
②	7.0	中	120
③	4.0	高	65

根据地质条件取②层粉质黏土层作为持力层,假定基础高度为0.6 m、埋置深度为0.7 m(相对于室外地面),室内外高差0.7 m,土层分布及基础布置如图6.12所示。基础采用的混凝土设计强度等级为C30,基础底板设计采用HRB400钢筋,上柱断面为500 mm×500 mm。地基基础设计等级为丙级。

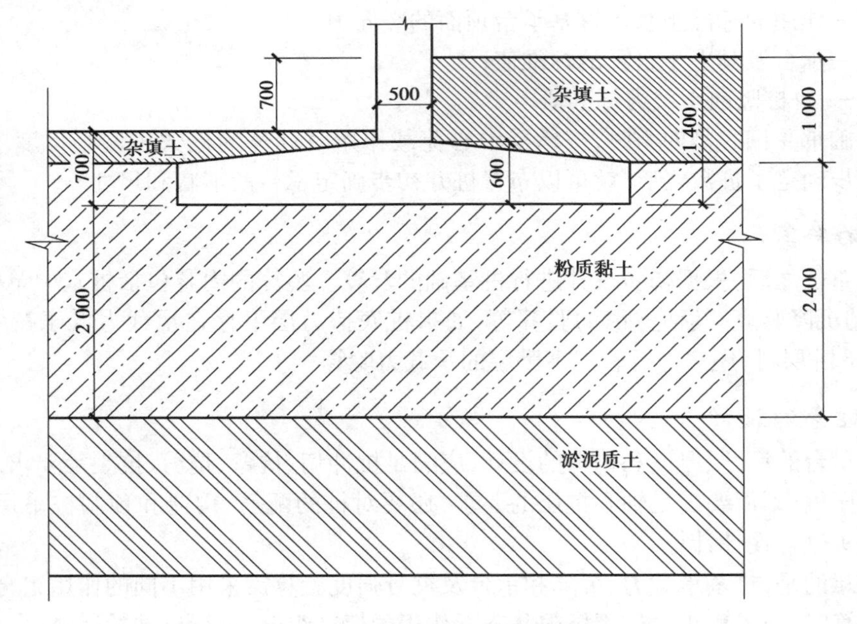

图6.12 地基土条件及基础布置

6.4.1 荷载计算

1)上部框架结构传递荷载计算

按地基承载力确定基础底面积及埋深时,应按正常使用极限状态下作用的标准组合:

$$S_k = S_{Gk} + S_{Q1k} + \psi_{c2}S_{Q2k} + \cdots + \psi_{cn}S_{Qnk} \qquad (6.63)$$

式中 S_{Gk}——永久作用标准值的效应；

S_{Qik}——第 i 个可变作用标准值的效应；

Ψ_i——第 i 个可变作用的组合值系数。

考虑风荷载作用下的标准组合为：

$$S_k = S_{恒} + S_{活} + 0.6 \times S_{风}$$

以⑥轴线对应的横向框架Ⓐ轴框架柱的柱下独立基础为例进行基础设计，上部结构传到柱底的荷载标准值以及荷载标准组合，见表 6.2。

表 6.2 柱底荷载标准值及荷载标准组合

柱底荷载类型	恒载	活载	右风	荷载标准组合
V(kN)	−5.56	−2.38	−8.39	−12.974
N(kN)	1 221.97	300.02	15.09	1 531.044
M(kN·m)	8.15	3.49	23.61	25.806

2)底层墙体以及基础联系梁传递荷载计算

基础联系梁底面与基础顶面齐平，截面尺寸为 240 mm×400 mm。同时，基础联系梁侧面与柱外边缘齐平，如图 6.13 所示，故基础联系梁以及其上方的墙体产生的竖向荷载对基础中心将产生偏心弯矩。

底层墙、基础联系梁传来荷载标准值分别如下：

①墙重：

室内地面以上墙体高度为 3.6−0.6＝3 m，地下墙体高度为 1.4−0.6−0.4＝0.4 m。

室内地面以上墙体自重标准值：1.64×0.2×3.0＝0.984 kN/m（采用自保温高精确砌块，墙厚为 200 mm，γ＝1.64 kN/m^2）

室内地面以下墙体自重标准值：19×0.24×0.4＝1.824 kN/m（采用一般黏土砖，墙厚为 240 mm，γ＝19 kN/m^3）

②联系梁重：

25×0.4×0.24＝2.4 kN/m（纵向跨度为 7.8 m，钢筋混凝土容重 γ＝25 kN/m^3）

③联系梁以及梁上墙体总的线荷载。

0.984+1.824+2.4＝5.208 kN/m

④上部结构与首层墙体总荷载值计算。

基础底面的竖向力等于上部结构竖向荷载与底层墙体、基础梁竖向荷载之和。

基础底面弯矩值等于底层柱柱端弯矩、柱底剪力在基础底面产生的弯矩以及底层墙体和基础梁重力荷载产生的偏心弯矩共同组成。

Ⓐ轴框架柱基础底面的轴向力：

$$F_k = 1\,531.044 + 5.208 \times 7.8 = 1\,571.67 \text{ kN}$$

3)基底弯矩计算

底层柱截面 $b\times h$＝500 mm×500 mm，基础高度为 600 mm，由于基础联系梁截面尺寸 $b\times h$＝

240 mm×400 mm，故基础联系梁中心线相对于柱中心线的偏心距为250−120＝130 mm。基础底面弯矩计算时需要考虑各弯矩值的方向问题，如图6.13所示，假定柱端弯矩、剪力均为正值。

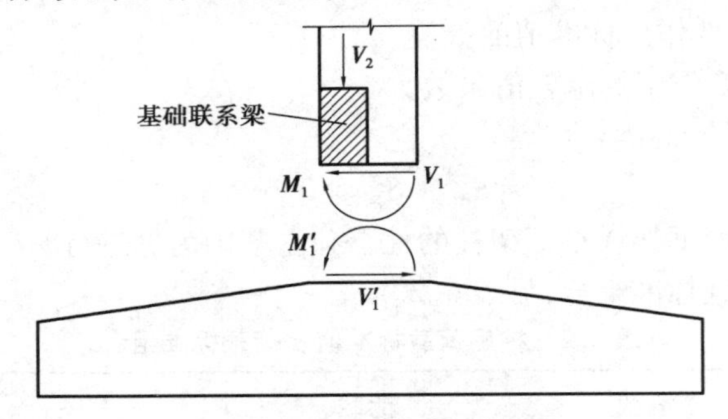

图6.13　柱底及基础受力示意图

从上图可知，当柱底弯矩 M_1、剪力 V_1 均为正时，柱底弯矩和剪力对基础底面产生的弯矩方向相反，而基础联系梁上竖向荷载产生的偏心弯矩与柱底弯矩对基础底面产生的弯矩方向相同。则基础底面的弯矩值为：

$$M_k = 25.806 + 5.208 \times 7.8 \times 0.13 - (-12.974) \times 0.6 = 38.87 \text{ kN} \cdot \text{m}$$

6.4.2　确定基础底面积

1）初估基底尺寸

由于基底尺寸未知，基底埋深 d 取为室内外埋深的平均值0.5×(1.4+0.7)＝1.05 m，持力层土的承载力特征值先仅考虑深度修正，由于持力层为粉质黏土，故 $\eta_d = 1.6$。

加权土容重计算，其中杂填土容重为17.2 kN/m³，粉质黏土容重为19.3 kN/m³，杂填土厚度取为室内外平均厚度0.5×(0.3+1)＝0.65 m。

$$\gamma_m = (17.2 \times 0.65 + 19.3 \times 0.4) \div 1.05 = 18 \text{ kN/m}^3$$

则地基承载力特征值：

$$f_a = f_{ak} + \eta_d \gamma_m (d - 0.5) = 120 + 1.6 \times 18 \times (1.05 - 0.5) = 135.84 \text{ kPa}$$

$$A \geqslant \frac{1.2F_k}{f_a - \gamma_G d} = \frac{1.2 \times 1\,571.67}{135.84 - 20 \times 1.05} = 16.42 \text{ mm}^2$$

设 $\frac{l}{b} = 1.2$，$b = \sqrt{\frac{A}{1.2}} = \sqrt{\frac{16.42}{1.2}} = 3.699$ m，取 $b = 3.7$ m>3 m，$l = 4.5$ m，故需要对地基承载力重新修正，宽度修正系数取为0.3，基础下土为粉质黏土，容重为19.3 kN/m³。

$$\begin{aligned} f_a' &= f_{ak} + \eta_d \gamma_m (d - 0.5) + \eta_b \gamma (b - 3) \\ &= 120 + 1.6 \times 18 \times (1.05 - 0.5) + 0.3 \times 19.3 \times (3.7 - 3) \\ &= 139.89 \text{ kPa} \end{aligned}$$

$$A \geqslant \frac{1.2F_k}{f_a' - \gamma_G d} = \frac{1.2 \times 1\,571.67}{139.89 - 20 \times 1.05} = 15.86 \text{ mm}^2$$

设 $\frac{l}{b} = 1.2$，$b = \sqrt{\frac{A}{1.2}} = \sqrt{\frac{15.86}{1.2}} = 3.64$ m，取 $b = 3.7$ m，$l = 4.5$ m。

2）按持力层强度验算基底尺寸

基底形心处竖向力（取基础埋深为室内外平均埋深，基础及回填土容重为 20 kN/m³）：$F_k+G_k=1\ 571.67+20\times3.7\times4.5\times1.05=1\ 921.32$ kN

基底形心处弯矩：$M_k=38.87$ kN · m

偏心距：$e=\dfrac{M_k}{F_k+G_k}=\dfrac{38.87}{1\ 921.32}=0.020\ 2\ \text{m}<\dfrac{l}{6}=\dfrac{4.5}{6}=0.75\ \text{m}$

$$p_k=\frac{F_k+G_k}{A}=\frac{1\ 921.32}{3.7\times4.5}=115.39\ \text{kPa}<f_a=139.89\ \text{kPa}$$

$$p_{kmax}=p_k\left(1+\frac{6e}{l}\right)=115.39\times\left(1+\frac{6\times0.020\ 2}{4.5}\right)=118.50\ \text{kPa}<1.2f_a=167.87\ \text{kPa}$$

满足要求。

3）按软卧层强度验算基底尺寸

①软卧层顶面处土的自重应力：

杂填土的室内外平均厚度为 0.65 m。

$$p_{cz}=17.2\times0.65+19.3\times2.4=57.5\ \text{kPa}$$

$$\gamma_m=\frac{p_{cz}}{d+z}=\frac{57.5}{2.4+0.65}=18.83\ \text{kN/m}^3$$

下卧层为淤泥质粉质黏土，取 $\eta_d=1.0$

$$f_{az}=65+1.0\times18.83\times(3.05-0.5)=113.02\ \text{kPa}$$

$$\frac{E_{s1}}{E_{s2}}=\frac{7.5}{2.5}=3,\frac{z}{b}=\frac{2}{3.7}=0.54>0.5,\theta=23°$$

②软卧层顶面处附加应力：

$$p_z=\frac{bl\cdot(p_k-p_{c0})}{(l+2z\cdot\tan\theta)(b+2z\cdot\tan\theta)}=\frac{3.7\times4.5\times(115.39-17.2\times0.65-19.3\times0.4)}{(4.5+2\times2\times\tan23°)(3.7+2\times2\times\tan23°)}$$
$$=48.02\ \text{kPa}$$

$$p_{cz}+p_z=57.5+48.02=105.52\ \text{kPa}<f_{az}=113.02\ \text{kPa}$$

满足要求。

4）抗震验算

根据《建筑抗震设计规范》（GB 50011），本工程需进行地基抗震验算。

荷载标准组合：恒载+0.5 活载+地震作用，右震作用下柱底弯矩、轴力和剪力分别为 $M=152.12$ kN · m，$N=150.54$ kN，$V=-53.19$ kN。

地基受到的竖向力为考虑地震组合的上部结构在柱底产生轴力，首层墙体和地基联系梁重量以及基础自身与基坑回填土重量之和，基础底部受到的弯矩为考虑地震组合的上部结构在柱底产生的弯矩值，柱底剪力在基底产生的弯矩值以及首层墙体、联系梁偏心弯矩值之和。

上部结构考虑地震组合的基底竖向力：

$$F_1=1\ 221.97+0.5\times300.02+150.54=1\ 522.52\ \text{kN}$$

首层墙体及联系梁：

$$F_2=5.208\times7.8=40.62\ \text{kN}$$

基础及回填土重量：

$$F_3 = 20 \times 3.7 \times 4.5 \times 1.05 = 349.65 \text{ kN}$$

基底形心处总的竖向力：

$$\sum F = F_1 + F_2 + F_3 = 349.65 + 40.62 + 1\,522.52 = 1\,912.79 \text{ kN}$$

上部结构考虑地震组合的柱底弯矩值：

$$M_1 = 8.15 + 0.5 \times 3.49 + 152.12 = 162.015 \text{ kN} \cdot \text{m}$$

上部结构考虑地震组合的柱底剪力值：

$$V_1 = -5.56 - 0.5 \times 2.38 - 53.19 = 59.94 \text{ kN}$$

柱底剪力作用产生的基底弯矩值：

$$M_2 = -(-59.94) \times 0.6 = 35.964 \text{ kN} \cdot \text{m}$$

地基梁及墙体产生的偏心弯矩值：

$$M_3 = 40.62 \times 0.13 = 5.281 \text{ kN} \cdot \text{m}$$

基底总的弯矩值：

$$\sum M = M_1 + M_2 + M_3 = 162.015 + 35.964 + 5.281 = 203.26 \text{ kN} \cdot \text{m}$$

偏心距：$e = \dfrac{\sum M}{\sum F} = \dfrac{203.26}{1\,912.79} = 0.106\,3 \text{ m}$

$$p_k = \frac{1\,912.79}{3.7 \times 4.5} = 114.88 \text{ kPa} < f_{aE} = \xi_a f_a = 1.1 \times 139.89 = 153.88 \text{ kPa}$$

$$p_{k_{max}} = p_k\left(1 + \frac{6e}{l}\right) = 114.88 \times \left(1 + \frac{6 \times 0.106\,3}{4.5}\right) = 131.16 \text{ kPa} < 1.2 f_{aE} = 184.66 \text{ kPa}$$

满足要求。

6.4.3 基础沉降验算

根据《建筑地基基础设计规范》(GB 50007)的规定，对于地基基础设计等级为丙级的基础，地基主要受力层地基承载力特征值为 $100 \leqslant f_{ak} = 120 \text{ kPa} \leqslant 130$，且土层坡度为 0 小于 10%，框架结构层数为 5(≤5)，故可不做地基变形验算。

6.4.4 基础结构设计

1)荷载设计值

基础结构设计时，Ⓐ轴框架柱下端的内力基本组合见表 6.3。

表 6.3 柱底荷载基本组合

柱底荷载类型	恒载	活载	1.3×恒+1.5×活
V(kN)	−5.56	−2.38	−10.798
N(kN)	1 221.97	300.02	2 038.59
M(kN·m)	8.15	3.49	15.83

①基底形心处竖向力基本组合值。

基底形心处竖向力基本组合值等于恒活载基本组合的底层柱轴力与地基联系梁(含底层墙体)竖向荷载之和,其中地基梁的竖向荷载组合时应乘以恒载的分项系数。

$$F=2\ 038.59+1.3\times5.208\times7.8=2\ 091.40\ \text{kN}$$

②基底弯矩基本组合值。

基底弯矩基本组合值等于恒活载基本组合的底层柱端弯矩、恒活载基本组合的柱底剪力产生的基底弯矩以及地基梁(含首层墙体)产生的偏心弯矩之和。

$$M=15.83+1.3\times5.208\times7.8\times0.13-(-10.798)\times0.6=29.17\ \text{kN}\cdot\text{m}$$

③基底净反力:

$$p_{\text{j}}=\frac{F}{A}=\frac{2\ 091.40}{3.7\times4.5}=125.61\ \text{kPa}$$

$$p_{\text{jmax}}=\frac{F}{A}+\frac{M}{W}=125.61+\frac{29.17}{\dfrac{1}{6}\times3.7\times4.5^2}=127.95\ \text{kPa}$$

$$p_{\text{jmin}}=\frac{F}{A}-\frac{M}{W}=125.61-\frac{29.17}{\dfrac{1}{6}\times3.7\times4.5^2}=123.27\ \text{kPa}$$

2)冲切验算

基础冲切验算如图6.14所示,基础高度 $h=600$ mm<800 mm,受冲切承载力截面高度影响系数 $\beta_{\text{hp}}=1.0$,混凝土抗拉强度 $f_{\text{t}}=1.43\ \text{N/mm}^2$。由图6.14可知,冲切破坏锥体最不利一侧斜截面的上边长 $a_{\text{t}}=500$ mm,冲切破坏锥体最不利一侧斜截面的下边长 $a_{\text{b}}=1\ 700$ mm,则冲切破坏锥体最不利一侧计算长度 $a_{\text{m}}=(a_{\text{t}}+a_{\text{b}})/2=1\ 100$ mm。

冲切验算取用基底面积为图6.14中阴影部分面积:

$$A_l=0.4\times3.7+\frac{1}{2}\times(3.7+1.7)\times1=4.18\ \text{m}^2$$

$$F_l=p_{\text{jmax}}A_l=127.95\times4.18=534.83\ \text{kN}$$

$$0.7\beta_{\text{hp}}f_{\text{t}}a_{\text{m}}h_0=0.7\times1.0\times1.43\times1\ 100\times555\times10^{-3}=611.11\ \text{kN}>F_l=534.83\ \text{kN}$$

基础高度满足要求。

根据扩展基础构造要求,基础设置为锥形基础,如图6.15所示。锥形基础边缘高度取为400 mm,根据地基基础规范要求,锥面的坡度需满足小于1/3的要求,基础短边方向坡度相对于长边方向坡度更大,坡度值为

$$\frac{200}{(3\ 700-500-50\times2)/2}=\frac{1}{7.75}<\frac{1}{3}$$

满足构造要求。

3)基底配筋计算

锥形基础需对柱边截面Ⅰ—Ⅰ以及截面Ⅱ—Ⅱ进行配筋计算,如图6.16所示。截面Ⅰ—Ⅰ配筋计算时,取截面有效高度 $h_0=555$ mm。

Ⅰ—Ⅰ截面处的基底应力:

$$P_{\text{jI}}=123.27+(127.95-123.27)\times\frac{0.5\times4.5+0.25}{4.5}=125.87\ \text{kPa}$$

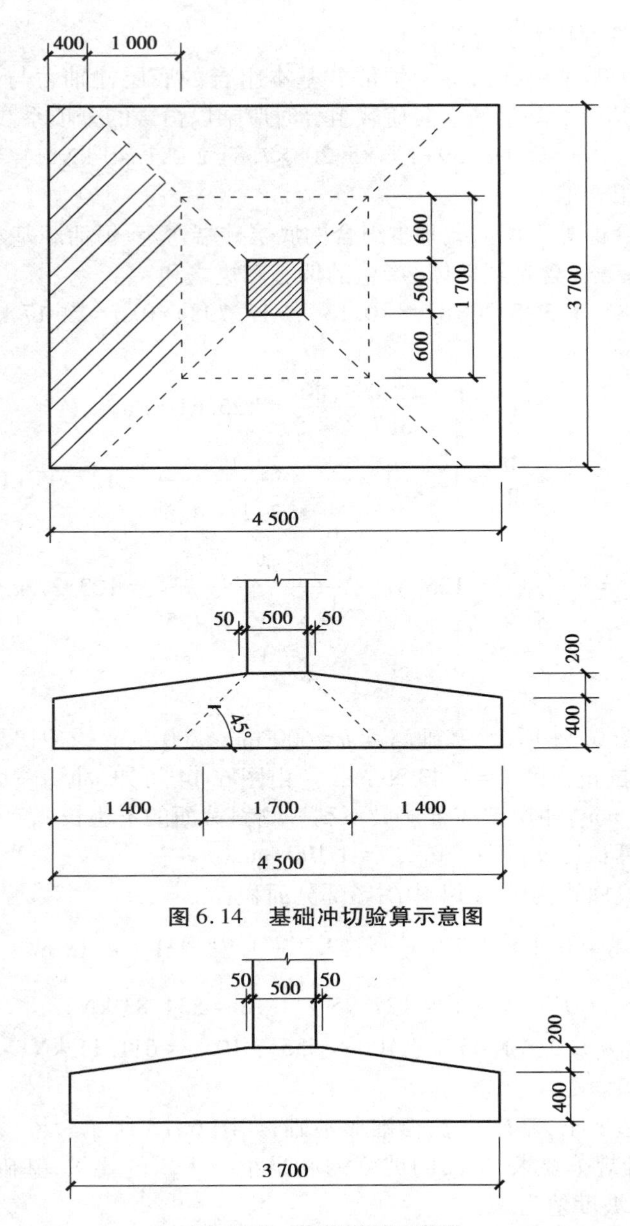

图 6.14　基础冲切验算示意图

图 6.15　基础侧面示意图

基础Ⅰ—Ⅰ截面的弯矩值：

$$M_1 = \frac{1}{12}\left(\frac{l - a_c}{2}\right)^2 \left[(p_{jmax} + p_{j1})(2b + b_c) + (p_{jmax} - p_{j1})b\right]$$

$$= \frac{1}{12} \times \left(\frac{4.5 - 0.5}{2}\right)^2 \left[(127.95 + 125.87) \times (2 \times 3.7 + 0.5) + (127.95 - 125.87) \times 3.7\right]$$

$$= 670.96\ \text{kN} \cdot \text{m}$$

截面总配筋面积：

$$A_{s1} = \frac{M_1}{0.9h_0f_y} = \frac{670.96 \times 10^6}{0.9 \times 555 \times 360} = 3\ 731.29\ \text{mm}^2$$

则基底每米配筋面积：

$$A'_{s1}=\frac{A_{s1}}{b}=\frac{3\ 731.29}{3.7}=1\ 008.46\ \text{mm}^2$$

根据基础钢筋构造要求，钢筋间距不小于 100 mm、不大于 200 mm，钢筋直径不小于 10 mm，实配钢筋为每延米⌀ 14@150，实配钢筋每延米面积 $A_s=1\ 026\ \text{mm}^2$。

基底配筋率计算：

$$\rho=\frac{A_s}{b'h_0}=\frac{1\ 026}{1\ 000\times 555}=0.185\%\ >0.15\%$$

满足要求，实配钢筋为每延米⌀ 14@150。

基础Ⅱ—Ⅱ截面的弯矩值：

$$\begin{aligned}M_2&=\frac{1}{48}(p_{\text{jmax}}+p_{\text{jmin}})(b-b_c)^2(2l+a_c)\\&=\frac{1}{48}\times(127.95+123.27)\times(3.7-0.5)^2\times(2\times 4.5+0.5)\\&=509.14\ \text{kN}\cdot\text{m}\end{aligned}$$

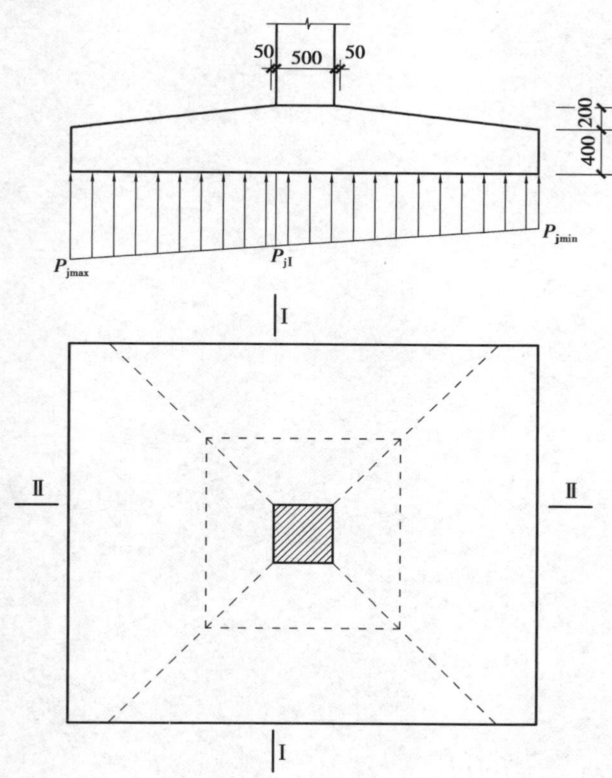

图 6.16 配筋计算截面示意图

截面总配筋面积：（短边钢筋位于长边钢筋上方，假定有效高度相差 14 mm）

$$A_{s2}=\frac{M_2}{0.9(h_0-d)f_y}=\frac{509.14\times 10^6}{0.9\times(555-14)\times 360}=2\ 904.66\ \text{mm}^2$$

则基底每米配筋面积：

$$A'_{s2}=\frac{A_{s2}}{b}=\frac{2\ 904.66}{4.5}=645.48\ \text{mm}^2$$

根据基础钢筋构造要求，实配钢筋为每延米⏀14@180，实配钢筋每延米面积$A_s=855\ \text{mm}^2$。

基底配筋率计算：

$$\rho=\frac{A_s}{b'h_0}=\frac{855}{1\ 000\times 545}=0.157\%\ >0.15\%$$

满足要求，实配钢筋为每延米⏀14@180。

7 PKPM-PC在装配整体式框架结构深化设计中的应用

7.1 概述

本章主要介绍 PKPM-PC 软件(软件版本 2022 R3.0)在装配整体式框架结构预制构件深化设计中的应用,预制构件的深化设计包括按照标准化、模数化的原则进行预制构件的拆分,并依据《装配式混凝土结构设计规程》(JGJ 1)和《装配式混凝土建筑设计标准》(GB/T 51231)对预制构件的规定进行构造设计、确定预制构件尺寸、内部钢筋排布、预埋构件定位、预留钢筋形式及尺寸、避免构件及钢筋碰撞、进行预制构件的短暂工况验算并出具预制构件深化加工图等工作。鉴于深化设计是在结构设计计算的基础上进行的,因此在进行深化设计的应用之前需要提前掌握 PKPM 结构计算软件中的建模、计算和出施工图等基本操作。

7.2 模型创建、计算及调整

7.2.1 模型创建及预制属性指定

在 PKPM-PC 中通过"正交轴网"以及"构件布置"等功能建立本模型的 4 个标准层,分别是首层现浇层(图 7.1)、二~四层预制层(图 7.2)、顶层屋面板现浇层(图 7.3)以及楼梯间出屋面层(图 7.4),图中预制构件与现浇构件通过颜色深浅区分。同时,通过"方案设计"版块中的"预制属性指定"功能为指定构件赋予"预制属性",首层为梁、板、柱全构件现浇;中间二~四层楼梯间及电梯间梁、柱现浇,中间平台现浇,卫生间楼板现浇,其余梁、板、柱及楼梯均采用预制构件;顶层屋面板全现浇,楼梯间梁、柱现浇,其余构件均为预制;楼梯间出屋面层采用全现浇。

在"结构建模"版块中,通过"楼层组装"功能将 4 个标准层进行组装。设定首层层高为

4 400 mm，并设定首层层底标高为基础顶面标高-0.8 m，二～五层层高为3 600 mm，出屋面楼梯间层高为3 000 mm，最终得到整楼模型，如图7.5所示。

在“结构建模”版块的“全楼模型”中输入柱的混凝土等级为C40，梁、板的混凝土等级为C30，梁、柱主筋级别均为HRB400。在“结构建模”版块的“设计参数”的“总信息”一栏中确定结构重要性系数为1.0，梁的钢筋保护层厚度为25 mm，柱的钢筋混凝土保护层厚度考虑套筒的影响取45 mm，框架梁端负弯矩调幅系数取为0.75；在“地震信息”中确定设计地震分组为第一组，地震烈度为7度0.1g，场地类别为Ⅱ类，框架抗震等级为三级，抗震构造措施的抗震等级不改变，计算振型个数取为15，周期折减系数取为0.6；在“风荷载信息”一栏中确定基本风压为4 kN/m^2，地面粗糙度类别为C类，体型系数为1.3。

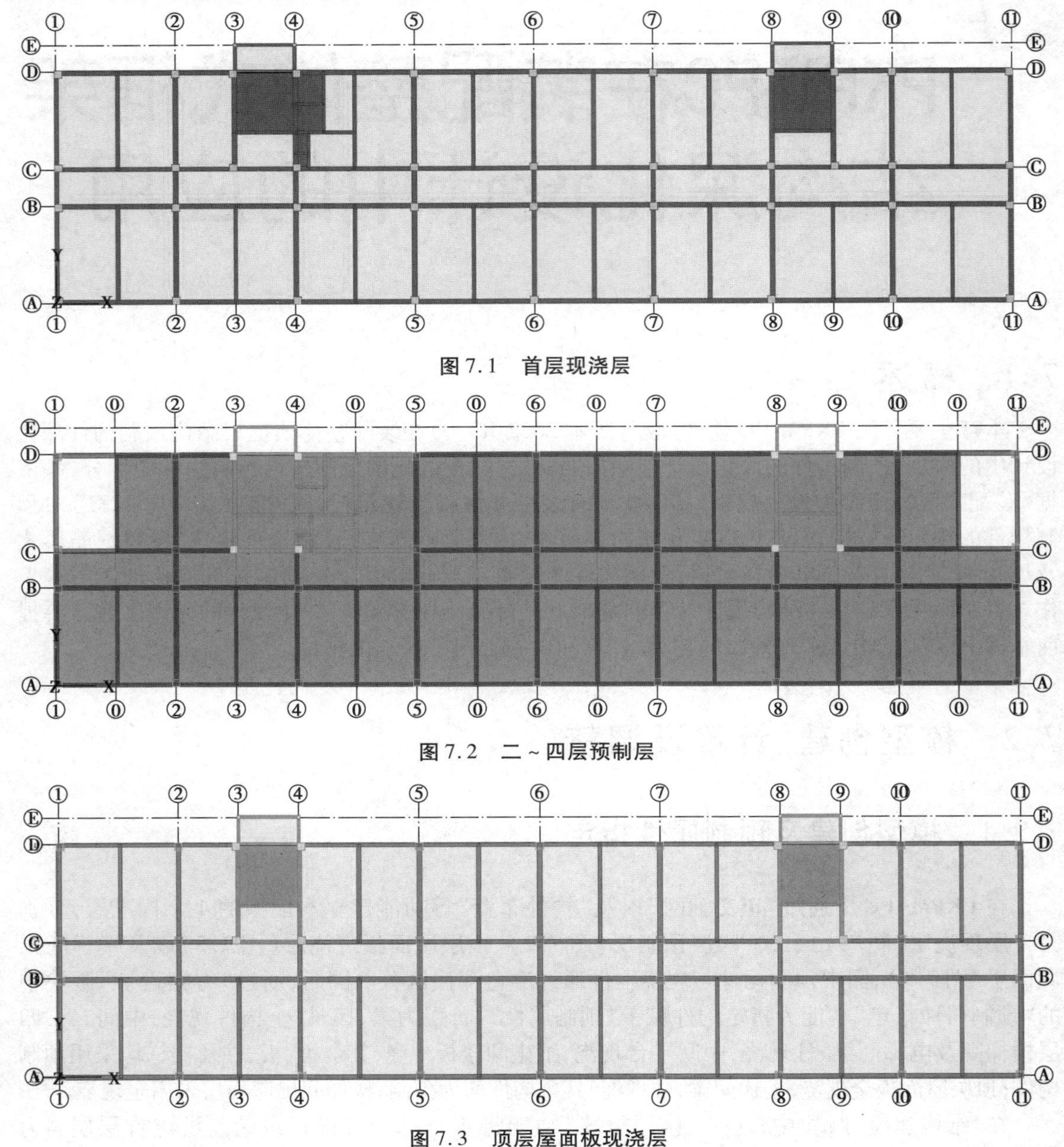

图7.1　首层现浇层

图7.2　二～四层预制层

图7.3　顶层屋面板现浇层

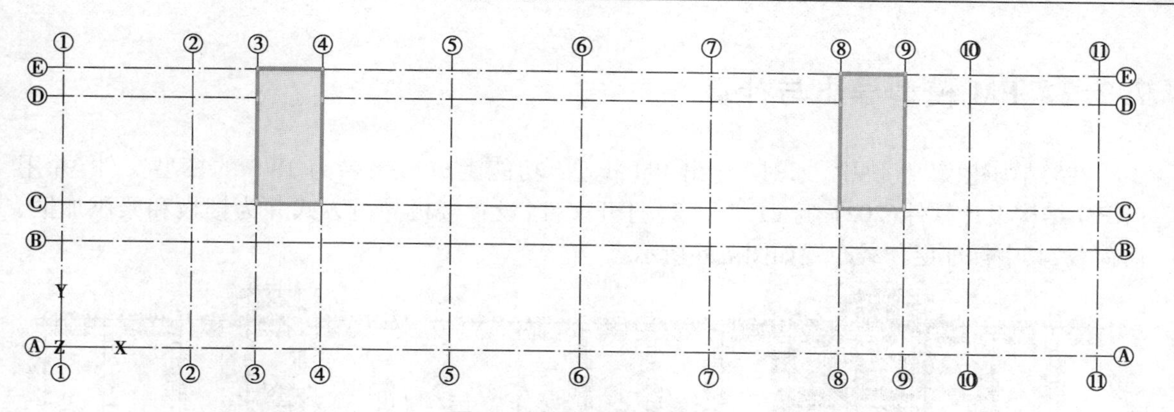

图 7.4 楼梯间出屋面层

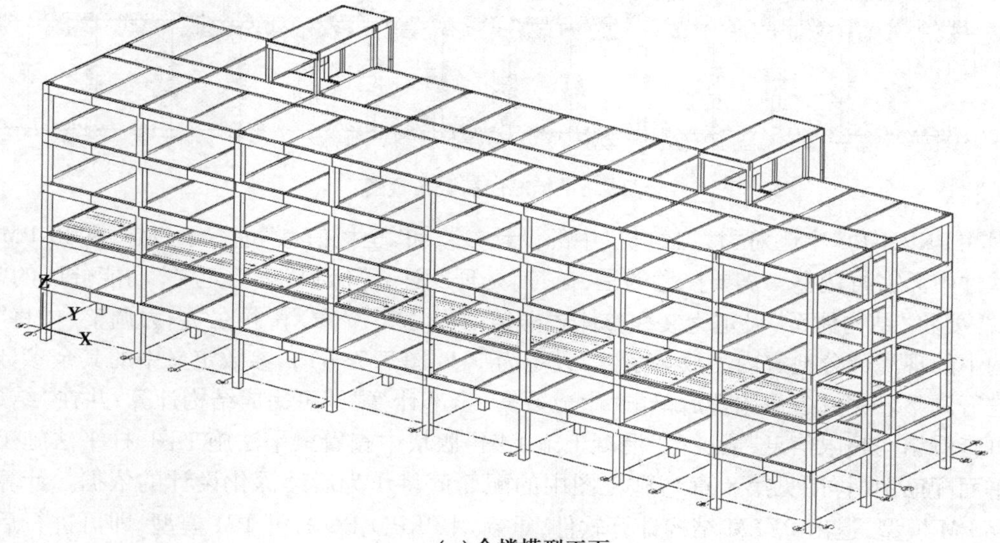

(a)全楼模型正面

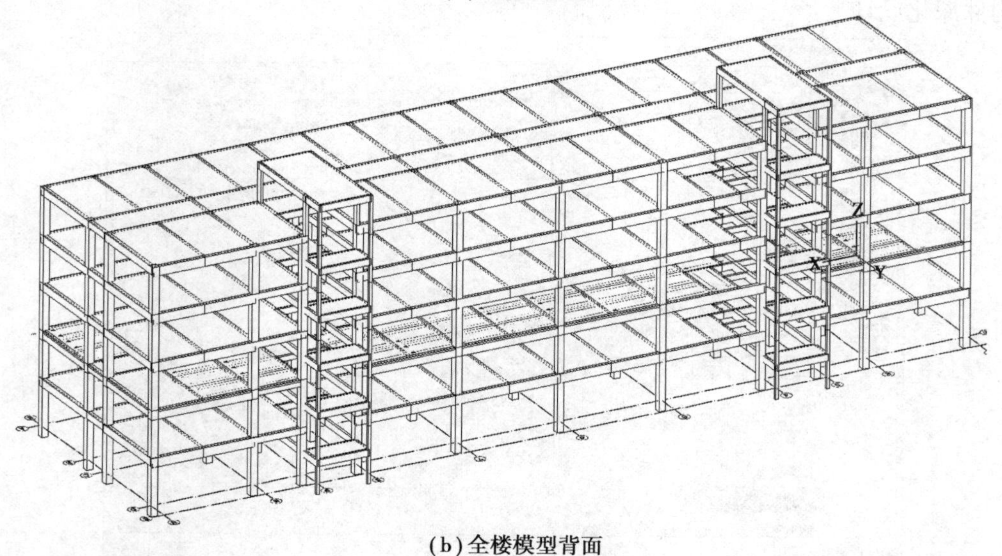

(b)全楼模型背面

图 7.5 全楼模型

7.2.2 PM 模型导出与计算

在“结构建模”版块中,通过“导出 PM 模型”功能生成后缀名为 JWS 的模型文件,并用 PKPM 结构设计软件(2021 版 V1.3.1.2)打开文件,设置楼板导荷方式并为楼板和梁添加恒、活荷载,其中标准层荷载布置如图 7.6 所示。

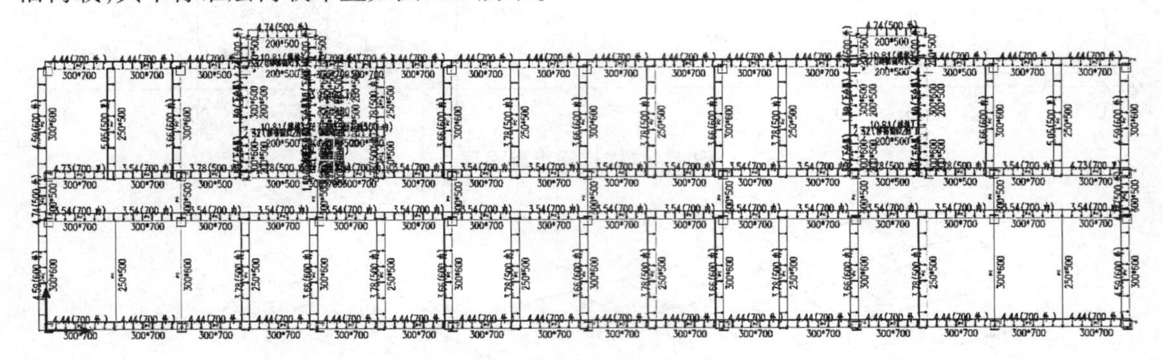

图 7.6　标准层荷载布置图

因在 PKPM-PC 中已对“楼层组装”中的设计参数和“全楼信息”进行了设定,在 PKPM 结构计算软件中无需再调整。需要注意的是,在“前处理及计算”版块“参数定义”功能分区的“总信息”中需要将“结构体系”设定为装配整体式框架结构[图 7.7(a)],并在“内力调整”中将“装配式结构中的现浇部分地震内力放大系数”设定为 1.1[图 7.7(b)],参数定义中的其余参数根据设计进行调整。完成参数调整后单击“生成数据+全部计算”即可完成结构计算,并在“结果”版块中可查看结构超限信息,最后在“混凝土施工图”版块中查看梁平法施工图、柱平法施工图以及板平面配筋图(详图见第 8 章),施工图中的配筋值将作为后续深化设计的依据。计算完成后保存 PM 模型,退出 PKPM 结构计算软件,重新用 PKPM-PC 打开 PM 模型,即可进行后续的预制构件深化设计。

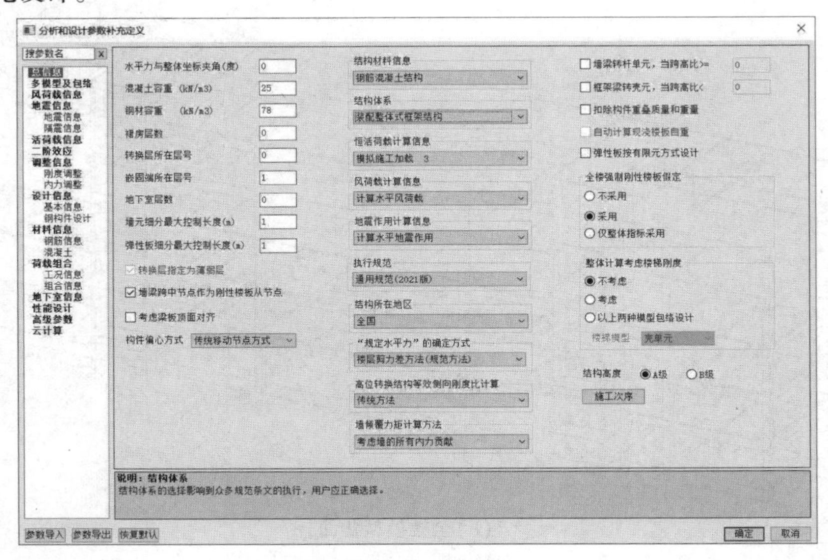

(a)结构体系的确定

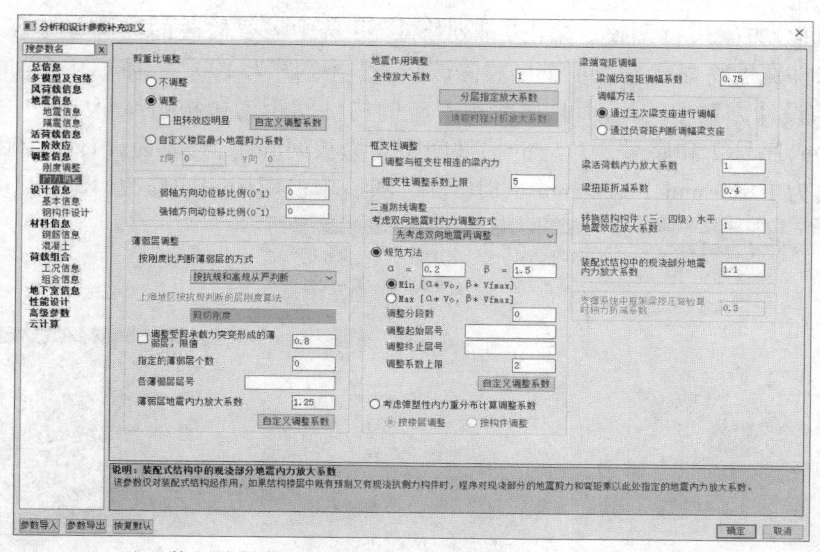

(b)装配式结构中的现浇部分地震内力放大系数的确定

图 7.7 装配整体式框架结构计算参数调整

7.3 叠合板的拆分与深化设计

7.3.1 板的设计拆分方案

在第 4 章中对二层②轴右侧，Ⓐ、Ⓑ轴之间的楼板进行了拆分设计，如图 4.57 所示。以梁中心线作为边界，该板长 6 500 mm，宽 3 900 mm，预制板在支座上的搁置长度为 10 mm，板缝为整体式接缝，宽度为 300 mm。该板被拆分为 3 块叠合板，宽度分别为 1 810 mm、2 000 mm、1 810 mm，如图 4.58 所示。支座处板底钢筋伸出至支座中线位置，叠合板厚度为 130 mm（60 mm 预制板+70 mm 后浇层）。

7.3.2 板的拆分与调整

在 PKPM-PC 软件“方案设计”版块中单击“楼板拆分设计”对二层指定楼板进行拆分，在操作界面左侧的“板拆分对话框”左侧选择将板拆分为“钢筋桁架叠合板”。在“基本参数”中，接缝类型根据设计取为整体式接缝，混凝土强度等级为 C30，预制板厚度为 60 mm，预制板在梁、柱上的搁置长度均取为 10 mm[图 7.8(a)]。在“拆分参数”中，根据等分的方式进行拆分，等分数取为 3，板宽模数取为 10 mm，接缝宽度参考值定为 300 mm，钢筋桁架方向设定为垂直于长边方向[图 7.8(b)]。在“构造参数”中，参考《桁架钢筋混凝土叠合板》(15G366—1) 中双向板底板模板图及配筋图，四边均设倒角，倒角类型选择为“倒角”，倒角尺寸 $c_1=20$ mm、$c_2=0$ mm [图 7.8(c)]。

完成参数设置后选择待拆分楼板，软件根据所设定的参数将其自动拆分，单击操作界面右下方的“一键隐板”，现浇层被隐藏，更好地观察拆分情况，如图 7.9 所示。该拆分结果中板宽均为 1 870 mm，板缝为 305 mm，与设计拆分方案有所不符，通过“方案设计”版块中的“排列修改”功能可对拆分方案进行调整。单击“排列修改”并选中需要修改的已拆分楼板，选中楼板的构件间距和构件宽度将显示在“拆分参数修改设置”中（图 7.10），将窗口中的“构件间距”和“宽度”修改为设计方案中的值即可，序号 1 对应的构件间距为边板边缘至支座中心线的距离，保持为 140 mm，序号 2 和序号 3 对应的构件间距均为板间间距，修改为设计的 300 mm，板的宽度也依次修改为 1 810 mm、2 000 mm、1 810 mm，随后单击应用完成修改（图 7.11）。

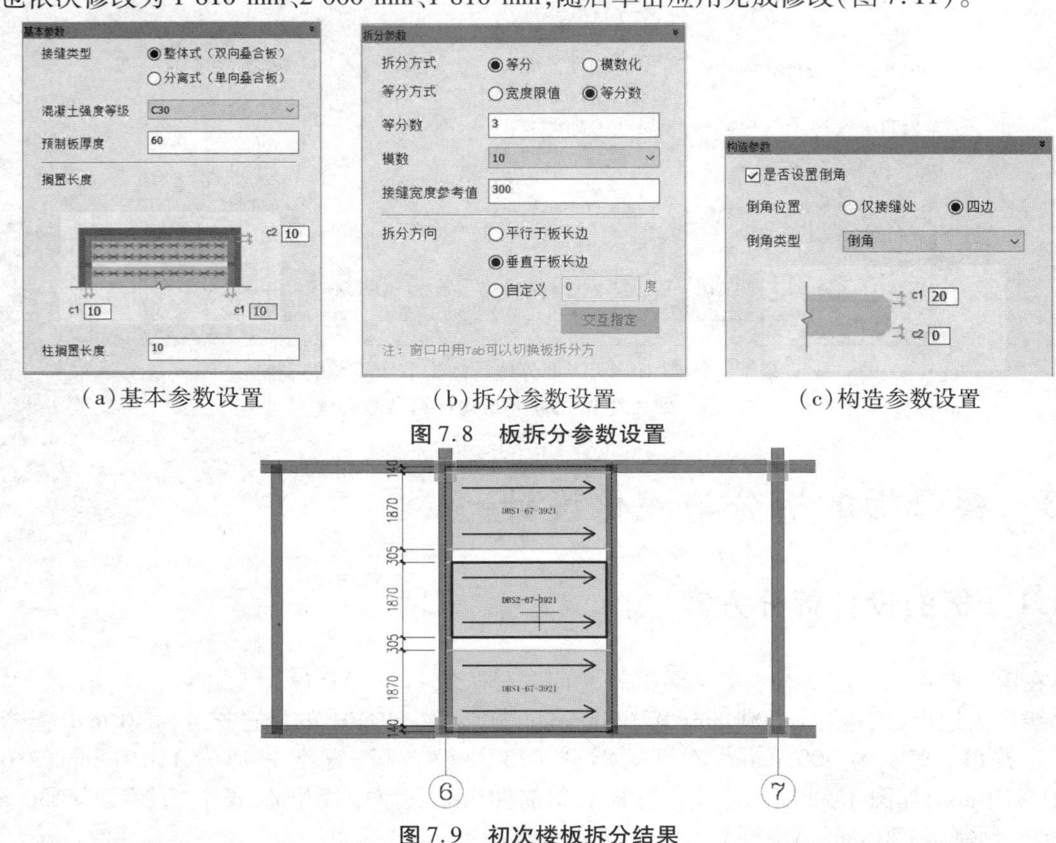

（a）基本参数设置　（b）拆分参数设置　（c）构造参数设置

图 7.8　板拆分参数设置

图 7.9　初次楼板拆分结果

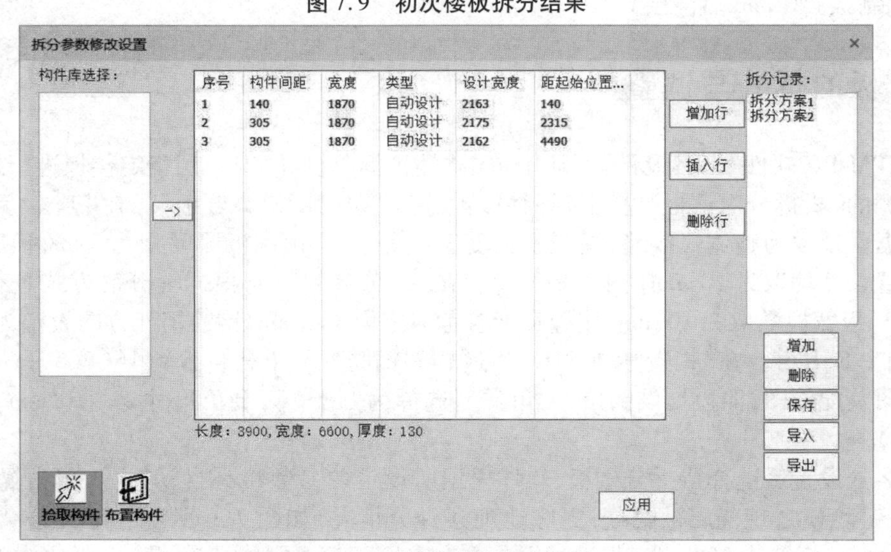

图 7.10　拆分参数修改设置

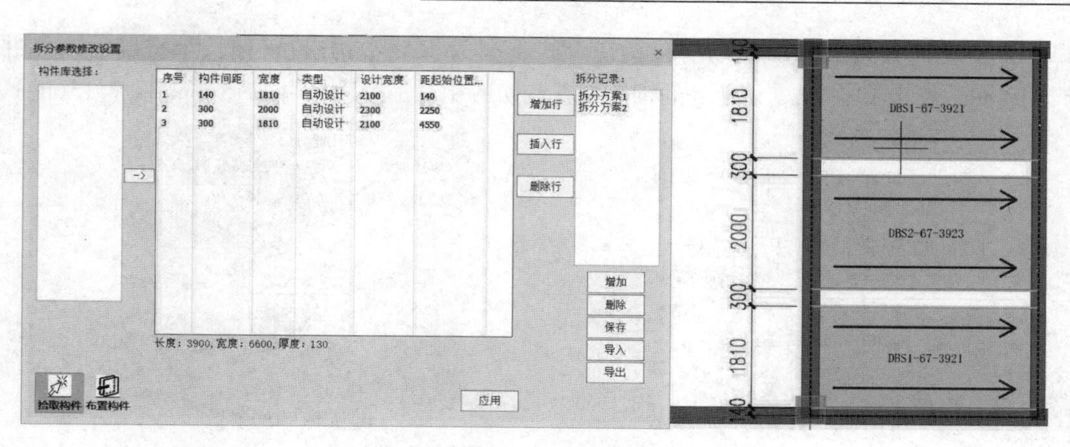

图 7.11　拆分方案调整

7.3.3　板的配筋设计

1)板底筋设置

根据第 4 章板的配筋设计和验算可知板的配筋值为：底筋长短边均为⌀8@150，面筋长短边均为⌀8@150，混凝土保护层厚度为 15 mm，板缝钢筋在接缝中的构造形式为 135°弯钩，锚固钢筋伸至接缝另一侧距离预制板边 10 mm 的位置。

在“深化设计”版块中单击“板的配筋设计”进入“板配筋设计对话框”，进入“板配筋值”中将对应板的板底钢筋手动修改为 X 方向⌀8@150、Y 方向⌀8@150，单击“应用”后单击“返回板配筋设计”，如图 7.12 所示。

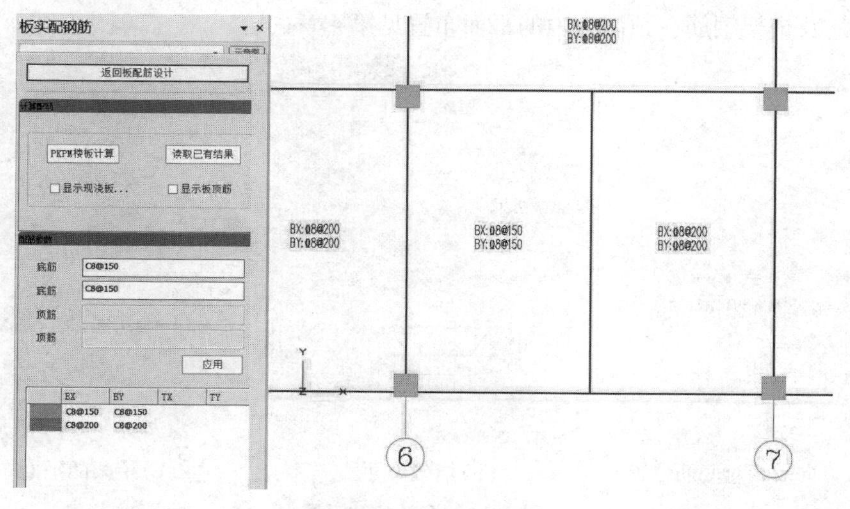

图 7.12　板配筋值修改

在“板底筋参数”中，板钢筋混凝土保护层厚度为 15 mm，X、Y 向钢筋排布规律均采用“边距/间距固定，两端余数”的方式，间距读取配筋值为 150 mm，根据图集《桁架钢筋混凝土叠合板》(15G366—1)钢筋始/末边距取为 25 mm 且均采用加强筋⌀10，钢筋布置的余数均分到两端[图 7.13(a)]。单向叠合板出筋时只拆分向支座，支座处钢筋超出支座中线的距离定为 0 mm[图

7.13(b)]。整体式接缝内的钢筋搭接构造形式选择为135°弯钩搭接，伸长至拼缝另一侧并设定c_1=10 mm[图7.13(c)]。切角处的钢筋使其裁切后相对于板边缘内缩15 mm[图7.13(d)]。

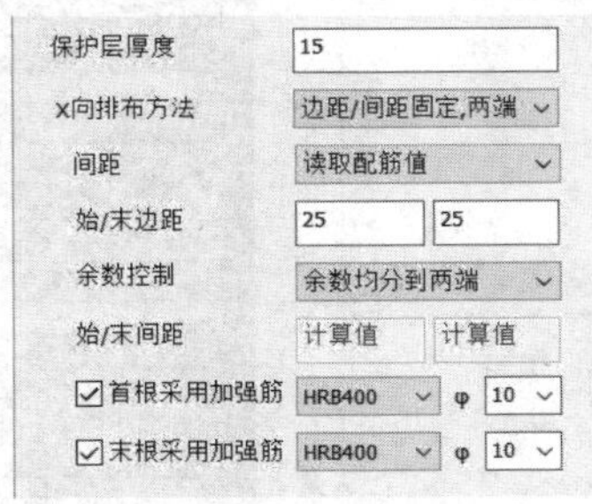

(a)X、Y向钢筋排布参数

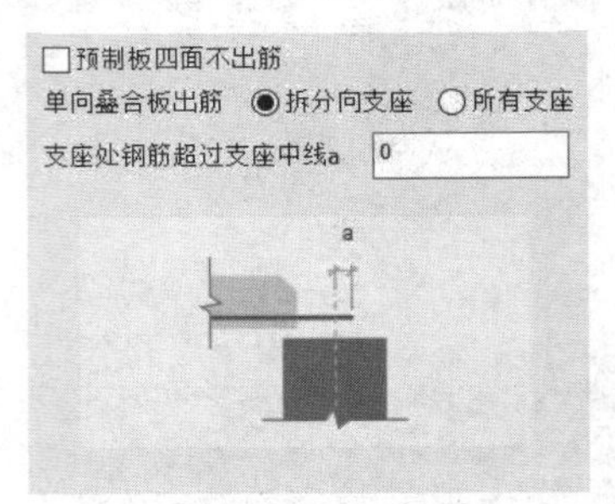

(b)支座钢筋参数

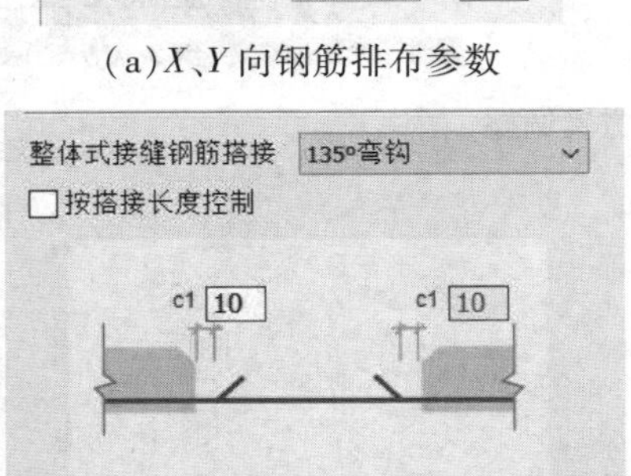

(c)接缝钢筋参数

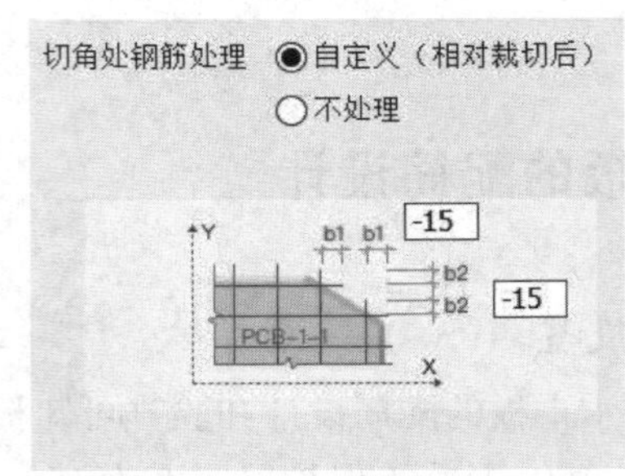

(d)切角钢筋参数

图7.13　板底筋参数设置

2)桁架钢筋设置

在第4章中对上述拆分的3块钢筋桁架叠合板中的中板进行了桁架钢筋的设计和验算，桁架的具体尺寸及桁架钢筋在预制板内的平面布置见第4章内容。

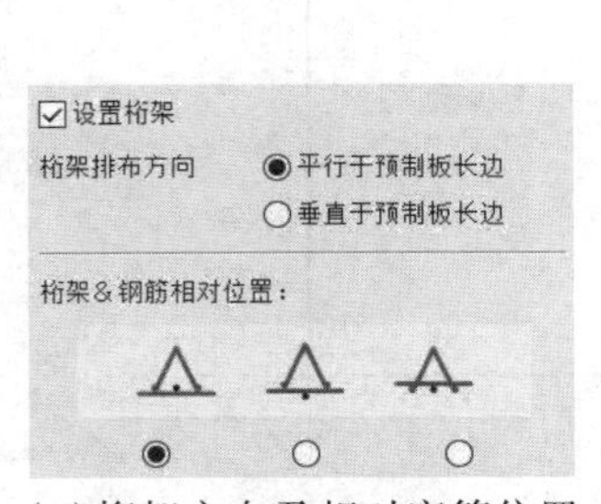

(a)桁架方向及相对底筋位置

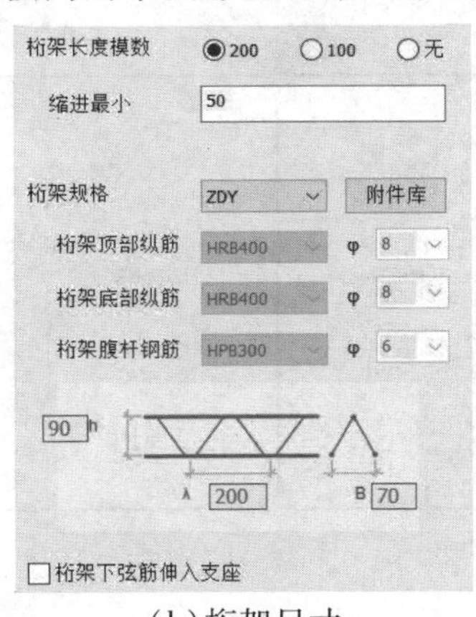

(b)桁架尺寸

(c)桁架的平面布置

图7.14　桁架参数设置

在“桁架参数”中，桁架排布方向选择为“平行于预制板长边”，桁架钢筋与底筋的相对位置参考《桁架钢筋混凝土叠合板》，长边方向钢筋位于短边方向钢筋上方，桁架下弦钢筋与长边方向钢筋位于同层，选择软件中的第一种方案[图7.14(a)]。桁架钢筋步距P_s=200 mm(腹杆钢筋相邻波峰之间的距离)，取“长度模数”为200 mm，“缩进最小值”参考图集取为50 mm，“桁架规格”在附件库中创建自定义的桁架尺寸,桁架高度 h 取为 90 mm,宽度 B 取为 70 mm,步距 λ 取为 200 mm,上弦钢筋和下弦钢筋均取为⌀ 8,腹杆钢筋取为⌀ 6,桁架下弦钢筋不伸入支座[图 7.14(b)]。桁架钢筋排布时不与底筋相关联,即桁架钢筋的平面布置与底筋布置无关,确定桁架钢筋边距等于 300 mm,间距不大于 600 mm[图 7.14(c)]。

3)补强钢筋设计

在板的“补强钢筋参数”中,因该板上方无隔墙,故取消勾选“布置隔墙加强钢筋”,大小洞临界尺寸定义为 300 mm,大洞的处理方式为钢筋截断,并在洞口设置补强钢筋,补强钢筋规格为⌀ 10,小洞的处理方式为板底钢筋自动避让[图 7.15(a)]。由于深化设计的板为中板,无切角部位,故取消勾选“布置切角补强钢筋”[图 7.15(b)]。

参数设定完毕后单击相应预制板即可完成板的底筋以及桁架钢筋的布置,如图 7.16 所示。选择该预制板并右键单击“隐藏未选”即可单独观察选中的预制板配筋情况,如图 7.17 及图 7.18 所示。

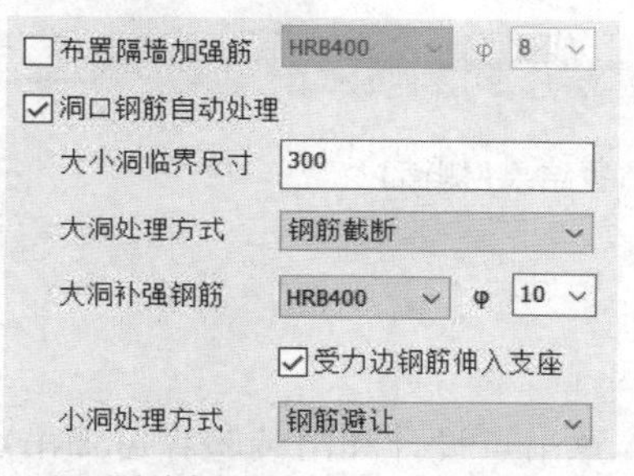

(a)隔墙加强筋与洞口钢筋处理

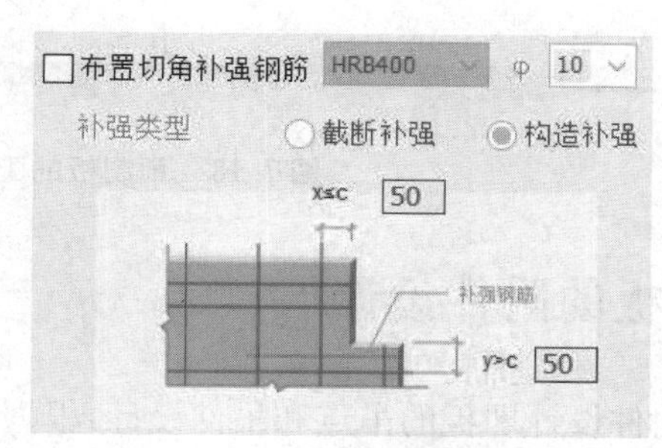

(b)切角补强钢筋

图 7.15 板补强钢筋参数设置

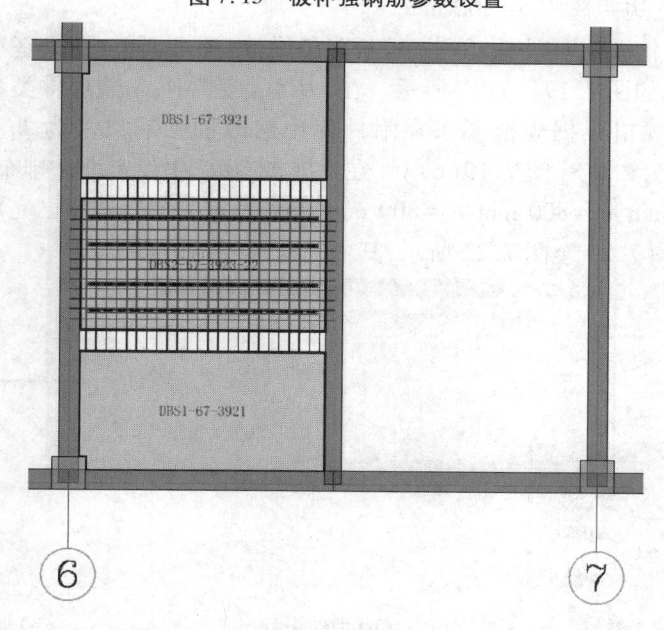

图 7.16 预制板的配筋布置结果(平面)

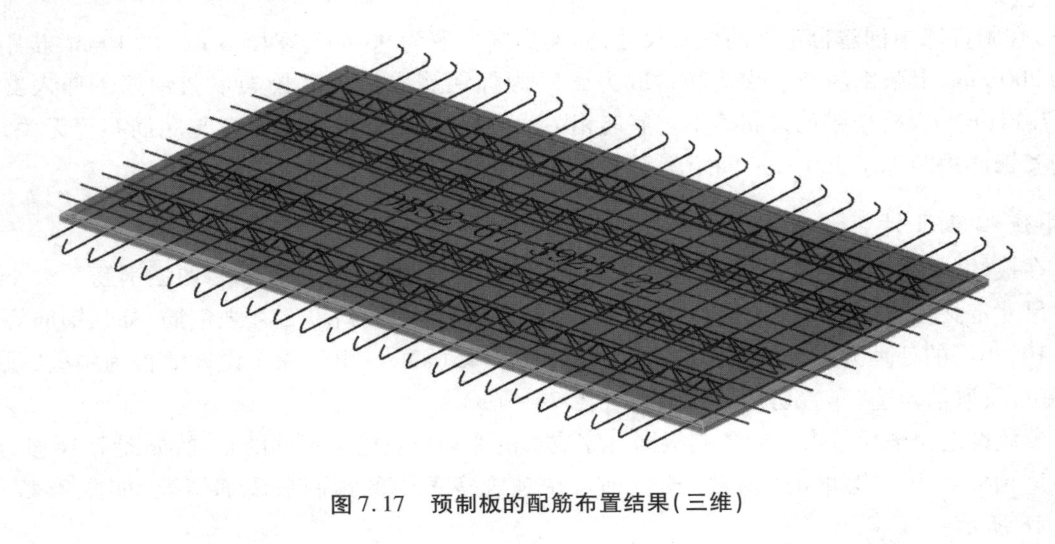

图 7.17　预制板的配筋布置结果(三维)

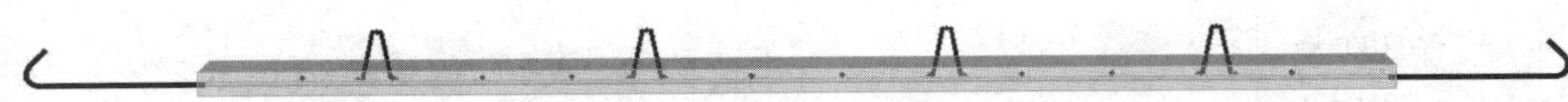

图 7.18　预制板的配筋布置结果(侧面)

7.3.4　板的附件设计

板的附件设计即板的吊点和吊件设计,根据第 4 章吊点设计和吊装验算可知吊点设置在预制板两侧的钢筋桁架上,且在沿桁架长度方向上,吊点与板边距离为 a=800 mm,在垂直于桁架长度方向上,吊点与板边距离为 b=300 mm。

在 PKPM-PC“深化设计”版块中单击“楼板附件设计”即可调整埋件“基本参数”与“排布参数”完成吊件的设置,如图 7.19(a)(b)所示。在“基本参数”中,吊装埋件类型选择为桁架吊点[图 7.19(a)],埋件规格根据规范要求在附件库中修改加强筋尺寸为 $L_1=L_2=150$ mm、d=200 mm,加强筋规格为 2 ⌀ 8[图 7.19(c)]。在“排布参数”中设定埋件排布为两行两列,确定 $c_1=300$ mm、$c_2=300$ mm、$c_3=800$ mm、$c_4=800$ mm,参数设定完成后选择已完成配筋的预制板即可完成附件布置,如图 7.20 至图 7.22 所示,其中三角形表示吊点位置。

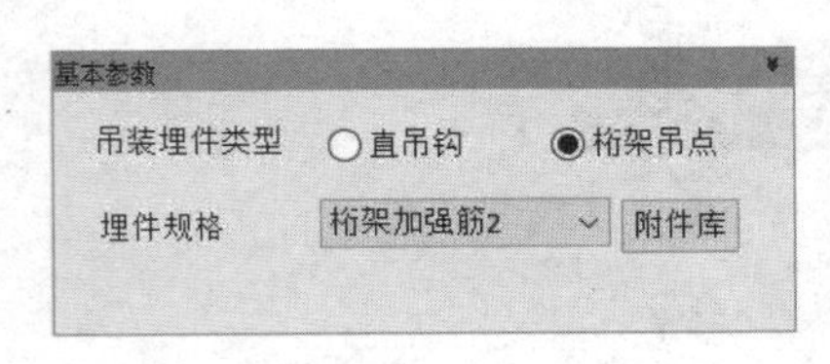

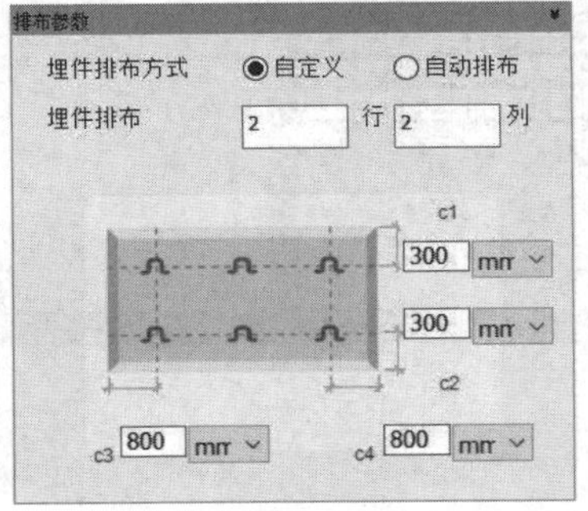

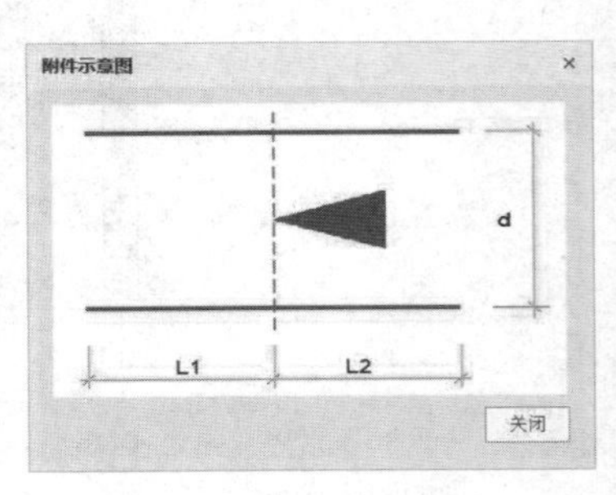

(a)埋件设计基本参数　　(b)埋件设计　　(c)加强钢筋示意图

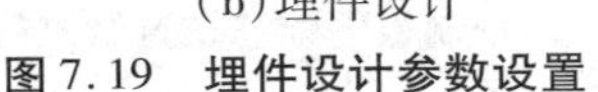

图 7.19　埋件设计参数设置

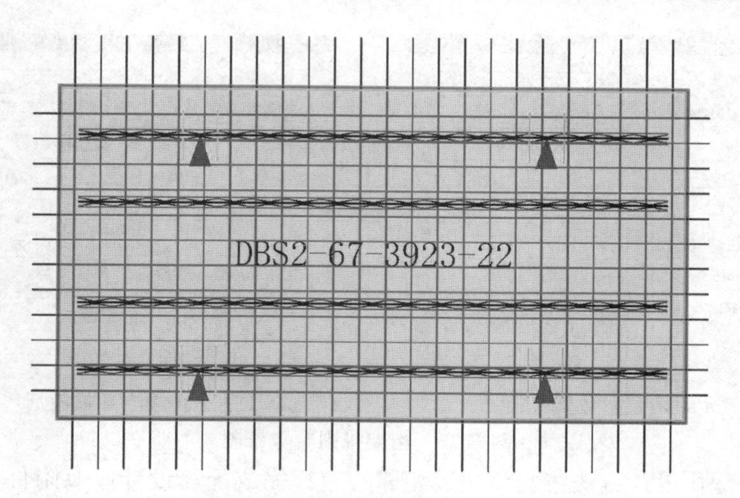

图 7.20　附件布置结果(平面)

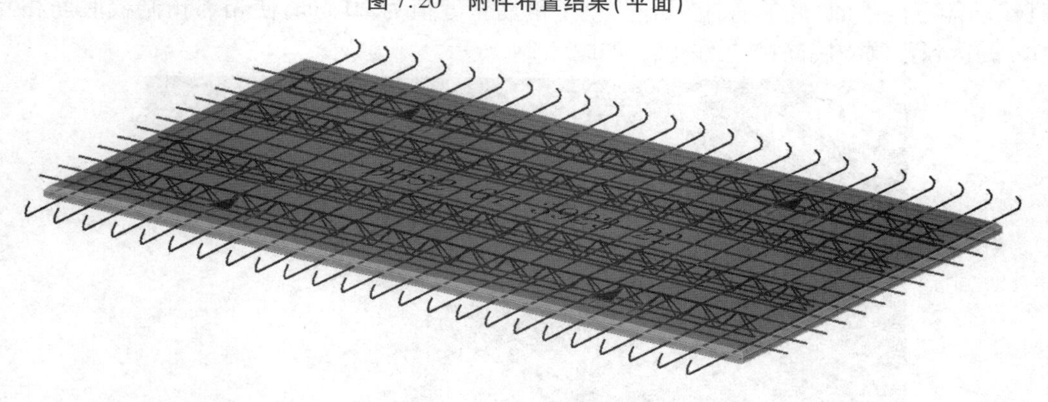

图 7.21　附件布置结果(三维)

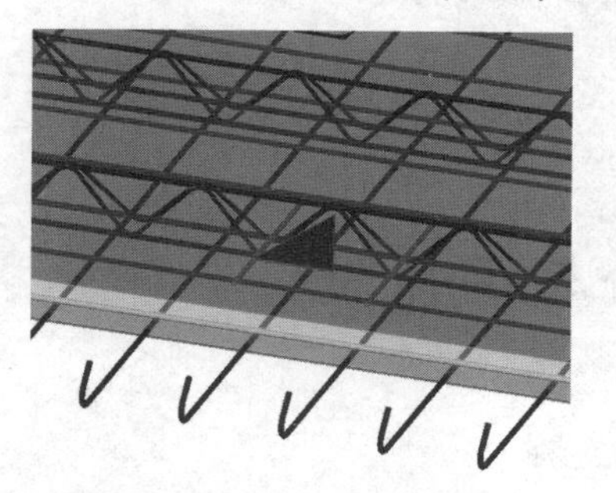

图 7.22　吊点及附加钢筋

7.3.5　板的深化设计调整

完成上述配筋及附件设计后单击该预制构件即可在属性栏中查看该构件的基本参数、倒角参数、底筋参数、桁架参数以及埋件参数。其中在“桁架参数”中发现桁架钢筋的平面布置间距与实际设计不符,在“桁架排列”中修改桁架间距为 300 mm、450 mm、500 mm、450 mm,如图 7.23 所示。

(a)桁架参数修改前

(b)桁架参数修改后

图 7.23　桁架排列参数修改

采用相同的深化设计方法将与该中板相邻的边板完成配筋设计以及附件设计,并通过“预制楼板”功能分区中的“底筋避让”功能,设定钢筋错缝值为 20 mm,使相邻预制板底筋相互错让 10 mm 达到预制板底筋避让的效果,如图 7.24 所示。

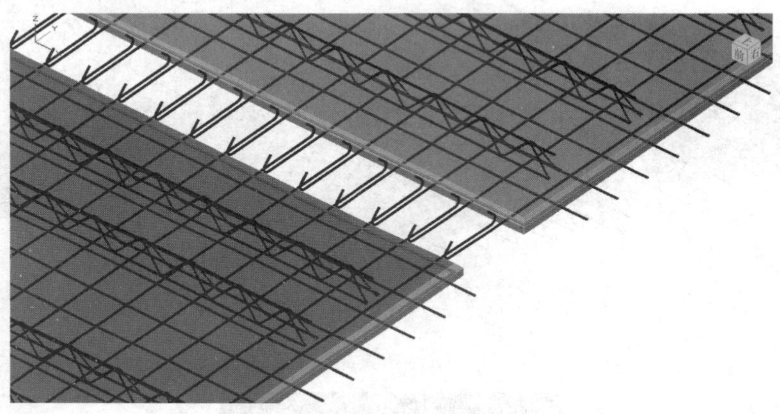

图 7.24　预制板钢筋避让

7.4　叠合梁的拆分与深化设计

7.4.1　梁的设计拆分方案

在第 4 章、第 5 章中对二层⑥轴框架 *AB* 框架梁进行了截面设计、梁端键槽设计和主次梁钢企口连接设计。预制梁的梁端截面尺寸及键槽尺寸见第 5 章,主次梁钢企口连接的预埋抗剪钢板及预埋承压钢板尺寸见第 5 章。

7.4.2　梁的拆分及调整

在进行梁的拆分之前,由于 PKPM 结构计算软件导出的模型中次梁将主梁打断成了两段,需要对 PM 导入 PKPM-PC 中的模型进行调整,通过“方案设计”版块中的“前处理”功能分区中的“梁合并”功能，选择楼层内全部梁实现主梁的合并。

在 PKPM-PC“方案设计”板块中单击“梁拆分设计”功能，在操作界面左侧弹出“梁拆分对话框”，在“基本参数”中，梁的混凝土强度等级为 C30，预制梁截面类型按照设计选择为凹口截面，叠合梁后浇层厚度选择“自适应板厚”，凹口梁截面构造尺寸参见图 4.38。b_1 取为 60 mm，h_2 取为 50 mm，b_2 取为 0 mm，梁端在支座上的搁置长度取为 10 mm[图 7.25(a)]。在“构造参数”中，根据图 5.50，梁端键槽类型选择为“贯通键槽”，键槽个数为 2 个，键槽深度 t 为 30 mm，键槽距梁底距离 l_1 为 65 mm，键槽宽度 h_3 为 100 mm，键槽间距 l_3 为 70 mm，键槽端部斜面在梁端的投影宽度 b_3 为 15 mm，该梁不设翻边及挑耳[图 7.25(b)]。在“主次梁搭接参数”中，主次梁搭接形式选择为“牛担板搭接”，主次梁搭接间隙 e_6 取为 15 mm，e_7 取为 10 mm，牛担板(预埋抗剪钢板)以及钢垫板(预埋承压钢板)的尺寸参见图 5.65 和图 5.66，在附件库中建立新的与设计尺寸对应的自定义构件[图 7.25(c)]。参数设置完成后单击需要按照该拆分方案进行拆分的梁，即可完成拆分，如图 7.26 和图 7.27 所示。主次梁的钢企口连接如图 7.28 所示。

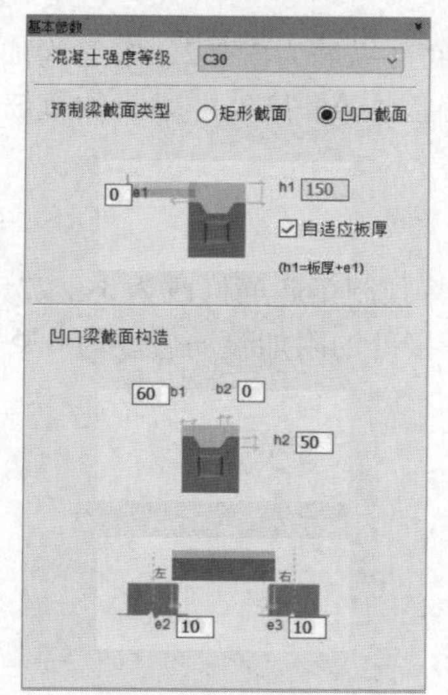

(a)基本参数

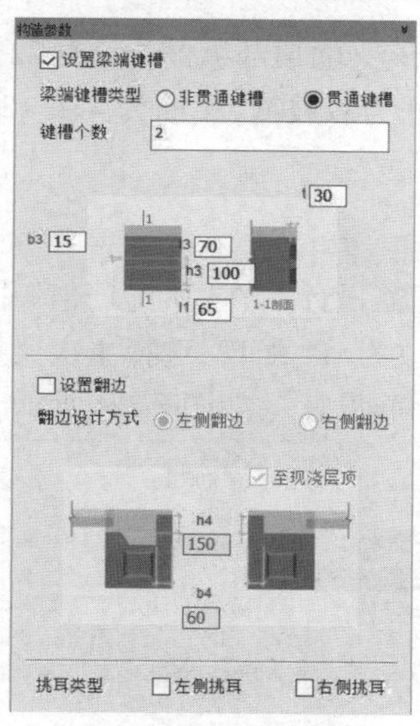

(b)构造参数

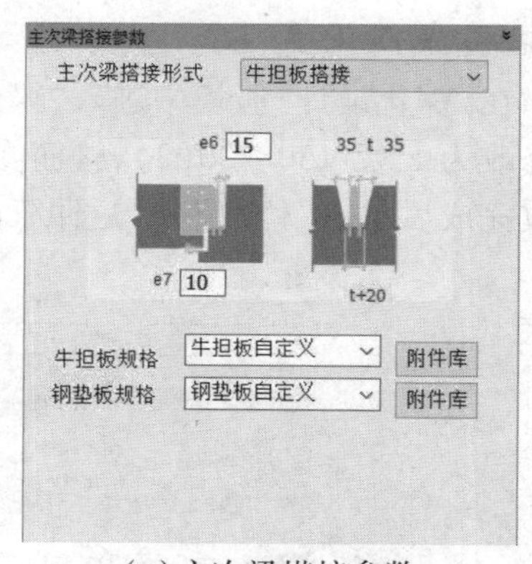

(c)主次梁搭接参数

图 7.25 梁拆分参数设置

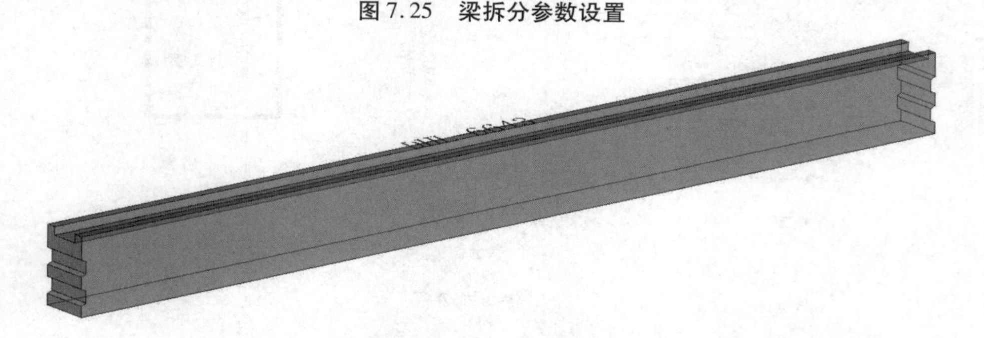

图 7.26 梁拆分结果(三维)

图 7.27 梁拆分结果(侧视)

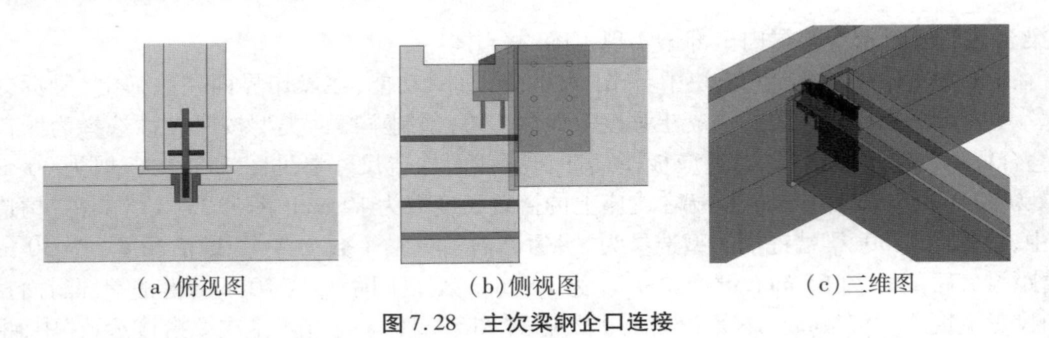

(a)俯视图　　(b)侧视图　　(c)三维图

图 7.28　主次梁钢企口连接

7.4.3　梁的配筋设计

1)梁的配筋值

根据第 4 章梁的截面设计可知,该梁的顶部纵筋为 3 Φ 22,底部纵筋为 3 Φ 22,箍筋为加密区 Φ 8@ 150,非加密区 Φ 8@ 200,箍筋为双肢箍,腰筋为 4 Φ 12,主次梁搭接处主梁附加箍筋为 6 Φ 8。

2)梁的底筋设置

在"深化设计"版块中进入"梁配筋设计",在"梁配筋值"中将预制梁底筋修改为 3 Φ 22,箍筋修改为 Φ 8@ 150/200(2),腰筋修改为 G4 Φ 12,选择主次梁搭接处的附加箍筋修改为 6 Φ 8,修改完成后单击"修改"并"返回梁配筋设计",如图 7.29 所示。

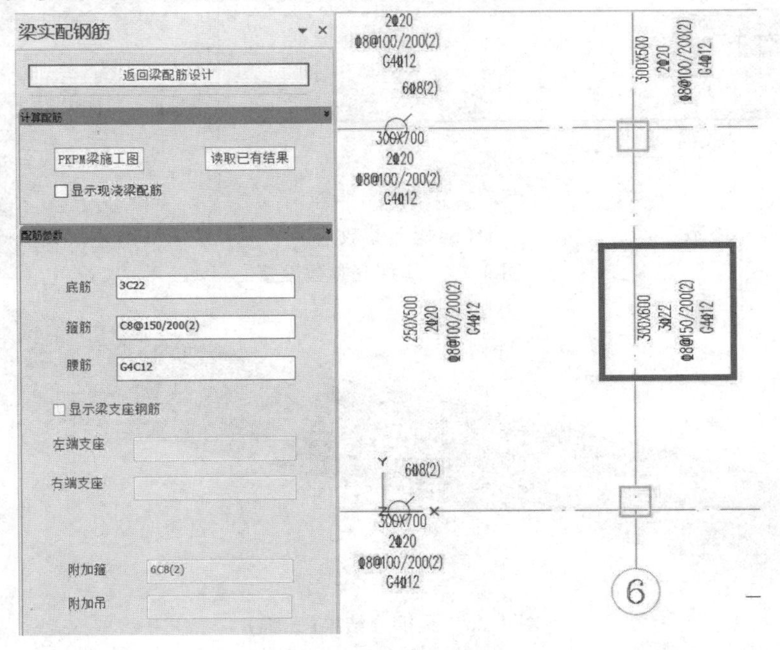

图 7.29　梁的配筋值修改

在"基本参数"中,将梁的混凝土保护层厚度修改为 25 mm[图 7.30(a)]。在"底筋参数"中,底筋的净距要求为不小于 25 mm。底筋布置一排钢筋,钢筋锚固形式选择为锚固板锚固。

锚固长度选择软件自动计算，使其≥$0.4l_{abE}$ 且≥h_c-70，以保证梁的钢筋伸至柱对边纵筋内侧，使锚固板端头与柱钢筋内侧之间的距离不大于50 mm[图7.30(b)]。梁右端的锚固形式及锚固长度与左端相同。锚固板类型选择圆形部分锚固板，锚固板型号将自动与钢筋规格匹配[图7.30(c)]。不伸入支座的钢筋缩进长度根据图集选择为0.1×净跨[图7.30(d)]。

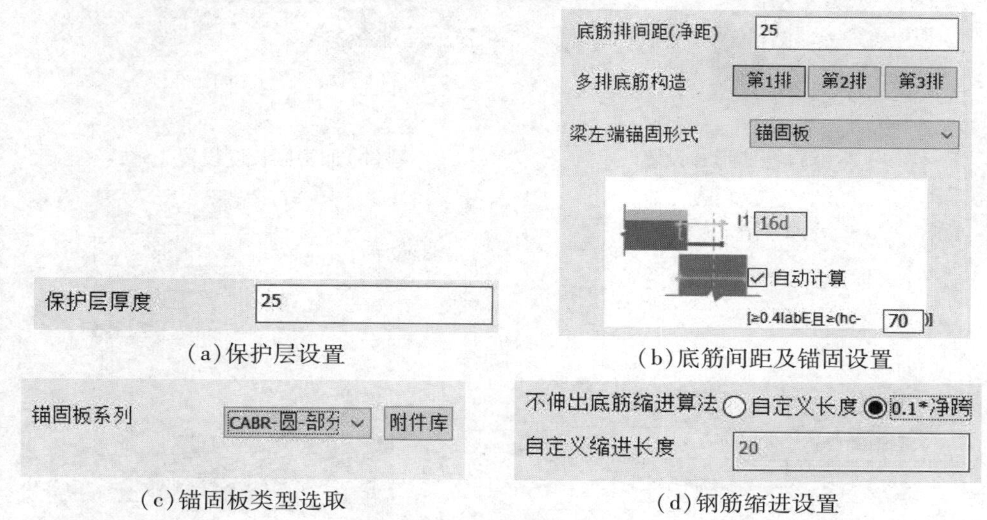

(a)保护层设置　　(b)底筋间距及锚固设置

(c)锚固板类型选取　　(d)钢筋缩进设置

图7.30　梁的底筋参数设置

3)梁的腰筋设置

在“腰筋参数”中，因梁腰筋均为构造钢筋，故梁左右端锚固形式均选择为“不伸出”，缩进尺寸 l_1 选择自动计算，如图7.31所示。

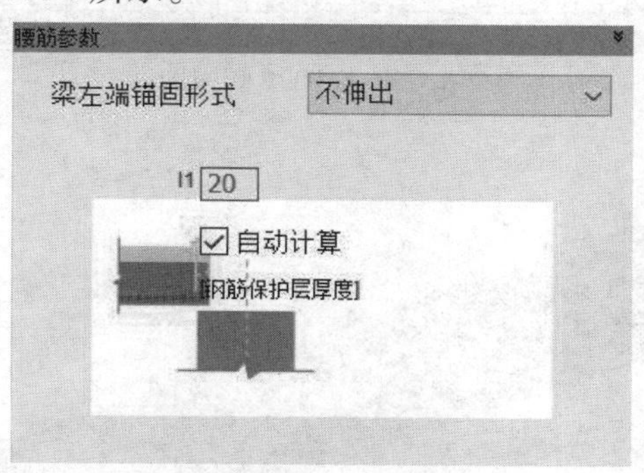

图7.31　梁的腰筋参数设置

4)梁的箍筋设置

在“箍筋参数”中，箍筋形式选择为“组合封闭箍”，弯钩平直段的长度根据图集取为10d 和75 mm中的较大值[图7.32(a)]。箍筋加密区长度选择软件自动计算[图7.32(b)]，箍筋排布选择“参数控制”，箍筋边距定为50 mm，余数放在两端，余数最小取为100 mm[图7.32(c)]。附加箍筋布置方式选择“插空布置”，附加箍筋的边距取为50 mm[图7.32(d)]。

完成各项参数设置后选择预制梁即可完成预制梁的配筋，并可在三维模型中查看，如图7.33所示。

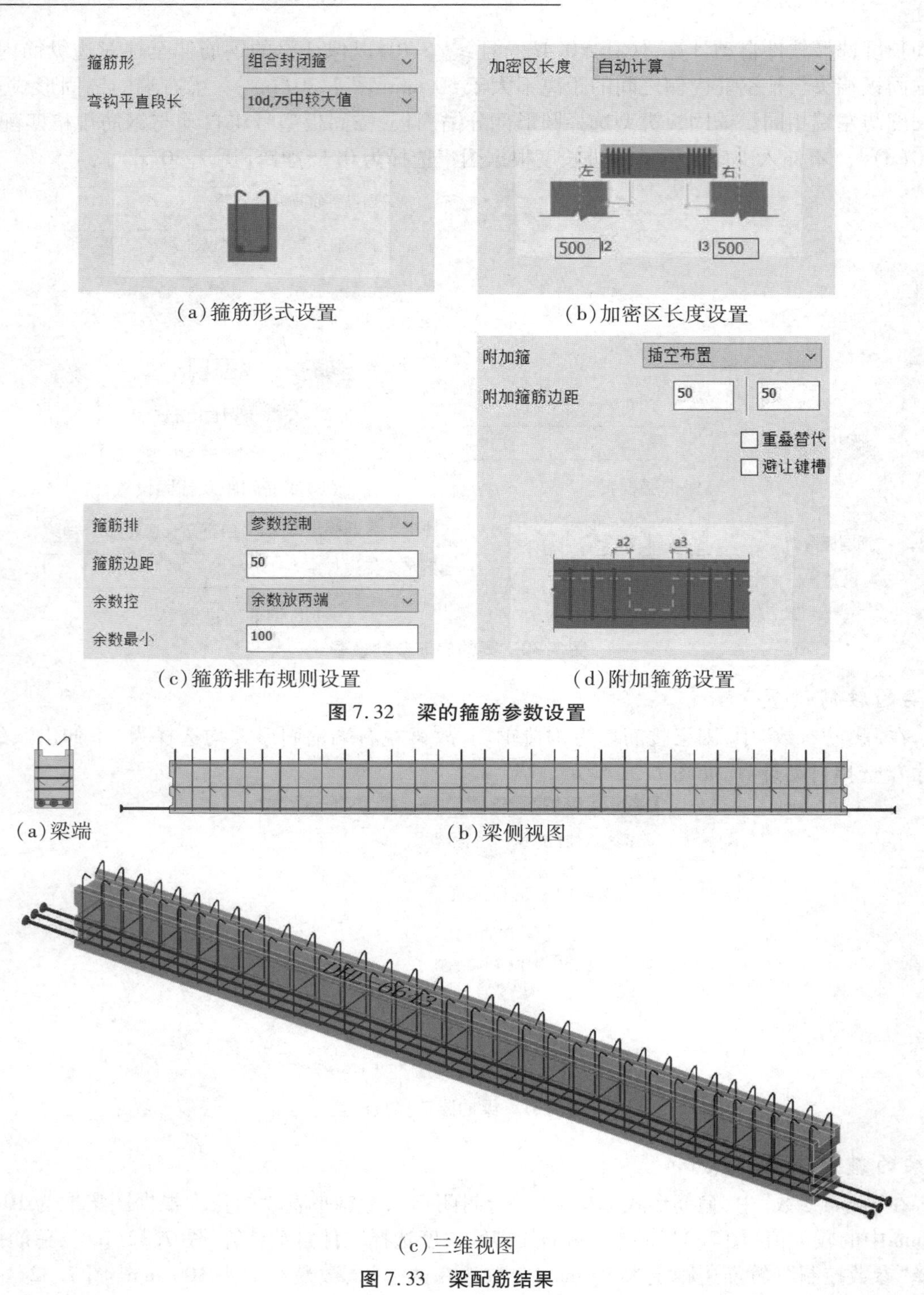

(a)箍筋形式设置

(b)加密区长度设置

(c)箍筋排布规则设置

(d)附加箍筋设置

图 7.32　梁的箍筋参数设置

(a)梁端

(b)梁侧视图

(c)三维视图

图 7.33　梁配筋结果

7.4.4　梁的附件设计

根据第 4 章对预制梁施工阶段的短暂设计状况验算,预制梁吊点距离梁端的距离为 1.2 m

(图 4.42),吊环钢筋采用 HPB300 直径为 10 mm。吊环尺寸见第 4 章,在"吊装/脱模埋件参数"中,选择埋件类型为"直吊钩",埋件规格在附件库中自定义与设计相符的吊钩并修改尺寸,埋件的布置方式选择为"自定义",在示意图中修改吊钩至梁端的距离为 1 200 mm,如图 7.34 所示。完成参数设置后单击已配筋的预制梁,即可完成附件设计,设计结果如图 7.35 所示。

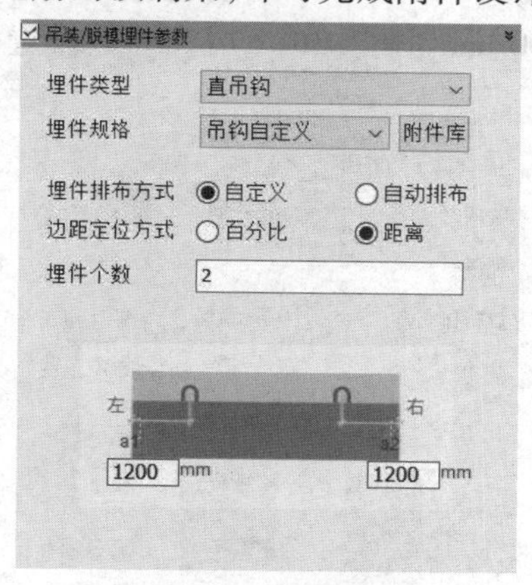

图 7.34　吊装/脱模埋件参数

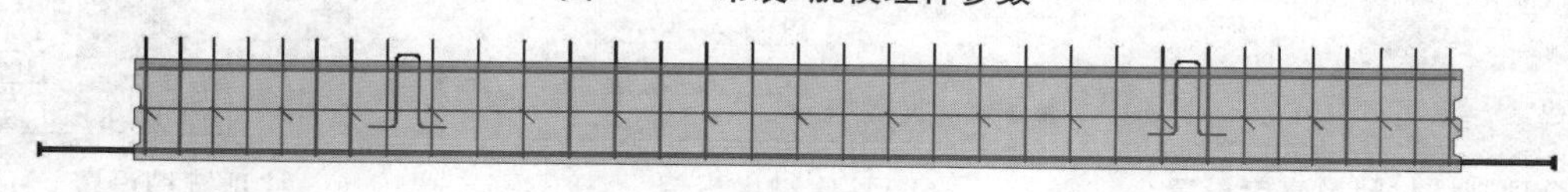

图 7.35　附件设计结果

7.4.5　梁的深化设计调整

完成梁的构件拆分、配筋设计以及附件设计后单击预制梁,即可在属性栏中查看预制梁的基本参数、构造参数、底筋参数、腰筋参数、箍筋参数、拉筋参数以及埋件等参数,并且可以在此处直接修改使模型发生相应变化。通过查看并比对,发现属性栏中梁的各项参数与设计相符,无须修改。

7.5　预制柱的拆分与深化设计

7.5.1　柱的设计拆分方案

第 4 章中对二层Ⓐ轴框架柱进行了构件设计,预制柱柱底接缝 20 mm 厚,柱顶现浇节点区高度为 700 mm,预制柱高度为 2 880 mm。

7.5.2　柱的拆分

单击"方案设计"中的"柱拆分设计",在操作界面左侧出现"柱拆分设计对话框",在"基本参数"中,预制柱混凝土强度等级为 C40,预制柱高度选取 "自适应梁高",e_1 取为 0 mm,柱底接

缝高度 e_2 取为 20 mm[图 7.36(a)]。柱底接缝的键槽形状选择为“井”字形,居中布置。井字形键槽高度 t_1 取为 15 mm,宽度 b_1 取为 30 mm,键槽在截面上的定位尺寸 l_1 取为 30 mm、c_1 取为 95 mm、l_3 取为 30 mm、c_3 取为 95 mm,键槽排气孔高度取为 600 mm[图 7.36(b)]。柱顶键槽形状为矩形,居中布置,键槽深度 t_2 取为 30 mm,键槽斜面水平投影宽度 b_2 取为 15 mm,键槽在截面上的定位边距 l_5、l_7 取为 100 mm[图 7.36(c)]。参数设置完成后单击待拆分柱即可完成拆分,如图 7.37 所示。

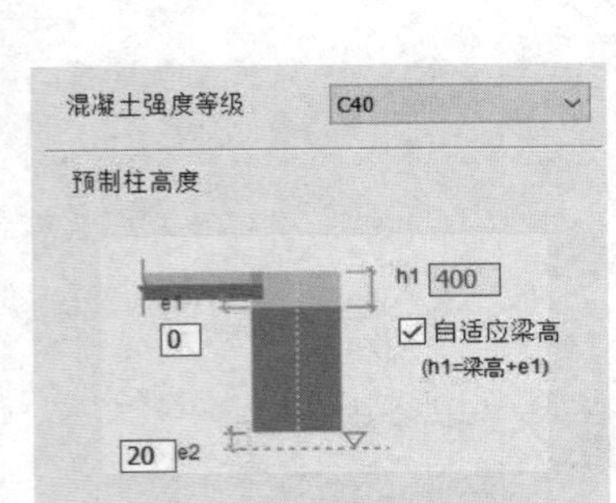

(a)预制柱材料及高度设置

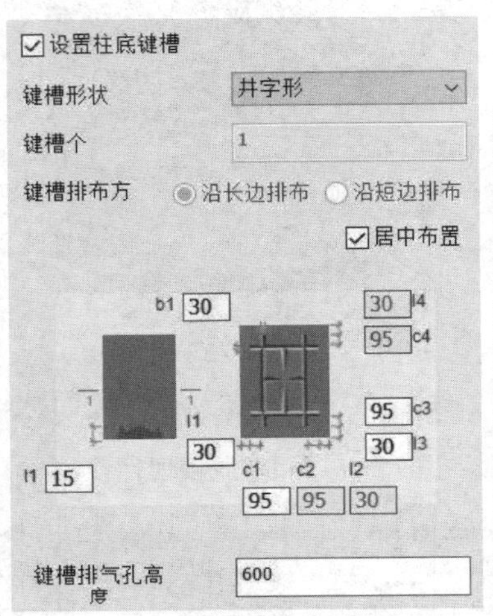

(b)柱底键槽设置

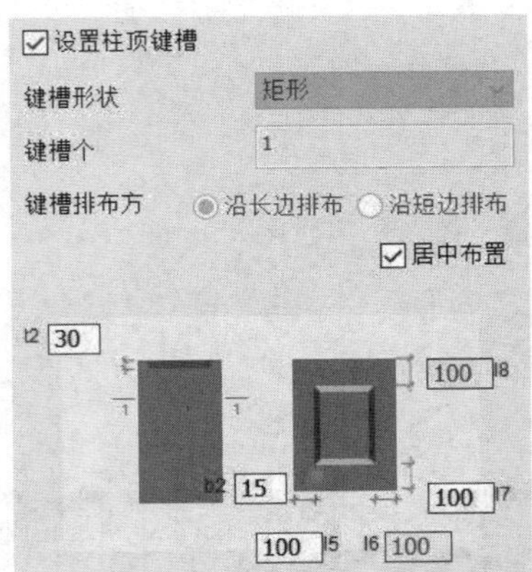

(c)柱顶键槽设置

图 7.36　预制柱构件拆分参数设置

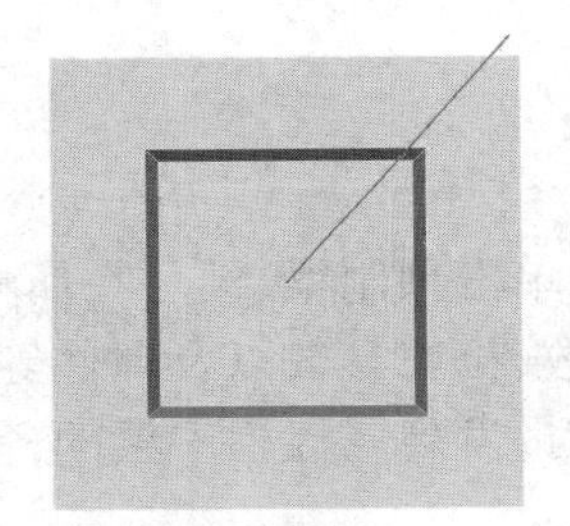

(a)预制柱俯视

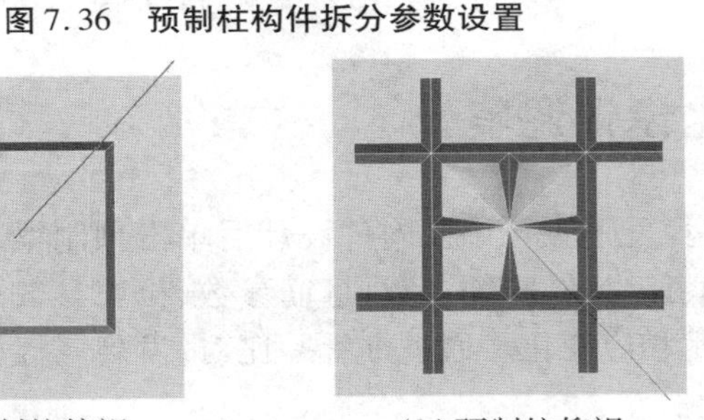

(b)预制柱仰视

图 7.37　预制柱拆分结果

7.5.3　柱的配筋设计

第 4 章中针对该柱进行了截面设计,可知柱截面配筋为每边 3 ⌀ 20,加密区箍筋为⌀ 8@100,非加密区为⌀ 8@200,箍筋为三肢箍,柱纵筋采用灌浆套筒进行连接,套筒选择思达建茂 GT-20。

1)柱的配筋值及基本参数

在“柱配筋设计对话框”中单击“柱配筋值”,在其中修改该柱的配筋值,角筋为 4 ⌀ 20,箍筋为⌀ 8@100/200(3×3),柱侧钢筋 X、Y 方向均为 1 ⌀ 20,如图 7.38(a)所示。在“基本参数”中,柱纵筋的定位方式选择为“按角筋中心定位”,根据第 4 章截面设计,取角筋中心至构件边缘的距离为 60 mm。

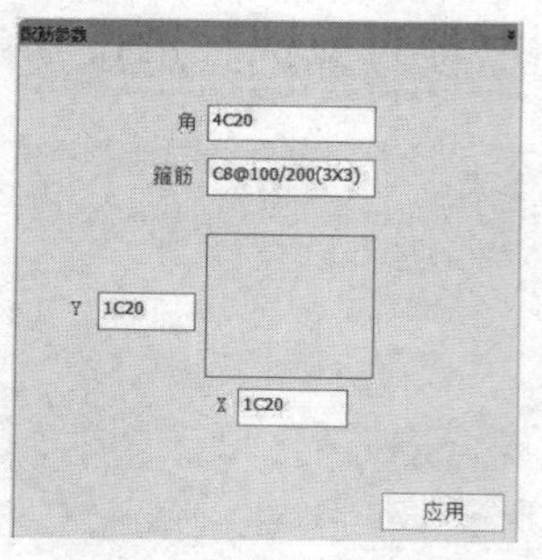

(a)配筋值设置

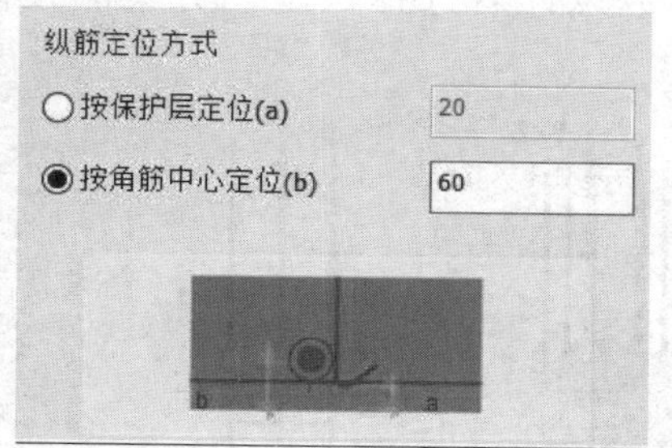

(b)基本参数设置

图7.38 柱配筋值及基本参数设置

2)柱的纵筋参数

在“纵筋参数”中,纵筋连接选择为“承插套筒”,套筒类型选择为“半灌浆套筒”,套筒系列为思达建茂-JM,勾选“自动匹配套筒规格”套筒将自动与钢筋尺寸匹配,预制柱顶端伸出长度也将根据套筒规格自动确定,灌浆操作面选择为对应建筑内侧的上面与右面[图7.39(a)]。该柱不设置导向孔[图7.39(b)]。

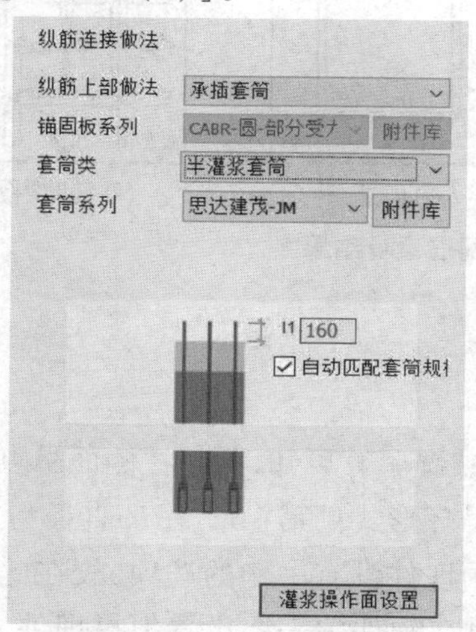

(a)纵筋连接设置

(b)导向孔设置

图7.39 柱的纵筋参数设置

3)柱的箍筋参数

在“箍筋参数”中,箍筋形式选择为“传统箍”[图7.40(a)]。柱端箍筋加密区高度勾选软件自动计算,柱端第一道箍筋距离柱端距离 d_{s1}、d_{s2} 均取为50 mm[图7.40(b)]。

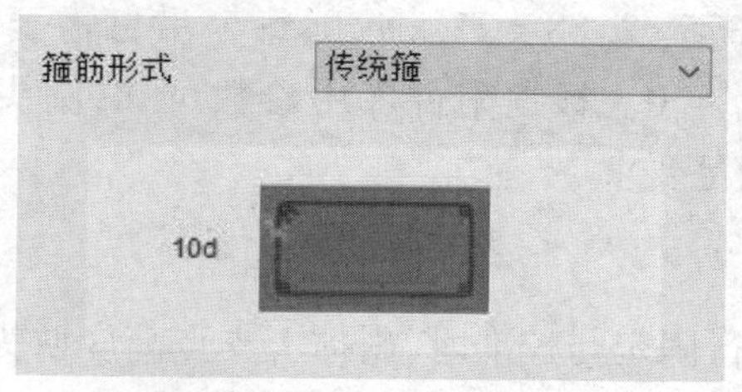

(a)箍筋形式设置

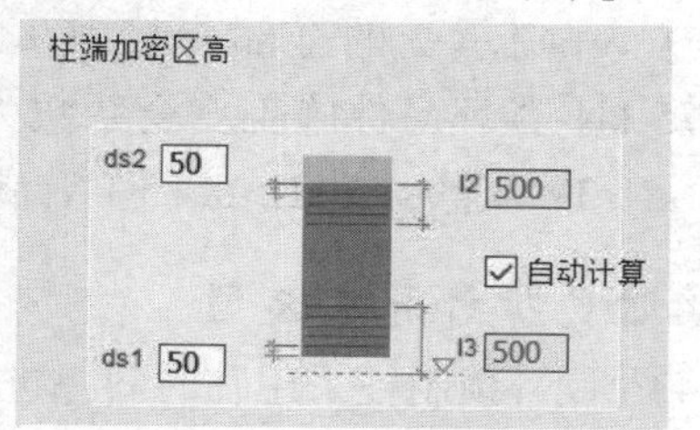

(b)箍筋加密区设置

图7.40 柱的箍筋参数设置

完成配筋参数设计后选择该配筋方案的预制柱，即可完成柱的配筋设计，如图7.41所示。

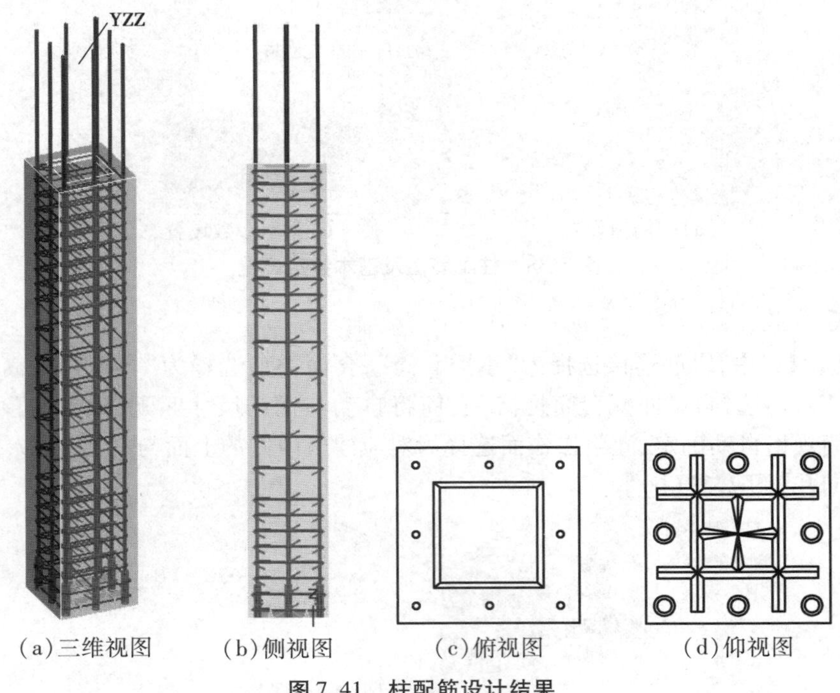

图7.41　柱配筋设计结果

7.5.4　柱的附件设计

根据第4章对预制柱施工阶段的短暂设计状况验算可知，预制柱侧面吊点距离预制柱上下端面的距离为0.6 m，如图4.24所示。预制柱吊环形式见第4章，吊环直径为10 mm，钢筋等级为HPB300。由于软件提供的预制柱侧面起吊预埋件没有吊钩的选项，故在此根据第4章计算内容选取附件库中相应承载力的脱模埋件，同时在软件中需要设置斜撑埋件，故在此处进行简要计算后进行埋件选取。

1)预制柱侧面脱模埋件计算及选型

根据第4章计算可知，预制柱脱模荷载为9.375 kN/m，脱模预埋件类型选取为"圆头吊钉"，在预制柱上的布置为距离柱底和柱顶两端均为0.6 m，吊点处布置2列吊钉[图7.43(b)]。吊钉承受的全部荷载为$9.375\times2.88=27$ kN，则每个吊钉需要承担的荷载为$27\div4=6.75$ kN，预埋吊件施工安全系数为4.0。根据附件库中参数可知，圆头吊钉-39-120承载力为39 kN，$39\div4=9.75$ kN>6.75 kN，满足要求。

2)预制柱临时支撑计算及选型

如图7.42所示，预制柱采用临时斜撑进行固定与校准时，斜撑上支点高度取为2/3预制柱高，即$\frac{2}{3}\times2\ 880=1\ 920$ mm，预制柱底钢制垫块中心位置与预制柱底边中心的距离为150 mm，预制柱重 18 kN,则可列出平衡方程:$18\times0.15=F\times\cos 60^\circ\times1.92$,该方程可解出斜支撑内力 $F=2.81$ kN,临时斜撑的连接件的安全系数为 3.0,斜撑埋件类型选取为“预埋锚栓”[图 7.43(b)],根据附件库中的参数可知,预埋锚栓-12-70 承载力为 12 kN,12÷3=4 kN>2.81 kN,满足要求。

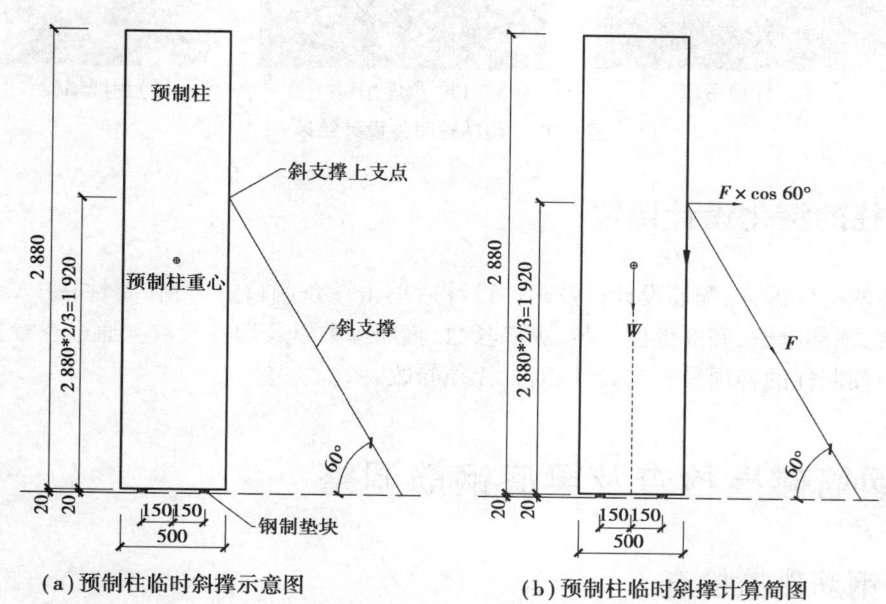

图 7.42　预制柱采用临时斜撑

在“吊装埋件”参数中,埋件选择为弯吊钩,并在附件库中自定义吊钩尺寸,使其与第 4 章计算结果相符。吊钩的布置为沿软件中 X 轴方向布置两组,每组一个,吊钩的边距 a_1 取为 150 mm,吊钩伸出键槽顶面的高度取为 50 mm[图 7.43(b)]。在“脱模/斜撑埋件参数”中,斜撑埋件所在面应至少设置在两个相互垂直的非临空面[图 7.43(c)]。完成参数设置后单击已配筋的预制柱,即可完成附件设计,设计结果如图 7.44 所示。

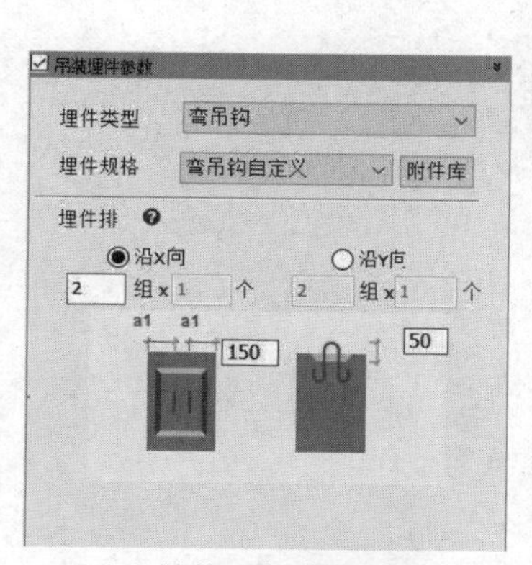

(a)吊装埋件参数设置

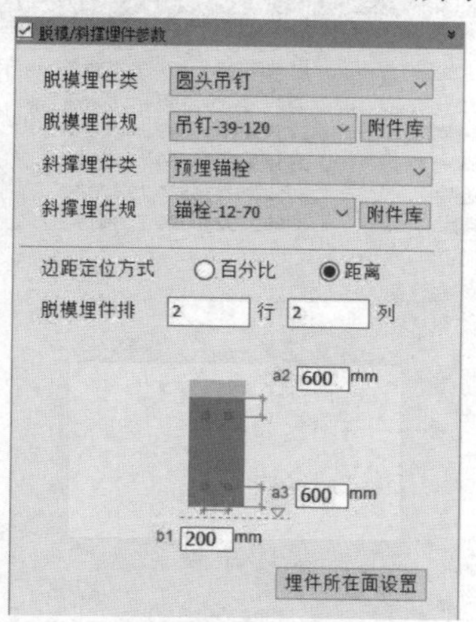

(b)脱模/斜撑埋件设计

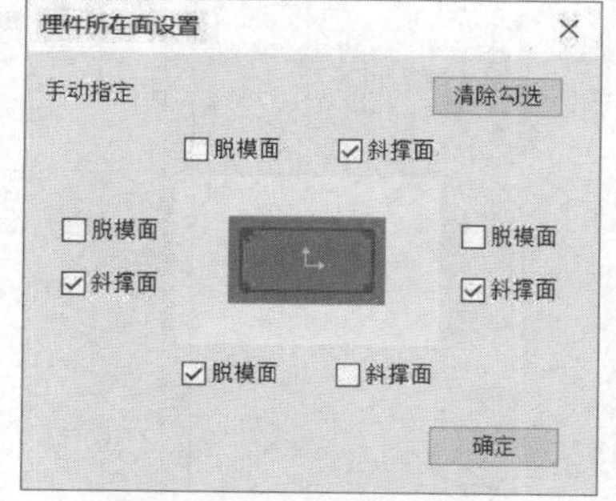

(c)埋件所在面设置

图 7.43　柱的附件设计参数设置

(a)柱顶吊环

(b)预埋吊钉

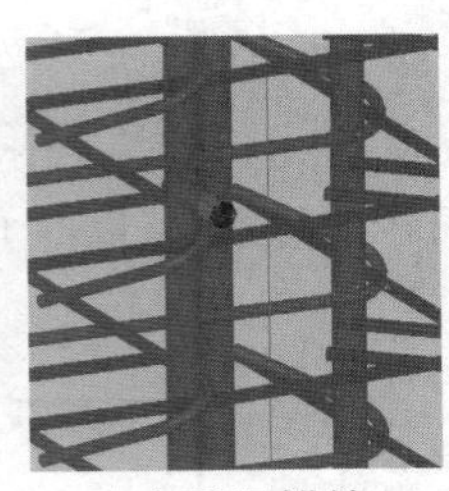
(c)预埋锚栓

图 7.44　预制柱附件设计结果

7.5.5　柱的深化设计调整

完成柱的构件拆分、配筋设计以及附件设计后单击该预制柱，即可在属性栏中查看预制柱的基本参数、顶部键槽、底部键槽参数、纵筋参数、箍筋参数以及埋件参数。通过查看并对比，发现属性栏中预制柱的各项参数与设计相符，无须修改。

7.6　钢筋碰撞检查及梁底钢筋调整

7.6.1　钢筋碰撞检查

按照与上述预制梁相同的深化设计方法，将二层Ⓐ轴与⑥轴交点对应的梁柱节点所连梁和柱进行构件拆分与深化设计后，可通过"指标与检查"版块中的"钢筋碰撞检查"功能对模型内钢筋碰撞部位进行筛查。选择检查楼层以及检查构件后即可生成钢筋碰撞检查结果，如图 7.45 所示。双击碰撞检查结果中的任一条，主界面视图将自动跳转到碰撞点位置，并将碰撞点高亮并以绿色圆圈标记，如图 7.46 所示。

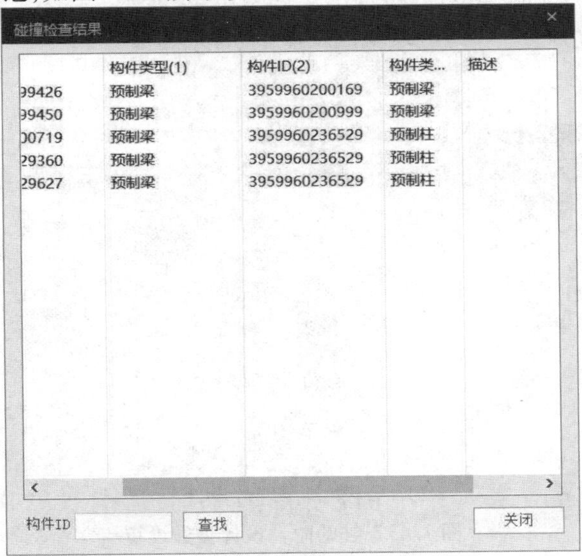

图 7.45　钢筋碰撞检查结果

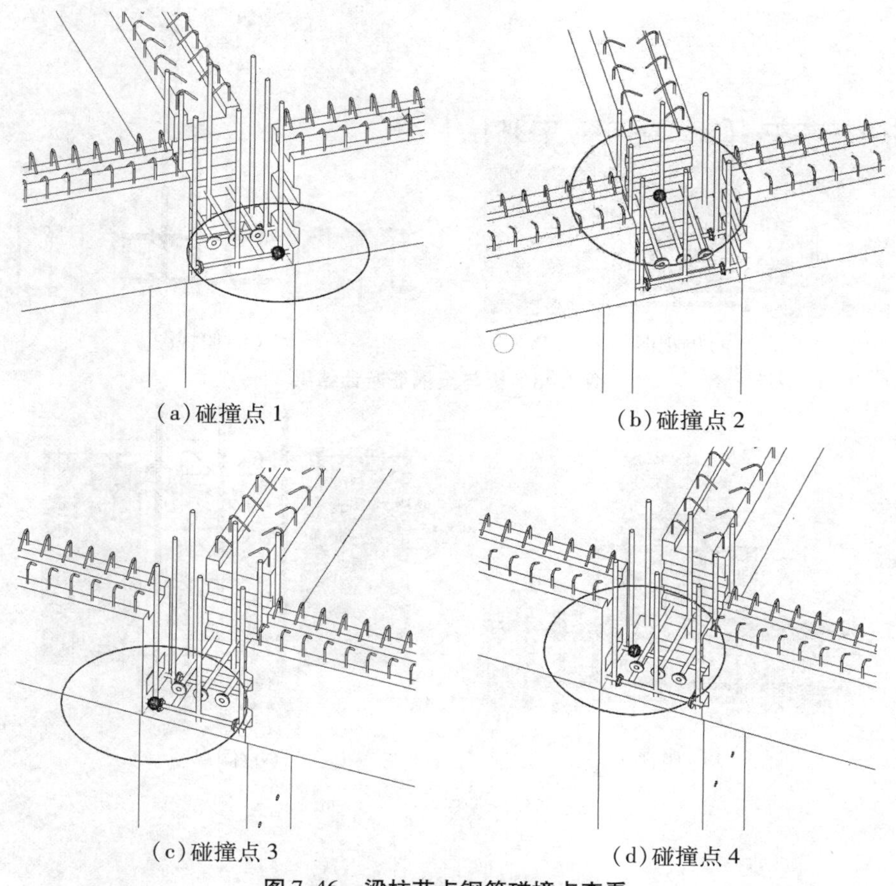

(a)碰撞点 1　　(b)碰撞点 2

(c)碰撞点 3　　(d)碰撞点 4

图 7.46　梁柱节点钢筋碰撞点查看

7.6.2　梁底纵筋避让

为解决梁柱节点钢筋碰撞问题,可以通过“深化设计”版块中的“预制梁柱”功能分区中的“底筋避让”功能使梁底钢筋在水平方向和竖直方向通过人为设计的弯折来实现节点区的梁与梁、梁与柱的钢筋避让,如图 7.47 所示。经过人工调整后,节点钢筋避让结果如图 7.48 和图 7.49 所示。

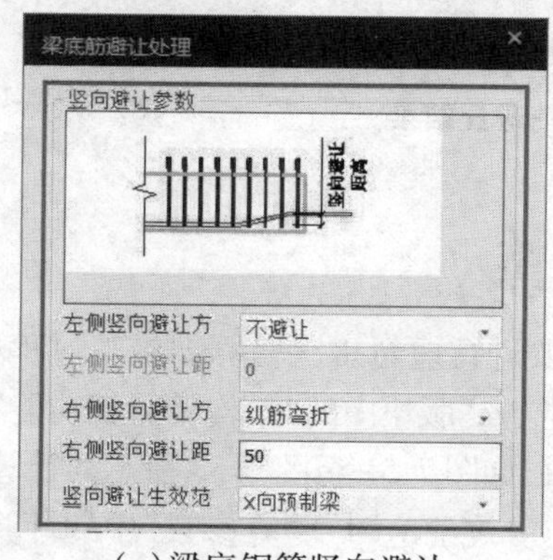

(a)梁底钢筋竖向避让

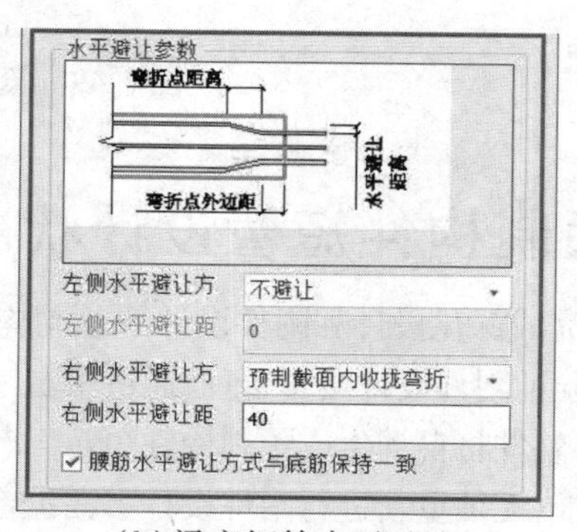

(b)梁底钢筋水平避让

图 7.47　底筋避让设置

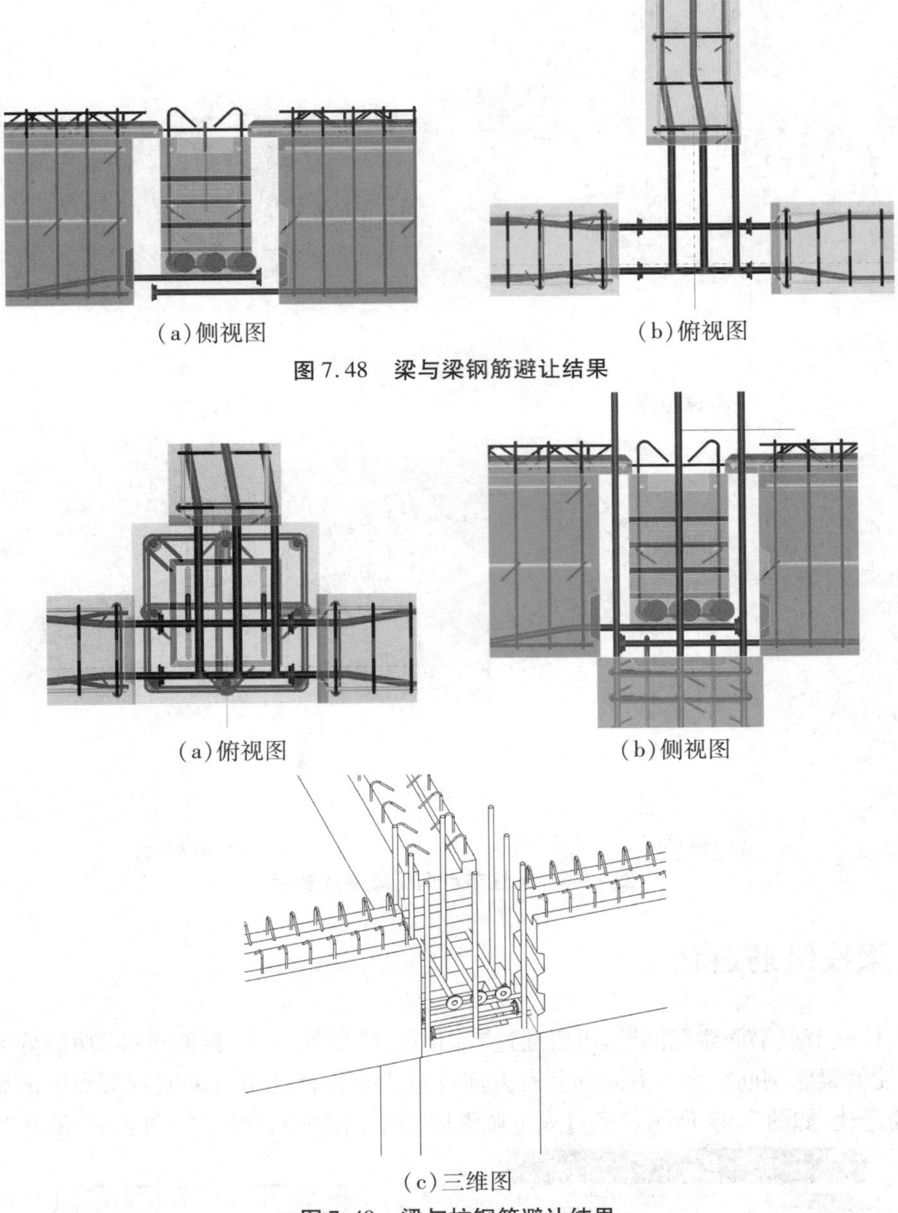

(a)侧视图　　(b)俯视图

图 7.48　梁与梁钢筋避让结果

(a)俯视图　　(b)侧视图

(c)三维图

图 7.49　梁与柱钢筋避让结果

7.7　预制构件短暂设计状况验算

对于已完成深化设计和附件设计的预制构件,需要进行短暂工况验算即施工过程中的吊装、脱模等验算来验证附件设计是否合理,通过单击"指标与检查"版块中的"单构件验算功能"并单击需要验算的构件,软件将自动生成预制构件短暂工况计算书,如图 7.51 至图 7.53 所示。计算书中所有验算均满足要求,无须重新进行附件设计。在进行构件验算之前应对"验算参数"中的计算系数进行设定,吊装动力系数取为 1.5,脱模动力系数为 1.2,脱模吸附力为 1.5 kN/m^2,如图 7.50 所示。

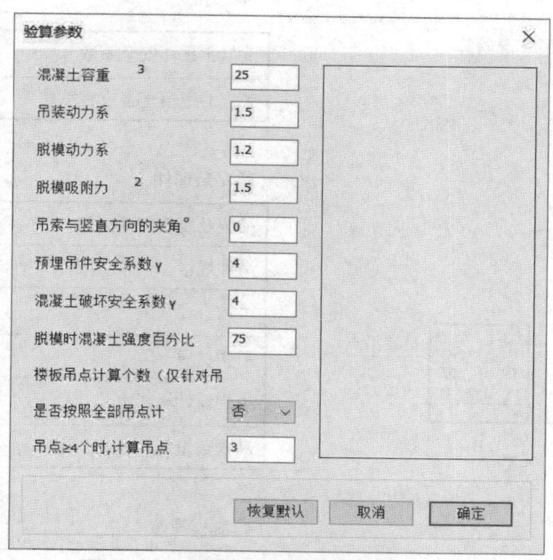

图 7.50　单构件验算验算参数设置

叠合梁 DHL-6643 短暂工况验算

一、示意图

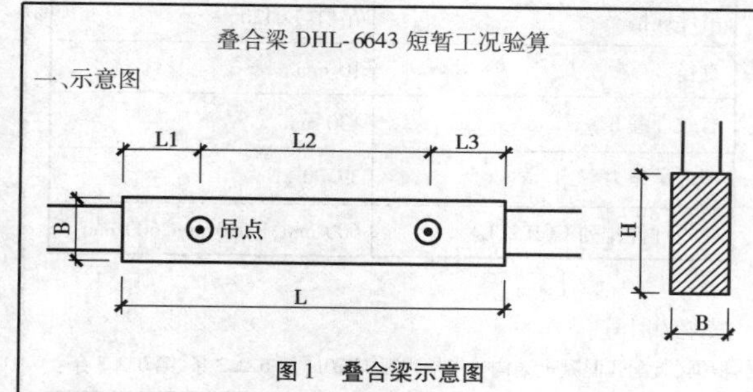

图1　叠合梁示意图

二、基本参数

(1)构件尺寸

长×宽×高　L×B×H	5 820×300×470	mm×mm×mm
梁体积 V	0.765 2	m^3

(2)相关系数

混凝土强度等级	C30
混凝土容重	25 kN/m^3
吊装动力系数	1.5
脱模动力系数	1.2
脱模吸附力	1.5 kN/m^3
吊索与竖直方向的夹角 β	0.0°
预埋吊件安全系数 γ_1	4.0
混凝土破坏安全系数 γ_2	4.0
脱模时混凝土强度百分比	75.0%

(3)吊装埋件

吊装及脱模埋件选用	直吊钩
吊件规格	吊钩自定义
吊钩直径	10 mm
吊钩材质	HPB300
吊钩设计承载力 f_y	65 N/mm^3
吊钩数量	2 个

三、荷载计算

根据《装配式混凝土结构技术规程》JGJ—2014 第 6.2.2 条、第6.2.3 条:

叠合梁自重标准值	$G=V\times\gamma=0.765\ 2\times25=19.13$ kN
脱模荷载 1	$Q_{k1}=1.2\times G+P\times L\times B=1.2\times19.13+1.5\times5.82\times0.3=25.93$ kN
脱模荷载 2	$Q_{k2}=G\times1.5=19.13\times1.5=28.69$ kN
吊装荷载	$Q_{k3}=G\times1.5=19.13\times1.5=28.69$ kN
荷载标准值	$Q_k=\max(Q_{k1},Q_{k2},Q_{k3})=28.69$ kN

四、预制梁脱模吊装容许应力验算

根据《混凝土结构工程施工规范》GB 50666—2011 第 9.2.3 条:

吊点	跨长 L_1(mm)	跨长 L_2(mm)	跨长 L_3(mm)
吊点排布	1 200	3 420	1 200

计算载荷载:$q=Q_k/L=28.69\times1\ 000/5\ 820=4.930\ 3$ kN/m

根据吊点位置及叠合梁线荷载计算得出,叠合梁脱模时产生最大弯矩值;$M_{MAX中}=3.66$ kN·m;最大支座弯矩值;$M_{MAX支}=-3.55$ kN·m

控制弯矩值:$M_{max}=\max(M_{MAX中},M_{MAX支})=3.66$ kN·m

截面抵抗矩:$W=B\times H^2/6=0.3\times0.47^2/6=0.011\ 0\ m^3$

正截面边缘混凝土法向拉应力计算:$\sigma_{ck}=M_{max}/W=3.66/(0.011\ 0\times1\ 000)=0.33\ N/mm^2$

脱模时按构件混凝土强度达到抗拉强度标准值的 75.0%,经验算 $\sigma_{ck}<75.0\%\times f_{tk}=1.51\ N/mm^2$,满足要求!

图 7.51　叠合梁短暂工况验算计算书

预制柱 YZZ-3655 短暂工况验算

一、示意图

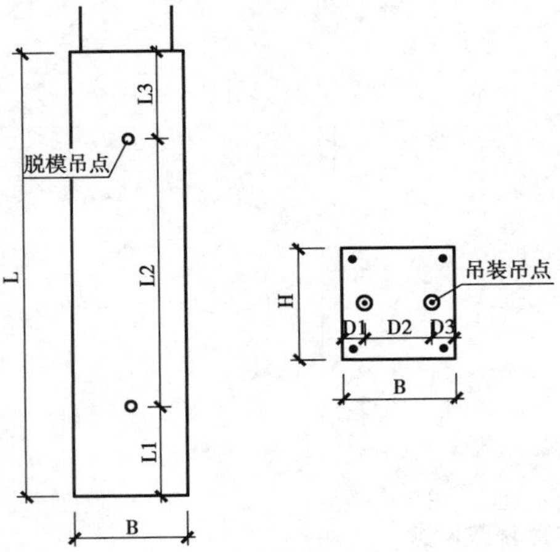

图1 预制柱示意图

二、基本参数

(1)构件尺寸

长×宽×高 L×B×H	2 880×500×500	mm×mm×mm
柱体积 V	0.720 0	m^3

(2)相关参数

混凝土强度等级	C40
混凝土容重	25 kN/m^3
吊装动力系数	1.5
脱模动力系数	1.2
脱模吸附力	1.5 kN/m^3
吊索与竖直方向的夹角 β	0.0°
预埋吊件安全系数 γ_1	4.0
混凝土破坏安全系数 γ_2	4.0
脱模时混凝土强度百分比	75.0%

(3)吊装埋件

吊装及脱模埋件选用	弯吊钩
吊件规格	弯吊钩自定义
吊钩直径 d_r	10 mm
吊钩材质	HPB300
吊钩设计承载力 f_y	65 N/mm^3
吊钩数量	2 个

(4)脱模埋件

吊件类型	圆头吊钉
吊件规格	吊钉-39-120
直径	10 mm
有效埋深 h_{ef2}	130 mm
埋件承载力 N_{sa2}	39.00 kN
脱模埋件排列 L1,L2,L3	600 mm,1 680 mm,600 mm

三、荷载计算

根据《装配式混凝土结构技术规程》JGJ-2014 第6.2.2条、第6.2.3条:

预制柱自重标准值	$G=V\times\gamma=0.720\,0\times25=18.00$ kN
脱模荷载 1	$Q_{k1}=1.2\times G+P\times L\times B=1.2\times18.00+1.5\times2.88\times0.5=23.76$ kN
脱模荷载 2	$Q_{k2}=G\times1.5=18.00\times1.5=27.00$ kN
吊装荷载	$Q_{k3}=G\times1.5=18.00\times1.5=27.00$ kN
荷载标准值	$Q_k=\max(Q_{k1},Q_{k2},Q_{k3})=27.00$ kN

图 7.52 预制柱短暂工况验算计算书

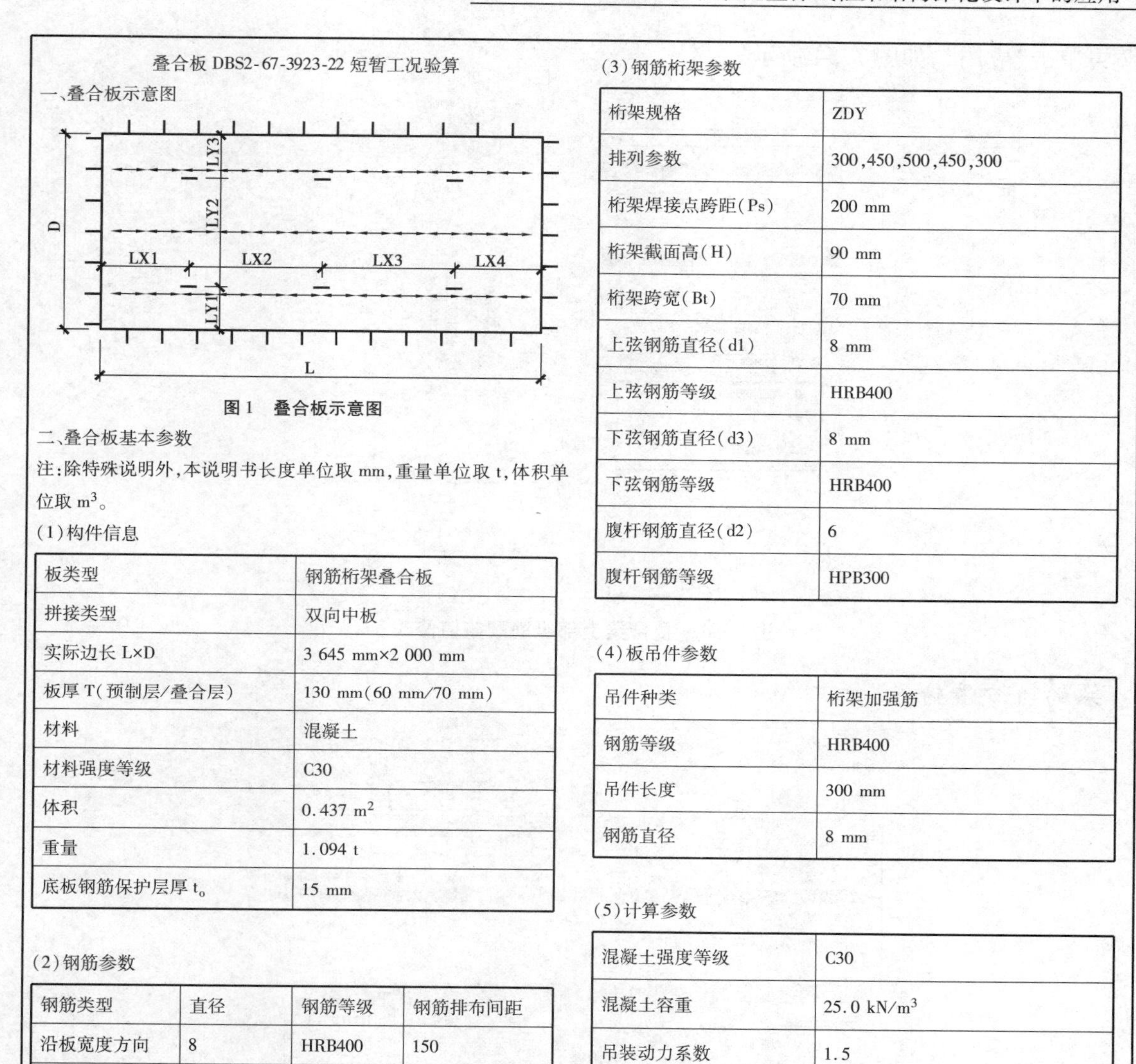

叠合板 DBS2-67-3923-22 短暂工况验算

一、叠合板示意图

图 1 叠合板示意图

二、叠合板基本参数

注:除特殊说明外,本说明书长度单位取 mm,重量单位取 t,体积单位取 m^3。

(1)构件信息

板类型	钢筋桁架叠合板
拼接类型	双向中板
实际边长 L×D	3 645 mm×2 000 mm
板厚 T(预制层/叠合层)	130 mm(60 mm/70 mm)
材料	混凝土
材料强度等级	C30
体积	0.437 m^2
重量	1.094 t
底板钢筋保护层厚 t_o	15 mm

(2)钢筋参数

钢筋类型	直径	钢筋等级	钢筋排布间距
沿板宽度方向	8	HRB400	150
沿板长度方向	8	HRB400	150
钢筋相对位置	沿跨长方向钢筋在上		

(3)钢筋桁架参数

桁架规格	ZDY
排列参数	300,450,500,450,300
桁架焊接点跨距(Ps)	200 mm
桁架截面高(H)	90 mm
桁架跨宽(Bt)	70 mm
上弦钢筋直径(d1)	8 mm
上弦钢筋等级	HRB400
下弦钢筋直径(d3)	8 mm
下弦钢筋等级	HRB400
腹杆钢筋直径(d2)	6
腹杆钢筋等级	HPB300

(4)板吊件参数

吊件种类	桁架加强筋
钢筋等级	HRB400
吊件长度	300 mm
钢筋直径	8 mm

(5)计算参数

混凝土强度等级	C30
混凝土容重	25.0 kN/m^3
吊装动力系数	1.5

图 7.53 叠合板短暂工况验算计算书

7.8 梁、柱接缝验算

7.8.1 梁端接缝验算

1)叠合梁上部纵筋值输入

由于在此前的预制梁配筋设计中没有涉及到叠合梁上部纵筋配筋值的输入,故在此需返回“梁的配筋设计”中勾选“显示梁支座钢筋”,并将梁顶部纵筋值修改为实际的设计配筋值 3 ⌀

22 再单击“应用”,如图 7.54 所示。

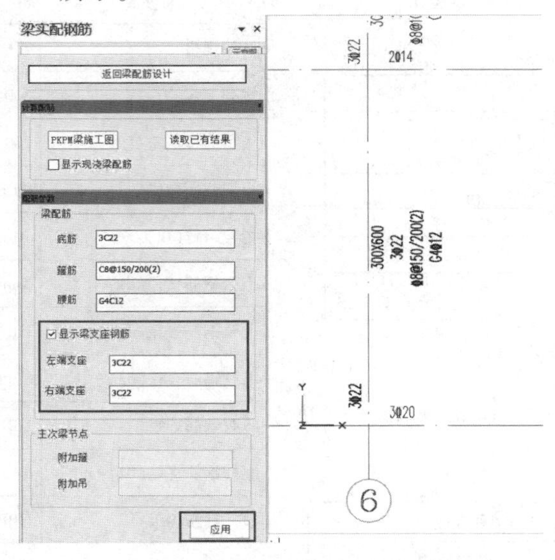

图 7.54　叠合梁上部纵筋配筋值修改

2)梁端内力值输入

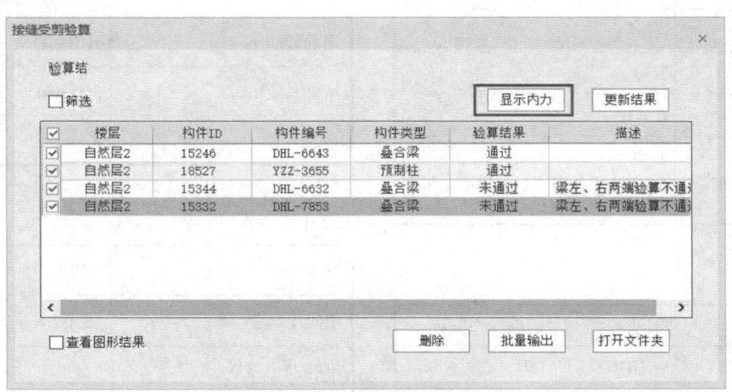

楼层	构件ID	构件编号	构件类型	验算结果	描述
自然层2	15246	DHL-6643	叠合梁	通过	
自然层2	18527	YZZ-3655	预制柱	通过	
自然层2	15344	DHL-6632	叠合梁	未通过	梁左、右两端验算不通
自然层2	15332	DHL-7853	叠合梁	未通过	梁左、右两端验算不通

图 7.55　接缝受剪验算窗口

在“指标与检查”版块中单击“梁柱接缝验算”后弹出“接缝受剪验算”窗口(图 7.55)。单击窗口右上方“显示内力”,并在弹出窗口“显示内力”中选择手动录入“梁”(图 7.56)。根据内力组合表中该梁两端的剪力值,输入梁端剪力 $V_{jdL}=109.68$ kN、$V_{jdEL}=141.99$ kN,如图 7.57 所示(前者为不考虑地震参与组合的梁端剪力设计值,后者为考虑地震参与组合的梁端剪力设计值)。

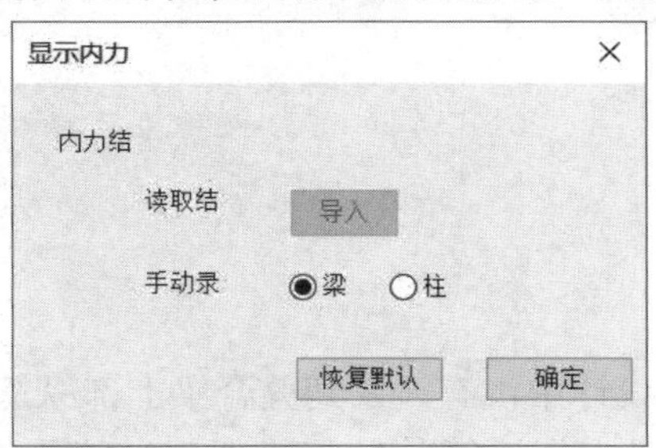

图 7.56　显示内力窗口

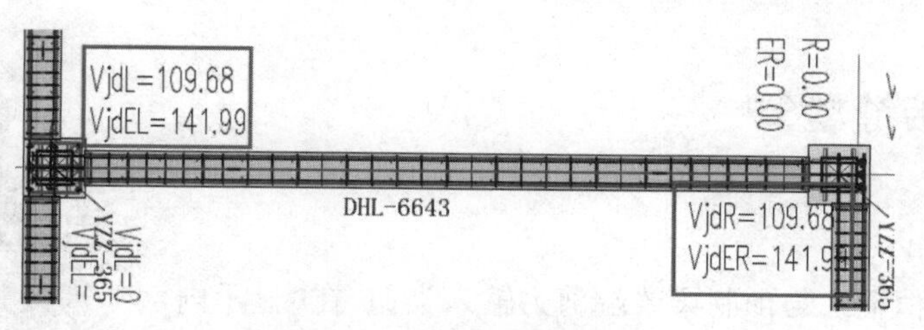

图 7.57 梁端内力值输入

3)计算书导出

内力值输入后,单击“确定”,软件将返回“接缝受剪验算”窗口,此时在操作界面中单击刚才输入内力值的梁 DHL-6643,在“接缝受剪验算”窗口中出现 DHL-6643 的检验结果为“通过”(图 7.55)。单击“接缝受剪验算”窗口右下方的“批量输出”,即可输出梁端受剪承载力的详细计算书,如图 7.58 所示。

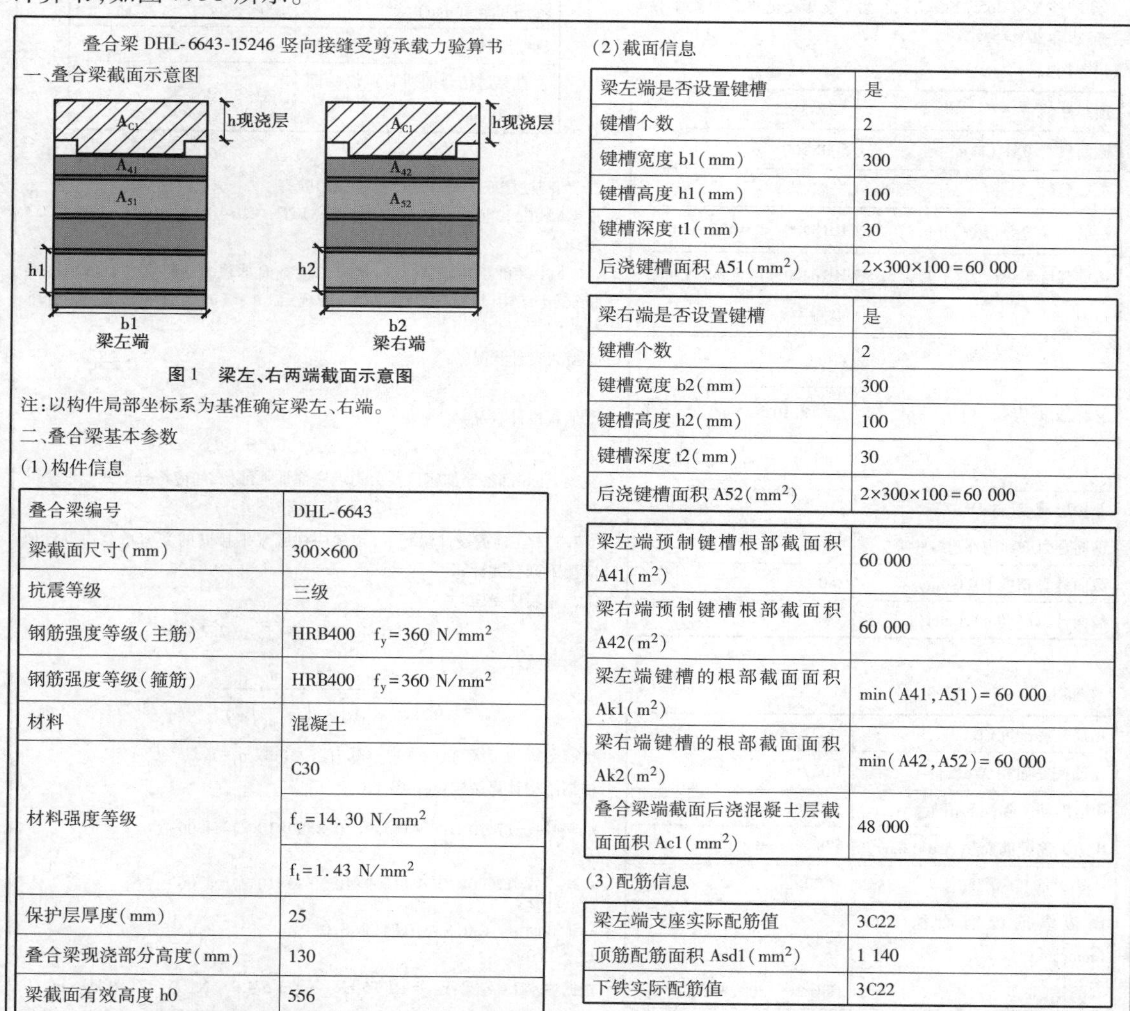

叠合梁 DHL-6643-15246 竖向接缝受剪承载力验算书

一、叠合梁截面示意图

图 1 梁左、右两端截面示意图

注:以构件局部坐标系为基准确定梁左、右端。

二、叠合梁基本参数

(1)构件信息

叠合梁编号	DHL-6643
梁截面尺寸(mm)	300×600
抗震等级	三级
钢筋强度等级(主筋)	HRB400 f_y=360 N/mm^2
钢筋强度等级(箍筋)	HRB400 f_y=360 N/mm^2
材料	混凝土
材料强度等级	C30
	f_c=14.30 N/mm^2
	f_t=1.43 N/mm^2
保护层厚度(mm)	25
叠合梁现浇部分高度(mm)	130
梁截面有效高度 h0	556

(2)截面信息

梁左端是否设置键槽	是
键槽个数	2
键槽宽度 b1(mm)	300
键槽高度 h1(mm)	100
键槽深度 t1(mm)	30
后浇键槽面积 A51(mm^2)	2×300×100=60 000

梁右端是否设置键槽	是
键槽个数	2
键槽宽度 b2(mm)	300
键槽高度 h2(mm)	100
键槽深度 t2(mm)	30
后浇键槽面积 A52(mm^2)	2×300×100=60 000

梁左端预制键槽根部截面积 A41(m^2)	60 000
梁右端预制键槽根部截面积 A42(m^2)	60 000
梁左端键槽的根部截面面积 Ak1(m^2)	min(A41,A51)=60 000
梁右端键槽的根部截面面积 Ak2(m^2)	min(A42,A52)=60 000
叠合梁端截面后浇混凝土层截面面积 Ac1(mm^2)	48 000

(3)配筋信息

梁左端支座实际配筋值	3C22
顶筋配筋面积 Asd1(mm^2)	1 140
下铁实际配筋值	3C22

图 7.58 叠合梁梁端受剪承载力验算

7.8.2 柱底接缝验算

1)柱底内力值输入

预制柱底内力值输入与预制梁梁端剪力输入类似,在“显示内力”窗口中勾选手动录入“柱”,并根据内力组合表中的柱底内力值输入柱底剪力 V_{jdE}、轴力 N 和弯矩 M。其中,$V_{jdE}=115.95$ kN,$N=-1\ 574.90$ kN,$M=178.99$ kN·m,如图 7.59 所示。

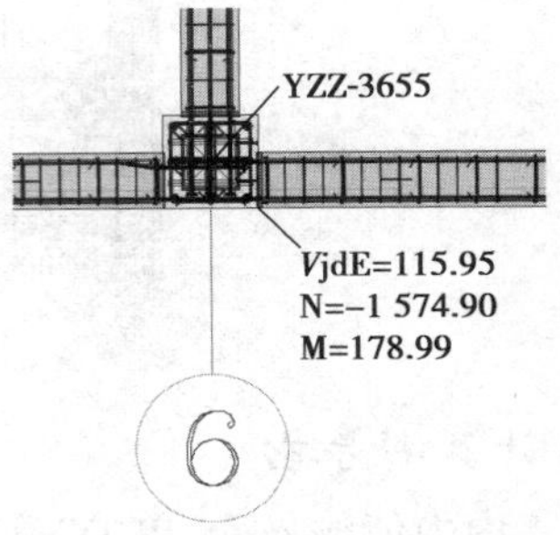

图 7.59 预制柱底内力值输入

2)计算书导出

预制柱 YZZ-3655 计算书导出同上述叠合梁,计算书如图 7.60 所示。

预制柱 YZZ-3655-18527 柱底水平接缝受剪承载力验算书

一、预制柱基本参数

(1)构件作息

预制柱编号	YZZ-3655
截面尺寸 B×H(mm)	500×500
抗震等级	三级
钢筋强度等级(纵筋)	HRB400 $f_y=360$ N/mm²
钢筋强度等级(箍筋)	HRB400 $f_{yk}=360$ N/mm²
材料	混凝土
材料强度等级	C40
	$f_c=19.10$ N/mm²
	$t_t=1.71$ N/mm²
保护层厚度(mm)	31
钢筋合力点到构件边缘距离 As	60.0
截面计算高度 h01(mm)	380
截面计算高度 h02(mm)	380

(2)配筋信息

角筋实际配筋值	4C20
角筋配筋面积 Asc(mm²)	1 257
B 边纵筋实际配筋值 1	1C20×2
B 边纵筋配筋面积 Asd1(mm²)	628
H 边纵筋实际配筋值 2	1C20×2
H 边纵筋配筋面积 Asd2(mm²)	628
实配箍筋	C8@100/200(3×3)
实配箍筋截面面积 Asv(mm²)	151
箍筋间距 s(mm)	100
箍筋肢数	3
垂直穿过结合面所有钢筋的面积 Asd(mm³)	2 513

二、预制柱柱底水平接缝受剪承载力验算

根据《装配式混凝土结构技术规程》JGJ1—2014 中第 6.5.1 条和 7.2.3 条计算。

6.5.1 装配整体式结构中,接缝的正截面承载力应符合现行国家标准《混凝土结构设计规范》GB50010 的规定。接缝的受剪承载力应符合下列规定:

①持久设计状况:

$$\gamma_o V_{jd} \leqslant V_u \quad (6.5.1\text{-}1)$$

②地震设计状况:

$$V_{jdE} \leqslant V_{uE}/\gamma_{RE} \quad (6.5.1\text{-}2)$$

在梁、柱端部箍筋加密区及剪力墙底部加强部位,尚应符合下式要求:

$$\eta_j V_{mua} \leqslant V_{uE} \quad (6.5.1\text{-}3)$$

7.2.3 在地震设计状况下,预制柱柱底水平接缝的受剪承载力设计值应按下列公式计算:

①当预制柱受压时:

$$V_{uE}=0.8N+1.65A_{sd}\sqrt{f_c f_y} \quad (7.2.3\text{-}1)$$

②当预制柱受拉时:

$$V_{uE}=1.65A_{sd}\sqrt{f_c f_y\left(1-\left(\frac{N}{A_{sd}f_y}\right)2\right)} \quad (7.2.3\text{-}2)$$

抗震等级为三级,接缝受剪承载力增大系数 $\eta_j=1.1$

根据结构计算结构:$r_{RE}=0.85$

$\lambda_x=\frac{M}{Vh_{01}}=179.0\times10^3/(115.9\times10^3\times380\times10^{-3})=4.06$

$\lambda_y=\frac{M}{Vh_{02}}=179.0\times10^3/(115.9\times10^3\times380\times10^{-3})=4.06$

$\lambda<1.0$ 时,取 1.0;$\lambda>3.0$ 时,取 3.0

故 $\lambda=3.00$

根据整体计算结果:$V_{jdE}=115.95$ kN $N=-1\ 574.90$ kN $M=178.99$ kN·m

预制柱受压:

根据装规 7.2.2-3,计算柱底水平接缝受剪承载力设计值。

图 7.60 预制柱底受剪承载力验算

7.9 预制构件深化图绘制

7.9.1 叠合板深化图绘制

1)图签、图框及排图

单击“图纸清单”版块中的“自定义排图”功能,软件操作界面将进入“自定义图纸配置”界面,勾选左侧“自定义图签图框”中的“程序生成图框”,软件自动生成对应各图幅的图框和绘图区域。

单击“自定义图纸配置”界面左上角的“交互排图”,操作界面左侧出现“交互排图”窗口。选择“图纸/构件类型”为“叠合板”,图幅尺寸选择为“A2”,排布参照为“无”,分区模块为“一宫格”,视图列表中的构件视图不做修改。设置完成后单击左上角“退出”并确定保存后返回模型界面。

2)基本参数设置

在“图纸清单”版块的“图纸生成”功能分区中单击“基本设置”,将弹出绘图基本设置,如图7.61所示。在“图幅及比例”中叠合板出图比例设置为1∶20,图幅选择为A2,轴测图比例设置为0.5,构件定位设置为1∶500,取消勾选“自动调整构件图长度”[图7.61(a)]。在“视图名称”中,“比例文字是否显示”选择为“是”[图7.61(b)]。在“详图设置”中,勾选“显示预制板粗糙面、模板面标指”“隐藏图框下部图名”,并勾选“标注预制板支座和拼缝中心线”[图7.61(c)]。

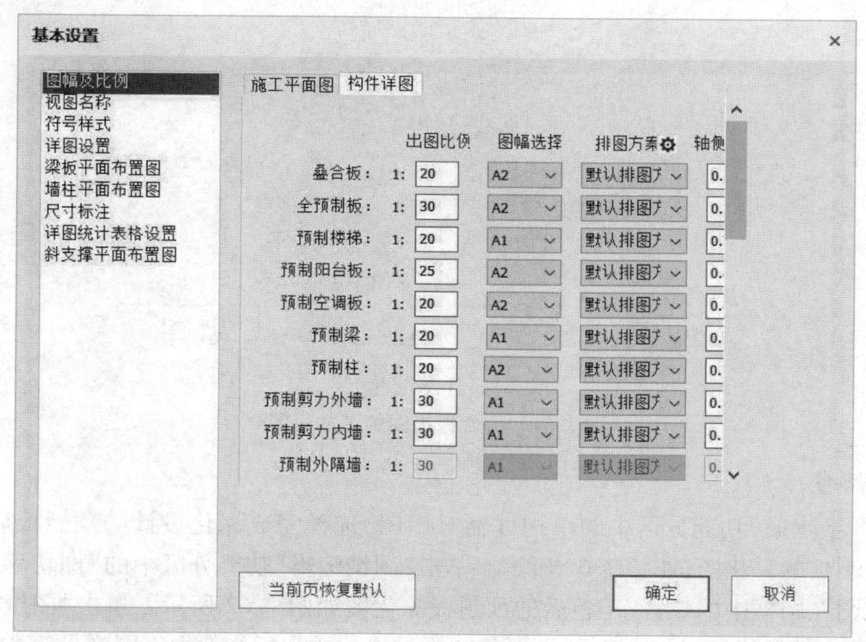

(a)图幅及比例

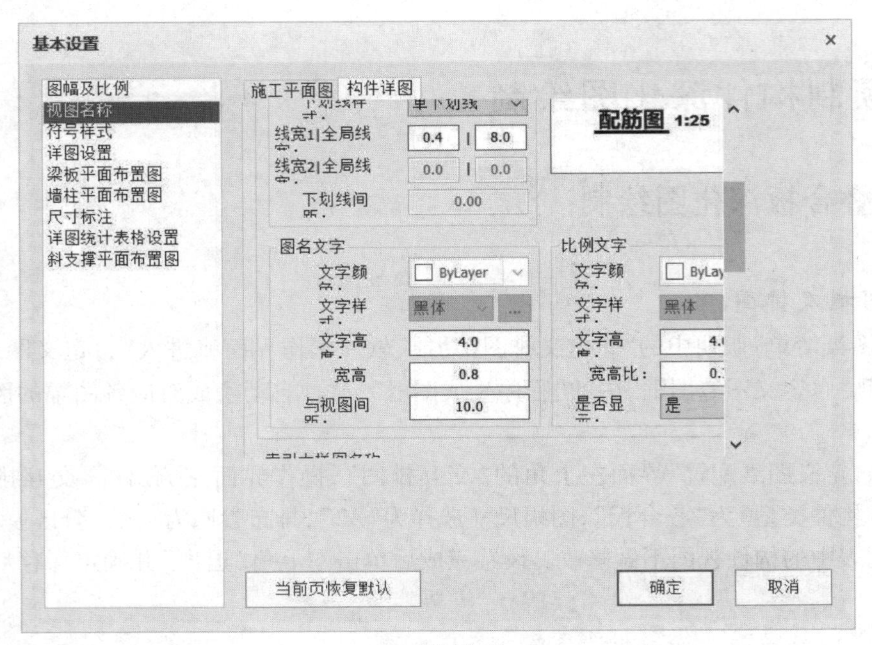

(b)视图名称

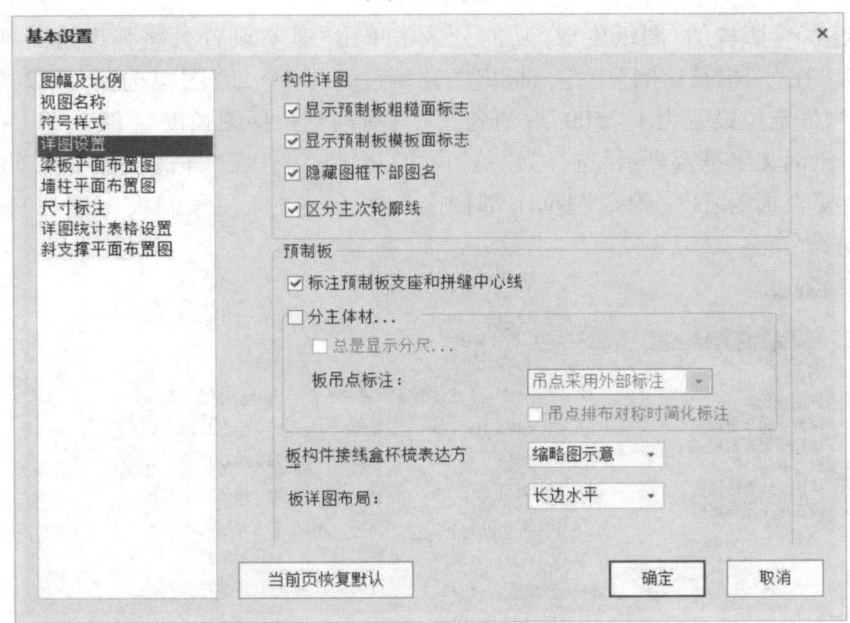

(c)详图设置

图 7.61　叠合板出图的基本设置

3)出图及调整

单击“图纸生成”功能分区中的单构件临时出图,选择完成深化设计的预制板后软件将自动生成该预制板的深化图,如图 7.62 所示。单击“图纸编辑”功能分区中的“图块移动”来调整预制板各视图在图框中的位置,调整后的预制板深化图如图 7.62 所示。单击“图纸生成”功能分区中的“导出 DWG”和“导出 PDF”即可将图纸导出。叠合板构件加工图详见第 8 章内容。

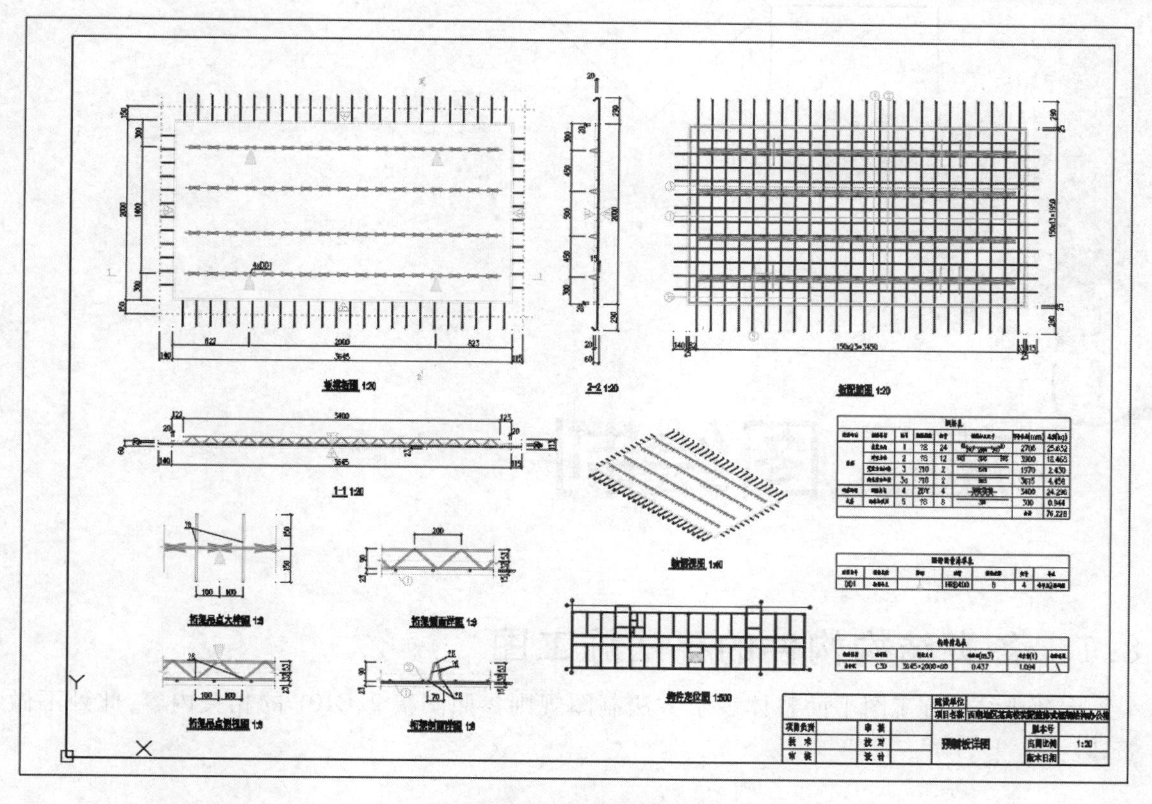

图 7.62　叠合板深化图示意

7.9.2　叠合梁深化图绘制

叠合梁深化图出图过程与叠合板相同,此处不做赘述,叠合梁加工图详见第 8 章。

7.9.3　预制柱深化图绘制

预制柱深化图出图过程与叠合板相同,此处不做赘述,预制柱加工图详见第 8 章。

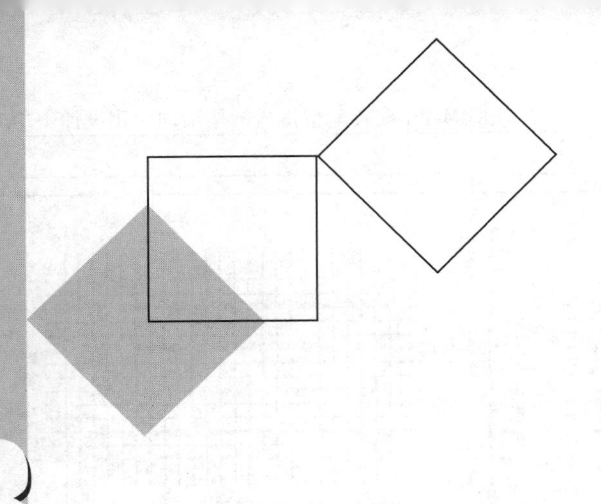

8 施工图绘制

8.1 各类结构构件的平法施工图

混凝土结构施工图平面整体表示方法制图规则参照图集 22G101 的相关内容,此处不做赘述。

8.1.1 柱平法施工图

柱平法施工图有两种表示方式,即列表注写方式和截面注写方式。列表注写方式系在柱平面布置图上,分别在同一编号的柱中选择一个截面标注几何参数代号,在柱表中注写柱号、柱段起止标高、几何尺寸(含柱截面对轴线的偏心)与配筋的具体数值,并配以各种柱截面形状及箍筋类型图的方式,用以表达柱平法施工图;截面注写方式系在标准层绘制的柱平面布置图上,分别在同一编号的柱中选择一个截面,按另一种比例原位放大绘制柱截面配筋图,以直接注写截面尺寸(含柱截面对轴线的偏心)、角筋或全部纵筋、箍筋(钢筋级别、直径与间距,用"/"区分柱端箍筋加密区与非加密区不同的间距)的具体数值来表达柱平法施工图。

表 8.1 柱代号含义

柱类型	代号	序号
框架柱	KZ	××
转换柱	ZHZ	××
芯柱	XZ	××
梁上柱	LZ	××
剪力墙上柱	QZ	××

注:编号时,当柱的总高、分段截面尺寸和配筋均对应相同,仅截面与轴线的关系不同时,仍可将其编为同一柱号,但应在图中注明截面与轴线的关系。

1)列表注写规定

①注写柱编号,柱编号由类型代号和序号组成,应符合表8.1的规定。

②注写各段柱的起止标高,自柱根部往上以变截面位置或截面未变但配筋改变处为界分段注写。框架柱和转换柱的根部标高系指基础顶面标高;芯柱的根部标高系指根据结构实际需要而定的起始位置标高;梁上柱的根部标高系指梁顶面标高;剪力墙上柱的根部标高为墙顶面标高。

③对于矩形柱,注写柱截面尺寸 $b\times h$ 及与轴线关系的几何参数代号 b_1、b_2 和 h_1、h_2 的具体数值,需对应于各段柱分别注写。其中 $b=b_1+b_2$,$h=h_1+h_2$。当截面的某一边收缩变化至与轴线重合或偏到轴线的另一侧时,b_1、b_2、h_1、h_2 中的某项为零或为负值。

④注写柱纵筋,当柱纵筋直径相同,各边根数也相同时(包括矩形柱、圆柱和芯柱),将纵筋注写在"全部纵筋"一栏中;除此之外,柱纵筋分角筋、截面 b 边中部筋和 h 边中部筋3项分别注写(对于采用对称配筋的矩形截面柱,可仅注写一侧中部筋,对称边省略不注;对于采用非对称配筋的矩形截面柱,必须每侧均注写中部筋)。

⑤注写柱箍筋,包括钢筋级别、直径与间距。用斜线"/"区分柱端箍筋加密区与柱身非加密区长度范围内箍筋的不同间距。施工人员需根据标准构造详图的规定,在规定的几种长度值中取其最大者作为加密区长度。当框架节点核心区内箍筋与柱端箍筋设置不同时,应在括号中注明核心区箍筋直径及间距。箍筋注写示例如下:

【例8.1】Φ10@100/200,表示箍筋为HPB300级钢筋,直径为10 mm,加密区间距为100 mm,非加密区间距为200 mm。

【例8.2】Φ10@100/200(Φ12@100),表示柱中箍筋为HPB300级钢筋,直径为10 mm,加密区间距为100 mm,非加密区间距为200 mm。框架节点核心区箍筋为HPB300级钢筋,直径为12 mm,间距为100 mm。

【例8.3】当箍筋沿柱全高为一种间距时,则不使用"/"线,如Φ10@100,表示沿柱全高范围内箍筋均为HPB300,钢筋直径为10 mm,间距为100 mm。

【例8.4】当圆柱采用螺旋箍筋时,需在箍筋前加"L",如LΦ10@100/200,表示采用螺旋箍筋HPB300,钢筋直径为10 mm,加密区间距为100 mm,非加密区间距为200mm。

⑥柱表内包含的内容有柱号、标高、柱截面尺寸、柱与轴线偏移尺寸、柱纵筋、柱角筋、柱边中部钢筋、箍筋类型号以及箍筋直径、间距和钢筋等级。

2)截面注写规定

①对除芯柱之外的所有柱截面按列表注写的规定进行编号。从相同编号的柱中选择一个截面,按另一种比例原位放大绘制柱截面配筋图,并在各配筋图上继其编号后再注写截面尺寸 $b\times h$、角筋或全部纵筋(当纵筋采用一种直径且能够图示清楚时)、箍筋的具体数值(箍筋的注写方式同列表注写),以及在柱截面配筋图上标注柱截面与轴线关系 b_1、b_2、h_1、h_2 的具体数值。

②当纵筋采用两种直径时,需再注写截面各边中部筋的具体数值(对于采用对称配筋的矩形截面柱,可仅在一侧注写中部筋,对称边省略不注)。

③在截面注写方式中,如柱的分段截面尺寸和配筋均相同、仅截面与轴线的关系不同时,可将其编为同一柱号。但此时应在未画配筋的柱截面上注写该柱截面与轴线关系的具体尺寸。

8.1.2 梁平法施工图

梁平法施工图也有两种表示方式:平面注写方式和截面注写方式。平面注写方式系在梁平面布置图上,分别在同一编号的梁中选择一根梁(梁代号见表 8.2),在其上注写截面尺寸和配筋具体数值的方式;截面注写方式系在分标准层绘制的梁平面布置图上,分别在同一编号的梁中选择一根梁用剖面号引出配筋图,并在其上注写截面尺寸和配筋具体数值的方式。平面注写方式使用较多,不论采用哪种标注方式,都应符合以下规定:

- 梁平面布置图,应分别按梁的不同结构层(标准层),将全部梁和与其相关联的柱、墙、板一起采用适当比例绘制。
- 在梁平法施工图中,尚应注明各结构层的顶面标高及相应的结构层号。
- 对于轴线未居中的梁,应标注其偏心定位尺寸(贴柱边的梁可不注)。

1)平面注写规则及示例

平面注写包括集中标注与原位标注。集中标注表达梁的通用数值,原位标注表达梁的特殊数值。两种注写方式将在后文中展开说明,优先说明集中标注的规则,再说明原位标注的规则。

(1)梁编号方式

梁编号由梁类型代号、序号、跨数及有无悬挑代号几项组成,并应符合表 8.2 的规定。

表 8.2 梁编号

梁类型	代号	序号	跨数及是否带有悬挑
楼层框架梁	KL	××	(××)或(××A)或(××B)
屋面框架梁	WKL	××	(××)或(××A)或(××B)
框支梁	KZL	××	(××)或(××A)或(××B)
非框架梁	L	××	(××)或(××A)或(××B)
悬挑梁	XL	××	(××)或(××A)或(××B)
井字梁	JZL	××	(××)或(××A)或(××B)

注:(××)为不带悬挑,(××A)为一端有悬挑,(××B)为两端有悬挑,悬挑不计入跨数。

梁编号示例如下:

【例 8.5】KL7(5A)表示:第 7 号框架梁,5 跨,一端有悬挑。

【例 8.6】L9(7B)表示:第 9 号非框架梁,7 跨,两端有悬挑。

(2)集中标注的规定及示例

梁集中标注的内容,有 5 项必注值及 1 项选注值(集中标注可以从梁的任意一跨引出),具体规定和示例如下:

a. 梁编号,见表 8.2,该项为必注值。

b. 梁截面尺寸,该项为必注值。当为等截面梁时,用 $b\times h$ 表示;当为竖向加腋梁或横向加腋梁时按照图集 22G101-1 的说明进注写。

c. 梁箍筋,包括钢筋级别、直径、加密区与非加密区间距及肢数,该项为必注值。箍筋加密区与非加密区的不同间距及肢数需用斜线“/”分隔；当梁箍筋为同一种间距及肢数时，则不需用斜线；当加密区与非加密区的箍筋肢数相同时，则将肢数注写一次；箍筋肢数应写在括号内。加密区范围见相应抗震等级的标准构造详图。梁箍筋注写示例如下：

【例 8.7】Φ10@100/200(4)，表示箍筋为 HPB300 钢筋，直径为 10 mm，加密区间距为 100 mm，非加密区间距为 200 mm，均为四肢箍。

【例 8.8】Φ8@100(4)/150(2)，表示箍筋为 HPB300 钢筋，直径为 8 mm，加密区间距为 100 mm，四肢箍；非加密区间距为 150 mm，两肢箍。

非框架梁、悬挑梁、井字梁采用不同的箍筋间距及肢数时，也用斜线“/”将其分隔开来。注写时，先注写梁支座端部的箍筋(包括箍筋的箍数、钢筋级别、直径、间距与肢数)，在斜线后注写梁跨中部分的箍筋间距及肢数。

d. 梁上部通长筋或架立筋配置(通长筋可为相同或不同直径采用搭接连接、机械连接或焊接的钢筋)，该项为必注值。所注规格与根数应根据结构受力要求及箍筋肢数等构造要求而定。当同排纵筋中既有通长筋又有架立筋时，应用加号“+”将通长筋和架立筋相联。注写时需将角部纵筋写在加号的前面，架立筋写在加号后面的括号内，以示不同直径及与通长筋的区别。当全部采用架立筋时，则将其写入括号内。梁上部钢筋注写示例如下：

【例 8.9】2 Φ22 用于双肢箍；2 Φ22+(4 Φ12)用于六肢箍，其中 2 Φ22 为通长筋，4 Φ12 为架立筋。

当梁的上部纵筋和下部纵筋为全跨相同，且多数跨配筋相同时，此项可加注下部纵筋的配筋值，用分号“；”将上部与下部纵筋的配筋值分隔开来，少数跨不同者，用原位标注注写。

【例 8.10】3 Φ22；3 Φ20 表示：梁的上部配置 3 Φ22 的通长筋，梁的下部配置 3 Φ20 的通长筋。

e. 梁侧面纵向构造钢筋或受扭钢筋配置，该项为必注值。当梁腹板高度 $h \geq 450$ mm 时，需配置纵向构造钢筋，所注规格与根数应符合规范规定。此项注写值以大写字母 G 打头，接续注写设置在梁两个侧面的总配筋值，且对称配置。

【例 8.11】G4 Φ12，表示梁的两个侧面共配置 4 Φ12 的纵向构造钢筋，每侧各配置 2 Φ12。

当梁侧面需配置受扭纵向钢筋时，此项注写值以大写字母 N 打头，接续注写配置在梁两个侧面的总配筋值，且对称配置。受扭纵向钢筋应满足梁侧面纵向构造钢筋的间距要求，且不再重复配置纵向构造钢筋。

【例 8.12】N6 Φ22，表示梁的两个侧面共配置 6 Φ22 的受扭纵向钢筋，每侧各配置 3 Φ22。

f. 梁顶面标高高差，该项为选注值。

梁顶面标高高差，是指相对于结构层楼面标高的高差值。有高差时，需将其写入括号内；无高差时，不注。当某梁的顶面高于所在结构层的楼面标高时，其标高高差为正值，反之为负值。

【例 8.13】某结构标准层的楼面标高分别为 44.950 m 和 48.250 m，当这两个标准层中某梁的梁顶面标高高差注写为(-0.050)时，即表明该梁顶面标高分别相对于 44.950 m 和 48.250 m 低 0.050 m。

(3)集中标注与原位标注

平面注写包括集中标注与原位标注。集中标注表达梁的通用数值，原位标注表达梁的特殊数值。当集中标注中的某项数值不适用于梁的某部位时，则将该项数值原位标注，施工时，原位标注取值优先，如图 8.1 所示。

图 8.1 中上方方框中的注写方式就是集中标注，从该集中标注可知：框架梁 2 有两跨，一端有悬挑；梁截面尺寸均为 $b \times h = 300\ \text{mm} \times 650\ \text{mm}$；箍筋为 HPB300 钢筋，直径为 8 mm，加密区间距为 100 mm，非加密区间距为 200 mm，均为两肢箍；梁上部通长钢筋为 2 Φ 25；梁的两个侧面共配置 4 ϕ10 的纵向构造钢筋，每侧各配置 2 ϕ10。框架梁顶面标高相对于楼面标高低 0.100 m。

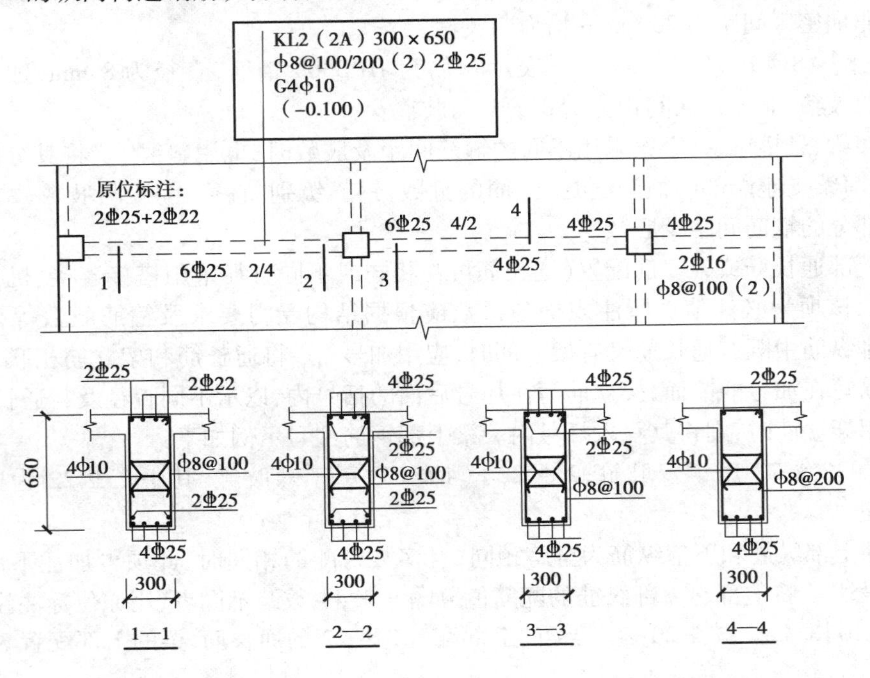

图 8.1 梁平面注写方式示例

该图下方给出了连续梁的实际截面配筋图（实际采用梁平面注写平法施工图中不需要绘制梁截面配筋图以及图中的相应截面号）。从该图中可知，4 个截面的上部通长钢筋（角部钢筋）均为 2 Φ 25，除角部钢筋以外的架立钢筋的形式各不相同，如 1—1 截面为 2 Φ 22，2—2 截面为 4 Φ 25，故集中标注时仅标注 2 Φ 25；由于梁底部钢筋不同，如 1—1、2—2 截面为 6 Φ 25，3—3、4—4 截面为 4 Φ 25，故集中标注时没有将梁底钢筋注写出来。以上两点均可看出集中标注是梁的相同配置，而各梁截面配筋的变化通过原位标注注写，贴近梁构件的梁端和跨中部位的标注就是原位标注，如图中所示的 1—1 截面注写的 2 Φ 25+2 Φ 22，表示梁上部钢筋为两根角部通长钢筋，直径为 25 mm，还有两根架立钢筋，直径为 22 mm。其余各梁截面的配筋与集中标注不符时，均需采用原位标注的方式。

（4）原位标注的规定及示例

①梁支座上部纵筋，该部位含通长筋在内的所有纵筋：

a. 当上部纵筋多于一排时，用斜线“/”将各排纵筋自上而下分开；

【例 8.14】梁支座上部纵筋注写为 6 Φ 25 4/2，则表示梁上部纵筋分两排布置，上一排纵筋为 4 Φ 25，下一排纵筋为 2 Φ 25。

b. 当同排纵筋有两种直径时，用加号“+”将两种直径的纵筋相联，注写时将角部纵筋写在前面；

【例 8.15】梁支座上部有 4 根纵筋，2 Φ 25 放在角部，2 Φ 22 放在中部，在梁支座上部应注写为 2 ⌀25+2 ⌀22。

c. 当梁中间支座两边的上部纵筋不同时，需在支座两边分别标注；当梁中间支座两边的上部纵筋相同时，可仅在支座的一边标注配筋值，另一边省去不注（图 8.2）。

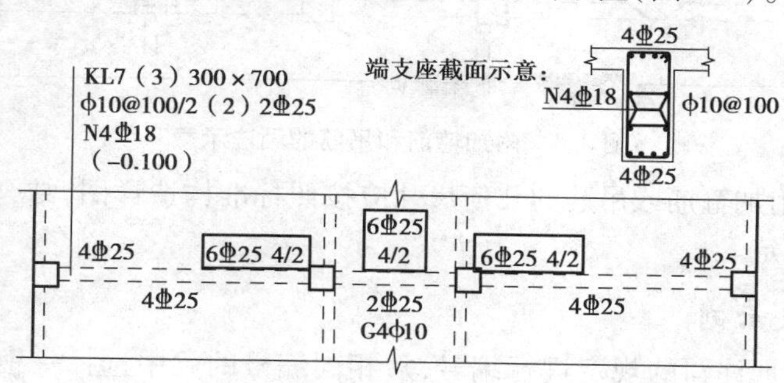

图 8.2　梁原位标注示意图

图 8.2 中方框框中的原位标注即为梁中间支座两边的上部纵筋，6 ⌀25 4/2 表示上一排纵筋为 4 ⌀25，下一排纵筋为 2 ⌀25。同时可以看出，支座左端和右端梁上部钢筋相同，此时可以仅在支座的一边标注配筋值，另一边省去不注。

设计时应注意：a. 对于支座两边不同配筋值的上部纵筋，宜尽可能选用相同直径（不同根数），使其贯穿支座，避免支座两边不同直径的上部纵筋均在支座内锚固。b. 对于以边柱、角柱为端支座的屋面框架梁，当能够满足配筋截面面积要求时，其梁的上部钢筋应尽可能只配置一层，以避免梁柱纵筋在柱顶处因层数过多、密度过大导致不方便施工和影响混凝土浇筑质量。

②梁下部纵筋：

a. 当下部纵筋多于一排时，用斜线“/”将各排纵筋自上而下分开。

【例 8.16】梁下部纵筋注写为 6 ⌀25 2/4，则表示梁下部纵筋分两排布置，上一排纵筋为 2 ⌀25，下一排纵筋为 4 ⌀25，全部伸入支座。

b. 当同排纵筋有两种直径时，用加号“+”将两种直径的纵筋相联，注写时角筋写在前面。

c. 当梁下部纵筋不全部伸入支座时，将梁支座下部纵筋减少的（不伸入支座的钢筋）数量写在括号内。

【例 8.17】梁下部纵筋注写为 6 ⌀25 2(-2)/4，则表示上排纵筋为 2 ⌀25，且不伸入支座；下一排纵筋为 4 ⌀25，全部伸入支座。

梁下部纵筋注写为 2 ⌀25+3 ⌀22(-3)/5 ⌀25，表示上排纵筋为 2 ⌀25 和 3 ⌀22，其中 3 ⌀22 不伸入支座；下一排纵筋为 5 ⌀25，全部伸入支座。

d. 当梁的集中标注中已按图集 22G 101 的规定分别注写了梁上部和下部均为通长的纵筋值时，则不需在梁下部重复做原位标注。

③当在梁上集中标注的内容（即梁截面尺寸、箍筋、上部通长筋或架立筋，梁侧面纵向构造钢筋或受扭纵向钢筋，以及梁顶面标高高差中的某一项或几项数值）不适用于某跨或某悬挑部分时，则将其不同数值原位标注在该跨或该悬挑部位，施工时应按原位标注数值取用。

④附加箍筋或吊筋，将其直接画在平面图中的主梁上，用线引注总配筋值（附加箍筋的肢数注在括号内），如图 8.3 所示。当多数附加箍筋或吊筋相同时，可在梁平法施工图上统一注明，少数与统一注明值不同时，再原位引注。

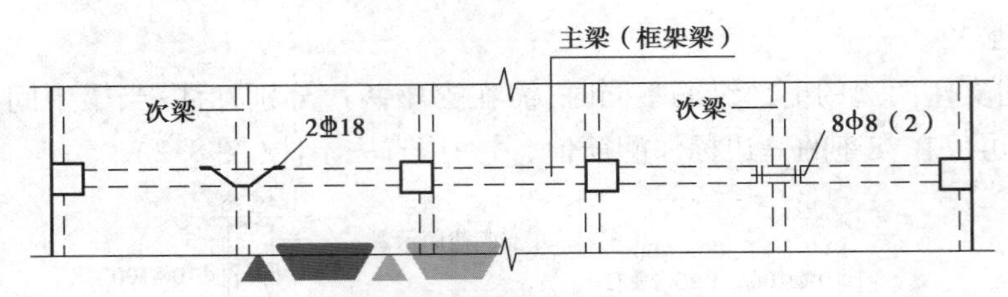

图8.3　附加箍筋和吊筋的画法示意

施工时应注意：附加箍筋或吊筋的几何尺寸应按照标准构造详图，结合其所在位置的主梁和次梁的截面尺寸而定。

2）**截面注写规则及示例**

①对所有梁按平面注写的规定进行编号，从相同编号的梁中选择一根梁，先将“单边截面号”画在该梁上，再将截面配筋详图画在本图或其他图上。当某梁的顶面标高与结构层的楼面标高不同时，尚应继其梁编号后注写梁顶面标高高差（注写规定与平面注写方式相同）。

②在截面配筋详图上注写截面尺寸 $b \times h$、上部筋、下部筋、侧面构造筋或受扭筋以及箍筋的具体数值时，其表达形式与平面注写方式相同。

③截面注写方式既可以单独使用，也可与平面注写方式结合使用。

8.1.3　板平法施工图

此处不再赘述板的施工图表示方法，详见图集《混凝土结构施工图平面整体表示方法制图规则和构造详图（现浇混凝土框架、剪力墙、梁、板）》（22G101-1）。

8.1.4　楼梯平法施工图

楼梯的施工图表示方法，详见图集《混凝土结构施工图平面整体表示方法制图规则和构造详图（现浇混凝土板式楼梯）》（22G101-2）。

8.1.5　基础平法施工图

基础形式若为独立基础，施工图表示法与柱相似；若为梁式基础（条基、交叉梁基础），施工图表示法与楼面梁相似；若为梁板式基础（筏板基础、箱形基础），施工图表示法与楼面梁、板相似，详见图集《混凝土结构施工图平面整体表示方法制图规则和构造详图（独立基础、条形基础、筏形基础、桩基础）》（22G101-3）。

8.2　装配式建筑专项设计制图

8.2.1　专项设计内容

装配式混凝土结构专项设计，是以通过审查的施工图文件为依据，综合考虑构件的制作、运输、堆放、安装等环节以及各专业施工图对装配式的要求，对装配式混凝土建筑进行预制构件加工及与现场施工相关内容的设计，简称专项设计。

装配式建筑专项设计文件包括以下内容：

①图纸目录、装配式混凝土结构专项设计总说明。

②专项设计图纸，主要包括布置图、节点详图、构件加工图、施工装配图、金属件加工图。

③涉及预制构件脱模、翻转、运输、堆放、施工等阶段的计算书。

8.2.2 图纸目录

图纸目录应按图纸序号排列，宜按照装配式混凝土结构专项设计总说明、布置图、施工装配图、构件加工图、节点详图、金属件加工图的顺序排列。

8.2.3 装配式混凝土结构专项设计总说明

1）一般规定

一般规定包括：①工程地点、结构体系、预制构件使用情况等工程概况；②规范、图集、施工图纸、计算书等设计依据文件；③预制构件、预埋件、金属件等编号说明；④预制构件脱模、吊运、施工等短暂设计状况的验算荷载（作用）取值要求；⑤预制构件表面成型处理的基本要求及预制构件与现浇混凝土连接的结合面要求；⑥预制构件的主要连接方式；⑦各单体预制率或装配率计算汇总表。

2）材料要求

材料要求主要是对结构中用到的各类材料的强度等级、技术要求、材料性能等做详细的说明。材料主要有：混凝土、钢筋、预埋吊件及预埋件、连接材料、防水密封材料、保温材料以及其他的封浆料、坐浆料、垫片等其他材料。

3）预制构件制作

预制构件制作说明主要包括：①各类型构件外观质量的要求、预制构件的尺寸允许偏差、外伸钢筋尺寸允许偏差等；②模具的材料、刚度、强度、整体稳固性、尺寸偏差及执行标准；③生产中需要重点注意的内容；④预制构件成品保护的要求等。

4）预制构件运输与堆放

预制构件运输与堆放说明主要包括：①预制构件运输道路、运输车辆、构件装卸的要求及构件的固定措施；②预制构件堆放的场地及堆放方式的要求；③针对异型构件的运输与堆放提出的明确要求及注意事项等。

5）现场施工要求

现场施工要求说明主要包括以下几个方面：①对预制构件现场安装的要求；②对后浇混凝土施工的要求；③对预制构件接缝防水做法的要求；④对与主体结构连接用的连接件、预埋件的防腐、防火措施的要求。

6)检验与验收

检验与验收说明主要包含以下几个方面:①预制构件制作质量验收所执行的标准及要求;②预制构件制作阶段的检验与验收内容;③施工质量验收所执行的标准及要求;④现场施工阶段的检验与验收内容。

8.2.4 布置图

1)一般规定

布置图包括预制构件平面布置图、预制构件立面布置图、预埋件平面布置图及竖向插筋平面布置图。预埋件平面布置图与竖向插筋平面布置图可合并绘制。

预制构件部分和现场后浇部分应采用不同图例表示,不同类型预制构件宜采用不同图例表示。当选用图集节点时,应注明图集号及索引图号。必要时可增加局部平面详图或局部立面详图,需注明图纸名称、比例。

2)预制构件平面布置图

预制构件平面布置图包括预制柱平面布置图、预制水平构件平面布置图、预制外挂墙板平面布置图及预制女儿墙平面布置图等。当预制构件信息简单或种类较少时,可合并绘制。

布置图应绘制轴线、标注轴线总尺寸(或外包总尺寸)、轴线间尺寸(柱距、跨距)、结构构件及必要的位置尺寸。

(1)预制柱平面布置图的内容

①标明预制柱编号、重量、位置尺寸、混凝土强度等级、安装方向、详图索引等。

②层高表标记预制柱所在的楼层范围及标高。

③构件明细表应标明构件类型、预制柱编号、外形尺寸、体积、重量、数量。

(2)预制水平构件平面布置图内容

①标明预制构件(梁、板、楼梯)编号、重量、位置尺寸、预制叠合梁截面尺寸、楼板板顶标高、叠合板与现浇层的厚度、埋件编号及位置尺寸、预留洞口位置尺寸、混凝土强度等级、安装方向、详图索引等。

②层高表标记预制构件所在的楼层范围及标高。

③标明预制楼板接缝的编号、位置尺寸。

④构件明细表应标明构件类型、预制构件编号、外形尺寸、体积、重量、数量、备注。

⑤楼梯间应注明预制楼梯编号及预制楼梯布置图索引号。

⑥必要时,预制梁平面布置图、预制楼板平面布置图、预制楼梯布置图可单独绘制。

3)预制构件立面布置图

预制构件立面布置图主要用于表达预制外挂墙板的立面布置。

4)预埋件平面布置图及竖向插筋平面布置图

柱斜撑埋件平面布置图、竖向插筋平面布置图宜与预制柱平面布置图合并绘制,并应注明斜撑埋件的编号及位置尺寸。预制外挂墙板或幕墙的预埋件平面布置图应包含预埋件的编号、楼层位置信息、埋件标高信息、平面位置尺寸,并注明对现场施工的要求,必要时可补充立面布置图。

竖向插筋平面布置图,主要包括以下内容:①标明预制柱的编号、楼层位置信息、转换层和现场安装插筋平面位置尺寸;②设置插筋的楼层标高、插筋规格、数量、长度、外伸长度,并注明连接方法以及对现。

8.2.5 节点详图

节点详图应在施工图文件的连接构造大样图的基础上进行深化,应表达预制构件连接、预制构件与现浇部位的连接、预制构件拼接处建筑构造、预制构件防雷接地等局部节点大样图。

节点详图应绘出平、剖面,注明构件类型、位置尺寸、连接材料、附加钢筋(或埋件)的规格和数量,并注明连接方法以及对施工安装、后浇混凝土的有关要求等。应采用不同图例区分预制构件和后浇部分、预制构件钢筋和后浇部分钢筋。复杂部位宜以三维图补充表达构造细部。应注明图纸名称、编号、比例、文字标注。

节点主要包含:预制楼板连接节点、主次梁连接节点、梁柱连接节点、外挂墙板连接节点以及预制楼梯连接节点。

8.2.6 预制构件加工图

1)预制柱

(1)预制柱模板图的内容

①绘制预制柱主视图、俯视图、仰视图、侧视图、剖面图,主视图依据生产工艺的不同可绘制构件正立面,也可绘制背立面。

②标明预制柱与结构层高线的距离,当主视图中不便于表达时,可通过缩略示意图的方式表达。

③标注预制柱的外轮廓尺寸、外露钢筋尺寸、键槽位置尺寸、排气孔位置尺寸、套筒型号及位置尺寸、装配方向。

④预留孔洞及预埋件位置尺寸,在构件视图中标明预埋件编号。

⑤各视图中应标注预制构件表面的工艺要求(如模板面、人工压光面、粗糙面),表面有特殊要求应标明饰面做法(如清水混凝土、彩色混凝土、喷砂、瓷砖、石材等),有瓷砖或石材饰面的构件应反应饰面排版尺寸。

⑥构件信息表应包括构件编号、楼层信息、数量、混凝土体积、构件重量、混凝土强度等级。

⑦金属件信息表应包括各类预埋件、灌浆套筒等金属件的编号、规格、数量。

⑧有防雷接地要求时的防雷构造做法和要求。

⑨说明中应包括符号说明及注释。

⑩绘制位置索引图、局部详图及索引号。

(2)预制柱配筋图的内容

①绘制预制柱配筋的主视图、剖面图,当主视图中不能表达全部钢筋变化时,可补充其他视图。

②标注纵向钢筋、箍筋与构件外边线的位置尺寸、钢筋间距、钢筋外伸长度。

③采用套灌浆套筒连接时,应明确套筒位置尺寸、设计锚固长度、套筒装配端长度及预制端长度;采用金属波纹管浆锚搭接或其他钢筋连接形式时,应注明连接钢筋长度。

④柱配筋图宜反映预埋件、预留孔洞等基本信息。

⑤钢筋应按类别及尺寸不同分别编号,在视图中引出标注。

⑥钢筋表应标明钢筋编号、直径、级别、钢筋加工尺寸,注明连接件、锚固板的型号、规格、数量。

⑦采用螺纹套筒机械连接、挤压套筒机械连接、锚固板的钢筋应注明加工制作标准及性能等级。

2)预制梁

(1)预制梁模板图的内容

①绘制预制梁主视图、俯视图、侧视图、剖面图,主视图依据生产工艺的不同可绘制构件正立面,也可绘制背立面。

②标明预制梁与结构层高线或轴线间的距离,当主视图中不便于表达时,可通过缩略示意图的方式表达,非标准构件宜给出平面索引表明构件在平面的位置。

③标注预制梁的外轮廓尺寸、外露钢筋尺寸、键槽位置尺寸、安装方向。

④曲梁或平面折梁必要时可绘制展开详图。

⑤预应力预制构件需注明预留孔道的位置尺寸、张拉端、锚固端等。

⑥预留孔洞及预埋件位置尺寸,在构件视图中标明预埋件编号。预埋件包含连接用预埋件,脱模、吊装、支撑用预埋件,设备专业预埋件(管),幕墙用预埋件,临时加固用预埋件等。

⑦各视图中应标注预制构件表面的工艺要求(如模板面、人工压光面、粗糙面),表面有特殊要求应标明饰面做法(如清水混凝土、彩色混凝土、喷砂、瓷砖、石材等),有瓷砖或石材饰面的构件应反应饰面排版尺寸。

⑧构件信息表应包括构件编号、楼层信息、数量、混凝土体积、构件重量、混凝土强度等级。

⑨金属件信息表应包括各类预埋件、灌浆套筒等金属件的编号、规格、数量。

⑩说明中应包括符号说明及注释;并应绘制位置索引图、局部详图及索引号。

(2)预制梁配筋图的内容

①绘制预制梁配筋的主视图、剖面图,当主视图中不能表达全部钢筋变化时,可补充其他视图。

②梁配筋图宜反映预埋件、预留孔洞等基本信息。

③标注梁底筋、箍筋、侧面纵向钢筋与构件外边线的位置尺寸、钢筋间距、钢筋外伸长度、弯折尺寸、外伸钢筋避让弯折要求;若钢筋较复杂不易表示清楚时,宜将钢筋分离绘出。

④钢筋应按类别及尺寸不同分别编号,在视图中引出标注。

⑤钢筋表应标明钢筋编号、直径、级别、钢筋加工尺寸,注明连接件、锚固板的型号、规格、数量。

⑥采用螺纹套筒机械连接、挤压套筒机械连接、锚固板的钢筋应注明加工制作标准及性能等级。

3)预制楼板

(1)预制楼板模板图的内容

①绘制预制楼板平面图、剖面图。

②预制楼板外轮廓尺寸、洞口位置尺寸、安装方向,细部构造尺寸。

③叠合板桁架钢筋排布、吊点的位置尺寸及标识、板周边及板顶外伸钢筋的形状及尺寸。

④预留孔洞及预埋件位置、尺寸,在构件视图中标明预埋件编号。预埋件包含连接用预埋件,脱模、吊装、支撑用预埋件,设备专业预埋件(管),幕墙用预埋件等。

⑤视图中应标注预制构件表面的工艺要求(如模板面、人工压光面、粗糙面)。

⑥构件信息表应包括构件编号、楼层信息、数量、混凝土体积、构件重量、混凝土强度等级。

⑦金属件信息表应包括各类预埋件的编号、规格、数量。

⑧说明中应包括符号说明及注释。

⑨绘制位置索引图、局部详图及索引号。

(2)预制楼板配筋图的内容

①绘制预制楼板配筋的平面图、剖面图。

②预制楼板配筋图宜反映预埋件、预留孔洞等基本信息。

③标注预制楼板钢筋的位置尺寸、钢筋间距、钢筋外伸长度、弯折尺寸。

④钢筋应按类别及尺寸不同分别编号,在视图中引出标注。

⑤钢筋表应标明钢筋编号、直径、级别、钢筋加工尺寸。

4)**预制楼梯**

(1)预制楼梯模板图的内容

①绘制预制楼梯平面图、底面图、剖面图。

②预制楼梯的外形尺寸,细部设计要求。

③与主体结构连接的外伸钢筋位置、型号及长度,预留孔、预留槽及预埋件等编号及位置尺寸。

④应表达预留孔洞及预埋件编号及位置尺寸,在构件视图中标明预埋件编号。预埋件包含脱模、吊装、支撑用预埋件,栏杆预埋件,设备专业预埋件(管)等。

⑤各视图中应标注预制构件表面的工艺要求(如模板面、人工压光面、粗糙面),表面有清水混凝土或饰面砖要求时应标明做法。

⑥构件信息表应包括构件编号、楼层信息、数量、混凝土体积、构件重量、混凝土强度等级。

⑦金属件信息表应包括各类预埋件的编号、规格、数量。

⑧说明中应包括符号说明及注释。

⑨绘制位置索引图、局部详图及索引号。

(2)预制楼梯配筋图的内容

①绘制预制楼梯配筋的平面图、剖面图,宜增加钢筋骨架示意图。

②预制楼梯配筋图宜反映预埋件、预留孔洞等基本信息。

③标注预制楼梯钢筋的位置尺寸、钢筋间距、钢筋外伸长度、弯折尺寸。

④预留螺栓孔边加强筋规格、数量、位置尺寸。

⑤钢筋应按类别及尺寸不同分别编号,在视图中引出标注。

⑥钢筋表应标明钢筋编号、直径、级别、钢筋加工尺寸。

8.2.7 施工装配图

施工装配图展示了预制构件的施工安装次序以及施工过程中的支承构件、连接构件等与预制构件之间的关系。施工装配图包括柱装配图、梁装配图、主次梁节点装配图、楼板装配图、楼梯装配图以及外挂墙板节点装配图等。

8.2.8 金属件加工图

专项设计采用的金属件包括工厂及现场用预埋件和现场用连接件。金属件加工图中,应准确表达所采用金属件的材料类型、强度等级、表面处理、金属件图例、代号、加工尺寸等相关信息。

附表1 3.600m标高框架梁荷载效应组合及内力、承载力调整表

杆件编号	控制截面	内力种类	竖向荷载			风载		水平地震作用		内力组合						内力调整				
			恒载	活载	重力荷载代表值					基本组合				地震组合		内力级差调整：强剪弱弯				
			S_{G_k}	S_{Q_k}	S_{GE}	S_{wk}		S_{Ehk}		$S_d=\gamma_G S_{G_k}+\gamma_{Q_1}\gamma_{L_1}S_{Q_{1k}}+\sum_{j>1}\gamma_{Q_j}\psi_{cj}\gamma_{L_j}S_{Q_{jk}}$				$S_d=\gamma_G S_{GE}+\gamma_{Eh}S_{Ehk}$		调整项		V_{Gb}	调整后的地震作用下梁端剪力设计值	
										(8)/(9)=1.3×(1)+1.5×(2)+1.5×0.6×(4)/(5)		(10)/(11)=1.3×(1)+1.5×(4)/(5)+1.5×0.7×(2)		(12)/(13)=1.3×(3)+1.4×(6)/(7)		(14)/(15)$=-\eta_{Vb}\dfrac{(M_b^l+M_b^r)}{l_n}$			$V=-\eta_{Vb}\dfrac{(M_b^l+M_b^r)}{l_n}+V_{Gb}$	
			(1)	(2)	(3)	(4)左风	(5)右风	(6)左震	(7)右震	(8)左风	(9)右风	(10)左风	(11)右风	(12)左震	(13)右震	(14)	(15)	(16)	(17)	(18)
AB	左端	M	-34.03	-14.46	-41.26	20.78	-20.78	150.23	-150.23	-47.23	-84.64	-28.26	-90.60	156.67	-263.96				156.67	-263.96
		V	55.41	20.64	65.73	-6.00	6.00	-42.79	42.79	97.59	108.39	84.70	102.70	25.54	145.35	67.08	64.71	75.53	8.45	140.24
	跨中	M	56.42	25.17	69.01	3.38	-3.38	26.14	-26.14	114.14	108.06	104.85	94.71	126.30	53.11				126.30	53.11
	右端	M	37.84	16.44	46.06	14.02	-14.02	97.95	-97.95	86.48	61.23	87.49	45.42	197.00	-77.24				197.00	-77.24
		V	-57.16	-21.46	-67.89	-6.00	6.00	-42.79	42.79	-111.90	-101.10	-105.85	-87.84	-148.16	-28.36	67.08	64.71	-75.53	-142.61	-10.82
BC	左端	M	-7.42	-3.06	-8.95	17.08	-17.08	119.53	-119.53	1.13	-29.61	12.76	-38.48	155.71	-178.98				155.71	-178.98
		V	3.32	0.00	3.32	-15.53	15.53	-108.67	108.67	-9.66	18.29	-18.97	27.61	-147.82	156.45	167.36	167.34	4.33	-163.03	171.67
	跨中	M	0.92	0.00	0.92	0.00	0.00	0.00	0.00	1.19	1.19	1.19	1.19	1.19	1.19				1.19	1.19
	右端	M	7.43	3.07	8.96	17.08	-17.08	119.53	-119.53	29.63	-1.11	38.50	-12.74	179.00	-155.69				179.00	-155.69
		V	-3.34	0.00	-3.34	-15.53	15.53	-108.67	108.67	-18.31	9.64	-27.63	18.96	-156.47	147.80	167.36	167.34	-4.33	-171.68	163.01
CD	左端	M	-37.84	-16.44	-46.06	14.02	-14.02	97.95	-97.95	-61.23	-86.48	-45.42	-87.49	77.24	-197.00				77.24	-197.00
		V	57.16	21.46	67.89	-6.00	6.00	-42.79	42.79	101.10	111.90	87.84	105.85	28.36	148.16	67.08	64.71	75.53	8.45	140.24
	跨中	M	56.42	25.17	69.01	-3.38	3.38	-26.14	26.14	108.06	114.14	94.71	104.85	53.11	126.30				53.11	126.30
	右端	M	34.03	14.46	41.26	20.78	-20.78	150.23	-150.23	84.64	47.23	90.60	28.26	263.96	-156.67				263.96	-156.67
		V	-55.41	-20.64	-65.73	-6.00	6.00	-42.79	42.79	-108.39	-97.59	-102.70	-84.70	-145.35	-25.54	67.08	64.71	-75.53	-142.61	-10.82

注：① 单位：弯矩（kN·m），剪力（kN）；取γ_{L_1}、γ_{L_j}=1.0。

② 梁端弯矩、剪力以顺时针为正，逆时针为负；跨中弯矩以下部受拉为正，上部受拉为负。

③ (16)列中的V_{Gb}指梁在重力荷载代表值作用下按简支梁分析的梁端截面剪力值乘以重力荷载分项系数1.3而得到的剪力设计值。

④ (17)/(18)列中的弯矩填写(12)/(13)列的对应弯矩值。

⑤ 承载力抗震调整系数γ_{RE}按《建筑抗震设计规范》(GB 50011)第5.4.2条的规定取值。

⑥ F_2按《高层建筑混凝土结构技术规程》(JGJ 3)第5.4.3条计算，若按该规范第5.4.1条判断无须考虑重力二阶效应，则取1.0。

附表2 7.200m标高框架梁荷载效应组合及内力、承载力调整表

杆件编号	控制截面	内力种类	竖向荷载			风载		水平地震作用		内力组合						内力调整				
			恒载	活载	重力荷载代表值					基本组合				地震组合		内力级差调整：强剪弱弯				
										$S_d=\gamma_G S_{G_k}+\gamma_{Q_1}\gamma_{L_1}S_{Q_{1k}}+\sum_{j>1}\gamma_{Q_j}\psi_{cj}\gamma_{L_j}S_{Q_{jk}}$				$S_d=\gamma_G S_{GE}+\gamma_{Eh}S_{Ehk}$		调整项		V_{Gb}	调整后的地震作用下梁端剪力设计值	
			S_{G_k}	S_{Q_k}	S_{GE}	S_{wk}		S_{Ehk}		(8)/(9)=1.3×(1)+1.5×(2)+1.5×0.6×(4)/(5)		(10)/(11)=1.3×(1)+1.5×(4)/(5)+1.5×0.7×(2)		(12)/(13)=1.3×(3)+1.4×(6)/(7)		(14)/(15)$=-\eta_{Vb}\frac{(M_b^l+M_b^r)}{l_n}$			$V=-\eta_{Vb}\frac{(M_b^l+M_b^r)}{l_n}+V_{Gb}$	
			(1)	(2)	(3)	(4)左风	(5)右风	(6)左震	(7)右震	(8)左风	(9)右风	(10)左风	(11)右风	(12)左震	(13)右震	(14)	(15)	(16)	(17)	(18)
AB	左端	M	-36.30	-15.53	-44.07	13.71	-13.71	129.95	-129.95	-58.15	-82.83	-42.94	-84.06	124.65	-239.22				124.65	-239.22
		V	55.66	20.75	66.03	-4.07	4.07	-38.66	38.66	99.82	107.14	88.04	100.25	31.72	139.97	60.39	58.69	75.53	15.14	134.22
	跨中	M	54.70	24.37	66.88	1.91	-1.91	17.84	-17.84	109.37	105.94	99.55	93.83	111.92	61.97				111.92	61.97
	右端	M	39.02	16.98	47.51	9.90	-9.90	94.28	-94.28	85.10	67.29	83.40	53.71	193.75	-70.22				193.75	-70.22
		V	-56.91	-21.35	-67.59	-4.07	4.07	-38.66	38.66	-109.68	-102.35	-102.51	-90.30	-141.99	-33.74	60.39	58.69	-75.53	-135.92	-16.84
BC	左端	M	-5.57	-2.21	-6.68	12.01	-12.01	114.36	-114.36	0.24	-21.37	8.45	-27.58	151.42	-168.79				151.42	-168.79
		V	3.27	-0.03	3.25	-10.92	10.92	-103.96	103.96	-5.62	14.03	-12.16	20.59	-141.32	149.78	160.19	160.02	4.33	-155.86	164.35
	跨中	M	0.92	0.00	0.92	0.00	0.00	0.00	0.00	1.19	1.19	1.19	1.19	1.19	1.19				1.19	1.19
	右端	M	5.68	2.27	6.81	12.01	-12.01	114.36	-114.36	21.59	-0.03	27.77	-8.25	168.96	-151.25				168.96	-151.25
		V	-3.39	0.00	-3.39	-10.92	10.92	-103.96	103.96	-14.23	5.42	-20.78	11.97	-149.96	141.14	160.19	160.02	-4.33	-164.52	155.69
CD	左端	M	-39.02	-16.98	-47.51	9.90	-9.90	94.28	-94.28	-67.29	-85.10	-53.71	-83.40	70.22	-193.75				70.22	-193.75
		V	56.91	21.35	67.59	-4.07	4.07	-38.66	38.66	102.35	109.68	90.30	102.51	33.74	141.99	60.39	58.69	75.53	15.14	134.22
	跨中	M	54.70	24.37	66.88	-1.91	1.91	-17.84	17.84	105.94	109.37	93.83	99.55	61.97	111.92				61.97	111.92
	右端	M	36.30	15.53	44.07	13.71	-13.71	129.95	-129.95	82.83	58.15	84.06	42.94	239.22	-124.65				239.22	-124.65
		V	-55.66	-20.75	-66.03	-4.07	4.07	-38.66	38.66	-107.14	-99.82	-100.25	-88.04	-139.97	-31.72	60.39	58.69	-75.53	-135.92	-16.84

注：①单位：弯矩（kN·m），剪力（kN）；取γ_{L_1}、γ_{L_j}=1.0。

②梁端弯矩、剪力以顺时针为正，逆时针为负；跨中弯矩以下部受拉为正，上部受拉为负。

③(16)列中的V_{Gb}指梁在重力荷载代表值作用下按简支梁分析的梁端截面剪力值乘以重力荷载分项系数1.2而得到的剪力设计值。

④(17)/(18)列中的弯矩填写(12)/(13)列的对应弯矩值。

⑤承载力抗震调整系数γ_{RE}按《建筑抗震设计规范》(GB 50011)第5.4.2条的规定取值。

⑥F_2按《高层建筑混凝土结构技术规程》(JGJ 3)第5.4.3条计算，若按该规范第5.4.1条判断无须考虑重力二阶效应，则取1.0。

附表3 10.800m标高框架梁荷载效应组合及内力、承载力调整表

杆件编号	控制截面	内力种类	竖向荷载			风载		水平地震作用		内力组合						内力调整				
			恒载	活载	重力荷载代表值					基本组合				地震组合		内力级差调整：强剪弱弯				
			S_{G_k}	S_{Q_k}	S_{GE}	S_{wk}		S_{Ehk}		$S_d=\gamma_G S_{G_k}+\gamma_{Q_1}\gamma_{L_1}S_{Q_{1k}}+\sum_{j>1}\gamma_{Q_j}\psi_{cj}\gamma_{L_j}S_{Q_{jk}}$				$S_d=\gamma_G S_{GE}+\gamma_{Eh}S_{Ehk}$		调整项		V_{Gb}	调整后的地震作用下梁端剪力设计值	
										(8)/(9)=1.3×(1)+1.5×(2)+1.5×0.6×(4)/(5)		(10)/(11)=1.3×(1)+1.5×(4)/(5)+1.5×0.7×(2)		(12)/(13)=1.3×(3)+1.4×(6)/(7)		$(14)/(15)=-\eta_{Vb}\frac{(M_b^l+M_b^r)}{l_n}$			$V=-\eta_{Vb}\frac{(M_b^l+M_b^r)}{l_n}+V_{Gb}$	
			(1)	(2)	(3)	(4)左风	(5)右风	(6)左震	(7)右震	(8)左风	(9)右风	(10)左风	(11)右风	(12)左震	(13)右震	(14)	(15)	(16)	(17)	(18)
AB	左端	M	-36.18	-15.48	-43.92	9.76	-9.76	111.35	-111.35	-61.47	-79.03	-48.64	-77.92	98.80	-212.99				98.80	-212.99
		V	55.65	20.74	66.02	-2.81	2.81	-32.19	32.19	100.93	105.98	89.91	98.33	40.76	130.88	50.43	48.70	75.53	25.10	124.23
	跨中	M	54.79	24.41	66.99	1.62	-1.62	18.02	-18.02	109.30	106.38	99.29	94.43	112.31	61.87				112.31	61.87
	右端	M	38.96	16.95	47.43	6.52	-6.52	75.32	-75.32	81.94	70.20	78.22	58.66	167.11	-43.79				167.11	-43.79
		V	-56.92	-21.36	-67.60	-2.81	2.81	-32.19	32.19	-108.56	-103.51	-100.64	-92.22	-132.94	-42.82	50.43	48.70	-75.53	-125.96	-26.83
BC	左端	M	-5.76	-2.30	-6.91	7.95	-7.95	91.73	-91.73	-3.79	-18.09	2.01	-21.82	119.43	-137.40				119.43	-137.40
		V	3.32	0.00	3.32	-7.22	7.22	-83.39	83.39	-2.18	10.82	-6.52	15.15	-112.42	121.06	128.42	128.41	4.33	-124.09	132.74
	跨中	M	0.92	0.00	0.92	0.00	0.00	0.00	0.00	1.19	1.19	1.19	1.19	1.19	1.19				1.19	1.19
	右端	M	5.77	2.30	6.92	7.95	-7.95	91.73	-91.73	18.11	3.81	21.84	-2.00	137.41	-119.42				137.41	-119.42
		V	-3.33	0.00	-3.33	-7.22	7.22	-83.39	83.39	-10.84	2.17	-15.17	6.50	-121.08	112.41	128.42	128.41	-4.33	-132.75	124.08
CD	左端	M	-38.96	-16.95	-47.43	6.52	-6.52	75.32	-75.32	-70.20	-81.94	-58.66	-78.22	43.79	-167.11				43.79	-167.11
		V	56.92	21.36	67.60	-2.81	2.81	-32.19	32.19	103.51	108.56	92.22	100.64	42.82	132.94	50.43	48.70	75.53	25.10	124.23
	跨中	M	54.79	24.41	66.99	-1.62	1.62	-18.02	18.02	106.38	109.30	94.43	99.29	61.87	112.31				61.87	112.31
	右端	M	36.18	15.48	43.92	9.76	-9.76	111.35	-111.35	79.03	61.47	77.92	48.64	212.99	-98.80				212.99	-98.80
		V	-55.65	-20.74	-66.02	-2.81	2.81	-32.19	32.19	-105.98	-100.93	-98.33	-89.91	-130.88	-40.76	50.43	48.70	-75.53	-125.96	-26.83

注：①单位：弯矩（kN·m），剪力（kN）；取γ_{L_1}、γ_{L_j}=1.0。

②梁端弯矩、剪力以顺时针为正，逆时针为负；跨中弯矩以下部受拉为正，上部受拉为负。

③(16)列中的V_{Gb}指梁在重力荷载代表值作用下按简支梁分析的梁端截面剪力值乘以重力荷载分项系数1.2而得到的剪力设计值。

④(17)/(18)列中的弯矩填写(12)/(13)列的对应弯矩值。

⑤承载力抗震调整系数γ_{RE}按《建筑抗震设计规范》(GB 50011)第5.4.2条的规定取值。

⑥F_2按《高层建筑混凝土结构技术规程》(JGJ 3)第5.4.3条计算，若按该规范第5.4.1条判断无须考虑重力二阶效应，则取1.0。

附表4 14.400m标高框架梁荷载效应组合及内力、承载力调整表

杆件编号	控制截面	内力种类	竖向荷载：恒载 S_{G_k}	竖向荷载：活载 S_{Q_k}	竖向荷载：重力荷载代表值 S_{GE}	风载 S_{wk}		水平地震作用 S_{Ehk}		内力组合：基本组合 $S_d=\gamma_G S_{G_k}+\gamma_{Q_1}\gamma_{L_1}S_{Q_{1k}}+\sum_{j>1}\gamma_{Q_j}\psi_{cj}\gamma_{L_j}S_{Q_{jk}}$				内力组合：地震组合 $S_d=\gamma_G S_{GE}+\gamma_{Eh}S_{Ehk}$		内力调整（内力级差调整：强剪弱弯）：调整项		V_{Gb}	调整后的地震作用下梁端剪力设计值 $V=-\eta_{Vb}\frac{(M_b^l+M_b^r)}{l_n}+V_{Gb}$	
										(8)/(9)=1.3×(1)+1.5×(2)+1.5×0.6×(4)/(5)		(10)/(11)=1.3×(1)+1.5×(4)/(5)+1.5×0.7×(2)		(12)/(13)=1.3×(3)+1.4×(6)/(7)		(14)/(15)= $-\eta_{Vb}\frac{(M_b^l+M_b^r)}{l_n}$				
			(1)	(2)	(3)	(4)左风	(5)右风	(6)左震	(7)右震	(8)左风	(9)右风	(10)左风	(11)右风	(12)左震	(13)右震	(14)	(15)	(16)	(17)	(18)
AB	左端	M	-37.65	-15.70	-45.51	5.72	-5.72	85.05	-85.05	-67.36	-77.65	-56.86	-74.02	59.91	-178.22				59.91	-178.22
		V	55.81	20.77	66.19	-1.63	1.63	-24.49	24.49	102.23	105.17	91.90	96.80	51.76	120.33	38.40	37.03	75.53	37.13	112.56
	跨中	M	53.66	24.24	65.78	0.98	-0.98	14.03	-14.03	107.00	105.23	96.69	93.73	105.15	65.88				105.15	65.88
	右端	M	39.74	17.06	48.27	3.75	-3.75	56.99	-56.99	80.64	73.88	75.21	63.96	142.55	-17.03				142.55	-17.03
		V	-56.77	-21.33	-67.43	-1.63	1.63	-24.49	24.49	-107.27	-104.33	-98.64	-93.75	-121.95	-53.38	38.40	37.03	-75.53	-113.93	-38.50
BC	左端	M	-4.74	-2.16	-5.82	4.58	-4.58	69.44	-69.44	-5.28	-13.51	-1.56	-15.29	89.66	-104.78				89.66	-104.78
		V	3.32	0.00	3.32	-4.16	4.16	-63.13	63.13	0.57	8.06	-1.92	10.56	-84.07	92.70	97.23	97.21	4.33	-92.90	101.54
	跨中	M	0.92	0.00	0.92	0.00	0.00	0.00	0.00	1.19	1.19	1.19	1.19	1.19	1.19				1.19	1.19
	右端	M	4.75	2.16	5.83	4.58	-4.58	69.44	-69.44	13.54	5.30	15.31	1.58	104.80	-89.64				104.80	-89.64
		V	-3.34	0.00	-3.34	-4.16	4.16	-63.13	63.13	-8.08	-0.59	-10.58	1.90	-92.72	84.04	97.23	97.21	-4.33	-101.56	92.88
CD	左端	M	-39.74	-17.06	-48.27	3.75	-3.75	56.99	-56.99	-73.88	-80.64	-63.96	-75.21	17.03	-142.55				17.03	-142.55
		V	56.77	21.33	67.43	-1.63	1.63	-24.49	24.49	104.33	107.27	93.75	98.64	53.38	121.95	38.40	37.03	75.53	37.13	112.56
	跨中	M	53.66	24.24	65.78	-0.98	0.98	-14.03	14.03	105.23	107.00	93.73	96.69	65.88	105.15				65.88	105.15
	右端	M	37.65	15.70	45.51	5.72	-5.72	85.05	-85.05	77.65	67.36	74.02	56.86	178.22	-59.91				178.22	-59.91
		V	-55.81	-20.77	-66.19	-1.63	1.63	-24.49	24.49	-105.17	-102.23	-96.80	-91.90	-120.33	-51.76	38.40	37.03	-75.53	-113.93	-38.50

注：① 单位：弯矩（kN·m），剪力（kN）；取γ_{L_1}、γ_{L_j}=1.0。

② 梁端弯矩、剪力以顺时针为正，逆时针为负；跨中弯矩以下部受拉为正，上部受拉为负。

③ (16)列中的V_{Gb}指梁在重力荷载代表值作用下按简支梁分析的梁端截面剪力值乘以重力荷载分项系数1.2而得到的剪力设计值。

④ (17)/(18)列中的弯矩填写 (12)/(13)列的对应弯矩值。

⑤ 承载力抗震调整系数γ_{RE}按《建筑抗震设计规范》(GB 50011)第5.4.2条的规定取值。

⑥ F_2按《高层建筑混凝土结构技术规程》(JGJ 3)第5.4.3条计算，若按该规范第5.4.1条判断无须考虑重力二阶效应，则取1.0。

附表5 18.200m标高框架梁荷载效应组合及内力、承载力调整表

杆件编号	控制截面	内力种类	竖向荷载			风载		水平地震作用		内力组合						内力调整				
			恒载	活载	重力荷载代表值					基本组合				地震组合		内力级差调整：强剪弱弯				
			S_{G_k}	S_{Q_k}	S_{GE}	S_{wk}		S_{Ehk}		$S_d=\gamma_G S_{G_k}+\gamma_{Q_1}\gamma_{L_1}S_{Q_{1k}}+\sum_{j>1}\gamma_{Q_j}\psi_{cj}\gamma_{L_j}S_{Q_{jk}}$				$S_d=\gamma_G S_{GE}+\gamma_{Eh}S_{Ehk}$		调整项		V_{Gb}	调整后的地震作用下梁端剪力设计值	
										(8)/(9)=1.3×(1)＋1.5×(2)＋1.5×0.6×(4)/(5)		(10)/(11)=1.3×(1)＋1.5×(4)/(5)＋1.5×0.7×(2)		(12)/(13)=1.3×(3)＋1.4×(6)/(7)		(14)/(15)$=-\eta_{Vb}\dfrac{(M_b^l+M_b^r)}{l_n}$			$V=-\eta_{Vb}\dfrac{(M_b^l+M_b^r)}{l_n}+V_{Gb}$	
			(1)	(2)	(3)	(4)左风	(5)右风	(6)左震	(7)右震	(8)左风	(9)右风	(10)左风	(11)右风	(12)左震	(13)右震	(14)	(15)	(16)	(17)	(18)
AB	左端	M	-33.97	-10.20	-39.07	2.07	-2.07	44.22	-44.22	-57.61	-61.33	-51.77	-57.98	11.11	-112.71				11.11	-112.71
		V	61.60	16.31	69.76	-0.58	0.58	-12.41	12.41	104.03	105.07	96.34	98.08	73.31	108.06	21.44	25.97	84.42	62.97	110.39
	跨中	M	70.24	21.03	80.76	0.39	-0.39	8.23	-8.23	123.21	122.52	113.98	112.82	116.51	93.46				116.51	93.46
	右端	M	42.17	12.73	48.53	1.30	-1.30	27.76	-27.76	75.08	72.74	70.13	66.23	101.95	24.23				101.95	24.23
		V	-65.37	-17.37	-74.05	-0.58	0.58	-12.41	12.41	-111.55	-110.51	-104.08	-102.34	-113.64	-78.89	21.44	25.97	-84.42	-105.86	-58.45
BC	左端	M	-12.80	-3.57	-14.59	1.59	-1.59	33.96	-33.96	-20.57	-23.43	-18.01	-22.78	28.57	-66.50				28.57	-66.50
		V	3.04	-0.01	3.04	-1.45	1.45	-30.87	30.87	2.64	5.24	1.78	6.11	-39.27	47.17	47.56	47.51	3.98	-43.59	51.49
	跨中	M	0.84	0.00	0.84	0.00	0.00	0.00	0.00	1.09	1.09	1.09	1.09	1.09	1.09				1.09	1.09
	右端	M	12.83	3.58	14.63	1.59	-1.59	33.96	-33.96	23.49	20.63	22.83	18.06	66.55	-28.52				66.55	-28.52
		V	-3.08	0.00	-3.08	-1.45	1.45	-30.87	30.87	-5.30	-2.70	-6.17	-1.83	-47.22	39.21	47.56	47.51	-3.98	-51.54	43.54
CD	左端	M	-42.17	-12.73	-48.53	1.30	-1.30	27.76	-27.76	-72.74	-75.08	-66.23	-70.13	-24.23	-101.95				-24.23	-101.95
		V	65.37	17.37	74.05	-0.58	0.58	-12.41	12.41	110.51	111.55	102.34	104.08	78.89	113.64	21.44	25.97	84.42	62.97	110.39
	跨中	M	70.24	21.03	80.76	-0.39	0.39	-8.23	8.23	122.52	123.21	112.82	113.98	93.46	116.51				93.46	116.51
	右端	M	33.97	10.20	39.07	2.07	-2.07	44.22	-44.22	61.33	57.61	57.98	51.77	112.71	-11.11				112.71	-11.11
		V	-61.60	-16.31	-69.76	-0.58	0.58	-12.41	12.41	-105.07	-104.03	-98.08	-96.34	-108.06	-73.31	21.44	25.97	-84.42	-105.86	-58.45

注：① 单位：弯矩（kN·m），剪力（kN）；取γ_{L_1}、γ_{L_j}=1.0。

② 梁端弯矩、剪力以顺时针为正，逆时针为负；跨中弯矩以下部受拉为正，上部受拉为负。

③ (16)列中的V_{Gb}指梁在重力荷载代表值作用下按简支梁分析的梁端截面剪力值乘以重力荷载分项系数1.2而得到的剪力设计值。

④ (17)/(18)列中的弯矩填写 (12)/(13)列的对应弯矩值。

⑤ 承载力抗震调整系数γ_{RE}按《建筑抗震设计规范》(GB 50011) 第5.4.2条的规定取值。

⑥ F_2按《高层建筑混凝土结构技术规程》(JGJ 3)第5.4.3条计算，若按该规范第5.4.1条判断无须考虑重力二阶效应，则取1.0。

附表6 -0.080～3.600m标高柱荷载效应组合及内力、承载力调整表

杆件编号	控制截面	内力种类	竖向荷载			风载		水平地震作用		内力组合						内力级差调整							承载力抗震调整		
			恒载	活载	重力荷载代表值					基本组合				地震组合		强柱弱梁调整柱端弯矩设计值				强剪弱弯调整柱剪力设计值			针对强柱弱梁及强剪弱弯的调整结果		
			S_{G_k}	S_{Q_k}	S_{GE}	S_{wk}		S_{Ehk}		$S_d=\gamma_G S_{G_k}+\gamma_{Q_1}\gamma_{L_1}S_{Q_{1k}}+\sum_{j>1}\gamma_{Q_j}\psi_{cj}\gamma_{L_j}S_{Q_{jk}}$				$S_d=\gamma_G S_{GE}+\gamma_{Eh}S_{Ehk}$		$\sum M_c=\eta_c\sum M_b$				$V=-\eta_{vc}\frac{M_c^b+M_c^t}{H_n}$			(16)/(17)=γ_{RE}(14)/(15)		
										(8)/(9)=1.3×(1)+1.5×(2)+1.5×0.6×(4)/(5)		(10)/(11)=1.3×(1)+1.5×(4)/(5)+1.5×0.7×(2)		(12)/(13)=1.3×(3)+1.4×(6)/(7)											
			(1)	(2)	(3)	(4)左风	(5)右风	(6)左震	(7)右震	(8)左风	(9)右风	(10)左风	(11)右风	(12)左震	(13)右震	轴压比	增大系数	左震	右震	η_{vc}	(14)	(15)	γ_{RE}	(16)	(17)
A柱	柱上端	M	16.30	6.99	19.80	-13.28	13.28	-81.91	81.91	19.72	43.63	8.60	48.45	-88.94	140.41	0.41	1.30	-115.32	164.16				0.80	-92.25	131.33
		N	1194.47	300.02	1344.48	-15.09	15.09	-150.53	150.53	1989.26	2016.43	1845.20	1890.47	1537.08	1958.57								0.80	1229.66	1566.86
		V	-5.56	-2.38	-6.75	8.39	-8.39	53.19	-53.19	-3.25	-18.34	2.85	-22.30	65.69	-83.24					1.20	102.39	-124.84	0.85	87.04	-106.11
	柱下端	M	8.15	3.49	9.90	-23.61	23.61	-152.12	152.12	-5.42	37.09	-21.16	49.69	-200.10	225.83	0.42	1.30	-260.13	293.58				0.80	-208.10	234.87
		N	1221.97	300.02	1371.98	-15.09	15.09	-150.53	150.53	2025.01	2052.18	1880.95	1926.22	1572.83	1994.32								0.80	1258.26	1595.46
		V	-5.56	-2.38	-6.75	8.39	-8.39	53.19	-53.19	-3.25	-18.34	2.85	-22.30	65.69	-83.24					1.20	102.39	-124.84	0.85	87.04	-106.11
B柱	柱上端	M	-13.25	-5.54	-16.02	-21.66	21.66	-125.18	125.18	-45.03	-6.04	-55.54	9.45	-196.09	154.43	0.51	1.30	-218.01	170.02				0.80	-174.41	136.02
		N	1382.00	434.70	1599.35	-24.18	24.18	-239.48	239.48	2426.88	2470.41	2216.76	2289.30	1743.87	2414.43								0.80	1395.10	1931.54
		V	4.52	1.89	5.46	10.94	-10.94	69.39	-69.39	18.55	-1.14	24.27	-8.55	104.25	-90.05					1.20	152.57	-132.09	0.85	129.68	-112.28
	柱下端	M	-6.63	-2.77	-8.01	-26.48	26.48	-180.14	180.14	-36.60	11.06	-51.23	28.19	-262.61	241.79	0.51	1.30	-341.40	314.32				0.80	-273.12	251.46
		N	1409.50	434.70	1626.85	-24.18	24.18	-239.48	239.48	2462.63	2506.16	2252.51	2325.05	1779.62	2450.18								0.80	1423.70	1960.14
		V	4.52	1.89	5.46	10.94	-10.94	69.39	-69.39	18.55	-1.14	24.27	-8.55	104.25	-90.05					1.20	152.57	-132.09	0.85	129.68	-112.28
C柱	柱上端	M	13.24	5.53	16.01	-21.66	21.66	-125.18	125.18	6.02	45.01	-9.46	55.52	-154.44	196.07	0.51	1.30	-170.03	218.01				0.80	-136.02	174.40
		N	1382.00	434.70	1599.35	24.18	-24.18	239.48	-239.48	2470.41	2426.88	2289.30	2216.76	2414.43	1743.87								0.80	1931.54	1395.10
		V	-4.52	-1.89	-5.46	10.94	-10.94	69.39	-69.39	1.14	-18.55	8.55	-24.27	90.05	-104.25					1.20	132.10	-152.56	0.85	112.28	-129.68
	柱下端	M	6.62	2.77	8.01	-26.48	26.48	-180.14	180.14	-11.07	36.59	-28.20	51.23	-241.79	262.61	0.51	1.30	-314.33	341.39				0.80	-251.46	273.11
		N	1409.50	434.70	1626.85	24.18	-24.18	239.48	-239.48	2506.16	2462.63	2325.05	2252.51	2450.18	1779.62								0.80	1960.14	1423.70
		V	-4.52	-1.89	-5.46	10.94	-10.94	69.39	-69.39	1.14	-18.55	8.55	-24.27	90.05	-104.25					1.20	132.10	-152.56	0.85	112.28	-129.68
D柱	柱上端	M	-16.31	-6.99	-19.80	-13.28	13.28	-81.91	81.91	-43.64	-19.73	-48.46	-8.62	-140.42	88.93	0.41	1.30	-164.16	115.32				0.80	-131.33	92.26
		N	1194.47	300.02	1344.48	15.09	-15.09	150.53	-150.53	2016.43	1989.26	1890.47	1845.20	1958.57	1537.08								0.80	1566.86	1229.66
		V	5.56	2.38	6.75	8.39	-8.39	53.19	-53.19	18.34	3.25	22.30	-2.85	83.24	-65.69					1.20	124.84	-102.39	0.85	106.12	-87.04
	柱下端	M	-8.15	-3.50	-9.90	-23.61	23.61	-152.12	152.12	-37.10	5.41	-49.69	21.15	-225.84	200.10	0.42	1.30	-293.59	260.13				0.80	-234.87	208.10
		N	1221.97	300.02	1371.98	15.09	-15.09	150.53	-150.53	2052.18	2025.01	1926.22	1880.95	1994.32	1572.83								0.80	1595.46	1258.26
		V	5.56	2.38	6.75	8.39	-8.39	53.19	-53.19	18.34	3.25	22.30	-2.85	83.24	-65.69					1.20	124.84	-102.39	0.85	106.12	-87.04

注：①单位：弯矩（kN·m），剪力（kN），轴力（kN）；取 γ_{L_1}、γ_{L_j}=1。

②柱端弯矩、剪力方向以顺时针为正，逆时针为负。轴力方向以压为正、拉为负。

③ (14)/(15)列中：弯矩为对柱端弯矩设计值进行级差调整后的弯矩值；对于框架顶层梁柱节点及轴压比小于0.15的梁柱节点，无需进行柱端弯矩设计值的级差调整，直接填入(12)/(13)列的弯矩值；剪力采用级差调整后的弯矩进行级差调整；柱的控制截面应取至柱端，即梁底和梁顶；若没有换算，(14)/(15)列中的H_n取层高。

④承载力抗震调整系数γ_{RE}按《建筑抗震设计规范》(GB 50011)第5.4.2条的规定取值。

⑤F_2按《高层建筑混凝土结构技术规程》(JGJ 3)第5.4.3条计算，若按该规范第5.4.1条判断无须考虑重力二阶效应，则取1.0。

附表7 3.600～7.200m标高柱荷载效应组合及内力、承载力调整表

杆件编号	控制截面	内力种类	竖向荷载			风载		水平地震作用		内力组合						内力级差调整							承载力抗震调整		
			恒载	活载	重力荷载代表值					基本组合				地震组合		强柱弱梁调整柱端弯矩设计值				强剪弱弯调整柱剪力设计值			针对强柱弱梁及强剪弱弯的调整结果		
			S_{G_k}	S_{Q_k}	S_{GE}	S_{wk}		S_{Ehk}		$S_d=\gamma_G S_{G_k}+\gamma_{Q_1}\gamma_{L_1}S_{Q_{1k}}+\sum_{j>1}\gamma_{Q_j}\psi_{cj}\gamma_{L_j}S_{Q_{jk}}$				$S_d=\gamma_G S_{GE}+\gamma_{Eh}S_{Ehk}$		$\sum M_c=\eta_c\sum M_b$				$V=-\eta_{vc}\frac{M_c^b+M_c^t}{H_n}$			(16)/(17)=γ_{RE}(14)/(15)		
										(8)/(9)=1.3×(1)+1.5×(2)+1.5×0.6×(4)/(5)		(10)/(11)=1.3×(1)+1.5×(4)/(5)+1.5×0.7×(2)		(12)/(13)=1.3×(3)+1.4×(6)/(7)											
			(1)	(2)	(3)	(4)左风	(5)右风	(6)左震	(7)右震	(8)左风	(9)右风	(10)左风	(11)右风	(12)左震	(13)右震	轴压比	增大系数	左震	右震	η_{vc}	(14)	(15)	γ_{RE}	(16)	(17)
A柱	柱上端	M	23.41	10.04	28.43	-8.86	8.86	-77.76	77.76	37.52	53.46	27.68	54.25	-71.91	145.82	0.32	1.30	-95.20	168.86				0.80	-76.16	135.09
		N	954.15	237.55	1072.93	-9.09	9.09	-107.75	107.75	1588.54	1604.90	1476.19	1503.46	1243.96	1545.65								0.80	995.17	1236.52
		V	-13.97	-5.99	-16.97	4.96	-4.96	43.55	-43.55	-22.69	-31.62	-17.02	-31.90	38.90	-83.03					1.20	61.19	-115.95	0.85	52.01	-98.56
	柱下端	M	26.90	11.53	32.67	-9.00	9.00	-79.01	79.01	44.17	60.37	33.58	60.58	-68.15	153.09	0.33	1.30	-88.36	178.99				0.80	-70.69	143.19
		N	976.65	237.55	1095.43	-9.09	9.09	-107.75	107.75	1617.79	1634.15	1505.44	1532.71	1273.21	1574.90								0.80	1018.57	1259.92
		V	-13.97	-5.99	-16.97	4.96	-4.96	43.55	-43.55	-22.69	-31.62	-17.02	-31.90	38.90	-83.03					1.20	61.19	-115.95	0.85	52.01	-98.56
B柱	柱上端	M	-19.58	-8.18	-23.67	-14.83	14.83	-130.16	130.16	-51.06	-24.38	-56.28	-11.80	-212.99	151.45	0.40	1.30	-237.18	167.43				0.80	-189.75	133.95
		N	1105.42	343.32	1277.08	-14.65	14.65	-173.60	173.60	1938.84	1965.21	1775.55	1819.51	1417.16	1903.25								0.80	1133.73	1522.60
		V	11.47	4.79	13.86	8.24	-8.24	72.31	-72.31	29.50	14.68	32.29	7.58	119.25	-83.22					1.20	159.23	-110.17	0.85	135.35	-93.64
	柱下端	M	-21.70	-9.07	-26.23	-14.83	14.83	-130.16	130.16	-55.15	-28.47	-59.97	-15.49	-216.32	148.12	0.40	1.30	-240.52	163.07				0.80	-192.41	130.46
		N	1127.92	343.32	1299.58	-14.65	14.65	-173.60	173.60	1968.09	1994.46	1804.80	1848.76	1446.41	1932.50								0.80	1157.13	1546.00
		V	11.47	4.79	13.86	8.24	-8.24	72.31	-72.31	29.50	14.68	32.29	7.58	119.25	-83.22					1.20	159.23	-110.17	0.85	135.35	-93.64
C柱	柱上端	M	19.57	8.18	23.66	-14.83	14.83	-130.16	130.16	24.36	51.04	11.79	56.26	-151.47	212.98	0.40	1.30	-167.55	237.07				0.80	-134.04	189.65
		N	1105.42	343.32	1277.08	14.65	-14.65	173.60	-173.60	1965.21	1938.84	1819.51	1775.55	1903.25	1417.16								0.80	1522.60	1133.73
		V	-11.47	-4.79	-13.86	8.24	-8.24	72.31	-72.31	-14.68	-29.50	-7.58	-32.29	83.22	-119.25					1.20	110.21	-159.19	0.85	93.68	-135.31
	柱下端	M	21.69	9.06	26.22	-14.83	14.83	-130.16	130.16	28.44	55.13	15.47	59.94	-148.14	216.30	0.40	1.30	-163.09	240.50				0.80	-130.47	192.40
		N	1127.92	343.32	1299.58	14.65	-14.65	173.60	-173.60	1994.46	1968.09	1848.76	1804.80	1932.50	1446.41								0.80	1546.00	1157.13
		V	-11.47	-4.79	-13.86	8.24	-8.24	72.31	-72.31	-14.68	-29.50	-7.58	-32.29	83.22	-119.25					1.20	110.21	-159.19	0.85	93.68	-135.31
D柱	柱上端	M	-23.41	-10.04	-28.43	-8.86	8.86	-77.76	77.76	-53.47	-37.53	-54.27	-27.70	-145.83	71.90	0.32	1.30	-168.86	95.20				0.80	-135.09	76.16
		N	954.15	237.55	1072.93	9.09	-9.09	107.75	-107.75	1604.90	1588.54	1503.46	1476.19	1545.65	1243.96								0.80	1236.52	995.17
		V	13.97	5.99	16.97	4.96	-4.96	43.55	-43.55	31.62	22.69	31.90	17.02	83.03	-38.90					1.20	115.95	-61.18	0.85	98.56	-52.01
	柱下端	M	-26.91	-11.54	-32.68	-9.00	9.00	-79.01	79.01	-60.39	-44.19	-60.60	-33.60	-153.10	68.13	0.33	1.30	-178.99	88.35				0.80	-143.19	70.68
		N	976.65	237.55	1095.43	9.09	-9.09	107.75	-107.75	1634.15	1617.79	1532.71	1505.44	1574.90	1273.21								0.80	1259.92	1018.57
		V	13.97	5.99	16.97	4.96	-4.96	43.55	-43.55	31.62	22.69	31.90	17.02	83.03	-38.90					1.20	115.95	-61.18	0.85	98.56	-52.01

注：①单位：弯矩（kN·m），剪力（kN），轴力（kN）；取 γ_{L_1}、γ_{L_j} =1。

②柱端弯矩、剪力方向以顺时针为正，逆时针为负。轴力方向以压为正、拉为负。

③ (14)/(15)列中：弯矩为对柱端弯矩设计值进行级差调整后的弯矩值；对于框架顶层梁柱节点及轴压比小于0.15的梁柱节点，无需进行柱端弯矩设计值的级差调整，直接填入(12)/(13)列的弯矩值；剪力采用级差调整后的弯矩进行级差调整；柱的控制截面应取至柱端，即梁底和梁顶；若没有换算，(14)/(15)列中的H_n取层高。

④承载力抗震调整系数γ_{RE}按《建筑抗震设计规范》(GB 50011)第5.4.2条的规定取值。

⑤F_2按《高层建筑混凝土结构技术规程》(JGJ 3)第5.4.3条计算，若按该规范第5.4.1条判断无须考虑重力二阶效应，则取1.0。

附表8 7.200～10.800m标高柱荷载效应组合及内力、承载力调整表

杆件编号	控制截面	内力种类	竖向荷载			风载		水平地震作用		内力组合						内力级差调整							承载力抗震调整		
			恒载	活载	重力荷载代表值					基本组合				地震组合		强柱弱梁调整柱端弯矩设计值				强剪弱弯调整柱剪力设计值			针对强柱弱梁及强剪弱弯的调整结果		
			S_{G_k}	S_{Q_k}	S_{GE}	S_{wk}		S_{Ehk}		$S_d=\gamma_G S_{G_k}+\gamma_{Q_1}\gamma_{L_1}S_{Q_{1k}}+\sum_{j>1}\gamma_{Q_j}\psi_{cj}\gamma_{L_j}S_{Q_{jk}}$				$S_d=\gamma_G S_{GE}+\gamma_{Eh}S_{Ehk}$		$\sum M_c=\eta_c\sum M_b$				$V=-\eta_{vc}\frac{M_c^b+M_c^t}{H_n}$			(16)/(17)=γ_{RE}(14)/(15)		
										(8)/(9)=1.3×(1)+1.5×(2)+1.5×0.6×(4)/(5)		(10)/(11)=1.3×(1)+1.5×(4)/(5)+1.5×0.7×(2)		(12)/(13)=1.3×(3)+1.4×(6)/(7)											
			(1)	(2)	(3)	(4)左风	(5)右风	(6)左震	(7)右震	(8)左风	(9)右风	(10)左风	(11)右风	(12)左震	(13)右震	轴压比	增大系数	左震	右震	η_{vc}	(14)	(15)	γ_{RE}	(16)	(17)
A柱	柱上端	M	23.06	9.89	28.01	-7.17	7.17	-75.61	75.61	38.36	51.27	29.61	51.12	-69.44	142.26	0.24	1.30	-94.54	164.14				0.80	-75.63	131.31
		N	713.58	174.97	801.06	-5.02	5.02	-69.08	69.08	1185.59	1194.62	1103.84	1118.90	944.66	1138.10								0.80	755.73	910.48
		V	-12.76	-5.47	-15.50	3.62	-3.62	38.19	-38.19	-21.54	-28.06	-16.90	-27.77	33.31	-73.61					1.20	53.79	-102.09	0.85	45.72	-86.77
	柱下端	M	22.88	9.81	27.78	-5.87	5.87	-61.86	61.86	39.18	49.74	31.24	48.84	-50.49	122.72	0.24	1.30	-66.84	142.12				0.80	-53.47	113.70
		N	736.08	174.97	823.56	-5.02	5.02	-69.08	69.08	1214.84	1223.87	1133.09	1148.15	973.91	1167.35								0.80	779.13	933.88
		V	-12.76	-5.47	-15.50	3.62	-3.62	38.19	-38.19	-21.54	-28.06	-16.90	-27.77	33.31	-73.61					1.20	53.79	-102.09	0.85	45.72	-86.77
B柱	柱上端	M	-19.30	-8.06	-23.33	-10.83	10.83	-114.13	114.13	-46.92	-27.43	-49.79	-17.31	-190.11	129.46	0.29	1.30	-211.42	142.72				0.80	-169.14	114.17
		N	829.15	252.07	955.19	-7.81	7.81	-108.30	108.30	1448.98	1463.04	1330.86	1354.29	1090.12	1393.37								0.80	872.10	1114.69
		V	10.69	4.47	12.93	6.01	-6.01	63.41	-63.41	26.02	15.19	27.62	9.57	105.58	-71.96					1.20	140.99	-95.33	0.85	119.84	-81.03
	柱下端	M	-19.20	-8.02	-23.22	-10.83	10.83	-114.13	114.13	-46.75	-27.26	-49.63	-17.15	-189.97	129.60	0.30	1.30	-211.54	143.28				0.80	-169.23	114.62
		N	851.65	252.07	977.69	-7.81	7.81	-108.30	108.30	1478.23	1492.29	1360.11	1383.54	1119.37	1422.62								0.80	895.50	1138.09
		V	10.69	4.47	12.93	6.01	-6.01	63.41	-63.41	26.02	15.19	27.62	9.57	105.58	-71.96					1.20	140.99	-95.33	0.85	119.84	-81.03
C柱	柱上端	M	19.29	8.06	23.32	-10.83	10.83	-114.13	114.13	27.41	46.90	17.29	49.77	-129.48	190.10	0.29	1.30	-142.72	211.41				0.80	-114.18	169.13
		N	829.15	252.07	955.19	7.81	-7.81	108.30	-108.30	1463.04	1448.98	1354.29	1330.86	1393.37	1090.12								0.80	1114.69	872.10
		V	-10.69	-4.47	-12.93	6.01	-6.01	63.41	-63.41	-15.19	-26.02	-9.57	-27.62	71.96	-105.58					1.20	95.37	-140.95	0.85	81.06	-119.81
	柱下端	M	19.20	8.02	23.20	-10.83	10.83	-114.13	114.13	27.24	46.73	17.13	49.61	-129.62	189.95	0.30	1.30	-143.38	211.44				0.80	-114.70	169.15
		N	851.65	252.07	977.69	7.81	-7.81	108.30	-108.30	1492.29	1478.23	1383.54	1360.11	1422.62	1119.37								0.80	1138.09	895.50
		V	-10.69	-4.47	-12.93	6.01	-6.01	63.41	-63.41	-15.19	-26.02	-9.57	-27.62	71.96	-105.58					1.20	95.37	-140.95	0.85	81.06	-119.81
D柱	柱上端	M	-23.07	-9.89	-28.01	-7.17	7.17	-75.61	75.61	-51.28	-38.37	-51.13	-29.62	-142.27	69.43	0.24	1.30	-164.14	94.55				0.80	-131.31	75.64
		N	713.58	174.97	801.06	5.02	-5.02	69.08	-69.08	1194.62	1185.59	1118.90	1103.84	1138.10	944.66								0.80	910.48	755.73
		V	12.76	5.47	15.50	3.62	-3.62	38.19	-38.19	28.06	21.54	27.77	16.90	73.61	-33.31					1.20	102.09	-53.80	0.85	86.77	-45.73
	柱下端	M	-22.88	-9.81	-27.79	-5.87	5.87	-61.86	61.86	-49.75	-39.19	-48.86	-31.25	-122.73	50.48	0.24	1.30	-142.12	66.84				0.80	-113.70	53.47
		N	736.08	174.97	823.56	5.02	-5.02	69.08	-69.08	1223.87	1214.84	1148.15	1133.09	1167.35	973.91								0.80	933.88	779.13
		V	12.76	5.47	15.50	3.62	-3.62	38.19	-38.19	28.06	21.54	27.77	16.90	73.61	-33.31					1.20	102.09	-53.80	0.85	86.77	-45.73

注：① 单位：弯矩（kN·m），剪力（kN），轴力（kN）；取 γ_{L_1}、γ_{L_j} =1。

② 柱端弯矩、剪力方向以顺时针为正，逆时针为负。轴力方向以压为正、拉为负。

③ (14)/(15)列中：弯矩为对柱端弯矩设计值进行级差调整后的弯矩值；对于框架顶层梁柱节点及轴压比小于0.15的梁柱节点，无需进行柱端弯矩设计值的级差调整，直接填入(12)/(13)列的弯矩值；剪力采用级差调整后的弯矩进行级差调整；柱的控制截面应取至柱端，即梁底和梁顶；若没有换算，(14)/(15)列中的H_n取层高。

④ 承载力抗震调整系数γ_{RE}按《建筑抗震设计规范》(GB 50011)第5.4.2条的规定取值。

⑤ F_2按《高层建筑混凝土结构技术规程》(JGJ 3)第5.4.3条计算，若按该规范第5.4.1条判断无须考虑重力二阶效应，则取1.0。

附表9 10.800～14.400m标高柱荷载效应组合及内力、承载力调整表

杆件编号	控制截面	内力种类	竖向荷载			风载		水平地震作用		内力组合						内力级差调整							承载力抗震调整		
			恒载	活载	重力荷载代表值					基本组合				地震组合											
			S_{G_k}	S_{Q_k}	S_{GE}	S_{wk}		S_{Ehk}		$S_d=\gamma_G S_{G_k}+\gamma_{Q_1}\gamma_{L_1}S_{Q_{1k}}+\sum_{j>1}\gamma_{Q_j}\psi_{cj}\gamma_{L_j}S_{Q_{jk}}$				$S_d=\gamma_G S_{GE}+\gamma_{Eh}S_{Ehk}$		强柱弱梁调整柱端弯矩设计值				强剪弱弯调整柱剪力设计值			针对强柱弱梁及强剪弱弯的调整结果		
										(8)/(9)=1.3×(1)＋1.5×(2)＋1.5×0.6×(4)/(5)		(10)/(11)=1.3×(1)＋1.5×(4)/(5)＋1.5×0.7×(2)		(12)/(13)=1.3×(3)＋1.4×(6)/(7)		$\sum M_c=\eta_c\sum M_b$				$V=-\eta_{vc}\frac{M_c^b+M_c^t}{H_n}$			(16)/(17)=γ_{RE}(14)/(15)		
			(1)	(2)	(3)	(4)左风	(5)右风	(6)左震	(7)右震	(8)左风	(9)右风	(10)左风	(11)右风	(12)左震	(13)右震	轴压比	增大系数	左震	右震	η_{vc}	(14)	(15)	γ_{RE}	(16)	(17)
A柱	柱上端	M	20.80	9.57	25.59	-4.93	4.93	-65.69	65.69	36.97	45.85	29.70	44.50	-58.69	125.23	0.15	1.30	-69.94	142.76				0.80	-55.95	114.21
		N	473.03	112.39	529.22	-2.21	2.21	-36.90	36.90	781.52	785.51	729.62	736.26	636.32	739.64								0.80	509.06	591.72
		V	-12.19	-5.41	-14.89	2.28	-2.28	30.41	-30.41	-21.89	-26.01	-18.09	-24.94	23.22	-61.93					1.20	34.61	-85.17	0.85	29.42	-72.39
	柱下端	M	23.06	9.89	28.01	-3.29	3.29	-43.79	43.79	41.85	47.77	35.43	45.30	-24.90	97.72	0.16	1.30	-33.90	112.75				0.80	-27.12	90.20
		N	495.53	112.39	551.72	-2.21	2.21	-36.90	36.90	810.77	814.76	758.87	765.51	665.57	768.89								0.80	532.46	615.12
		V	-12.19	-5.41	-14.89	2.28	-2.28	30.41	-30.41	-21.89	-26.01	-18.09	-24.94	23.22	-61.93					1.20	34.61	-85.17	0.85	29.42	-72.39
B柱	柱上端	M	-18.16	-7.92	-22.12	-7.51	7.51	-99.98	99.98	-42.24	-28.72	-43.19	-20.66	-168.74	111.22	0.19	1.30	-187.54	122.53				0.80	-150.03	98.02
		N	552.81	160.80	633.21	-3.39	3.39	-57.10	57.10	956.80	962.91	882.41	892.58	743.24	903.11								0.80	594.59	722.49
		V	10.41	4.44	12.62	3.79	-3.79	50.50	-50.50	23.60	16.77	23.88	12.50	87.11	-54.28					1.20	116.21	-71.78	0.85	98.78	-61.02
	柱下端	M	-19.30	-8.06	-23.33	-6.15	6.15	-81.81	81.81	-42.71	-31.65	-42.77	-24.33	-144.85	84.20	0.20	1.30	-161.09	92.82				0.80	-128.87	74.26
		N	575.31	160.80	655.71	-3.39	3.39	-57.10	57.10	986.05	992.16	911.66	921.83	772.49	932.36								0.80	617.99	745.89
		V	10.41	4.44	12.62	3.79	-3.79	50.50	-50.50	23.60	16.77	23.88	12.50	87.11	-54.28					1.20	116.21	-71.78	0.85	98.78	-61.02
C柱	柱上端	M	18.16	7.91	22.11	-7.51	7.51	-99.98	99.98	28.71	42.23	20.65	43.18	-111.23	168.73	0.19	1.30	-122.52	187.54				0.80	-98.01	150.03
		N	552.81	160.80	633.21	3.39	-3.39	57.10	-57.10	962.91	956.80	892.58	882.41	903.11	743.24								0.80	722.49	594.59
		V	-10.41	-4.44	-12.62	3.79	-3.79	50.50	-50.50	-16.77	-23.60	-12.50	-23.88	54.28	-87.11					1.20	71.78	-116.21	0.85	61.02	-98.78
	柱下端	M	19.29	8.06	23.32	-6.15	6.15	-81.81	81.81	31.63	42.69	24.31	42.75	-84.22	144.84	0.20	1.30	-92.84	161.08				0.80	-74.27	128.86
		N	575.31	160.80	655.71	3.39	-3.39	57.10	-57.10	992.16	986.05	921.83	911.66	932.36	772.49								0.80	745.89	617.99
		V	-10.41	-4.44	-12.62	3.79	-3.79	50.50	-50.50	-16.77	-23.60	-12.50	-23.88	54.28	-87.11					1.20	71.78	-116.21	0.85	61.02	-98.78
D柱	柱上端	M	-20.81	-9.57	-25.59	-4.93	4.93	-65.69	65.69	-45.85	-36.97	-44.50	-29.70	-125.23	58.69	0.15	1.30	-140.56	66.69				0.80	-112.45	53.35
		N	473.03	112.39	529.22	2.21	-2.21	36.90	-36.90	785.51	781.52	736.26	729.62	739.64	636.32								0.80	591.72	509.06
		V	12.19	5.41	14.89	2.28	-2.28	30.41	-30.41	26.01	21.89	24.94	18.09	61.93	-23.22					1.20	84.43	-33.53	0.85	71.77	-28.50
	柱下端	M	-23.07	-9.89	-28.01	-3.29	3.29	-43.79	43.79	-47.79	-41.87	-45.31	-35.44	-97.73	24.89	0.16	1.30	-112.75	33.89				0.80	-90.20	27.11
		N	495.53	112.39	551.72	2.21	-2.21	36.90	-36.90	814.76	810.77	765.51	758.87	768.89	665.57								0.80	615.12	532.46
		V	12.19	5.41	14.89	2.28	-2.28	30.41	-30.41	26.01	21.89	24.94	18.09	61.93	-23.22					1.20	84.43	-33.53	0.85	71.77	-28.50

注：① 单位：弯矩（kN·m），剪力（kN），轴力（kN）；取 γ_{L_1}、γ_{L_j} =1。

② 柱端弯矩、剪力方向以顺时针为正，逆时针为负。轴力方向以压为正、拉为负。

③ (14)/(15)列中：弯矩为对柱端弯矩设计值进行级差调整后的弯矩值；对于框架顶层梁柱节点及轴压比小于0.15的梁柱节点，无需进行柱端弯矩设计值的级差调整，直接填入(12)/(13)列的弯矩值；剪力采用级差调整后的弯矩进行级差调整；柱的控制截面应取至柱端，即梁底和梁顶；若没有换算，(14)/(15)列中的H_n取层高。

④ 承载力抗震调整系数γ_{RE}按《建筑抗震设计规范》(GB 50011)第5.4.2条的规定取值。

⑤ F_2按《高层建筑混凝土结构技术规程》(JGJ 3)第5.4.3条计算，若按该规范第5.4.1条判断无须考虑重力二阶效应，则取1.0。

附表10 14.400～18.000m标高柱荷载效应组合及内力、承载力调整表

杆件编号	控制截面	内力种类	竖向荷载			风载		水平地震作用		内力组合						内力级差调整			承载力抗震调整		
			恒载	活载	重力荷载代表值					基本组合				地震组合							
			S_{G_k}	S_{Q_k}	S_{GE}	S_{wk}		S_{Ehk}		$S_d=\gamma_G S_{G_k}+\gamma_{Q_1}\gamma_{L_1}S_{Q_{1k}}+\sum_{j>1}\gamma_{Q_j}\psi_{cj}\gamma_{L_j}S_{Q_{jk}}$				$S_d=\gamma_G S_{GE}+\gamma_{Eh}S_{Ehk}$		强剪弱弯调整柱剪力设计值			针对强柱弱梁及强剪弱弯的调整结果		
										(8)/(9)=1.3×(1)+1.5×(2)+1.5×0.6×(4)/(5)		(10)/(11)=1.3×(1)+1.5×(4)/(5)+1.5×0.7×(2)		(12)/(13)=1.3×(3)+1.4×(6)/(7)		$V=-\eta_{vc}\dfrac{M_c^b+M_c^t}{H_n}$			(16)/(17)=γ_{RE}(14)/(15)		
			(1)	(2)	(3)	(4)左风	(5)右风	(6)左震	(7)右震	(8)左风	(9)右风	(10)左风	(11)右风	(12)左震	(13)右震	轴压比	(14)	(15)	γ_{RE}	(16)	(17)
A柱	柱上端	M	43.76	13.11	50.31	-2.22	2.22	-47.32	47.32	74.56	78.54	67.33	73.97	-0.85	131.66	0.07			0.75	-0.63	98.74
		N	232.31	49.78	257.20	-0.58	0.58	-12.41	12.41	376.16	377.20	353.41	355.15	316.99	351.74				0.75	237.74	263.80
		V	-19.74	-6.55	-23.02	0.95	-0.95	20.22	-20.22	-34.65	-36.35	-31.13	-33.97	-1.62	-58.24		-1.94	-69.89	0.85	-1.65	-59.41
	柱下端	M	27.32	10.49	32.57	-1.19	1.19	-25.48	25.48	50.18	52.32	44.74	48.32	6.66	78.01	0.08			0.75	5.00	58.51
		N	254.81	49.78	279.70	-0.58	0.58	-12.41	12.41	405.41	406.45	382.66	384.40	346.24	380.99				0.75	259.68	285.74
		V	-19.74	-6.55	-23.02	0.95	-0.95	20.22	-20.22	-34.65	-36.35	-31.13	-33.97	-1.62	-58.24		-1.94	-69.89	0.85	-1.65	-59.41
B柱	柱上端	M	-34.11	-10.23	-39.23	-3.40	3.40	-72.54	72.54	-62.75	-56.64	-60.18	-49.99	-152.54	50.55	0.09			0.75	-114.41	37.92
		N	276.63	69.55	311.41	-0.86	0.86	-18.46	18.46	463.17	464.73	431.35	433.95	378.99	430.67				0.75	284.24	323.00
		V	15.81	5.21	18.41	1.57	-1.57	33.58	-33.58	29.78	26.95	28.38	23.66	70.95	-23.08		85.14	-27.69	0.85	72.37	-23.54
	柱下端	M	-22.80	-8.51	-27.05	-2.26	2.26	-48.36	48.36	-44.44	-40.37	-41.97	-35.18	-102.87	32.53	0.10			0.75	-77.15	24.40
		N	299.13	69.55	333.91	-0.86	0.86	-18.46	18.46	492.42	493.98	460.60	463.20	408.24	459.92				0.75	306.18	344.94
		V	15.81	5.21	18.41	1.57	-1.57	33.58	-33.58	29.78	26.95	28.38	23.66	70.95	-23.08		85.14	-27.69	0.85	72.37	-23.54
C柱	柱上端	M	34.04	10.21	39.15	-3.40	3.40	-72.54	72.54	56.52	62.63	49.88	60.07	-50.66	152.44	0.09			0.75	-37.99	114.33
		N	276.63	69.55	311.41	0.86	-0.86	18.46	-18.46	464.73	463.17	433.95	431.35	430.67	378.99				0.75	323.00	284.24
		V	-15.81	-5.21	-18.41	1.57	-1.57	33.58	-33.58	-26.95	-29.78	-23.66	-28.38	23.08	-70.95		27.74	-85.09	0.85	23.58	-72.33
	柱下端	M	22.77	8.50	27.03	-2.26	2.26	-48.36	48.36	40.32	44.40	35.14	41.93	-32.57	102.83	0.10			0.75	-24.42	77.12
		N	299.13	69.55	333.91	0.86	-0.86	18.46	-18.46	493.98	492.42	463.20	460.60	459.92	408.24				0.75	344.94	306.18
		V	-15.81	-5.21	-18.41	1.57	-1.57	33.58	-33.58	-26.95	-29.78	-23.66	-28.38	23.08	-70.95		27.74	-85.09	0.85	23.58	-72.33
D柱	柱上端	M	-43.81	-13.13	-50.37	-2.22	2.22	-47.32	47.32	-78.63	-74.65	-74.06	-67.41	-131.73	0.77	0.07			0.75	-98.80	0.58
		N	232.31	49.78	257.20	0.58	-0.58	12.41	-12.41	377.20	376.16	355.15	353.41	351.74	316.99				0.75	263.80	237.74
		V	19.74	6.55	23.02	0.95	-0.95	20.22	-20.22	36.35	34.65	33.97	31.13	58.24	1.62		70.98	3.03	0.85	60.33	2.57
	柱下端	M	-29.42	-11.19	-35.02	-1.19	1.19	-25.48	25.48	-56.11	-53.96	-51.79	-48.21	-81.20	-9.85	0.08			0.75	-60.90	-7.39
		N	254.81	49.78	279.70	0.58	-0.58	12.41	-12.41	406.45	405.41	384.40	382.66	380.99	346.24				0.75	285.74	259.68
		V	19.74	6.55	23.02	0.95	-0.95	20.22	-20.22	36.35	34.65	33.97	31.13	58.24	1.62		70.98	3.03	0.85	60.33	2.57

注：① 单位：弯矩（kN·m），剪力（kN），轴力（kN）；取 γ_{L_1}、γ_{L_j}=1。

② 柱端弯矩、剪力方向以顺时针为正，逆时针为负。轴力方向以压为正、拉为负。

③ (14)/(15)列中：弯矩为对柱端弯矩设计值进行级差调整后的弯矩值；对于框架顶层梁柱节点及轴压比小于0.15的梁柱节点，无需进行柱端弯矩设计值的级差调整，直接填入(12)/(13)列的弯矩值；剪力采用级差调整后的弯矩进行级差调整；柱的控制截面应取至柱端，即梁底和梁顶；若没有换算，(14)/(15)列中的H_n取层高。

④ 承载力抗震调整系数γ_{RE}按《建筑抗震设计规范》(GB 50011)第5.4.2条的规定取值。

⑤ F_2按《高层建筑混凝土结构技术规程》(JGJ 3)第5.4.3条计算，若按该规范第5.4.1条判断无须考虑重力二阶效应，则取1.0。

参考文献

[1] 中华人民共和国住房和城乡建设部. 高层建筑混凝土结构技术规程 JGJ 3—2010[S]. 北京：中国建筑工业出版社,2011.

[2] 中华人民共和国住房和城乡建设部. 建筑抗震设计规范 GB 50011—2010[S]. 北京：中国建筑工业出版社,2010.

[3] 中华人民共和国住房和城乡建设部. 建筑结构荷载规范 GB 50009—2012[S]. 北京：中国建筑工业出版社,2012.

[4] 中华人民共和国住房和城乡建设部. 工程结构通用规范 GB 55001—2021[S]. 北京：中国建筑工业出版社,2021.

[5] 中华人民共和国住房和城乡建设部. 工程结构可靠性设计统一标准 GB 50153—2008[S]. 北京：中国计划出版社,2009.

[6] 中华人民共和国住房和城乡建设部. 建筑结构可靠性设计统一标准 GB 50068—2018[S]. 北京：中国建筑工业出版社,2019.

[7] 中华人民共和国住房和城乡建设部. 混凝土结构设计规范 GB 50010—2010(2015 年版)[S]. 北京：中国建筑工业出版社,2011.

[8] 中华人民共和国住房和城乡建设部. 混凝土结构通用规范 GB 55008—2021[S]. 北京：中国建筑工业出版社,2021.

[9] 中华人民共和国住房和城乡建设部. 建筑工程抗震设防分类标准 GB 50223—2008 [S]. 北京：中国建筑工业出版社,2008.

[10] 中华人民共和国住房和城乡建设部. 建筑地基基础设计规范 GB 50007—2011 [S]. 北京：中国计划出版社,2012.

[11] 中华人民共和国住房和城乡建设部. 建筑与市政地基基础通用规范 GB 55003—2021 [S]. 北京：中国建筑工业出版社,2021.

[12] 中华人民共和国住房和城乡建设部. 装配式混凝土结构技术规程 JGJ 1—2014[S]. 北京：中国建筑工业出版社,2014.

[13] 中华人民共和国住房和城乡建设部. 装配式混凝土建筑技术标准 GB/T 51231—2016[S]. 北京：中国建筑工业出版社,2017.

[14] 中华人民共和国住房和城乡建设部. 预制钢筋混凝土板式楼梯 15G367—1 [S]. 北京：中国计划出版社,2015.

[15] 中华人民共和国交通运输部. 公路桥涵地基与基础设计规范 JTG 3363—2019 [S]. 北京：人民交通出版社,2019.
[16] 中华人民共和国住房和城乡建设部. 建筑桩基技术规范 JGJ 94—2008[S]. 北京：中国建筑工业出版社,2008.
[17] 中华人民共和国住房和城乡建设部. 建筑与市政工程抗震通用规范 GB 55002—2021[S]. 北京：中国建筑工业出版社,2021.
[18] 中华人民共和国住房和城乡建设部. 建筑基桩检测技术规范 JGJ 106—2014[S]. 北京：中国建筑工业出版社,2014.
[19] 中国工程建设标准化协会. 装配式多层混凝土结构技术规程 T/CECS 604—2019[S]. 北京：中国建筑工业出版社,2019.
[20] 中华人民共和国住房和城乡建设部. 钢结构设计标准 GB 50017—2017[S]. 北京：中国建筑工业出版社,2018.
[21] 中华人民共和国住房和城乡建设部. 混凝土结构工程施工规范 GB 50666—2011[S]. 北京：中国建筑工业出版社,2012.
[22] 中华人民共和国住房和城乡建设部. 民用建筑设计统一标准 GB 50352—2019[S]. 北京：中国建筑工业出版社,2019.
[23] 中国工程建设标准化协会. 钢筋桁架混凝土叠合板应用技术规程 T/CECS 715—2020[S]. 北京：中国建筑工业出版社,2020.
[24] 中华人民共和国住房和城乡建设部. 预制混凝土楼梯 JG/T 562 [S]. 北京：中国标准出版社,2018.
[25] 中华人民共和国住房和城乡建设部. 装配式混凝土结构连接节点构造(楼盖结构和楼梯)15G310-1 [S]. 北京：中国计划出版社,2015.
[26] 中华人民共和国住房和城乡建设部. 桁架钢筋混凝土叠合板(60 mm 厚底板)15G366-1 [S]. 北京：中国计划出版社,2015.
[27] 中华人民共和国住房和城乡建设部. 建筑物抗震构造详图(多层和高层钢筋混凝土房屋)20G329-1 [S]. 北京：中国计划出版社,2020.
[28] 中华人民共和国住房和城乡建设部. 装配式混凝土结构连接节点构造(框架)20G310-3 [S]. 北京：中国计划出版社,2020.
[29] 深圳市住房和建设局. 预制装配整体式钢筋混凝土结构技术规范 SJG 18—2009[S]. 北京：中国建筑工业出版社,2009.
[30] 中华人民共和国住房和城乡建设部. 钢筋锚固板应用技术规程 JGJ 256—2011[S]. 北京：中国建筑工业出版社,2012.
[31] 中华人民共和国住房和城乡建设部. 钢筋套筒灌浆连接应用技术规程 JGJ 355—2015[S]. 北京：中国建筑工业出版社,2015.
[32] 中华人民共和国住房和城乡建设部. 钢筋机械连接技术规程 JGJ 107—2016[S]. 北京：中国建筑工业出版社,2016.
[33] 中华人民共和国住房和城乡建设部. 钢筋焊接及验收规程 JGJ 18—2012[S]. 北京：中国建筑工业出版社,2012.
[34] 中华人民共和国住房和城乡建设部. 钢筋连接用套筒灌浆料 JG/T 408—2019[S]. 北京：

中国标准出版社,2019.
[35] 中华人民共和国住房和城乡建设部. 钢筋连接用灌浆套筒 JG/T 398—2019[S]. 北京:中国标准出版社,2019.
[36] ACI committee 318. Building Code Requirements for Structural Concrete and Commentary(ACI 318M-05)[C]. American Concrete Institute,2005.
[37] Bull D K. Guidelines for the use of structural precast concrete in buildings[M]. Centre for Advanced Engineering,University of Canterbury,2000.
[38] 姚谏. 建筑结构静力计算实用手册.[M]. 3 版. 北京:中国建筑工业出版社,2021.
[39] 李爱群,等. 混凝土结构. 中册. 混凝土结构与砌体结构设计[M]. 北京:中国建筑工业出版社,2020.
[40] 黄靓,冯鹏,张剑. 装配式混凝土结构[M]. 北京:中国建筑工业出版社,2020.
[41] 崔瑶,范新海. 装配式混凝土结构[M]. 北京:中国建筑工业出版社,2016.
[42] 徐秀丽. 混凝土框架结构设计[M]. 北京:中国建筑工业出版社,2008.
[43] 徐其功. 装配式混凝土结构设计[M]. 北京:中国建筑工业出版社,2017.
[44] 刘立平. 高层建筑结构[M]. 武汉:武汉理工大学出版社,2015.
[45] 戴葵. 高层建筑结构设计[M]. 武汉:武汉理工大学出版社,2015.
[46] 卢家森. 装配整体式混凝土框架实用设计方法[M]. 湖南:湖南大学出版社,2016.
[47] 周云. 高层建筑结构设计[M]. 3 版. 武汉:武汉理工大学出版社,2021.
[48] 刘汉东. 基础工程[M]. 北京:机械工业出版社,2021.
[49] 何春保,金仁和. 基础工程[M]. 北京:中国水利水电出版社,2018.
[50] 曹志军,孙宏伟. 基础工程[M]. 四川:西南交通大学出版社,2017.
[51] 刘洋,李志武,杨思忠. 装配式建筑叠合楼板研究进展[J]. 混凝土与水泥制品,2019(1):61-68.